中国科学院科学出版基金资助出版

太阳能光热发电原理、技术及数值分析

Principles, Technologies and Numerical Methods of Solar Thermal Power

何雅玲

邱 羽　陶于兵　王 坤　编著

科 学 出 版 社

北 京

内 容 简 介

太阳能光热发电在构建以新能源为主体的新型电力系统、保障电力系统安全稳定运行方面发挥着重要作用，是能源革命的重要技术支撑。本书是作者结合太阳能光热发电技术和产业发展趋势，在带领团队开展的 15 年研究工作的基础上，将主要研究成果整理著述而成。本书按照太阳能光热发电过程中光能-热能-热功转换过程依次展开，介绍了太阳能光热发电的原理、技术发展历程、聚光器设计原理；详细阐述了作者提出的蒙特卡罗光线追迹法与有限容积法相耦合的光热模拟方法、太阳能吸热器光-热-力耦合特性的快速预测方法及其在集热器性能分析和优化中的应用；介绍了研制的典型储热器的工作原理、数值建模与性能优化方法；最后以塔式太阳能集热与新型超临界二氧化碳动力循环耦合系统为例，给出了太阳能光热发电系统光-热-功一体化整体系统建模、多参数多目标协同优化以及综合性能评价方法；并对太阳能光热发电技术的未来发展做了展望和预测。书末配以具体算例及程序代码，以帮助读者快速掌握。

本书适用于高等院校和科研单位的研究生、研究人员和工程技术人员，可为从事太阳能利用以及光热发电技术的读者提供可资借鉴的研究方法和技术参考。

图书在版编目(CIP)数据

太阳能光热发电原理、技术及数值分析/何雅玲等编著. —北京：科学出版社，2023.3

ISBN 978-7-03-075213-0

Ⅰ.①太… Ⅱ.①何… Ⅲ.①太阳能发电-研究 Ⅳ.①TM615

中国国家版本馆 CIP 数据核字(2023)第 048388 号

责任编辑：钱 俊 田轶静/责任校对：樊雅琼
责任印制：吴兆东/封面设计：无极书装

科学出版社 出版
北京东黄城根北街 16 号
邮政编码：100717
http://www.sciencep.com

北京建宏印刷有限公司 印刷
科学出版社发行 各地新华书店经销
*
2023 年 3 月第 一 版 开本：787×1092 1/16
2023 年 3 月第一次印刷 印张：30 1/2
字数：700 000
定价：298.00 元
(如有印装质量问题，我社负责调换)

序

　　雅玲院士带领团队开展太阳能光热研究已有 15 年之久。现在，她将研究成果做了系统整理和总结，为出版《太阳能光热发电原理、技术及数值分析》一书着实下了一番功夫，花费了很多心血和精力。

　　在"双碳"目标下，能源生产革命的核心内容就是构建清洁低碳安全高效的新型能源体系。预计 2050 年我国风电、光电装机容量占比之和将超过总装机容量的一半，目前太阳能发电以光伏为主，光热发电起步较晚，但经过近十几年的研究和发展，我国太阳能光热发电核心技术已经成熟，并形成了具有完全自主知识产权的产业链，关键设备部件全部国产化。所以，现在国家不断出台政策以积极推进太阳能光热发电产业规模化发展。

　　在这样的形势下，雅玲院士带领团队推出这本著作可以说是恰逢其时。该书的突出特点在于：第一，紧扣国家能源生产革命的时代主题，顺应了以新能源为主体的新型电力系统发展大势；第二，理论系统性强，对太阳能光热发电的基本理论包括聚光、集热、储热、换热、热功转换循环、系统一体化等各个环节进行了详细阐述，也对各部件进行了数值建模和计算分析，并附有作者开发的一些数值模拟分析计算的软件，有利于读者学习，快速提高数值建模和分析的能力；第三，综合性强，从基础理论和关键技术研究、新型热力循环、系统优化到工程应用，实现全过程分析研究；第四，支撑性强，该书涉及的理论研究和工程应用紧密结合国家迫切需求、示范项目和企业产业化投资，相继得到国家自然科学基金委员会、国家重点研发计划等立项与资助，并得到国家太阳能光热产业技术创新战略联盟和有关科研院所、行业协会、企业的合作支持。这说明该书的研究内容是面向国民经济主战场、面向国家"双碳"目标的重大需求。

　　该书还有一个显著特点，即很多内容和创新都是源自雅玲院士及她指导的研究生，有些属于原始创新。据我了解，他们在太阳能光热开发与利用方向 10 余年的研究过程中，在国内外高水平期刊上发表论文 100 余篇，获授权的国家发明专利 30 余项，软件著作权 10 余项，研究成果得到了国内外同行的广泛认可与应用。

　　还有一点要向大家说明的是，由我作为顾问、雅玲院士作为首席科学家负责建设的全国第一个"储能科学与工程"专业，已经连续招收 3 届本科生了，热质储能是该专业的一个重要方向。所以，该书所涉及的热质储能研究内容，对全国"储能科学与工程"

专业的建设和发展，以及对储能人才的培养，也是非常有帮助的。

  我很高兴向读者推荐该书，不仅仅是因为内容新颖充实，更是因为我熟识雅玲院士领导的团队，了解他们严谨治学、潜心科研、脚踏实地的作风。雅玲院士带领她的团队在国家急需的新能源技术创新方面，践行"理论-技术-工程"全链条的研究开发，并密切结合规模化生产，使科技成果转化为生产力，服务于国家的创新发展，我想，他们很好地践行了科技工作者应有的责任和担当！

  欲穷大地三千界，须上高峰八百盘。相信雅玲院士带领团队会踔厉奋发，笃行不怠，不断取得新的佳绩！

陶文铨

中国科学院院士

西安交通大学教授

2022 年 1 月于西安

前　言

　　能源安全是关系国家经济社会发展的全局性、战略性问题,关乎国家民族命运。习近平总书记从国家发展和安全战略高度,对推动能源消费、能源供给、能源技术和能源体制革命做出了一系列重要部署,擘画了我国能源清洁低碳安全高效发展的战略蓝图。

　　目前,太阳能光热发电技术已是能源领域的研究和投资热点。光热发电因其储能调峰能力强、电力品质高、发电生命周期中碳排放量低等多种优势,在多元化的能源结构中扮演着重要角色,对解决可再生能源消纳、提升可再生能源结构比例具有重要作用。所以,太阳能光热发电在构建以新能源为主体的新型电力系统、保障电力系统安全稳定运行方面发挥着重要作用,是实现我国能源清洁低碳安全高效发展的一条重要途径。

　　目前,太阳能光热发电在美洲、欧洲、非洲,尤其中东地区已经投入商业化应用。经过十几年的发展,截至 2022 年 11 月,我国太阳能光热发电已有 3 座实验电站、9 座商业化电站建成并网发电,总装机容量达到 536 MW,中国企业在国外总包建成和在建的太阳能光热电站装机容量超过了 1000 MW。我国太阳能光热发电涵盖了国际上常用的三种主流技术路线,并在熔盐介质线性集热电站、太阳能二次反射集热电站方面有所创新,核心技术成熟,已形成具有完全自主知识产权的产业链,关键设备部件已全部国产化。2021 年 10 月国务院印发的《2030 年前碳达峰行动方案》指出,积极发展太阳能光热发电,推动建立太阳能光热发电与光伏发电、风电互补调节的风光热综合可再生能源发电基地,推进熔盐储能供热和发电示范应用。这对推进太阳能光热发电产业和熔盐储能供热规模化发展提供了政策指导和保障。

　　提高规模化光热发电的效率及降低成本的关键是对过程中的聚光、集热、换热、储热、热功转换循环系统等进行深入研究,提高每个环节的效率,优化整个循环系统。作者团队自 2007 年开始,一直致力于光热发电、热储能的理论研究、技术开发和工程应用,在国内外高水平期刊上发表论文 100 余篇,获得授权国家发明专利 30 余项,软件著作权 10 余项,取得了一些成果。这些研究成果不断在光热发电工程中得以验证、应用、指导实践并在实践中完善。我们把研究工作加以整理,辑结成书,希望为太阳能光热发电研究和产业发展做出一份贡献。

　　本书共 8 章,并按照光能-热能-机械能-电能转换过程顺序展开。第 1 章介绍了我国太阳能资源以及太阳能利用的主要途径，重点对太阳能光热发电四种技术路线的工作原理、技术发展历程等做了详细介绍。第 2 章介绍了太阳辐射与太阳能聚光器设计原理；第 3 章介绍了蒙特卡罗光线追迹法在聚光器光学性能分析中的应用，在此基础上，分析并优化了多种典型聚光器的聚光性能；第 4 章介绍了所提出的蒙特卡罗方法和有限容积法相耦合的太阳能吸热器换热模拟方法，详细介绍了基于此开展的几种典型吸热器的耦合建模过程，并提出了多种吸热器光热转换性能提高的途径和方法；第 5 章发展了面向工程应用的吸热器光-热-力耦合特性的快速预测模型，对典型吸热器的光-热-力耦合特性进行了详细的分析研究，并给出几种吸热器性能优化的方法；第 6 章详细介绍了典型的固体显热储热器、壳管式相变储热器和填充床相变储热器的工作原理、数值建模过程，并对其性能进行了深入分析讨论；第 7 章以塔式太阳能集热与新型超临界 CO_2 动力循环耦合系统为例，介绍了太阳能光热发电系统光-热-功一体化整体系统建模方法、多参数多目标协同优化方法以及综合性能评价体系；第 8 章对太阳能光热发电技术的未来发展做了展望和预测。书末还附有供读者查阅的详细资料目录，以及考虑到读者学习过程中的需要，公布了作者编写的三个程序代码，以便帮助学习者更快速地上手。

本书既包含比较完整的基础理论知识、数值建模和分析方法，也包含典型的工程应用，对目前广泛采用的太阳能光热发电系统中各种型式的主要部件及热发电方式分别进行了研究和总结，有利于读者对不同型式部件的机理、效率、应用等方面进行深入了解和比较。希望给学习和从事太阳能光热发电技术的研究人员和工程技术人员提供可资借鉴的研究方法和技术参考。

本书研究内容相继得到国家自然科学基金委员会多个项目、国家重点研发计划项目等的支持，并得到国家太阳能光热产业技术创新战略联盟、中国科学院电工研究所王志峰教授团队、首航高科能源技术股份有限公司(本书封面照片是该公司建设的敦煌 100 MW 塔式熔盐光热电站)、浙江可胜技术股份有限公司(原浙江中控太阳能技术有限公司)、中广核太阳能开发有限公司-国家能源太阳能光热发电技术研发中心、中国船舶重工集团新能源有限责任公司等有关行业协会、科研院所和企业的合作支持，在此一并表示深深感谢。随着对太阳能光热发电研究工作的不断深入，本书很多地方需要不断完善和改进，请大家多提宝贵意见并批评指正，这是对我们工作的最大支持，衷心感谢！

还要特别感谢我的老师陶文铨院士，在研究过程中，得到先生的许多鼓励和启发，让我受益匪浅，在此表示真挚感谢！

科学出版社及钱俊编辑为本书的出版做了大量工作，给予了大力支持，深表感谢！

在我指导的研究生中，前后参与此项研究工作的有曾经的博士研究生陶于兵、程泽东、崔福庆、李亚奇、漆鹏程、郑章靖、刘占斌、王坤、杜保存、邱羽、周一鹏、马朝、袁帆、梁奇等18 位，以及硕士研究生肖杰、金波等 6 位，他们完成的学位论文参见附录 A，目前还有博士研究生王文奇、杜燊、李梦杰、郭嘉琪、马腾等继续从事这个方向的研究和技术攻关。我对他们为本书内容所做的工作表示深深的感谢！同时也寄语我们团队：百舸争流，奋楫者先！希望在团队前期工作的基础上，继续发扬科技报国的精神，心怀"国之大者"，为我国太阳能光热发电的理论研究、技术开发和产业发展做出新的贡献。

　　逐日追梦，砥砺前行。与大家共勉！

西安交通大学

2022 年 11 月于西安

主要符号表

英文字母

A	面积，m^2
A_s	太阳方位角，rad 或(°)
a	长度，mm
a_r	化学反应分数
C	聚光比；成本，元；热容，$kJ \cdot K^{-1}$
CFD	计算流体动力学(computational fluid dynamics)
CPC	复合抛物面聚光器(compound parabolic concentrator)
c_p	比定压热容，$J \cdot kg^{-1} \cdot K^{-1}$
c_V	比定容热容，$J \cdot kg^{-1} \cdot K^{-1}$
CHTA	复合传热分析(conjugate heat transfer analysis)
D、d	直径、长度、距离，m
DNI	法向直射辐照度(direct normal irradiance)，$W \cdot m^{-2}$
DSG	直接产生蒸汽(direct steam generation)
E	弹性模量，GPa
e_p	光线携带的光能功率，W
EPCM	相变储热胶囊(encapsulated phase change material)
f	焦距，m；摩擦系数；非均匀指数；熔化分数
FVM	有限容积法(finite volume method)
G	地面坐标系原点
g	重力加速度，$m \cdot s^{-2}$
Gr	格拉斯霍夫数
h	对流换热系数，$W \cdot m^{-2} \cdot K^{-1}$；比焓，$J \cdot kg^{-1}$
H	定日镜中心点；高度，m；焓，$J \cdot kg^{-1}$
ΔH	相变潜热，$kJ \cdot kg^{-1}$
ΔH_r	化学反应热，$J \cdot kg^{-1}$

I	湍流强度，%；辐射强度，$W \cdot m^{-2}$
$\boldsymbol{I}$	单位入射向量
i	变量
j	变量
k	导热系数，$W \cdot m^{-1} \cdot K^{-1}$；单位质量流体的湍流脉动动能，$m^2 \cdot s^{-2}$
K	总传热系数，$W \cdot m^{-2} \cdot K^{-1}$
L, l	长度或高度，m
LCR	局部聚光比(local concentration ratio)
LFC	线性菲涅耳式集热器
LFR	线性菲涅耳式聚光器
$\boldsymbol{M}$	矩阵符号
m	数量；质量，kg
MCRT	蒙特卡罗光线追迹(Monte Carlo ray tracing)
n	变量；折射率
N	单位法向量
N_{day}	日序数
Nu	努塞尔数
P	概率；功率，W；周长，m；储热速率，W
$\boldsymbol{P}$	点
p	压力，Pa
Pr	普朗特数
PTC	槽式集热器
Q	光能或热能功率，W；热量，J
q	热流密度，$W \cdot m^{-2}$；储热密度，$J \cdot kg^{-1}$
q_l	局部能流密度，$W \cdot m^{-2}$
q_V	体积流量，$m^3 \cdot s^{-1}$
q_m	质量流量，$kg \cdot s^{-1}$
$\boldsymbol{R}$	单位反射向量
$R \mathord{、} r$	半径或径向坐标值，m、mm
Re	雷诺数
Ra	瑞利数
RPR	预压缩比
S	面积，m^2
S_h	内热源，$W \cdot m^{-3}$
SR	分流比
SPT	塔式光热发电系统

T	温度，K 或℃
t	摄氏温度，℃；时间，s
t_s	真太阳时，h
u	速度或 X 轴方向的速度分量，$m·s^{-1}$
UA	热导，$MW·K^{-1}$
UAR	回热器热导分配比
v	速度或 Y 轴方向的速度分量，$m·s^{-1}$
V	体积，m^3
w	Z 轴方向的速度分量，$m·s^{-1}$；比功率，$W·kg^{-1}$
W	宽度，m；功率，W
wt%	质量百分比
X、Y、Z	笛卡儿坐标系的坐标轴
x, y, z	坐标值，m

希腊字母

α	吸收率；角度，rad 或(°)
α_s	太阳高度角，rad 或(°)
β	直径比；角度，rad 或(°)；体积热膨胀系数，K^{-1}
γ	线性热膨胀系数，K^{-1}
δ	赤纬角，rad 或(°)；管间距或壁厚，m
δ_{sr}	日面半圆面张角，即太阳视半径，mrad
ε	单位质量流体湍流脉动动能的耗散率，$m^2·s^{-3}$；应变；发射率；孔隙率
η	效率，%
θ	角度，rad 或(°)；过余温度，K
λ	导热系数，$W·m^{-1}·K^{-1}$；角度，rad 或(°)
ξ	在[0,1)内服从均匀分布的随机数
μ	动力黏度，Pa·s
μ_t	湍流黏度，Pa·s
ν	泊松比；运动黏度，$m^2·s^{-1}$
ρ	反射率；长度，m；密度，$kg·m^{-3}$
σ	应力，Pa；斯特藩-玻尔兹曼常量，$W·m^{-2}·K^{-4}$；标准差
σ_{te}	跟踪误差的标准差，mrad
σ_{se}	形面误差的标准差，mrad
τ	透射率；时间，s
φ	纬度，rad 或(°)；传热速率，W
Φ	热功率，W

φ_{rim}	边缘角，rad 或(°)
ω	时角，rad 或(°)

下标

0	参考值；环境值
a	进光口；许用值；环境
ave	平均值
c	圆周方向；回路
ch	储热过程
cond	导热
conv	对流换热
e	网格单元的参数
eff	有效值，等效值
f	流体；最终值
g	玻璃；地面
h	定日镜
htf	传热工质
HPT	高压透平
in	入口
i	初始值或内表面
l	局部；液体
LPT	低压透平
m	熔点
max	最大值
min	最小值
MC	主压缩机
mh	主加热过程
net	净值
o	外表面
opt	光学的
out	出口
pcm	相变材料
pre	预热过程
pc	循环过程
R、r	吸热器
rad	辐射

ref	反射量；参考值
RC	再压缩机
rh	再热过程
s	太阳；熔盐；固体
st	分级
sup	过热过程
t	管子
tot	总和
w	壁面；风

目　　录

第1章 绪 论

1.1 能源短缺与环境问题

能源是人类社会赖以生存和发展的物质基础。纵观人类社会发展的历史，人类社会文明的每一次重大进步都伴随着能源的改进和更替。能源的开发和利用极大地推进了世界经济和人类社会的发展。18 世纪以来，以煤炭、石油、天然气为主的化石能源逐渐成为世界能源的支柱。目前，世界一次能源消费仍以化石燃料为主。例如，2020 年世界一次能源消费总量达到了 556.63 EJ，其中化石能源总量为 462.77 EJ，占比高达 83.1%[1]。

然而，由于化石燃料储量有限，这种以化石能源为主的能源结构越来越难以为继，人类社会正面临着日益严重的能源短缺问题。截至 2020 年末，世界石油、天然气、煤炭的探明储量分别为 17324 亿桶、188.1 万亿立方米、10741.08 亿吨[1]。按照 2020 年的开采水平，上述三大化石燃料分别仅能供应 53.5 年、48.8 年和 139 年[1]。对中国而言，我们面临的能源形势更为严峻，截至 2020 年末，我国已探明的石油、天然气和煤炭的储量分别为 260 亿桶、8.4 万亿立方米和 1431.97 亿吨，分别仅占世界总储量的 1.5%、4.5% 和 13.3%[1]。按照 2020 年的开采水平，我国的上述三大能源分别仅能供应 18.2 年、43.3 年和 37 年[1]。

此外，化石能源的开采、输送、加工、转换和消费过程都直接或间接对生态环境产生了负面影响。特别是大多数化石能源都是通过燃烧过程被消费掉的，此过程向环境排放了大量的二氧化碳、二氧化硫、氮氧化物和粉尘等，造成了严重的环境问题，包括全球变暖、酸雨、大气污染、水污染等。例如，化石能源燃烧排放的二氧化碳等温室气体对热辐射具有选择性吸收作用。一方面，大部分波长较短的太阳辐射可以穿过大气层并被地表吸收；另一方面，地表发射的波长较长的热辐射则难以透过温室气体，削弱了地表向宇宙空间的散热作用。以上两方面共同作用导致地球温度上升，即全球变暖。全球变暖会导致全球降水量变化、冰川与冻土融化、海平面上升等问题，既危害生态平衡和人类身体健康，又威胁人类和其他物种的生存。

目前，能源短缺和化石燃料燃烧导致的环境问题已成为制约全球经济社会发展的重大瓶颈，直接影响到人类未来的生存与发展。因此，开发和利用可再生能源将是世界能源发展的必然选择。发展新型替代能源技术，实现经济社会可持续发展势在必行。根据《bp 世界能源统计年鉴》(2021 年版)[1]，2020 年，包括太阳能、风能、地热能、生物质能、生物燃料在内的可再生能源在全球一次能源中的占比达到了 5.7%，同时可再生能源发电量也占到了世界总发电量的 11.7%。而我国 2020 年可再生能源在一次能源中的占比达到了 5.4%，可再生能源发电量也占到了全国总发电量的 11.1%，与世界平均水平相当。由此可见，虽然在过去十余年间，可再生能源利用技术获得了长足发展，但是目前可再生能源在一次能源和发电量中的占比依然较低。

　　为推动能源结构转型、解决环境问题，目前世界各国都在调整其能源发展战略，积极推动以太阳能为代表的可再生能源的开发和利用。2020 年 9 月，习近平主席在第七十五届联合国大会上宣布："中国将提高国家自主贡献力度，采取更加有力的政策和措施，二氧化碳排放力争于 2030 年前达到峰值，努力争取 2060 年前实现碳中和"。[1]（简称"30·60 目标"）根据《bp 世界能源展望》(2020 年版)[2]，在未来 30 年内，可再生能源在全球一次能源中的占比将持续增加，且化石能源的占比将逐年下降。至 2050 年，在不同的情境下，可再生能源在全球一次能源和发电量中的占比分别有望增至 22%～59% 和 35%～64%。与此同时，可再生能源在我国一次能源和发电量中的占比分别有望增至 23%～55% 和 34%～55%。

1.2　我国的太阳能资源

　　可再生能源是指可以通过天然或人工过程再生和反复利用的能源。可再生能源的组成具有多元化的特征，主要包括太阳能、风能、水能、海洋能、生物质能和地热能等。在众多的可再生能源中，太阳能是人类最早使用的一种可再生能源。地球接收到的太阳能的总量异常丰富，一年内到达地表的太阳辐射总量约为 885 百万 TW·h[3]，相当于 2020 年世界一次能源消费量的 5500 多倍。

　　我国太阳能资源尤为丰富，三分之二以上地区的年太阳辐射总量超过 1400 kW·h·m^{-2}，年日照数大于 2000 h。陆地每年接收的太阳能辐射总量相当于 1.68×10^6 百万吨标准油。从地域分布来看，我国太阳能资源分布总体呈"高原大于平原、西部干燥区大于东部湿润区"[4,5]的特点，其中西藏、青海、内蒙古大部、甘肃大部、新疆、宁夏、北京、天津、海南、黑龙江西部、吉林西部、辽宁西部、河北大部、山东东部、山西大部、陕西北部、四川中西部、云南大部等地区的年太阳辐射量都在 1400 kW·h·m^{-2} 以上(表 1-1)。我国太阳能资源最为丰富的地区是青藏高原，其年总辐射量超过 1800 kW·h·m^{-2}，部分地区甚至超过 2000 kW·h·m^{-2}，接近世界上太阳能资源最为丰富的撒哈拉大沙漠地区。

表 1-1　中国太阳辐射总量等级和区域分布表[4]

名称	年总辐射量/(MJ·m^{-2})	年总辐射量/(kW·h·m^{-2})	年平均辐照度/(W·m^{-2})	占国土面积/%	主要地区
最丰富带	≥6300	≥1750	约≥200	约 22.8	西藏 94°E 以西大部分地区、青海 100°E 以西大部分地区、内蒙古额济纳旗以西、甘肃酒泉以西、新疆东部边缘地区、四川甘孜部分地区

① 习近平在第七十五届联合国大会一般性辩论上发表重要讲话. 新华网, [2023-2-10]. http://politics.people.com.cn/n1/2020/0922/c1024-31871232.html.

续表

名称	年总辐射量/(MJ·m^{-2})	年总辐射量/(kW·h·m^{-2})	年平均辐照度/(W·m^{-2})	占国土面积/%	主要地区
很丰富带	5040~6300	1400~1750	约160~200	约44.0	新疆大部、内蒙古额济纳旗以东大部、黑龙江西部、吉林西部、辽宁西部、河北大部、北京、天津、山东东部、山西大部、陕西北部、宁夏、甘肃酒泉以东大部、青海100°E以东的边缘地区、西藏94°E以东、四川中西部、云南大部、海南
较丰富带	3780~5040	1050~1400	约120~160	约29.8	内蒙古50°N以北、黑龙江大部、吉林中东部、辽宁中东部、山东中西部、山西南部、陕西中南部、甘肃东部边缘、四川中部、云南东部边缘、贵州南部、湖南大部、湖北大部、广西、广东、福建、江西、浙江、安徽、江苏、河南
一般带	<3780	<1050	约<120	约3.3	四川东部、重庆大部、贵州中北部、湖北110°E以西、湖南西北部

由此可见，全球和我国的太阳能资源的储量都极为丰富。若能高效地将太阳能捕集起来，并转化为人类所需的其他形式的能源，就能够提升太阳能在我们一次能源中的占比，推动能源结构转型，进而解决人类所面临的能源短缺和环境破坏等问题。

1.3 太阳能利用的主要途径

太阳能利用是指采用特定的装置，高效地捕集太阳辐射能，并将其转换为热能、电能、化学能等其他形式能量的过程。太阳能利用的基本方式可分为四类，包括太阳能光热利用、太阳能发电、太阳能光化学利用、太阳能光生物利用。

1. 太阳能光热利用

太阳能光热利用过程一般采用太阳能集热器等装置来捕集太阳辐射能，并将其转化为热能加以利用。根据温度的不同，可将光热利用分为低温利用(<100 ℃)、中温利用(100~250 ℃)和高温利用(>250 ℃)。目前，主要的低温光热利用装置有太阳能热水器、太阳能干燥器、太阳能蒸馏器、太阳能采暖、太阳能温室等。在低温光热利用过程中，一般会采用无聚光装置的平板式集热器或聚光比较低的线聚焦集热器，如抛物面或复合抛物面槽式集热器。中温光热利用装置主要有太阳能供工业热水、水蒸气、热空气或导热油系统，太阳能空调制冷系统，太阳灶等。在中温光热利用过程中一般会采用抛物面槽式、抛物面碟式或线性菲涅耳式聚光器。高温光热利用装置主要有太阳炉，太阳能冶金装置，大型抛物面槽式、抛物面碟式、塔式、线性菲涅耳式集热器等。

2. 太阳能发电

太阳能发电技术分为光伏发电技术和光热发电技术。

光伏发电技术是一种利用半导体的光生伏特效应将光能直接转变为电能的技术。典型的光伏发电系统主要由太阳能电池板、控制器和逆变器三大部分组成。光伏系统的核心是太阳能电池板,其主要由半导体材料制成。目前,用来发电的半导体材料主要有:单晶硅、多晶硅、非晶硅、砷化镓、砷化镓铝、磷化铟、硫化镉、碲化镉、钙钛矿等。由于近年来各国都在积极推动光伏发电的应用,光伏产业的发展十分迅速。到2021年底,光伏的全球装机容量已经达到约843 GW,而中国的装机容量也达到了约310 GW[6]。

光热发电技术是一种利用太阳辐射的热效应加热工质并驱动热机做功发电的技术[7]。在光热发电系统运行过程中,其首先采用大型聚光器聚集太阳辐射能并加热导热油、水或熔盐等吸热工质;接着,既可以直接使用吸热工质吸收的热能来驱动热机做功并带动发电机发电,又可以将热能存储起来,以备夜晚或白天阳光不足的时候使用。与光伏发电技术相比,光热发电技术起步较晚,目前装机容量较小,但处在快速发展阶段。到2022年11月,光热发电电站的全球装机容量达到了约6.7 GW[8],中国的装机容量为536 MW[9]。

3. 太阳能光化学利用

太阳能光化学利用一般是指在光催化剂的作用下直接将太阳能转化为化学能的太阳能利用技术。目前最常见的太阳能光化学利用方式为太阳能光化学生产燃料,主要包括太阳能分解水制氢、太阳能光化学转化CO_2制碳氢燃料等。近年来,随着光催化剂合成、改性技术的进步,太阳能光化学转化生产燃料的效率日趋提高,但目前离商业化应用还有较长的一段路要走。

4. 太阳能光生物利用

光合作用是绿色植物(包括藻类)利用叶绿素等光合色素,在可见光的照射下,将二氧化碳和水转化为储存着能量的有机物,并释放出氧气的生化过程。太阳能光生物利用即基于植物的光合作用将太阳能转换为生物质的利用方式。目前主要有速生植物、油料作物和巨型海藻等。由于自然界植物的光合作用效率一般低于1%,因此光生物转换速率通常较慢,植物生长也较慢。近年来,高效光生物转化植物方面的研究获得了越来越多的关注。

1.4 太阳能光热发电技术的原理及发展历程

在各种太阳能利用方式中,太阳能光热发电技术具有发电效率较高、便于规模化等优点。更重要的是,大规模储热技术的引入极大地削弱了太阳辐射变化对发电性能的影响,使光热发电技术具备了全天候连续稳定发电的能力,可以有效提高发电系统的调度性,并弥补风力发电、光伏发电间歇不稳定的缺陷,有助于实现电力系统的稳定、高效运行。鉴于此,近年来光热发电技术获得了快速发展。按照聚光器结构的不同,可将光热发电技术分为抛物面槽式[10]、塔式[11]、线性菲涅耳式[12]、抛物面碟式[13]四种。图1-1给出了四种典型的太阳能光热发电系统的实物图,下面将分别详细介绍它们的技术原理和发展历程。

(a)抛物面槽式系统

(b)塔式系统

(c)线性菲涅耳式系统

(d)抛物面碟式系统

图 1-1　四种典型的太阳能光热发电系统实物图

1.4.1　槽式太阳能光热发电技术

槽式太阳能光热发电技术是目前发展得最为成熟、商业化程度最高、装机容量最大的太阳能光热发电技术,从 20 世纪 80 年代至今,其已经历了 40 余年的发展历程。按照吸热工质的不同可将槽式光热发电技术分为三类,即以导热油、水、熔盐为吸热工质的系统。

1. 以导热油为吸热工质的槽式系统

1980 年,美国与以色列联合组建的卢斯(LUZ)公司最早开始研制槽式技术。最初的槽式光热发电系统以导热油为吸热工质,且没有储热装置,其原理如图1-2所示。由图1-2可见,这种槽式系统主要由监控子系统、聚光集热子系统、辅助能源子系统、换热子系统和蒸汽朗肯循环发电子系统组成。系统的主要部件包括数十列抛物面槽式集热器、蒸汽产生器(预热器、蒸发器、过热器)、辅助锅炉、透平、发电机、控制装置等。

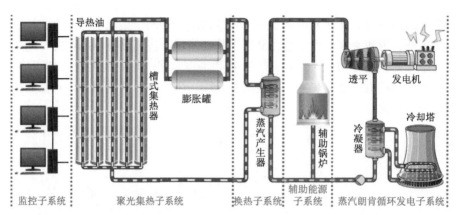

图 1-2　以导热油为吸热工质、无储热的槽式系统原理图

在不同的光照条件下，该槽式光热发电系统会采取不同的运行模式，如图 1-2 所示。当白天光照充足时，抛物面槽式集热器的跟踪轴会跟随太阳方位转动，从而使得抛物面聚光器将阳光汇聚到位于抛物面焦线处的集热管上。集热管主要由金属吸热管和套在其外部的玻璃管组成，吸热管外壁覆盖有选择性吸光涂层。吸热管与玻璃管在其两端通过金属波纹管连接在一起，并将两管之间抽成真空，以减少热损失。接着，集热管会吸收聚光器汇聚而来的大部分太阳能并将其转换为热能，然后再传给集热管中的导热油。随后，加热后的导热油从集热器尾部流出。最后，高温导热油携带的热能在蒸汽产生器中加热给水，生产高温蒸汽，进而驱动循环发电子系统发电。在夜晚或白天光照不佳时，采用辅助锅炉来加热导热油，进而产生蒸汽以维持系统运行。

从 1984 年到 1991 年，LUZ 公司先后在美国加州建成了 SEGS Ⅰ～SEGS Ⅸ 共 9 座以导热油为吸热工质、无储热的槽式光热电站[9]。每座电站的装机容量在 14～80 MW，9 座电站的总装机容量为 354 MW，全年并网发电量可达 800 GW·h。SEGS Ⅰ 电站最初设计了直接以导热油为储热介质、储热时长为 3 小时的储热器，可是该储热器后来被火灾烧毁了，而其他几座 SEGS 电站都未配备储热装置。为保证在夜晚或白天光照不足时电站仍可稳定发电，除 SEGS Ⅰ 和 SEGS Ⅱ 外，其余 7 座电站均配备了天然气锅炉，运行中天然气贡献的发电量约占 25%。

SEGS 系列电站先后采用了三种聚光比和光学效率依次增大的集热器，即 LS-1、LS-2和 LS-3。例如，初期建设的 SEGS Ⅰ、SEGS Ⅱ 电站采用 LS-1、LS-2 混合的集热器，其聚光比和光学效率较低，因此集热子系统出口温度仅分别为 307 ℃ 和 316 ℃，动力循环效率和光电效率均较低。而后期建设的 SEGS Ⅷ、SEGS Ⅸ 则全部采用了聚光比为 82、光学效率为 0.8 的 LS-3 集热器，从而将集热子系统出口温度提升到了 390 ℃，电站年光电效率也达到了 15% 左右。

从商业化运营至今，SEGS 系列电站进行了很多改进，比如改善了支架结构，运用了新型集热管，开发了检测系统，改善了反射镜面性能，以及用球形阀取代金属软管以降低压降等。这些措施一方面提高了发电效率，增强了安全性；另一方面也有效降低了发电成本。SEGS 系列槽式电站成为世界其他国家开发槽式技术的范例，极大地鼓舞了槽式技术的发展和商业化。2007 年，西班牙 Acciona 太阳能发电公司在美国内华达州建成了容量达 72 MW 的 Nevada Solar One 槽式电站。该电站仍然采用导热油为吸热工质,以蒸汽朗肯循环为动力循环。与 SEGS 系列电站相比,该电站采用了性能更好的抛物面槽式聚光器,同时选用了德国肖特公司的新型 PTR70 集热管,因此系统的聚光集热效率更高,集热子系统出口温度达到了 393 ℃。在采用天然气锅炉作为辅助能源的同时,该电站还借助膨胀罐等设施直接以导热油为储热工质,具备半小时的蓄热能力,有效降低了辅助能源的使用。

为了进一步提升槽式系统的储热能力,可以将槽式系统和大规模熔盐储热装置结合起来,构成以导热油为吸热工质、以熔盐为储热介质的槽式系统,其原理如图 1-3 所示。与以导热油为吸热工质、无储热的槽式系统相比,该系统增加了双罐熔盐间接储热子系统。

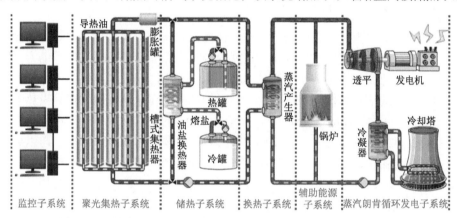

图 1-3 以导热油为吸热工质、以熔盐为储热介质的槽式系统原理图

在不同的光照条件下,该系统也会采取不同的运行模式,如图 1-3 所示。当白天光照充足时,抛物面槽式集热器会聚集阳光并将导热油加热到 400 ℃左右。接着,一方面,被加热的导热油可直接在蒸汽产生器中加热给水产生高温蒸汽,进而驱动循环发电子系统发电;另一方面,还可以通过油盐换热器用高温导热油加热熔盐,并将加热后的熔盐存在热罐中。在夜晚或白天光照不佳时,首先,存于热罐中的高温熔盐可通过油盐换热器加热导热油。接着,被加热的导热油在蒸汽发生器中加热给水产生蒸汽,进而推动循环发电系统运行。此外,当聚光集热子系统和储热子系统都不足以驱动系统正常运行时,可采用辅助锅炉来维持系统运行。

2009 年,西班牙建成了欧洲第一座商业化槽式电站——Andasol-1 电站。该电站的装机容量为 50 MW,年发电量达 165 GW·h。该电站采用了一种新型的 ET-150 型集热器,以导热油为吸热工质,集热子系统出口温度为 393 ℃。动力循环效率达到了 38.1%,年光电转换效率可达 16%。与 SEGS 系列电站相比,Andasol-1 电站首次在槽式电站中引入了大规模间接储热子系统,该储热子系统主要包括两个储热罐,每个罐的高和直径分别为 14 m 和 36 m。储热介质为 28500 t 二元硝酸盐,其由质量占比分别为 60%和 40%的 $NaNO_3$ 和 KNO_3 组成[14],其熔点为 222 ℃,最高可承受温度为 600 ℃[15]。在没有阳光的情况下,储热系统存储的热能可满足循环发电子系统 7.5 小时满负荷运行,使电站具备了全天候连续运行的能力。

Andasol-1 电站的成功运行推动了以导热油为吸热工质、以熔盐为储热介质的槽式电站的迅速发展，目前已有数十个类似的电站实现了投产。例如，2018 年 10 月 10 日，我国首个大型商业化光热示范电站——青海德令哈 50 MW 槽式电站正式投运[16]。该项目占地 2.46 km²，其聚光集热子系统由 620000 m² 的槽式聚光镜、110000 m 长的集热管和跟踪驱动装置等组成。电站配有 9 小时的二元硝酸盐双罐储热子系统，每个熔盐罐的直径达 42 m。在阳光不足时，由储热子系统提供的热能可维持发电系统继续运行，实现了 24 小时连续稳定发电。电站年发电量可达近 2 亿 kW·h，与同等规模的火电厂相比，每年可节约标准煤 6 万吨，减少二氧化碳等气体排放 10 万吨，相当于植树造林 4200 亩[①]。

2. 以水为吸热工质的槽式系统

虽然以导热油为吸热工质的槽式技术已经比较完善，但典型导热油的最高使用温度都不能超过 400 ℃，否则会发生分解。这就限制了集热器出口工质温度和动力循环蒸汽温度的提升，导致循环发电效率始终处在较低水平，难以继续提高。鉴于此，为了弥补以导热油为工质的槽式系统的上述缺陷，学者们也一直在探索发展以水为吸热工质、在集热管中直接产生蒸汽(direct steam generation，DSG)的槽式系统。在这种系统中，聚光集热子系统出口蒸汽的压力一般在 10 MPa 左右，温度可达 400 ℃以上。与以导热油为工质的槽式系统相比，直接产生蒸汽系统可以实现更高的汽轮机入口蒸汽参数，有望提高动力循环效率。此外，直接产生蒸汽技术不需要蒸汽产生器，系统结构相对简单，从而有望降低电站投资成本。需要注意的是，直接产生蒸汽集热器中的工质压力远比导热油集热器中的高，因此其需要采用耐高压的集热管、接头和管路，因而会增加集热子系统的成本。

直接产生蒸汽的槽式系统可按照其集热器的连接方式分为直通式、沿程多次注入式和再循环式三种[17]，如图 1-4 所示。下面分别介绍这三种连接方式。

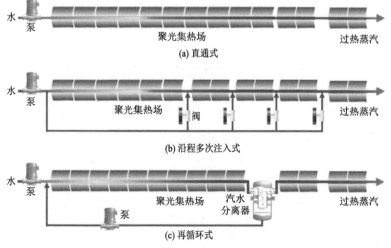

图 1-4   直接产生蒸汽的槽式系统集热器的三种连接方式

————————————

① 1 亩≈666.667 平方米。

　　直通式直接产生蒸汽集热器的连接方式如图 1-4(a)所示。在系统运行过程中，水从集热器回路入口进入集热管之后，在流动过程中被聚光器汇聚的光能逐渐加热，最后变为过热蒸汽后从回路尾部流出，然后进入汽轮机做功。为了避免工质在水平吸热管内的流动过程中出现汽水分层，工质的流速需要达到比较高的值。同时，由于太阳辐射的波动性，汇聚到集热管上的光能会不断波动。这一方面会导致集热回路出口蒸汽参数的不断波动，难以将其控制在需要的区间内；另一方面会造成吸热管内工质的蒸发段与过热段的交界面在流动方向上不断前后移动，进而在金属管壁中形成随时间不断波动的热应力，其可能导致吸热管迅速疲劳失效。

　　沿程多次注入式直接产生蒸汽集热器的连接方式如图 1-4(b)所示。在运行过程中，与直通式相比，沿程多次注入式系统在集热器入口处将工质分为两路，其中一路直接进入回路入口，并在流动过程中被阳光逐渐加热。而另一路则在回路沿程方向上的不同位置分几次注入回路。这种系统可以较好地避免工质在吸热管内的蒸发段出现汽水分层现象，同时还可以通过调控沿程各位置的注入量，很好地调节出口蒸汽参数。然而，由于目前尚难以快速、准确地测出回路内不同位置处工质的干度，也就难以准确地调节各位置的注水量，因此在注入式系统工程应用方面还有许多技术研发工作需要开展。

　　再循环式直接产生蒸汽集热器的连接方式如图 1-4(c)所示。在运行过程中，所有的给水都由集热器回路入口进入集热管，然后沿程逐渐被加热。当工质流到其蒸发段出口附近时，将其引入汽水分离器。汽水分离器分离出来的蒸汽将进入后端的集热器，并被加热成过热蒸汽；而分离出来的水则被引回集热器回路入口，并入给水。这种连接方式的优点在于，在进行汽水分离之前，蒸发段中的工质维持有一定的湿度，可以很好地润湿管壁，不易出现汽水分离，从而使得管壁内的温差、热应力都不会过高，有利于集热管安全运行。这种连接方式的缺点在于，需要使用额外的水泵、汽水分离器等设备，且需要采用高精度的控制系统来进行调节。

　　直接产生蒸汽槽式光热发电系统的研究始于 1996 年，在欧盟的资助下，西班牙能源、环境与技术研究中心(CIEMAT)、德国宇航中心(DLR)等机构在西班牙阿尔梅里亚太阳能实验平台(PSA)建设了世界上第一个槽式太阳能直接产生蒸汽的实验系统(DISS 系统)。DISS 系统的装机容量为 1.2 MW，集热器出口蒸汽压力为 10 MPa，最高温度可达 500 ℃[17]。建设该系统的目的是实验研究前述三种集热器连接方式的可行性。实验结果表明，通过采用适当的调节方法，直通式和再循环式都可以实现稳定运行，可以产出满足要求的蒸汽。同时，与直通式系统相比，再循环式系统可以更简便地调节蒸汽压力和温度。此外，虽然注入式系统的实验数据较少，未能测试其调节温度和压力的能力，但是结合实验和模拟结果，可以推测注入式系统也可以较好地调控上述参数。上述实验结果说明，直接产生蒸汽槽式光热发电技术是可行的。

　　在 DISS 的实验结果和工程经验的基础上，2012 年 1 月，德国 Solarlite 公司在泰国 Kanchanaburi 建成了世界上首座商业化的直接产生蒸汽槽式光热发电站 TSE 1[9]。该电站的装机容量为 5 MW，集热器出口温度和压力分别为 340 ℃和 3 MPa，同时采用了再循环和沿程多次注入式调节方式。电站实际运行表明，即使在太阳辐照波动时，在以上两种方式的共同调节下，也可以很好地控制系统参数。其中，再循环式调节可以有效冷却吸热管壁，并有利于稳定工质压力；而沿程多次注入式调节可以有效控制回路出口过热蒸汽的温度。此外，由于电站蒸汽参数较低，实验表明电站动力循环的效率只有 26%，年光电转换效率为 12%，还有很大的提升空间。

  3. 以熔盐为吸热工质的槽式系统

  虽然与导热油槽式系统相比，以水为吸热工质的槽式系统可以达到 400 ℃以上的吸热温度，有望实现更高的光电转换效率，但其难以进行大规模储热，无法在无辅助能源的情况下实现 24 小时连续运行。鉴于此，学者们提出了同时以熔盐为吸热和储热工质的槽式系统，如图 1-5 所示。该系统主要由监控子系统、聚光集热子系统、储热子系统、换热子系统和蒸汽朗肯循环发电子系统组成。系统的主要部件包括集热器阵列、双罐熔盐储热器、蒸汽产生器(预热器、蒸发器、过热器)、透平、发电机、控制装置等。

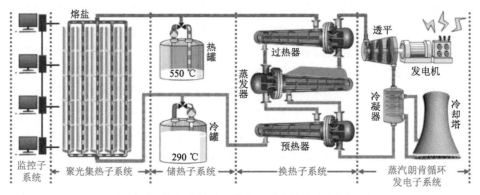

图 1-5 以熔盐为吸热、储热工质的槽式系统原理图

  这种槽式系统的运行模式是：当白天光照充足时，集热器会将冷罐泵输送来的熔盐加热到 500 ℃以上。接着，一方面，高温熔盐携带的热能可直接用来在蒸汽发生装置中加热给水生产高温蒸汽，进而驱动循环发电子系统发电；另一方面，还可以将高温熔盐储存在储热罐中。在夜晚或白天光照不佳时，可采用储热罐中的高温熔盐来加热给水产生蒸汽，以驱动系统运行，而被冷却后的熔盐则流回到冷罐中。该电站的储热子系统可以设计得足够大，在不使用辅助能源的情况下也可以保证系统 24 小时连续运行。

  世界上第一座熔盐槽式光热发电站是 2010 年 7 月在意大利西西里岛的 Priolo Gargallo 建成的 Archimede 电站，其装机容量为 5 MW，集热器进出口温度分别为 290 ℃和 550 ℃。使用了开口宽度为 5.96 m、聚光比为 85 的槽式聚光器。电站采用双罐熔盐储热，储盐量为 1580 t，所存储的热能可满足动力循环 8 小时满负荷运行。汽轮机入口温度和压力分别为 535 ℃和 9.38 MPa，循环效率达到了 39.3%。Archimede 电站的成功建设和运行证明了熔盐槽式光热发电站是可行的，这极大地推动了该技术的商业化。

  基于 Archimede 电站的成功经验，国内企业正在甘肃省阿克塞县四十里戈壁光热发电基地建设装机容量达 50 MW 的熔盐槽式电站。电站的聚光集热子系统由 152 个集热器回路组成，其所用的集热器与 Archimede 电站的一样。集热回路进出口温度分别为 290 ℃和 550 ℃。动力循环采用一次中间再热朗肯循环，汽轮机进口额定温度和压力分别为 535 ℃和 12.5 MPa，设计年发电量为 2.56 亿 kW·h。电站配有双罐熔盐储热子系统，其中热罐与冷罐的直径分别为 25 m 和 24 m，罐高都为 14 m，熔盐储量达到了 26000 t。由于该电站的储热量可满足动力循环 15 小时满负荷运行，建成后将有望在无辅助能源的情况下实现 24 小时连续发电。

1.4.2 塔式太阳能光热发电技术

塔式太阳能光热发电(solar power tower，SPT)技术是单机容量最大的光热发电技术，其单机容量可达 100 MW 以上，特别适合大规模应用。塔式光热发电的概念是苏联学者莱尼茨基(Lenitski)在 1949 年提出的[18]，至今已发展了 70 余年。典型的塔式光热发电系统主要包括聚光集热子系统(定日镜场、吸热器等)、储热子系统、换热子系统、循环发电子系统和监控子系统等。

当白天光照充足时，定日镜场中的每面定日镜都独立跟随太阳位置转动，从而将阳光汇聚到位于高塔顶部的吸热器上。塔式系统中的定日镜一般都有成百上千面，镜场的聚光比可达到 1500 以上。随后，吸热器将镜场汇聚的阳光转换为热能，并将吸热工质加热到 400～1300 ℃。接着，一方面，高温吸热工质可以直接生产高温气体或蒸汽，进而驱动循环发电子系统发电；另一方面，还可以采用多种方式将吸热工质携带的热能储存在储热子系统中。在夜晚或白天光照不佳时，可以从储热器中取出热能来驱动循环发电系统运行。

吸热工质的选择直接影响塔式系统的设计，采用不同吸热工质的系统的结构、运行温度等都有很大的不同。按照吸热工质的不同，可将塔式光热发电系统分为四类，即以水/蒸汽、熔盐、空气、固体颗粒为吸热工质的系统。下面将分别介绍这几种系统的原理和发展历程。

1. 以水/蒸汽为吸热工质的塔式系统

以水/蒸汽为吸热工质的塔式系统的原理图参见图 1-6。在运行过程中，镜场将阳光汇聚到吸热器上，将给水加热为过热蒸汽。吸热器出口的过热蒸汽既可直接进入汽轮机驱动热力循环运行，又可以存储在蒸汽储罐中以备阳光不足时使用。由于蒸汽的储热密度较小，只以蒸汽为储热介质的储热系统的储热时长一般难以超过 2 小时，因此一般还可以采用其他储热介质(石头、熔盐等)与蒸汽一起进行储热。

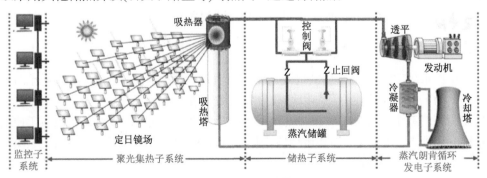

图 1-6 以水/蒸汽为吸热工质的塔式系统的原理图

1981年，意大利、西班牙等9个欧洲国家联合建成了世界上第一座兆瓦级、并网运行的塔式实验电站EURELIOS Ⅰ[19]。该电站的额定功率为1 MW，其镜场由70个50 m² 和112个23 m²的定日镜组成，吸热塔高55 m，采用水/蒸汽作为吸热工质，吸热器出口温度可达500 ℃，采用硝酸盐和蒸汽作为储热介质。

1982年，美国在加州Barstow沙漠中建成了以水/蒸汽为吸热工质、额定功率为10 MW 的Solar One示范电站[20]。该电站的定日镜场由1818个面积为39.13 m²的定日镜组成，吸热塔高约80 m，吸热器出口蒸汽温度约为516 ℃。电站以导热油和6800 t岩石为储热工质，所存储的热能可供发电系统满负荷运行4小时。

与此同时，日本、西班牙、苏联等国也相继建成了Sunshine(1981年，1 MW)、CESA-1(1983年，1 MW)、SPP-5(1985年，5 MW)等以水/蒸汽为吸热工质的塔式示范电站，主要用于技术探索、系统性能优化和测试等，为后续商业化塔式电站的开发奠定了基础。

进入21世纪之后，以水/蒸汽为吸热工质的塔式技术获得了快速发展。特别是，2007年和2009年装机容量分别为11 MW和20 MW的PS10和PS20电站在西班牙实现了商业化投运，表明以水/蒸汽为吸热工质的塔式系统具有良好的商业化前景。而PS10电站也成为世界上第一座实现商业化运行的塔式太阳能电站。这两座电站的吸热器出口饱和蒸汽温度和压力分别为250 ℃和4 MPa，采用高压蒸汽储热，所储热量可供汽轮机在半负荷时运行50分钟。与此同时，在国家"863"高技术科学试验项目的资助下，我国于2007年启动以水/蒸汽为吸热工质的塔式电站的研究，并于2012年底建成了装机容量为1 MW的八达岭塔式实验电站。该电站的镜场由100面100 m²的定日镜组成，吸热器与地面的高差为78 m。2013年，我国在德令哈建成了国内首座10 MW级的水/蒸汽塔式电站，其采用22500面2 m²的定日镜，吸热器出口温度和压力分别达到了565 ℃和8.83 MPa，动力循环效率为31%。

在此之后，各国都开始探索发展装机容量更大的以水/蒸汽为吸热工质的塔式电站。例如，2014年美国建成了总装机容量达392 MW的Ivanpah电站，它是由三座容量分别为133 MW、133 MW和126 MW的塔式电站组成的。Ivanpah电站是目前已投运的装机容量最大的以水/蒸汽为吸热工质的光热电站。电站的定日镜面积达2602500 m²，由173500面15 m²的定日镜组成；汽轮机入口的蒸汽温度超过550 ℃，压力达16 MPa。南非于2016年建成了装机容量为50 MW的Khi Solar One电站，其吸热器出口蒸汽温度为530 ℃。以色列于2019年建成了装机容量达121 MW的Ashalim 1塔式电站。

2. 以熔盐为吸热工质的塔式系统

由于以水/蒸汽为吸热工质的塔式系统难以实现大规模储热，无法实现24小时不间断运行。为了提升储热能力，与以熔盐为吸热和储热工质的槽式系统类似，可以同时将熔盐作为塔式系统的吸热工质和储热介质。图1-7给出了典型的以熔盐为吸热工质的塔式系统的原理图，其系统结构和运行模式都与以熔盐为吸热工质的槽式系统的类似(参见1.4.1节)，此处不再赘述。

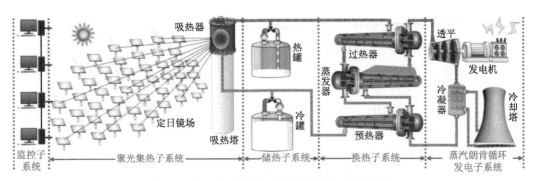

图 1-7 以熔盐为吸热工质的塔式系统的原理图

1983 年，美国和法国分别建成了同时以熔盐为吸热和储热工质的实验电站 MSEE/Cat B 和 THEMIS，二者的装机容量分别为 1 MW 和 2 MW。在此之后，为了进一步推动熔盐塔式电站的规模化发展，1996 年美国通过改造 Solar One 电站，建成了 Solar Two 电站。该电站的吸热和储热介质均为二元硝酸盐，并采用了高低温双罐储热系统。Solar Two 电站的实际运行结果表明，采用储热技术的熔盐塔式系统具有良好的技术可行性和经济性，该结果极大地推动了塔式技术的发展。

在此之后，中国、美国、摩洛哥等国家相继建设了一批塔式光热示范电站或商业电站。例如，2015 年美国投运了装机容量达 110 MW 的新月沙丘电站。该电站的镜场由 10347 面 116 m^2 的定日镜组成，吸热塔高 195 m。电站采用了双罐储热系统，以二元硝酸盐为储热介质，储热效率达到了 99%，储热量可满足汽轮机满负荷运行 10 h。2016 年，我国在敦煌建成了国内首座 10 MW 熔盐电站，其采用了 1525 面 116 m^2 的定日镜，吸热塔高 138 m，吸热器出口温度达 565 ℃，采用二元硝酸盐双罐储热，储热量可满足汽轮机满负荷运行 15 h。2018 年，我国在敦煌建成了国内首座 100 MW 熔盐塔式电站，其设计年发电量达 3.9 亿 kW·h。该电站的镜场由 12121 台 116 m^2 的定日镜组成，吸热塔高达 260 m，吸热器出口温度为 565 ℃。透平入口温度和压力分别为 550 ℃和 12.6 MPa，额定效率为 45%。电站配置了 11 小时的熔盐双罐储热系统，可实现 24 小时连续运行。截至 2022 年初，我国已建成了表 1-2 所示的 8 个熔盐塔式电站，总装机功率为 370 MW。

表 1-2 我国已建成的熔盐塔式电站[16]

项目名称	建成年份	储热时长/h	初投资/亿元	设计年发电量/(亿 kW·h)
中控德令哈 10 MW 塔式项目	2013	2	1.5	—
首航高科敦煌 10 MW 塔式项目	2016	15	4.2	—
首航高科敦煌 100 MW 塔式项目	2018	11	30	3.9
中控德令哈 50 MW 塔式项目	2018	7	11.3	1.46
中电工程哈密 50 MW 塔式项目	2019	13	16	1.983
中电建青海共和 50 MW 塔式项目	2019	6	12.22	1.569
鲁能海西州 50 MW 塔式项目	2019	12	19.86	1.6
玉门鑫能 50 MW 塔式项目	2022	9	17.9	2.16

目前，由于熔盐塔式电站的吸热温度高、预期光电效率高、可连续运行、适合规模化，熔盐塔式电站目前正处在蓬勃发展阶段，国内外都正在建设不少示范电站或商业电站。

3. 以空气为吸热工质的塔式系统

以空气为吸热工质的塔式系统可以分为两种。第一种系统以压缩空气为吸热工质，采用燃气-蒸汽联合循环进行发电，其系统原理如图 1-8(a)所示。在系统运行过程中，首先，压缩机从环境中抽取常压空气并压缩到一定的高压状态(一般小于 2.5 MPa)；接着，高压空气进入密封良好的闭式吸热器进行吸热，当空气到达吸热器出口时，其温度一般可达到 600~1200 ℃；接着，吸热器出口的高温空气将进入燃气轮机的燃烧室与天然气混合并燃烧；随后，燃烧室出口的高温气体进入燃气透平推动发电机发电；最后，从燃气透平出口排出的热气进入蒸汽产生器产生蒸汽，进而推动蒸汽朗肯循环运行发电。这种塔式系统的优点在于其采用了燃气-蒸汽朗肯循环，因而系统整体光电转换效率有望达到较高水平；其缺点在于，系统较复杂且需要使用耐高温、耐氧化的吸热器，成本较高。

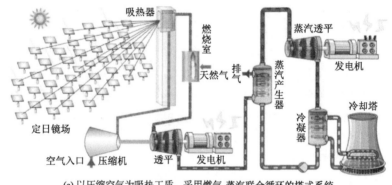

(a) 以压缩空气为吸热工质，采用燃气-蒸汽联合循环的塔式系统

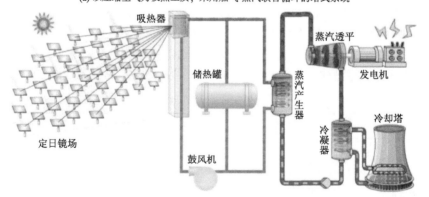

(b) 以常压空气为吸热工质，采用蒸汽朗肯循环的塔式系统

图 1-8 以空气为吸热工质的塔式系统原理图

另一种系统以常压空气为吸热工质，并采用蒸汽朗肯循环进行发电，其系统原理如图 1-8(b)所示。在系统运行过程中，吸热器既从环境吸取空气，又接收来自蒸汽产生器的回流空气，这些空气在吸热器中吸收能量之后会被加热到 600~1000 ℃的高温；接着，高温空气携带的能量既可存储在混凝土、石块等固体储热介质中，又可以直接用来在蒸

汽产生器中生产蒸汽，从而推动循环运行发电。这种系统的优点在于系统结构比较简单，但缺点是需要耐高温、耐氧化的吸热器，且由于空气和固体储热介质的换热性能较差，不易进行快速、大规模储热。

目前，以空气为吸热介质的塔式系统尚处在实验和示范阶段[21,22]。例如，1996 年，西班牙能源与环境研究中心(CIEMAT)、德国宇航中心(DLR)等合作开发了 REFOS 闭式高温吸热实验系统，其吸热器采用模块化设计，运行压力 1.5 MPa、吸热器出口温度大于 800 ℃，每个吸热器模块的吸热功率为 350 kW，光热转换效率为 80%。2001 年，在 REFOS 项目的基础上，上述机构继续推出了 SOLGATE 闭式空气吸热实验系统，其吸热器出口温度达到了 1000 ℃以上，每个吸热器模块的吸热功率提升到了 400 kW。2016 年在欧盟的资助下，上述机构建成了世界上第一个兆瓦级的闭式空气吸热塔式示范电站 Solugas[23]。在该电站中，吸热器为多管腔式吸热器(MTCR)，吸热器中的空气压力为 0.9 MPa，吸热功率为 3.2 MW，光热转换效率为 73%，出口空气温度为 800 ℃。系统配置有燃气轮机，但未配置蒸汽轮机，其燃气轮机入口温度为 1150 ℃，燃气透平效率为 39%。

4. 以固体颗粒为工质的塔式系统

最后需要介绍的是以固体颗粒为工质的塔式系统。这是一种近年来获得较多关注的塔式系统，其采用几百微米的陶瓷或其他固体材料颗粒来吸收阳光。其系统结构和原理与图 1-7 所示的熔盐塔式系统相同，只是其中的吸热和储热介质都是固体颗粒。目前，美国桑迪亚国家实验室已经完成了吸热功率为 1 MW 的颗粒吸热器的实验测试。实验结果表明，在颗粒出口温度为 677 ℃时，吸热器的光热转换效率可以达到 90%[24]。总的来说，以固体颗粒为工质的塔式技术尚不成熟，正处在试验发展阶段。

1.4.3 线性菲涅耳式太阳能光热发电技术

线性菲涅耳式系统最初被作为一种用于替代槽式太阳能系统的低成本光热发电方案提出，可以看作将槽式系统的抛物面聚光镜分割成小块镜面后得到的，如图 1-1(c)所示。与槽式系统相比，线性菲涅耳式系统有明显的优点[8]。首先，线性菲涅耳式系统使用固定的吸热器，避免了使用高温移动、转动部件，因而可有效提升安全性；其次，线性菲涅耳式系统使用小型聚光镜，并且每个镜面单独跟踪，从而可减小支架和跟踪设备的尺寸，因而可降低成本；最后，线性菲涅耳式的聚光比和最高温度都可以比槽式更高，光电效率提升潜力更大。

在 2000 年之前，世界上没有建成的线性菲涅耳式太阳能光热发电系统，只有一些实验室级别的小型聚光集热实验装置[25-28]。进入 21 世纪之后，线性菲涅耳式技术获得了较快发展。现已建成的线性菲涅耳式系统大多采用直接产生蒸汽的吸热方式，即汇聚的太阳光能直接加热吸热器中的水产生蒸汽，并直接供给朗肯循环发电子系统，其系统原理与图 1-6 类似，只是将图 1-6 中的塔式聚光集热器替换成了线性菲涅耳式聚光集热器。此外，线性菲涅耳式系统的集热器也可以采用图 1-4 所示的三种连接方式进行串接。菲涅耳吸热器出口的蒸汽压力一般在 5～11 MPa，温度在 270～450 ℃的范围内[7,9]。

世界上第一座以水/蒸汽为吸热工质的线性菲涅耳式系统是 2000 年在比利时建成的聚光面积为 2500 m² 的 Solarmundo 聚光集热系统，其实验结果表明菲涅耳技术是可行的。在此之后，2004 年澳大利亚建成了装机容量 1 MW 的 Liddell I 电站，其蒸汽压力和温度分别为 6.9 MPa 和 285 ℃。2009 年和 2012 年，西班牙分别建成了 Puerto Errado 1 和 Puerto Errado 2 电站，二者的装机容量分别为 1.4 MW 和 30 MW，主蒸汽温度和压力分别为 270 ℃ 和 5.5 MPa。2014 年，印度建成了装机容量达 125 MW 的 Dhursar 电站，这也是世界上第一座装机容量超过 100 MW 的线性菲涅耳式电站。

由于太阳能具有间歇性，在晚上没有太阳时，以直接产生蒸汽的方式运行的菲涅耳系统就不能产生蒸汽，那么系统也就不能运行。此外，与槽式系统相比，线性菲涅耳式系统在一天中的能量聚光比变化较大，其会强烈影响电站运行的稳定性[29]。再者，由于在直接产生蒸汽的吸热方式下，吸热器的温度不能过高，目前所有已建成的线性菲涅耳式系统的吸热温度均在 450 ℃以下，大部分甚至低于 300 ℃。这是因为在直接蒸汽模式下，蒸汽在管内的对流换热能力有限，因此在线性菲涅耳式系统较低的聚光比下就难以将蒸汽加热到更高温度。

为解决上述问题，可将熔盐储热技术引入线性菲涅耳式系统中，这样既能保证系统在全天 24 小时中功率输出的稳定性，提升电站的调度性，又有机会将吸热器出口温度提升到 550 ℃左右，从而提升动力循环发电效率[30]。在使用熔盐储热系统的太阳能光热发电系统中，若同时将熔盐作为吸热器吸热工质，那么将省去大量大型熔盐换热设备，从而使系统得到简化。2019 年 12 月 31 日，我国在敦煌建成了世界上第一座以熔盐为吸热、储热工质的商业化线性菲涅耳式光热发电站。该电站装机容量为 50 MW，设计年发电量为 2.14 亿 kW·h。电站的聚光集热子系统由 80 列长 1100 m 的菲涅耳集热器组成，聚光器面积达 1270000 m²，吸热器进、出口温度分别为 290 ℃和 550 ℃。电站采用二元硝酸盐双罐储热，储热量可满足动力循环 15 小时满负荷运行，因而电站具备 24 小时持续发电能力。上述电站的成功运行表明，以熔盐为吸热、储热工质的线性菲涅耳式技术具有大规模商业化的潜力。

1.4.4 碟式太阳能光热发电技术

碟式太阳能光热发电系统最常用的发电循环是斯特林循环，系统主要构件包括抛物面碟式聚光器、吸热器、斯特林发动机和控制系统等，如图 1-9 所示。在系统运行过程中，首先，阳光被聚光器聚集到吸热器上并加热吸热器内的气体工质。接着，热工质推动膨胀活塞运动，从而驱动斯特林发动机做功，并带动发电机发电。

由于碟式聚光器的聚光比可以高达 3000 以上，斯特林循环高温热源温度通常在 800 ℃以上，可以获得较高的热功转换效率。此外，碟式光热发电系统的单机发电容量较小，一般在 5～25 kW，特别适用于分布式发电系统，因而碟式技术在分布式能源领域具有广阔的应用前景。

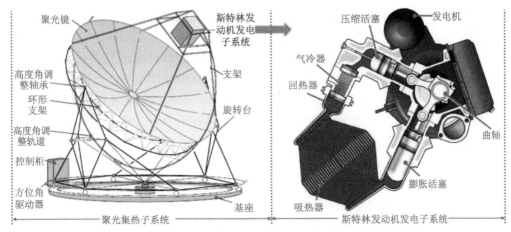

图 1-9　碟式太阳能光热发电系统原理图[31]

碟式光热发电技术的研究兴起于 20 世纪 70 年代末到 80 年代初。1982 年，美国在加州建造了单机最大功率为 25 kW 的碟式斯特林系统，其单机聚光镜面面积为 89 m²，运行温度达 1090 ℃，光电转换效率可达 29%[32]。由于碟式技术运行温度高，有望获得较高的光电转换效率，进入 21 世纪之后获得了较快发展。中国、美国、瑞典、德国、韩国、澳大利亚等国的科研机构均开展了碟式技术的研制工作，为碟式光热发电技术的发展和商业化应用积累了大量经验。

目前，全世界仅有几个已建成的碟式光热示范电站[8]。例如，2010 年，美国在亚利桑那州建成了由 60 套 25 kW 碟式斯特林系统组成的 Maricopa Solar 碟式电站，电站总装机容量达到了 1.5 MW，设计年平均光电转换效率为 26%。2012 年，美国在犹他州建成了由 429 套 3.5 kW 碟式斯特林系统组成的 Tooele Army Depot 电站，其总装机容量也达到了 1.5 MW。由于发电成本过高、系统故障较多等，目前这两个电站也都处在停运状态。

总之，由于诸多经济和技术难题尚未解决，碟式斯特林光热发电系统距离商业化运行仍有很长的路要走。

1.5　太阳能光热发电技术的相关政策与规划

虽然在过去 10 余年中，光热发电技术取得了长足进步，槽式、塔式、线性菲涅耳式技术已经实现了初步的商业化，但是目前光热发电技术的平准化度电成本(LCOE)仍然较高，阻碍了其更大规模的商业化应用。例如，全球 2020 年投运的光热电站的平均 LCOE 为 10.8 美分/(kW·h)，远高于光伏技术的 5.7 美分/(kW·h)和陆上风电 3.9 美分/(kW·h)的值[6]。为进一步降低光热发电成本，世界各国政府、产业界及研究机构对光热发电技术的投入力度正在不断加大。

在国内方面，2016 年 9 月中国国家能源局发布《国家能源局关于组织太阳能热发电示范项目建设的通知》，确定首批太阳能光热发电示范项目共 20 个，其中，塔式电站 9 座，槽式电站 7 座，菲涅耳式电站 4 座。总计装机容量 134.9 万 kW，地点分布在青海、甘肃、河北、内蒙古和新疆地区。2016 年 12 月 8 日,国家能源局进一步印发了《太阳能发展"十三五"规划》[33],明确提出了按照"统筹规划、分步实施、技术引领、产业协同"的发展思路,逐步推进太阳能热发电产业进程,并积极推动 1500 MW 左右的示范项目建设。2021 年 8 月 10 日,国家发改委、国家能源局印发《关于鼓励可再生能源发电企业自建或购买调峰能力增加并网规模的通知》,鼓励发电企业通过自建或购买包括光热电站、抽水蓄能、化学储能电站等在内的调峰储能能力,增加可再生能源发电装机并网规模。在国家政策的支持下,我国在光热发电技术研发和商业化示范电站建设方面取得了很大进展。

此外,目前国内科研机构也正在开展下一代光热发电前沿技术的研究工作。2019 年 6 月 26 日,科技部正式启动了国家重点研发计划"超临界 CO_2 太阳能热发电关键基础问题研究"项目。项目召集了中国科学院电工研究所、西安交通大学(本书作者团队)、清华大学、浙江大学和西安热工研究院有限公司等 18 家单位的行业优势力量共同承担项目攻关任务。该项目将针对太阳能光热发电提高效率与降低成本的需求,研究超临界 CO_2 太阳能光热发电的聚光、集热、储热、发电部分关键器件及系统集成理论和方法。项目下设 5 个课题,拟解决的关键科学问题主要包括:高温高效吸热器设计理论与方法、储热放热模式对系统性能的影响机理、超临界 CO_2 与透平热功转换过程的相互作用机制等。上述国家级项目的开展,有望为下一代光热发电的技术进步贡献力量。

在美国方面,美国能源部在 2011 年提出了 SunShot 计划,希望将包括光热发电在内的太阳能发电的 LCOE 降低到 6 美分/(kW·h)。自 2011 年 SunShot 计划推出以来,其资助了光热发电领域的聚光集热器、吸热器、储热器和动力循环子系统等各方面的研究工作。2017 年,美国能源部召集其国内主要的研究机构和企业,根据吸热工质的不同,规划出三条分别以熔盐、固体颗粒和气体为吸热工质的下一代光热发电技术的技术路线[34]。与此同时,美国能源部还将超临界二氧化碳布雷顿循环选为提高光热发电系统热电转换效率的关键技术方案,目前正在进行集中技术攻关。美国能源部认为,上述三条路径都有希望实现 SunShot 的成本目标,但都还存在技术性、经济性或可靠性方面的问题。目前,美国能源部每年都划拨数千万美元的专门资金用于资助下一代光热技术的开发、建造和测试。例如,2021 财年美国能源部资助了 13 个光热发电研究项目,总金额达 2500 万美元,此外还资助了三个高温热能泵送与存储项目,总金额为 400 万美元[16]。

欧盟方面,在欧盟地平线 2020 计划的资助下,来自欧盟 6 个成员国的 9 个光热发电研究机构和公司于 2017 年 10 月成立了太阳能光热发电合作促进组织(MUSTEC)。该组织旨在根据欧盟 2030 年气候与能源框架,针对在南欧发展光热发电项目所面临的各种障碍,探索并提出具体的解决方案,从而实现向中欧和北欧国家提供可再生的电力。太阳能光热发电合作促进组织中的合作伙伴将综合考量光热发电在电力市场的价值和相关的经济、环境效益,并通过以下方式支持光热技术在欧洲的发展和商业化。一是,根据欧盟 2030 年及以后的能源和气候目标,确定阻碍光热技术发展和限制其在欧洲商业化的关键因素;二是,找出光热发电技术进步的关键驱动因素及其在电力系统中所处的合理生态位,从而使得欧洲内部的光热发电产业可为欧洲电力系统的脱碳、稳定和一体化发挥重要作用;三是,提出具体的政策解决方案,以克服光热发电技术已明确的障碍,并为欧洲光热发电的发展创造必要的有利条件。

综上所述，从各主要国家和地区的研发动态来看，尽管光热发电技术还处在商业化的初期，存在初投资大、发电成本高的缺点，但是各国政府和业界正在联合采取措施推动其技术进步、降低成本、加快商业化的进程。随着研究的不断深入，应用市场的不断扩大，以及新技术、新材料和新工艺的不断涌现，光热发电站的造价和发电成本有望大幅度降低。同时，在化石能源日益匮乏、环境问题日益严重的背景下，光热发电技术将会日益凸显其社会经济性和合理性。因此，我们有理由相信光热发电技术具有光明的发展前景。

1.6　本书要点介绍

本书重点介绍作者团队 10 余年来围绕太阳能光热发电系统关键热力过程和部件(包括聚光、集热、储热、热功动力循环等)所开展的基础理论研究及其应用实践，同时给出太阳能光热发电系统一体化整体建模和分析的一些实用方法及案例。本书共 8 章，并按照光能-热能-机械能-电能转换过程顺序展开。第 1 章介绍了我国太阳能资源以及太阳能利用的主要途径，重点对太阳能光热发电四种技术路线(槽式、塔式、线性菲涅耳式、碟式)的工作原理、技术发展历程等做了详细介绍，对全世界不同国家对太阳能光热发电技术的相关政策和规划做了介绍。第 2 章介绍了太阳辐射与太阳能聚光器设计原理。第 3 章应用蒙特卡罗光线追迹法对聚光器光学性能进行分析，同时提出了"按流均光"的光场调控思想，并基于此介绍了如何均化多种吸热器上的非均匀能流分布的举措。第 4 章对太阳能吸热器内复杂耦合换热过程及其建模进行研究，提出了蒙特卡罗光线追迹法和有限容积法相耦合的模拟方法，并采用该方法对典型的槽式、塔式、线性菲涅耳式、碟式吸热器的建模过程及其耦合传热特性进行了详细分析研究，在此基础上，为削弱非均匀能流带来的不利影响，提出了以"以光定流"为核心的吸热器流场-光场协同调控思想，并举例说明了如何基于此来优化多种吸热器的性能。第 5 章发展了面向工程应用的吸热器光-热-力耦合特性的快速预测模型，对腔体式和外露式两种典型吸热器的光-热-力耦合特性进行了详细分析研究，并提出了几种吸热器性能优化的途径和方法。第 6 章先以固体储热器为例，介绍了显热储热过程的数值建模方法及其在储热器结构优化中的应用；然后，围绕壳管式相变储热器，由浅入深详细介绍了面向不同应用需求的一维、二维和三维数值建模方法；最后，介绍填充床相变储热器的建模方法和相变储热装置性能评价指标，并基于此对不同结构的填充床相变储热器性能进行综合评价。在前 6 章研究的基础上，第 7 章以塔式太阳能集热与新型超临界 CO_2 动力循环耦合系统为例，介绍了太阳能光热发电系统光-热-功一体化整体系统建模方法，探讨了关键运行参数对太阳能光热发电系统性能的影响规律，构建了系统综合性能评价体系，并介绍了该评价体系在循环形式筛选、工质选配等方面的应用实例。第 8 章对太阳能光热发电技术的未来发展方向做了展望和预测。书末，我们还附有供读者查阅的详细资料目录(附录 A)，以及考虑到读者学习过程中的需要，公布了作者编写的三个程序代码，分别是槽式聚光器光学性能模拟的 MCRT 程序及 MCRT-FVM 耦合处理(附录 B)、壳管式储热器内二维固-液相变过程仿真子程序(附录 C)以及典型超临界 CO_2 热力循环的模拟程序(附录 D),以便帮助学习者更快地掌握。

参 考 文 献

[1] bp Energy Economics. bp Statistical Review of World Energy 2021[R]. London: bp Energy Economics, 2021.

[2] bp Energy Economics. bp Energy Outlook 2020[R]. London: bp Energy Economics, 2020.

[3] Blanco M J, Santigosa L R. Advances in Concentrating Solar Thermal Research and Technology[M]. London: Joe Hayton, 2017.

[4] 国家能源局. 我国太阳能资源是如何分布的[DB/OL]. [2014-08-03]. http://www.nea.gov.cn/2014-08/03/c_ 133617073.htm. .

[5] 中国气象局风能太阳能资源中心. 2014 年中国风能太阳能资源年景公报[R]. 北京: 中国气象局, 2014.

[6] IRENA. Renewable Power Generation Costs in 2021[R]. Abu Dhabi: International Renewable Energy Agency, 2022.

[7] He Y L, Wang K, Qiu Y, et al. Review of the solar flux distribution in concentrated solar power: Non-uniform features, challenges, and solutions[J]. Applied Thermal Engineering, 2019, 149: 448-474.

[8] 何雅玲, 王坤, 杜保存, 等. 聚光型太阳能热发电系统非均匀辐射能流特性及解决方法的研究进展[J]. 科学通报, 2016, 61(30): 3208-3237, 3289-3290.

[9] He Y L, Qiu Y, Wang K, et al. Perspective of concentrating solar power[J]. Energy, 2020, 198: 117373.

[10] He Y L, Xiao J, Cheng Z D, et al. A MCRT and FVM coupled simulation method for energy conversion process in parabolic trough solar collector[J]. Renewable Energy, 2011, 36(3): 976-985.

[11] 何雅玲, 杜保存, 王坤, 等. 太阳能腔式熔盐吸热器随时空变化的光-热-力耦合一体化方法、机理分析及其失效准则研究[J]. 科学通报, 2017, (36): 4308-4321.

[12] Qiu Y, Li M J, Wang K, et al. Aiming strategy optimization for uniform flux distribution in the receiver of a linear Fresnel solar reflector using a multi-objective genetic algorithm[J]. Applied Energy, 2017, 205: 1394-1407.

[13] Cui F Q, He Y L, Cheng Z D, et al. Modeling of the dish receiver with the effect of inhomogeneous radiation flux distribution[J]. Heat Transfer Engineering, 2014, 35(6-8): 780-790.

[14] Qiu Y, Li M J, Li M J, et al. Numerical and experimental study on heat transfer and flow features of representative molten salts for energy applications in turbulent tube flow[J]. International Journal of Heat and Mass Transfer, 2019, 135: 732-745.

[15] 何雅玲, 王文奇, 邱羽, 等. 熔盐在复杂换热结构内的对流换热特性实验研究及进展[J]. 科学通报, 2019, 64(Z2): 3007-3019.

[16] 国家太阳能光热产业技术创新战略联盟. 2021 中国太阳能热发电行业蓝皮书[R]. 北京: 国家太阳能光热产业技术创新战略联盟, 2022.

[17] Zarza E, Valenzuela L, León J, et al. Direct steam generation in parabolic troughs: Final results and conclusions of the DISS project[J]. Energy, 2004, 29(5-6): 635-644.

[18] Baum V, Aparasi R, Garf B. High-power solar installations[J]. Solar Energy, 1957, 1(1): 6-12.

[19] 张耀明, 王军, 张文进, 等. 太阳能热发电系列文章(2)塔式与槽式太阳能热发电[J]. 太阳能, 2006, (2): 29-32.

[20] Pacheco J E, Bradshaw R W, Dawson D B, et al. Final Test and Evaluation Results from the Solar Two Project[R].No. SAND2002-0120, Albuquerque, NM: Sandia National Laboratories, 2002.

[21] Ávila-Marín A L. Volumetric receivers in solar thermal power plants with central receiver system technology: A review[J]. Solar Energy, 2011, 85(5): 891-910.

[22] Sedighi M, Padilla R V, Taylor R A, et al. High-temperature, point-focus, pressurised gas-phase solar receivers: A comprehensive review[J]. Energy Conversion and Management, 2019, 185: 678-717.

[23] Korzynietz R, Brioso J A, del Río A, et al. Solugas—Comprehensive analysis of the solar hybrid Brayton plant[J]. Solar Energy, 2016, 135: 578-589.

[24] Mills B, Ho C K. Simulation and performance evaluation of on-sun particle receiver tests [C]. AIP Conference Proceedings, 2019, 2126(1): 030036.

[25] Goswami R P, Negi B S, Sehgal H K, et al. Optical designs and concentration characteristics of a linear Fresnel reflector solar concentrator with a triangular absorber[J]. Solar Energy Materials, 1990, 21(2-3): 237-251.

[26] Mathur S S, Negi B S, Kandpal T C. Geometrical designs and performance analysis of a linear Fresnel reflector solar concentrator with a flat horizontal absorber[J]. International Journal of Energy Research, 1990, 14(1): 107-124.

[27] Sootha G D, Negi B S. A comparative-study of optical designs and solar flux concentrating characteristics of a linear Fresnel reflector solar concentrator with tubular absorber[J]. Solar Energy Materials and Solar Cells, 1994, 32(2): 169-186.

[28] Feuermann D, Gordon J M. Analysis of a two-stage linear Fresnel reflector solar concentrator[J]. Journal of Solar Energy Engineering, 1991, 113(4): 272-279.

[29] 邱羽. 离散式聚光型太阳能系统光热特性分析与性能优化及新型聚光集热技术研究[D]. 西安: 西安交通大学, 2019.

[30] Qiu Y, He Y L, Cheng Z D, et al. Study on optical and thermal performance of a linear Fresnel solar reflector using molten salt as HTF with MCRT and FVM methods[J]. Applied Energy, 2015, 146: 162-173.

[31] Hafez A Z, Soliman A, El-Metwally K A, et al. Solar parabolic dish Stirling engine system design, simulation, and thermal analysis[J]. Energy Conversion and Management, 2016, 126: 60-75.

[32] 崔福庆. 太阳能聚光集热系统光捕获与转换过程的光热特性及性能优化研究[D]. 西安: 西安交通大学, 2013.

[33] 国家能源局. 太阳能发展 "十三五" 规划[R]. 北京: 国家能源局, 2016.

[34] Mehos M, Turchi C, Vidal J, et al. Concentrating Solar Power Gen3 Demonstration Roadmap[R]. NREL/TP-5500-67464, Golden, CO: National Renewable Energy Laboratory, 2017.

第 2 章 太阳辐射与太阳能聚光器设计原理

太阳是地球上万物生长的能量来源，也是太阳能利用的能量基础。虽然太阳照射到地球的总辐射能很大，但是地面接收到的平均辐照度却很低。例如，地表接收到的太阳法向直射辐照度(direct normal irradiance，DNI)仅有 1 kW·m^{-2} 左右。在太阳能利用系统，尤其是基于热力循环的太阳能光热发电系统中，提高吸热器表面的能流密度可以提高热力循环工质的运行温度，从而有效提高发电系统的发电效率。为了提高吸热器上的能流密度，需要采用聚光装置将低值的太阳辐射汇聚到吸热器上。在太阳能光热发电系统中，聚光器型式多样、结构复杂，对其聚光特性的分析与聚光性能的优化是一项十分重要的工作。本章将依次介绍太阳辐射特性、聚光器概述、聚光器光学设计原理。

2.1 太阳辐射概述

2.1.1 太阳与太阳能

太阳是一颗主要由氢和氦组成的恒星，其直径相当于地球直径的 109 倍，达到了约 1.392×10^6 km；其质量约为地球质量的 33 万倍，达到了约 1.99×10^{27} t。太阳上随时都进行着剧烈的核聚变反应，在反应中氢聚变成氦并释放出巨大的能量，从而使太阳变成了一个火球，其表面的有效温度达到了 5762 K。在这样的高温下，太阳每秒以电磁波的形式向宇宙空间辐射的能量功率达到了约 3.9×10^{23} kW。太阳辐射能中的约二十亿分之一会到达地球大气层外边界，这部分辐射功率高达 1.73×10^{14} kW。在经过大气层的衰减后，约 8.5×10^{13} kW 的辐射功率将抵达地球表面，这样巨大的能量远远超过了人类的能源需求。

太阳常数(I_{sc})是指在日地平均距离(1.496×10^8 km)时，大气层上界垂直于太阳光线的单位面积每秒钟接收的太阳辐射能，世界气象组织仪器和观测方法委员会给出的建议值为 1367 W·m^{-2}。地球的公转周期为 1 年，在 1 年中日地距离会随时间不断变化，每年的近日点在 1 月初，此时的地日距离约为 1.471×10^8 km，而每年的远日点在 7 月初，此时的地日距离约为 1.521×10^8 km。地日距离的变化导致阳光垂直入射在大气上界的辐照度(I_0)也会在一年中略微波动，其波动幅度不超过 3.4%。在大多数工程应用中可采用式(2-1)

计算 I_0。若需要更高的计算精度，可采用式(2-2)进行计算，误差在±0.01%之内[1]，式(2-2)中 B 的计算式参见式(2-3)。

$$I_0 = I_{sc} \cdot \left[1 + 0.033\cos\left(\frac{2N_{day}\pi}{365}\right) \right] \tag{2-1}$$

$$I_0 = I_{sc} \cdot (1.00011 + 0.034221\cos B + 0.00128\sin B \\ + 0.000719\cos 2B + 0.000077\sin 2B) \tag{2-2}$$

$$B = 2\pi(N_{day} - 1)/365 \tag{2-3}$$

式中，N_{day} 为一年中以 1 月 1 日为起点的日期序号。

2.1.2 大气对太阳辐射的衰减

太阳辐射的电磁波覆盖了整个光谱范围。通常，人们将大气层外的太阳辐射按照波长大小排列而成的光带图，称为太阳光谱。太阳光谱可分为紫外区、可见光区和红外区，波长范围由 0.1 nm 到几十千米。

太阳光谱覆盖了很宽的波长范围，但是各个波长的辐射能占总辐射能的份额却各不相同。图 2-1 给出了典型的太阳辐射光谱图，可以看到，在波长 200～2600 nm 范围内，太阳辐射占据了几乎全部的太阳辐射能量。对大气层外的太阳辐射而言，可见光波段、红外波段和紫外波段所占能量比例约为 48.0%、45.6% 和 6.4%，光谱辐照度的峰值位于蓝色光波段，对应的波长为 475 nm[2]。

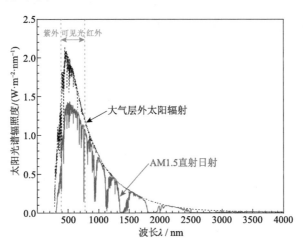

图 2-1 ASTM G173-03 标准太阳辐射光谱图

太阳辐射在穿过地球大气层时会受到大气层中的气体分子、水气和尘埃的散射作用以及氧、臭氧、水和 CO_2 等的吸收作用，因此到达地面的太阳直接辐射与大气层上界的辐射相比会发生显著衰减。不同的大气组分对阳光产生衰减作用的波段也各不相同。例如，X 射线($\lambda < 10$ nm)和紫外线(10 nm$< \lambda <$ 315 nm)等短波光会被高层大气中的氮、氧和臭

氧吸收和散射，而大气中的水分子和 CO_2 会吸收可见光和部分红外线。经过大气衰减之后，地面接收到的总太阳辐射将少于大气层外的太阳辐射，并可以分成直射日射和散射日射两个部分。其中，日面发出的太阳辐射在从大气层外到地面的传播过程中，没有改变方向的部分称为直射日射，由于太阳的视直径仅为 ~32′，因而这部分光线之间的最大不平行半角 (δ_{sr}) 为 ~16′[3]；而被大气层反射和散射后方向发生过改变的辐射称为散射日射。在后文中，若无特殊说明，所提到的直射日射是指最大不平行半角 (δ_{sr}) 为 16′ 的地表太阳辐射。

需要注意的是，在一些工程实际测量中，直射日射定义为从日面及其周围一小立体角内发出的辐射，并由视场角约为 6° 的仪器进行测定。因此，它既包括了直射辐射，又包括了日面周围的部分散射辐射，即环日辐射。图 2-1 给出了大气光学质量为 1.5(AM1.5)时的标准地表直射日射，测量中阳光垂直照射在受光面上，仪器的视场角为 5.5°。

2.1.3　地面直射辐射强度计算

在聚光太阳能系统中，聚光器几乎只能汇聚直射日射，而不能汇聚方向杂乱的太阳散射辐射。照射到地面的直射日射的一个重要参量是 DNI，其定义为直射日射在与辐射光束垂直的平面上的辐射强度。下面将着重介绍 DNI 的计算方法。

首先，引入一个称为大气光学质量 (m) 的无量纲量，其定义为阳光穿过大气的路径长度与阳光在天顶方向入射时穿过大气的路径长度之比[4]。同时，假定在气温为 0 ℃ 和标准大气压(101325 Pa)的条件下，海平面上垂直入射的阳光的大气光学质量为 1，即如图 2-2 中所示的太阳光线路径为 **OG** 时的情况。图中 **O** 和 **O′** 均为大气上界面上的点，**G** 为海平面上的一点。根据三角函数关系，当阳光穿过任意大气上界位置 **O′** 点时，海拔为 0 m 处的大气光学质量 (m_0) 可近似采用式(2-4)计算。

$$m_0 = \frac{\boldsymbol{O'G}}{\boldsymbol{OG}} = \frac{1}{\sin\alpha_s} \tag{2-4}$$

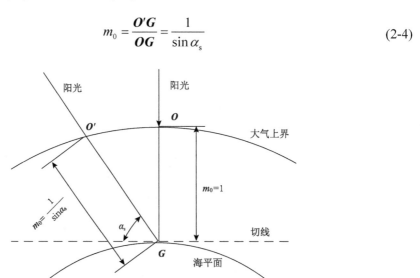

图 2-2　大气光学质量示意图

在式(2-4)的推导过程中假设了地表为平面,忽视了地球曲率与大气折射等因素的影响。因此,当太阳高度角 $\alpha_s \geqslant 30°$ 时,式(2-4)对大气光学质量的预测结果比较准确,预测值与测量值相差在 0.01 以内;然而,当 $\alpha_s < 30°$ 时,由于地球曲率与大气折射等因素的影响增大,式(2-4)的计算结果将变得不准确。因此,为考虑大气折射和地面曲率的影响,在聚光太阳能工程计算中,海拔为 0 m 处的大气光学质量(m_0)可采用式(2-5)进行计算[5]。随着海拔升高,一方面,阳光穿过大气的路径长度会逐渐缩短,另一方面,气压会逐渐降低,大气的折射影响也就跟着发生变化,因此与海拔为 0 m 时相比,高海拔地区的大气光学质量会相对减小。为考虑海拔的影响,海拔为 h 处的大气光学质量(m_h)可采用式(2-6)进行计算[5]。

$$m_0 = \sqrt{1229 + \left(614\sin\alpha_s\right)^2} - 614\sin\alpha_s \tag{2-5}$$

$$m_h = \left(\frac{288 - 0.0065h}{288}\right)^{5.256} \cdot m_0 \tag{2-6}$$

接着,在晴天无云天气下,地表接收到的直射日射除了受大气光学质量的影响外,还会受到大气的散射和吸收作用的影响。鉴于此,进一步引入另一个参数,即大气透明度系数(τ)来综合考虑上述因素造成的影响。τ 的定义为地面的 DNI 与 I_0 之比。在晴朗无云天气下,可以将 τ 拟合为关于大气光学质量(m_h)的经验关联式(2-7)[6]。在获得 τ 之后,即可采用式(2-8)来计算经大气衰减后到达地面的 DNI。

$$\tau = 0.56\left(e^{-0.56m_h} + e^{-0.095m_h}\right) \tag{2-7}$$

$$\mathrm{DNI} = I_0 \cdot \tau \tag{2-8}$$

式中,I_0 为采用式(2-1)或(2-2)修正后的值。

最后,介绍一种可以估算任意地点晴朗天气条件下 DNI 的计算公式,如式(2-9)所示[7]。

$$\mathrm{DNI} = I_0 \cdot \frac{\sin\alpha_s}{\sin\alpha_s + 0.33} \tag{2-9}$$

式中,α_s 为太阳高度角。

2.1.4 太阳角

1. 太阳时角

地球在绕地轴自西向东做自转运动的同时也绕太阳做公转运动,对于地球上的观察者来说,总是可以看到太阳在一天中东升西落。如果将太阳的视圆面中心作为参考点,日地中心连线连续两次与某地经线相交的时间间隔就被称为真太阳日,其时间周期约为 24 小时。某一时刻太阳相对地面观测者的视旋转角度称为太阳时角(ω),并规定上午时角为负值,下午时角为正值,其计算方法参见式(2-10),式中的 t_s 为当地的真太阳时。真太阳时(t_s)采用 24 小时制并以当地太阳位于正南方向时为正午 12 时，其可以通过对当地钟表时间(t)进行修正得到，如式(2-11)所示[8]。

$$\omega = 15 \cdot (t_s - 12) \tag{2-10}$$

$$t_s = t - \frac{\psi_z - \psi}{15} + \frac{E}{60} \tag{2-11}$$

$$E = 229.2 \times (0.000075 + 0.001868\cos B - 0.032077\sin B \\ - 0.014615\cos 2B - 0.04089\sin 2B) \tag{2-12}$$

式中，ψ_z 为钟表时间所对应时区的标准经度，如中国所有地区所用的钟表时间对应的都是东八区的标准经度 120°；ψ 为当地经度；当所计算地点位于东半球时经度为正数，反之为负数；B 由式(2-3)计算。

2. 赤纬角

赤纬角(δ)是指地球赤道平面与日地中心连线之间的夹角。由于地球自转轴与公转椭圆轨道平面(黄道平面)的夹角固定为 66°33′，因而当地球在一年中绕太阳公转时，赤纬角就会不断变化，其变化范围为±23°27′。赤纬角是地球绕太阳公转造成的特殊现象，它使得地球上在公转轨道的不同位置接收到不同方向的入射阳光。例如，在北半球夏至日(6 月 20～22 日)正午时，阳光直射点位于北回归线，即北纬 23°27′；而在冬至日(12 月 21～23 日)正午时，阳光直射点位于南回归线，即南纬 23°27′；春分及秋分日正午时，阳光直射在赤道上。在大多数工程设计中，一年之中不同日期的赤纬角(δ)可由式(2-13)近似计算得到。此外，也可采用精度更高的式(2-14)进行计算，该式精度达到了 0.035°[8]。

$$\delta = 23.45° \sin\left(360° \times \frac{284 + N_{day}}{365}\right) \tag{2-13}$$

$$\delta = (180/\pi)(0.006918 - 0.399912\cos B + 0.070257\sin B - 0.006758\cos 2B \\ + 0.000907\sin 2B - 0.002697\cos 3B + 0.00148\sin 3B) \tag{2-14}$$

3. 太阳高度角

太阳高度角(α_s)是指某地某时刻太阳光线入射方向与该地地平面之间的夹角，如图 2-3 所示，其值可由式(2-15)进行计算[9]。

$$\alpha_s = \begin{cases} \arcsin(\varepsilon_\alpha), & 0 < \varepsilon_\alpha < 1 \\ \pi/2, & \varepsilon_\alpha \geqslant 1 \\ 0, & \varepsilon_\alpha \leqslant 0 \end{cases}, \quad \varepsilon_\alpha = \sin\varphi\sin\delta + \cos\varphi\cos\delta\cos\omega \tag{2-15}$$

式中，φ、δ、ω 分别为纬度、赤纬角、时角；ε_α 为无量纲变量。

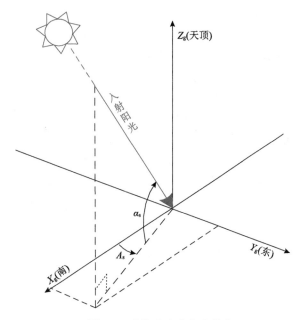

图 2-3　太阳高度角与方位角

4. 太阳方位角

太阳方位角(A_s)指太阳入射光线在地平面上的投影与当地正南方向之间的夹角，如图 2-3 所示。同时规定光线从偏东方向入射时，A_s 为正，反之为负。A_s 可由式(2-16)计算得到[9]。

$$A_s = \begin{cases} \arccos(\varepsilon_A), & \omega \leqslant 0, \quad -1 < \varepsilon_A < 1 \\ -\arccos(\varepsilon_A), & \omega > 0, \quad -1 < \varepsilon_A < 1 \\ 0, & \varepsilon_A \geqslant 1 \\ \pi, & \varepsilon_A \leqslant -1 \end{cases}, \quad \varepsilon_A = \frac{\sin\alpha_s \sin\varphi - \sin\delta}{\cos\alpha_s \cos\varphi} \quad (2\text{-}16)$$

式中，φ、δ、ω 分别为当地纬度、赤纬角、时角；ε_A 为无量纲变量。

2.2　太阳能聚光器概述

2.2.1　聚光器与聚光比

在太阳能光热发电(solar thermal power, STP)系统中，聚光器组件通过反射或折射的方式将太阳辐射聚集到吸热面或吸热体上，从而提高了吸热面上的能流密度。由于太阳视直径约为 32′，其发射的阳光是不平行的，同时聚光器存在加工形面误差和跟踪误差，故在太阳能聚集的过程中会形成一个太阳像。聚光器的作用就是将此太阳像投射到吸热器上。根据太阳辐射的特点可知，聚光器几乎仅对直射太阳辐射有聚集效果，不能汇聚散射太阳辐射。

聚光比是表征聚光器性能的重要参数之一。就其定义的不同，聚光比可分为几何聚光比(geometric concentration ratio)、能量聚光比(flux concentration ratio)和局部聚光比(local concentration ratio, LCR)，参见图 2-4。几何聚光比(C)是指聚光器采光口面积(A_a)与吸热器表面积(A_r)之比，如式(2-17)所示。举例来说，对图 2-4 所示的二维聚光器而言，其 C 值为 W_a/W_r。在工程中，一般也将几何聚光比简称为聚光比。能量聚光比(C_F)是指吸收器接收到的平均太阳辐射能流密度(q_{avg})与聚光器采光口处的 DNI 之比，如式(2-18)所示。局部聚光比定义为吸热器上某点的局部太阳辐射能流密度(q_l)与 DNI 之比，如式(2-19)所示。在实际应用中，几何聚光比的概念应用得更为广泛。

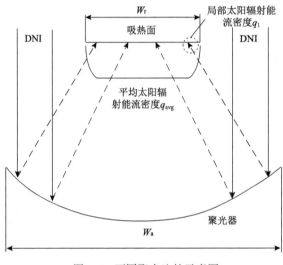

图 2-4　不同聚光比的示意图

$$C = A_a / A_r \tag{2-17}$$

$$C_F = q_{avg} / \mathrm{DNI} \tag{2-18}$$

$$\mathrm{LCR} = q_l / \mathrm{DNI} \tag{2-19}$$

根据热力学第二定律可知，太阳能聚光器的最大几何聚光比受聚光器最大采光半角(θ_c)限制[10]。二维线聚焦聚光器(槽式等)与三维点聚焦聚光器(碟式、塔式等)的最大几何聚光比可分别按式(2-20)和(2-21)计算[10]。

$$C_{2D,max} = 1/\sin\theta_c \tag{2-20}$$

$$C_{3D,max} = 1/\sin^2\theta_c \tag{2-21}$$

对于理想聚光器而言，其最大采光半角为太阳视半径($\delta_{sr} = 16'$)。将 δ_{sr} 代入式(2-20)和(2-21)中可以发现，二维线聚焦聚光器与三维点聚焦聚光器几何聚光比的理论上限分别约为 215 和 46000。在实际工程应用中，由于聚光比的大小还受聚光器设计方法、制造工艺、是否采用跟踪及天气灰尘条件等的直接影响，因而实际聚光器的聚光比一般远小于理论值。

在太阳能光热发电系统中，聚光系统的选择应同时考虑系统光学及热学特性。聚光方式，尤其是聚光比的选择应与具体热利用温度范围相匹配。既要保证一定的聚光倍数以使系统高效稳定运行，又要避免聚光比选择过高使得系统运行温度超出设计上限，危害系统安全。

2.2.2 聚光器的分类

在太阳能光热发电系统设计中，聚光器的选择和设计是极为重要的一个环节。下面首先介绍太阳能光热发电系统中常见的聚光器类型。

聚光器的种类很多，参见图 2-5 所示。按照对入射太阳光的聚集方式不同，大体可分为反射式和折射式两种类型。反射式聚光器使用反射镜面和涂层通过反射方式将太阳辐射聚集到辐射吸收面，折射式聚光器通过透镜将入射太阳辐射折射到辐射吸收面。目前常见的反射式聚光器包括：抛物面槽式聚光器、抛物面碟式聚光器、复合抛物面聚光器(compound parabolic concentrator，CPC)、塔式定日镜场聚光器、线性菲涅耳式聚光器(linear Fresnel reflector, LFR)等。折射式聚光器的典型代表为菲涅耳透镜和凸透镜。此外，还有将反射与透射相结合的聚光方式，例如，CPC 与菲涅耳透镜组合而成的热光伏系统的聚光组件等。

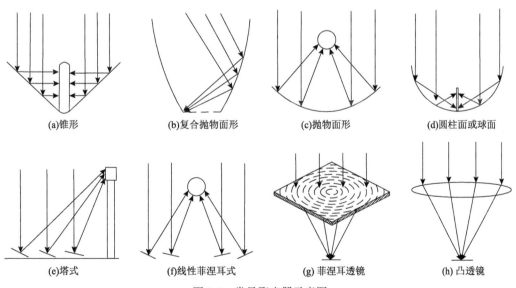

(a)锥形　　(b)复合抛物面形　　(c)抛物面形　　(d)圆柱面或球面

(e)塔式　　(f)线性菲涅耳式　　(g)菲涅耳透镜　　(h) 凸透镜

图 2-5　常见聚光器示意图

此外，按聚光器结构和光斑形状的不同，可把聚光器分为将太阳光聚集为点状光斑的三维点聚光器以及将太阳光聚集成线状光斑的二维线聚光器。三维点聚光器一般设计为中心对称形式，应用在要求高聚光比的场合，如碟式和塔式热发电系统。二维线聚光器为轴对称形式，一般应用在中等工作温度场合。表 2-1 列出了几种典型聚光器的聚光比与运行温度。

表 2-1 几种典型聚光器的聚光比与运行温度[11]

聚光器形式		聚光比范围	工作运行温度/℃
三维点聚光器	抛物面碟式聚光器	500～3000	500～2000
	塔式定日镜场聚光器	1000～3000	500～2000
	点聚焦菲涅耳透镜	50～1000	300～1000
二维线聚光器	抛物面槽式聚光器	15～50	200～550
	线性菲涅耳式聚光器	6～50	100～550
	复合抛物面聚光器	3～10	100～150
	线聚焦菲涅耳透镜	3～50	60～150

2.2.3 聚光器的材料

聚光方式的不同导致聚光器材料选择的侧重点也不同。对于反射式聚光器而言，主要考虑反射面或反射涂层的反射率，而折射式聚光器主要考虑透镜的折射率和透射率。常见的反射与折射材料及其光学参数参见表 2-2[12]。

表 2-2 常见聚光材料及其光学特性[12]

材料类别	名称	透射率或反射率
反射材料	电解光辉法制铝镜面	0.85
	喷涂铝面反射镜面	0.89
	高纯铝表面	0.91
	抛光铝表面	0.94
	镀银玻璃镜面	0.94
	真空镀铝聚酯薄膜	0.85～0.86
	不锈钢抛光表面	0.6
折射材料	普通玻璃	0.87
	超白浮法玻璃	0.90～0.96
	有机玻璃	0.92
	聚氟乙烯	0.92～0.94
	聚四氟乙烯	0.92
	聚酯树脂薄膜	0.85
	聚碳酸酯薄膜	0.89

金属材料一般都具有较高的反射率，是合适的反射式聚光器材料。例如，精磨的金属板表面、金属薄膜和镀膜，反射率都能达到 0.88～0.98。对于折射式聚光器而言，由

于透镜表面反射和透镜本身对太阳辐射的吸收作用，太阳光也不能 100%透过透镜。目前，制造透镜的常用材料包括含铁量低、纯净度好的超白浮法玻璃和有机玻璃(聚甲基丙烯酸甲酯)等。

由材料的光学特性可知，聚光器的反射率和透射率都随入射太阳辐射波长变化而变化。如图 2-6 所示，金属一般都具有较高的反射率，但某些波长下其反射率会很低。例如，金、银的反射率一般都超过 0.95。但在波长 500 nm 以下，金的反射率很低，最低只有 0.2。而银的反射率在波长 320 nm 以下也很低，最低接近 0。同样如图 2-7 所示，透镜材料的透射率也会随波长变化而变化。为实际应用方便，一般需要在入射波长范围内对标准太阳光的反射率或透射率进行积分平均，从而得到材料对阳光的平均反射率或透射率。

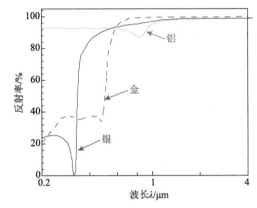

图 2-6　典型材料反射率随波长变化图

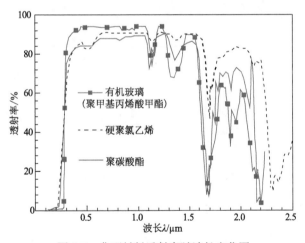

图 2-7　典型材料透射率随波长变化图

在太阳能光热发电技术中，所采用的聚光器大多为反射式聚光器。高性能的反射式聚光器需要用高性能的反光材料来制作反射面。聚光器对反光材料特性的要求有以下几点：①在太阳辐射波段范围内，具有较高的反射率；②在长期紫外辐射下，反射率衰减很小；③具有较高的强度；④制作工艺简便，成本低廉。综合比较各种反射材料的光学性质可以看出，铝和银都是合适的选项。

目前，太阳能光热发电技术中广泛采用的聚光器主要为玻璃背面反射镜，其可分为单片玻璃反射镜和复合玻璃反射镜。单片玻璃反射镜从上到下一般包括 3~6 mm 厚的玻璃基体、几十纳米厚的镀银或镀铝反射层、多层保护层，其对阳光的反射率可达 92%~94%。复合玻璃反射镜从上到下一般包括 0.9~2 mm 厚的玻璃基体、几十纳米厚的镀银或镀铝反射层、多层保护层、由玻璃或金属等材料制成的背板。由于玻璃基体越薄，其对阳光的衰减越小，因而复合玻璃反射镜对阳光的反射率可以达到 94%以上。

2.3　聚光器光学设计原理

2.3.1　抛物面槽式与碟式聚光器

　　槽式与碟式太阳能光热发电系统通常采用抛物面型的聚光器[3,11,13]，图 2-8(a)、(b) 分别给出了槽式及碟式聚光器的实物图。槽式聚光器采用二维柱面抛物面，将太阳辐射反射到置于焦线上的太阳辐射吸收装置上；碟式聚光器采用三维旋转抛物面，太阳辐射吸收装置置于抛物面的焦点处。两种聚光器均利用抛物镜面对太阳辐射的汇聚作用，达到提高吸收器辐射能流密度水平的目的，其几何聚光比 C 与边缘角 θ_{rim} 和吸热器的几何形状有关。下面分别介绍二维抛物面槽式聚光器和三维旋转抛物面碟式聚光器的基本原理和设计方法。

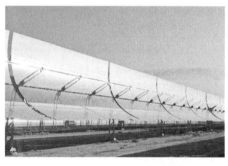
(a)槽式

(b)碟式

图 2-8　槽式及碟式聚光器实物图

1. 平面吸热器型槽式聚光器设计

　　对于采用平面吸热器的二维抛物面槽式聚光器，其光路图如图 2-9 所示，图中 **PO′** 长度为 ρ，**PO′** 与 Y 轴夹角为 θ，**OO′** 为抛物线焦距，其长度为 f。图 2-9 中的抛物线代表垂直纸面方向延伸的二维抛物面的截线，其在图示直角坐标系下的方程为式(2-22)[14]。

$$y = \frac{x^2}{4f} \tag{2-22}$$

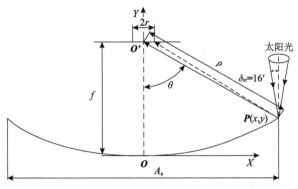

图 2-9　平面吸热器型槽式聚光器光路图

由于太阳视半径($\delta_{sr}=16'$)的存在，当太阳光线沿 Y 轴垂直入射到抛物面上时，抛物面上任意一点 P 的反射光在聚光器焦平面上会形成半宽为 r 的焦斑，其值可按式(2-23)计算得到

$$r=\frac{\rho\sin\delta_{sr}}{\cos(\theta+\delta_{sr})} \tag{2-23}$$

当考虑到抛物线方程可表示为以焦点(0，f)为原点的极坐标方程(2-24)后，可将式(2-23)改写为式(2-25)。

$$\rho=\frac{2f}{1+\cos\theta} \tag{2-24}$$

$$r=\frac{2f\sin\delta_{sr}}{(1+\cos\theta)\cos(\theta+\delta_{sr})} \tag{2-25}$$

对于一定的抛物柱面，其边缘处所反射光线在平板上形成的焦斑最大，那么当其边缘角为 θ_{rim} 时，最大的 ρ 值可由式(2-26)计算得到，而抛物柱面聚光器的最大焦斑半宽可由式(2-27)计算得到

$$\rho_{max}=\frac{2f}{1+\cos\theta_{rim}} \tag{2-26}$$

$$r_{max}=\frac{2f\sin\delta_{sr}}{(1+\cos\theta_{rim})\cos(\theta_{rim}+\delta_{sr})} \tag{2-27}$$

进而，根据几何聚光比的定义，利用式(2-28)可以计算不同边缘角时使用平板吸热器的抛物柱面聚光器的几何聚光比。对式(2-28)求导并使 $\mathrm{d}C/\mathrm{d}\theta_{rim}=0$ ，可得边缘角 $\theta_{rim}=44°52'$ 时，其最大几何聚光比约为 107。

$$C=\frac{A_{a}}{A_{r}}=\frac{\rho_{max}\sin\theta_{rim}}{r_{max}}=\frac{\sin\theta_{rim}\cos(\theta_{rim}+\delta_{sr})}{\sin\delta_{sr}} \tag{2-28}$$

式中，A_a 与 A_r 分别代表聚光器和吸热面的面积。

2. 圆柱面吸热器型槽式聚光器设计

采用圆柱面吸热器的槽式太阳能聚光器如图 2-10 所示。镜面边缘处反射光线所形成的最大焦斑直径(d_{max})可按式(2-29)计算

$$d_{max} = 2\rho_{max} \sin\delta_{sr} \tag{2-29}$$

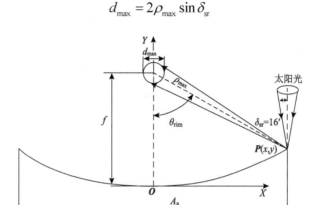

图 2-10　圆柱面吸热器型槽式聚光器光路图

那么，根据几何聚光比定义，采用圆柱面形吸热器的理想槽式太阳能聚光器的几何聚光比可按式(2-30)计算。对式(2-30)求导并使 $\mathrm{d}C/\mathrm{d}\theta_{rim}=0$，可得边缘角 $\theta_{rim}=90°$ 时，其最大几何聚光比约为 68.4。

$$C = \frac{A_a}{A_r} = \frac{2\rho_{max}\sin\theta_{rim}}{\pi d_{max}} = \frac{\sin\theta_{rim}}{\pi \cdot \sin\delta_{sr}} \tag{2-30}$$

3. 平面吸热器型碟式聚光器设计

对于碟式聚光太阳能系统所用的三维旋转抛物面碟式聚光器，其抛物面方程如式(2-31)所示[2]。

$$z = \frac{x^2 + y^2}{4f} \tag{2-31}$$

通过类似式(2-28)的推导过程，可以得到理想三维旋转抛物面聚光器的几何聚光比，如式(2-32)所示。进而通过求聚光比最大值可知，对于理想的三维旋转抛物面聚光器，当边缘角约 45°50′时，其最大几何聚光比约为 11500。

$$C = \frac{A_a}{A_r} = \frac{\sin^2\theta_{rim}\cos^2(\theta_{rim}+\delta_{sr})}{\sin^2\delta_{sr}} \tag{2-32}$$

实际制造的抛物线型聚光器的形面会有一定的加工形面误差，假设最大形面误差为

$\pm\Delta\psi$, 那么入射光线的反射光线会发生偏离, 偏离最大角度为 $2\Delta\psi$ 。因此, 在考虑形面误差的前提下, 平面吸热器型槽式聚光器聚光比($C_{2d,1}^{\Delta}$)、圆柱面吸热器型槽式聚光器聚光比($C_{2d,2}^{\Delta}$)和平面吸热器型碟式聚光器聚光比(C_{3d}^{Δ})分别如式(2-33)～(2-35)所示。

$$C_{2d,1}^{\Delta} = \frac{\sin\theta_{rim}\cos(\theta_{rim}+\delta_{sr}+2\Delta\psi)}{\sin(\delta_{sr}+2\Delta\psi)} \tag{2-33}$$

$$C_{2d,2}^{\Delta} = \frac{\sin\theta_{rim}}{\pi\cdot\sin(\delta_{sr}+2\Delta\psi)} \tag{2-34}$$

$$C_{3d}^{\Delta} = \frac{\sin^2\theta_{rim}\cos^2(\theta_{rim}+\delta_{sr}+2\Delta\psi)}{\sin^2(\delta_{sr}+2\Delta\psi)} \tag{2-35}$$

2.3.2 复合抛物面聚光器

复合抛物面聚光器(compound parabolic concentrator, CPC)是 20 世纪 60 年代苏联的 Baranov[15]、美国的 Winston 等[16]先后提出的一种用于高能物理实验研究的辐射汇聚装置。随后, Winston 提出可将这种聚光器用作太阳能聚光器, 并正式将其命名为复合抛物面聚光器[16]。典型的二维 CPC 的基本工作原理如图 2-11 所示, 其由两片对称的反射镜面组成, 反射镜面型线是由两条特殊的抛物线复合而成的。CPC 左右两侧抛物线的对称轴与聚光器的主光轴构成 θ_c 的夹角, 称为接收角。在 CPC 中, 左侧抛物线的焦点位于出射光孔的右侧边缘, 反之亦然。由理论分析可知, CPC 的结构满足边缘光线原理, 可将接收角范围内的入射光反射到出射光孔的边缘上。

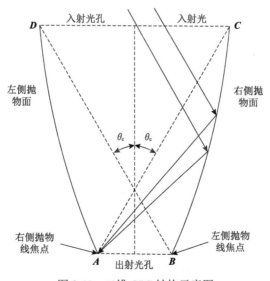

图 2-11　二维 CPC 结构示意图

由于 CPC 具有较大的接收角, 结构简单, 在实际运行中一般不需要跟踪组件。例如,几何聚光比小于 3 的系统可以固定安装，不需要调节倾角。正是由于这些优点，CPC 在太阳能光热和光伏系统中都有着广泛的应用。在太阳能光热发电系统中，由于 CPC 聚光比较小，通常不单独使用，而是作为其他形式的主聚光器的二级聚光器使用，从而实现对主聚光器所汇聚的太阳光的二次汇聚。例如，三维 CPC 可以作为塔式容积式吸热器的二级聚光器，而二维 CPC 可以作为单管腔式线性菲涅耳吸热器的二级聚光器。

对二维情况而言，在设计 CPC 时，一般先根据使用要求设定一个最大接收角 θ_c。同时，要求所设计的 CPC 必须满足以下条件，①当光线以角度 θ_c 射向聚光镜面时，其在经过一次反射后应从出射光孔边缘射出；②当光线以小于 θ_c 的角度入射到入射光孔时，光线经一次反射后也都从出射光孔射出。在三维情况下，由于存在偏射光线，在按某一 θ_c 角设计的三维 CPC 中，并非所有入射角小于或等于 θ_c 的入射光线均能在被反射后由出射光孔射出，有一部分光线会经过二次或多次反射后返回入射光孔，因而在设计三维 CPC 时要注意到这一点。

CPC 的型线可以有多种设计，如两条对称抛物线复合、两条非对称抛物线复合、两条抛物线与圆渐开线复合、单条抛物线与圆弧段复合等。此外，根据吸热器型式的不同，CPC 又可分为平面吸热器型和圆柱吸热器型。下面对上述各种 CPC 的设计加以简要介绍。

1. 平面吸热器型 CPC 设计

1)二维对称型 CPC

图 2-12 是二维平面吸热器型对称 CPC 的示意图，这种聚光器在出射光孔处的吸热器是平面型的。CPC 右侧反射镜型线 **BC** 是以 **O′** 为顶点，吸热器左端点 **A** 为焦点的抛物线的一部分。b、b' 分别是入射光孔、出射光孔的半径，H 是聚光器的高度。

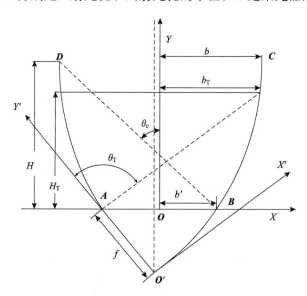

图 2-12   二维平面吸热器型对称 CPC 示意图

在以抛物线顶点 **O′** 为原点，抛物线对称轴为 Y' 轴的 $X'O'Y'$ 坐标系内，右侧抛物线方程为式(2-36)，式中 f 为抛物线焦距。

$$y' = \frac{x'^2}{4f} \tag{2-36}$$

$$f = b'\left(1 + \sin\theta_c\right) \tag{2-37}$$

根据坐标系 $X'O'Y'$ 与 XOY 的位置关系，右侧抛物线上任意一点的坐标值在两个坐标系中的变化关系如式(2-38)所示。

$$\begin{cases} x' = (x-c)\cos\theta_c + (y-d)\sin\theta_c \\ y' = -(x-c)\sin\theta_c + (y-d)\cos\theta_c \end{cases} \tag{2-38}$$

$$c = f\sin\theta_c - b', \quad d = -f\cos\theta_c \tag{2-39}$$

式中，(c, d) 为 O' 在 XOY 系下的坐标。

将式(2-38)代入式(2-36)，可得 XOY 系下右侧抛物线方程，如式(2-40)所示。

$$\begin{aligned} &\cos^2\theta_c x^2 + \sin^2\theta_c y^2 + \sin(2\theta_c)xy + \left(2b'\cos^2\theta_c + 4f\sin\theta_c\right)x \\ &+ \left[b'\sin(2\theta_c) - 4f\cos\theta_c\right]y + \left(b'^2\cos^2\theta_c - 4f^2 + 4fb'\sin\theta_c\right) = 0 \end{aligned} \tag{2-40}$$

令 $A_1 = \cos^2\theta_c$，$A_2 = \sin^2\theta_c$，$A_3 = \sin(2\theta_c)$，$A_4 = 2b'\cos^2\theta_c + 4f\sin\theta_c$，$A_5 = b'\sin(2\theta_c)$ $-4f\cos\theta_c$，$A_6 = b'^2\cos^2\theta_{cc} - 4f^2 + 4fb'\sin\theta$，则 XOY 系下右侧抛物线方程可以简化为式(2-41)。

$$A_1 x^2 + A_2 y^2 + A_3 xy + A_4 x + A_5 y + A_6 = 0 \tag{2-41}$$

由于左右两边抛物线方程关于 Y 轴对称，故 XOY 系下左侧抛物线方程为式(2-42)。

$$A_1 x^2 + A_2 y^2 - A_3 xy - A_4 x + A_5 y + A_6 = 0 \tag{2-42}$$

当接收角 θ_c 和出射光孔半径 b' 确定后，CPC 的入射光孔半径 b 和高度 H 可分别按式(2-43)与(2-44)计算。进而可以得到理想二维平面吸热器型 CPC 的几何聚光比，如式(2-45)所示。

$$b = b' / \sin\theta_c \tag{2-43}$$

$$H = (b + b')\cot\theta_c \tag{2-44}$$

$$C = b / b' = 1 / \sin\theta_c \tag{2-45}$$

2)二维非对称型 CPC

在高纬度地区，由于冬夏太阳辐照量差异很大，且在有效太阳辐射时段太阳的高度角相差较小，为了提高将 CPC 作为主聚光器同时没有二级聚光器的太阳能热利用系统(如复合抛物面聚光式热水器)在冬季的聚光性能，从而使冬夏输出热能相对平衡，可以采用一种非对称式 CPC[17]。该聚光器的有效聚光比可随季节变化而改变，且冬季时入射光孔比夏季的大，因而有效提高了聚光器在冬季的效率。从全年综合考虑，该型聚光器可以使系统在一年中的能量输出相对稳定。

二维非对称 CPC 的示意图如图 2-13 所示，其由两个不同线型的抛物面组合在一起构成，抛物面 A 的焦点和抛物面 B 的焦点分别位于平板吸热面的两端，α 是平板吸热面与水平面之间的夹角。

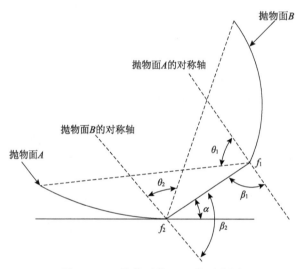

图 2-13   二维非对称 CPC 的示意图

当平板吸热面的长度 l 为定值，且平板吸热面与抛物面 A、B 对称轴的夹角分别为 β_1 和 β_2 时，根据抛物面 A、B 所对应的抛物线的极坐标方程可得式(2-46)，进一步推导后可得两条抛物线的焦距 f_1 和 f_2，如式(2-47)所示。然后，根据所设计的抛物面 A、B 的接收角 θ_1 和 θ_2，即可确定二维非对称 CPC 的最终形状。

$$l = \frac{2f_1}{1 - \cos(\pi - \beta_1)}, \quad l = \frac{2f_2}{1 - \cos(\pi - \beta_2)} \tag{2-46}$$

$$f_1 = l\cos^2\left(\frac{\beta_1}{2}\right), \quad f_2 = l\cos^2\left(\frac{\beta_2}{2}\right) \tag{2-47}$$

进而通过推导可以得到理想二维非对称 CPC 的几何聚光比为式(2-48)。

$$C = \frac{2\sin\theta_1 \cos^2\left(\dfrac{\beta_1}{2}\right)}{1 - \cos\theta_1} + \frac{2\sin\theta_2 \cos^2\left(\dfrac{\beta_2}{2}\right)}{1 - \cos\theta_2} - 1 \tag{2-48}$$

3)三维对称型 CPC

三维对称型 CPC 是由二维对称型 CPC 沿其对称轴旋转而成的,其具体形式如图 2-14 所示。三维 CPC 被广泛地应用到碟式及塔式吸热器的二级聚光组件中,可以在增大吸热器的太阳辐射接收角、提高吸热器的能流密度的同时减小吸热器的体积。

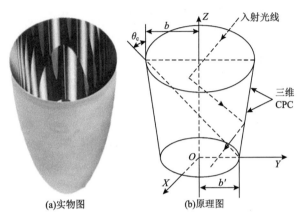

(a)实物图　　　　　　　(b)原理图

图 2-14　三维对称 CPC 的设计图

通过计算可知,三维复合抛物面曲面各参数之间满足式(2-49)[18]。

$$\left[\left(\sqrt{x^2+y^2}+b'\right)\cos\theta_c+z\sin\theta_c\right]^2=4b'(1+\sin\theta_c)\left(z\cos\theta_c-\sqrt{x^2+y^2}\sin\theta_c+b'\right) \quad (2\text{-}49)$$

与二维对称型 CPC 类似,当接收角 θ_c 和出射光孔半径 b' 确定时,三维 CPC 的入射光孔半径(b)和高度(H)即可由式(2-50)和式(2-51)确定,从而确定聚光器的外形。

$$b=b'/\sin\theta_c \quad (2\text{-}50)$$

$$H=(b+b')\cot\theta_c \quad (2\text{-}51)$$

此时,使用平板型吸热器的理想三维对称型 CPC 的几何聚光比可按式(2-52)计算。

$$C=\left(\frac{b}{b'}\right)^2=\frac{1}{\sin^2\theta_c} \quad (2\text{-}52)$$

2. 圆柱吸热器型 CPC 设计

在太阳能热水工程和太阳能光热发电系统中,另一种常用的 CPC 是采用圆柱形吸热器的聚光器。为了提高保温效果,一般还在圆柱吸热管外添加真空玻璃管或在 CPC 入射光孔添加玻璃板以进一步减少热损失,从而提升系统效率。圆柱吸热器型 CPC 的结构如图 2-15 所示,其截面轮廓关于 Y 轴对称。下面以右侧曲线轮廓 CO_1B 为例对其方程进行说明。CO_1B 由两部分组成,其中 O_1C 段是吸热管圆的渐开线,而 BO_1 是一段抛物线。F_1 为抛物线 BO_1 的焦点,其位于吸热器上,O_1 为 BO_1 的顶点。

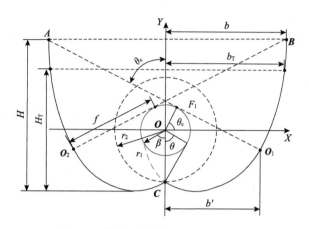

图 2-15　圆柱吸热器型 CPC 的设计图

曲线 CO_1B 的通用参数方程为式(2-53)[9,19]

$$\begin{cases} x = -\rho\cos\theta + r_1\sin\theta \\ y = -\rho\sin\theta - r_1\cos\theta \end{cases} \tag{2-53}$$

对渐开线段 CO_1 而言，ρ 按式(2-54)计算

$$\rho = r_1(\theta + \beta), \quad \arccos(r_1/r_2) \leqslant \theta \leqslant \pi/2 + \theta_c \tag{2-54}$$

$$\beta = \sqrt{(r_2/r_1)^2 - 1} - \arccos(r_1/r_2) \tag{2-55}$$

对抛物线段 O_1B 而言，ρ 按式(2-56)计算

$$\rho = \frac{r_1[\theta + \theta_c + \pi/2 + 2\beta - \cos(\theta - \theta_c)]}{1 + \sin(\theta - \theta_c)}, \quad \frac{\pi}{2} + \theta_c < \theta \leqslant \frac{3\pi}{2} - \theta_c \tag{2-56}$$

式中，r_1 为吸热管圆的半径；r_2 为渐开线尖点到吸热管圆心的距离。

　　进而通过推导可以得出二维对称圆柱吸热器型 CPC 的最大高度为 B 点的 Y 坐标值 y_B 与渐开线 CO_1 最低点 Y 坐标值之差，如式(2-57)所示。CPC 最大开口半径为 B 点的 X 坐标值 x_B，如式(2-58)所示，此时 $\theta = 3\pi/2 - \theta_c$。进一步按式(2-59)计算可得其几何聚光比。

$$H = y_B + \left(\frac{\pi}{2} + \beta\right)\cdot r_1 \tag{2-57}$$

$$b = x_B \tag{2-58}$$

$$C = \frac{A_a}{A_r} = \frac{b}{\pi r_1} \tag{2-59}$$

3. CPC 的截取

同其他聚光器相比，CPC 的反射镜面积较大，但是反射镜上部的聚光效果较差。图 2-16 为一典型的二维对称平面吸热器型 CPC 的几何聚光比 C 随 CPC 高度 H 变化的情况。由图 2-16 可见，随着抛物面高度的增加，聚光比增加很小，特别在接收角 θ_c 较小、几何聚光比较大的 CPC 中表现得更加明显。因此，在 CPC 的实际应用中，一般会适当截去 CPC 靠近上端的低效部分，从而达到减少用材、降低成本、提高性价比的目的。

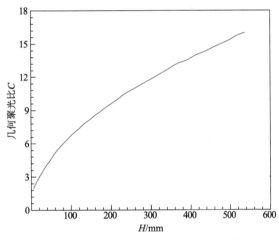

图 2-16 二维对称平面吸热器型 CPC 几何聚光比随高度的变化

平板吸热器型 CPC 经过截取后的高度与原高度的比值或圆管型 CPC 经过截取后开口到圆管吸热器圆心的距离与原来距离之比称为截取比，用符号 η_T 标示。为表征聚光器截取后的各个量，本书用下标 T 标示。

此处以二维对称平板吸热器型 CPC 为例，简要说明 CPC 截短后聚光器各个量的变化情况，如图 2-12 所示，θ_T 为截取角，b_T 是截短后的入射光孔半径，H_T 是截短后 CPC 的高度。给定截取比 η_T 后，CPC 的实际高度 H_T 为

$$H_T = \eta_T H \tag{2-60}$$

截取角 θ_T 可根据下式求解：

$$H_T = \frac{f \cos(\theta_T - \theta_c)}{\sin^2(\theta_T / 2)} \tag{2-61}$$

计算出 θ_T 后，截短后入射光孔半径 b_T 可由下式计算得到

$$b_T = \frac{f \sin(\theta_T - \theta_c)}{\sin^2(\theta_T / 2)} - b' \tag{2-62}$$

进而截短后 CPC 的理论聚光比为

$$C_T = \frac{b_T}{b'} = \frac{(1 + \sin\theta_c)\sin(\theta_T - \theta_c)}{\sin^2(\theta_T / 2)} - 1 \tag{2-63}$$

截短后 CPC 抛物面的弧长为[1]

$$S_\mathrm{T} = f\left\{\frac{\cos(\theta/2)}{\sin^2(\theta/2)} + \ln\left[\cot(\theta/4)\right]\right\}\bigg|_{\pi/2+\theta_\mathrm{c}}^{\theta_\mathrm{T}} \tag{2-64}$$

为表征 CPC 截短后，材料消耗与聚光比的关系，引入反射镜面积与截取后进光口面积比值概念 $S_\mathrm{T}/b_\mathrm{T}$ ，由前式可得

$$\frac{S_\mathrm{T}}{b_\mathrm{T}} = \frac{(1+\sin\theta_\mathrm{c})}{C_\mathrm{T}}\left[\frac{\cos\left(\dfrac{\theta_\mathrm{T}}{2}\right)}{\sin^2\left(\dfrac{\theta_\mathrm{T}}{2}\right)} - \frac{\cos\dfrac{(\theta_\mathrm{c}+\pi/2)}{2}}{\sin^2\dfrac{(\theta_\mathrm{c}+\pi/2)}{2}} + \ln\frac{\tan\dfrac{(\theta_\mathrm{c}+\pi/2)}{4}}{\tan\left(\dfrac{\theta_\mathrm{T}}{4}\right)}\right] \tag{2-65}$$

图 2-17 给出了二维平板吸热器对称型 CPC 在不同接收角 θ_c 下的 $S_\mathrm{T}/b_\mathrm{T}$ 、C_T 与 η_T 的相互关系。可以看到，在同一 θ_c 下，当截取比 η_T 较小时，C_T 随 $S_\mathrm{T}/b_\mathrm{T}$ 的增大而迅速增大；而当 η_T 较大时，$S_\mathrm{T}/b_\mathrm{T}$ 增大时 C_T 的变化很小。在工程应用中，综合考虑聚光性能和材料消耗，一般可将截取比 η_T 定在 1/3～2/3 的范围内，从而获得较好的综合效益。

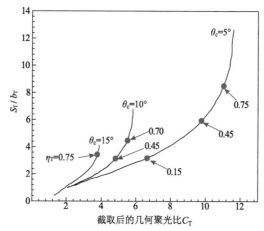

图 2-17　反射镜与截取后进光口面积之比($S_\mathrm{T}/b_\mathrm{T}$)、聚光比(C_T)与 η_T 的关系

2.3.3　塔式定日镜场聚光器

塔式太阳能电站的聚光装置是由大量平面或球面反射镜组合而成的定日镜阵列群[20]。定日镜按照一定的排列方式安装在接收塔的四周或北侧，形成一个巨大的镜场，如图 2-18 所示。定日镜是一种由镜面、镜架、跟踪传动机构及其控制系统等组成的聚光装置，其可用于跟踪太阳方位并将阳光反射进入位于中心接收塔顶部的太阳能吸热器内。塔式光热电站的装机容量越高，所需的定日镜数目也越多，镜场的占地面积也越大。例如，西班牙 10 MW 的 PS10 电站采用了 624 面 121 m^2 的定日镜，聚光器总面积为 75504 m^2；中电建青海共和 50 MW 电站采用了 25795 面 20 m^2 的定日镜，聚光器总面积为 515900 m^2；美国 100 MW 的新月沙丘电站采用了 10347 面 115.7 m^2 的定日镜，聚光器总面积约为 1197148 m^2。此外，定日镜场不仅面积巨大，其造价也很高昂，目前其投资成本占到了

塔式电站总投资成本的一半左右。

(a)西班牙 PS10 电站   (b)中电建青海共和 50 MW 电站

图 2-18 塔式系统镜场实物图

1. 定日镜设计

定日镜场一般是由多个镜面单元组合形成的平面镜或球面镜，如图 2-19 所示。此处不再赘述平面镜的光学特性，下面对球面镜的光学特性进行介绍。

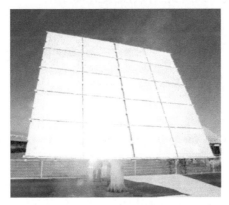

图 2-19 定日镜实物图

在图 2-20 所示的球面镜聚焦光路图中，球面截面圆的方程如式(2-66)所示。假设光线垂直于进光口入射到球面镜上，则入射光线方程可表示为式(2-67)，入射光线与圆弧的交点可表示为 $P(r\cos\theta, -r\sin\theta)$。由于在镜面反射中，反射角等于入射角，因此入射光线与法线之间的夹角应为$(90°-\theta)$。进一步结合图 2-20 所示的几何关系可以发现，反射光线与 X 轴之间的夹角为$(90°-2\theta)$，那么反射光线的斜率即为 $\tan(90°-2\theta)$。接着，根据 P 点坐标与反射光线斜率可以得到反射光线的方程，如式(2-68)所示。将式(2-68)进一步化简后可以得到式(2-69)。

$$x^2 + y^2 = r^2 \tag{2-66}$$

$$x = r\cos\theta \tag{2-67}$$

$$(x - r\cos\theta)\tan(90° - 2\theta) = y + r\sin\theta \tag{2-68}$$

$$x\cos 2\theta - y\sin 2\theta - r\cos\theta = 0 \tag{2-69}$$

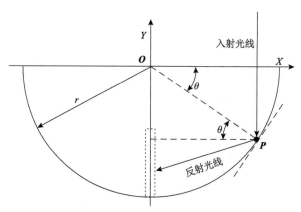

图 2-20　球面镜聚光过程示意图

接着，当式(2-69)中的 $x=0$ 时，可以求得反射光线与球面镜 Y 轴交点的 y 坐标值，如式(2-70)所示。接着，将式(2-70)中的 $\sin\theta$ 用式(2-67)中的反射光线与镜面交点的 x 坐标相关的关系式代换掉，从而可得到式(2-71)。可见，对球面镜而言，反射光线与 Y 轴的交点位置会随入射光线与镜面交点位置的变化而变化。

$$y = \frac{-r}{2\sin\theta} \tag{2-70}$$

$$y = \frac{-r^2}{2\sqrt{r^2 - x^2}} \tag{2-71}$$

在塔式系统中，一般定日镜与吸热器的距离都长达上百米乃至千米，而定日镜的长宽尺寸一般都在 15 m 以内。此时球面定日镜的尺寸相对于其半径而言是很小的，即式(2-71)中的 $x \ll r$，那么反射光线与 Y 轴交点的 y 坐标值可近似表示为 $y = -0.5r$。由此可以发现，塔式系统中的球面定日镜的焦距可近似为其半径的一半。

在实际工程应用中，为确保电站的稳定、高效和安全运行，对定日镜的设计有着严格的技术要求[21]。例如，镜面反射率须大于 0.9；镜面形面误差小于 16′；定日镜结构强度须足够高；跟踪精度高且运行稳定性好；抗老化性能好，寿命可达 10～15 年；可大规模生产，安装维护方便等。为满足上述要求，目前大型塔式光热电站多选用单镜面积在 120 m² 以内的定日镜，且镜面均选用钢化超白浮法玻璃镀铝或镀银的背面反射镜。

为增强定日镜的耐候性和结构强度，现有塔式光热电站的定日镜都在反射镜面背后设计了金属镜架[21]。现有镜架主要可分为钢板结构和钢框架结构两种型式。钢板结构镜架的结构完整性和刚性较好，具有良好的抗风沙性能，其一方面有利于提升定日镜跟踪和聚光精度，另一方面有利于保护反射镜面免受风沙破坏，因此有利于提升聚光性能。钢框架式镜架重量轻，有利于减小跟踪电耗和钢材消耗，是目前采用得最多的镜架结构，如图 2-21 所示。然而，在框架式镜架中，玻璃反射镜元与钢镜架之间非常难以实现高精度连接，因而会减小定日镜聚光精度。目前，业界已经提出了一些连接方法，例如，在玻璃镜元背面粘贴陶瓷垫片并将陶瓷片与镜架连接，用胶将镜元与钢架粘接在一起，或将镜元与镜架铆接在一起。

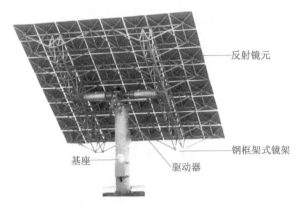

图 2-21 定日镜镜架设计实物图

定日镜的镜架一般还需要固定在基座上，目前最常采用的基座为独臂式支架，如图 2-21 所示。由于独臂支架式定日镜具有结构简单、刚性好、重量轻等特点，因而获得了广泛应用。

2. 定日镜跟踪方程

当塔式聚光器正常运行时，定日镜需要随时调整其跟踪姿态，从而将从太阳照射来的阳光准确地反射到吸热器上。目前常用的定日镜跟踪方式是同时调整定日镜中心法线的高度角(α_h)和方位角(A_h)，因而这种跟踪方式也被称为方位角-高度角(仰角)跟踪方式。

为计算上述两个跟踪角，首先在图 2-22 中建立了几个笛卡儿直角坐标系。其中，地面系为 $X_g Y_g Z_g$，塔基 G 为其原点，X_g、Y_g 与 Z_g 分别指向南方、东方和天顶。定日镜系为 $X_h Y_h Z_h$，其中定日镜中心 H 为原点，X_h 水平，Y_h 垂直于镜面在 H 的切面并指向上方，而 Z_h 垂直于 $X_h Y_h$ 平面。入射系为 $X_i Y_i Z_i$，其中 Z_i 指向太阳，X_i 水平且垂直于 Z_i，而 Y_i 垂直于 $X_i Z_i$ 平面并指向上方。

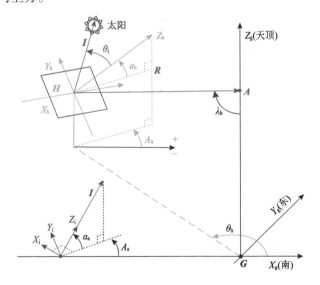

图 2-22 定日镜方位角-高度角跟踪方式示意图

接着，将入射系 $X_iY_iZ_i$ 中由镜心 H 指向太阳中心的单位入射向量(I_i)表示为 $\begin{bmatrix}0 & 0 & 1\end{bmatrix}^T$。随后，采用式(2-72)将 I_i 由 $X_iY_iZ_i$ 系变换到地面系 $X_gY_gZ_g$ 中，表示为 I_g[9]。

$$I_g = M_2 M_1 \cdot I_i, \quad I_i = \begin{bmatrix}0 & 0 & 1\end{bmatrix}^T \tag{2-72}$$

$$
M_1 = \begin{bmatrix} 1 & 0 & 0 \\ 0 & \cos(\pi/2 - \alpha_s) & -\sin(\pi/2 - \alpha_s) \\ 0 & \sin(\pi/2 - \alpha_s) & \cos(\pi/2 - \alpha_s) \end{bmatrix}
$$
$$
M_2 = \begin{bmatrix} \cos(A_s + \pi/2) & -\sin(A_s + \pi/2) & 0 \\ \sin(A_s + \pi/2) & \cos(A_s + \pi/2) & 0 \\ 0 & 0 & 1 \end{bmatrix}
\tag{2-73}
$$

式中，M_1 与 M_2 为由 $X_iY_iZ_i$ 到 $X_gY_gZ_g$ 的转换矩阵；α_s 与 A_s 分别为太阳高度角与方位角；H、A 分别为 $X_gY_gZ_g$ 系中的镜心和瞄准点。

接着，将由 H 指向定日镜的瞄准点 A 的单位向量表示为 $X_gY_gZ_g$ 系中的 r，参见式(2-74)。那么，由 I_g 和 r 即可计算得到镜心 H 处的法向量在 $X_gY_gZ_g$ 系中的表达式 N_g，参见式(2-75)。

$$r = \frac{A-H}{|A-H|}, \quad H = \begin{bmatrix}x_{H,g} & y_{H,g} & z_{H,g}\end{bmatrix}^T, \quad A = \begin{bmatrix}x_{A,g} & y_{A,g} & z_{A,g}\end{bmatrix}^T \tag{2-74}$$

$$N_g = \begin{bmatrix} \cos\alpha_g \\ \cos\beta_g \\ \cos\gamma_g \end{bmatrix} = \frac{I_g + r}{|I_g + r|} \tag{2-75}$$

接着，根据 N_g 在 X_g、Y_g、Z_g 轴上的三个分量 $\cos\alpha_g$、$\cos\beta_g$、$\cos\gamma_g$ 之间的三角函数关系，采用式(2-76)和式(2-77)就可分别计算得到镜心法线的高度角(α_h)与方位角(A_h)，其中 $A_h=0°$ 代表正南方向，且从正南方向绕 Z_g 轴逆时针旋转时 A_h 为正，顺时针旋转时 A_h 为负。

$$\alpha_h = \arcsin\left(\cos\gamma_g\right) \tag{2-76}$$

$$A_h = \begin{cases} \arccos\left(\cos\alpha_g / L_{xy}\right), & \cos\beta_g > 0 \\ -\arccos\left(\cos\alpha_g / L_{xy}\right), & \cos\beta_g < 0 \\ 0, & \cos\beta_g = 0, \cos\alpha_g > 0 \\ \pi, & \cos\beta_g = 0, \cos\alpha_g < 0 \end{cases}, \quad L_{xy} = \sqrt{\cos\alpha_g{}^2 + \cos\beta_g{}^2} \tag{2-77}$$

在获得上述运动方程之后，可通过驱动定日镜基座上部的竖直转动机构来调整定日镜法线方位角，同时通过驱动基座顶部的水平转动机构来调整镜面法线的高度角，从而实现定日镜的跟踪运行。目前，采用上述方法计算定日镜的实时方位角和高度角所用的太阳高度角和方位角都是根据 2.1.4 节所述方法事先计算出来并存储到控制系统中的。这样，跟踪装置就可以实时获得定日镜法线的跟踪角度，并实现对太阳视位置的实时跟踪。这种通过预先计算并控制定日镜转动角度的系统是目前塔式系统所采用的主要控制手段，称为"开环"控制系统。从 20 世纪 80 年代美国的 Solar One 电站到 2020 年中电建青海共和 50 MW 电站均采用了此控制方法。而另一种是以程序预估为主，传感器反馈精确定位为辅的"闭环"控制方式。虽然该控制方法在理论上可以达到更高的跟踪和聚光精度，但目前其成本依然过高且可靠性较低，尚未实现大规模工业应用。但应当指出的是，由于"闭环"控制方式有望实现优异的性能，正日渐成为定日镜跟踪控制的一种重要发展方向，有必要对其开展持续、深入的研究。

3. 定日镜场设计

为了充分利用定日镜场中的每一面定日镜，定日镜需要在镜场中按照一定的规律排成阵列，同时镜场也要与塔顶吸热器的几何形状和尺寸相匹配，从而保证聚光系统能高效运行。在定日镜场设计中，若定日镜排列得较为紧密，则由于定日镜间的相互遮挡，定日镜的有效利用率将较低，所占土地等相关费用也将大大降低。因此在塔式太阳能热电站的建设中，需要综合考虑占地面积、镜场效率等因素，合理排布定日镜阵列，争取实现尽可能高的镜场效率和尽可能小的占地面积。

下面将从定日镜数目的确定、镜场形状及范围设计、定日镜具体排列方式设计等方面介绍定日镜场的具体设计方法。

1)定日镜数目确定

根据电站的设计额定功率、当地年均辐射量、预估的镜场效率和单面定日镜的面积等可以采用式(2-78)估算出所需定日镜数目 n_h。

$$n_h = \frac{P_t}{I_{ave} S_h \eta_h \eta_t} \tag{2-78}$$

式中，P_t 为塔式太阳能电站的设计额定功率；I_{ave} 为厂址所在地的年平均辐射量；S_h 为单面定日镜的面积；η_h 为预估的镜场年平均光学效率；η_t 为预估的电站其余系统的年平均效率。

镜场年效率可综合镜场中全部定日镜的效率得到。镜场中某面定日镜 i 的效率($\eta_{h,i}$)主要由余弦效率 $\eta_{c,i}$、有效利用率 $\eta_{v,i}$、反射率 ρ_i 和反射光线在传播过程中的大气透射率 $\eta_{att,i}$[22]等组成。下面分别对这些效率进行介绍。

定日镜余弦效率($\eta_{c,i}$)是指太阳光在定日镜上的入射角的余弦值，参见式(2-79)。因为定日镜的有效反射面积等于定日镜的镜面面积与镜面反射中的入射角余弦的乘积。所以当入射角越小时，定日镜的有效反射面积就越大。这也是当塔式电站建在北半球时，镜场主要分布在塔的北面的原因。

$$\eta_{c,i} = \cos \theta_{i,i} \tag{2-79}$$

式中，下标 i 用于标记入射角；i 指第 i 面反射镜。

定日镜有效利用率($\eta_{v,i}$)是指定日镜在某时刻可以利用的镜面面积与该定日镜总镜面面积的比值。由于不同时刻太阳的高度角、方位角都在变化，因此塔式电站的镜场中不仅定日镜之间会互相产生遮挡，而且高塔的影子也可能影响定日镜有效利用率。在太阳高度角较小时，前排定日镜会挡住后排定日镜的入射光线，构成入射阴影，而位于镜场南侧的高塔也可能会挡住离塔较近的定日镜的入射光线，构成塔阴影；而在太阳高度角较大时，前排镜子会挡住后排镜子的反射光线，构成反射遮挡。定日镜的有效利用率通常需要通过面积积分的方式求解。对于定日镜 i，对所有可以接收到入射光的微元 $\mathrm{d}s_{i,s}$ 积分，可求得镜面有效利用面积。同样地，对所有可以把反射光投射到吸热器内的微元 $\mathrm{d}s_{i,b}$ 积分，可以求得定日镜 i 可向吸热器投入反射光的有效利用面积。则定日镜 i 的有效利用率可采用式(2-80)求解。

$$\eta_{v,i} = \frac{\int \mathrm{d}s_{i,s}}{S_{h,i}} \cdot \frac{\int \mathrm{d}s_{i,b}}{\int \mathrm{d}s_{i,s}} \tag{2-80}$$

在没有其他损失的情况下，由于大气衰减的作用，从某面定日镜上反射的光线中的一部分将不能传播到吸热器处。在塔式系统中，将传到吸热器处的能量与反射的能量的比值称为大气透射率。在能见度为 40 km 的晴天模式下，大气透射率($\eta_{att,i}$)可采用式(2-81)进行计算[23]。

$$\eta_{att,i} = \begin{cases} 0.99321 - 0.0001176 \cdot L_i + 1.97 \times 10^{-8} \cdot L_i^2, & L_i \leqslant 1000\mathrm{m} \\ \mathrm{e}^{-0.0001106 \cdot L_i}, & L_i > 1000\mathrm{m} \end{cases} \tag{2-81}$$

式中，L_i 为定日镜 i 与吸热器之间的距离。

在获得定日镜 i 的余弦效率、有效利用率、反射率以及大气透射率后，可得定日镜 i 的效率 $\eta_{h,i}$ 为式(2-82)。接着可通过式(2-83)来估算定日镜场的光学效率。

$$\eta_{h,i} = \eta_{c,i} \eta_{v,i} \rho_i \eta_{att,i} \tag{2-82}$$

$$\eta_h = \frac{1}{n_h} \sum_{i=1}^{n_h} \eta_{h,i} \tag{2-83}$$

2)定日镜场形状设计

定日镜场的形状应根据吸热器类型及其开口形状确定。此处以开口为圆形的腔式吸热器为例，介绍其镜场形状及其边界方程的设计方法。其他类型吸热器的镜场设计方案可采用类似方法推得。

根据几何光学原理，进光口为圆形的腔式吸热器的定日镜场的最佳匹配形状为椭圆形，如图 2-23 所示。图中 θ_c 为吸热器的接收角，β_c 为吸热器轴线方向相对于吸热塔的倾角，θ_c' 为吸热器接收角在地面的投影角。根据几何关系可得上述三个角度之间的关系为式(2-84)。

$$\theta_c' = \arctan\left(\frac{\tan\theta_c}{\sin\beta_c}\right) \tag{2-84}$$

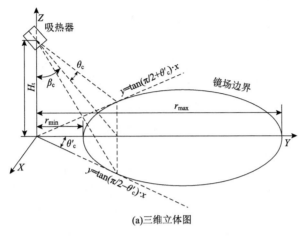

(a)三维立体图

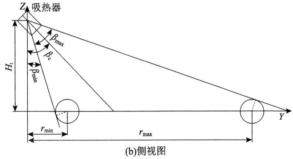

(b)侧视图

图 2-23　定日镜场形状与边界示意图

由于镜场形状为椭圆形，则由图 2-23 可知椭圆的方程满足式(2-85)。同时，上述椭圆与直线 $y = \tan\left(\pi/2 - \theta_c'\right)x$ 和直线 $y = \tan\left(\pi/2 + \theta_c'\right)x$ 相切。推导可得镜场的边界方程为式(2-86)。其中，r_{min} 和 r_{max} 分别是镜场在 Y 方向的最小和最大半径，可由式(2-87)求解得到。

$$\frac{x^2}{a^2} + \frac{\left(y - \dfrac{r_{max}+r_{min}}{2}\right)^2}{\left(\dfrac{r_{max}-r_{min}}{2}\right)^2} = 1 \tag{2-85}$$

$$\frac{x^2}{r_{max}\cdot r_{min}\cdot\tan^2\theta_c'} + \frac{\left(y - \dfrac{r_{max}+r_{min}}{2}\right)^2}{\left(\dfrac{r_{max}-r_{min}}{2}\right)^2} = 1 \tag{2-86}$$

$$\begin{cases} r_{\min} = H_t \tan \beta_{\min} + \dfrac{L}{2\cos\beta_{\min}} \\[3mm] r_{\max} = H_t \tan\left(\beta_c + \theta_c\right) - \dfrac{L}{2\cos\left(\beta_c + \theta_c\right)} \end{cases} \tag{2-87}$$

式中，H_t 为焦点与定日镜中心平面的高度差，即吸热器中心焦点位置相对于定日镜中心的高度；此处将定日镜看作以其对角线长(L)为直径的球体，并取 L 为定日镜的特征长度；$\beta_{\min}$ 为第一圈且位于 Y 轴上的定日镜的前缘和焦点连线与吸热塔所成的夹角；$\beta_{\max}$ 为最外圈位于 Y 轴上的定日镜的后缘和焦点连线与吸热塔所成的夹角。

3)定日镜的排列方式

塔式电站镜场定日镜的布置方法主要有两种，一种称为放射状栅格布置(radial stagger heliostat field layout)方法[24]，另一种称为全年无遮阳镜场布置(no-blocking heliostat field layout)方法[25]。下面对上述两种镜场排列方法做简单介绍。

放射状栅格法是由美国学者 Lipps 和 Vant-Hull[24]于 1978 年提出的，在该方法中定日镜的具体布置方式如图 2-24 所示，其中 ΔA 为定日镜间的周向距离，ΔR 为定日镜间的径向距离。该排列方法的优点在于可减小由于定日镜处于其相邻定日镜反射光线的正前方而造成的遮挡损失。在该方法中，靠近吸热器的定日镜在周向排列较紧密，定日镜之间的空隙基本只需刚好使它们在运行过程中互不影响即可；而离塔较远的定日镜的排列则较为稀疏。1981 年，Dellin 等[26]针对镜面反射率大于 0.9 的定日镜，提出了大型镜场中 ΔR 和 ΔA 的计算式，如式(2-88)所示。

$$\begin{cases} \Delta R = L_h\left(1.44\cot\alpha_L - 1.094 + 3.068\alpha_L - 1.1256\alpha_L^2\right) \\[3mm] \Delta A = W_h\left(1.749 + 0.6396\alpha_L\right) + \dfrac{0.2873}{\alpha_L - 0.04902} \end{cases} \tag{2-88}$$

式中，L_h 和 W_h 分别是定日镜的高度(长度)和宽度；α_L 为吸热器相对于定日镜的高度角。

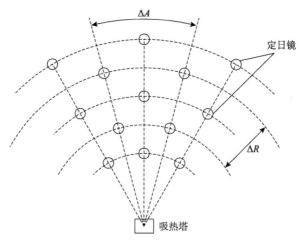

图 2-24 放射状栅格镜场设计法示意图

1993 年，Pylkkanen[25]在放射状栅格法的基础上，提出了一种全年无遮阳镜场作图设计方法，其过程参见图 2-25。在设计中，该方法假设相邻的定日镜不会挡到所设计定日镜的入射光，但不考虑该定日镜反射光是否会被邻镜遮挡。这是因为塔式镜场中定日镜的有效利用率主要受到邻镜对入射光的遮挡的影响。同时由于采用该方法得到的镜场是东西对称分布的。那么在设计中就只需设计镜场的一半，另一半则可沿南北轴对称得到。该方法在作图过程中是对定日镜按圈分组进行的，其具体作图过程如下。

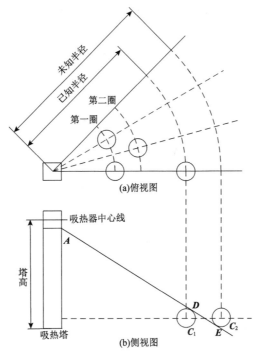

图 2-25   全年无遮阳镜场作图设计方法示意图

(1) 在图纸上画出定日镜场范围,并根据实际情况使其最小半径等于吸热器中心距地面的高度。

(2) 在图 2-25(a)所示的镜场俯视图中用直径为定日镜对角线长度的圆代表定日镜；而在图 2-25(b)所示镜场侧视图中用直径为定日镜高度的圆代表定日镜。

(3) 确定第一圈定日镜之间的周向间距，并令其等于 2 倍的定日镜宽度。而每组第二圈的半径是第一圈与第二圈定日镜可互不影响时的最小值。

(4) 第一圈和第二圈以外的同组其他圈的半径的确定过程如下：首先，在镜场侧视图中用圆 C_1 代表该圈前一圈上的定日镜；在侧视图中从吸热器的底边 A 点画一条直线，该直线与圆 C_1 后边缘相切于 D 点，直线 AD 即代表由定日镜 C_1 后排镜组发出的光线到达吸热器而定日镜 C_1 恰好对其无遮挡时的光路。然后，在侧视图中画一个圆 C_2 使之与直线 AD 相切于 E 点。该圆 C_2 即代表后一圈上的一面定日镜。在俯视图中，圆 C_2 的圆心到吸热塔的直线距离即为该圈的半径。

(5)当某一组定日镜最外圈的排列变得太过稀疏时，应当重新开始布置新的一组并再次进入步骤(3)开始新一组定日镜的布置，同时在新组布置中需确保该组第一圈定日镜的入射光线不被前一组最后一圈定日镜遮挡。

2.3.4　线性菲涅耳式聚光器

线性菲涅耳式聚光器主要由反射镜场、跟踪装置、吸热器等组成，如图 2-26 所示[19,27]。线性菲涅耳式聚光器指由平面或略微弯曲的条状反射镜组成的反射镜场，反射镜的长轴即为跟踪轴。吸热器可分为单管和多管吸热器，如图 2-27 所示。在单管吸热器中，为了提高辐射热流均匀性、提高聚光比、增大接收角，一般还使用复合抛物面聚光器(CPC)二级反射镜。下面将对反射镜与反射镜场的光学设计原理进行介绍。

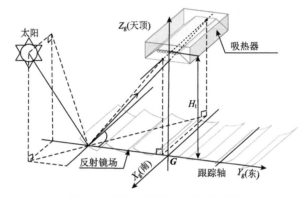

图 2-26　线性菲涅耳式系统示意图

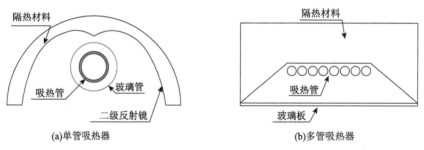

(a)单管吸热器　　　　　　　　　　　　(b)多管吸热器

图 2-27　两种典型的吸热器示意图

1. 反射镜设计

在系统运行时，跟踪装置驱使每面按南北方向布置的反射镜单独跟随太阳转动，从而将阳光汇聚到吸热器上。线性菲涅耳式聚光器中的反射镜一般为等宽的长条状平面镜或弧形反射镜(圆柱面镜、抛物面镜)。

在聚光器中，反射镜宽度一般都设计为相同的(W)；吸热器放置在距反射镜中心高H_t处的聚光器焦点 F 处；第 n 面反射镜中心离镜场中心的距离为 L_n，其与水平面的夹角为 γ_n，且当反射镜在 $Y_g Z_g$ 平面内绕镜轴逆时针旋转时为正，顺时针旋转时为负。反射镜与吸热器的位置关系如图 2-28 所示。对弧形反射镜而言，当抛物面镜或圆柱面镜在吸热器上汇聚的光斑的尺寸达到其最小值时，二者对应的焦距和半径分别被称为抛物面镜理想焦距和圆柱面镜理想半径。当第 n 面反射镜为抛物面镜时，可根据反射镜与吸热器的几何关系，采用式(2-89)计算其理想焦距(f_n)；采用式(2-90)计算得到圆柱面镜的理想半径(r_n)。

$$f_n = \sqrt{L_n^2 + H_t^2} \tag{2-89}$$

$$r_n = \frac{2\sqrt{L_n^2 + H_t^2}}{\cos\gamma_n} \tag{2-90}$$

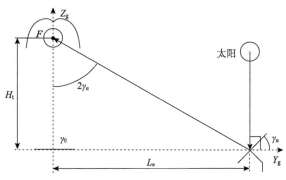

图 2-28　反射镜与吸热器的位置关系图

2. 反射镜跟踪方程

当每个反射镜都精确跟踪太阳运动时，入射到每面反射镜中心轴上的光线将被反射并汇聚到聚光器的焦点，也就是吸热器的中心处。根据图 2-29 所示的线性菲涅耳式聚光器聚光过程原理图可以发现，当反射镜 n 与吸热器相对位置确定之后，反射光线在 Y_gZ_g 平面上的投影与 Y_g 轴的夹角 λ_n 将是定值，并可根据 H_t 和 L_n 按式(2-91)求出。而入射光线在 Y_gZ_g 平面上的投影与 Y_g 轴的夹角 φ_1 可按式(2-92)求得[9]。

$$\lambda_n = \arctan\frac{H_t}{L_n} \tag{2-91}$$

$$\varphi_1 = \arctan\left(\frac{\tan\alpha_s}{\sin|A_s|}\right) \tag{2-92}$$

式中，α_s 与 A_s 分别为太阳高度角与方位角，可按照 2.1 节所示方法计算。

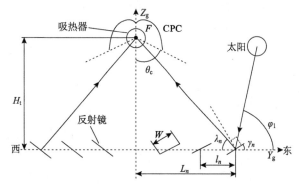

图 2-29　线性菲涅耳式聚光器聚光过程原理图

接着，根据图 2-29 所示几何关系，可进一步计算出反射镜的跟踪倾角 γ_n。其中，位于镜场东侧的反射镜的跟踪角可按式(2-93)计算，而位于镜场西侧的反射镜的跟踪角可按式(2-94)计算。

$$\gamma_n = \begin{cases} (\varphi_1 - \lambda_n)/2, & 0 \leqslant A_s < \pi, \quad \text{上午} \\ \dfrac{\pi - \lambda_n - \varphi_1}{2}, & -\pi \leqslant A_s < 0, \quad \text{下午} \end{cases} \tag{2-93}$$

$$\gamma_n = \begin{cases} \dfrac{\varphi_1 + \lambda_n - \pi}{2}, & 0 \leqslant A_s < \pi, \quad \text{上午} \\ (\lambda_n - \varphi_1)/2, & -\pi \leqslant A_s < 0, \quad \text{下午} \end{cases} \tag{2-94}$$

3. 反射镜场设计

在线性菲涅耳式聚光器中反射镜场的优化合理布置是提高聚光器光学性能的关键手段。在镜场中，若反射镜排列得较为紧密，则其相互之间的遮挡将比较严重，效率将相对较低，但同时其占地面积将较小，因而土地成本也较低。镜场优化的目的就是在一定的占地面积下尽量减少反射镜之间的相互遮挡，从而提高聚光器综合效益。下面从反射镜场边界的确定、反射镜场无遮挡设计两方面详细介绍反射镜场的设计方法。

1) 反射镜场边界的确定

对如图 2-29 所示的使用 CPC 作二级反射镜的系统，由 CPC 的性质可知，离吸热器最远的反射镜 n 汇聚进入 CPC 的入射角应该小于或等于 CPC 的最大接收角 θ_c，否则所汇聚的光线将不会被吸热器接收到。上述关系可表示为式(2-95)所示的关系式，其确定了反射镜场最大半宽度 L_n、吸热器高度 H_t 与 θ_c 的关系，即 θ_c 越大，L_n/H_t 越大，意味着镜场土地利用率越高。

$$\theta_c \geqslant \arctan \frac{L_n}{H_t} \tag{2-95}$$

对于采用多管腔式吸热器的系统而言，其不存在接收角的影响，在理想条件下，L_n/H_t 可以取无限大。但是一方面 L_n 越大，反射镜的效率越低；另一方面，由于反射镜形面误差的影响，其实际汇聚的光斑将是一个平面而不是一条线，这样当反射镜离得太远时，光斑将过大，从而造成一部分能量不能进入吸热器。因此，在这种情况下需要对上述因素进行综合考虑。

2) 反射镜场无遮挡设计

阴影是指反射镜上被相邻反射镜的影子所覆盖的部分，而遮挡是指反射光线被相邻镜挡住的部分。在反射镜场设计中，一般通过合理设计相邻反射镜间距(l_n)来减少或避免相互遮挡，通过上述设计之后，反射镜之间的阴影作用也会相应得到改善。

在无遮挡设计中，一般希望反射镜之间在某一特定 φ_1 值下没有相互遮挡，此时镜 n 的下边界反射的光线将恰好与镜 $n-1$ 的上边缘接触，如图 2-30 所示。由于反射镜的弯曲程度都很小，在设计中可假设反射镜均为平面镜。根据图 2-30 所示原理图，由几何关系可以得到反射镜位置 L_n、反射镜跟踪角 γ_n、相邻反射镜间距 l_n 与镜宽 W、吸热器高度 H_t、φ_1 等重要参数之间的关系式。第一，由镜面反射原理可知，入射角(θ_{in})与反射角应相等，因此可采用式(2-96)计算得到图 2-30 所示的 θ_{in}。第二，由于反射镜 n 中心位置的法线与镜面夹角为 $\pi/2$，因此可得式(2-97)。第三，将式(2-96)代入式(2-97)后可得式(2-98)。第四，根据图 2-30 所示的三角关系，可采用式(2-99)计算相邻反射镜间距 l_n。最后，L_n 与 L_{n-1} 的关系由式(2-100)确定。基于递推公式(2-98)～(2-100)及其初始参数 $\lambda_0=\pi/2$、$L_0=0$、$L_1=l_1$，可以依次推出反射镜场的所有布置参数。

$$\theta_{in} = \frac{\pi - \lambda_n - \varphi_1}{2} \tag{2-96}$$

$$\frac{\pi}{2} = \lambda_n + \theta_{in} + \gamma_n \tag{2-97}$$

$$\lambda_n = \varphi_1 - 2\gamma_n = \arctan\frac{H_t}{L_n} \tag{2-98}$$

$$l_n = \frac{W}{2}\left[(\sin\gamma_n + \sin\gamma_{n-1})\frac{L_n}{H_t} + \cos\gamma_n + \cos\gamma_{n-1}\right] \tag{2-99}$$

$$L_n = L_{n-1} + l_n, \quad n \geqslant 1 \tag{2-100}$$

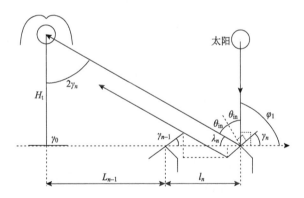

图 2-30　阳光垂直入射时的无遮挡设计图

在实际镜场无遮挡设计过程中，经常采用光线垂直水平面入射时为设计工况，即 $\varphi_1=90°$，如图 2-30 所示。此时，递推公式变为式(2-101)～(2-103)。

$$\frac{\pi}{2} - 2\gamma_n = \arctan\frac{H_t}{L_n} \tag{2-101}$$

$$l_n = \frac{W}{2}\left[(\sin\gamma_n + \sin\gamma_{n-1})\tan 2\gamma_n + \cos\gamma_n + \cos\gamma_{n-1}\right] \tag{2-102}$$

$$L_n = L_{n-1} + l_n \tag{2-103}$$

2.3.5　菲涅耳透镜聚光器

在太阳能光热发电系统中，除了常见的抛物面、球面、复合抛物面等反射式聚光器外，还有菲涅耳透镜、凸透镜等折射式聚光器。受内容限制，在此仅介绍较为常见的菲涅耳透镜聚光器的原理及其设计方法。

菲涅耳透镜可以看作传统凸透镜的一种改进型。我们知道，对传统凸透镜而言，一般透镜越厚，聚光倍数越大，但其制造难度及造价也相应提高。为了降低凸透镜的厚度，菲涅耳首先提出并制成了一种将凸透镜凸面做成同心阶梯弧面的阶梯棱镜，菲涅耳透镜也因此得名。由于阶梯弧面的制作工艺较为复杂，后来又进一步发展为将每个弧面近似地由平面代替。与凸透镜相比，菲涅耳透镜具有重量轻、口径大、厚度薄等特点，在能源、电子、光学等领域都有广泛应用[12]。

菲涅耳透镜形状多样，可按照不同标准对其进行分类。菲涅耳透镜根据其形状的不同可分为平面型菲涅耳透镜和曲面型菲涅耳透镜，如图 2-31 所示。按其对入射光线的聚焦方式不同可分为点聚焦菲涅耳透镜和线聚焦菲涅耳透镜。当然平面型与曲面型菲涅耳透镜都既可以是点聚焦式的，又可以是线聚焦式的。点聚焦菲涅耳透镜一般是一块单面刻有一系列同心棱形槽的透明玻璃或塑料板。其每个棱形环带都相当于一个独立的折射面，这些环带都能使入射光线汇聚到一个共同的焦点上。而线聚焦菲涅耳透镜一般是一块单面刻有一系列对称分布的条状棱形槽的透镜，其会将入射阳光汇聚到一条线上。虽然点聚焦与线聚焦透镜的光斑形状不同，但是其聚光原理是一致的。下面分别对平面和曲面菲涅耳透镜的光学设计做简要介绍。

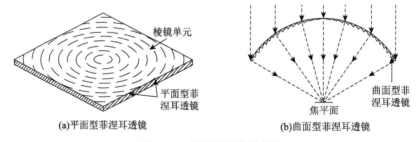

(a)平面型菲涅耳透镜　　　　　　　　(b)曲面型菲涅耳透镜

图 2-31　菲涅耳透镜示意图

1. 平面菲涅耳透镜设计

如图 2-32 所示，平面透镜的折射率为 n，焦距为 f，通光口径为 D，则相对孔径 $d = D/f$，单位长度上有 m 个棱形沟槽，第 i 个环带与透镜中心的距离为 H，第 i 个环带的棱角为 α。假设由 $\boldsymbol{P}$ 点发出的入射光线经过透镜折射后汇聚于 $\boldsymbol{Q}$ 点。

设第 i 个环带入射和出射光线与透镜光轴的夹角分别为 U、U'，则由平面几何关系可得各角的关系如式(2-104)。根据折射定律可得式(2-105)。

$$\begin{cases} i_1 = U + \alpha \\ i_3 = \alpha - i_2 \\ i_4 = U' \end{cases} \tag{2-104}$$

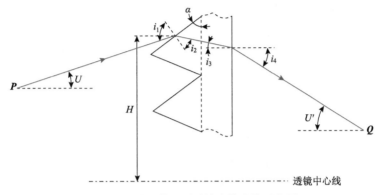

图 2-32 平面菲涅耳透镜成像光线示意图

$$\frac{\sin i_1}{\sin i_2} = \frac{\sin i_4}{\sin i_3} = n \tag{2-105}$$

推导可得第 i 个环带的棱角与 U、U' 的关系如式(2-106)所示。

$$\alpha = \arctan \frac{\sin U + \sin U'}{\sqrt{n^2 - \sin^2 U'} - \cos U} \tag{2-106}$$

在理想情况下,当假设太阳光为平行光且垂直入射到透镜上时可得 $U = 0$。那么环带棱角的求解公式简化为式(2-107)。

$$\alpha = \arctan \frac{\sin U'}{\sqrt{n^2 - \sin^2 U'} - 1} \tag{2-107}$$

2. 曲面菲涅耳透镜设计

对菲涅耳聚光透镜的研究表明,通常情况下,与点聚焦相比,线聚焦有更高的光学效率,且线聚焦透镜允许在槽带纵向有较大的入射角。同时与同尺寸的平面线聚焦菲涅耳透镜相比,曲面线聚焦菲涅耳透镜可有效降低边缘位置的光学损失。下面,将对曲面线聚焦菲涅耳透镜的光学原理和设计方法加以简要介绍。

在如图 2-33 所示的曲面菲涅耳透镜中,所有垂直入射光线,进入透镜后都将被折射并汇聚到焦点位置。图 2-33 为图 2-31(b)中任一棱镜的光路传播示意图,其中 AB 面为棱镜单元上方一段圆弧,近似处理为直线段,AC 面为棱镜单元的光出射面。由图中的几何关系可得式(2-108)。

$$\begin{cases} \phi_i' = \phi_i - \phi_r + \theta_v \\ \phi_r' = \gamma + \theta_v \end{cases} \tag{2-108}$$

式中，γ 为折射角的一个分角；θ_v 为棱镜单元工作侧面角 α 的一个分角。

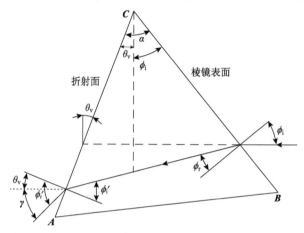

图 2-33   曲面菲涅耳透镜棱镜单元光路图

由图 2-31(b)的几何关系可以看出，要求解菲涅耳透镜工作侧面角 α，只需要求出 θ_v 即可。由于光线在 AC 面发生折射，由折射定律可得式(2-109)。式(2-109)变化后可得式 (2-110)。当 θ_v 求解出后，即可根据式(2-111)计算菲涅耳透镜工作侧面角。

$$\frac{\sin\phi_r'}{\sin\phi_i'} = \frac{\sin(\gamma + \theta_v)}{\sin(\phi_i - \phi_r + \theta_v)} = n \tag{2-109}$$

$$\theta_v = \arctan\left[\frac{n\sin(\phi_i - \phi_r) - \sin\gamma}{\cos\gamma - n\cos(\phi_i - \phi_r)}\right] \tag{2-110}$$

$$\alpha = \phi_i + \theta_v \tag{2-111}$$

3. 模块化菲涅耳透镜设计

在太阳能热利用中，除了要求菲涅耳透镜要有很好的透光性，达到很好的聚光效果，往往还对其聚焦光斑的能流分布有一定要求。例如，在光伏系统中要求聚焦光斑的能流尽可能均匀分布在电池表面，避免出现局部能流密度过大以及电池欧姆损失增加的情况。为了使聚焦光斑热流分布更为均匀化，研究人员对菲涅耳透镜的齿形及其结构进行了改进研究，提出了若干种新型的菲涅耳式聚光器。限于篇幅，本书仅简单介绍 Ryu 等[28]提出的一种使辐射能流分布均匀化的模块化菲涅耳式聚光器。其透镜设计模型如图 2-34 所示。其设计的核心思想是将菲涅耳透镜分为若干小块，每个小块的工作侧面角相同，通过合理选择工作侧面角，使得垂直入射到每个小块的光线都被折射到焦平面中心区域。由于每个小块的工作侧面角都是相同的，所以其折射到焦平面中心区域的热流分布也是均匀的，又因为整个透镜是中心对称的，故而最后焦平面上的辐射能流分布也相对均匀。

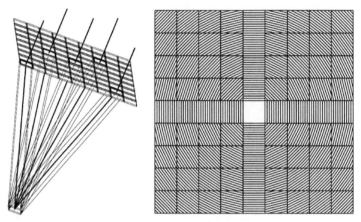

图 2-34　模块化菲涅耳透镜组设计示意图[28]

图 2-35 为上述模块化菲涅耳透镜组的聚焦光斑效果图。由图 2-35 可见，该设计很好地达到了使聚光能流均匀化分布的目的。研究表明光斑的非均匀度在 20%左右。聚光均匀化也是太阳能光热发电系统的聚光系统设计所追求的目标之一，目前由于现实条件的限制，此设计要求还未成为衡量光热发电系统聚光系统优劣的关键指标。目前对于太阳能光热发电系统中局部能流密度过高问题的解决，还主要集中在吸热器结构的改善上，但是作者认为，应从聚光系统和吸热器两方面的优化配置着手，既要在聚光系统这一源头上力争使进入吸热器的辐射分布均匀化，同时也要合理安排吸热器几何外形和内部结构，结合两个方面综合优化，才有望圆满解决此难题[29]。

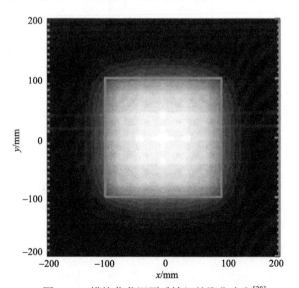

图 2-35　模块化菲涅耳透镜组的聚焦光斑[28]

2.4　本　章　小　结

本章首先介绍了太阳辐射的基础知识，着重介绍了与太阳能光热发电应用相关的太阳常数、大气对太阳辐射的衰减、地面直射辐射强度的计算方法、太阳角及其计算方法等相关内容。接着，对太阳能光热发电系统的聚光器分类及材料等方面进行了介绍。最后，详细介绍了抛物面槽式聚光器、抛物面碟式聚光器、复合抛物面聚光器、塔式定日镜场聚光器、线性菲涅耳式聚光器及菲涅耳透镜式聚光器的光学设计原理。相关内容可为学习和掌握光热发电技术中的聚光器选型、设计及光学性能分析等提供指导。

问题思考及练习

➤思考题

2-1 太阳辐射在穿过地球大气层时会被大气衰减，那么造成太阳辐射衰减的因素有哪些？

2-2 聚光是提高吸热面上的太阳辐射强度的有效措施，常见的太阳能聚光器有哪些？它们各自的特点是怎样的？

2-3 是否可以无限地提高太阳能聚光器的聚光比？如果不能，理想太阳能聚光器能达到的最大的聚光比是多少？

2-4 抛物面槽式、抛物面碟式、塔式、线性菲涅耳式聚光器的结构和聚光特点各不相同，它们的最大理想聚光比分别为多少？

2-5 按照跟踪轴数量的不同，太阳能聚光器有哪几种典型的跟踪方式？你是否可以提出一些其他的跟踪方式？

➤习题

2-1 已知地球上的太阳常数为 $I_{sc地}=1367\ \mathrm{W\cdot m^{-2}}$，太阳与地球、金星和火星之间的平均距离分别为 $r_地=1.50\times10^{11}\ \mathrm{m}$、$r_金=1.08\times10^{11}\ \mathrm{m}$ 和 $r_火=2.28\times10^{11}\ \mathrm{m}$，试计算金星和火星上的太阳常数（$I_{sc金}$、$I_{sc火}$）。

（参考答案：$I_{sc金}=2637.0\ \mathrm{W\cdot m^{-2}}$，$I_{sc火}=591.7\ \mathrm{W\cdot m^{-2}}$）

2-2 什么叫大气光学质量？试计算平年夏至日、太阳高度角为30°时，海拔为0处的大气光学质量（m_0）、阳光垂直入射在大气上界的辐照度（I_0）、地表法向直射辐照度（DNI）。

（部分参考答案：$m_0=2$，$I_0=1322.6\ \mathrm{W\cdot m^{-2}}$，$\mathrm{DNI}=796.7\ \mathrm{W\cdot m^{-2}}$）

2-3 已知赤道的纬度为 0°，北回归线位于北纬 23.433°，西安钟楼位于东经

108.952°、北纬 34.223°。试分别计算春分、夏至正午时刻西安钟楼处的太阳高度角(α_s)。

(参考答案：春分日正午 α_s=55.777°，夏至日正午 α_s=79.210°)

2-4 掌握太阳角的计算方法是进行聚光器设计的基础，在不考虑日地距离随时间变化的情况下，试估算东经 105°、北纬(φ)40°、海拔为 0 处在平年春分日北京时间上午 8:00 时的真太阳时(t_s)、时角(ω)、赤纬角(δ)、太阳高度角(α_s)。

(参考答案：t_s=7，ω=−75°，δ=−0.404°，α_s=11.19°)

2-5 如习题 2-5 附图所示的采用圆柱面吸热器的理想抛物面槽式聚光器，其进光口宽度为 W_a、焦距为 f，根据几何聚光比的定义，试推导出该理想槽式聚光器几何聚光比(C)的表达式，并求出该聚光器能达到的最大几何聚光比。

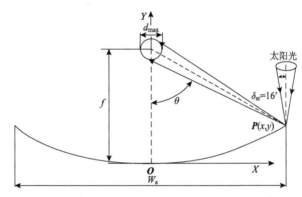

习题 2-5 附图　圆柱面吸热器型槽式聚光器光路图

参 考 文 献

[1] Duffie J A, Beckman W A. Solar Engineering of Thermal Processes[M]. Hoboken: John Wiley & Sons, 2013.

[2] 崔福庆. 太阳能聚光集热系统光捕获与转换过程的光热特性及性能优化研究[D]. 西安: 西安交通大学, 2013.

[3] He Y L, Xiao J, Cheng Z D, et al. A MCRT and FVM coupled simulation method for energy conversion process in parabolic trough solar collector[J]. Renewable Energy, 2011, 36(3): 976-985.

[4] 刘鉴民. 太阳能利用: 原理·技术·工程[M]. 北京: 电子工业出版社, 2010.

[5] 何洪林, 于贵瑞, 牛栋. 复杂地形条件下的太阳资源辐射计算方法研究[J]. 资源科学, 2003, (1): 78-85.

[6] Kreith F, Kreider J F. Principles of Solar Engineering[M]. Washington: Hemisphere Publishing Corp., 1978.

[7] 胥义, 刘道平, 崔凯. 太阳能总辐射仿真软件的设计及其实地测量验证[J]. 能源技术, 2002, 23(6): 237-239.

[8] Spencer J. Fourier series representation of the position of the sun[J]. Search, 1971, 2(5): 172.

[9] 邱羽. 离散式聚光型太阳能系统光热特性分析与性能优化及新型聚光集热技术研究[D]. 西安: 西安交通大学, 2019.

[10] Rabl A. Comparison of solar concentrators[J]. Solar Energy, 1976, 18(2): 93-111.

[11] 何雅玲, 王坤, 杜保存, 等. 聚光型太阳能热发电系统非均匀辐射能流特性及解决方法的研究进展[J]. 科学通报, 2016, 61(30): 3208-3237, 3289-3290.

[12] 王之江. 实用光学技术手册[M]. 北京: 机械工业出版社, 2007.

[13] He Y L, Qiu Y, Wang K, et al. Perspective of concentrating solar power[J]. Energy, 2020, 198: 117373.

[14] 程泽东. 太阳能热发电聚焦集热系统的光热特性与转换性能及优化研究[D]. 西安: 西安交通大学, 2012.

[15] Chaves J. Introduction to Nonimaging Optics[M]. Boca Raton: CRC Press, 2015.

[16] Winston R. Principles of solar concentrators of a novel design[J]. Solar Energy, 1974, 16(2): 89-95.

[17] Mallick T, Eames P, Hyde T, et al. The design and experimental characterisation of an asymmetric compound parabolic photovoltaic concentrator for building facade integration in the UK[J]. Solar Energy, 2004, 77(3): 319-327.

[18] 虞秀琴, 朱亚军, 李劼. 复合抛物面型集光器的设计[J]. 上海交通大学学报, 1998, 32(3): 82-86.

[19] Qiu Y, He Y L, Cheng Z D, et al. Study on optical and thermal performance of a linear Fresnel solar reflector using molten salt as HTF with MCRT and FVM methods[J]. Applied Energy, 2015, 146: 162-173.

[20] He Y L, Cui F Q, Cheng Z D, et al. Numerical simulation of solar radiation transmission process for the solar tower power plant: From the heliostat field to the pressurized volumetric receiver[J]. Applied Thermal Engineering, 2013, 61(2): 583-595.

[21] 郭苏, 刘德有, 张耀明, 等. 太阳能热发电系列文章 5: 塔式太阳能热发电的定日镜[J]. 太阳能, 2006, 5: 34-37.

[22] Neber M, Lee H. Design of a high temperature cavity receiver for residential scale concentrated solar power[J]. Energy, 2012, 47(1): 481-487.

[23] Qiu Y, He Y L, Li P W, et al. A comprehensive model for analysis of real-time optical performance of a solar power tower with a multi-tube cavity receiver[J]. Applied Energy, 2017, 185: 589-603.

[24] Lipps F, Vant-Hull L. A cellwise method for the optimization of large central receiver systems[J]. Solar Energy, 1978, 20(6): 505-516.

[25] Siala F, Elayeb M. Mathematical formulation of a graphical method for a no-blocking heliostat field layout[J]. Renewable Energy, 2001, 23: 77-92.

[26] Dellin T A, Fish M J. User's manual for DELSOL: A Computer Code for Calculating the Optical Performance, Field Layout, and Optimal System Design for Solar Central Receiver Plants[R]. Livermore: Sandia Labs., 1979.

[27] Qiu Y, He Y L, Wu M, et al. A comprehensive model for optical and thermal characterization of a linear Fresnel solar reflector with a trapezoidal cavity receiver[J]. Renewable Energy, 2016, 97: 129-144.

[28] Ryu K, Rhee J G, Park K M, et al. Concept and design of modular Fresnel lenses for concentration solar PV system[J]. Solar Energy, 2006, 80(12): 1580-1587.

[29] He Y L, Wang K, Qiu Y, et al. Review of the solar flux distribution in concentrated solar power: Non-uniform features, challenges, and solutions[J]. Applied Thermal Engineering, 2019, 149: 448-474.

第3章 基于蒙特卡罗光线追迹法的聚光器性能分析

在太阳能光热发电系统中，聚光器型式多样、结构复杂，太阳辐射在聚光器内的传播过程涉及反射、折射、吸收、散射等众多光学事件，同时光学传播过程还受太阳辐射特征、聚光器表面形面特征等因素的影响。如何准确和高效地计算聚光器内的太阳辐射传播过程，准确和高效地表征吸热器上的辐射能流密度分布，已经成为一个重要的研究方向，相关研究可以为揭示聚光器聚光特性、实现聚光性能优化以及系统光热性能表征提供理论依据[1]。

本章将首先介绍蒙特卡罗光线追迹法的基本原理及其在聚光太阳能系统中的建模方法，随后将重点讨论蒙特卡罗光线追迹法在多种典型太阳能聚光器光学特性分析中的应用。

3.1 蒙特卡罗法基本思想

蒙特卡罗法(Monte Carlo method，MCM)的基本思想可以追溯到数学家蒲丰(Buffen)在 1777 年提出的"蒲丰投针问题"。该问题可以表述为，设在平面上有一组平行线，任意两条相邻线的间距都等于 $2D$，把一根长 $2l$(且 $l<D$)的针随机投到平面上。在理想条件下可计算出针与直线有交点的概率为 $2l/\pi D$。那么，若假设 P 为 n 次投针实验中针与平行线相交的概率，式(3-1)中的 $\hat{\pi}$ 就可作为 π 的一个估计值。

$$\hat{\pi} = \frac{2l}{D \times P}, \quad P = \frac{N}{n} \tag{3-1}$$

式中，N 为 n 次实验中针与直线的相交次数。

一些学者对"蒲丰投针问题"进行了实验研究，并获得了圆周率 π 的一些估计值。例如，1850 年，沃尔夫掷了 5000 次，获得了 $\hat{\pi} \approx 3.1596$ 的估值；1901 年，拉泽里尼投掷了 3408 次，得到了 $\hat{\pi} \approx 3.1415929$ 的估值；1925 年，雷纳投掷了 2520 次，得到了 $\hat{\pi} \approx 3.1795$ 的估值[2]。

从上面的例子中可以发现蒙特卡罗法的基本思想：为求解科学技术中遇到的实际问题，基于概率统计理论，构建一个概率模型并使它的某些参数的统计量(如均值、概率)等于待求问题的解；然后通过对所构造模型进行大量随机抽样试验来求得相关参数的统计特征，从而得到待求解的近似值[2]。

现代广泛使用的蒙特卡罗法是在 20 世纪 40 年代中期，美国洛斯阿拉莫斯国家实验室的斯塔尼斯拉夫·乌拉姆、冯·诺伊曼、尼古拉斯·梅特罗波利斯、恩里科·费米等在计算原子弹设计中有关中子随机扩散问题和估算薛定谔方程的特征根时提出的。目前，蒙特卡罗法已在解决物理学、计算机科学、工程技术学、材料科学、生物科学、经济学等领域所遇到的实际问题中得到了广泛应用。总的来说，针对其所解决的问题是否涉及随机过程，可以将这些问题分为两类[2]。

第一类是确定性问题。例如，上述"蒲丰投针问题"就是一个确定性的问题。同时，计算定积分、解线性方程组、偏微分方程边值问题等都属于这一类。求解这一类问题的关键是必须先人为构造一个概率过程，将不具有随机性质的问题转化为随机问题，并使它的某些参量正好是所求问题的解；最后对所构造的概率模型进行多次抽样试验，并最终通过统计得到计算结果。

第二类是随机性问题。在这一类问题中，所求解的物理过程本身就是随机的。例如，斯塔尼斯拉夫·乌拉姆等所研究的中子在介质中的随机扩散问题就属于这一类问题。这是因为中子在介质中的运动过程本身就是随机的。求解这一类问题的方法即根据实际物理问题的概率法则，采用计算机进行抽样计算，从而得到相应的模拟结果。

3.2　蒙特卡罗光线追迹法

3.2.1　蒙特卡罗光线追迹法概述

蒙特卡罗光线追迹(Monte Carlo ray tracing，MCRT)法是一种将蒙特卡罗法与光线追迹法结合起来，以模拟宏观几何尺度内的光线传播过程的方法。其中，光线追迹法是几何光学中的一项通用方法，它通过追踪与光学表面或参与性介质发生光学作用的光线，从而获得光线传播路径。MCRT 方法最先是由 Howell 和 Perlmutter[3]于 1964 年引入热辐射换热计算领域的，该方法也是蒙特卡罗法在求解确定性问题中的一种应用。经过多年的发展，目前 MCRT 方法作为处理辐射换热的一种十分有效的数值计算方法，已取得了一系列丰硕的研究成果。

在 MCRT 方法中，某一光源发射的辐射能量将被转化为大量满足一定概率分布的光线，通过跟踪每一条光线在光学系统内的传播过程，并采用随机方法计算光线在传播过程中所发生的光学事件(如反射、折射和吸收等)，最后统计系统各处所吸收的光线数目即可得到系统内的辐射能量分布。

近年来，MCRT 方法在太阳能利用系统中获得了较广泛的应用，其可以模拟太阳辐射从太阳表面发射到聚光器中汇聚，再到吸热器中吸收的完整的传播过程。同时，它能够较为精确地求解太阳能热利用系统中辐射能流密度的时空分布特性，并很好地揭示太阳能聚光系统的光学特性。具体来说，MCRT方法求解太阳辐射传输问题的基本思想如下。

首先，将太阳辐射传输过程分解为发射、反射、透射、吸收和散射等一系列独立的子过程，并把这些子过程转化为随机问题，建立每个子过程的概率模型。

然后，将入射太阳辐射能量初始化为大量携带一定能量份额的随机光线(或光子)，通过跟踪、统计每个光束的传播过程，并采用随机方法控制每个光束所经历的反射、折射、散射和吸收等光学事件。

最后，统计辐射吸收表面上的随机光线数目。当随机光线总数足够多时，就可以通过统计和计算得到辐射吸收表面的太阳辐射能流密度分布。

采用MCRT方法模拟太阳能光热发电系统中的辐射传输过程有两个关键问题，分别为：①选择合适的伪随机数产生方法，保证抽样的随机性；②建立正确的太阳辐射传输过程的随机概率模型。下面将分别对这两个方面进行介绍。

3.2.2 伪随机数与随机变量的产生

MCRA方法是一种通过在样本空间中进行随机取样来计算光学过程的方法，在其计算过程中，首先需要有一个伪随机数生成器来生成在[0,1)范围内服从均匀分布的伪随机数 ξ，即 $\xi \sim U[0,1)$。然后根据相关光学事件的物理意义和概率分布，采用伪随机数 ξ 生成相应的随机变量。

一个好的伪随机数产生方法应具有以下特点：①所产生的伪随机数序列均匀分布在区间内；②序列之间没有相关性，充分体现任意性；③序列重复周期足够长，具有完全可重复性；④在计算机上产生的速度快、占用内存空间小。产生伪随机数的方法有很多种，如平方取中法(CMNSG)、乘同余法(MLGG)、混合同余法(CCG)、Fibonecci法、小数平方法(ACG)等[2]。

采用上述方法可以编制出相应的伪随机数生成程序。一般来说，在实验之前需要对所采用的伪随机数生成程序进行检验。检验内容通常为伪随机数序列分布的区域均匀性检验和伪随机数序列的 χ^2 均匀性检验。通过检验，可以区分不同伪随机数发生程序的优劣，为伪随机数发生程序的选择提供依据。

在获得高质量的伪随机数之后，可采用下面的方法来生成满足特定光学事件概率分布的随机变量。对于一个随机变量 x，其在(a,b)范围内的概率密度函数为 $P(x)$，且 $P(x)$ 满足式(3-2)。$P(x)$的分布可以是均匀的，也可以是非均匀的。对于均匀分布的情况，随机变量的取值概率可以直接利用伪随机数生成程序生成的伪随机数 ξ 并采用式(3-3)来计算。对于非均匀分布的情况，随机变量的取值概率需要采用公式(3-4)来确定。

$$\int_a^b P(t)\mathrm{d}t = 1 \tag{3-2}$$

$$x = a + (b-a)\cdot\xi, \quad \xi \sim U[0,1] \tag{3-3}$$

$$\int_a^x P(t)\mathrm{d}t = \xi, \quad \xi \sim U[0,1] \tag{3-4}$$

3.2.3   太阳辐射传输过程的随机概率模型

MCRT 方法模拟太阳辐射传输过程的基本思路大致可以分解为以下四个步骤,即光线发射(或称为光线发射位置初始化)、光线传播过程的追踪、光线能量吸收与统计以及吸热器最终辐射热流分布的计算[4]。下面将分别介绍 MCRT 方法模拟过程中用于描述辐射传递过程的一些重要的常用概率模型。

1. 光线随机发射位置的概率模拟

在太阳能光热发电系统中,由于从太阳照射到聚光器上的法向直射辐照度(DNI)是均匀的,因此在 MCRT 方法的随机模型中需要保证太阳光线均匀地分布在聚光器上。在太阳能聚光器中,一般将聚光器单元(如单个抛物面槽式聚光器、单个碟式聚光器、单面菲涅耳反射镜、单面定日镜或单个透镜等)的开口平面作为随机光线的发射平面或称为初始化平面。在模拟中,将入射到聚光器单元上的均匀直射太阳辐射能量处理为在发射面上均匀分布的大量携带相同能量份额的随机光线。

上述问题可以表述为更一般的形式,即如何在三维直角坐标系 XYZ 中的光线发射面 S 内产生相互独立、具有相同概率密度函数 $P(x,y,z)$ 的随机光线序列。同时,随机光线的概率密度函数需满足式(3-5)。

$$\iint_S P(x,y,z)\mathrm{d}S = 1 \tag{3-5}$$

在光热发电系统中,光线发射面主要有圆形(碟式、复合抛物面式、圆形透镜等)和矩形(槽式、定日镜、线性菲涅耳反射镜、矩形透镜等)两种形状。两种形状下的光线随机发射位置示意图参见图 3-1,其中圆形发射面上的随机发射位置坐标 $\boldsymbol{P}$ 的计算方法如式(3-6)所示,而矩形发射面上的随机坐标 $\boldsymbol{P}$ 如式(3-7)所示。计算中假设发射面位于 XY 平面上;对于位于其他位置的发射面,其随机光线的位置可由空间坐标的平移及旋转变换得到。此外,其他形状的发射面的概率模型,通常也可由上述两种基本形状的模型推导得到。

$$\boldsymbol{P} = \begin{bmatrix} x_P \\ y_P \\ z_P \end{bmatrix} = \begin{bmatrix} r \cdot \cos\theta \\ r \cdot \sin\theta \\ z_P \end{bmatrix}, \quad r = R\sqrt{\xi_1}, \quad \theta = 2\pi\xi_2 \tag{3-6}$$

$$\boldsymbol{P} = \begin{bmatrix} x_P \\ y_P \\ z_P \end{bmatrix} = \begin{bmatrix} x_{\min} + (x_{\max} - x_{\min})\xi_1 \\ y_{\min} + (y_{\max} - y_{\min})\xi_2 \\ z_P \end{bmatrix} \tag{3-7}$$

式中,每一个 ξ 都是 0 与 1 之间的均匀随机数,即 $\xi \sim U[0,1)$,不同的下标表示各个随机数相互独立；z_P是发射面在 z 方向的高度；R 是圆形发射面的半径；x_{min}、x_{max}、y_{min}、y_{max} 分别为 X、Y 方向上矩形发射面的最小值和最大值。

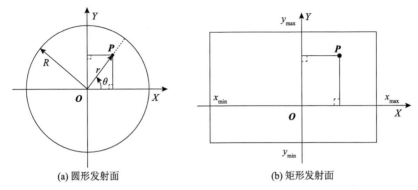

(a) 圆形发射面   (b) 矩形发射面

图 3-1   圆形发射面与矩形发射面上的均匀分布随机位置示意图

2. 入射光线随机方向的概率模拟

由于太阳光具有 32′(9.3 mrad)的最大不平行夹角，因此在聚光系统的光线追迹计算中通常需假定入射到聚光器上某一点的所有阳光都位于一圆锥半顶角为 $\delta_{sr}=16'$ 的光锥内，且在光锥范围内阳光入射方向的分布是均匀的，参见图 3-2。在图 3-2 中，入射系 $X_i Y_i Z_i$ 以聚光器表面上被光线击中的点为原点，Z_i 指向太阳，X_i 水平且垂直于 Z_i，Y_i 垂直于 $X_i Z_i$ 平面并指向上方；$X_g Y_g Z_g$ 为地面系，X_g、Y_g 与 Z_g 分别指向南方、东方和天顶；聚光器系为 $X_c Y_c Z_c$，其中聚光器中心为原点，X_c 水平，Z_c 垂直于镜面在聚光器中心处的切面并指向上方，而 Y_c 垂直于 $X_c Z_c$ 平面。基于前述假设，在 $X_i Y_i Z_i$ 系中的入射光线单位向量 I_i 可由式(3-8)计算[5]。

$$I_i = \begin{bmatrix} \delta_s \cos\theta_s & \delta_s \sin\theta_s & -\sqrt{1-\delta_s^2} \end{bmatrix}^T \tag{3-8}$$

$$\delta_s = \arcsin\left(\sqrt{\xi_1 \sin^2 \delta_{sr}}\right), \quad \theta_s = 2\pi\xi_2 \tag{3-9}$$

式中，δ_s 与 θ_s 分别为入射光线在 $X_i Y_i Z_i$ 系中相对 Z_i 轴偏转所形成的径向与周向偏角。

当入射系 $X_i Y_i Z_i$ 各轴方向与聚光器 $X_c Y_c Z_c$ 各轴方向不一致时，如图 3-2 所示情况，可采用式(3-10)通过坐标系旋转进一步求得 $X_c Y_c Z_c$ 系中入射光线的单位向量 I_c[6]。在坐标旋转中，首先将 I_i 绕 X_i 顺时针旋转 $(\pi/2-\alpha_s)$，再绕上一步旋转后的 Z_i 轴顺时针旋转 $(A_s+\pi/2)$，从而将 I_i 转化到 $X_g Y_g Z_g$ 中。接着，再将地面系中的向量绕 Z_g 轴逆时针旋转 $(A_c+\pi/2)$，随后绕 X_g 轴逆时针旋转 $(\pi/2-\alpha_c)$，从而最终将入射光线向量转化到 $X_c Y_c Z_c$ 系中。

$$I_c = M_4 M_3 M_2 M_1 \cdot I_i \tag{3-10}$$

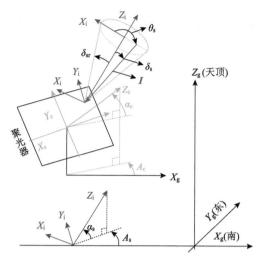

图 3-2　非平行入射光线及其与聚光器的关系示意图

$$
\boldsymbol{M}_1 = \begin{bmatrix} 1 & 0 & 0 \\ 0 & \cos(\pi/2 - \alpha_s) & -\sin(\pi/2 - \alpha_s) \\ 0 & \sin(\pi/2 - \alpha_s) & \cos(\pi/2 - \alpha_s) \end{bmatrix}
$$

$$
\boldsymbol{M}_2 = \begin{bmatrix} \cos(A_s + \pi/2) & -\sin(A_s + \pi/2) & 0 \\ \sin(A_s + \pi/2) & \cos(A_s + \pi/2) & 0 \\ 0 & 0 & 1 \end{bmatrix}
$$

(3-11)

$$
\boldsymbol{M}_3 = \begin{bmatrix} \cos(A_c + \pi/2) & \sin(A_c + \pi/2) & 0 \\ -\sin(A_c + \pi/2) & \cos(A_c + \pi/2) & 0 \\ 0 & 0 & 1 \end{bmatrix}
$$

$$
\boldsymbol{M}_4 = \begin{bmatrix} 1 & 0 & 0 \\ 0 & \cos(\pi/2 - \alpha_c) & \sin(\pi/2 - \alpha_c) \\ 0 & -\sin(\pi/2 - \alpha_c) & \cos(\pi/2 - \alpha_c) \end{bmatrix}
$$

(3-12)

式中，$\boldsymbol{M}_1$ 与 $\boldsymbol{M}_2$ 为由 $X_iY_iZ_i$ 系到 $X_gY_gZ_g$ 系的转换矩阵；$\boldsymbol{M}_3$ 与 $\boldsymbol{M}_4$ 为由 $X_gY_gZ_g$ 系到 $X_cY_cZ_c$ 系的转换矩阵；α_s 与 α_c 分别为太阳高度角和 Z_c 的高度角；A_s 与 A_c 分别为太阳方位角和 Z_c 的方位角。

3. 光线在界面的反射、吸收或折射

当光线传播到两种介质的界面时，光线将与界面发生光学作用。根据界面类型的不同，光线有可能在界面发生反射、吸收或折射。对于不透明界面，光线在界面上可能发生镜面反射、漫反射和吸收，如图 3-3(a)所示。若界面的吸收率、镜面反射率、漫反射率分别为 α、ρ_s 和 ρ_d，且 $\alpha + \rho_s + \rho_d = 1$，则可通过产生一个伪随机数($\xi$)，并以式(3-13)来决定光线的光学作用方式。

$$
\begin{cases}
0 \leqslant \xi < \rho_{\mathrm{d}}, & \text{漫反射} \\
\rho_{\mathrm{d}} \leqslant \xi < 1-\alpha, & \text{镜面反射} \\
\rho_{\mathrm{d}} + \rho_{\mathrm{s}} \leqslant \xi < 1, & \text{吸收}
\end{cases} \tag{3-13}
$$

对于半透明界面,光线在界面上可能发生镜面反射、漫反射、吸收和折射,如图 3-3(b) 所示。若界面的透射率为 τ,且 $\alpha + \rho_{\mathrm{s}} + \rho_{\mathrm{d}} + \tau = 1$。那么可以通过产生一个随机数($\xi$)并以式 (3-14)来决定光线在界面上的光学作用方式。

$$
\begin{cases}
0 \leqslant \xi < \tau, & \text{折射} \\
\tau \leqslant \xi < 1 - \rho_{\mathrm{s}} - \rho_{\mathrm{d}}, & \text{吸收} \\
1 - \rho_{\mathrm{s}} - \rho_{\mathrm{d}} \leqslant \xi < 1 - \rho_{\mathrm{d}}, & \text{镜面反射} \\
1 - \rho_{\mathrm{d}} \leqslant \xi < 1, & \text{漫反射}
\end{cases} \tag{3-14}
$$

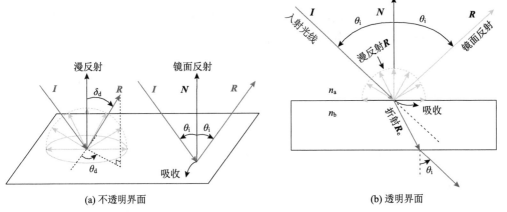

(a) 不透明界面　　　　　　　(b) 透明界面

图 3-3 光线在界面的反射、吸收与折射过程示意图

镜面反射:当光线在界面发生镜面反射时,反射过程遵循菲涅耳反射定律(Fresnel's law),即入射角等于反射角,且入射光线与反射光线位于同一个平面内。那么反射向量 $\boldsymbol{R}$ 可由式(3-15)计算得到。

$$
\boldsymbol{R} = \boldsymbol{I} - 2(\boldsymbol{I} \cdot \boldsymbol{N})\boldsymbol{N} \tag{3-15}
$$

式中,$\boldsymbol{I}$ 和 $\boldsymbol{N}$ 分别为界面上的入射方向向量和入射面法向量。

漫反射:当光线在界面上发生漫反射时,根据兰贝特定律(Lambert's law)可以式(3-16) 来计算反射向量 $\boldsymbol{R}$,反射过程如图 3-3(a)所示。

$$
\boldsymbol{R} = \begin{bmatrix} \sin \delta_{\mathrm{d}} \cos \theta_{\mathrm{d}} & \sin \delta_{\mathrm{d}} \sin \theta_{\mathrm{d}} & \cos \delta_{\mathrm{d}} \end{bmatrix}^{\mathrm{T}} \tag{3-16}
$$

$$
\delta_{\mathrm{d}} = \arccos\left(\sqrt{\xi_1}\right), \quad \theta_{\mathrm{d}} = 2\pi \xi_2 \tag{3-17}
$$

折射:当光线在界面发生折射时,随机光线离开折射面的方向向量 $\boldsymbol{R}_{\mathrm{e}}$ 由斯内尔(Snell) 定律计算,如式(3-18)所示。

$$\boldsymbol{R}_{\mathrm{e}} = k_1 \boldsymbol{I} + k_2 \boldsymbol{N}$$
$$\begin{cases} k_1 = n_{\mathrm{a}} / n_{\mathrm{b}} \\ k_2 = k_1 \cos \theta_{\mathrm{i}} - \sqrt{1 - k_1^2 \sin^4 \theta_{\mathrm{i}}} \end{cases} \tag{3-18}$$

式中，$\boldsymbol{I}$ 和 $\boldsymbol{N}$ 分别为界面上的入射方向向量和入射面法向量；n_{a} 和 n_{b} 分别为入射侧和折射侧的两种介质的折射率；θ_{i} 为入射向量 $\boldsymbol{I}$ 在界面上的入射角。

4. 界面加工误差影响的概率模拟

由于制造与加工误差的存在，反射镜等光学表面并不是理想的光学表面，而是存在一定的加工误差。这样的加工误差将对光线在界面处的反射或折射过程产生影响。具体来说，界面加工误差可以分为两种，一种是形面误差(slope error)，另一种是粗糙度误差(specularity error)，如图 3-4 所示。形面误差是指加工中导致的宏观误差造成的界面法向量偏移，一般可假设法向量偏移量服从标准差为 σ_{se} 的高斯分布，如图 3-4(a)所示；而粗糙度误差则指由微观粗糙度造成的反射光线的偏移，一般可假设反射向量的偏移量服从标准差为 σ_{spec} 的高斯分布，如图 3-4(b)所示。

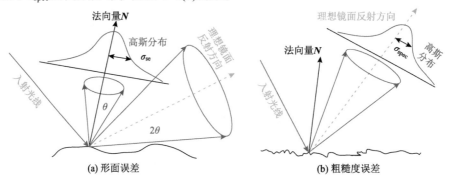

(a) 形面误差　　　　　　　　　　　　　　　　(b) 粗糙度误差

图 3-4　形面误差与粗糙度误差影响示意图

上述两种误差的综合影响可以换算成界面真实法向量($\boldsymbol{N}$)相对于理想法向量($\boldsymbol{N_0}$)的综合偏差，其服从标准偏差为 σ_N 的高斯分布，参见式(3-19)。那么，考虑两种误差的综合影响后，在以界面理想法向量($\boldsymbol{N_0}$)为 Z 轴的当地坐标系 $X_{\mathrm{l}} Y_{\mathrm{l}} Z_{\mathrm{l}}$ 中的界面真实法向量($\boldsymbol{N}$)的单位向量可按式(3-20)计算[6]。若当地坐标系 $X_{\mathrm{l}} Y_{\mathrm{l}} Z_{\mathrm{l}}$ 各轴的方向与聚光器坐标系 $X_{\mathrm{c}} Y_{\mathrm{c}} Z_{\mathrm{c}}$ 各轴方向不一致，则可进一步通过坐标系旋转来求得 $X_{\mathrm{c}} Y_{\mathrm{c}} Z_{\mathrm{c}}$ 系中法向量的单位向量。

$$\sigma_N = \sqrt{\sigma_{\mathrm{se}}^2 + \left(\frac{\sigma_{\mathrm{spec}}}{2}\right)^2} \tag{3-19}$$

$$\boldsymbol{N} = \begin{bmatrix} \rho_N \cos \varphi_N & \rho_N \sin \varphi_N & \sqrt{1 - \sigma_N^2} \end{bmatrix}^{\mathrm{T}}, \quad \rho_N = \sqrt{-2\sigma_N^2 \ln(1 - \xi_1)}, \quad \varphi_N = 2\pi \xi_2 \tag{3-20}$$

5. 光线在参与性介质中的散射模拟

当光线在半透明参与性介质中传递时，光线会在沿程传输过程中被多次吸收与散射，其所携带的能量份额将沿程逐渐减小且传播方向不断变化。在太阳能系统中，为简化计算，一般会将多孔介质吸热体、吸收性较强的半透明玻璃、纳米流体等视作半透明参与性介质，从而将光线在上述器件中的传播过程简化为光线与参与性介质的作用过程。

半透明参与性介质的光学性质可由吸收系数(β_a)、散射系数(β_s)和消光系数(β_e)等三个参数表征。对容积式空气吸热器中常见的多孔介质吸热体而言，在满足光学厚假设的前提下，其三个光学表征参数可以按式(3-21)计算[7]。

$$\begin{cases} \beta_a = 1.5\varepsilon_p(1-\phi)/D_p \\ \beta_s = 1.5(2-\varepsilon_p)(1-\phi)/D_p \\ \beta_e = \beta_a + \beta_s = 3(1-\phi)/D_p \end{cases} \tag{3-21}$$

式中，ε_p为多孔介质固相的吸收率；ϕ为孔隙率；D_p为空隙平均直径。

当光线进入多孔介质后，将采用下述方法来计算光线的传播过程。首先，当光线运动一定距离并按方向向量$\boldsymbol{I}_i$的方向与多孔介质作用后，光线的一部分能量$(e_p \cdot \beta_a / \beta_e)$将被吸收。接着，剩下的能量将被散射，其散射后传播方向的单位向量($\boldsymbol{R}_s$)可按式(3-23)计算，而散射后光线下一步运动中的传播距离(d)则可按式(3-25)计算[8]。

$$\boldsymbol{I}_i = \begin{bmatrix} \cos\alpha_i & \cos\beta_i & \cos\gamma_i \end{bmatrix}^T \tag{3-22}$$

$$\boldsymbol{R}_s = \begin{cases} \begin{bmatrix} \cos\alpha_i\cos\gamma_i/|\sin\gamma_i| & -\cos\beta_i/|\sin\gamma_i| & \cos\alpha_i \\ \cos\beta_i\cos\gamma_i/|\sin\gamma_i| & \cos\alpha_i/|\sin\gamma_i| & \cos\beta_i \\ -|\sin\gamma_i| & 0 & \cos\gamma_i \end{bmatrix} \begin{bmatrix} \sin\theta_s\cos\varphi_s \\ \sin\theta_s\sin\varphi_s \\ \cos\theta_s \end{bmatrix}, & |\cos\gamma_i| \leqslant 0.99999 \\ \\ \begin{bmatrix} \sin\theta_s\cos\varphi_s \\ \sin\theta_s\sin\varphi_s \\ \mathrm{SIGN}(\cos\gamma_i)\cdot\cos\theta_s \end{bmatrix}, & |\cos\gamma_i| > 0.99999 \end{cases}$$

$$\tag{3-23}$$

$$\varphi_s = 2\pi\xi_1, \quad \cos\theta_s = \begin{cases} 2\xi_2-1, & g=0 \\ \dfrac{1}{2g}\left[1+g^2-\left(\dfrac{1-g^2}{1-g+2g\xi_2}\right)^2\right], & g \neq 0 \end{cases} \tag{3-24}$$

$$d = -(\ln\xi_3)/\beta_e \tag{3-25}$$

式中，$\boldsymbol{I}_i$为光线在散射点处的入射向量；θ_s与φ_s分别为散射光线的偏向角和方位角；g为参与性介质的各向异性系数，当介质各向同性时$g=0$；当$x>0$时，$\mathrm{SIGN}(x)=1$，反之，$\mathrm{SIGN}(x)=-1$。

6. 光线能量的吸收与结束追迹

从光线发射表面上发射的光线携带的光能功率为e_p，当光线达到辐射吸收面后，其携带的能量会被吸收。光线能量吸收有两种方式：一是在光线追迹过程中发生吸收事件，则光线携带的光能功率(e_p)将被一次性全部吸收，该光线的追迹过程将直接结束；另外一种是，在每一次光学作用过程中，光线所携带能量的 α 倍将被吸收，α 为每次光学作用过程中所对应的吸收率。

在第二种情况下，光线能量在每一个随机位置被吸收，能量逐渐减小。当光线传播很多步时，其所余能量份额已经很少，当所余能量份额低于某一阈值$\left(\text{如} W_{\text{th}} = 10^{-6}\ \text{W}\right)$时，进一步的光线追迹对系统辐射分布计算结果影响不大。但是此时不能简单地将能量份额低于阈值的光线能量赋值为 0，因为这会导致整个计算过程中能不守恒。为保证能量守恒且能够方便地进行单个光线追迹过程结束判定，通常采用一种称为俄罗斯轮盘赌(Russian roulette)的方法来结束光线追迹。当光线的能量份额低于阈值$\left(e_p \leqslant W_{\text{th}}\right)$时，根据俄罗斯轮盘赌方法设定一个值 m(如 10)，同时生成一个随机数(ξ)，并以式(3-26)来决定下一步计算中的光线能量份额(W)。若 W 变为 $m \cdot e_p$，则继续进行下一步的光线追迹计算，反之 W 变为 0，则停止计算。

$$W = \begin{cases} m \cdot e_p, & \xi \leqslant 1/m \\ 0, & \xi > 1/m \end{cases} \tag{3-26}$$

3.2.4　光线在典型面网格和体网格中的统计

MCRT 方法计算的最后一步是统计吸热器等关键部件上的光线分布并计算太阳辐射热流分布。下面以吸热器上的光线统计为例来说明其实施方法。

首先，为统计吸热器表面或吸热器内部各部位所吸收的光线数目，需要在吸热器上生成网格。对于吸热管外壁等曲面可以采用四边形或三角形面网格进行划分，而对于多孔介质吸热体等三维立体部件则可采用四面体或六面体网格进行划分。在划分网格的过程中既可通过自编程划分，也可以采用 ICEM CFD、GAMBIT 等商业网格生成软件进行划分。接着，在划分好网格后即可在 MCRT 计算中读取相关网格，并将吸热器在各网格处所吸收的光线统计到对应网格中。最后，在面网格中，将网格所吸收光线数目与其能量份额相乘并除以面网格的面积即可得到面网格上的能流密度分布；而在体网格中，需将网格所吸收光线数目与其能量份额相乘并除以体网格的体积，从而得到体网格中的太阳辐射热源强度分布。

在获得吸热器面或体网格中的能量分布之后，如何将其导入计算流体动力学(computational fluid dynamics，CFD)模型中，从而研究吸热器在更为真实的非均匀能量分布条件下的光热耦合传热过程，对于分析系统传热特性、发现系统缺陷和改进系统结构等都有十分重要的意义。

实现 MCRT 与 CFD 耦合计算的关键在于如何将 MCRT 方法计算得到的非均匀能量分布准确无误地传递到 CFD 计算模型中。为解决上述问题，可在 MCRT 方法的光线统计与能量分布计算中和 CFD 的流动传热数值计算中采用相同的计算网格，从而保证将MCRT 计算得到的每个网格中的辐射热流或热源强度值准确地传递到 CFD 模型的对应网格中。同样，上述 MCRT 与 CFD 共用的网格既可通过自编程划分，也可采用相关商业软件进行划分。

由于随机光线的统计对获得吸热器上的非均匀辐射能量分布和实现 MCRT 与 CFD 的光热耦合计算而言至关重要，因而下面将基于作者团队相关工作，着重对常见的四边形网格、三角形网格和四面体网格中的随机光线统计方法进行介绍。

1. 四边形网格中的光线统计

在聚光太阳能系统的光线追迹计算中，可将相关曲面划分成四边形网格。例如，在槽式系统中可将吸热管外壁划分成四边形网格，如图 3-5 所示。由于吸热管外表面为圆柱形，因此在光线追迹过程中，光线能量的吸收位置也落在圆柱表面上。但是由于吸热管外壁四边形网格划分过程是采用大量四边形网格来近似逼近圆柱面的，因而四边形网格构成的柱面与其所代表的圆柱面略有区别，如图 3-5 所示。基于上述原因，在光线追迹计算中，光线实际击中吸热管圆柱表面的位置通常位于对应统计网格的上方。在随机光线统计中，我们采用面积判断法来确定光线落到哪个网格内。首先，根据光线击中圆柱面的坐标 P 和事先获得的网格节点 A、B、C、D 的坐标信息，计算 $\triangle ABP$、$\triangle BCP$、$\triangle CDP$、$\triangle ADP$ 的面积总和 S'；然后将 S' 与四边形网格 $ABCD$ 的面积(S_{ABCD})做比较，若二者满足式(3-27)，则认为此光线位于四边形网格 $ABCD$ 内[4]。

$$\left| S' - S_{ABCD} \right| \leqslant \sigma \tag{3-27}$$

式中，σ 为网格系统误差。

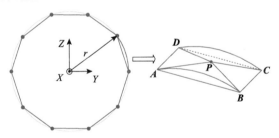

图 3-5　四边形网格示意图

由式(3-27)和图 3-5 可见，系统误差 σ 是一个与网格尺寸相关的量，且 σ 的取值直接关系到光线统计计算的准确程度。在计算中我们发现，当吸热管周向和轴向网格都是均匀划分的时候，σ 应取为网格中 S' 与 S_{ABCD} 差值($\Delta S = S' - S_{ABCD}$)的最大值，这样方能使圆柱面上吸收的所有光线寻找到其对应的统计网格。根据几何关系可知，当光线位置 P 位于曲面四边形 $ABCD$ 的中心时，ΔS 取得最大值。经过推导，可得到 σ 与网格尺寸的关系式(3-28)[4]。

$$\sigma = 2r \sin \frac{\pi}{N_1} \sqrt{r^2 \left(1 - \cos \frac{\pi}{N_1}\right)^2 + \frac{L^2}{4N_2^2}} + \frac{rL}{N_2} \sqrt{2 - 2\cos \frac{\pi}{N_1}} - 2r \frac{L}{N_2} \sin \frac{\pi}{N_1} \tag{3-28}$$

式中，r 为管子半径；L 为吸热管长度；N_1、N_2 分别为周向和轴向的网格数。

2. 三角形网格中的光线统计

在球面等复杂曲面的随机光线统计中，常将曲面划分为三角形网格，如图 3-6 所示。因此在光线能量统计中，仍然会遇到能量吸收位置与统计网格不在同一个平面的问题。若依然采用与四边形网格类似的面积判断法，即根据光线 $\boldsymbol{P}$ 的坐标，计算$\triangle ABP$、$\triangle BCP$ 和$\triangle ACP$ 的面积之和 S'，然后与网格单元$\triangle ABC$ 的面积做比较，若$\left| S' - S_{ABC} \right| \leqslant \sigma$，判定此光线位于网格$\triangle ABC$ 内，则会出现较大的统计误差。这是因为如图 3-6(a)所示，当光线吸收位置 $\boldsymbol{P}'$ 与网格$\triangle ABC$ 靠得很近时，上述判据标准成立，但实际上光线并不属于此网格，而是属于临近网格。这是由于前述判据标准 σ 并不能排除十分接近网格$\triangle ABC$ 的光线，从而造成了错误的统计。为改进这一问题，在研究中，我们首先设定合理的判断标准 σ_1，找出位于统计点 $\boldsymbol{P}$ 附近的网格，然后向网格平面做统计点 $\boldsymbol{P}$ 的投影点 $\boldsymbol{P}_s$。最后比较$\triangle ABP_s$、$\triangle BCP_s$ 与$\triangle ACP_s$ 的面积之和 S_s' 与$\triangle ABC$ 的面积，若满足式(3-29)，则判定光线位于该网格内。

$$\left| S_s' - S_{ABC} \right| \leqslant \sigma_2 \tag{3-29}$$

式中，σ_2 为一极小量，可取为 5×10^{-7}。

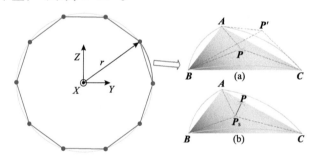

图 3-6　三角形面网格光线统计中的系统误差

光线统计的改进算法中，需要设定合理的系统误差 σ_1，以便寻找到所有可能的包含统计点 $\boldsymbol{P}$ 的三角形网格单元。系统误差 σ_1 设定得合理与否，直接决定了统计过程的计算量与准确度。类似的，系统误差 σ_1 也是一个与网格尺寸相关的量。从几何角度分析，可以得出三角形网格单元的系统误差表达式(3-30)[10]。

上述这种两步判断的光线统计方法较原方法更为准确，可以减少或避免网格统计所带来的误差。但是，由于统计判断需要经历两次网格的轮循比较，故而计算量也会增加。

$$\sigma_1 = \frac{3l}{2} \sqrt{\frac{l^2}{12} + \left(r - \frac{\sqrt{4r^2 - l^2}}{2} \right)^2} - \frac{\sqrt{3}l^2}{4} \tag{3-30}$$

式中，r 为球面的半径；l 为三角形网格的特征长度，可取为网格的最大边长。

3. 四面体与六面体网格中的光线统计

对三维立体区域而言，在光线追迹中可采用四面体或六面体网格来划分区域，两种网格的示意图参见图 3-7。此外，由图 3-7(b)可知一个六面体网格可以按图示方法分为 12 个四面体网格。那么若我们掌握了判断光线是否在四面体网格中的方法，就可以采用该方法来依次判断光线是否位于六面体网格的 12 个四面体网格中，从而达到判断光线是否位于六面体内的目的。也就是说，四面体与六面体网格中光线统计的关键是找到一种判断光线是否位于四面体内的方法。

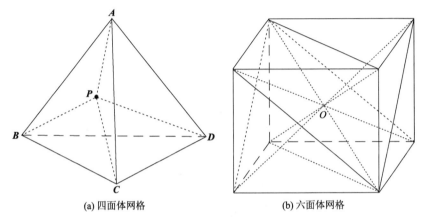

(a) 四面体网格   (b) 六面体网格

图 3-7 体网格示意图

分析图 3-7(a)中光线位置与四面体的关系可知，光线位置 P 点相对于四面体 $ABCD$ 有四种位置关系，分别为四面体内部、四面体某一面上、四面体顶点上和四面体外部。为了在光线统计中准确判定光线所属网格，此处介绍一种矢量判据法来实现光线吸收网格的准确判断。该判断方法的核心思想是若 P 位于四面体 $ABCD$ 内，则四面体 $ABCD$ 的体积等于四个小四面体 $PABC$、$PABD$、$PACD$、$PBCD$ 之和。该方法的具体步骤如下。

首先，将图 3-7(a)中的光线吸收位置 P 及四面体 $ABCD$ 四个顶点的坐标表示为式(3-31)。

$$\begin{cases} \boldsymbol{P} = \begin{bmatrix} x_0 & y_0 & z_0 \end{bmatrix}^{\mathrm{T}} \\ \boldsymbol{A} = \begin{bmatrix} x_1 & y_1 & z_1 \end{bmatrix}^{\mathrm{T}} \\ \boldsymbol{B} = \begin{bmatrix} x_2 & y_2 & z_2 \end{bmatrix}^{\mathrm{T}} \\ \boldsymbol{C} = \begin{bmatrix} x_3 & y_3 & z_3 \end{bmatrix}^{\mathrm{T}} \\ \boldsymbol{D} = \begin{bmatrix} x_4 & y_4 & z_4 \end{bmatrix}^{\mathrm{T}} \end{cases} \tag{3-31}$$

然后，求解式(3-32)～(3-36)中的行列式 $D_0 \sim D_4$ 的值。在上述行列式中，每个行列式的绝对值为其所对应的四面体体积的 6 倍，如 D_0 的绝对值即为四面体 $ABCD$ 体积的 6

倍。当 D_0=0 时，则说明 A、B、C、D 四点共面，不能构成一个四面体，说明此时的四面体网格划分是有问题的，需要重新进行网格划分。

$$D_0 = \begin{vmatrix} x_1 & y_1 & z_1 & 1 \\ x_2 & y_2 & z_2 & 1 \\ x_3 & y_3 & z_3 & 1 \\ x_4 & y_4 & z_4 & 1 \end{vmatrix} \tag{3-32}$$

$$D_1 = \begin{vmatrix} x_0 & y_0 & z_0 & 1 \\ x_2 & y_2 & z_2 & 1 \\ x_3 & y_3 & z_3 & 1 \\ x_4 & y_4 & z_4 & 1 \end{vmatrix} \tag{3-33}$$

$$D_2 = \begin{vmatrix} x_1 & y_1 & z_1 & 1 \\ x_0 & y_0 & z_0 & 1 \\ x_3 & y_3 & z_3 & 1 \\ x_4 & y_4 & z_4 & 1 \end{vmatrix} \tag{3-34}$$

$$D_3 = \begin{vmatrix} x_1 & y_1 & z_1 & 1 \\ x_2 & y_2 & z_2 & 1 \\ x_0 & y_0 & z_0 & 1 \\ x_4 & y_4 & z_4 & 1 \end{vmatrix} \tag{3-35}$$

$$D_4 = \begin{vmatrix} x_1 & y_1 & z_1 & 1 \\ x_2 & y_2 & z_2 & 1 \\ x_3 & y_3 & z_3 & 1 \\ x_0 & y_0 & z_0 & 1 \end{vmatrix} \tag{3-36}$$

最后，当 $D_0 \neq 0$ 时，可分下面几种情况进行讨论。若 $D_0 \sim D_4$ 均大于 0 或均小于 0，则说明光线吸收位置 $\boldsymbol{P}$ 点位于四面体 $ABCD$ 内部，此时各行列式满足式(3-37)。若 $D_1 \sim D_4$ 中有一项为 0，而其他项与 D_0 同号，则说明 $\boldsymbol{P}$ 点位于四面体 $ABCD$ 某一表面上。那么在计算中需将表面所吸收的光线均分到与该面相邻的两个网格中。若 $D_1 \sim D_4$ 中有三项为 0，而另一项与 D_0 同号，则说明 $\boldsymbol{P}$ 点位于四面体 $ABCD$ 的某一顶点处。那么在计算中需将顶点所吸收的光线均分到该顶点所涉及的各个网格中。

$$D_0 = D_1 + D_2 + D_3 + D_4 \tag{3-37}$$

3.2.5 MCRT 模拟中光线数量的确定方法

对 MCRT 模拟而言，计算中发射的光线数量越多，其对吸热面上的面网格中吸收的能流密度分布、吸热体中的体网格吸收的热源分布的模拟结果就会越准确。然而，光线数越多，计算量越大，计算时间也就越长。为了在计算准确性和计算量之间达成妥协，在针对具体问题进行 MCRT 模拟之前，需要确定模拟中所需要的光线数目。

确定模拟中所需要的光线数目的一种方法如下。针对所模拟的具体光学过程，根据经验或试算，选择一个较大的光线数时模拟获得的局部能流密度($\dot{q}_1(i)$)分布作为基准解。然后，从小到大设置几组不同的光线数进行模拟计算，获得每一种光线数时的能流密度($q_1(i)$)分布。接着，计算不同光线数时 $q_1(i)$ 与 $\dot{q}_1(i)$ 在每一个网格中的相对误差的绝对值 $\delta(i)$，如式(3-38)所示。接着，计算所有网格中 $\delta(i)$ 的平均值 $\overline{\delta}$，如式(3-39)。最后，当某一光线数下获得的 $\overline{\delta}$ 小于某一预设值(如 5%)时，即可认为该光线数是足够的。

$$\delta(i) = \begin{cases} \dfrac{\left|q_1(i) - \dot{q}_1(i)\right|}{\dot{q}_1(i)}, & \dot{q}_1(i) \neq 0 \\ 0, & \dot{q}_1(i) = 0 \end{cases} \tag{3-38}$$

$$\overline{\delta} = \frac{\sum_{i=1}^{N_e} \delta[i]}{N_e} \tag{3-39}$$

式中，$\dot{q}_1(i)$ 为预设的在较大光线数时获得的网格 i 的基准能流密度；$q_1(i)$ 为某一光线数时网格 i 的能流密度；N_e 为考核网格总数。

3.2.6 MCRT 方法在太阳能聚光器中的应用

MCRT 方法可以处理复杂的聚光器几何结构，可以恰当地模拟聚光系统中的光学作用过程，可以准确地揭示特定区域的太阳辐射能流密度分布，因而在光热发电中得到了越来越广泛的应用。目前，MCRT 方法在光热发电中的应用主要包括以下两个方面，一是研究聚光器的光学特性，并基于此优化聚光器结构、聚光方式和吸热器形状，以提高系统光学性能；二是将 MCRT 与 CFD 等流动传热模拟方法相结合来探究吸热器内的光热耦合能量转换特性。

作者团队长期在以上两个方面开展了深入的研究工作，本章接下来主要介绍前期在槽式系统[4,11-21]、碟式系统[10,22-24]、塔式系统[6,18,19,24-37]、线性菲涅耳式系统[5,19,38-42]、线聚焦菲涅耳透镜[43,44]等五种聚光器光学特性研究方面开展的工作。在光学特性研究中，重点关注了不同聚光器所汇聚光斑的能流密度的非均匀分布特性，揭示了系统关键几何和光学参数对于能流密度分布和系统光学效率的影响规律。同时，针对吸热器上普遍存在局部能流密度过大[45,46]，并可能导致吸热器失效的问题，着重分析了聚焦光场和吸热工质流场的分布特点。分析表明，在聚光集热过程中，吸热器内工质的流场分布一般是比较均匀的，而聚光器汇聚到吸热器表面的太阳光场的分布却是极不均匀的，如果二者不能很好地匹配，吸热器内会形成极不均匀的温度场和热应力场分布，严重者会导致吸热器过热烧毁或热应力开裂。鉴于此，为解决光场与流场的失配问题，作者团队提出了"按流均光"的光场调控思想，其内涵是：当工质流场分布一定时，采用聚光策略或聚光器构型优化来均化光场，尽可能地实现光场与均匀流场的匹配。接着，在"按流均光"思想的指导下，从聚光器结构和聚光方式优化入手，提出了可均化光斑能流密度分布的带二级反射镜的抛物面槽式聚光器[16,17]、塔式定日镜多点瞄准策略优化方法[27]、线性菲涅耳式聚光器多线瞄准策略优化方法[39]以及新型线聚焦菲涅耳透镜[43]。下面将详细介绍以上五种典型聚光器的光学性能方面的研究。

3.3 基于 MCRT 方法的槽式聚光器光学性能分析

基于 3.2 节所述的 MCRT 方法与第 2 章所述的聚光器设计原理,作者团队通过构建MCRT 光学模型、自编 MCRT 模拟程序,深入研究了抛物面槽式系统的太阳能聚光特性,分析了阳光不平行性对吸热管外表面上能流密度分布的影响,以及不同几何聚光比、不同边缘角下吸热管外表面上能流密度的分布情况[4,11-20]。在此基础上提出了一种带二级均光镜的新型槽式聚光器,并分析了其对吸热管外壁能流密度分布的均化效果[16,17]。研究结果有助于了解槽式聚光器的光学特性,并可为聚光器的性能优化奠定基础。下面将对具体的槽式聚光器光学性能分析结果进行介绍。

3.3.1 槽式聚光器物理模型

槽式聚光器主要由抛物面槽式反射镜和真空集热管构成,而集热管主要由外侧的玻璃管、内侧的吸热管以及二者之间的环形真空区域组成,聚光器的具体结构如图 3-8 所示。在本节分析中,将美国 Luz 公司研发的 LS-2 型槽式聚光器作为物理模型,其具体的几何与光学参数参见表 3-1[4,16]。对于采用圆柱形吸热管的抛物槽式聚光器来说,有两个关键几何参数对聚光性能有很大影响。一是几何聚光比(C),其定义为抛物槽开口宽度与吸热管周长之比,参见式(3-40);另一个参数是抛物面镜的边缘角(θ_{rim}),其定义式为(3-41)。

$$C = \frac{W_m}{2\pi r_a} \tag{3-40}$$

$$\theta_{rim} = \arctan\left[\frac{1}{2f/W_m - W_m/(8f)}\right] \tag{3-41}$$

式中,W_m 为抛物面反射镜的宽度;r_a 为吸热管半径;f 为焦距。

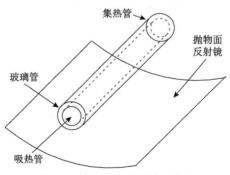

图 3-8 槽式聚光器结构示意图

表 3-1　LS-2 槽式聚光器几何和光学参数[4,16]

参数	量值	参数	量值
镜宽 W_m	5 m	玻璃管透射率	0.95
镜焦距 f	1.84 m	玻璃管发射率	0.86
镜有效长度	7.8 m	玻璃管导热系数	1.2 W·m⁻¹·K⁻¹
吸热管内径	0.066 m	玻璃管密度	2230 kg·m⁻³
吸热管外径 r_a	0.070 m	吸热管导热率	38 W·m⁻¹·K⁻¹
玻璃管内径	0.108 m	吸热管密度	7763 kg·m⁻³
玻璃管外径	0.115 m	管外壁涂层反射率	0.04
镜子镜面反射率	0.94	管外壁涂层吸收率	0.96
玻璃管镜面反射率	0.04	管外壁涂层发射率	0.000427T(K)−0.0995

3.3.2　基于 MCRT 方法的槽式光学模型构建

光线追迹计算中需要采用两个直角坐标系，一个是 XYZ 系，其坐标系原点 O 位于吸热管一端的中心，X 与 Y 轴分别沿反射镜的长度和宽度方向，Z 轴指向天顶，如图 3-9 所示；另一个是以光线与镜面交点(P)为原点的局部坐标系 $X_1Y_1Z_1$，其中 X_1 轴与 X 轴同向，Y_1 轴沿理想抛物面型线的切线方向，Z_1 轴沿理想抛物面型线的法线方向，如图 3-9 所示。抛物面型线在 XYZ 系中的方程为(3-42)。

$$z = \frac{y^2}{4f} - f \tag{3-42}$$

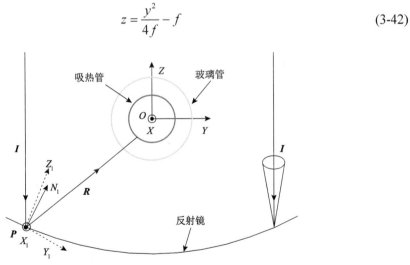

图 3-9　槽式光学模型所用直角坐标系示意图

本节介绍采用 MCRT 模拟太阳辐射由反射镜到吸热管外壁的传播过程的数学模型，图 3-10 给出了模型的详细计算流程图。在模拟之初，需要设定相关几何参数、光学参数和投射到聚光器上的光线数目。对于每一根光线而言，在光线追迹中需要经历光线在镜面上的发射过程、反射镜上的反射过程、玻璃管上的折射过程以及吸热管外壁上的吸收过程，下面对上述进行详细介绍。

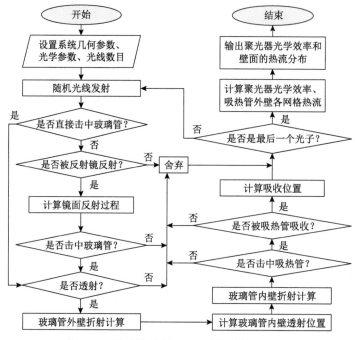

图 3-10　槽式聚光器 MCRT 模型计算流程图

1. 光线随机发射位置及方向的概率模型

将槽式抛物面反射镜设置为随机入射光线的发射面，并将 n_p 个光线均匀地随机投射到矩形的反射镜采光口上，那么每个随机光线携带的光能功率(e_p)可采用式(3-43)计算获得。同时，采用 3.2.3 节第 1 部分所述方法，可以获得光线在 XYZ 中镜面上的随机初始发射位置(P)，如式(3-44)所示。在考虑太阳视半径(δ_{sr})的基础上，根据 3.2.3 节第 2 部分所述方法，可以获得随机光线在 XYZ 中的单位入射向量(I)，如式(3-45)所示。

$$e_p = \text{DNI} \cdot L_m \cdot W_m \cdot \frac{1}{n_p} \tag{3-43}$$

$$\boldsymbol{P} = \begin{bmatrix} x_P \\ y_P \\ z_P \end{bmatrix} = \begin{bmatrix} L_m \cdot \xi_1 \\ -0.5 \cdot W_m + W_m \cdot \xi_2 \\ y_P^2 / 4f - f \end{bmatrix} \tag{3-44}$$

$$\boldsymbol{I} = \begin{bmatrix} \delta_s \cos\theta_s & \delta_s \sin\theta_s & -\sqrt{1-\delta_s^2} \end{bmatrix}^{\mathrm{T}} \tag{3-45}$$

$$\delta_s = \arcsin\left(\sqrt{\xi_3 \sin^2 \delta_{sr}}\right), \quad \theta_s = 2\pi\xi_4 \tag{3-46}$$

式中，ξ_i 为[0,1)内服从均匀分布的随机数，即 $\xi_i \sim U[0,1)$，且所有随机数相互独立；L_m

与 W_m 分别为反射镜的长度与宽度；f 为抛物面的焦距；δ_s 与 θ_s 分别为入射光线在 XYZ 系中相对 Z 轴偏转所形成的径向与周向偏角。

2. 光线的镜面反射、折射及吸收的概率模型

当阳光抵达聚光镜表面时，根据 3.2.3 节中第 3 部分所述方法，反射过程的模拟可采用如下步骤进行。生成一个随机数 ξ_3 并将其与聚光镜的镜面反射率(ρ_1)作比较。若 $\xi_3 < \rho_1$，则进行镜面反射计算；反之则放弃该光线。为计算光线在反射镜上的反射过程，首先采用式(3-47)计算获得局部坐标系 $X_1Y_1Z_1$ 中 P 点的镜面真实法向量(N_1)，计算中考虑了镜面光学误差导致的 N_1 相对于理想法向量的偏移。接着，采用式(3-48)将 N_1 绕 X_1 旋转变换，从而得到 XYZ 系中位于 P 点的真实单位法向量 N。最后，采用式(3-49)就可以求得坐标系中的反射向量 R。

$$N_1 = \begin{bmatrix} \rho_N \cos\varphi_N & \rho_N \sin\varphi_N & \sqrt{1-\rho_N^2} \end{bmatrix}^T$$
$$\rho_N = \sqrt{-2\sigma_N^2 \ln(1-\xi_4)}, \quad \varphi_N = 2\pi\xi_5 \tag{3-47}$$

$$N = \begin{bmatrix} 1 & 0 & 0 \\ 0 & \cos k & -\sin k \\ 0 & \sin k & \cos k \end{bmatrix} \cdot N_1, \quad k = \arctan\left(\frac{y_P}{2f}\right) \tag{3-48}$$

$$R = I - 2(I \cdot N)N \tag{3-49}$$

式中，ρ_N、φ_N 为形面误差与粗糙度误差引起的镜面法向量的切向偏角与径向偏角；k 为理想镜面截面型线在 P 处的切线与 Y 轴正向的夹角，其值为切线斜率的反正切函数值；σ_N 为镜面光学误差造成的局部坐标系 $X_1Y_1Z_1$ 中的镜面真实法向量(N_1)相对于理想法向量的偏差的标准差。

当光线被镜面反射之后，通过求解光线方程与玻璃管外圆柱面方程的交点来判断二者是否相交。若二者相交，那么根据 3.2.3 节第 3 部分所述方法，可采用式(3-14)来随机决定光线与玻璃管作用的光学事件。若光线透过玻璃管，则可以采用式(3-18)来计算光线在玻璃管内壁和外壁的折射过程。当光线透过玻璃管之后，判断其是否与吸热管外壁圆柱面有交点。若有交点，则采用式(3-13)来判断光线是否被吸热管外壁吸收。若光线在玻璃管内或吸热管外壁上的某一点 P 发生吸收事件，那么光线携带的光能功率(e_p)将被一次性全部吸收。

3. 集热管内的光线与热流分布统计

槽式集热管中参与光能吸收的有玻璃管和吸热管外壁。计算中，分别在玻璃管厚度方向中心位置处的圆柱面和吸热管外壁上划分四边形网格，其中每根管在周向和轴向上的网格数目分别为 N_1 与 N_2，图 3-11 给出了一种典型的网格划分结果。对吸热管外壁而言，采用数组 $n_{p,e}(N_1 \cdot N_2)$ 来统计每个网格处所吸收的光线数。具体来说，当光线在吸热

管外壁上的 **P** 点被吸收之后，采用 3.2.4 节的第 1 部分所述方法来确定 **P** 点所在的四边形网格的序号 i，并采用式(3-50)来统计网格 i 所吸收的光线数量 $n_{p,e}(i)$。待光线追迹计算结束之后，采用式(3-51)即可计算得到每个网格内的局部能流密度 $q_l(i)$。在此基础上可以进一步采用式(3-52)计算得到网格 i 处的局部聚光比 $LCR(i)$。采用相同的方法，也可以计算得到玻璃管所吸收的热流分布。此外，聚光器的光学效率 η_{opt} 定义为吸热管外壁吸光涂层所吸收的光能功率与投射到采光口的功率之比，其可以采用式(3-53)计算得到。

$$n_{p,e}(i) = n_{p,e}(i) + 1 \tag{3-50}$$

$$q_1(i) = e_p \cdot n_{p,e}(i) / S_e(i) \tag{3-51}$$

$$LCR = q_1(i) / DNI \tag{3-52}$$

$$\eta_{opt} = \frac{\sum_{i}^{N_1 \cdot N_2} \left[q_1(i) \cdot S_e(i) \right]}{DNI \cdot L_m \cdot W_m} = \frac{\sum_{i}^{N_1 \cdot N_2} n_{p,e}(i)}{n_p} \tag{3-53}$$

式中，S_e 为每个网格的面积。

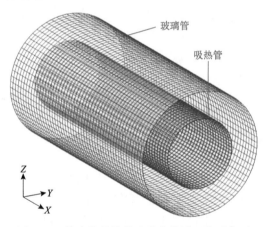

图 3-11   槽式集热管热流分布统计网格示意图

4. 槽式聚光器 MCRT 光学模型验证

为了验证所构建的槽式聚光器 MCRT 光学模型的准确性，对 Jeter[47]研究的一个槽式聚光器进行了模拟。模拟中所有参数和假设均与 Jeter[47]保持一致，其中聚光器的几何聚光比为 20，边缘角为 90°，考虑了阳光不平行性的影响，未考虑吸热管对直接入射光线的遮挡作用。同时，假设反射镜的型面为理想抛物面，且其反射率为 1；假设集热管只有吸热管而没有玻璃管，且吸热管外壁对阳光的吸收率为 1。模拟之前对光线数目进行了考核，最终选用的光线数为 5×10^7。

将本模型对吸热管外壁的局部聚光比分布的模拟结果[12]与 Jeter[47]采用数值积分方法获得的结果进行了对比，如图 3-12 所示。从图 3-12 中可以看出，MCRT 模型的模拟结果与 Jeter 的结果符合得很好，两条曲线几乎重叠，因而可以认为所发展的 MCRT 模型是可靠的。

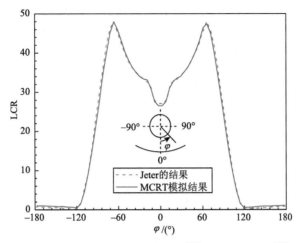

图 3-12 MCRT 模型的 LCR 模拟结果[12]与 Jeter 的结果[47]对比

3.3.3 槽式聚光器光学性能分析结果

本节在阳光垂直入射到槽式反射镜采光口的典型工况下，采用 3.3.2 节所构建的光学模型，分析了槽式抛物面聚光器的光学性能，揭示了吸热管外壁的典型非均匀能流密度分布，探讨了关键光学和几何参数对能流密度分布的影响[4,11-20]。在模拟中，假设反射镜的型面是理想抛物槽面，未考虑镜面形面误差和粗糙度误差对光学性能的影响，同时阳光的 DNI 取为 1000 W·m^{-2}。

1. 吸热管外表面非均匀能流密度分布

采用蒙特卡罗光线追踪法模拟获得的集热管沿圆周方向和整个管壁表面辐射能流密度的分布如图 3-13 和图 3-14，可以看到，抛物槽式太阳能集热器集热管外表面能流密度分布在圆周方向具有极大的非均匀性，而在轴向则基本保持不变。同时可以将吸热管圆周方向热流分布分为四个区域[4]。

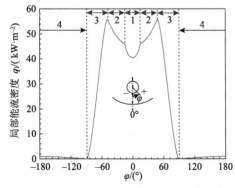

图 3-13 吸热管圆周方向的能流密度分布

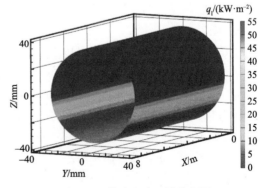

图 3-14 能流密度三维分布图

(1)**遮蔽效应区**：接近 $\varphi=0°$ 的区域称为遮蔽效应区，如图 3-13 所示的区域 1。在该区域内，热流分布出现了一个谷值。这是由于一些阳光直接照射到了集热管上。一方面，这会造成这些阳光中的一部分在透过玻璃管后直接照射到吸热管上，而不会照射在反射镜上，也就不能汇聚到吸热管 $\varphi=0°$ 附近区域；另一方面，一部分直接入射到玻璃管上的阳光在透过玻璃管后未能照射到吸热管，而是经玻璃管折射后再照到反射镜上，这部分阳光也不能汇聚到吸热管上。因而 φ 越接近 $0°$，反射镜汇聚的阳光越少，能流密度越低。

(2)**能流密度递增区**：当吸热管遮蔽效应消失后，随着 φ 的增大或减小，局部能流密度逐渐增大，直到达到极大值的区域，即图 3-13 所示的区域 2。

(3)**能流密度衰减区**：随着 φ 进一步增大或减小，局部能流密度因反射光的减少而迅速降低的区域，即图 3-13 所示的区域 3。

(4)**阳光直射区**：在接近 $\varphi=\pm180°$ 的区域，仅有直射的阳光照射到管上，因而局部能流密度很低的区域，即图 3-13 所示的区域 4。

定义吸热管圆周方向热流分布曲线的 4 段分布特征的意义在于，一是有助于对吸热管外表面能流密度分布的不均匀特征进行详细把握；二是有助于分析不同几何和光学参数对能流密度分布的影响。

2. 关键光学和几何参数对能流密度分布的影响

由于太阳本身并不是点光源，所以其发出的光线到达地球表面并不是严格的平行光线，而是存在一个值为 $16'$ 的最大不平行半角 θ_{sr}。下面分析不平行阳光对聚光器性能的影响，分析中集热管选用表 3-1 所示的 LS-2 型集热管。由于阳光的不平行性对 MCRT 模拟结果的影响主要表现在圆周方向，而在轴向长度方向的影响很小，因此，为能清楚地揭示阳光的不平行性对轴向能流密度分布的影响，模拟中选取的轴向长度很短，仅为 0.1 m。模拟中，聚光器的几何聚光比 $C=50$，边缘角 $\theta_{rim}=90°$。

是否考虑太阳光不平行夹角对吸热管外表面能流密度分布的模拟结果有很大影响，如图 3-15 和图 3-16 所示。图 3-15 表示阳光的不平行性对吸热管外表面的能流密度分布的影响曲线，其中图 3-15(a)表示圆周方向能流密度分布，图 3-15(b)表示 $\varphi=\theta_{rim}$ 处的轴向能流密度分布；图 3-16 表示在考虑和不考虑阳光的不平行性时的能流密度三维分布图。

从图 3-15(a)和图 3-16 中可以看出，考虑阳光不平行性影响时，能流密度在圆周方向的分布曲线具有 4 段特征，且分布较为平缓，此时 $\varphi=\theta_{rim}$ 为能流密度衰减区的中心；当不考虑阳光不平行性影响时，能流密度分布曲线不存在明显的遮蔽效应区和能流密度衰减区，而是在这两个区域的交界 $\varphi=\theta_{rim}$ 处出现能流密度分布的突降。从图 3-15(b)和图 3-16 中看到，在轴向上，考虑阳光不平行性的影响时，距吸热管两端约 0.02 m 的范围内有能流密度衰减；而不考虑阳光不平行性的影响时，能流密度仅在吸热管端部产生突降，其他部分能流密度分布均匀。

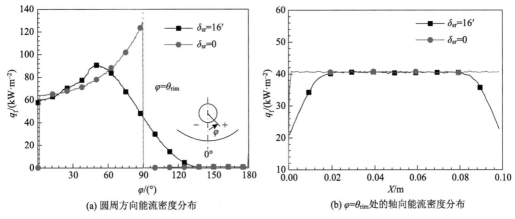

(a) 圆周方向能流密度分布　　　　　(b) $\varphi=\theta_{rim}$ 处的轴向能流密度分布

图 3-15　阳光不平行性对周向和轴向能流密度分布的影响

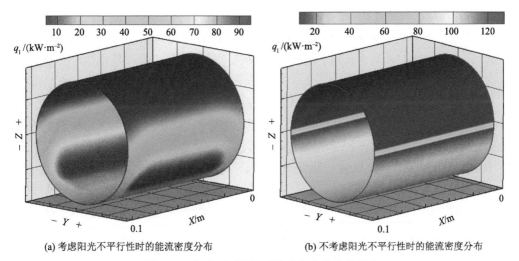

(a) 考虑阳光不平行性时的能流密度分布　　　(b) 不考虑阳光不平行性时的能流密度分布

图 3-16　阳光不平行性对能流密度分布的影响

　　接着，在保证聚光镜开口宽度(W_m)不变的情况下，考察不同几何聚光比 C 下的聚光特性。那么根据公式(3-40)，就必须改变吸热管半径 r_a 的大小。鉴于此，本小节在 W_m=5 m、L_m=7.8 m、θ_{rim} = 90° 的典型工况下，考察了 C=10、C=30、C=50 等三种几何聚光比的影响，其中吸热管半径 r_a 分别为 0.080 m 、0.027 m 和 0.016 m ，其他参数与表 3-1 保持一致。图 3-17 表示不同几何聚光比条件下吸热管外表面圆周方向能流密度分布的二维曲线。从图 3-17 中可以看出，随着几何聚光比的增加，能流密度增大，遮蔽效应减弱，衰减区的跨度增大。出现这种现象的原因是随着几何聚光比的增大，吸热管半径减小，导致吸热管外表面面积减小，从而引起能流密度的增大；同样因为吸热管半径减小，所以吸热管遮蔽的太阳辐射减小，导致遮蔽效应逐渐减弱，直到聚光比 C=50 时遮蔽效应消失。

　　接着，考察边缘角对聚光特性的影响，首先要保证集热器能够汇集的太阳光辐射能总量不变，即抛物槽面的开口宽度不变；同时要消除几何聚光比的影响，则要求吸热管

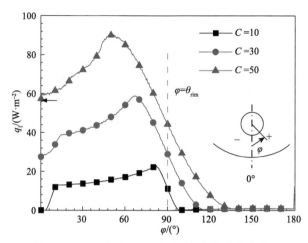

图 3-17   不同聚光比 C 时圆周方向能流密度分布

半径 r_a 不变。在满足上述要求下，只能通过改变抛物槽面的焦距 f 来改变边缘角 θ_{rim} 的大小。本小节考察边缘角 θ_{rim} 分别为 30°、45°、60°、75°、90° 时的聚光特性，其中 W_m=5 m，L_m=7.8 m，C=50。

图 3-18 表示不同边缘角条件下吸热管外表面圆周方向能流密度分布二维曲线。从图 3-18 可以看出，随着边缘角 θ_{rim} 的增大，能流密度峰值逐渐降低。出现这种现象的原因是随着边缘角增大，反射光线能够照射到更多的吸热管表面，使得能流密度分布更加分散。同时由图 3-18 可见，随着边缘角 θ_{rim} 增大，能流密度分布曲线向 φ=180° 方向移动。结合图 3-17 可以推知衰减区的衰减中心位置仅与边缘角 θ_{rim} 有关，且 $\varphi_0=\theta_{rim}$。从图 3-18 中可以看到，边缘角 θ_{rim} 在 30°～90° 的变化过程中，能流密度分布曲线的四个区域按照阳光直射区、能流密度衰减区、能流密度递增区和遮蔽效应区依次出现。无论 θ_{rim} 取何值，能流密度分布曲线中的阳光直射区、能流密度衰减区均会出现，而在 θ_{rim} 较小时其他两个区域则不一定会出现。

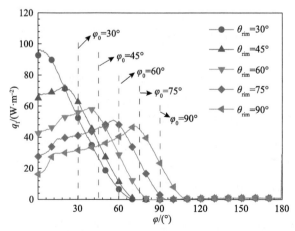

图 3-18   不同边缘角条件下的吸热管外表面圆周方向能流密度分布

3.3.4 "按流均光"思想指导下的带二级均光镜的新型槽式聚光器设计

由 3.3.3 节研究结果可见,在聚光集热过程中,吸热管内工质的流场分布一般是比较均匀的,而聚光器所汇聚的太阳光场的分布却是极不均匀的,二者的不匹配会在吸热管上形成极不均匀的温度场和热应力场分布,易导致吸热管过度弯曲和玻璃管破裂。鉴于此,为解决光场与流场的不匹配问题,作者团队提出了"按流均光"的光场调控思想,其内涵为:当工质流场分布一定时,采用聚光策略或聚光器构型优化来均化光场,实现光场与均匀流场的匹配。

在"按流均光"的光场调控思想指导下,为了在吸热管表面获得较为均匀的光场分布,作者团队提出了一种带二级反射器的新型槽式聚光器[16,17]。与传统聚光器相比,主要改进如下:①集热管离开抛物面焦线并朝着聚光器移动到适当位置;②以抛物面聚光器作为主反射镜,且增设与主反射镜开口相对布置的二次反射镜作为均光装置,如图 3-19 所示,在该集热器中,一部分光线经聚光器反射后直接聚焦在吸热管底部,其他光线则先到达均光反射镜,经二次反射后再投射到吸热管顶部,从而在吸热管表面获得较为均匀的能流密度分布。下面对新型聚光器具体的设计方法及其应用效果进行介绍。

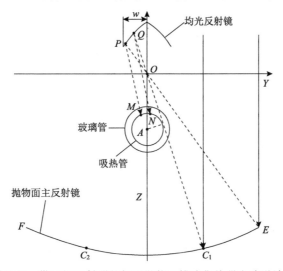

图 3-19 带二级反射器的新型抛物面槽式集热器光路设计图

1. 以均匀能流密度为目标的新型槽式聚光器方法

以均匀能流密度为目标的新型槽式聚光器的具体设计方法步骤如下[16,17]。

(1)以抛物面反射镜横截面焦点为原点建立 YOZ 坐标系,并初次设置主反射镜上关于 Z 轴对称的两个点 C_1 和 C_2,如图 3-19 所示。那么抛物面主反射镜在 $C_1(i_{C_1}, j_{C_1})$ 点的反射光线(C_1O)可表示为式(3-54)。在此基础上,设吸热管的圆心 A 的坐标为$(0,a)$,则吸热管外壁在 YZ 平面上的方程为式(3-55)。

$$j_{C_1}y - i_{C_1}z = 0 \tag{3-54}$$

$$y^2 + (z-a)^2 = r_a^2 \qquad (3-55)$$

式中，r_a 为吸热管半径。

(2)由于希望反射镜弧线 C_1C_2 部分的反射光线能直接聚焦到吸热管底部，而 EC_1 和 FC_2 部分的反射光线则先经均光反射镜二次反射后再汇聚吸热管顶部，则 C_1O 所在直线应恰好与方程(3-55)所表示的圆相切，从而可得到式(3-56)。由式(3-56)即可求得吸热管横截面圆心坐标(0,a)，从而确定集热管的安装位置。

$$\left| -i_{C_1} \cdot a \right| \Big/ \sqrt{i_{C_1}^2 + j_{C_1}^2} = r_a \qquad (3-56)$$

(3)将所设计的均光反射镜设定为由两个关于 Z 轴对称的抛物面反射镜组合而成，如图 3-20 所示，且左侧抛物面在 YZ 平面上的方程可表示为式(3-57)。同时，主反射镜边缘点 E 和 C_1 点反射过来的光线 EO、C_1O 与式(3-57)所表示的抛物线在 $y<0$ 范围内应有交点。而光线 EO、C_1O 经均光反射镜后的反射光线 PM 与 QN 和吸热管也应有交点。

$$z = -\frac{(y+d)^2}{4f_2} + (f_2 + a) \qquad (3-57)$$

式中，f_2 为每个均光反射镜抛物面的焦距；$|d|$ 为均光反射镜的对称轴偏离 Z 轴的距离，d 可正可负，若为正表示向左偏离，若为负表示向右偏离。

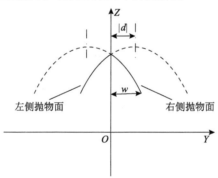

图 3-20　均光反射镜横截面几何形状示意图

(4)选择合适的 f_2 和 d 使其满足以上两个条件，即可确定左侧抛物面的几何形状。左侧抛物面的形状确定后，右侧抛物面关于 Z 轴对称布置即可。另外，为使 C_1E 之间的反射光线能够全部到达均光反射镜而不逃逸出系统，均光反射镜的宽度 $2w$ 应不小于 $|2p|$，其中 p 为直线 EO 与均光反射镜抛物线交点的 Y 坐标。同时为了减小二次反射镜对直接入射阳光的遮挡，其宽度 $2w$ 应尽可能小。因而理想情况下均光反射镜的宽度应为 $|2p|$。

(5)当吸热管安装位置、均光反射镜的几何参数确定后，采用所发展的 MCRT 计算模型，获得吸热管表面的能流密度分布。

(6)若获得的能流密度分布的均匀性不佳，则可重新调整 C_1、C_2 点的坐标，再次重复上述计算过程，直到热流分布足够均匀为止。

2. 新型集热器对热流的均化效果

此处以 LS-2 型槽式聚光器作为原型，采用上述设计方法进行改进，其主要光学性质与几何参数已在表 3-1 中给出。在设计中，保持抛物面主反射镜与集热管的尺寸不变，假设均光反射镜的反射率与主反射镜相同，且假设均光反射镜和主反射镜的型面均为理想抛物面。设计后获得的新型聚光器的参数如表 3-2 所示。

表 3-2　带有均光反射镜的抛物面槽式集热器设计尺寸

参数	数值
吸热管偏离焦线位置/m	−0.043
均光反射镜参数 f_2/m	0.21
均光反射镜参数 d/m	−0.33
均光反射镜宽度 $2w$/m	0.084

在此基础上，首先考察了吸热管表面能流密度分布情况。图 3-21 给出了改进后吸热管表面的能流密度分布，而改进前的能流密度分布情况已经在图 3-14 中给出。为了更加清晰地对比改进前后管表面能流密度分布的变化情况，图 3-22 给出了改进前后管圆周方向的能流密度分布。由图 3-14、图 3-21 和图 3-22 可见，改进前吸热管表面的能流密度分布极为不均，存在明显的能流密度峰值，最大值约为 56000 $W \cdot m^{-2}$；而改进后，吸热管表面的能流密度大部分在 15000~20000 $W \cdot m^{-2}$。同时，分析系统的光学效率可知，改进前系统光学效率为 84.7%，改进后为 81.0%，仅降低了 3.7 个百分点。以上结果表明，采用所提出的新型聚光器可在略微牺牲光学效率的情况下，显著提高管外壁能流密度的均匀性，从而实现管壁的均匀受热。

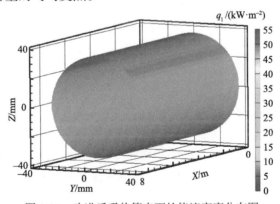

图 3-21　改进后吸热管表面的能流密度分布图

随后，图 3-23 给出了典型工况下改进前后吸热管圆周方向温度的分布情况，关于吸热器内的光热耦合传热方法的介绍将在第 4 章进行。由图 3-23 可见，改进后吸热管壁面的最高温度明显降低，由改进前的 676 K 下降到了 661 K，且管壁温度分布趋于均匀，吸热管圆周方向最高与最低温度之差已由原来的约 25 K 减小到小于 3 K。

另外,吸热管表面的能流密度分布对吸热管表面的温度分布具有很大影响,对比图 3-22 和图 3-23,可以发现能流密度的分布轮廓与温度分布轮廓基本相同,但由于吸热管壁的导热、传热流体与吸热管壁的对流换热以及传热流体在管内形成的自然对流的影响,温度分布稍显平缓。

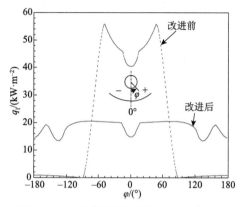
图 3-22　吸热管圆周方向能流密度分布图

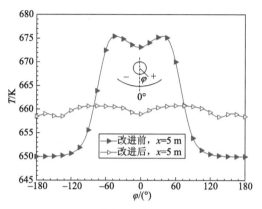
图 3-23　吸热管壁圆周方向温度分布

3.4　基于 MCRT 方法的碟式聚光器光学性能分析

本节将基于作者团队在碟式聚光器光学性能研究方面的工作来介绍 MCRT 方法在碟式系统光学性能表征方面的应用[10,22-24]。首先介绍典型的聚光器物理模型;随后介绍采用 MCRT 方法构建碟式聚光器光学模型的具体步骤;在此基础上,研究了碟式聚光器的聚光特性,揭示了吸热器内非均匀的能流密度分布,分析了关键几何参数对光学性能的影响。研究结果可为碟式聚光器的光学性能优化和光热性能表征奠定基础。

3.4.1　碟式聚光器物理模型

本节考虑的碟式太阳能聚光集热系统由碟式聚光器和半球状吸热器构成,具体结构如图 3-24 所示。抛物面聚光器直径(D)为 2 m,焦距(f)为 1 m,反射率(ρ)为 0.9[10]。半球状吸热器安装在碟式聚光器焦平面上,其外半径(R)为 100 mm,保温层的厚度(t)为 20 mm,进光口直径(d)为 56.57 mm[10]。在贴着半球状吸热器内壁布置有吸热盘管,其对太阳辐射的吸收率(α)为 0.85[10]。为方便后文讨论,本节将聚光器的几何聚光比(C)定义为式(3-58),将其边缘角(θ_{rim})定义为式(3-59)。

$$C = \frac{D^2}{4R^2} \tag{3-58}$$

$$\theta_{\mathrm{rim}} = \arctan\left[\frac{1}{2f/D - D/(8f)}\right] \tag{3-59}$$

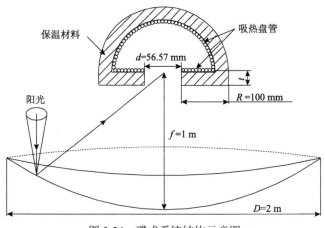

图 3-24 碟式系统结构示意图

3.4.2 基于 MCRT 方法的碟式光学模型构建

为方便描述光学模型，在聚光器中建立了如图 3-25 所示的笛卡儿直角坐标系 XYZ，其原点位于吸热器进光口中心，其 Z 轴指向吸热器顶端方向，X 轴和 Y 轴位于进光口平面。在聚光器运行过程中，光线在聚光器中的传播过程主要包括光线在三维抛物面反射镜采光口上的发射过程、反射镜上的反射过程、吸热器腔体内壁上的吸收过程以及光线在腔内壁的多次反射与吸收过程等。本节介绍采用 MCRT 方法计算太阳辐射由反射镜到吸热器直至最终吸收的整个光学过程的数学模型，图 3-26 给出了模型的详细计算流程图。模拟中假设吸热器内的吸热管盘是理想的半球面，且其对入射太阳辐射的反射是漫反射。

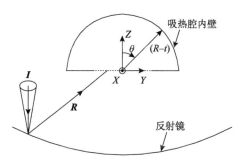

图 3-25 碟式光学模型所用直角坐标系示意图

1. 光线随机发射位置和方向的概率模型

将碟式抛物面反射镜面设置为随机入射光线的发射面，并将 n_p 个光线均匀地随机投射到圆形的反射镜采光口上，那么每个随机光线携带的光能功率(e_p)可由式(3-60)计算获得。同时，采用 3.2.3 节所述方法，可以获得随机光线在 XYZ 中的初始发射位置(P)，如式(3-61)所示。在考虑太阳视半径(δ_{sr})的基础上，根据 3.2.3 节所述方法，可以获得随机光线在 XYZ 中的单位入射向量(I)，如式(3-62)所示。

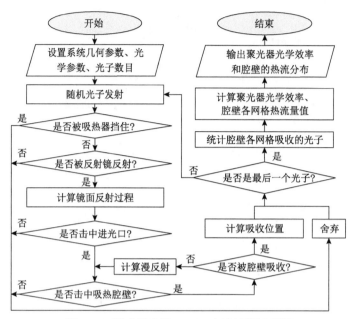

图 3-26   碟式聚光器 MCRT 方法计算流程图

$$e_{\mathrm{p}} = \mathrm{DNI} \cdot \frac{\pi D^2}{4} \cdot \frac{1}{n_{\mathrm{p}}} \tag{3-60}$$

$$\boldsymbol{P} = \begin{bmatrix} x_{\boldsymbol{P}} \\ y_{\boldsymbol{P}} \\ z_{\boldsymbol{P}} \end{bmatrix} = \begin{bmatrix} r \cdot \cos\theta \\ r \cdot \sin\theta \\ r^2/4f - f \end{bmatrix}, \quad r = \frac{D}{2}\sqrt{\xi_1}, \quad \theta = 2\pi\xi_2 \tag{3-61}$$

$$\boldsymbol{I} = \begin{bmatrix} \delta_{\mathrm{s}}\cos\theta_{\mathrm{s}} & \delta_{\mathrm{s}}\sin\theta_{\mathrm{s}} & -\sqrt{1-\delta_{\mathrm{s}}^2} \end{bmatrix}^{\mathrm{T}} \tag{3-62}$$

$$\delta_{\mathrm{s}} = \arcsin\left(\sqrt{\xi_3 \sin^2 \delta_{\mathrm{sr}}}\right), \quad \theta_{\mathrm{s}} = 2\pi\xi_4 \tag{3-63}$$

式中，δ_{s} 与 θ_{s} 分别为入射光线在 XYZ 系中相对 Z 轴偏转所形成的径向与周向偏角。

2. 光线的镜面反射、漫反射及吸收的概率模型

如 3.2.3 节所述，当光线与反射镜或吸热腔壁发生光学作用时，可采用式(3-13)来随机决定具体的光学作用方式。当光线在反射镜上发生镜面反射时，可以采用式(3-15)来计算反射向量。当光线在吸热腔壁发生漫反射时，可以采用式(3-16)来计算反射向量。而当光线在吸热腔壁上的某一点 $\boldsymbol{P}$ 发生吸收事件时，光线携带的光能功率(e_{p})将被一次性全部吸收。

3. 吸热腔内壁光线与热流分布统计

碟式吸热器中参与光能吸收的腔内壁包括吸热腔上部的半球形表面及底部的圆环表面。计算中，将腔内壁划分为 N_{e} 个三角形网格，并采用数组 $n_{\mathrm{p,e}}(N_{\mathrm{e}})$ 来统计每个网格内腔壁吸收的光能，图 3-27 给出了一个典型的网格划分结果。

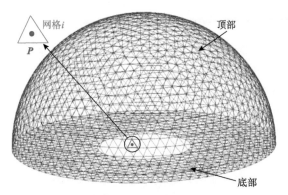

图 3-27 碟式吸热器腔内壁热流分布统计网格示意图

当光线在 P 点被吸收之后，接着采用 3.2.4 节所述的方法来确定 P 点所在的三角形网格的序号 i，并采用式(3-64)来统计网格 i 所吸收的光线数量 $n_{p,e}(i)$。待光线追迹计算结束之后，采用式(3-65)即可计算得到每个网格内的局部能流密度(q_l)。

$$n_{p,e}(i) = n_{p,e}(i) + 1 \tag{3-64}$$

$$q_l(i) = e_p \cdot n_{p,e}(i) / S_e(i) \tag{3-65}$$

式中，S_e 为每个网格的面积。

4. 碟式聚光器 MCRT 光学模型验证

为验证碟式聚光器 MCRT 光学模型准确性，对一种碟式聚光器的焦平面的辐射能流密度分布进行了模拟计算。模拟中的光线追迹计算参数与文献[48]保持一致，其中聚光镜的焦距 $f = 1$ m、边缘角 $\theta_{rim} = 45°$、反射率 $\rho = 1.0$。同时，模拟中考虑了阳光不平行性的影响，假设聚光镜型面为理想抛物面。图 3-28 给出了碟式聚光器焦平面辐射能流密度分布的 MCRT 方法计算结果与文献结果的对比，可见二者符合良好，说明所发展的碟式聚光器 MCRT 光学模型是可靠的。

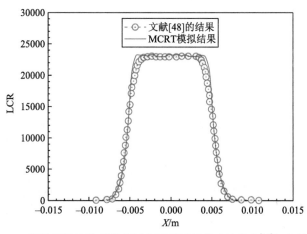

图 3-28 MCRT 模拟获得的碟式聚光器焦平面局部聚光比分布[10]与文献结果[48]对比

3.4.3 碟式吸热器光学性能分析结果

本节在阳光垂直碟式反射镜采光口的典型工况下,采用 3.4.2 节所构建的光学模型,分析了碟式聚光器的光学性能,揭示了吸热器内壁的典型非均匀能流密度分布,探讨了关键几何参数对能流密度分布的影响[10,22-24]。在模拟中,假设反射镜的形面是理想抛物面,未考虑镜面形面误差和粗糙度误差对光学性能的影响;同时阳光的 DNI 取为 1000 W·m^{-2}。

1. 吸热器内壁非均匀能流密度分布

半球形碟式吸热器内表面的太阳辐射能流密度分布参见图 3-29。经过光线数考核后设定的入射光线总数为 5×10^7。计算结果表明:吸热腔内的太阳辐射热流分布呈现出极不均匀的特征,吸收的辐射热流集中在吸热器中间腰部区域,而在顶部及底部区域,能流密度急剧降低。

图 3-30 为 $x=0$ 剖面的局部能流密度分布图。由图 3-30 可见,碟式吸热器内表面上的辐射热流可分为三个区域,分别为区域 1:由于反射镜汇聚进吸热器的光线在进光口中心的焦点处开始分散,因而较少投射到此区域,从而形成辐射的半遮蔽区;区域 2:大部分入射辐射投射在此区域,形成高能流密度的辐射直接照射区;区域 3:没有辐射在被反射镜汇聚后直接击中该区域,仅有较少部分的光线经过内壁面的反射后投射到此区域,因而其能流密度最低,称为辐射遮蔽区。

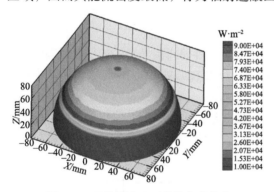

图 3-29 吸热器内表面能流密度分布

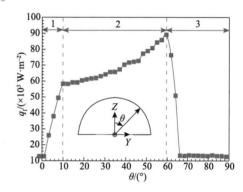

图 3-30 $x=0$ 剖面的能流密度分布

2. 关键几何参数对能流密度分布的影响

首先,探讨了几何聚光比(C)对吸热面能流密度分布的影响。图 3-31 给出了几何聚光比分别为 20、50、80 和 100 时碟式吸热器内表面的能流密度分布情况。此处选取的吸热器半径与 3.4.1 节保持不变,通过改变碟式聚光器开口宽度来改变 C 值。由图 3-31 可见,随着 C 的增加,吸热器内表面的能流密度随之增加,但仍保持明显的三个区域划分。此外,随着 C 的增加,高能流密度的阳光直射区范围明显增大,而吸热器顶部由于吸热器自身对于入射太阳光遮挡造成的局部低能流密度区域范围则明显减小。

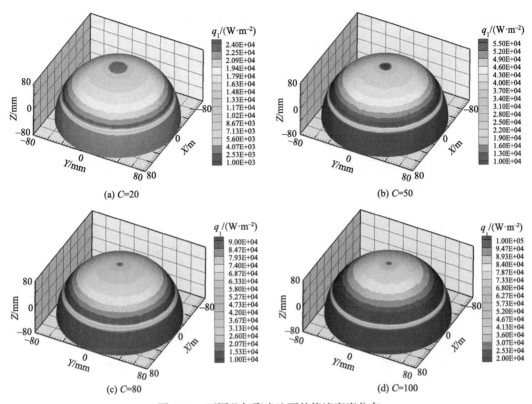

图 3-31　不同几何聚光比下的能流密度分布

　　图 3-32 为不同几何聚光比下 $x=0$ 剖面处吸热器内壁能流密度分布图。由图 3-32 可知，随着 C 的增加，碟式吸热器的辐射直接入射区域和反射遮蔽区的能流密度和范围明显增大，其最大能流密度由 $C=20$ 的 2.38×10^4 $\mathrm{W\cdot m^{-2}}$ 增加到 $C=100$ 时的 1.13×10^5 $\mathrm{W\cdot m^{-2}}$，而半遮蔽区域的范围则明显缩小，特别是顶端吸热器遮挡造成的低热流区域范围由原先的 $10°$ 降低到 $1°$ 以下。这是由于随着 C 的增加，吸热器直径相对于聚光器直径的比例缩小，直接导致更大比例的太阳辐射直接投射到吸热器内壁面上，从而增大了直射入射区

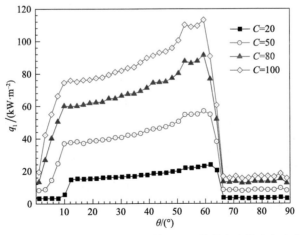

图 3-32　不同几何聚光比下 $x=0$ 剖面处吸热器内壁能流密度分布

域范围。由图中还可以看到，C 的增加导致了吸热器内由直射入射区域向反射遮蔽区过渡时辐射热流梯度的增加，这可能会对吸热器的工作安全性和稳定性造成影响。

接着，探讨了聚光器边缘角(θ_{rim})对吸热器吸热面能流密度分布的影响。图 3-33 为聚光器 θ_{rim} 分别为 30°、45°、60° 和 75° 时碟式吸热器内壁的太阳辐射能流密度分布情况。这里保持聚光器开口宽度不变，通过改变聚光器焦距来改变 θ_{rim} 值。由图 3-33 可以看到，随着边缘角的逐渐减小，即聚光器逐渐远离吸热器，碟式聚光器聚焦的辐射热流逐渐向吸热器顶端区域汇集，原有的直射入射、半遮蔽和反射遮蔽的三区域划分逐渐过渡为仅有直射入射和反射遮蔽两个区域，原先的顶部半遮蔽区域由于聚光器的远离以及太阳光非平行夹角的缘故已几乎消失。

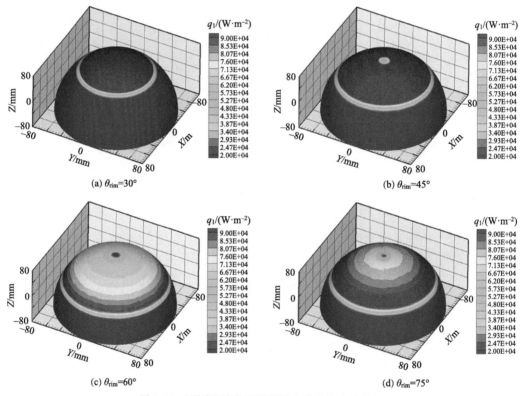

图 3-33　不同边缘角下吸热器内壁能流密度分布

图 3-34 为不同边缘角下 $x=0$ 剖面处吸热器内壁能流密度分布图。由图 3-34 可知，随着边缘角的增加，碟式吸热器内的辐射热流分布趋于平缓，最大能流密度由 $\theta_{rim} = 30°$ 时的 2.11×10^5 W·m^{-2} 减小到 $\theta_{rim} = 75°$ 时的 9.24×10^4 W·m^{-2}，且最大能流密度出现的位置逐渐向 90° 方向偏移，直射入射区域范围明显变大，由原先的 30° 左右扩大到 50°。这是由于随着边缘角的增加，聚光器逐渐靠近吸热器，聚光器汇聚的太阳辐射可以更大范围地投射到吸热器内壁面上，同时吸热器自身对于太阳辐射的遮挡效应随之增加，因而吸热器内的辐射热流逐渐由两个分段区域过渡到三个分段区域。

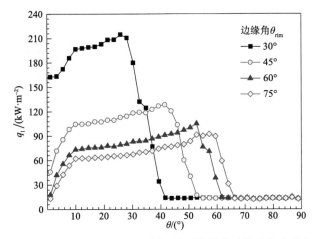

图 3-34 不同边缘角下 $x=0$ 剖面处吸热器内壁能流密度分布

3.5 基于 MCRT 方法的塔式聚光器光学性能分析

聚光过程是塔式光热电站实现光能捕获的关键环节,其光学性能直接决定了电站的能量输入特性。在塔式聚光系统中,定日镜数以千计、布局复杂,吸热管成百上千、结构多样。太阳光线在系统内的传播过程涉及镜面反射、漫反射、吸收及散射等众多光学事件。同时,阳光法向直射辐照度每天中都存在时间上非恒定的变化特性。在电站运行过程中,定日镜通过跟踪太阳将阳光汇聚到吸热器上,在该过程中,上述因素都会对系统的光学性能产生直接影响,最重要的是会在吸热器上形成随时间变化的极度非均匀的太阳辐射光场分布,其有可能导致吸热器热应力破坏和选择性吸光涂层失效。那么如何准确表征吸热器上的光场分布和光学效率就成为重要的研究方向。本节基于作者团队相关工作,以使用多管吸热器的塔式聚光器和高温容积式空气吸热器为例,介绍了 MCRT 方法在分析定日镜场及典型吸热器的光学性能时的具体实施过程,分析了塔式聚光器的光学特性,探讨了均化吸热器内非均匀光场分布的方法[6,18,19,24-37]。

3.5.1 采用多管吸热器的塔式聚光器物理模型

将世界上第一座熔盐塔式电站 Solar Two 的聚光集热系统选为代表性物理模型,其主要包括一个环形定日镜场和一个圆柱式吸热器,系统示意图参见图 3-35。该电站位于美国加州的 Daggett 县,其经纬度分别为 34.872°N 和 116.834°W。定日镜场包括 1818 面 39.13 m^2 的小定日镜和 108 面 95 m^2 的大定日镜,其布局参见图 3-36。吸热器包括 2 个回路、24 个管排、768 根吸热管,回路连接方式、管排和吸热管的编号参见图 3-37。

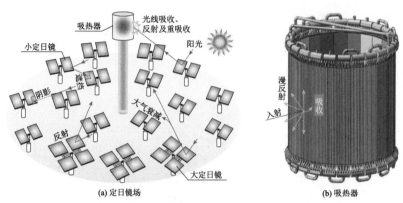

图 3-35 Solar Two 聚光集热器结构及其中的光学作用过程示意图

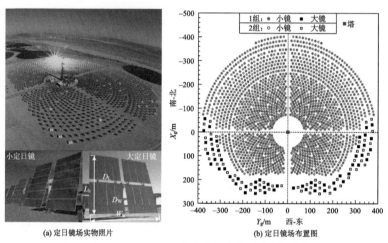

图 3-36 Solar Two 定日镜场实物及布置图[49]

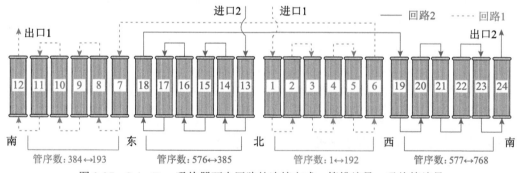

图 3-37 Solar Two 吸热器两个回路的连接方式、管排编号、吸热管编号

系统主要几何和光学参数参见表 3-3。由于 Solar Two 实际采用的大多是旧定日镜，其性能退化十分严重，因而定日镜性能没能达到其设计性能，其反射率、洁净度和可用率都较低。需要注意的是，在没有特殊说明的情况下，定日镜的反射率、洁净度、可用率均采用美国桑迪亚国家实验室给出的 1999 年 3 月 24 日的测量值[49]，如表 3-3 所示。同时，定日镜跟踪误差采用 5.86 mrad 的反射光束当量跟踪误差(σ_{bt})实验值，其对应的定日镜跟踪角总误差(σ_{te})为 2.93 mrad [49]。

表 3-3　Solar Two 聚光集热器的主要几何与光学参数[49]

参数	量值	参数	量值
小定日镜数目	1818	镜面洁净度 ρ_{clean} [a]	典型值 0.925
小定日镜面积	39.13 m^2	定日镜可用率 ρ_{ava} [a]	典型值 0.8755
小定日镜宽度 W_h	6.596 m	吸热器中心距地面高度 H_0	76.2 m
小定日镜长(高)度 L_h	6.419 m	熔盐回路数目 N_c	2
小定日镜长度方向中缝宽 D_L	0.5 m	每个回路的管排数 N_p	12
小定日镜宽度方向中缝宽 D_W	0	每个管排的管子数 N_t	32
小定日镜中心高度	3.82 m	管外半径 r_3	10.5 mm
大定日镜数目	108	管壁厚	1.2 mm
大定日镜面积	95 m^2	吸热器有效高度 L_R	6.2 m
大定日镜长(高)度 L_h	10.363 m	吸热器直径 D_R	5.1 m
大定日镜宽度 W_h	10.363 m	定日镜跟踪角总误差 σ_{te}	2.93 mrad
大定日镜长度方向中缝宽 D_L	0.61 m	定日镜形面误差 σ_{se}	1.3 mrad [50,51]
大定日镜宽度方向中缝宽 D_W	0.61 m	涂层对阳光的吸收率 α_t	0.94 [52]
大定日镜中心高度	5.79 m	涂层对阳光的漫反射率 $\rho_{t,d}$	0.06
面积平均反射率 ρ_{ref} [a]	典型值 0.906	涂层发射率 ε_3	0.88 [52]

a 典型值取自 1999-3-24 的测量值[49], 不同实验工况下的值也可由文献查得[49]。

　　Solar Two 电站采用一种 Vant-Hull[53] 所提出的多点瞄准策略来均化吸热器上的光场分布。该多点瞄准策略首先将镜场均匀分为图 3-36(b) 所示的两组。然后, 将所有定日镜瞄准吸热器的圆柱包络面的赤道线(图 3-38), 并在此时估算每一面定日镜所形成的光斑在其瞄准点切平面上的半径(r_{flux})。估算中, 假设非平行的阳光在其光锥内服从标准差(σ_{sun})为 2.73 mrad 的高斯分布。此处的高斯误差假设与后文光学模拟中 "非平行阳光在半顶角为 4.65 mrad 的光锥内服从均匀分布" 的假设是不相同的, 但两种方法对光斑形状和直径的计算结果却很接近[54], 因而上述高斯误差假设可以用于估算光学模拟中的光斑直径。接着, 采用式(3-66)对太阳形状的高斯误差的标准差(σ_{sun})、定日镜形面误差的标准差(σ_{se})与反射光束当量跟踪误差的标准差(σ_{bt})进行卷积, 即可获得光斑在吸热器包络面切平面上的半径 r_{flux}。在估算 r_{flux} 时, 采用了一个比例因子 k_{flux} 来调节 r_{flux} 的大小。根据 Rodriguez-Sanchez 等[55] 的研究结果, 为减少溢出损失, Solar Two 电站的 k_{flux} 可取 1.5, 在本章研究中若无特别说明 k_{flux} 均取为 1.5。最后, 将第 1 组定日镜中每面镜的瞄准点垂直上移($L_R/2-r_{\text{flux}}$), 直至光斑的边缘触及吸热器上边界为止;同时, 将第 2 组定日镜中每面镜的瞄准点垂直下移($L_R/2-r_{\text{flux}}$), 直至其光斑触及吸热器下边界为止。

$$r_{\text{flux}} = \left(k_{\text{flux}}\sigma_{\text{total}}\right) \cdot D_{HA} / \cos \varepsilon_h$$

$$\sigma_{\text{total}} = \sqrt{\sigma_{\text{sun}}^2 + 2(1+\cos^2\theta_i)\sigma_{\text{se}}^2 + \sigma_{\text{bt}}^2} \text{ , } \sigma_{\text{sun}} = 2.73 \text{ mrad}$$

(3-66)

式中，k_{flux} 为用于调节瞄准点位置的尺度因子；σ_{total} 为反射光束的高斯分布总标准差，rad；D_{HA} 为定日镜中心至赤道瞄准点的距离，m；ε_h 为入射光线的主光轴在定日镜中心的反射光线在瞄准点处的吸热器切平面上的入射角，rad；θ_i 为入射光线的主光轴在定日镜中心处的反射角，rad；σ_{sun} 为太阳形状的高斯误差的标准差，rad；σ_{se} 为定日镜形面误差标准差，rad；σ_{bt} 为定日镜反射光束当量跟踪误差的标准差，rad，$\sigma_{bt}=2\sigma_{te}$。

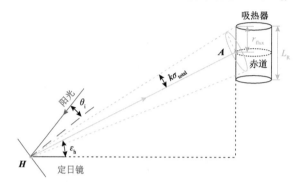

图 3-38　定日镜在吸热器包络面的切面上所形成的光斑的示意图

3.5.2　采用多管吸热器的塔式聚光器光学模型构建

太阳光线在塔式系统中的传播过程可以分为两个部分。第一部分是在定日镜场中的传播过程，如图 3-39(a)所示，其主要包括如下五个子过程：①光线在定日镜场中的发射过程；②吸热塔或相邻定日镜对入射光线的阴影过程；③定日镜上的反射过程；④相邻定日镜对反射光线的遮挡过程；⑤大气对光线的散射和吸收过程。另一部分则是在多管吸热器中的传播过程，如图 3-39(b)所示，其主要包括三个子过程：①光线与管或背板相交计算中的寻的过程；②吸热管壁与背板上的镜面反射或漫反射过程；③管壁或背板上的吸收过程。在第二部分计算中，需要仔细处理光线在管壁和背板间的多次反射和吸收作用过程。

为对塔式系统内的光学过程进行准确计算，从而实现对光学性能的实时表征，提出了两种用于加快光线追迹计算速度的新方法，分别为"多重网格、逐级搜索"方法与"邻镜局域搜索"方法，基于此数值重构了太阳辐射传播的复杂物理作用过程，建立了系统完整的三维 MCRT 太阳辐射传播计算模型[6,19]，并开发了名为塔式聚光太阳能系统光学性能分析与设计软件(SPTOPTIC)[25]的光学模拟软件，软件的计算流程图和主界面分别参见图 3-40 和图 3-41。

在上述计算模型中，所用到的几个基本假设如下：

(1)忽略定日镜各相邻镜元之间的空隙，并将每面定日镜视为球面[56]。假设定日镜中心与其安装支柱的顶点重合[56]。定日镜两个跟踪角的误差和形面误差均满足正态分布[56,57]。镜元安装误差可忽略[58]或可近似地处理成形面误差的一部分[59]。

(2)太阳光的最大不平行半角(δ_{sr})为 4.65 mrad，且光线在锥角内均匀分布[12,60]。

(3)可忽略吸热器中的红外辐射传热过程对阳光传播过程的影响[61]。

为方便描述模型中具体的计算过程，建立了如图 3-39 所示的几个笛卡儿直角坐标系。其中，地面系为 $X_gY_gZ_g$，塔基 G 为其原点，X_g、Y_g 与 Z_g 分别指向南方、东方和天顶。

定日镜系为 $X_hY_hZ_h$，其中定日镜中心 H 为原点，X_h 位于水平位置，Z_h 垂直于镜面在 H 的切面并指向上方，而 Y_h 垂直于 X_hZ_h 平面。入射系为 $X_iY_iZ_i$，其中定日镜上被光线击中的点为原点，Z_i 指向太阳，X_i 水平且垂直于 Z_i，而 Y_i 垂直于 X_iZ_i 平面并指向上方。吸热器系为 $X_rY_rZ_r$，其中进光口曲面或平面的中心为原点，X_r 指向东方，Y_r 指向上方，Z_r 垂直于 X_rY_r 平面。吸热管系为 $X_tY_tZ_t$，其中吸热管中心 T 为原点，X_t 平行于 X_rY_r 平面，Y_t 与吸热管中心线重合并指向上方，Z_t 垂直于 X_tY_t 平面，如图 3-39(c) 所示。背板系为 $X_wY_wZ_w$，并按与 $X_tY_tZ_t$ 类似的方式定义，如图 3-39(d) 所示。吸热管上的局部坐标系为 $X_lY_lZ_l$，其与 $X_tY_tZ_t$ 的关系如图 3-39(b) 所示。

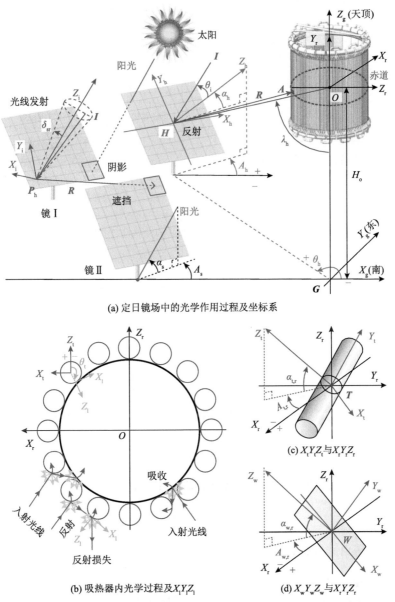

(a) 定日镜场中的光学作用过程及坐标系

(b) 吸热器内光学过程及 $X_lY_lZ_l$

(c) $X_tY_tZ_t$ 与 $X_rY_rZ_r$

(d) $X_wY_wZ_w$ 与 $X_rY_rZ_r$

图 3-39 塔式太阳能系统及其内部光线传播过程和坐标系示意图

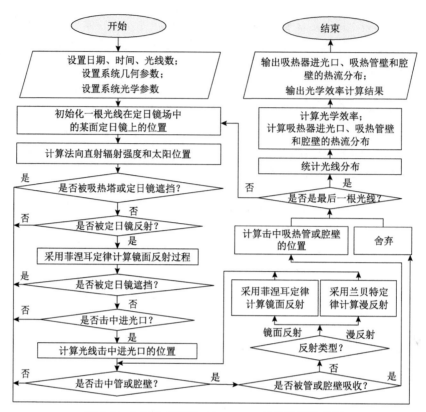

图 3-40 MCRT 模型与 SPTOPTIC 软件计算流程图

图 3-41 SPTOPTIC 软件界面[25]

1. 定日镜场内光线传播过程模拟

1) 太阳位置与定日镜跟踪方程

太阳在天空中的位置可以用太阳高度角(α_s)与方位角(A_s)来描述，α_s 与 A_s 的具体计算方法已经在 2.1.4 节中给出。在塔式聚光器运行中, 定日镜通过调整其中心法线的高度角 (α_h) 与方位角 (A_h) 来实时跟踪太阳运动。α_h 与 A_h 的具体计算方法也已经在 2.3.3 节的第 2 部分中给出。在模拟中, 有必要考虑定日镜跟踪误差对结果的影响, 本节介绍两种典型的跟踪误差模型。跟踪误差模型 A, 一方面为理想的 α_h 添加了一个误差量 $R_{te,1}$, 且 $R_{te,1} \sim N(0, \sigma_{te,1}^2)$; 另一方面为理想的 A_h 添加了一个误差量 $R_{te,2}$, 且 $R_{te,2} \sim N(0, \sigma_{te,2}^2)$。而跟踪误差模型 B 则将跟踪误差处理为当量的形面误差并通过 $\sqrt{\sigma_{se}^2 + \sigma_{te,1}^2 + \sigma_{te,2}^2}$ 来计算。在 3.5 节的研究中, 将采用模型 B 来考虑跟踪误差对聚光性能的影响。

2) 光线随机发射位置及方向的概率模型

为考虑太阳光的不平行性的影响, $X_iY_iZ_i$ 中的任意入射光线的单位向量 (I_i) 可由式 (3-8) 进行计算。由于太阳光是均匀照射到定日镜上的, 所以光线在 $X_hY_hZ_h$ 中位于球面定日镜上的随机发射点可由式 (3-67) 计算。对于长度或宽度方向有中缝的定日镜, 若光线发射位置处于缝中, 则需重新进行随机发射直至光线发射点落在镜面上为止。

$$P_h = \begin{bmatrix} x_{P,h} \\ y_{P,h} \\ z_{P,h} \end{bmatrix} = \begin{bmatrix} W_h(\xi_3 - 0.5) \\ L_h(\xi_4 - 0.5) \\ 2D_{HO} - \sqrt{4D_{HO}^2 - x_{P,h}^2 - y_{P,h}^2} \end{bmatrix} \tag{3-67}$$

式中, D_{HO} 为 H 与 O 之间的距离, 如图 3-39(a) 所示, 且定日镜球面半径为 D_{HO} 的 2 倍。

阳光在全年中的 DNI 既可采用第 2 章所介绍的一种晴朗天气下的估算公式 (3-68)[62] 来计算, 又可通过美国国家可再生能源实验室 (NREL) 的数据库[52] 来获得全球各主要地区以 1 小时为间隔的 DNI 典型实测值。

$$\text{DNI} = 1367 \left[1 + 0.033 \cos\left(\frac{2N_{day}\pi}{365} \right) \right] \cdot \frac{\sin \alpha_s}{\sin \alpha_s + 0.33} \tag{3-68}$$

式中, N_{day} 为某天在一年中的日序数, 以 1 月 1 日为第一天。

在获得了实时的 DNI 数据之后, 每条光线携带的光能功率 (e_p) 就可采用式 (3-69) 计算。

$$e_p = \text{DNI} \cdot \sum_{k=1}^{n_h} \left[\eta_{cos}(k) \cdot \left(L_{h,k} - D_{L,k} \right) \left(W_{h,k} - D_{W,k} \right) \right] \Big/ n_p \tag{3-69}$$

式中, $\eta_{cos}(k)$ 为第 k 面定日镜的余弦效率; n_p 为镜场中所追迹的光线总数; L_h 与 W_h 分别为定日镜的长度和宽度; D_L 与 D_W 分别为定日镜的长度和宽度方向中缝的宽度。

3) 定日镜上的镜面反射过程

当光线击中定日镜时, 定日镜上的反射过程将采用如下方法进行计算。首先, 生成一个随机数 (ξ_5) 并采用式 (3-70) 来决定光线的光学作用方式。随后, 如果光线被反射, 则采用式 (3-71) 将 I_i 由 $X_iY_iZ_i$ 转换到 $X_hY_hZ_h$ 中。最后, 采用式 (3-72) 计算光线在 $X_hY_hZ_h$ 中位于 P_h 点的反射向量 R_h。计算中假设形面误差服从标准差为 σ_{se} 的高斯分布, 那么 $X_hY_hZ_h$ 中 P_h 处的法向量 (N_h) 可以采用式 (3-73) 进行计算。为更加准确地考虑形面误差的影响,也可以对镜面各点的法向量 N_h 进行直接测量[63]，从而更加精确地模拟定日镜上的反射过程。

$$\begin{cases} 0 \leqslant \xi_5 \leqslant \rho_{\text{ref}} \cdot \rho_{\text{clean}} \cdot \rho_{\text{ava}}, & \text{镜面反射} \\ \rho_{\text{ref}} \cdot \rho_{\text{clean}} \cdot \rho_{\text{ava}} < \xi_5 \leqslant 1, & \text{舍弃} \end{cases} \tag{3-70}$$

$$I_h = \begin{bmatrix} \cos\alpha_{hi} & \cos\beta_{hi} & \cos\gamma_{hi} \end{bmatrix}^T = M_4 M_3 M_2 M_1 \cdot I_i \tag{3-71}$$

$$R_h = I_h - 2(I_h \cdot N_h) N_h \tag{3-72}$$

$$N_h = M_6 M_5 \begin{bmatrix} \rho_{se}\cos\varphi_{se} & \rho_{se}\sin\varphi_{se} & \sqrt{1-\rho_{se}^2} \end{bmatrix}^T$$
$$\rho_{se} = \sqrt{-2\sigma_{se}^2\ln(1-\xi_6)}, \quad \varphi_{se} = 2\pi\xi_7 \tag{3-73}$$

式中，M_1 与 M_2 为由 $X_iY_iZ_i$ 到 $X_gY_gZ_g$ 的转换矩阵，参见式(3-74)；M_3 与 M_4 为由 $X_gY_gZ_g$ 到 $X_hY_hZ_h$ 的转换矩阵，参见式(3-75)；M_5 与 M_6 是为了引入光学误差影响而采用的转换矩阵，参见式(3-76)；ρ_{se} 与 φ_{se} 为由形面误差引起的 N_h 相对于理想法向量 $N_{h,\text{ideal}}$ 的径向和周向偏差，本节中镜面粗糙度误差为 0。

$$M_1 = \begin{bmatrix} 1 & 0 & 0 \\ 0 & \cos(\pi/2-\alpha_s) & -\sin(\pi/2-\alpha_s) \\ 0 & \sin(\pi/2-\alpha_s) & \cos(\pi/2-\alpha_s) \end{bmatrix}$$
$$M_2 = \begin{bmatrix} \cos(A_s+\pi/2) & -\sin(A_s+\pi/2) & 0 \\ \sin(A_s+\pi/2) & \cos(A_s+\pi/2) & 0 \\ 0 & 0 & 1 \end{bmatrix} \tag{3-74}$$

$$M_3 = \begin{bmatrix} \cos(A_h+\pi/2) & \sin(A_h+\pi/2) & 0 \\ -\sin(A_h+\pi/2) & \cos(A_h+\pi/2) & 0 \\ 0 & 0 & 1 \end{bmatrix}$$
$$M_4 = \begin{bmatrix} 1 & 0 & 0 \\ 0 & \cos(\pi/2-\alpha_h) & \sin(\pi/2-\alpha_h) \\ 0 & -\sin(\pi/2-\alpha_h) & \cos(\pi/2-\alpha_h) \end{bmatrix} \tag{3-75}$$

$$M_5 = \begin{bmatrix} 1 & 0 & 0 \\ 0 & \cos\theta_2 & -\sin\theta_2 \\ 0 & \sin\theta_2 & \cos\theta_2 \end{bmatrix}, \quad M_6 = \begin{bmatrix} \cos(\theta_1+\pi/2) & -\sin(\theta_1+\pi/2) & 0 \\ \sin(\theta_1+\pi/2) & \cos(\theta_1+\pi/2) & 0 \\ 0 & 0 & 1 \end{bmatrix} \tag{3-76}$$

$$\begin{cases} \theta_1 = \begin{cases} \arccos\left(\cos\alpha_{h,\text{ideal}} \big/ \sqrt{\cos^2\alpha_{h,\text{ideal}}+\cos^2\beta_{h,\text{ideal}}}\right), & \cos\beta_{h,\text{ideal}} \geqslant 0 \\ 2\pi - \arccos\left(\cos\alpha_{h,\text{ideal}} \big/ \sqrt{\cos^2\alpha_{h,\text{ideal}}+\cos^2\beta_{h,\text{ideal}}}\right), & \cos\beta_{h,\text{ideal}} < 0 \end{cases} \\ \theta_2 = \gamma_{h,\text{ideal}} \end{cases} \tag{3-77}$$

$$N_{h,ideal} = \begin{bmatrix} \cos\alpha_{h,ideal} \\ \cos\beta_{h,ideal} \\ \cos\gamma_{h,ideal} \end{bmatrix} = \begin{bmatrix} -x_{P,h} \Big/ \sqrt{x_{P,h}^2 + y_{P,h}^2 + \left(z_{P,h} - 2D_{HO}\right)^2} \\ -y_{P,h} \Big/ \sqrt{x_{P,h}^2 + y_{P,h}^2 + \left(z_{P,h} - 2D_{HO}\right)^2} \\ -\left(z_{P,h} - 2D_{HO}\right) \Big/ \sqrt{x_{P,h}^2 + y_{P,h}^2 + \left(z_{P,h} - 2D_{HO}\right)^2} \end{bmatrix} \quad (3\text{-}78)$$

式中，θ_1 与 θ_2 为角度变量；$N_{h,ideal}$ 为位于 $P_h = \begin{bmatrix} x_{P,h} & y_{P,h} & z_{P,h} \end{bmatrix}^T$ 处的理想法向量。

在完成反射计算之后，接着采用式(3-79)来判断光线是否会因大气的散射和吸收作用而散失掉。在该判断过程中，将定日镜 i 的大气衰减系数($\eta_{att,i}$)视作 O 与 H 之间的距离(D_{HO})的函数来进行计算，如式(3-80)[64]所示。

$$\begin{cases} \eta_{att,i} < \xi_8 \leqslant 1, & \text{被大气吸收或散射掉} \\ 0 < \xi_8 \leqslant \eta_{att,i}, & \text{可投射到吸热器} \end{cases} \quad (3\text{-}79)$$

$$\eta_{att,i} = \begin{cases} 0.99321 - 0.0001176 \cdot D_{HO} + 1.97 \times 10^{-8} \cdot D_{HO}^2, & D_{HO} \leqslant 1000\ \text{m} \\ e^{-0.0001106 \cdot D_{HO}}, & D_{HO} > 1000\ \text{m} \end{cases} \quad (3\text{-}80)$$

4) "邻镜局域搜索" 方法的提出及其在阴影与遮挡计算中的应用

阴影是指定日镜上被相邻定日镜或吸热塔的影子所覆盖的部分，而遮挡是指反射光线被相邻定日镜挡住的部分。此处以遮挡过程为例来说明上述两过程的计算方法。首先，将图 3-39(a)所示的定日镜 I 上的发射点(P_I)和该点处的反射向量(R_I)由 $X_h Y_h Z_h$(I)系转换到 $X_h Y_h Z_h$(II)系中，并分别表示为 $P_{I,II}$ 和 $R_{I,II}$，如式(3-81)和式(3-82)所示。接着，可由 $P_{I,II}$ 和 $R_{I,II}$ 得到 $X_h Y_h Z_h$(II)中的反射光线方程。最后，求解反射光线与定日镜 II 所在球面的交点，若交点在定日镜 II 的范围内，则该光线被遮挡。采用类似的方法也可以对阴影过程进行计算。

$$P_{I,II} = \left(M_4 M_3\right)_{II} \cdot \left[\left(M_8 M_7\right)_I \cdot P_I + H_I - H_{II}\right] \quad (3\text{-}81)$$

$$R_{I,II} = \left(M_4 M_3\right)_{II} \cdot \left(M_8 M_7\right)_I \cdot R_I \quad (3\text{-}82)$$

$$\begin{aligned} M_7 &= \begin{bmatrix} 1 & 0 & 0 \\ 0 & \cos(\pi/2 - \alpha_h) & -\sin(\pi/2 - \alpha_h) \\ 0 & \sin(\pi/2 - \alpha_h) & \cos(\pi/2 - \alpha_h) \end{bmatrix} \\ M_8 &= \begin{bmatrix} \cos(A_h + \pi/2) & -\sin(A_h + \pi/2) & 0 \\ \sin(A_h + \pi/2) & \cos(A_h + \pi/2) & 0 \\ 0 & 0 & 1 \end{bmatrix} \end{aligned} \quad (3\text{-}83)$$

式中，M_7 与 M_8 为由 $X_h Y_h Z_h$ 到 $X_g Y_g Z_g$ 的转换矩阵。

由上述阴影遮挡计算过程可见，其关键在于从目标定日镜(即镜 I)周围的邻居定日镜中搜寻可能与之发生阴影或遮挡作用的定日镜。在传统的光学计算中，一般将可能发生阴影或遮挡作用的相邻定日镜的中心点($\boldsymbol{H}_{\text{II}}$)限定在以目标定日镜中心($\boldsymbol{H}_{\text{I}}$)为圆心，$r_{\text{sb}}$ 为半径的圆环 e 内，如图 3-42 所示，并通过逐镜试算的方式来判断圆内的定日镜是否与镜 I 发生阴影或遮挡作用[29]，其中 r_{sb} 可采用经验公式(3-84)来进行估算[65]。在估算中为保证所有可能发生阴影或遮挡的定日镜均位于圆环 e 内，还增加了一个系数 d_{adj} 来进行调节，根据 Collado 等[65]的研究结果，d_{adj} 在典型镜场中的值在 2 以下，为保险起见，此处可将 d_{adj} 设置为 3。此外，判断邻镜中心($\boldsymbol{H}_{\text{II}}$)是否在圆环 e 范围内的计算式为式(3-85)。

$$r_{\text{sb}} = L_{\text{h}}\left[\sqrt{1 + \left(W_{\text{h}}/L_{\text{h}}\right)^2} + d_{\text{adj}}\right] \tag{3-84}$$

$$\sqrt{\left(x_{H_{\text{II}}} - x_{H_{\text{I}}}\right)^2 + \left(y_{H_{\text{II}}} - y_{H_{\text{I}}}\right)^2} < r_{\text{sb}} \tag{3-85}$$

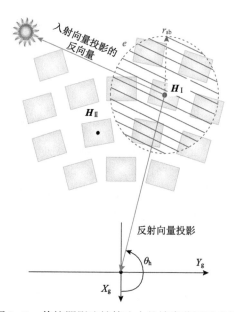

图 3-42　传统阴影遮挡算法中的搜索范围示意图

由图 3-43 可见，在入射过程中，处于定日镜 I 背光处的定日镜是不可能与镜 I 发生阴影作用的。同理，在反射过程中，处于与反射光线相背方向的定日镜也不可能与镜 I 发生遮挡作用。那么在传统阴影遮挡计算方法中，针对每面目标定日镜就都需要去试算大量明显不可能与其发生阴影或遮挡作用的邻镜，从而减缓了计算速度，浪费了计算时间和资源。

鉴于此，为尽可能地减少在相邻定日镜中的搜索寻的次数，本节提出了一种"邻镜局域搜索"方法。该方法根据阴影遮挡的作用规律，在既有传统方法的圆形邻域 e 的基础上，进一步将邻域限制到更小的局部范围(即局域)内，从而减少阴影与遮挡过程中的搜索次数。邻镜局域的具体确定方法如下。

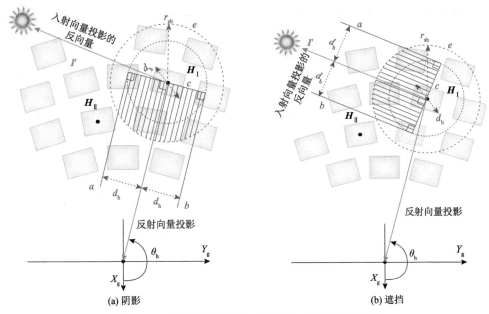

图 3-43 "邻镜局域搜索"方法中的搜索范围示意图

一方面，对如图 3-43(a)所示的阴影过程而言，首先，可能与目标镜Ⅰ发生阴影作用的邻镜Ⅱ必须位于圆环 e 内，即满足式(3-85)。其次，若镜Ⅰ会被镜Ⅱ阴影，则当从镜Ⅰ位置看向太阳时，镜Ⅱ必须在前方的视线范围内。也就是说，从镜Ⅰ指向镜Ⅱ的向量 $\overrightarrow{H_1 H_{\text{II}}}$ 与入射光线在镜心平面的投影向量的反向量 I' 必须满足式(3-86)。再者，由于从任意镜Ⅱ投向镜Ⅰ的阴影的最大半径为定日镜对角线的半长($d_{\text{h}}/2$)，且镜Ⅰ可能占据的空间位置的最大半径也为 $d_{\text{h}}/2$，那么只有当镜Ⅱ中心 H_{II} 与入射光线投影直线的距离小于 d_{h}，镜Ⅱ的阴影才可能落到镜Ⅰ上，即需满足式(3-88)。通过上述三个条件筛选出所有影子可能落到目标定日镜上的相邻定日镜。

$$I' \cdot \overrightarrow{H_1 H_{\text{II}}} > 0 \tag{3-86}$$

$$d_{\text{h}} = \sqrt{W_{\text{h}}^2 + L_{\text{h}}^2} \tag{3-87}$$

$$\frac{\left| A x_{H_{\text{II}}} + B y_{H_{\text{II}}} + C \right|}{\sqrt{A^2 + B^2}} < d_{\text{h}} \tag{3-88}$$

式中，I' 为入射向量 I 在 $X_{\text{g}} Y_{\text{g}}$ 平面上的投影向量的反向量；入射或反射光线在镜心所在 $X_{\text{g}} Y_{\text{g}}$ 平面上的投影直线的方程为 $Ax + By + C = 0$。

下面进一步通过作图法在图 3-43(a)中画出可能与目标定日镜发生阴影作用的邻镜的局域范围。第一步，在入射光线投影线两侧作两条分别与之平行的直线 a 和 b，且两直线与入射光线投影线的距离分别与定日镜对角线长度相等，如式(3-87)所示。接着，过目标定日镜 I 中心 H_I 作一条与入射光线投影垂直的直线 c。那么上述所作的三条直线与圆环 e 共同围成的阴影区域就构成了可能与镜 I 发生阴影作用的局域范围，如图 3-43(a) 所示，在阴影计算过程中就只需要搜索镜心位于该局域内的相邻定日镜。需要注意的是，由于在每一个计算时刻，阳光入射方位都不同，因而在每一个计算时刻均需预先通过计算确定目标定日镜的局域范围。

另一方面，对如图 3-43(b) 所示的遮挡计算过程而言，可采用与上文阴影过程计算类似的方法来确定可能与目标定日镜发生遮挡作用的邻镜的局域范围，此处不再赘述。下面，在图 3-43(b) 中画出了遮挡计算中的局域范围的直观表示。首先，在反射光线于 $X_g Y_g$ 平面上的投影线的两侧作两条分别与之平行的直线 a 和 b，且两直线与反射光线投影线的距离均与定日镜对角线长度相等。接着，过目标定日镜 I 中心 H_I 作一条与反射光线投影垂直的直线 c。那么上述所作的三条直线与圆环 e 共同围成的阴影区域就是可能与目标镜发生遮挡作用的局域范围，在遮挡计算过程中就只需要搜索镜心位于该局域内的邻镜。值得注意的是，由于定日镜和吸热器位置设定不变之后，每面定日镜的主反射光线的方向将几乎不随太阳位置变化而变化，因而可认为采用前述方法确定的遮挡计算中的局域范围将在任意时刻保持不变，也就是说，只需计算一次遮挡过程中的局域范围即可适用于任意时刻。

此外，需要说明的是，"邻镜局域搜索"方法可以用于加快任何具有多个聚光镜的镜场中相邻镜间阴影遮挡过程的光线追迹计算速度，而不是仅仅局限于塔式镜场中。也就是说，当线性菲涅耳式、碟式或槽式等聚光系统中也出现阴影或遮挡的情况时，同样也可以采用该方法来加速阴影遮挡过程的计算。

2. 吸热器内光线传播过程模拟

当来自镜场的光线穿过进光口之后，将可能在吸热管及腔壁之间发生多次的反射和吸收作用。在此过程中，一般来说大部分光线将被吸热管吸收，另有一小部分被腔壁吸收，而其他的能量则会被反射回环境中并散失掉。下面将对吸热器中的光线追迹过程进行详细介绍。

1）光线与进光口的交点

腔式吸热器的进光口为其真实的进光口，而多管外露圆柱式吸热器的虚拟进光口则为吸热器的外包络面。对本节所述的管式吸热器而言，当光线经定日镜反射后到达进光口时，需要计算光线与进光口的交点。计算中可先采用式(3-89)和(3-90)将 P_h 和 R_h 转换到 $X_r Y_r Z_r$ 系，并分别表示为 $P_{h,r}$ 和 R_r。接着，基于 $P_{h,r}$ 和 R_r 可获得光线在 $X_r Y_r Z_r$ 系中的方程。最后，通过联立光线方程和进光口曲面在 $X_r Y_r Z_r$ 中的方程即可求得二者在 $X_r Y_r Z_r$ 中的交点 $P_{a,r}$。

$$P_{h,r} = M_9 \cdot \left(M_8 M_7 \cdot P_h + H_g - O_g \right) \tag{3-89}$$

$$R_r = M_9 M_8 M_7 \cdot R_h \tag{3-90}$$

$$\boldsymbol{M}_9 = \begin{bmatrix} 1 & 0 & 0 \\ 0 & \cos(\pi/2 - \alpha_r) & \sin(\pi/2 - \alpha_r) \\ 0 & -\sin(\pi/2 - \alpha_r) & \cos(\pi/2 - \alpha_r) \end{bmatrix} \begin{bmatrix} 0 & 1 & 0 \\ -1 & 0 & 0 \\ 0 & 0 & 1 \end{bmatrix} \tag{3-91}$$

式中，$\boldsymbol{M}_9$ 为由 $X_g Y_g Z_g$ 到 $X_r Y_r Z_r$ 的转换矩阵；α_r 为吸热器坐标系 Z_r 轴上翘角度，即吸热器高度角；$\boldsymbol{O}_g$ 为 $X_r Y_r Z_r$ 的原点在 $X_g Y_g Z_g$ 中的坐标。

2) "多重网格、逐级搜索" 方法的提出及其在吸热器光线追迹中的应用

在吸热器内的光线追迹过程中，最主要的工作是计算光线在吸热管及背板间的多次吸收和反射过程。这些需要被追迹的光线可分为两类，一类是直接被定日镜反射、穿过进光口后进入吸热器的光线；另一类是被吸热管或背板反射过一次或多次的光线。光线追迹计算的主要目的就是计算这些光线每一次被反射之后可能击中的表面，并判断其是否会被相应表面所吸收。

在传统塔式光学模型中，一般采用下述方法进行计算，其计算过程参见图 3-44，以光线和管壁的交点为例来说明该计算方法。首先，假设光线在 $X_r Y_r Z_r$ 中的出发点(位于进光口、吸热管或背板上)为 $\boldsymbol{A}_r$，向量为 $\boldsymbol{R}_r$。接着，通过 "逐管穷举" 来寻找该光线可能击中的吸热管。在进行穷举过程中的每一次试算时，先采用式(3-92)和式(3-93)将 $\boldsymbol{A}_r$ 和 $\boldsymbol{R}_r$ 由 $X_r Y_r Z_r$ 转换到参与试算的吸热管的坐标系 $X_t Y_t Z_t$ 中，并分别表示为 $\boldsymbol{A}_t$ 和 $\boldsymbol{I}_t$。接着，通过联立求解 $X_t Y_t Z_t$ 中的光线方程和吸热管外壁方程即可求得二者的交点 $\boldsymbol{G}_t$。若某一根吸热管与该光线有交点，则记下该管编号 i 以及交点坐标 $\boldsymbol{G}_t$。最后，通过管网格的搜索，在之前生成的管 i 的网格上定位 $\boldsymbol{G}_t$ 所击中的网格。通过概率估计可知，对具有 N_t 根吸热管的吸热器而言，每根光线在管间搜索过程中的试算次数的期望值为 $N_t/2$。而再考虑单根管网格上的搜索次数的期望$(N_e/2 + N_s/2)$，可得到单根光线在一次搜索中的寻的次数的期望(n_{st})，如式(3-94)所示，其中 N_e 与 N_s 分别为吸热管周向和长度方向的均匀网格的数目。此外，采用与以上类似的方法，也可以计算光线与背板的交点。

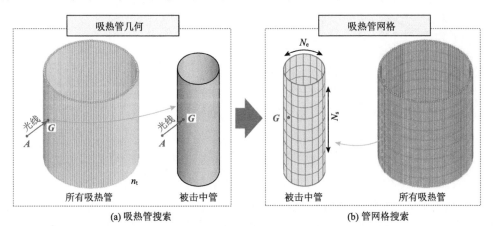

图 3-44 传统 "逐管穷举" 寻的方法计算过程图

$$\boldsymbol{A}_t = \boldsymbol{M}_{11} \boldsymbol{M}_{10} \cdot (\boldsymbol{A}_r - \boldsymbol{T}_r) \tag{3-92}$$

$$I_t = M_{11} M_{10} \cdot R_r \tag{3-93}$$

$$n_{st} = \frac{N_t}{2} + \left(\frac{N_e}{2} + \frac{N_s}{2} \right) \tag{3-94}$$

$$M_{10} = \begin{bmatrix} \cos(A_{t,r} + \pi/2) & \sin(A_{t,r} + \pi/2) & 0 \\ -\sin(A_{t,r} + \pi/2) & \cos(A_{t,r} + \pi/2) & 0 \\ 0 & 0 & 1 \end{bmatrix} \tag{3-95}$$

$$M_{11} = \begin{bmatrix} 1 & 0 & 0 \\ 0 & \cos(\pi/2 - \alpha_{t,r}) & \sin(\pi/2 - \alpha_{t,r}) \\ 0 & -\sin(\pi/2 - \alpha_{t,r}) & \cos(\pi/2 - \alpha_{t,r}) \end{bmatrix} \tag{3-96}$$

式中，M_{10} 与 M_{11} 为从 $X_r Y_r Z_r$ 到 $X_t Y_t Z_t$ 的转换矩阵；T_r 为 $X_t Y_t Z_t$ 的原点在 $X_r Y_r Z_r$ 中的坐标；N_e 与 N_s 分别为吸热管周向和长度方向的均匀网格的数目；$\alpha_{t,r}$ 与 $A_{t,r}$ 为吸热管在 $X_r Y_r Z_r$ 中的高度角与方位角，如图 3-39(c)所示。

　　分析上述传统计算过程可见，其吸热器内的光线追迹最主要的工作即从吸热管或背板中搜寻与光线相交的那一个光学部件。对背板搜索而言，由于在吸热器中背板的数量较小，一般在几个到十余个。那么在搜索过程中只需采用前述的逐项穷举方法试算。但是对吸热管搜索而言，"逐管穷举"算法有其局限性。由于在真实的塔式吸热器中，吸热管数量(N_t)可达上千，那么在传统"逐管穷举"方法中每根光线的每一次管间搜索过程都可能进行数百次计算，这样就会导致计算时间过长。鉴于此，作者团队提出了一种"多重网格、逐级搜索"方法以加速光线在吸热器内各管间的搜索寻的过程，其计算过程参见图 3-45。

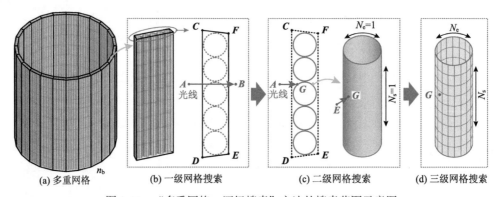

图 3-45　"多重网格、逐级搜索"方法的搜索范围示意图

　　在计算中，需要预先划分"多重网格"，其划分过程如下。首先，将管区域划分为 n_b 个大的体网格，称为一级网格，参见图 3-45(a)、(b)。每一个一级网格都包含了若干吸热管，若某一根吸热管的不同部分位于不同的一级网格中，则将该吸热管整体分别计入不同的一级网格中。接着，将每一个吸热管看作一个网格，那么每一个一级网格中的所有吸热管就构成了二级网格，参见图 3-45(c)。最后，在每一根吸热管上生成 N_s 个长度

方向和 N_e 个周向的均匀网格，称之为三级网格，参见图 3-45(d)。

在划分好"多重网格"之后，当被定日镜或吸热器内的表面反射后的光线射向吸热器时，将采用如下的"逐级搜索"方法来进行光线寻的过程的计算。

首先，忽略吸热管的存在(在图 3-45(b)中以虚线表示)，并通过逐网格搜索来判断光线是否与某个一级网格相交。而光线与一级网格的相交判断，实际上是判断一根射线与一个六面体是否相交。其一般性的判别方法如下，计算光线与六面体的每个面是否相交，若其与任何一个面相交，则与六面体相交。针对本例，若在划分一级网格的时候保证沿管长方向的网格线与吸热管平行，则所有的一级网格都是直棱柱，且所有的一级网格在 $X_r Z_r$ 平面上的投影就都是四边形，例如，图 3-45(b)中的四边形 **CDEF**。那么，判断光线与六面体是否相交的计算就可以转化为计算光线在 $X_r Z_r$ 平面上的投影与四边形 **CDEF** 的四条边是否相交，参见图 3-45(b)。下面，以判断图 3-45(b)中的光线射线与线段 **CD** 是否相交为例来说明具体的计算过程。假设射线在 $X_r Y_r Z_r$ 中的出发点为 A_r，向量为 I_r。那么为保证所有与射线相交的网格都能在计算中被考虑到，人为在射线方向上足够远的位置选一个点 B_r，参见式(3-97)。接着，计算 $X_r Z_r$ 平面上投影直线 $A_r B_r$ 与投影直线 $C_r D_r$ 的交点。若式(3-98)中的 p_{den} 为 0，则两直线平行或共线，因而不会相交。若 p_{den} 不为 0，则直线 $A_r B_r$ 与直线 $C_r D_r$ 会有交点 $P_r(x_{P,r}, z_{P,r})$，交点在 $X_r Z_r$ 中的坐标值可按式(3-99)计算。接着，判断 P_r 是否同时位于投影线段 $A_r B_r$ 与 $C_r D_r$ 内。当 P_r、A_r、B_r、C_r、D_r 的坐标值满足式(3-100)时，则说明 P_r 同时位于两投影线段内，也就是说光线与对应的一级网格相交。需要注意的是，每根光线都可能与多个一级网格相交，那么在搜索过程中就需要把所有可能的一级网格都搜索出来，对本例而言，每次搜索出的一级网格数量大多在 0~3 范围内。

$$B_r = A_r + a_r R_r \tag{3-97}$$

$$p_{den} = (z_{B,r} - z_{A,r})(x_{D,r} - x_{C,r}) - (x_{A,r} - x_{B,r})(z_{C,r} - z_{D,r}) \tag{3-98}$$

$$\begin{cases} x_{P,r} = \left[(x_{B,r} - x_{A,r})(x_{D,r} - x_{C,r})(z_{C,r} - z_{A,r}) + (z_{B,r} - z_{A,r})(x_{D,r} - x_{C,r})x_{A,r} \right. \\ \qquad \left. - (z_{D,r} - z_{C,r})(x_{B,r} - x_{A,r})x_{C,r} \right] / p_{den} \\ z_{P,r} = \left[(z_{B,r} - z_{A,r})(z_{D,r} - z_{C,r})(x_{C,r} - x_{A,r}) + (x_{B,r} - x_{A,r})(z_{D,r} - z_{C,r})z_{A,r} \right. \\ \qquad \left. - (x_{D,r} - x_{C,r})(z_{B,r} - z_{A,r})z_{C,r} \right] / (-p_{den}) \end{cases} \tag{3-99}$$

$$\begin{cases} (x_{P,r} - x_{A,r})(x_{P,r} - x_{B,r}) + (z_{P,r} - z_{A,r})(z_{P,r} - z_{B,r}) \leqslant 0 \\ (x_{P,r} - x_{C,r})(x_{P,r} - x_{D,r}) + (z_{P,r} - z_{C,r})(z_{P,r} - z_{D,r}) \leqslant 0 \end{cases} \tag{3-100}$$

式中，a_r 为一个足够大的正数，对一般的几何尺寸在十米量级的塔式吸热器而言，a_r 可取 100。

接着，进一步搜索由上一步所找出的一级网格中吸热管所组成的二级网格，如图 3-45(c)所示。具体的搜索过程与前文"逐管穷举"中的计算过程类似。若光线与某一根吸热管的二级网格相交，则记下该交点的坐标 G_r。需要注意的是，同一根光线有可能与多根管相交, 在这种情况下需要对比不同交点 G_r 与起点 A_r 的距离, 其中距离最近的 G_r 才是光线与管子真实的交点。

最后, 搜索点 G_r 在三级网格即光线真实击中的吸热管外壁的细密网格中的位置, 如图 3-45(d)所示。从而确定光线真实击中的吸热管、具体坐标和网格。

下面对每根光线每次搜索过程中的搜索次数进行估算, 估算中假设光线只击中了一个一级网格, 且各一级网格中的吸热管数相同, 每根管只位于一个一级网格中。那么, 当一级网格总数为 N_b 时, 一级网格搜索次数的数学期望为 $N_b/2$。二级网格搜索次数的期望为 $(N_t/N_b)/2$。三级网格搜索次数的数学期望与传统搜索方法的结果相同, 仍为 $(N_e/2 + N_s/2)$。那么对每根光线而言, 其每次搜索过程中的搜索次数可表示为式(3-101)。对比式(3-101)与式(3-94)可知, 当新搜索方法的搜索次数小于传统方法, 即满足式(3-102)时, 新方法的计算时间就有望低于传统方法, 从而加快吸热器管间光线寻的计算速度。

$$n_{st} = \frac{N_b}{2} + \frac{N_t/N_b}{2} + \left(\frac{N_e}{2} + \frac{N_s}{2}\right) \tag{3-101}$$

$$\frac{N_b}{2} + \frac{N_t/N_b}{2} < \frac{N_t}{2} \Rightarrow N_b^2 - N_t \cdot N_b + N_t < 0$$
$$\Rightarrow \frac{N_t - \sqrt{N_t^2 - 4N_t}}{2} < N_b < \frac{N_t + \sqrt{N_t^2 - 4N_t}}{2} \tag{3-102}$$

此外, 需要说明的是, "多重网格、逐级搜索"方法可用于加快具有复杂结构(如数十根以上的吸热管、多孔介质等)的吸热器中的光线追迹速度, 而不仅仅局限于塔式吸热器中。那么, 对线性菲涅耳式、碟式、槽式系统而言, 只要其吸热器结构具有一定的复杂度, 就可以采用上述方法来加快光线追迹速度。

3) 光线在管与壁间的多次反射与吸收

当光线击中吸热管或腔壁时, 可能发生漫反射、镜面反射或吸收。下面以光线在吸热管上的反射或吸收过程为例来对其计算方法进行说明。计算中, 先随机生成一个随机数(ξ_9)并以式(3-103)来决定其光学作用过程。若发生漫反射, 则根据兰贝特定律由式(3-104)计算局部坐标系 $X_1Y_1Z_1$ 中的反射向量(R_l)。若发生镜面反射, 则按照菲涅耳反射定律来计算光线在 $X_1Y_1Z_1$ 系中的反射向量, 如式(3-105)所示。

$$\begin{cases} 0 \leqslant \xi_9 < \rho_{t,d}, & \text{漫反射} \\ \rho_{t,d} \leqslant \xi_9 < 1 - \alpha_t, & \text{镜面反射} \\ \rho_{t,d} + \rho_{t,s} \leqslant \xi_9 \leqslant 1, & \text{吸收} \end{cases} \tag{3-103}$$

$$R_l = [\sin\delta_d\cos\theta_d \quad \sin\delta_d\sin\theta_d \quad \cos\delta_d]^T, \quad \delta_d = \arccos\left(\sqrt{\xi_{10}}\right), \quad \theta_d = 2\pi\xi_{11} \tag{3-104}$$

$$R_l = I_l - 2(I_l \cdot N_l)N_l \tag{3-105}$$

式中, R_l 为反射向量; I_l 为入射向量; N_l 为法向量; δ_d、θ_d 为反射向量相对于法向量的径向和周向偏角。

在上述反射过程计算结束后，首先，将 R_l 由 $X_lY_lZ_l$ 转换到 $X_tY_tZ_t$ 并表示为 R_t，如式 (3-106)所示。接着，将 R_t 和 $P_{t,t}$ 由 $X_tY_tZ_t$ 转换到 $X_rY_rZ_r$，并分别表示为 R_r 和 $P_{t,r}$，如式(3-106) 和式(3-107)所示。随后，采用新的 R_r 和 $P_{t,r}$ 计算光线与其他表面的交点。上述过程将持续进行到光线被吸收或散失掉为止。

$$R_t = M_{12} \cdot R_l, \quad R_r = M_{14}M_{13} \cdot R_t \tag{3-106}$$

$$P_{t,r} = M_{14}M_{13} \cdot P_{t,t} + T_r \tag{3-107}$$

式中，$P_{t,t} = \begin{bmatrix} x_{P,t} & y_{P,t} & z_{P,t} \end{bmatrix}^T$ 为光线在 $X_tY_tZ_t$ 中与吸热管的交点；M_{12} 为由 $X_lY_lZ_l$ 至 $X_tY_tZ_t$ 的转换矩阵，参见式(3-108)；M_{13} 与 M_{14} 为由 $X_tY_tZ_t$ 至 $X_rY_rZ_r$ 的转换矩阵，参见式(3-109)。

$$M_{12} = \begin{bmatrix} \cos\theta_t & 0 & \sin\theta_t \\ 0 & 1 & 0 \\ -\sin\theta_t & 0 & \cos\theta_t \end{bmatrix}, \quad \theta_t = \begin{cases} \arccos(z_{P,t}/r_t), & x_{P,t} \geqslant 0 \\ -\arccos(z_{P,t}/r), & x_{P,t} < 0 \end{cases} \tag{3-108}$$

$$M_{13} = \begin{bmatrix} 1 & 0 & 0 \\ 0 & \cos(\pi/2 - \alpha_{t,r}) & -\sin(\pi/2 - \alpha_{t,r}) \\ 0 & \sin(\pi/2 - \alpha_{t,r}) & \cos(\pi/2 - \alpha_{t,r}) \end{bmatrix}$$
$$M_{14} = \begin{bmatrix} \cos(A_{t,r} + \pi/2) & -\sin(A_{t,r} + \pi/2) & 0 \\ \sin(A_{t,r} + \pi/2) & \cos(A_{t,r} + \pi/2) & 0 \\ 0 & 0 & 1 \end{bmatrix} \tag{3-109}$$

式中，θ_t 为 $X_tY_tZ_t$ 与 $X_lY_lZ_l$ 之间的转换角度，参见图 3-39(b)；r_t 为吸热管半径。

3. 吸热器内各壁面热流分布统计与系统性能参数定义

通过在吸热管和腔壁上生成的四边形网格来统计各表面吸收的能量，典型的网格示意图参见图 3-46。其中，所有的吸热管上都划分有相同的网格数目，且每根管在周向和长度方向上的网格数目分别为 N_e 与 N_s。在光线追迹计算中先逐步统计每个网格所吸收的光线数($n_{p,e}$)。接着，当光线追迹结束后采用式(3-110)来计算每个网格的局部能流密度(q_l)。

$$q_l = e_p n_{p,e}/S_e \tag{3-110}$$

式中，S_e 为每个网格单元的面积，m^2。

光能捕获过程的实时光学效率($\eta_{opt,ij}$)定义为吸热器管壁吸光涂层吸收的实时光能功率($Q_{R,opt,ij}$)与定日镜最大可接收的实时光能功率($Q_{h,ij}$)之比，参见式(3-111)。且 $\eta_{opt,ij}$ 可以分为镜场实时效率($\eta_{F,ij}$)和吸热器实时光学效率($\eta_{R,opt,ij}$)。

$$\eta_{opt,ij} = Q_{R,opt,ij}/Q_{h,ij} = \eta_{F,ij} \cdot \eta_{R,opt,ij}$$
$$Q_{h,ij} = DNI_{ij} \cdot \sum_{k=1}^{n_h} \left[(L_{h,k} - D_{L,k})(W_{h,k} - D_{W,k}) \right] \tag{3-111}$$

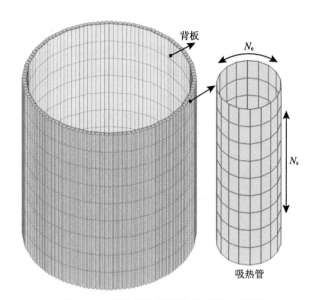

图 3-46　吸热管和腔壁上的网格示意图

式中，ij 为一年中的第 j 天 i 时刻的参数；DNI 为法向直射辐照度，$W \cdot m^{-2}$；W_h、L_h 分别为定日镜宽、长(高)，m；n_h 为定日镜数量；D_L 与 D_W 分别为定日镜的长度和宽度方向中缝的宽度，m。

镜场效率($\eta_{F,ij}$)定义为考虑阴影遮挡损失、余弦损失、反射损失、大气透射损失、吸热器处的溢出损失之后的镜场光能汇聚效率，参见式(3-112)。其中反射效率包括定日镜反射率、洁净度、可用率的影响，参见式(3-113)。

$$\eta_{F,ij} = \eta_{shade,ij} \cdot \eta_{cos,ij} \cdot \eta_{ref,ij} \cdot \eta_{block,ij} \cdot \eta_{atten,ij} \cdot \eta_{spill,ij} \tag{3-112}$$

$$\eta_{ref,ij} = \rho_{ref} \cdot \rho_{clean} \cdot \rho_{ava} \tag{3-113}$$

式中，$\eta_{cos,ij}$、$\eta_{shade,ij}$、$\eta_{block,ij}$、$\eta_{ref,ij}$、$\eta_{atten,ij}$、$\eta_{spill,ij}$ 分别为镜场实时余弦效率、阴影效率、遮挡效率、反射效率、大气衰减效率、溢出效率(吸热器拦截效率)，%；ρ_{ref}、ρ_{clean} 分别为定日镜面积平均反射率和洁净度，%；ρ_{ava} 为定日镜基于面积评价的可用率，%。

对外露圆柱式吸热器而言，吸热器实时光学效率($\eta_{R,opt,ij}$)与实时有效吸收率($\eta_{abs,ij}$)相等，其值为 $Q_{R,opt,ij}$ 与投射到吸热器上的功率($Q_{inc,ij}$)之比，参见式(3-114)。吸热器实时光学损失($Q_{loss,opt,ij}$)定义为 $Q_{inc,ij}$ 与 $Q_{R,opt,ij}$ 之差，参见式(3-115)。

$$\eta_{R,opt,ij} = \eta_{abs,ij} = Q_{R,opt,ij} / Q_{inc,ij} \tag{3-114}$$

$$Q_{loss,opt,ij} = Q_{inc,ij} - Q_{R,opt,ij} \tag{3-115}$$

基于上述定义，可将电站每日的光学效率($\eta_{opt,d}$)定义为式(3-116)，将年光学效率($\eta_{opt,y}$)表示为式(3-117)。在日光学效率和年光学效率计算中，假设系统仅在太阳高度角(α_s)大于 8°时才处在运行状态，参见式(3-118)。

$$\eta_{\mathrm{opt,d}} = \left(\int_{i=t_1}^{t_2} Q_{\mathrm{R,opt},ij} \right) \Big/ \left(\int_{i=t_1}^{t_2} Q_{\mathrm{h},ij} \right) \tag{3-116}$$

$$\eta_{\mathrm{opt,y}} = \left(\sum_{j=1}^{365} \int_{i=t_1}^{t_2} Q_{\mathrm{R,opt},ij} \right) \Big/ \left(\sum_{j=1}^{365} \int_{i=t_1}^{t_2} Q_{\mathrm{h},ij} \right) \tag{3-117}$$

$$\alpha_{\mathrm{s}}(t_1) = \alpha_{\mathrm{s}}(t_2) = 8° \tag{3-118}$$

式中，$\alpha_{\mathrm{s}}(t_{\mathrm{s}})$ 为太阳时为 t_{s} 时的太阳高度角，rad；t_1、t_2 分别为镜场开始与结束运行时刻的太阳时，h。

4. 采用多管吸热器的塔式聚光器光学模型验证

1) 网格与光线数量考核

在 MCRT 方法计算中，需保证吸热器内所划分的网格数量足够大，才能足够准确地描述吸热面上能流分布的具体细节特征。鉴于此，本节计算了吸热器在五种不同网格数量下的能流分布，计算时刻为 1999 年 3 月 24 日上午 11:14，该时刻为 Pacheco 等[49]对 Solar Two 系统开展实验研究的典型时刻。该时刻的 DNI_{ij} 为 887 W·m^{-2}。计算中的光线数取得足够大，达到了 5×10^9，从而避免了光线数量对计算结果的影响。

在计算结束后，采用最北侧的两根吸热管中靠西边的管在 $Y_{\mathrm{t}}=0$ 处的周向能流分布来考核网格数量对能流分布的影响，此处位于管排上的高能流区域，采用该位置的能流来进行考核可最有效地揭示网格数目的影响。不同网格下的能流计算结果参见图 3-47，由图可见，当单根吸热管的网格数量大于 26(周向)×62(轴向)时，能流分布对网格数量变化不再敏感。

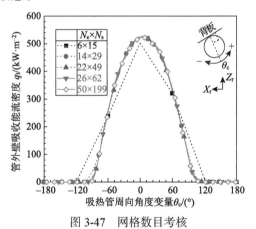

图 3-47 网格数目考核

再者，在 MCRT 方法计算中，光线的数量会直接影响计算的准确度，光线数量越多，计算就越准确。但光线数量过多则会导致计算时间过长。为尽量减少计算时间，有必要考核光线数对计算结果的影响，从而在计算中选取尽可能少的光线数。这样既可以保证计算的精确性，又可以减少计算时间。

接着，当每根吸热管的网格划分为 26(周向) × 62(轴向)时，分析了光线数目(n_{p})对计算结果的影响。图 3-48 给出了吸热管上的最大能流密度($q_{l,max}$)与系统瞬时光学效率($\eta_{opt,ij}$)随 n_p 的变化情况。由图可见,当光线数目分别不小于 1×10^9 和 1×10^8 时,$q_{l,max}$ 与 $\eta_{opt,ij}$ 的变化将变得不明显。上述结果表明,当需要获得详细准确的能流分布时,光线数最小可取 1×10^9;而当只需获得准确的光学效率时,光线数就只需要 1×10^8。

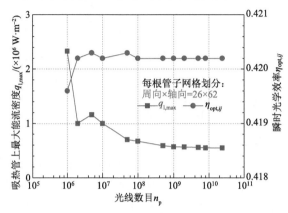

图 3-48 光线数目考核

2) 吸热器入射能流分布模拟结果与 PS10 电站既有结果对比

为验证所发展的 MCRT 光学模型及开发的光学模拟软件 SPTOPTIC 对吸热器上的能流密度分布计算的准确性,采用该模型计算了春分日正午时刻西班牙 PS10 电站的腔式吸热器管排上的入射能流密度分布。PS10 电站的定日镜场一共包括 624 面 12.84 m×9.45 m 的定日镜;腔式吸热器的吸热面主要由四个管排面组成,每个管排面的尺寸为 12 m×5.36 m;模拟中将吸热器中的管排面假设为 4 个平板,其他所有几何及光学参数与 Rinaldi 等[66] 的设置保持一致。

将模拟获得的管排能流密度分布[6,19]与 Rinaldi 等[66]的结果进行了对比,如图 3-49 所示。可见,图 3-49(b)中给出的 SPTOPTIC 模型的计算结果与图 3-49(a)中的能流密度分布轮廓非常接近,且管排上的最大能流密度值与总入射能功率的偏差分别不超过 0.1% 与 0.4%。上述结果表明,所发展的 SPTOPTIC 模型可以准确地揭示入射到多管吸热器上的能流密度分布。

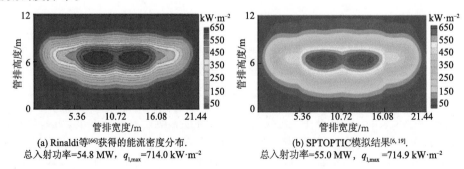

(a) Rinaldi等[66]获得的能流密度分布.
总入射功率=54.8 MW, $q_{l,max}$=714.0 kW·m⁻²

(b) SPTOPTIC模拟结果[6, 19].
总入射功率=55.0 MW, $q_{l,max}$=714.9 kW·m⁻²

图 3-49 SPTOPTIC 计算获得的 PS10 吸热管排上的入射能流密度分布与文献结果的对比

(春分正午,DNI_{ij}=970 W·m⁻²)

3.5.3 "邻镜局域搜索"与"多重网格、逐级搜索"对计算速度的提升

通过与传统方法进行对比,本节首先分析前文所提出的两种加速计算方法,即"邻镜局域搜索"方法与"多重网格、逐级搜索"方法对塔式系统光线追迹计算速度的影响;接着,通过与 SolTrace 软件进行对比,分析所发展的计算程序的特点。在这些对比计算中,计算机的配置如下:4核 Intel(R) Core(TM) i5-4570 处理器,每核的时钟频率为 3.20 GHz,安装内存为 8 GB。

图 3-50 对比了采用不同计算方法时的光线追迹计算时间,其中所研究的典型工况为春分日正午 t_s=12:00,系统为 Solar Two 系统,吸热器一级网格的数目为 24,每个一级网格包含 32 根吸热管,光线数目为 1×10^9。由图 3-50 可见,当采用传统计算方法而不考虑所提出的两种加速计算方法时,计算时间长达 168.8 min。而当在原始计算方法中仅采用"邻镜局域搜索"方法来处理阴影和遮挡过程之后,计算时间可降至 160.4 min,降低幅度为 5%。可见"邻镜局域搜索"方法可以明显提升光线追迹速度,但与总计算时间相比提升幅度有限。这是因为,在本例的 Solar Two 系统中,定日镜仅有 1926 面,阴影与遮挡过程的计算时间在总计算时间中的占比较小,因而即使采用本方法提高阴影与遮挡的计算速度之后,对缩短整体计算时间的作用仍然有限。然而,需要说明的是,在采用小面积定日镜的塔式系统中,定日镜数目将远大于本例的数目,其阴影与遮挡过程的计算时间在总计算时间中的占比将变得可观,那么在这样的系统中采用"邻镜局域搜索"方法就可有效地降低光线追迹计算时间。

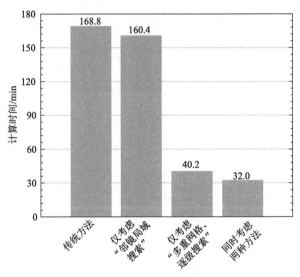

图 3-50 所提出的计算加速方法对计算时间的影响(春分,t_s=12:00,DNI_{ij}=986 W·m^{-2})

另外,可以看到,当仅在传统方法中加入"多重网格、逐级搜索"方法之后,计算时间可降至 40.2 min,与传统方法相比计算时间降低了 76%。这是因为"多重网格、逐级搜索"方法有效地减小了光线在吸热器中的寻的时间,使光线更加快速地找到其击中的吸热管,从而有效地降低了光线追迹计算时间。

最后，由图 3-50 可见，当同时考虑所提出的两种加速计算方法之后，计算时间可降至 32.0 min，与传统方法相比，降低幅度达 81%。上述结果表明，本章所介绍的"邻镜局域搜索"方法与"多重网格、逐级搜索"方法可有效提升塔式系统光线追迹计算速度，进而大幅度地缩短计算时间，从而可为塔式系统实时和全年光学性能评估奠定基础。

接着，将所开发的计算程序 SPTOPTIC 与美国国家可再生能源实验室所开发的 SolTrace 在同等情况下进行了对比，具体对比工况参见表 3-4。对比中所模拟的塔式系统为北京八达岭塔式实验电站，其经纬度分别为 115.9°E、E40.4°N。电站实际安装的定日镜数目为 100，每面定日镜尺寸为 10 m×10 m；吸热器采用作者前期所设计的一种多管腔式吸热器[6]，其吸热管数目为 620。模拟中所采用的其他几何和光学参数与文献[6]保持一致。计算中的太阳高度角为 25°，太阳方位角为 120°。

表 3-4　SPTOPTIC 与 SolTrace 的对比分析

项目	SolTrace	SPTOPTIC
系统名称	八达岭塔式实验电站	
相同工况	计算光线数为 SolTrace 在所用的计算机上最大可计算的光线数 450 万。太阳高度角为 25°；太阳方位角为 120°	
计算时间	274.5 s	7.4 s
最大可计算光线数	450 万	千亿量级
揭示详细能流分布的能力	实际使用光线数：$4.5×10^6$ 光线稀疏，难以获得准确分布	实际使用光线数：$5×10^8$ 光线密集，可获得准确的分布

由表 3-4 可见，首先，当光线数为 450 万时，与 SolTrace 相比，SPTOPTIC 的计算时间要低 97%。其次，由于吸热器结构复杂、吸热管众多，而 SolTrace 在对比计算所用的计算机配置下可计算的最大光线数仅为 450 万，在吸热面上形成的光线分布十分稀疏，因而难以对管上的能流分布进行准确刻画。而所开发的 SPTOPTIC 可计算的光线数量则最大可达到千亿量级，因而可以准确刻画管上的能流分布。

可见，所开发的计算工具与国际同类工具相比在计算速度和可计算的最大光线数方面具有一定的优势。需要说明的是，本方法的局限性在于，计算中需要额外划分多套吸热器网格，工作量有所增加。

3.5.4　采用多管吸热器的塔式聚光器光学性能分析结果

本节先以 Solar Two 电站为例来说明所发展的实时动态光学模型在一个典型塔式电站光学性能表征与优化中的应用方法[6,19]，其中使用的 DNI 数据来自于 NREL 数据库提供的 Solar Two 电站原址处的典型实测值[52]。首先，分析了典型工况下定日镜瞄准策略对吸热器中的实时非均匀能流密度分布的影响；其次，分析了典型日期中吸热器实时能流分布和光学效率随时间的变化规律；接着，分析并探讨了由光线在吸热器内的多次反射和吸收作用带来的"重吸收效应"和选择性吸光涂层的吸收率对系统光学性能的影响规律；最后，研究并揭示了系统光学效率在一年中的变化特性，获得了系统年光学效率的评估结果，揭示了光能损失的机制。在此基础上，在"按流均光"的光场调控思想指导下，提出了一种以均化光场热流分布为目标的定日镜优化瞄准策略，并以北京八达岭塔式实验电站为例介绍了其实施方法。

1. 瞄准策略对吸热器内非均匀能流分布的影响

吸热器内的极其不均匀光场分布会对吸热器的整体性能和安全性带来不利影响，因而有必要开展吸热器内的能流密度均匀化研究。鉴于此，本小节分析了不同定日镜瞄准策略对吸热器内能流分布的影响。图 3-51 和图 3-52 分别给出了典型的春分日正午 t_s=12:00 时在"赤道瞄准"和"多点瞄准"策略下吸热器内的非均匀太阳辐射光场分布。

由图 3-51(a)可见，由于所有定日镜均瞄准虚拟进光口的赤道，因此从高度方向来看，进光口能流密度由中部向上下两端迅速衰减，同时在进光口北侧靠近最北端的位置形成了两个东西对称的热斑。由图 3-51(b)、(c)可见，两个高能流区域也分别出现在西侧管排和东侧管排上，吸热管外壁的最大能流($q_{1,max}$)位于西侧热斑中心的编号为 63 的吸热管上，如图 3-51(c)所示，其值达到了 797 kW·m⁻²。同时由图 3-51(c)可见，对每根吸热管而言，大多数能量被汇聚到吸热管中间部位，而沿长度方向的其他部分所接收的能量较少。

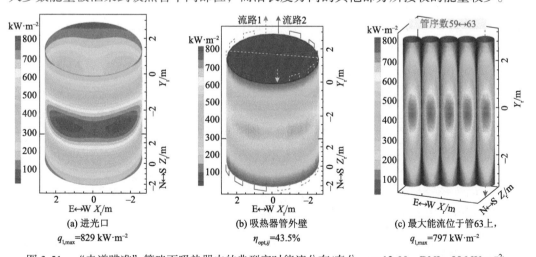

(a) 进光口
$q_{1,max}$=829 kW·m⁻²

(b) 吸热器管外壁
$\eta_{opt,ij}$=43.5%

(c) 最大能流位于管63上，
$q_{1,max}$=797 kW·m⁻²

图 3-51　"赤道瞄准"策略下吸热器内的典型实时能流分布(春分，t_s=12:00，DNI$_{ij}$=986 W·m⁻²)

由图 3-52(a)、(b)可见，与图 3-51(a)、(b)中 "赤道瞄准"策略下的能流分布相比，当采用"多点瞄准"策略之后，吸热器北侧的高能流区域的范围明显扩大，且最大能流明显降低。同时，由图 3-52(c)可见，能流分布在管长方向变得更均匀，更多的光能被投射到了靠近管子两端的区域。再者，可以发现管壁上的最大能流已减小至 616 $kW \cdot m^{-2}$，与图 3-51(c)相比，减小幅度达 23%，与此同时，系统实时光学效率($\eta_{opt,ij}$)仅减小 1.4 个百分点。

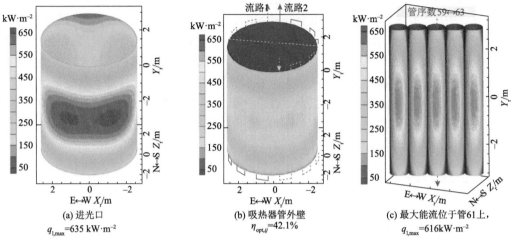

图 3-52 "多点瞄准"策略下吸热器内的典型实时能流分布(春分，$t_s=12:00$，$DNI_{ij}=986$ $W \cdot m^{-2}$)

上述结果表明，在采用适当的"多点瞄准"策略后，塔式系统可在牺牲较小的光学效率的情况下，极大地提高外露圆柱式吸热器上的能流分布的均匀性，并极大地降低最大能流值。

2. 吸热器内非均匀能流实时分布规律

塔式聚光太阳能系统的光学性能不是固定不变的，而是随着太阳的运动而实时变化。掌握吸热器上光场分布和系统光学效率随时间的实时变化特性对系统的安全、高效运行有重要意义。鉴于此，在考虑定日镜实时跟踪太阳运动的基础上，本小节分析了春分日 Solar Two 系统的实时光学特性。经过计算，揭示了吸热器上详细的能流密度分布及其随时间的变化。具体结果参见图 3-53～图 3-55。

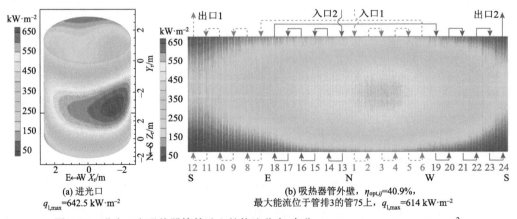

图 3-53 进光口和吸热器管外壁上的能流分布(春分，$t_s=10:00$，$DNI_{ij}=968$ $W \cdot m^{-2}$)

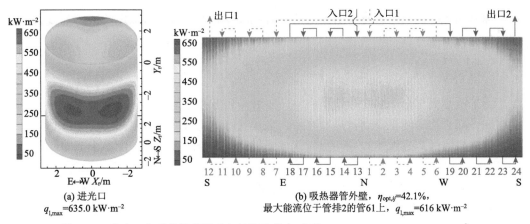

(a) 进光口
$q_{1,\max}=635.0\ \mathrm{kW\cdot m^{-2}}$

(b) 吸热器管外壁，$\eta_{\mathrm{opt},ij}=42.1\%$，
最大能流位于管排2的管61上，$q_{1,\max}=616\ \mathrm{kW\cdot m^{-2}}$

图 3-54 进光口和吸热器管外壁上的能流分布(春分，$t_{\mathrm{s}}=12{:}00$，$\mathrm{DNI}_{ij}=986\ \mathrm{W\cdot m^{-2}}$)

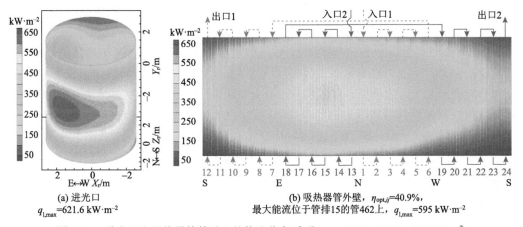

(a) 进光口
$q_{1,\max}=621.6\ \mathrm{kW\cdot m^{-2}}$

(b) 吸热器管外壁，$\eta_{\mathrm{opt},ij}=40.9\%$，
最大能流位于管排15的管462上，$q_{1,\max}=595\ \mathrm{kW\cdot m^{-2}}$

图 3-55 进光口和吸热器管外壁上的能流分布(春分，$t_{\mathrm{s}}=14{:}00$，$\mathrm{DNI}_{ij}=942\ \mathrm{W\cdot m^{-2}}$)

　　首先，由图 3-53 可见，在早上，吸热器西北方向会出现一个高能流光斑。这是因为此时太阳位于东南方向，那么西北方的定日镜的效率就会比其他区域的高，它们在吸热器西北方投射的能流也就比吸热器其他区域更高。基于类似的原因，根据镜场及太阳方位的东西对称性，下午时刻也会在吸热器的东北方向形成一个高能流区域，如图 3-55 所示。同时，由图 3-53～图 3-55 可见，从早上至下午，虚拟进光口和管排上的高能流光斑逐渐由西向东移动，这是因为太阳逐渐从东向西运动。

　　其次，由图 3-53 和图 3-55 可见，对于两个关于正午对称的时刻而言，吸热器上的能流分布的轮廓也是基本对称的，这是由集热器的东西对称特性决定的。然而，两个对称时刻吸热器上的能流的量值却不完全相同，这是因为两个时刻的真实阳光法向直射辐照度(DNI_{ij})一般都不是相等的。

　　由上述不同时刻的能流分布可见，塔式外露圆柱式吸热器上的能流分布呈现出极其复杂的、随时间变化的非均匀特性。无论在吸热管排上，还是单根吸热管表面上的太阳辐射能流都极其不均匀，而这样的非均匀的能流分布会导致非均匀的温度分布，并极有可能造成吸热器的热应力失效。这样的非均匀特征也是难以通过传统的二维高斯分布近似[67]来代替的，因而通过本章所发展的实时光学计算模型可以有效地解决传统方法不能解决的难题。

3. 重吸收效应对实时光学效率的影响

由于吸热面是由众多吸热管组成的，如图 3-39(b)所示，在相邻管间会形成一个凹陷的空间，那么当光线投射到吸热器之后，光线就可能在管间进行多次反射和吸收作用，称之为重吸收效应或黑体效应，因而就可能提升吸热器的吸光性能。本小节即针对此开展了分析。

图 3-56 给出了吸热器实时有效光学吸收率($\eta_{\text{abs},ij}$)与吸热器实时光学损失($Q_{\text{loss,opt},ij}$)随吸热管吸收率(α_t)的变化图，其中计算的时刻为春分日正午 t_s=12:00。由图 3-56 可见，在相同的 α_t 下，考虑重吸收效应后的 $\eta_{\text{abs},ij}$ 大于没考虑时的值，这是由于重吸收效应可有效减小吸热器实时光学损失 $Q_{\text{loss,opt},ij}$。例如，当 α_t=0.65 时，考虑重吸收效应后 $Q_{\text{loss,opt},ij}$ 由 12.4 MW 降低到了 10.6 MW，而对应的吸热管吸收功率($Q_{\text{R,opt},ij}$)和 $\eta_{\text{abs},ij}$ 的增量分别达到了 1.8 MW 和 5.2 个百分点。同时可见，重吸收效应带来的 $Q_{\text{loss,opt},ij}$ 减小量随着 α_t 的增大而减小。例如，当 α_t=0.94 时，重吸收效应带来的 $Q_{\text{R,opt},ij}$ 与 $\eta_{\text{abs},ij}$ 增量分别仅为 0.4 MW 和 1.1 个百分点。由此可见，重吸收效应在 α_t 较小时更加显著。上述结果量化地揭示了重吸收效应对多管外露式吸热器光学性能的影响规律，并表明重吸收效应可以有效地降低吸热器光学损失。图 3-57 为 $\eta_{\text{abs},ij}$ 和 $Q_{\text{loss,opt},ij}$ 在春分日随时间的变化图，其中 α_t=0.94。由图 3-57 可见，考虑重吸收效应后 $Q_{\text{loss,opt},ij}$ 的减小量在 106～403 kW 的范围内，对应的 $\eta_{\text{abs},ij}$ 的增大量基本保持恒定，在 1.1 个百分点左右。

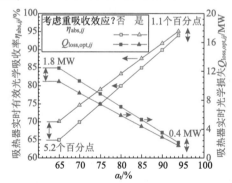
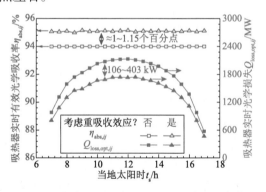

图 3-56　$\eta_{\text{abs},ij}$ 和 $Q_{\text{loss,opt},ij}$ 随 α_t 的变化规律，春分日　　　图 3-57　春分日 $\eta_{\text{abs},ij}$ 和 $Q_{\text{loss,opt},ij}$ 随时间的变化，
　　　　t_s=12:00 (DNI$_{ij}$=986 W·m^{-2})　　　　　　　　　　　　　　　α_t=0.94

4. 系统光学效率在全年中的变化特性

塔式系统光学性能在全年中的变化特性对系统能量转换性能的影响至关重要，鉴于此，本小节分析了系统实时光学效率($\eta_{\text{opt},ij}$)、系统日光学效率($\eta_{\text{opt,d}}$)、吸热器实时有效光学吸收率($\eta_{\text{abs},ij}$)和日有效光学吸收率($\eta_{\text{abs,d}}$)在一年中的变化规律。图 3-58 与图 3-59 给出了 $\eta_{\text{opt},ij}$ 与 $\eta_{\text{abs},ij}$ 在夏至、春分、冬至三日中的变化情况。

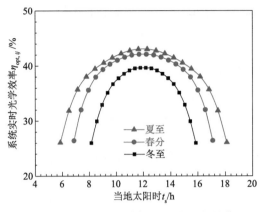

图 3-58　系统实时光学效率($\eta_{opt,ij}$)在一年的典型三天中的变化

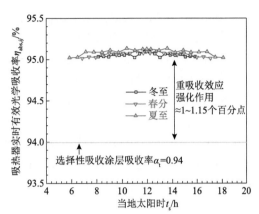

图 3-59　吸热器实时有效光学吸收率($\eta_{abs,ij}$)在一年的典型三天中的变化

由图 3-58 可见，由于日照时长的增加，系统运行时间从冬至到夏至逐渐增长。同时可见，$\eta_{opt,ij}$ 从早至晚先逐渐增大，后逐渐减小。在夏至日中午 12:00，$\eta_{opt,ij}$ 可达 43.1%。由图 3-59 可见，$\eta_{abs,ij}$ 随时间变化很小，在三天中其值均在 95.00%~95.15%的范围内，上述结果表明吸热管上的重吸收效应在上述典型日期内能提高有效吸收率。

图 3-60 为 $\eta_{opt,ij}$ 与 $\eta_{abs,ij}$ 在全年中的变化图。由图 3-60 可见，夏季时 $\eta_{opt,ij}$ 在一天中的变化幅度大于冬季时的变化幅度。这是由于系统在不同日期的凌晨和傍晚的最低效率相差不大，但夏季时正午的效率大于冬季正午的效率，如图 3-58 所示。同时，可以发现，$\eta_{opt,ij}$ 在全年中的范围为 26.0%~43.1%。此外，在全年中吸热器有效吸收率($\eta_{abs,ij}$)均大于吸热管吸收率(94%)，其变化范围在 95.00%~95.15%。这是由于吸热器内的重吸收效应有效地增大了太阳辐射能的吸收率，并且该效应主要由吸热器结构决定，因而受时间的影响较小。

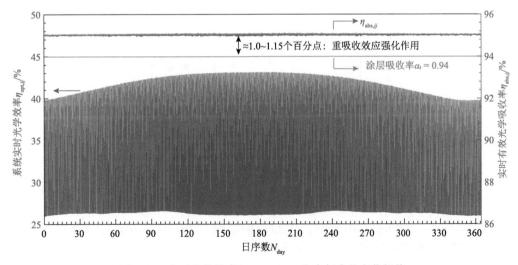

图 3-60　实时光学效率($\eta_{opt,ij}$、$\eta_{abs,ij}$)在全年中的变化规律

图 3-61 为系统日光学效率($\eta_{\text{opt,d}}$)与吸热器日有效光学吸收率($\eta_{\text{abs,d}}$)在全年中的变化图。由图 3-61 可见,一年中的日效率曲线并不是光滑的,这是因为研究中采用的阳光法向直射辐照度(DNI_{ij})是 NREL 提供的 Solar Two 电站原址的实测值[52],而这些实测值在每天中都是不断变化的。在某些日期,若凌晨或傍晚的 DNI_{ij} 相对较大,而靠近中午时的 DNI_{ij} 却相对很小,那么该日的 $\eta_{\text{opt,d}}$ 就会较小,如图 3-61 和图 3-62 所示的第 22 日所出现的情况。相反,若在某些日期,凌晨或傍晚的 DNI_{ij} 相对较小,而靠近中午时的 DNI_{ij} 却大得多,那么该日的 $\eta_{\text{opt,d}}$ 就会较大,如图 3-61 和图 3-62 所示的第 272 日所出现的情况。同时可见,该电站的日光学效率在全年中的变化幅度不大,大部分日期都在 36%~40%的范围内,这有利于电站的稳定、高效运行。

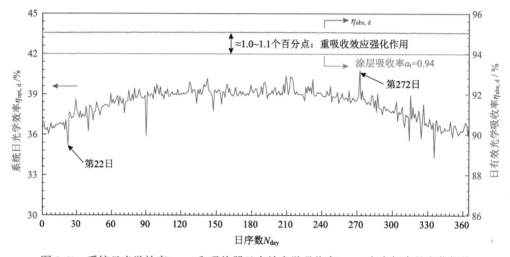

图 3-61 系统日光学效率($\eta_{\text{opt,d}}$)和吸热器日有效光学吸收率($\eta_{\text{abs,d}}$)在全年中的变化规律

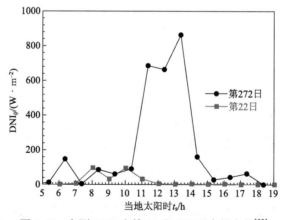

图 3-62 实测 DNI_{ij} 在第 22 和 272 日中的变化[52]

图 3-63 给出了 Solar Two 电站在其实际建成时的光学参数下的年光学效率。由图可以发现,系统吸热管所吸收能量对应的年效率 $\eta_{\text{opt,y}}$ 为 38.5%,而吸热器年有效吸收率稳定在 95.08%。同时可见,除了余弦损失之外,系统的主要光学损失来源于定日镜的反射损失和吸热器处的溢出损失,对应的年反射效率($\eta_{\text{ref,y}}$)和吸热器年拦截效率($\eta_{\text{spill,y}}$)分别仅

为 73.4% 和 77.4%。年反射效率($\eta_{ref,y}$)较低的原因,一方面是 Solar Two 电站所采用的大部分定日镜都是 Solar One 电站的旧定日镜,其典型面积平均反射率(ρ_{ref})仅为 0.906;另一方面,镜面洁净度(ρ_{clean})和可用率(ρ_{ava})分别仅为 0.925 和 0.8755。而吸热器年拦截效率($\eta_{spill,y}$)较低的原因在于定日镜的跟踪精度较低,因而造成汇聚到吸热器处的光斑过大,导致溢出损失较多。

由以上结果可见,提高塔式光学系统效率的重要途径在于提升定日镜反射率、可用率、洁净度,并减小跟踪误差。若将这些参数都提升至目前塔式系统工业上可达到的典型量值,即 ρ_{ref}=0.935、ρ_{clean}=0.97、ρ_{ava}=1.0、σ_{te}=0.65 mrad,那么在 Solar Two 系统的结构下就可以获得图 3-64 所示的年光学效率。由图 3-64 可见,系统吸热管所吸收能量对应的年效率 $\eta_{opt,y}$ 可达 59.6%。这是因为年反射效率($\eta_{ref,y}$)和年吸热器拦截效率($\eta_{spill,y}$)分别提升到了 90.7% 和 97%,而其他部分的效率则与图 3-63 保持相同。

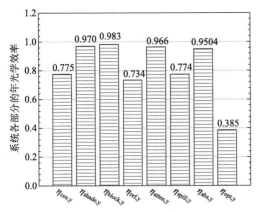
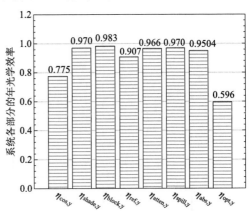

图 3-63 实际 Solar Two 系统各部分的年光学效率　　图 3-64 采用目前最典型光学参数下的 Solar Two 系统各部分的年光学效率

5. "按流均光"思想指导下的定日镜瞄准策略优化

由 3.5.4 节中的研究可清楚地看出,采用分散瞄准点的跟踪策略能够有效地降低能流峰值、提高能流分布的均匀性。但同时也必须认识到,这会不可避免地造成更多的光线不能射进吸热器进光口。因此,在采用多点瞄准的跟踪策略、均化能流分布的同时,必须尽可能地使光学损失降到最低。

下面以使用多管腔式吸热器(图 3-65)的八达岭塔式实验电站为例,介绍作者团队在"按流均光"的光场调控思想指导下提出的以提高吸热器内光场分布的均匀性、减小光学损失为优化目标的塔式定日镜瞄准策略的优化方法[27,36]。在优化过程中,将电站多管腔式吸热器的每个吸热管排简化为平面,在 MCRT 方法计算中假设光线在这些平面上发生的是漫反射。同时将吸热面划分为 72 个不同的区域,参见图 3-66。此外,需要注意以下几点:一是虽然在该电站最终的镜场中,个别定日镜没有安装,但是在瞄准策略多目标优化过程中考虑了镜场中设计安装的全部 110 面定日镜;二是优化中定日镜形面误差(σ_{se})取值为 1 mrad,总跟踪误差($\sqrt{\sigma_{te,1}^2 + \sigma_{te,2}^2}$)取值为 0.8 mrad,计算中跟踪误差模型选用模型 B，其他参数参见表 3-5。

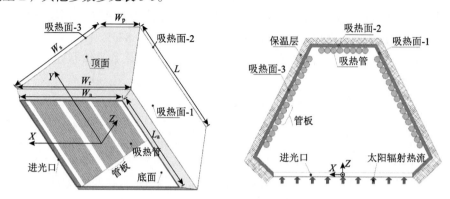

图 3-65   腔式吸热器结构示意图

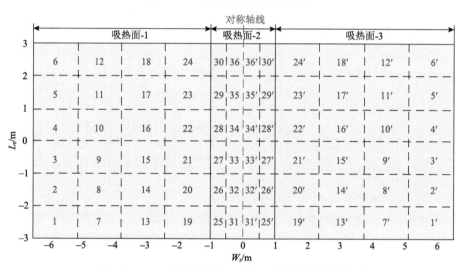

图 3-66   八达岭塔式实验电站腔式吸热器吸热面分区

表 3-5   八达岭塔式实验电站集热器的主要几何与光学参数[6,19]

参数	量值	参数	量值
定日镜数目	110	定日镜反射率	0.9
定日镜形状	球面	定日镜洁净度	0.97
定日镜宽度 W_h	10 m	吸热面数	3(正面×1，侧面×2)
定日镜高度 L_h	10 m	正面吸热面尺寸 $W_p \times L$	2 m×6 m
定日镜安装高度	6.6 m	侧面吸热面尺寸 $W_s \times L$	5.5 m×6 m
吸热器安装高度 H_o	78 m	吸收涂层吸收率	0.9
吸热器安装倾角	25°	吸收涂层漫反射率	0.1
进光口高度	5 m	腔壁吸收率	0.6
进光口宽度	5 m	腔壁漫反射率	0.4

1）瞄准策略多目标优化的数学描述

定日镜场多点瞄准策略的多目标优化问题的完整数学描述包括优化目标、决策变量以及约束条件。具体介绍如下。

开展定日镜瞄准策略优化的目标是均化吸热器中吸热面上的能流分布，同时尽可能减小光学损失。定义某一时刻吸热器内的能流分布均匀性系数（σ_F）为 72 个区域中的能流密度值的变异系数，参见式(3-119)。定义某一时刻聚光器的光学损失率（η_{loss}）为式(3-120)。那么在定日镜瞄准策略优化中的两个目标即为 σ_F 与 η_{loss} 都要尽可能地小。

$$\sigma_F = \frac{\sqrt{\sum_{i=1}^{N_{e,a}}\left(F(i)-\overline{F}\right)^2 \Big/ \left(N_{e,a}-1\right)}}{\overline{F}} \tag{3-119}$$

$$\eta_{loss} = 1 - \frac{\sum_{i=1}^{N_{e,act}} Q_{abs}(i)}{DNI \cdot W_h \cdot L_h \cdot N_h} \tag{3-120}$$

式中，$F(i)$ 为区域 i 中的平均能流密度；$\overline{F}$ 为所有区域的 $F(i)$ 的平均值；$N_{e,a}$ 为吸热面上划分的区域总数；$Q_{abs}(i)$ 为每个吸热面中吸收的总功率；DNI 为某一时刻的实时法向直射辐照度。

优化中的决策变量包括"多点瞄准"策略中的瞄准点在进光口上的分布以及每面定日镜所选择的瞄准点。下面以图 3-67 所示的"9 点瞄准"为例对多目标优化问题进行说明。在图 3-67 中，d_1、d_2、d_3、d_4 是指目标点在不同方向上偏离进光口中心的距离。9 个目标点可相应地表示为吸热器坐标系内的 $\boldsymbol{P}_1(-d_4, d_1, 0)$、$\boldsymbol{P}_2(0, d_1, 0)$、$\boldsymbol{P}_3(d_2, d_1, 0)$、$\boldsymbol{P}_4(-d_4, 0, 0)$、$\boldsymbol{P}_5(0, 0, 0)$、$\boldsymbol{P}_6(d_2, 0, 0)$、$\boldsymbol{P}_7(-d_4, -d_3, 0)$、$\boldsymbol{P}_8(0, -d_3, 0)$、$\boldsymbol{P}_9(d_2, -d_3, 0)$。为了方便描述，在这里将镜场中的定日镜依次进行编号，如图 3-68 所示。由于整个镜场呈东西对称布置，所以定日镜也进行了对称编号。优化中镜场中的定日镜将瞄准以上 9 个目标点中的任意一个。那么，多目标优化中的决策变量可用向量表示为 $[d_1, d_2, d_3, d_4, p_1, \cdots, p_i, \cdots, p_{59}]$。其

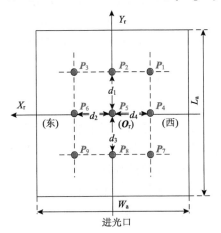

图 3-67 进光口平面上瞄准点分布图

中，p_i 表示给第 i 个镜分配的瞄准点。由于镜场的对称性，只需给东半场的定日镜(总共 59 面，包括中心对称线上的定日镜)分配目标点即可，西半场的定日镜的瞄准目标点可相应地对称选取。例如，p_1=3，表示 1 号定日镜瞄准目标点 $\boldsymbol{P}_3$，由此，可相应得知，$1'$ 号定日镜的瞄准点可选为 $\boldsymbol{P}_1$。

在优化过程中，以上各决策变量应该满足以下约束条件

$$\begin{cases} d_i \in [0, W_a/2), & i=2,4 \\ d_i \in [0, L_a/2), & i=1,3 \\ p_j \in \{1,2,3,\cdots,7,8,9\}, & j=1,2,\cdots,N \end{cases} \tag{3-121}$$

式中，W_a 与 L_a 分别为进光口的宽和高；N 为东半场镜数(N=59)。

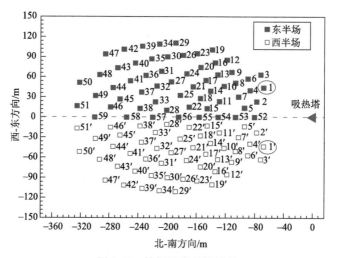

图 3-68   镜场及定日镜编号

接着，采用带精英策略的快速非支配排序遗传算法(NSGA-Ⅱ)对以上多目标优化问题进行求解。在求解过程中，种群大小设置为 100，交叉概率设置为 0.8，变异概率设置为 0.2。通过求解之后可以得到优化目标的帕累托最优前沿(Pareto optimal front)，并获得一组瞄准策略的最优解集。然而，最优前沿中的不同解之间并无优劣之分，最优解的选取通常取决于决策者的偏好与具体要求。本小节通过将聚光器的光学损失限制在某个范围内来从帕累托最优前沿中选出最优解。

2) 多目标优化结果及最优跟踪策略

首先，图 3-69 给出了春分正午时刻单点瞄准策略下吸热器进光口与吸热面上的能流密度分布。可以直观地看出，单点瞄准策略下，进光口处与吸热器内的能流密度分布均表现出强烈的非均匀性，进光口处的峰值能流高达 3200 kW·m^{-2}，内部吸热面处的峰值能流为 456 kW·m^{-2}，非均匀因子 σ_F 为 1.028。同时可见此时聚光器光学损失率 η_{loss} 为 23.06%。

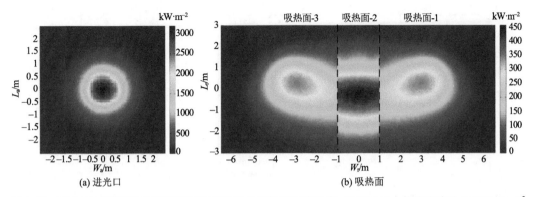

图 3-69 春分正午时刻单点瞄准策略下吸热器中的能流密度分布:进光口最大能流密度为 3200 kW·m^{-2},
吸热面最大能流密度为 456 kW·m^{-2},σ_F=1.028,η_{loss}=23.06%

接着,优化获得了春分正午时刻关于光学损失率 η_{loss} 与非均匀系数 σ_F 的帕累托最优前沿,参见图 3-70。为了避免过多地增大光学损失,在最优解选择过程中应使优化瞄准策略下的 η_{loss} 与单点瞄准策略下的值相当。例如,可以要求春分正午时刻的 η_{loss} 不得高于 23.50%,那么图 3-70 中所示的 C 点可被选为最终解,因为在所有 η_{loss} 不高于 23.50% 的点中,C 点的 σ_F 最小。图 3-71 给出了 C 点对应的最优瞄准策略。图 3-72 给出了在最优瞄准策略下吸热器内的能流密度分布情况,可见优化后进光口最大能流密度为 2348 kW·m^{-2},吸热面最大能流密度为 298 kW·m^{-2},σ_F=0.63,η_{loss}=23.50%。也就是说,与单点瞄准策略相比,优化后的多点瞄准策略可在聚光器光学效率仅降低 0.48 个百分点的情况下,将进光口最大能流密度降低 26.6%,将吸热面最大能流密度降低 34.6%。

上述结果表明,所提出的多点瞄准多目标优化的定日镜瞄准策略可以在仅略微增大光学损失的前提下,有效均化吸热器内的太阳辐射能流密度分布。

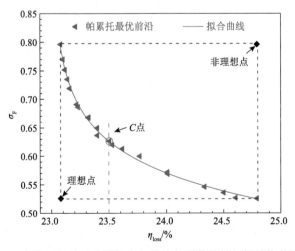

图 3-70 春分正午关于光学损失与非均匀系数的帕累托最优前沿曲线

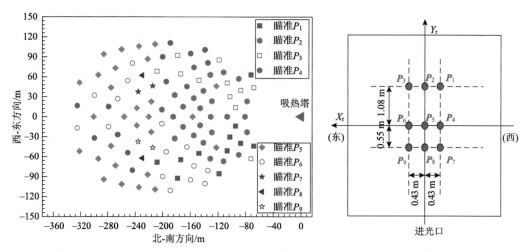

图 3-71 C 点对应的春分正午时刻的最优瞄准策略($d_2=d_4=0.43$ m，$d_1=1.08$ m，$d_3=0.55$ m)

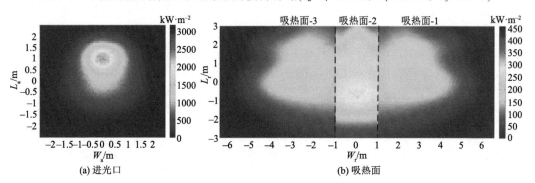

(a) 进光口   (b) 吸热面

图 3-72 C 点对应的春分正午时刻多点瞄准策略下进光口与吸热面能流密度分布
进光口最大热流为 2348 kW·m^{-2}，吸热面最大热流为 298 kW·m^{-2}，$\sigma_F=0.63$，$\eta_{loss}=23.50\%$

3.5.5   基于重吸收效应的新型翅片状多管吸热器的提出与优化

提升吸热器光学效率是提升塔式光热电站系统效率的重要手段。目前商用的多管吸热器大多为外露式圆柱型吸热器，被其吸热管表面反射的阳光大多会直接散失到环境中，不能重新被吸热管吸收，因此光学损失较大。为解决该问题，作者团队提出了一种具有翅片状强化吸光结构的新型吸热器[68]，其基于 3.5.4 节所阐述的重吸收效应来提高圆柱型多管吸热器的光学效率。

1. 新型翅片状吸热器的提出

将使用传统圆柱型吸热器的西班牙 Gemasolar 塔式光热电站选为基本参照对象。其吸热器高(H_r)10 m，直径(D_w)为 8.5 m，如图 3-73 所示，其中心距离日镜中心的竖直高度为 116 m。图 3-73 中的 D_e 为吸热器的进光口直径，其定义为吸热器外接圆的直径。此外，该圆柱型吸热器有 18 个管排，每个管排由 31 根相同的吸热管组成。管子的长度(L)为 10 m，外径(d_o)为 45 mm。为方便描述吸热器模型，建立了图 3-73 所示的右手直角坐标系。其中，$X_rY_rZ_r$ 为吸热器系，其原点位于吸热器的中心。$X_tY_tZ_t$ 为吸热管系，其原点位于吸热管的中心。同时，Gemasolar 电站的定日镜场分布如图 3-74 所示，其由 2650 面定日镜组成，且所有定日镜瞄准点均位于吸热器中心正上方 1 m 处。每个定日镜的宽为 11 m，高为 10 m。

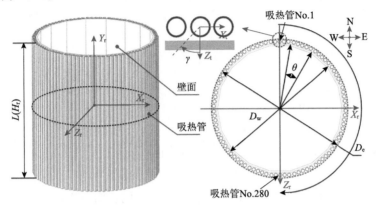

图 3-73 传统圆柱型吸热器示意图

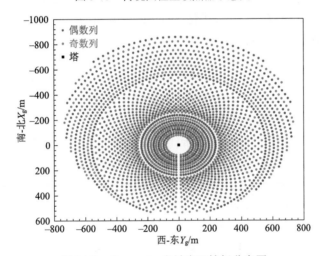

图 3-74 Gemasolar 电站定日镜场分布图

为提高圆柱型吸热器的光学效率，设计了三种具有竖直翅片结构的吸热器和两种具有水平翅片结构的吸热器。之所以选择竖直翅片和水平翅片结构有两个原因。首先，竖直翅片和水平翅片结构均能对反射后的光线进行重吸收；其次，相比于其他翅片结构，如波浪形翅片结构，竖直翅片和水平翅片结构更易加工。为避免增加塔式光热电站的投资成本，新型吸热器的加工与安装成本与圆柱型吸热器的应当相近。因此，新型吸热器的管排面积和圆柱型吸热器的管排面积应该相等，这意味着新型吸热器和传统圆柱型吸热器有着相同的吸热管长度。下面分别对五种新型吸热器进行介绍。

吸热器 I 是由竖直翅片管排、平直底板管排组成，如图 3-75(a)所示。其中，平直底板管排沿着位于吸热器中心且外接圆直径为 D_w 的直棱柱的壁面排列。在吸热器优化过程中，D_w 和翅片管排数(n_{fin})会被优化，而其他参数和传统圆柱型吸热器保持一致。

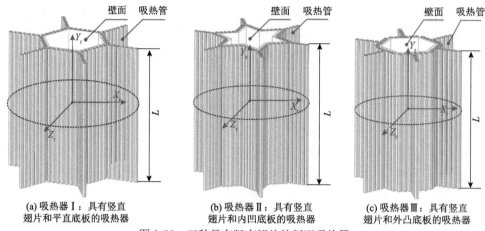

(a) 吸热器 I：具有竖直
翅片和平直底板的吸热器　　(b) 吸热器 II：具有竖直
翅片和内凹底板的吸热器　　(c) 吸热器 III：具有竖直
翅片和外凸底板的吸热器

图 3-75　三种具有竖直翅片的新型吸热器

吸热器 II 是由竖直翅片管排、内凹底板管排组成的，如图 3-75(b) 所示。其中，内凹底板管排沿着位于吸热器中心且外接圆直径为 D_w 的直棱柱的壁面排列。在吸热器优化过程中，D_w 和翅片管排数(n_{fin})会被优化，而直棱柱壁面的内凹角 β 保持 $120°$ 不变，其余参数和传统圆柱型吸热器保持一致。

吸热器 III 是由竖直翅片管排、外凸底板管排组成的，如图 3-75(c) 所示。其中，外凸底板管排沿着位于吸热器中心且外接圆直径为 D_w 的直棱柱的壁面排列。在吸热器优化过程中，D_w 和翅片管排数(n_{fin})会被优化，而直棱柱壁面的外凸角 β 保持 $120°$ 不变，其余参数和传统圆柱型吸热器保持一致。

吸热器 IV 是由水平翅片管排、平直底板管排组成的，如图 3-76(a) 所示。对于具有水平翅片结构的吸热器，考虑加工方便，水平翅片的长度(l)不能太短，因此吸热器中心直棱柱的壁面数受到一定限制，此处将壁面数固定为 4。每个方向水平翅片平行于定日镜瞄准点和该方向定日镜场中心的连线。据此计算出水平翅片在东(α_E)、南(α_S)、西(α_W)、北(α_N)四个方向的倾斜角分别为 $71.32°$、$66.34°$、$71.32°$、$74.74°$。在吸热器优化过程中，水平翅片的长度(l)会被优化，其余参数和传统圆柱型吸热器保持一致。

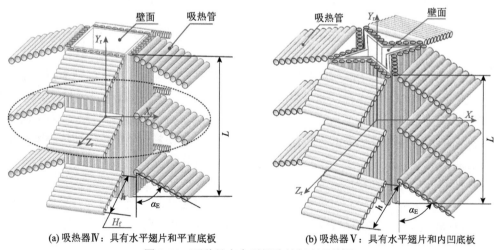

(a) 吸热器 IV：具有水平翅片和平直底板　　(b) 吸热器 V：具有水平翅片和内凹底板

图 3-76　两种具有水平翅片的新型吸热器

吸热器 V 是由水平翅片管排、内凹底板管排组成的，如图 3-76(b)所示。类似于吸热器 IV，此处也将吸热器 V 中心直棱柱的壁面数固定为 4。每个方向水平翅片平行于定日镜瞄准点和该方向定日镜场中心的连线。据此计算出水平翅片在东(α_E)、南(α_S)、西(α_W)、北(α_N)四个方向的倾斜角分别为 71.32°、66.34°、71.32°、74.74°。在吸热器优化过程中，水平翅片的长度(l)会被优化，而内凹角 β 恒定为 120°。其余参数和传统圆柱型吸热器保持一致。

2. 翅片状新型吸热器的优化

为获得具有最优性能的新型吸热器，对所提出的五种新型吸热器进行了优化。所有新型吸热器的优化均在春分正午时刻进行，图 3-77 给出了具有竖直翅片平直底板的新型吸热器(吸热器 I)的系统的光学效率随底板外接圆直径 D_w 和翅片数 n_{fin} 的变化规律。由图 3-77 可以看出，当翅片数为 4、6、8 时，系统光学效率随着外接圆直径的增加而降低。这是因为翅片高度(H_f)随着外接圆直径的增加而降低，减弱了吸热器的重吸收作用。当翅片数为 10 时，随着外接圆直径的增加，系统光学效率先增加而后略有降低，当外接圆直径在 4 m 附近时，光学效率达到最大。这是因为外接圆直径的增加会引起翅片高度的降低和吸热器有效直径的增加。前者降低吸热器的重吸收作用，而后者增大吸热器的拦截效率，因此会有最佳的外接圆直径。

此外，由图 3-77 还可以看出，当吸热器外接圆直径相同时，系统光学效率随着翅片数的增加先增加后降低，且当翅片数为 6 时，系统光学效率达到最大。这是因为虽然翅片数的增加能够加强吸热器的重吸收效果，但也会降低翅片高度，而翅片高度的降低会减弱吸热器的重吸收效果，因此会有最佳的翅片数。由参数优化结果可以看出，当吸热器 I 的翅片数为 6，底板外接圆直径为 1 m 时，其系统光学效率最大。

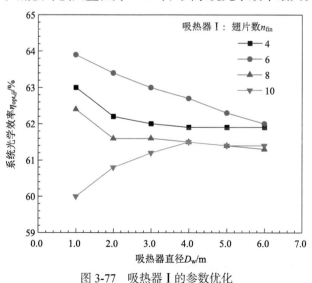

图 3-77　吸热器 I 的参数优化

图 3-78 给出了使用吸热器 II 或吸热器 III 的塔式系统的系统光学效率随吸热器中心处直棱柱的外接圆直径 D_w 和翅片数 n_{fin} 的变化规律。由图 3-78 可以看出，该变化规律

和吸热器Ⅰ类似。同样，对于吸热器Ⅱ和吸热器Ⅲ，当翅片数为 6，外接圆直径为 1 m 时，其系统光学效率达到最大。

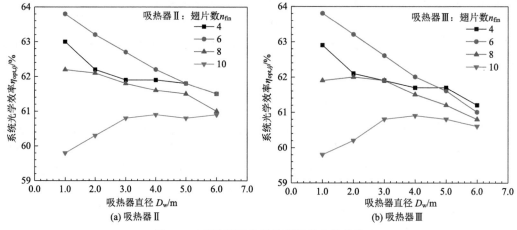

图 3-78　吸热器Ⅱ和吸热器Ⅲ的参数优化

　　图 3-79 给出了使用吸热器Ⅳ或吸热器Ⅴ的塔式系统的系统光学效率随水平吸热管长度(l)的变化规律。由图 3-79 可以看出，使用两种吸热器的塔式系统的系统光学效率随水平吸热管长度的增加而增加，但是增加的趋势逐渐变缓，这是因为水平吸热管长度增加能够增加吸热器的拦截效率。此外，吸热器的有效吸收率随着水平吸热管长度的增加而降低，这是因为水平吸热管长度的增加降低了翅片高度，从而减弱了吸热器的重吸收效应。对于吸热器Ⅳ和吸热器Ⅴ，当水平吸热管长度为 6.0 m 时，其系统光学效率达到最大。

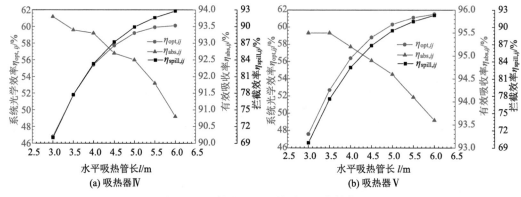

图 3-79　吸热器Ⅳ和吸热器Ⅴ的参数优化

　　在进行了参数优化后，得到了五种具有翅片结构的新型吸热器各自的最佳结构。接下来将对其光学性能与传统圆柱型吸热器作对比，图 3-80(a)为系统光学效率的对比。由图 3-80(a)可以看出，相较于传统圆柱型吸热器，三种具有竖直翅片结构的新型吸热器(吸热器Ⅰ、吸热器Ⅱ和吸热器Ⅲ)分别能够把系统光学效率提高 3.2%、3.1%

和 3.1%。这是因为，具有竖直翅片结构的新型吸热器能够同时提高拦截效率和有效吸收率。

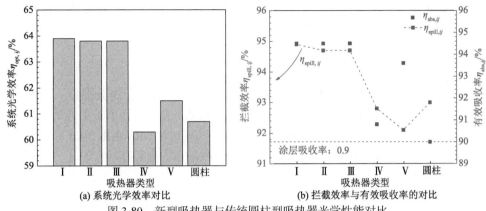

(a) 系统光学效率对比   (b) 拦截效率与有效吸收率的对比

图 3-80   新型吸热器与传统圆柱型吸热器光学性能对比

对于具有水平翅片结构的新型吸热器(吸热器Ⅳ和吸热器Ⅴ)，由图 3-80(a)可以看出，使用吸热器Ⅴ时的系统光学效率为 61.5%，比使用传统圆柱型吸热器时高 0.8%。而使用吸热器Ⅳ时的系统光学效率为 60.3%，比使用传统圆柱型吸热器时低 0.4%。这是因为虽然吸热器Ⅳ能够提升有效吸收率，但其拦截效率却降低较多。由于具有水平翅片结构的新型吸热器的光学效率比具有竖直翅片结构的新型吸热器低得多，因此接下来将不再对其进行讨论。此外，在五种新型吸热器中，吸热器Ⅰ的系统光学效率最高，达到了 63.9%，且当吸热管表面涂层吸收率为 90%时，其有效吸收率可达 94.5%，应当被选为最优吸热器。

上述优化是在春分正午进行的，因此还需进一步检验优化获得的最优新型吸热器(吸热器Ⅰ)在一年内不同时间的光学性能是否优于圆柱型吸热器。图 3-81 为吸热器Ⅰ和圆柱型吸热器在春分、夏至和冬至等三个典型日期的系统光学效率对比图。由图 3-81 可见，在上述典型日期内的任意时刻，使用吸热器Ⅰ的系统的光学效率均显著高于使用传统圆柱型吸热器时的值。其原因在于，翅片状吸热器对光学效率的强化作用来源于光线在管

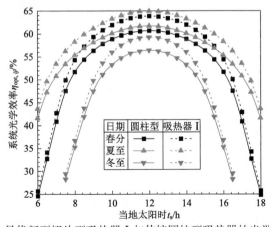

图 3-81   最优新型翅片型吸热器Ⅰ与传统圆柱型吸热器的光学性能对比

间的多次反射和吸收作用, 即重吸收效应; 而重吸收效应的强弱是由吸热器结构决定的, 那么当新型翅片状吸热器的结构确定之后, 其对光学效率的强化能力也就基本不会随时间变化。由上述分析可知, 基于重吸收效应提出并优化获得的新型翅片状多管吸热器可在全年任意时刻达到比传统圆柱型吸热器更高的光学效率。

3. 新型吸热器热流分布均化

吸热器上的能流密度分布对光热电站吸热器的安全高效运行至关重要, 因此需要对最优新型翅片型吸热器 I 的热流分布进行研究。图 3-82 为在春分正午无云遮条件下, 最优新型翅片型吸热器 I 和传统圆柱型吸热器的热流分布对比图。由图 3-82 可见, 新型吸热器 I 和圆柱型吸热器的峰值热流分别为 $3.83×10^6$ W·m^{-2} 和 $1.97×10^6$ W·m^{-2}。可见新型

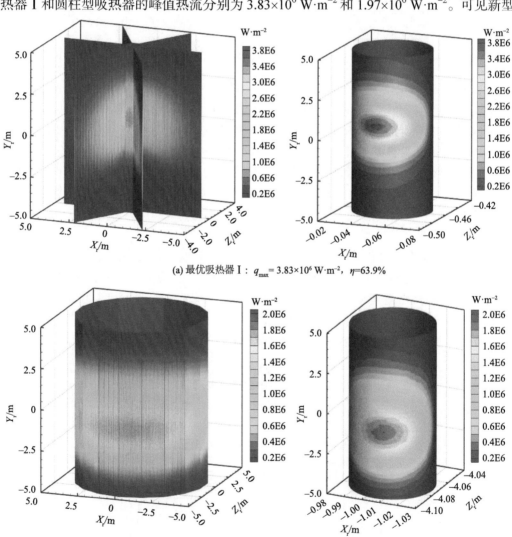

(a) 最优吸热器 I: q_{max} = 3.83×10^6 W·m^{-2}, η=63.9%

(b) 传统圆柱型吸热器: q_{max} = 1.97×10^6 W·m^{-2}, η=60.7%

图 3-82　单点瞄准下实时太阳辐射能流密度分布

吸热器 I 的峰值热流几乎是圆柱型吸热器峰值热流值的 2 倍。这是因为新型吸热器 I 中心处的六边形的外接圆直径比传统圆柱型吸热器的外接圆直径小,来自镜场的太阳能会被聚集在较小的区域内(即图 3-82 所示的高热流区域),因此该区域内的热流较大。过大的峰值热流会导致局部高温和高热应力,其可能导致涂层烧毁或热应力失效断裂,给光热电站的安全运行带来隐患,因此需要降低新型吸热器的峰值热流。

为降低最优新型吸热器的高峰值热流,采用一种与 3.5.1 节所介绍的瞄准策略相似的多点瞄准策略对镜场的瞄准点进行重新设计。该多点瞄准方法的具体实施步骤如下,首先,将镜场按照从内向外的顺序分成奇数列和偶数列,如图 3-74(a)所示。其次,采用式 (3-66)来估算每面定日镜在吸热器上形成的光斑的直径。接着,对于奇数列内的定日镜,其最内圈的定日镜瞄准点瞄准吸热器的上部分,且使得其光斑的上边缘恰好与吸热器的上边缘相切,而最外圈的定日镜瞄准点瞄准吸热器的下部分,且使得其光斑的下边缘恰好与吸热器的下边缘相切,其余定日镜的瞄准点在上述最内圈和最外圈瞄准点之间均匀分布。同时,对于偶数列内的定日镜,其最内圈的定日镜瞄准点瞄准吸热器的上部分,且使得其光斑的上边缘恰好与吸热器的上边缘相切,而最外圈的定日镜瞄准点瞄准吸热器的下部分,且使得其光斑的下边缘恰好与吸热器的下边缘相切,其余定日镜的瞄准点在上述最内圈和最外圈瞄准点之间均匀分布。

图 3-83 为多点瞄准下的吸热器表面热流分布。由图 3-83 可见,最优新型吸热器(吸热器 I)和传统圆柱型吸热器的峰值热流分别为 2.20×10^6 W·m^{-2} 和 1.29×10^6 W·m^{-2}。相对于单点瞄准,采用多点瞄准策略后,二者的峰值热流分别降低了 42.6%和 34.5%。更重要的是,最优新型吸热器的峰值热流降到了 2.20×10^6 W·m^{-2},虽然该值远大于现有典型熔盐塔式电站峰值热流(约 1×10^6 W·m^{-2}),但是其与现有以液态金属为传热工质的吸热器的峰值热流(约 $2 \times 10^6 \sim 3 \times 10^6$ W·m^{-2})相当[69]。上述结果表明,所发展的新型吸热器可应用于液态金属塔式吸热器。

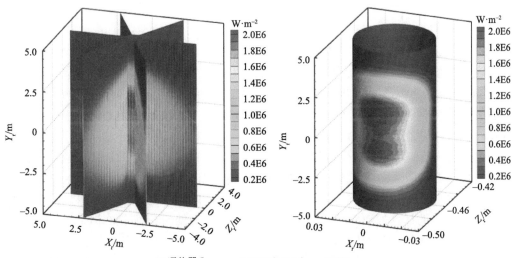

(a) 吸热器 I:q_{max} = 2.20×10^6 W·m^{-2}, η=62.8%

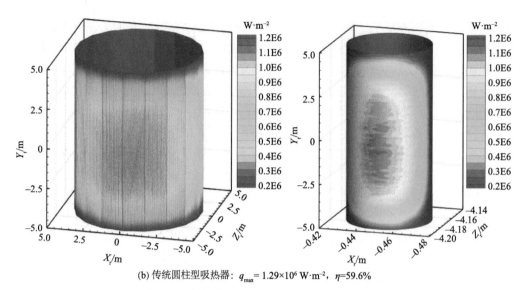

(b) 传统圆柱型吸热器: $q_{max} = 1.29 \times 10^6$ W·m^{-2}, η=59.6%

图 3-83   多点瞄准下实时太阳辐射能流密度分布

3.5.6   典型容积式吸热器光学性能分析

当以多孔介质作为吸热材料时,投射到其上的阳光会在多孔介质中传播一定的距离,并在传播过程中被多孔介质逐渐吸收。在这种情况下,因为阳光是在一定容积的吸热器中被吸收的,那么相对于以吸热管、吸热面为代表的面吸收式吸热器而言,就可以将以多孔介质为吸热材料的吸热器称为容积式吸热器。本节以作者团队在容积式吸热器方面的研究为基础,对容积式吸热器的光学性能作简要分析[28,29,31]。3.5.4 节和 3.5.5 节已经对塔式定日镜场光学性能进行了详细分析,因而本节专注于容积式吸热器光学性能的分析,而不考虑镜场光学性能对吸热器光学性能的影响。

1. 容积式吸热器物理模型与光学模拟

本小节所讨论的容积式吸热器为模块化吸热器,其由多个吸热器模块共同构成蜂巢状吸热面,如图 3-84(a)所示。单个吸热器模块主要由二级聚光器、耐高温熔融石英玻璃窗、SiC 多孔介质吸热体和金属外壳体构成,具体结构如图 3-84(b)所示。其中,二级聚光器由三对二维复合抛物面构成;石英玻璃窗形状为半椭球体;吸热器侧壁采用双层结构设计,内外层之间的间隔作为空气入口通道。

由于吸热器实际的物理模型非常复杂,在光学模拟研究中需要对物理模型进行简化处理。具体处理如下,将二级聚光器视为一完整三维旋转复合抛物面(CPC);将吸热体视为厚度均匀的抛物面状的各向同性介质;将吸热器内侧壁视为规则光滑的圆柱面。同时,由 3.5.4 节的计算可知,定日镜场聚集到镜场焦平面处的光斑的整体辐射热流分布是极不均匀的,但由于单个吸热器模块的三维 CPC 入口平面的面积远小于整个光斑的面积,其开口范围内的辐射能流密度变化不大,因而在研究吸热器光学性能时可假设三维 CPC 入口平面的入射太阳辐射能流密度是均匀的。

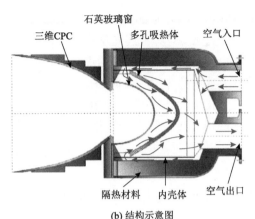

| (a) REFOS吸热器照片[70] | (b) 结构示意图 |

图 3-84 典型容积式空气吸热器

简化后的吸热器几何模型如图 3-85 所示，具体几何与光学参数如下[24,31]。二级聚光器为三维 CPC，其最大接收角为 20°，反射率为 0.805，CPC 开口直径为 1200 mm，高度为 1000 mm，几何聚光比为 6.15；石英玻璃窗厚度为 8 mm，形状为半椭球体，长轴长度为 620 mm，短轴长度为 420 mm，折射率为 1.5；吸热器圆筒侧壁是直径为 746 mm 的规则光滑圆柱面，其反射率为 0.9。此外，在没有特别声明的情况下，多孔介质吸热体的进口表面方程为式(3-122)，其与圆柱腔壁交线在 $z=-150$ mm 处，与 Z 轴交点为 $z=b$ 处。吸热体假设为参与性介质，其厚度为 35 mm，折射率 1.2，吸收系数(β_a)为 0.044 mm^{-1}，散射系数(β_s)为 0.176 mm^{-1}，消光系数(β_e)为 β_a 与 β_s 之和。

$$z = a\left(x^2 + y^2\right) + b$$
$$a = 1/300, \qquad b = -616\,\text{mm}$$

(3-122)

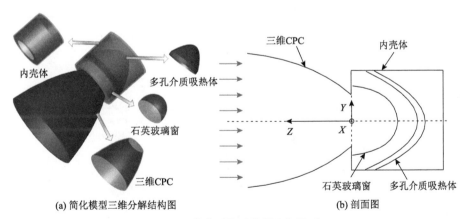

| (a) 简化模型三维分解结构图 | (b) 剖面图 |

图 3-85 简化后的吸热器几何模型

在光线追迹模拟中，可以建立图 3-85 所示的直角坐标系 XYZ，其以 CPC 出口所在平面为 XY 平面，CPC 出口中心为坐标原点，Z 轴正方向指向 CPC 入口方向。假设入射光线沿 $-Z$ 方向传播，光线在吸热器中的传播过程包括，光线在 CPC 圆形进光口上的随机垂直发射、CPC 上的镜面反射、玻璃窗上的折射过程以及多孔介质吸热体内的多次散射和吸收过程。计算上述光学作用过程的方法已在 3.2.3 节中给出，此处不再赘述。在光学模拟中，经过光线数考核后设定的入射光线总数(n_p)为 5×10^7。光线追迹过程中，通过在多孔介质吸热体中生成四面体网格来统计其吸收的太阳辐射能，如图 3-86 所示，其中网格 i 中的局部热源密度 $s_l(i)$ 可以采用式(3-123)进行计算。同时也在吸热腔的内壳体上生成了四边形网格来统计光线和能流密度分布。

$$s_l(i) = E_e(i) / V_e(i) \tag{3-123}$$

式中，$E_e(i)$ 为网格 i 所吸收的光能功率；$V_e(i)$ 为网格 i 的体积。

图 3-86　吸热体内的四面体网格示意图

验证上述光学模型的关键在于确保模型对多孔介质中的辐射传播过程的模拟是准确的。鉴于此，采用本小节模型模拟了垂直边界入射的光线在一个长度为无限长、厚度为 0.2 mm 的介质中的传播过程。模型的几何与光学参数与 Wang 等[8]的研究保持一致，其中介质的折射率 $n = 1$，吸收系数 $\beta_a = 1000 \ m^{-1}$，散射系数 $\beta_s = 9000 \ m^{-1}$，各向异性系数 $g = 0.75$。图 3-87 将本 MCRT 模型模拟获得的出射边界处的光线散射角透射率(T_d)与入射边界处的散射角反射率(R_d)[37]与 Wang 等[8]的结果进行了对比。由图 3-87 可见，本节结果与文献结果符合得很好，说明本 MCRT 模型是准确的。

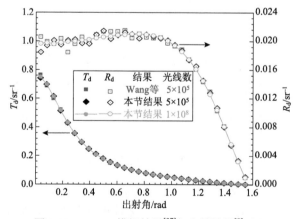

图 3-87　MCRT 模拟结果[37]与文献结果[8]对比

2. 多孔介质吸热体中的典型非均匀热源密度分布

模拟获得了吸热体内太阳辐射热源密度分布情况[31]。计算中，假设阳光垂直于 CPC 进光口入射，即入射角 $\alpha = 0°$；同时 CPC 进光口的太阳辐照度取 REFOS 系统的实测数值 $4.78 \times 10^5\,\mathrm{W \cdot m^{-2}}$[31]。图 3-88 为吸热体内 $y=0$ 剖面的热源密度，图 3-89 为吸热体在不同深度(h)处的弧面上的热源密度分布情况。由图 3-88 和图 3-89 可知，在太阳辐射均匀入射条件下，吸热体的顶部区域为辐射汇聚后形成的高热源密度区域，而在吸热体靠近边缘的两侧，热源密度逐渐减小，整个吸热体内太阳辐射热源分布呈现出极不均匀的特征，热源密度峰值达到了 $2.87 \times 10^9\,\mathrm{W \cdot m^{-3}}$。极不均匀的热源分布不利于换热工质与 SiC 吸热体之间的充分换热，进而会造成吸热器换热效率的下降；同时，吸热体顶部区域的高热源密度将可能导致吸热体局部温度过高，极端条件下局部高温甚至会超过材料耐温极限而将其烧毁。鉴于此，下面将从结构参数对热源密度分布的影响的角度，考察阳光在进光口的入射角、吸热体线型以及光学参数等因素对吸热体区域热源密度分布的影响。

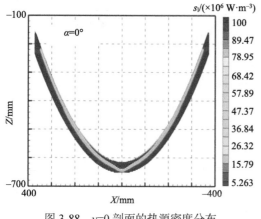

图 3-88 $y=0$ 剖面的热源密度分布

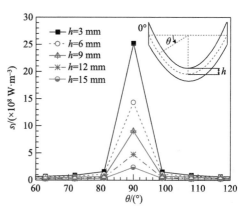

图 3-89 不同 h 处弧面上的热源密度分布

3. 阳光入射角对光学性能的影响

在实际运行中，进入吸热器的入射光通常与进光口法线存在一定的夹角，即入射角 α。图 3-90 给出了不同 α 下多孔吸热体内辐射热源密度分布的情况，可见当 α 不为 0° 时，多孔吸热体内的辐射分布将呈非对称分布。随着 α 增大，在 $\alpha = 0°$ 时位于吸热体顶部的高热源密度区域将逐渐向侧面移动。

图 3-91 和图 3-92 分别为不同入射角 α 下多孔吸热体热源密度极值 $s_{1,\mathrm{max}}$ 和 3 mm 深度(h)弧面上 s_1 的分布情况。由图 3-91 可知，随着入射角 α 由 0° 增大到 10°，$s_{1,\mathrm{max}}$ 先由 0° 时的 $2.73 \times 10^9\,\mathrm{W \cdot m^{-3}}$ 降低为 6° 时的最小值 $9.01 \times 10^8\,\mathrm{W \cdot m^{-3}}$，再缓慢增大到 10° 时的 $1.01 \times 10^9\,\mathrm{W \cdot m^{-3}}$。另外，由图 3-92 还可以看出，无论入射角是否为 0，位于 3 mm 深度处的弧面上的热源密度分布均随 θ 呈先增大后减小的趋势。这是由于入射角增大

导致被 CPC 反射的入射光比例开始增大，因而太阳辐射逐渐相对分散地投射到吸热体上。

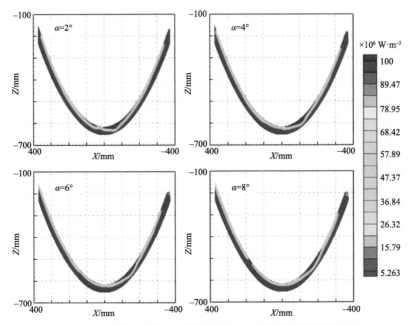

图 3-90　不同入射角 α 下吸热体内 $y=0$ 剖面的热源密度分布

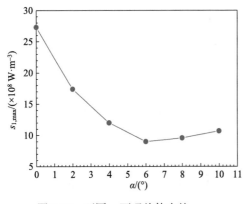

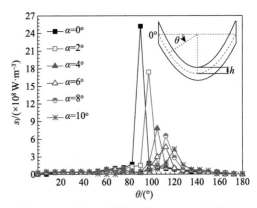

图 3-91　不同 α 下吸热体内的 $s_{1,\max}$　　　图 3-92　不同 α 下吸热体 $h=3$ mm 处弧面上的 s_1 分布

4. 吸热体形状对光学性能的影响

吸热体抛物线形状的变化将直接对其内部的辐射热源密度分布产生影响[31]。图 3-93 给出了不同二次项系数 $1/a$ 下吸热体 $y=0$ 剖面的热源密度分布，其中入射角 $\alpha=0°$。由图 3-93 可见，当 $1/a$ 较大时(如 $1/a=600$)，吸热体的形状较为扁平，此时吸热体内的辐射能量集中于吸热体顶部区域，且 $s_1>1×10^8$ W·m^{-3} 的高热源密度区域的分布范围较大。

而随着 $1/a$ 减小，吸热体的形状会变得更加狭长，吸热体内热源密度的峰值会偏向顶点两侧(如 $1/a=200$)，且 $s_l>1\times10^8\,\text{W}\cdot\text{m}^{-3}$ 高热源密度区域的分布范围明显小于 $1/a$ 较大时。图 3-94 是不同 $1/a$ 下吸热体内热源密度峰值的变化情况，其中入射角 $\alpha=0°$ 。由图3-94 可知，随着 $1/a$ 增大，吸热体热源密度极值 $s_{l,\text{max}}$ 随之增大，当 $1/a$ 由 200 增大到 700时，$s_{l,\text{max}}$ 由 $1.46\times10^8\,\text{W}\cdot\text{m}^{-3}$ 增大到 $5.82\times10^9\,\text{W}\cdot\text{m}^{-3}$ 。

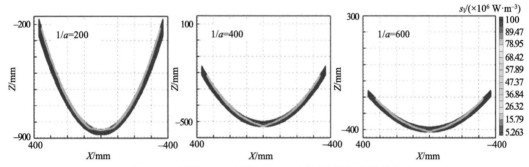

图 3-93　不同 $1/a$ 时吸热体 $y=0$ 剖面的热源密度分布

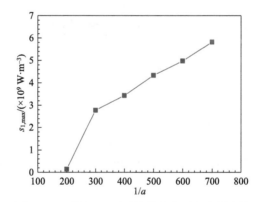

图 3-94　不同 $1/a$ 下吸热体内热源密度最大值

5. 吸热体光学参数对光学性能的影响

吸收系数和消光系数的比值 β_a/β_e 决定了多孔吸热体中随机光线传播的步数和光线在每个随机位置的能量吸收率，进而对吸热体中的辐射热源密度分布产生影响。图 3-95给出了不同 β_a/β_e 下多孔吸热体内热源密度峰值 $s_{l,\text{max}}$ 的变化情况，可以看到，随着 β_a/β_e 的增大，吸热体内的 $s_{l,\text{max}}$ 迅速上升。图 3-96 为不同 β_a/β_e 时与吸热器中心轴距离 (d_v) 为50 mm 处沿厚度方向的无量纲辐射热源密度 $s_l/s_{l,\text{max}}$ 的变化情况。由图 3-96 可见，吸热体内的局部热源密度沿厚度方向逐渐降低，且随着 β_a/β_e 的减小，沿厚度方向上的辐射热源密度梯度变小。这是由于 β_a/β_e 决定了随机光线在每次吸收过程中被吸收的能量占其携带的能量的比例，β_a/β_e 越小，光线在每次吸收作用中被吸收的能量也越少，就有更多的光能会传播到吸热体内更深的位置。

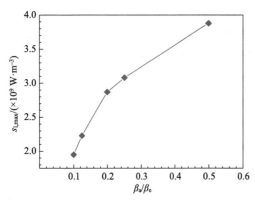
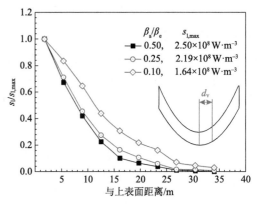

图 3-95　不同 β_a/β_e 时吸热体内热源密度峰值　　　图 3-96　不同 β_a/β_e 时 d_v=50 mm 截面处的热源密度分布

3.6　基于 MCRT 方法的线性菲涅耳式聚光器光学性能分析

本节将继续介绍作者团队将 MCRT 方法应用于线性菲涅耳式聚光器,对其进行光学性能的表征等方面的工作[5,19,38-42]。首先,介绍了作者团队前期所提出的一种具有特殊复合抛物面二级反射镜和真空集热管吸热器的新型线性菲涅耳式聚光器的物理结构;其次,介绍了所构建的线性菲涅耳式聚光器 MCRT 光学计算模型;然后,基于所构建的模型揭示了吸热器内部的非均匀热流分布以及关键因素对系统光学性能的影响规律,探究了系统实时光学效率的全年变化规律;最后,介绍了基于反射镜多线瞄准策略与多目标优化方法的吸热器能流均化方法。

3.6.1　线性菲涅耳式聚光器物理模型

本节所涉及的新型线性菲涅耳式聚光器主要由 25 个圆柱面聚光镜、一个二级复合抛物面反射镜和一根真空集热管组成,参见图 3-97 和图 3-98。聚光器的具体几何、光学参数如表 3-6 所示。为方便描述模型,建立了图 3-97 和图 3-98 中所示的几个右手直角坐标系。图中的 $X_gY_gZ_g$ 为地面系,其中镜场中线的南部端点为原点(G), X_g、Y_g、Z_g 分别指向南方、东方和天顶;$X_mY_mZ_m$ 为镜面系,其中镜子中线的南端为原点(M),X_m 指向南方;Z_m 垂直于镜面在 M 点的切面并指向镜面上方;Y_m 垂直于 X_mZ_m 平面。$X_rY_rZ_r$ 为吸热器系,其以 Z_g 与平面 $z_g=H_t$ 的交点为原点(O), H_t 为吸热管的轴心线在 $X_gY_gZ_g$ 中的高度;X_r、Y_r、Z_r 分别指向南方、东方和天顶。

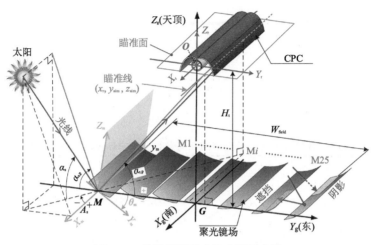

图 3-97　线性菲涅耳式聚光器示意图

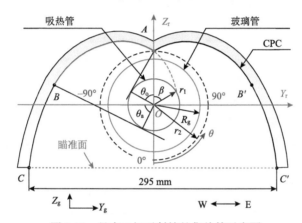

图 3-98　具有二级反射镜的集热管示意图

　　镜场关于其中线呈东西对称布置，且位于东西两侧对称位置的聚光镜具有相同的曲率半径。同时，镜场布局与西班牙 FRESDEMO 电站保持一致。在镜场中，将聚光镜由西至东编号(i)为 1～25，如图 3-97 所示。为汇聚尽可能多的太阳能，特别为聚光镜设计了不同的曲率半径(R_m)，正中和东侧的 13 面聚光镜的 R_m 计算式参见式(3-124)[39]。

$$R_m(i) = R + (i-13)\left[p + 0.5(i-14)q\right], \quad \begin{cases} R = 16.1, \quad p = 0.1, \quad q = 0.2, \quad 13 \leqslant i \leqslant 19 \\ R = 14.3, \quad p = 0.65, \quad q = 0.1, \quad 20 \leqslant i \leqslant 25 \end{cases} \tag{3-124}$$

式中，i 为图 3-97 中聚光镜由西至东的序号。

　　为提高线性菲涅耳式聚光器的几何聚光比，特别设计了一种复合抛物面二级聚光器，其结构如图 3-98 所示。图 3-98 中的 CPC 型线的 AB 段与 BC 段在 Y_rZ_r 中的方程参见式(3-125)与式(3-126)[39]。为保证 CPC 能接收到所有聚光镜汇聚来的阳光，将 CPC 的接收角(θ_a)设计为 56°。CPC 的具体几何与光学参数参见表 3-6。

$$\begin{cases} y_r = \rho_o \cos\theta_o - r_1 \sin\theta_o \\ z_r = \rho_o \sin\theta_o + r_1 \cos\theta_o \end{cases} \tag{3-125}$$

$$AB : \rho_o = r_1(\theta_o + \beta), \quad \arccos\left(\frac{r_1}{r_2}\right) \leqslant \theta_o \leqslant \frac{\pi}{2} + \theta_a$$

$$BC : \rho_o = \frac{r_1\left[\pi/2 + \theta_o + \theta_a + 2\beta - \cos(\theta_o - \theta_a)\right]}{1 + \sin(\theta_o - \theta_a)}, \tag{3-126}$$

$$\pi/2 + \theta_a < \theta_o \leqslant \theta_{o\max}, \quad \beta = \sqrt{(r_2/r_1)^2 - 1} - \arccos(r_1/r_2)$$

表 3-6 线性菲涅耳式聚光器的几何参数、光学参数与热物性参数[39]

参数	量值	参数	量值
聚光镜数量 n_m	25	集热管有效长度比	96%
镜场宽度 W_{field}	20.4 m	吸热管外半径 r_1	35 mm
聚光镜宽度 W_m	0.6 m	吸热管厚度	2 mm
聚光镜曲率半径 R_m	变径	玻璃管外半径 R_g	57.5 mm
聚光镜长度 L_m	100 m	玻璃管厚度	3 mm
聚光镜间距	0.85 m	玻璃透射率	0.96
吸热管高度 H_t	8.0 m	玻璃吸收率	0.02
聚光镜反射率 ρ_1	0.92	玻璃的镜面反射率	0.02
聚光镜跟踪误差 σ_{te}	0.5 mrad	玻璃折射率	1.47
聚光镜形面误差 σ_{se}	1.0 mrad	涂层阳光吸收率	0.96
CPC 的形面误差	1.0 mrad	涂层发射率	$2.0\times10^{-7}(T-273.15)^2 + 0.062$ [52]
吸热管轴线高度 H_t	8.0 m	涂层阳光漫反射率	0.04
CPC 进光口宽度	295 mm	玻璃发射率	0.86
CPC 厚度	5 mm	玻璃导热系数	1.2 W·m^{-1}·K^{-1}
CPC 接收角 θ_a	56°	玻璃密度	2230 kg·m^{-3}
CPC 的 $\theta_{o\max}$	3.37 rad	吸热管内壁相对粗糙度	2.73×10^{-4}
CPC 的 r_2	62.5 mm	吸热管导热率	38 W·m^{-1}·K^{-1}
集热管全长	4.06 m	吸热管密度	7763 kg·m^{-3}
集热管有效长度	3.9 m	真空度	< 0.1 Pa

当阳光照射到聚光镜场上时，线性菲涅耳式聚光器将开始运行，聚光镜将跟踪太阳并将阳光反射到吸热器上。在光学模拟中可将阳光从太阳到吸热器的传播过程分为两个部分，一部分是在聚光镜场中的传播过程；另一部分是在吸热器中的传播过程。而第一部分又可以分为三个子过程，即①入射光线在吸热器与相邻聚光镜上的阴影作用过程；②聚光镜上的镜面反射过程；③反射光线在相邻聚光镜上的遮挡过程；第二部分也分为三个子过程，分别为①玻璃管上的折射过程；②玻璃管或吸热管上的镜面反射或漫反射过程；③吸热管上的吸收过程。

3.6.2 基于 MCRT 方法的线性菲涅耳式聚光器光学模型构建

本节基于 MCRT 方法，推导了完整的线性菲涅耳式聚光器实时光学计算方程，建立了系统三维 MCRT 光学计算模型，实现了对前述复杂光能汇聚和吸收过程的模拟。所构建的 MCRT 光学计算模型的计算流程图参见图 3-99 的左侧。下面详细介绍光学模型。

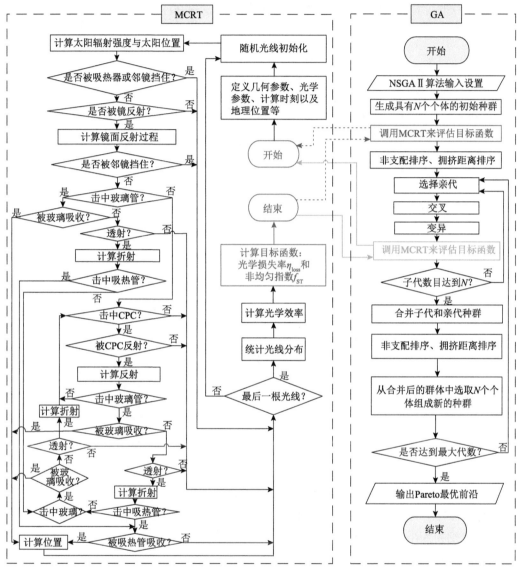

图 3-99　线性菲涅耳式系统的 MCRT 光学模型及瞄准策略优化模型的计算流程图

1. 聚光镜场中光线传播过程模拟

1) 太阳位置与聚光镜跟踪方程

太阳高度角(α_s)与方位角(A_s)的具体计算方法已经在 2.1.4 节中给出。在系统运行时，长条状的聚光镜通过转动其长轴进行单轴跟踪太阳，并将光能汇聚到吸热器上。聚光镜跟踪角(θ_m)定义为 Y_m 正向与 Y_g 正向之间的夹角，当聚光镜绕 X_m 顺时针旋转时跟踪角为正，反之为负。θ_m 为理想跟踪角(θ_m')与跟踪角的误差(R_{te})之和，如图 3-100 所示，θ_m

可由式(3-127)计算[38]。$\theta_m{}'$ 由聚光镜瞄准线在 $X_gY_gZ_g$ 中的坐标$(x_g, y_{aim,g}, z_{aim,g})$和太阳位置决定，可采用式(3-128)进行计算。跟踪误差(R_{te})处理为跟踪角的随机误差，其可分解为镜面上的点的位置误差和镜面法线的方向误差，如图 3-100 所示。

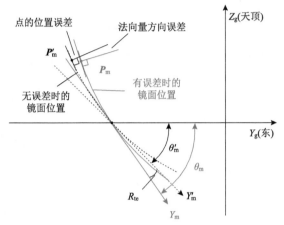

图 3-100　跟踪误差的处理方法

$$\theta_m = \theta_m{}' + R_{te}, \qquad R_{te} \sim N(0, \sigma_{te}^2) \tag{3-127}$$

$$\theta_m{}' = \begin{cases} (\alpha_{s,T} - \alpha_{r,T})/2, & \text{东侧镜,} \quad 0 \leqslant A_s \leqslant \pi \\ (\pi - \alpha_{s,T} - \alpha_{r,T})/2, & \text{东侧镜,} \quad -\pi < A_s < 0 \\ (\alpha_{s,T} + \alpha_{r,T} - \pi)/2, & \text{西侧镜,} \quad 0 \leqslant A_s \leqslant \pi \\ (\alpha_{r,T} - \alpha_{s,T})/2, & \text{西侧镜,} \quad -\pi < A_s < 0 \end{cases} \tag{3-128}$$

$$\alpha_{s,T} = \arctan\left(\frac{\tan \alpha_s}{\sin |A_s|}\right), \qquad \alpha_{r,T} = \arctan\left|\frac{z_{aim,g}}{y_{aim,g} - y_m}\right|, \quad \text{在本例中}z_{aim,g} = H_t \tag{3-129}$$

式中，$\alpha_{s,T}$ 为 I 在 Y_gZ_g 平面上的投影与 Y_g 之间的夹角，参见图 3-97；$\alpha_{r,T}$ 为 R 在 Y_gZ_g 平面上的投影与 Y_g 之间的夹角，参见图 3-97；y_m 为聚光镜中心线在 $X_gY_gZ_g$ 中的 y 坐标值；α_s 与 A_s 分别为太阳高度角和方位角。

2) 光线随机发射位置及方向的概率模型

为考虑太阳光的不平行性的影响，$X_iY_iZ_i$ 中的任意入射光线的单位向量(I_i)可由式(3-8)进行计算。根据 3.2.3 节第 1 部分所述方法，由于太阳光均匀照射到反射镜采光口上，因此将每面反射镜都设置成随机光线发射面，光线在 $X_mY_mZ_m$ 中位于反射镜上的随机发射点可表示为 P_m，参见式(3-130)[38]。

$$P_m = \begin{bmatrix} -L_m \cdot \xi_1 & W_m(\xi_2 - 0.5) & f_m(y) \end{bmatrix}^T \tag{3-130}$$

式中，$f_m(y)$为聚光镜截面型线方程；ξ_n 为服从 0 与 1 之间均匀分布的相互独立的随机数。

阳光的法向直射辐照度(DNI)的计算方法参见式(3-68)。在获得了 DNI 的数据之后，就可以采用式(3-131)来计算每个时刻聚光镜上发射的每一根光线携带的光能功率(e_p)。

$$e_{\mathrm{p}} = \mathrm{DNI} \cdot L_{\mathrm{m}} W_{\mathrm{m}} \sum_{i=1}^{n_{\mathrm{m}}} \eta_{\cos}(i) \Big/ n_{\mathrm{p}} \tag{3-131}$$

式中，$\eta_{\cos}(i)$ 为第 i 面聚光镜的余弦效率；n_{p} 为镜场中所追迹光线的总数。

3) 聚光镜上的镜面反射过程

当阳光抵达聚光镜表面时，反射过程的模拟采用如下步骤进行。首先，生成一个随机数 ξ_3 并将其与聚光镜的镜面反射率(ρ_1)作比较。若 $\xi_3 < \rho_1$，则进行镜面反射计算；反之则放弃该光线。接着，为计算光线在反射镜上的反射过程，需将 I_i 先由入射系 $X_iY_iZ_i$ 转换为地面系 $X_gY_gZ_g$ 的 I_g，参见式(3-132)；再将 I_g 转换为镜面系 $X_mY_mZ_m$ 下的 I_m，参见式(3-133)[38]。

$$\boldsymbol{I}_{\mathrm{g}} = \boldsymbol{M}_2 \cdot \boldsymbol{M}_1 \cdot \boldsymbol{I}_{\mathrm{i}}$$

$$\boldsymbol{M}_1 = \begin{bmatrix} 1 & 0 & 0 \\ 0 & \cos(\pi/2 - \alpha_{\mathrm{s}}) & -\sin(\pi/2 - \alpha_{\mathrm{s}}) \\ 0 & \sin(\pi/2 - \alpha_{\mathrm{s}}) & \cos(\pi/2 - \alpha_{\mathrm{s}}) \end{bmatrix}$$

$$\boldsymbol{M}_2 = \begin{bmatrix} \cos(A_{\mathrm{s}} + \pi/2) & -\sin(A_{\mathrm{s}} + \pi/2) & 0 \\ \sin(A_{\mathrm{s}} + \pi/2) & \cos(A_{\mathrm{s}} + \pi/2) & 0 \\ 0 & 0 & 1 \end{bmatrix} \tag{3-132}$$

$$\boldsymbol{I}_{\mathrm{m}} = \begin{bmatrix} \cos\alpha_{\mathrm{mi}} \\ \cos\beta_{\mathrm{mi}} \\ \cos\gamma_{\mathrm{mi}} \end{bmatrix} = \begin{bmatrix} 1 & 0 & 0 \\ 0 & \cos\theta_{\mathrm{m}} & \sin\theta_{\mathrm{m}} \\ 0 & -\sin\theta_{\mathrm{m}} & \cos\theta_{\mathrm{m}} \end{bmatrix} \boldsymbol{I}_{\mathrm{g}} \tag{3-133}$$

随后，采用镜面反射定律计算 $X_mY_mZ_m$ 中的反射向量 R_m，参见式(3-134)。最后，再将 R_m 转换为 $X_gY_gZ_g$ 系下的 R_g，参见式(3-136)[38]。

$$\boldsymbol{R}_{\mathrm{m}} = \boldsymbol{I}_{\mathrm{m}} - 2(\boldsymbol{I}_{\mathrm{m}} \cdot \boldsymbol{N}_{\mathrm{m}}) \boldsymbol{N}_{\mathrm{m}} \tag{3-134}$$

$$\boldsymbol{N}_{\mathrm{m}} = \begin{bmatrix} 1 & 0 & 0 \\ 0 & \cos k_{\mathrm{m}} & -\sin k_{\mathrm{m}} \\ 0 & \sin k_{\mathrm{m}} & \cos k_{\mathrm{m}} \end{bmatrix} \begin{bmatrix} \lambda_{\mathrm{m}} \cos\psi_{\mathrm{m}} \\ \lambda_{\mathrm{m}} \sin\psi_{\mathrm{m}} \\ \sqrt{1 - \lambda_{\mathrm{m}}^2} \end{bmatrix} \tag{3-135}$$

$$\boldsymbol{R}_{\mathrm{g}} = \begin{bmatrix} \cos\alpha_{\mathrm{gr}} \\ \cos\beta_{\mathrm{gr}} \\ \cos\gamma_{\mathrm{gr}} \end{bmatrix} = \begin{bmatrix} 1 & 0 & 0 \\ 0 & \cos\theta_{\mathrm{m}} & -\sin\theta_{\mathrm{m}} \\ 0 & \sin\theta_{\mathrm{m}} & \cos\theta_{\mathrm{m}} \end{bmatrix} \boldsymbol{R}_{\mathrm{m}} \tag{3-136}$$

式中，N_m 为光线与反射面交点(P_m)处的单位法向量；ψ_m、λ_m 分别为形面误差引起的镜面法向量的切向偏角与径向偏角，本节中镜面粗糙度误差为 0；k_m 为理想镜面截面型线在 P_m 处的切线与 Y_m 轴正向的夹角，若切线在 Y_mZ_m 中的斜率为负值，则 k_m 为负数，反之为正数。

4) 聚光镜之间的阴影与遮挡模拟

阴影是指聚光镜上被相邻聚光镜或吸热器的影子覆盖的部分，遮挡是指反射光线被相邻聚光镜挡住并照射到其背面的部分，参见图 3-101。下面以阴影为例，给出判断光线是否被挡住的方法。首先，采用式(3-137)将图 3-101(a)中 a 镜系下的光线发射点 P_a 转化为 b 镜系下的 P_{ab}。接着，采用式(3-138)将 P_a 处的入射向量由 $X_gY_gZ_g$ 转换到 b 镜系并表示为 I_b。然后，可由 P_{ab} 和 I_b 得到 b 镜系下的入射光线方程。最后，通过联立求解入射光线方程和聚光镜 b 的曲面方程即可求得入射光线与曲面交点 P_b，若交点在 b 镜反射面的范围内，则该光线由于 b 镜的阴影作用而被挡住。可采用与上述过程相似的方法计算反射光线是否被邻镜遮挡或入射光线是否被吸热器挡住。

$$P_{ab} = \begin{bmatrix} 1 & 0 & 0 \\ 0 & \cos\theta_{mb} & \sin\theta_{mb} \\ 0 & -\sin\theta_{mb} & \cos\theta_{mb} \end{bmatrix} \left\{ \begin{bmatrix} 1 & 0 & 0 \\ 0 & \cos\theta_{ma} & -\sin\theta_{ma} \\ 0 & \sin\theta_{ma} & \cos\theta_{ma} \end{bmatrix} P_a + \begin{bmatrix} 0 \\ y_{ma} - y_{mb} \\ 0 \end{bmatrix} \right\} \tag{3-137}$$

$$I_b = \begin{bmatrix} 1 & 0 & 0 \\ 0 & \cos\theta_{mb} & \sin\theta_{mb} \\ 0 & -\sin\theta_{mb} & \cos\theta_{mb} \end{bmatrix} I_g \tag{3-138}$$

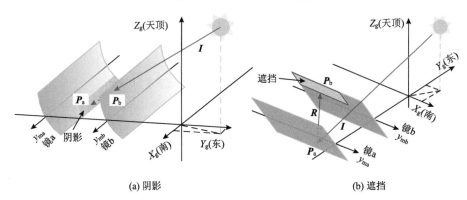

(a) 阴影　　　　　　　　　　　　　　　(b) 遮挡

图 3-101　阴影与遮挡示意图

2. 集热管中光线传播过程模拟及光线与热流分布统计

吸热器中的光线传播过程包括玻璃管上的折射过程、玻璃管或吸热管上的镜面反射或漫反射过程、吸热管上的吸收过程。计算上述光学作用过程的方法已在 3.2.3 节中给出，此处不再赘述。

线性菲涅耳式聚光器中集热管的光线与热流统计方法与槽式系统保持一致，具体内容参见 3.3.2 节第 3 部分，此处不再赘述。

3. 线性菲涅耳式聚光器性能参数定义

为表征系统的光热性能，将一些关键性能参数定义如下。其中，线性菲涅耳式聚光器的实时光学效率($\eta_{\text{opt},ij}$)定义为吸热管壁选择性吸光涂层所吸收的实时光能功率($Q_{\text{R,opt},ij}$)与聚光镜最大可接收的实时入射光能功率($Q_{\text{m},ij}$)之比，参见式(3-139)。采用类似的方式定义了系统日光学效率($\eta_{\text{opt,d}}$)与年光学效率($\eta_{\text{opt,y}}$)，参见式(3-140)、(3-141)。在上述定义中假定线性菲涅耳式聚光器在太阳高度角小于 10° 时停止工作。

$$\eta_{\text{opt},ij}=Q_{\text{R,opt},ij}\Big/Q_{\text{m},ij}, \qquad Q_{\text{m},ij}=\text{DNI}_{ij}\cdot\sum_{k=1}^{n_{\text{m}}}\left(L_{\text{m},k}\cdot W_{\text{m},k}\right) \tag{3-139}$$

$$\eta_{\text{opt,d}}=\left(\int_{i=t_1}^{t_2}Q_{\text{R,opt},ij}\right)\Big/\left(\int_{i=t_1}^{t_2}Q_{\text{m},ij}\right) \tag{3-140}$$

$$\eta_{\text{opt,y}}=\left(\sum_{j=1}^{365}\int_{i=t_1}^{t_2}Q_{\text{R,opt},ij}\right)\Big/\left(\sum_{j=1}^{365}\int_{i=t_1}^{t_2}Q_{\text{m},ij}\right) \tag{3-141}$$

$$\alpha_{\text{s}}(t_1)=\alpha_{\text{s}}(t_2)=10° \tag{3-142}$$

式中，DNI_{ij} 为第 j 天 i 时刻的法向直射辐照度；$\alpha_{\text{s}}(t_{\text{s}})$ 为真太阳时为 t_{s} 时的太阳高度角；t_1、t_2 分别为镜场开始与结束运行时刻的真太阳时。

4. 线性菲涅耳式聚光器光学模型验证

为验证所发展的实时光学计算模型的准确性，首先，对一种采用双轴跟踪的菲涅耳式聚光器的光学性能进行了计算，该聚光器由 30 面平面聚光镜组成，聚光镜的面积平均形面误差为 12.5 mrad[71]；其焦平面处的接收器为一个有效宽度为 10.2 cm 的平板。计算获得了阳光垂直入射时焦平面上的局部聚光比分布，并将其与 Chemisana 等[71]的实验结果进行了对比，如图 3-102 所示，可见模拟结果与实验曲线符合良好，二者相对误差小于 1.6%。

接着，进一步将本小节 MCRT 模型应用于线性菲涅耳式聚光器的模拟结果与TracePro 软件[72]和美国国家可再生能源实验室开发的 SolTrace 软件[54]的模拟结果进行比对。其中，TracePro 是一种光学设计软件，其可以处理较为复杂的几何结构中的光学作用过程。先将本小节模型计算结果与 TracePro 的模拟结果进行对比，以验证无形面误差时的复杂几何光学模型的准确性。验证中的工况是：太阳高度角(α_{s})为 90°，所有的圆柱面聚光镜的半径(R_{m})都为 21 m。两种模型对 CPC 入口平面和吸热管周向局部聚光比的模拟结果参见图 3-103(a)。接着，为验证本小节模型对形面误差处理的准确性，在上述工况下，进一步将聚光镜和 CPC 的形面误差(σ_{se})都设置为 2.5 mrad，并将本小节模型与 SolTrace 对 CPC 入口平面和管周向局部聚光比分布的计算结果对比，如图 3-103(b)所示。由图 3-103 可见，所建立的模型模拟结果与两种软件计算结果吻合得均很好。这表明，本节所发展的三维 MCRT 光学计算模型是可靠的。

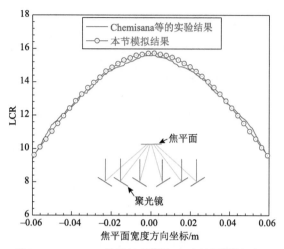

图 3-102　MCRT 模拟结果[39]与实验结果[71]的对比

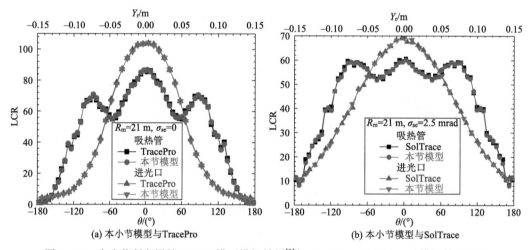

图 3-103　本小节所发展的 MCRT 模型模拟结果[3]与 TracePro、SolTrace 的模拟结果对比

3.6.3　"按流均光"思想指导下的聚光镜瞄准策略优化

某面反射镜在 $X_r Y_r Z_r$ 中的瞄准线(x_r, y_{aim}, z_{aim})是一条由该反射镜中心线上反射的光线所击中的位于瞄准面 $z_r = z_{aim}$ 上的直线，如图 3-104 所示，其中 y_{aim} 与 z_{aim} 分别为瞄准线在 $X_r Y_r Z_r$ 中的 Y 值与 Z 值。系统的瞄准面位于 CPC 进光口处，即 $z_{aim} = -70$ mm。

对采用单管吸热器的线性菲涅耳式聚光器而言，可将所有反射镜瞄向瞄准面的中线，这种瞄准策略称为传统的单线瞄准策略(S1)，如图 3-104(a)所示。在使用 S1 时，吸热管周向的能流会极不均匀，其将在管上造成非均匀的温度分布和热应力分布，而这将造成吸热管的弯曲，且这样的弯曲可达到非常大的程度，以至于对典型槽式集热管而言，在使用一年之后，在吸热管长度方向的中心位置的横向偏移可达 10 mm 以上。如此显著的变形将有可能造成集热管真空失效和玻璃管破裂。美国 SEGS 槽式电站的实际运行结果表明，每年约有 3.37%的集热管失效[73]。

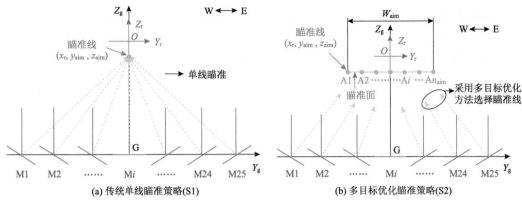

图 3-104　线性菲涅耳式聚光器中的两种瞄准策略示意图

1. 多目标优化瞄准策略的数学描述

下面介绍一种以均化吸热管周向的能流分布为目的的多线瞄准策略(S2)[39]，如图 3-104(b)所示，其中 n_{aim} 条瞄准线均匀地分布在瞄准面上并由西至东编号为 A1～An_{aim}。每面反射镜将从 n_{aim} 条瞄准线中选择一条作为其瞄准线。同时，在优化中也将瞄准面的宽度(W_{aim})作为一个优化参数。由线性菲涅耳式聚光器的东西对称特性可知，入射光线向量在线性菲涅耳式聚光器长度方向的分量对吸热器内的能流分布几乎没有影响。因此，仅需优化不同横向入射角($\alpha_{s,T}$)下的聚光镜瞄准策略。因而，在优化中可假设太阳位于正东方，此时太阳的方位角(A_s)为 90°，且横向入射角($\alpha_{s,T}$)与太阳高度角(α_s)相等。

在瞄准策略优化中，同时将吸热管周向的能流非均匀指数(f_{ST})与系统光学损失率(η_{loss})作为优化目标函数。f_{ST} 定义为吸热管周向网格能流值的相对标准偏差，如式(3-143)所示。η_{loss} 定义为式(3-144)，系统实时光学效率($\eta_{opt,ij}$)定义为吸热管所吸收功率与反射镜最大可接收功率之比，参见式(3-144)[39]。

$$f_{ST} = \frac{\sqrt{\sum_{i=1}^{n_e}\left[q_1(i)-\overline{q}_1\right]^2 \Big/ (n_e-1)}}{\overline{q}_1}, \quad \overline{q}_1 = \frac{\sum_{i=1}^{n_e} q_1(i)}{n_e} \tag{3-143}$$

$$\eta_{loss} = 1 - \eta_{opt,ij}, \quad \eta_{opt,ij} = Q_{ij} \Big/ (\mathrm{DNI}_{ij} \cdot L_m W_m n_m) \tag{3-144}$$

式中，n_e 为吸热管周向网格数目，在优化中取为 68；$q_1(i)$ 为第 i 个周向网格的局部能流值。

2. 基于多目标遗传算法的优化模型

采用 MCRT 方法与带精英策略的快速非支配排序遗传算法(NSGA-Ⅱ)[74]相结合的方法来对瞄准策略进行优化，从而均化吸热管周向能流分布。具体的优化流程参见图 3-99，其中，采用 MCRT 方法来计算吸热管上的能流分布和系统光学效率，采用 NSGA-Ⅱ 来优化跟踪策略和瞄准面宽度。

NSGA-Ⅱ在优化之初,随机生成具有 N 位个体的群体,每位个体(g)为一个存有(n_m+1)个基因(g_i)的向量,如式(3-145)所示。个体中的前 n_m 个基因是整数,每个基因 g_i 代表对应的聚光镜 i (Mi)的瞄准线序号。最后一个基因 g_{n_m+1} 是一个实数,其代表瞄准面的宽度(W_{aim})。在本章的瞄准策略优化中,种群大小取为 N=50,基因 g_i 取值的下限(g_i^L)和上限(g_i^U)式(3-146)所示。

$$g = \left(g_1, g_2, \cdots, g_{n_m}, g_{n_m+1} \right) \tag{3-145}$$

$$\begin{cases} g_i^L = 1, & g_i^U = n_{aim}, & 1 \leqslant i \leqslant n_m \\ g_i^L = 50\,\text{mm}, & g_i^U = 300\,\text{mm}, & i = n_m + 1 \end{cases} \tag{3-146}$$

随后,执行非支配排序、拥挤度排序、锦标赛选择、交叉、变异、重组与选择等过程从老的一代中产生新的一代。该过程将一直进行下去直到达到足够多的进化代数。在本章优化中,最大的进化代数设置为 500。在优化结束之后,将可得到一个由 N 位个体组成的帕累托最优前沿。

3. 从帕累托最优前沿中筛选出最优解

优化计算结束之后,将获得能流非均匀指数(f_{ST})与系统光学损失率(η_{loss})的帕累托前沿。与塔式定日镜瞄准策略优化时类似,为避免造成过大的光学损失,可以采用一种效率限制方法来从帕累托前沿中筛选最终解[39]。具体而言,首先,从帕累托前沿中筛选出一组符合式(3-147)要求的优化个体,式(3-147)中的 λ 是一个用来限制光学损失的系数,此处 λ 取为 0.95。需要注意的是 λ 的值可以根据具体优化中的光学损失承受能力进行调整。接着,将所筛选出的个体中具有最小光学效率的个体推荐为最优。

$$\eta_{opt,ij}(S2) \geqslant \lambda \cdot \eta_{opt,ij}(S1) \tag{3-147}$$

式中,$\eta_{opt,ij}(S2)$ 是瞄准策略为 S2 时的实时系统光学效率;$\eta_{opt,ij}(S1)$ 是瞄准策略为 S1 时的实时系统光学效率。

除了采用上述效率限制方法之外,此处还将介绍一种被称为逼近理想解排序法(TOPSIS)的方法。TOPSIS 的实施步骤如下:首先,采用式(3-148)将帕累托前沿中的每个优化个体的非均匀指数(f_{ST})与光学损失率(η_{loss})归一化;接着,采用式(3-149)计算每个个体的两个距离参量(d_i^+、d_i^-);然后,将优化个体中具有式(3-150)所示的最大的 r_i^* 的个体推荐为最优解。

$$\begin{cases} f_{ST,i}^* = f_{ST,i} \left/ \sqrt{\sum_{i=1}^{N} f_{ST,i}^2} \right. \\ \eta_{loss,i}^* = \eta_{loss,i} \left/ \sqrt{\sum_{i=1}^{N} \eta_{loss,i}^2} \right. \end{cases} \tag{3-148}$$

$$\begin{cases} d_i^- = \sqrt{\left[\eta_{\text{loss},i}^* - \max\left(\eta_{\text{loss},i}^*\right)\right]^2 + \left[f_{\text{ST},i}^* - \max\left(f_{\text{ST},i}^*\right)\right]^2} \\ d_i^+ = \sqrt{\left[\eta_{\text{loss},i}^* - \min\left(\eta_{\text{loss},i}^*\right)\right]^2 + \left[f_{\text{ST},i}^* - \min\left(f_{\text{ST},i}^*\right)\right]^2} \end{cases} \tag{3-149}$$

$$r_i^* = d_i^- \big/ \left(d_i^+ + d_i^-\right) \tag{3-150}$$

式中，i 为 $1,2,\cdots,N$；$\min\left(x_i\right)$ 与 $\max\left(x_i\right)$ 分别代表 x_i 的最小值和最大值。

最后，将效率限制法推荐解的光学效率与 TOPSIS 推荐解的光学效率进行比较，若前者大于后者，则将效率限制法的推荐解选为最优解；反之，则将 TOPSIS 的推荐解作为最优解。这样就最终筛选出了最优瞄准策略。

3.6.4 线性菲涅耳式聚光器光学性能分析结果

线性菲涅耳式系统的光学性能是理论研究和工业实践中所关心的一个要点，其决定了系统的总输入能量的大小。本节基于上述所发展的实时光学计算模型和瞄准策略多目标优化模型，首先分析了典型工况下多目标优化瞄准策略对集热管能流的均化效果；接着，在系统所有可能的入射角范围内获得了多目标优化后的最优瞄准策略，并检验了优化策略在实时工况下的能流均化效果；最后，探讨了时空参数对系统光学性能的影响规律。下面详细介绍光学性能研究结果[19,39]。

1. 典型工况下的能流分布优化结果

首先，在典型工况($\alpha_{\text{s,T}}=\alpha_{\text{s}}=45°$，$A_{\text{s}}=90°$)下对新型系统的瞄准策略进行了优化，其中瞄准线数目(n_{aim})为 11。图 3-105 给出了典型工况下的 Pareto 最优前沿。图 3-105 中光学损失率(η_{loss})随非均匀指数的增大而降低。图 3-105 中同时给出了采用 TOPSIS 和效率限制方法筛选后得到的推荐解。在采用式(3-147)~(3-150)所述筛选步骤后，最终将效率限制方法给出的结果作为最优解。最优解的具体瞄准策略参见图 3-106。

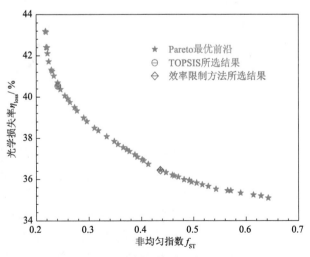

图 3-105　典型工况下新型系统的帕累托最优前沿，其中 $\alpha_{\text{s,T}}=\alpha_{\text{s}}=45°$，$A_{\text{s}}=90°$

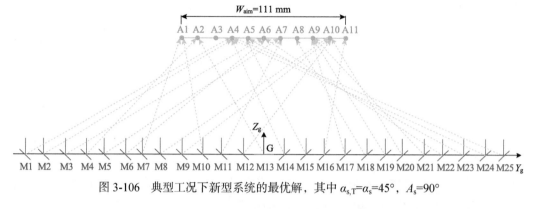

图 3-106　典型工况下新型系统的最优解，其中 $\alpha_{s,T}=\alpha_s=45°$，$A_s=90°$

接着，对比了典型工况下，两种瞄准策略(S1, S2)对吸热管周向局部聚光比分布的影响。由图 3-107 可见，使用 S1 时，吸热管上的能流分布极不均匀，且 $f_{ST}=0.67$，$LCR_{max}=95.4$。此时，仅有 22%的能量照射到了吸热管上半部分。当使用 S2 时，能流分布会变得比较均匀，此时 $f_{ST}=0.44$，$LCR_{max}=69.9$。与使用 S1 时相比，f_{ST} 与 LCR_{max} 分别降低了 34%和 27%。值得注意的是，此时 35%的能量投射到了吸热管上半部分，这将有助于减小吸热管弯曲，从而有助于避免玻璃管破裂和真空失效。此外，可以发现使用 S2 时的光学效率仅比使用 S1 时降低了 1.2 个百分点。这是由于在分散瞄准点之后，更多的光线会从 CPC 与吸热管之间的缝隙漏掉，部分光线也不能投射到 CPC 进光口的范围之内。

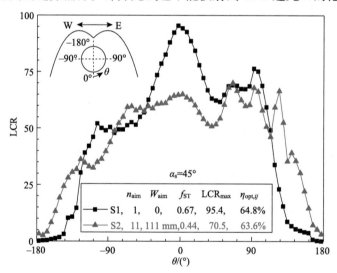

图 3-107　两种瞄准策略(S1, S2)下吸热管周向的局部聚光比分布图，$\alpha_{s,T}=\alpha_s=45°$ 与 $A_s=90°$

上述结果表明，对新型系统而言，所提出的 MOGA 优化瞄准策略在典型工况下可在能流均匀性和光学损失之间达成妥协，从而有效提高能流分布均匀性。

在所发展的 MOGA 瞄准策略优化模型中，瞄准线数目(n_{aim})是整个瞄准策略中唯一未被优化的变量，因而有必要对其影响进行讨论。鉴于此，本小节在上述典型工况下讨论了瞄准线数目的影响。图 3-108 给出了不同瞄准线数目(n_{aim})下吸热管上的能流分布。由图 3-108 可见，当 n_{aim} 变化时，W_{aim} 的优化结果也随之变化。同时可见，当 $n_{aim}=5\sim$

19 时，其对光学效率的影响不显著。然而，当 n_{aim}=5～9 时，f_{ST} 与 LCR_{max} 随 n_{aim} 的增大有减小的趋势。这是因为当瞄准线越多时，吸热管上所汇聚的光线可以被分得越分散。此外可见，当 n_{aim}=9～19 时，f_{ST} 与 LCR_{max} 随 n_{aim} 的增大变化很小，分别在 0.45 和 70 左右。可见，为了在吸热管上获得足够均匀的能流分布，n_{aim} 需要足够大，对本新型系统而言，n_{aim} 取为 11 即可满足要求，下文中也将按此值进行进一步分析。

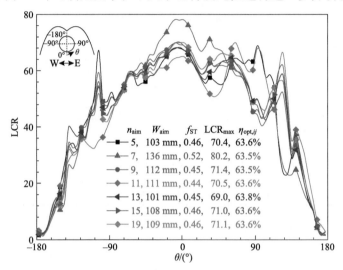

图 3-108　不同瞄准线数目(n_{aim})下吸热管周向的能流分布，$\alpha_{s,T}=\alpha_s=45°$ 与 $A_s=90°$

2. 优化瞄准策略在全入射角范围的实施方法

在系统运行过程中，主反射镜跟踪太阳的两步跟踪动作之间的时间间隔很短。那么，若对每个跟踪动作都进行瞄准策略优化计算，那么会导致过长的计算时间，并让系统实时瞄准优化变得不可能。为尽可能地减少瞄准策略优化中的计算时间，一个可能的方法是将在某个横向入射角($\alpha_{s,T}$)下获得的瞄准策略的最优解应用在一个较大的合理的横向入射角范围内。

因此，本小节首先探讨了将典型横向入射角($\alpha_{s,T}$=45°)下获得的最优策略应用在该角度附近 5°范围内的可行性。图 3-109 给出了 $\alpha_{s,T}$=42.5°和 $\alpha_{s,T}$=47.5°时两种瞄准策略下吸热管上的能流分布。由图 3-109 可见，$\alpha_{s,T}$=45°时获得的优化策略在 $\alpha_{s,T}$=42.5°和 $\alpha_{s,T}$=47.5°时仍然可获得比较均匀的能流分布。同时可见，在每种瞄准策略下，当 $\alpha_{s,T}$ 由 42.5°增长到 47.5°时，吸热管上的能流分布轮廓变化不大。这是因为横向入射角变化范围较小，因而从主反射镜射向吸热器的光线分布变化也较小。

最后，进一步对表 3-7 前两列所示的其他 16 个不同角度下的算例进行了检验，检验中横向入射角($\alpha_{s,T}$)的间隔取为 5°。通过优化计算和对比之后，也得到了与上述典型工况下相似的结果，即在某一 $\alpha_{s,T}$ 值下获得的最优瞄准策略可被应用在以该 $\alpha_{s,T}$ 值为中心的 5°范围内。因此，对所提出的新型 LFC 而言，在优化了表 3-7 所示的 17 个算例之后，即可在整个 $\alpha_{s,T}$=10°～90°内在吸热管周向获得较为均匀的太阳辐射能流分布，具体的优化结果如表 3-8 所示。

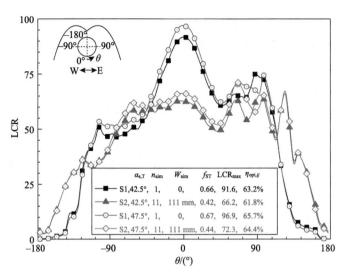

图 3-109 两种瞄准策略下吸热管上的能流分布对比

表 3-7 17 个关键算例与对应春分日的时刻点

算例 i	$\alpha_{s,T,i}$/(°)	t_s/h	A_s/(°)	α_s/(°)
1	10.0	6.716	94.0	10.0
2	15.0	7.076	96.3	14.9
3	20.0	7.434	98.6	19.8
4	25.0	7.788	101.0	24.6
5	30.0	8.138	103.7	29.3
6	35.0	8.482	106.5	33.9
7	40.0	8.822	109.6	38.3
8	45.0	9.158	113.0	42.6
9	50.0	9.488	116.9	46.8
10	55.0	9.814	121.3	50.7
11	60.0	10.136	126.4	54.4
12	65.0	10.452	132.4	57.7
13	70.0	10.766	139.5	60.7
14	75.0	11.078	147.9	63.3
15	80.0	11.386	157.5	65.2
16	85.0	11.694	168.4	66.5
17	90.0	12.000	180.0	66.9

表 3-8 新型线性菲涅耳式集热器的 17 个关键算例下的最优瞄准策略

算例 i	g_1	g_2	g_3	g_4	g_5	g_6	g_7	g_8	g_9	g_{10}	g_{11}	g_{12}	g_{13}
1	9	8	6	3	4	8	1	7	8	4	10	8	1
2	8	5	5	3	7	2	1	1	8	6	2	7	6
3	8	4	7	3	8	1	10	1	1	1	6	6	3
4	9	6	4	6	1	6	7	1	10	8	2	8	2

续表

算例 i	g_1	g_2	g_3	g_4	g_5	g_6	g_7	g_8	g_9	g_{10}	g_{11}	g_{12}	g_{13}
5	10	7	4	4	5	1	7	8	9	1	2	11	1
6	9	3	7	1	4	8	8	11	3	1	3	6	3
7	7	4	3	6	1	6	7	1	10	1	1	10	4
8	4	4	6	2	7	6	1	10	10	1	7	10	2
9	5	3	3	8	9	6	2	7	2	3	7	7	3
10	8	8	7	1	2	11	1	1	10	8	3	8	4
11	11	8	4	4	3	2	5	10		7	1	2	5
12	8	8	7	1	3	10	1	1	9	8	1		4
13	10	4	3	4	7	1	5	3	1	9	8	6	5
14	10	4	3	4	7	1	5	1	1	9	9	6	5
15	10	4	3	4	6	1	6	1	1	9	9	6	5
16	10	3	3	4	6	2	5	1	1	9	9	6	5
17	10	8	4	4	2	2	5	9	9	7	2	5	5

算例 i	g_{14}	g_{15}	g_{16}	g_{17}	g_{18}	g_{19}	g_{20}	g_{21}	g_{22}	g_{23}	g_{24}	g_{25}	g_{26}
1	2	2	6	4	3	1	3	5	4	5	5	8	0.215 m
2	6	2	5	3	7	7	6	2	4	5	7	8	0.186 m
3	8	7	10	7	3	2	7	5	7	10	7	8	0.128 m
4	2	7	3	5	9	10	6	6	2	6	7	6	0.095 m
5	10	2	7	7	5	6	9	9	4	4	5	3	0.090 m
6	2	10	11	10	2	9	10	5	7	4	7	6	0.104 m
7	9	9	10	8	1	6	8	5	7	11	2	4	0.103 m
8	4	5	11	9	8	9	10	9	6	5	4	4	0.111 m
9	10	8	8	5	7	5	11	3	6	8	10	7	0.142 m
10	11	10	6	11	2	5	5	10	5	10	5	8	0.109 m
11	3	11	10	5	8	4	6	10	7	6	4	6	0.117 m
12	10	11	6	11	2	5	5	11	5	9	3	8	0.107 m
13	1	3	9	4	10	2	11	6	8	9	4	5	0.138 m
14	1	4	8	3	11	2	11	6	8	9	4	6	0.114 m
15	2	4	10	4	11	2	11	6	8	9	4	5	0.116 m
16	2	3	10	4	11	2	11	6	8	9	4	5	0.113 m
17	4	10	10	4	10	4	4	9	7	7	4	7	0.145 m

3. 优化瞄准策略在实时工况下的应用

本小节将检验所发展的瞄准策略优化方法在实时工况下的应用效果，所检验的具体实时工况为春分日上午的不同时刻。图 3-110 给出了春分日上午使用 S2 和 S1 时新型系统的光学性能图。图 3-111 和图 3-112 分别给出了使用两种瞄准策略时的能流密度分布，其中同样可以看到由非零入射角造成的末端损失。图 3-113 给出了不同瞄准策略和时刻下吸热管上的详细能流密度对比结果。

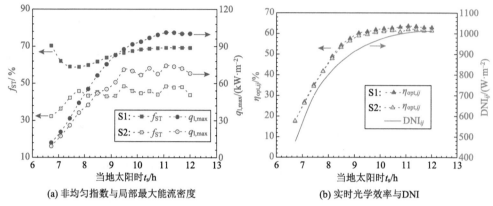

(a) 非均匀指数与局部最大能流密度　　　　　(b) 实时光学效率与 DNI

图 3-110　春分日使用 S2 与 S1 时新型线性菲涅耳式集热器的光学性能

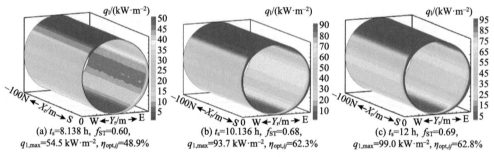

(a) t_s=8.138 h, f_{ST}=0.60,
$q_{1,max}$=54.5 kW·m^{-2}, $\eta_{opt,ij}$=48.9%　　(b) t_s=10.136 h, f_{ST}=0.68,
$q_{1,max}$=93.7 kW·m^{-2}, $\eta_{opt,ij}$=62.3%　　(c) t_s=12 h, f_{ST}=0.69,
$q_{1,max}$=99.0 kW·m^{-2}, $\eta_{opt,ij}$=62.8%

图 3-111　春分日使用 S1 时吸热管上的实时能流分布

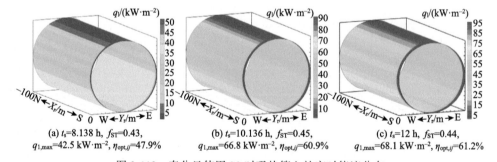

(a) t_s=8.138 h, f_{ST}=0.43,
$q_{1,max}$=42.5 kW·m^{-2}, $\eta_{opt,ij}$=47.9%　　(b) t_s=10.136 h, f_{ST}=0.45,
$q_{1,max}$=66.8 kW·m^{-2}, $\eta_{opt,ij}$=60.9%　　(c) t_s=12 h, f_{ST}=0.44,
$q_{1,max}$=68.1 kW·m^{-2}, $\eta_{opt,ij}$=61.2%

图 3-112　春分日使用 S2 时吸热管上的实时能流分布

由图 3-110 可见，非均匀指数(f_{ST})可由使用 S1 时的 0.59～0.70 降低至使用 S2 时的 0.32～0.48，降低幅度为 22%～54%。由图 3-111 和图 3-113 可见，当使用 S1 时，吸热管底部会出现局部热斑，而管顶部则未获得充分利用。由图 3-112 和图 3-113 可见，所提出的 S2 可有效地消除局部热斑。同时，由图 3-110 可知，管上的最大能流可由使用 S1 时的 12.1～101.2 kW·m^{-2} 降低至使用 S2 时的 9.3～74.3 kW·m^{-2}，降低幅度为 16%～32%，可见优化后的最大能流值与槽式系统相当，因而集热管在运行中也应当具备与槽式集热管相当的安全性。此外，可以发现在使用了 S2 之后，太阳光能可以比较均匀地分布到管子周围，其中 20%~35%的能量分布到了管子的上半部分。最后，可以发现在使用了 S2 之后，在大多数时候系统光学效率仅降低了 0.14~1.5 个百分点，在 $\alpha_{s,T}$=70°时仅降低了 2.3 个百分点。

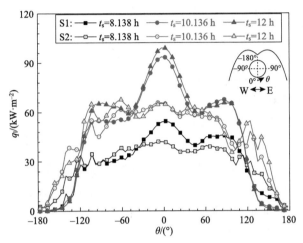

图 3-113　春分日使用 S1 和 S2 时吸热管上的实时能流对比图

4. 时空参数对系统光学性能的影响规律

接着，本小节分析了新型熔盐线性菲涅耳系统的光学效率在不同纬度和全年不同日期下的变化情况。图 3-114 给出了在采用 MOGA 瞄准策略时系统在不同纬度的日效率($\eta_{opt,d}$)随时间的变化情况。由图 3-114 可见，与使用多管腔式吸热器的传统线性菲涅耳式集热器相似，新型线性菲涅耳式集热器的 $\eta_{opt,d}$ 分布仍然呈现出马鞍形的变化特点。在 MOGA 瞄准策略(S2)下，在从赤道到 50°N 的范围内，$\eta_{opt,d}$ 的变化范围为 14.3%~62.8%；而在传统瞄准策略(S1)下，$\eta_{opt,d}$ 的范围为 14.8%~64.0%；可见，前者仅比后者低 0.5~1.2 个百分点。

图 3-115 给出了新型线性菲涅耳式集热器和传统线性菲涅耳式集热器在两种瞄准策略下的年光学效率($\eta_{opt,y}$)随纬度的变化情况。由图 3-115 可见，首先，对新系统而言，在两种瞄准策略下，随着 φ 的增大，$\eta_{opt,y}$ 都逐渐减小。其次，可以发现在 0°~50°N 的范围内，采用传统瞄准策略(S1)和 MOGA 瞄准策略(S2)的新型系统的 $\eta_{opt,y}$ 的范围分别为 44.5%~59.9%和 43.5%~58.7%。也就是说，与使用 S1 时相比，采用 S2 后的 $\eta_{opt,y}$ 仅降低约 1 个百分点。接着，对比了新型线性菲涅耳式集热器与传统线性菲涅耳式集热器在不同瞄准策略下的光学效率。由图 3-115 可见，在 MOGA 优化瞄准策略下，新型系统的 $\eta_{opt,y}$ 仅比传统系统的 $\eta_{opt,y}$ 低 0.1~0.4 个百分点；而在传统瞄准策略下，新型系统的 $\eta_{opt,y}$ 也仅比传统系统的 $\eta_{opt,y}$ 低约 0.3 个百分点。新型系统年光学效率略低的原因在于，一方面，与传统系统相比，新系统中多出了光线在 CPC 二级聚光器上的反射过程的光学损失；另一方面，新系统集热管的有效段比例仅为 96%，而传统多管吸热器的有效段比例则为 100%。

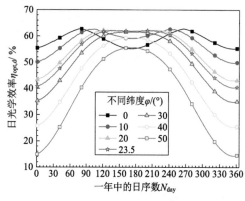 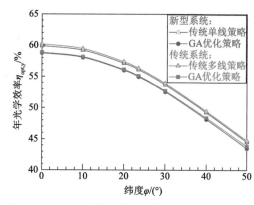

图 3-114   MOGA 瞄准策略下新型系统的 $\eta_{\mathrm{opt,d}}$ 随 N_{day} 与 φ 的变化

图 3-115   新型系统和传统系统在两种瞄准策略下的 $\eta_{\mathrm{opt,y}}$ 随 φ 的变化

3.6.4 节的结果表明，一方面，所提出的 MOGA 优化瞄准策略可以在牺牲约 1 个百分点的年光学效率的情况下，极大地提升吸热管周向能流分布的均匀性；另一方面，新型系统可达到与传统系统非常接近的年光学效率。

3.7   基于 MCRT 方法的菲涅耳透镜光学性能分析

除了槽式、碟式、塔式及线性菲涅耳式聚光器外，菲涅耳透镜也是太阳能光热发电系统常用的聚光器。本节以传统线聚焦菲涅耳透镜以及作者团队所提出的一种新型线聚焦菲涅耳透镜为例，简要介绍菲涅耳透镜的聚光过程和光学模拟方法；基于此，揭示了新型菲涅耳透镜对吸热面上能流密度分布的均化效果，分析了关键几何参数对光学性能的影响。具体内容简介如下[43,44]。

3.7.1   菲涅耳透镜物理模型与光学模拟

传统的线聚焦菲涅耳透镜会将垂直入射到进光口的所有光线都汇聚到一条焦线上，如图 3-116(a)所示，而这会在焦线处的吸热面上造成极高的辐射能流密度，进而会对焦平面处吸热器的安全运行带来不利影响。

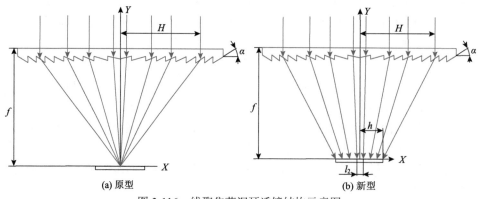

图 3-116   线聚焦菲涅耳透镜结构示意图

针对上述问题，本节提出了一种可均化吸热面上热流分布的新型线聚焦菲涅耳透镜，如图 3-116(b)所示。其设计思路如下，对于齿状单元数为 N、齿状单元宽为 l_1 的菲涅耳透镜，将其焦点处的吸热面也均分为 N 个条带，每段长为 l_2，通过设计使得垂直入射到第 i 个透镜齿状单元中心的光束经过两次折射后，投射到吸热面上其所对应的第 i 个条带的中心处，这样入射光束就会较为均匀地分布在吸热面上。那么根据 2.3.5 节所述的菲涅耳透镜设计原理，该新型菲涅耳透镜的每个齿状单元的工作侧面角可根据几何光学的原理采用式(3-151)计算得到[43,44]。

$$\alpha = \arctan \frac{H-h}{n\sqrt{(H-h)^2+f^2}-f} \qquad (3-151)$$

式中，H 为各齿中心位置与 Y 轴的距离；h 为各齿对应的吸热面上的条带中心位置与 Y 轴的距离；n 为透镜材料的折射率。

对比研究的原型透镜和新型透镜的齿数(N)均为 200、通光口宽度为 100 mm、齿宽(l_1)为 0.5 mm、焦距(f)为 100 mm、基板厚度为 2 mm、材料折射率(n)为 1.49、吸热面假想的吸收率为 1，光学分析中透镜的长度取为 6 mm。此外原型透镜只有一个焦点，而新型透镜吸热面的设计宽度取为 1 mm[43,44]。

太阳辐射在菲涅耳透镜中的传播过程主要包括，光线在透镜入口界面的发射、光线在透镜厚度方向的两侧界面的折射、光线在透镜中的吸收以及光线在吸热面上的吸收等过程。为考察新型透镜对于吸热面辐射能流密度均匀性的改进效果，采用 MCRT 方法在入射光线垂直均匀地照射于透镜上表面的条件下对上述过程进行模拟，具体的模拟方法已经在 3.2.3 节中给出，此处不再赘述。此外，模拟中考虑了阳光不平行性的影响，且 DNI 设定为 1000 W·m^{-2}。

3.7.2 新型菲涅耳透镜光学性能分析结果

本节介绍了线聚焦菲涅耳透镜的聚光特性，对比分析了原型透镜与新型透镜在吸热面上的能流密度分布，考察了关键几何参数对能流密度分布的影响。具体内容如下。

1. 新型透镜对辐射能流的均化作用

图 3-117 和图 3-118 是原型透镜与新型透镜焦平面能流分布的模拟结果。由图 3-117 可以清楚地看到，新型透镜的焦平面能流密度分布的均匀性得到了明显的改善，原型透镜的中心区域局部聚光比达到 45 倍，两侧聚光比急剧下降。改进后的透镜中心区域的几何聚光比仅为 30，且均匀分布的区域较原来大大增加。图 3-118 表明，整体而言新型透镜的焦平面能流密度梯度得到很大降低，原型透镜中心区域的尖角分布改进为近似均匀的分布。

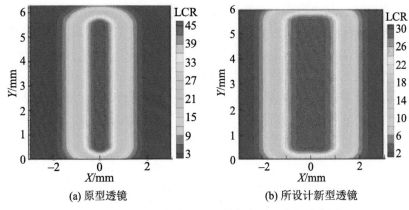

(a) 原型透镜　　　　　　　　　　(b) 所设计新型透镜

图 3-117　原型透镜与新型透镜的焦平面光斑示意图

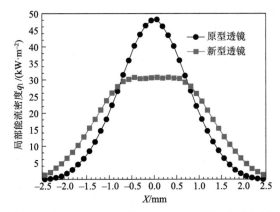

图 3-118　原型透镜与新型透镜的焦平面能流密度(q_1)分布

2. 关键几何参数对光学性能的影响

本小节进一步考察了不同入射光倾角、吸热面宽度及吸热面 Y 坐标值等因素对新型线聚焦菲涅耳透镜吸热面上能流密度分布的影响，结果如图 3-119 所示。

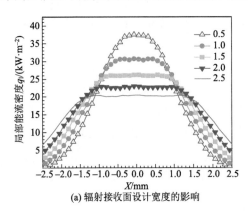

(a) 辐射接收面设计宽度的影响

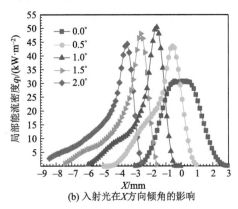

(b) 入射光在 X 方向倾角的影响

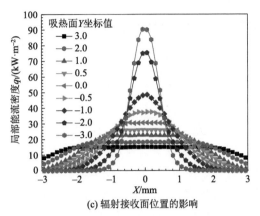

(c) 辐射接收面位置的影响

图 3-119 不同参数条件下吸热面的能流密度(q_l)分布

由图 3-119(a)可见,增大设计接收面宽度会使得焦平面中心分布均匀区域扩大,但同时伴随着能流密度的降低。由图 3-119(b)可见,当入射光线在 X 方向出现倾角时,吸热面上的最大能流密度也会相应出现偏移,且最大能流密度大于垂直入射时的值。由图 3-119(c)可见,吸热面的位置并非一定要布置在焦平面上,适当的偏移可扩大能流密度的均匀分布区域。

3.8 本 章 小 结

本章首先介绍了蒙特卡罗法的基本思想,接着着重介绍了 MCRT 方法的基本原理及其在太阳能聚光系统中的应用现状,随后分别详细介绍了 MCRT 方法在槽式聚光器、碟式聚光器、塔式聚光器、线性菲涅耳式聚光器、菲涅耳透镜等五种典型太阳能聚光器光学性能模拟中的具体实施过程。

在此基础上,分析了五种典型聚光器的光学性能,分析了关键几何和光学参数对吸热器上的光场分布和系统光学效率的影响规律。介绍了多管吸热器中光线在各表面间的多次反射和吸收作用(即重吸收效应)对吸热器光学效率的提升作用,并介绍了一种基于该效应优化获得的新型翅片状多管吸热器。同时,针对吸热器上普遍存在的极度不均匀的光场分布与吸热工质大致均匀的流场分布的不匹配导致吸热器过热烧毁或热应力开裂的问题,介绍了作者所提出的"按流均光"的光场调控思想,其内涵为:当工质流场分布一定时,采用聚光策略或聚光器构型优化来均化光场,尽可能地实现光场与均匀流场的匹配。在此基础上,介绍了在"按流均光"思想的指导下发展的几种光场均化技术和方法,分别为:可均化光场分布的带二级反射镜的槽式聚光器、塔式定日镜多点瞄准策略优化方法、线性菲涅耳式聚光器多线瞄准策略优化方法以及新型线聚焦菲涅耳透镜。相关结果可为聚光器几何结构优化、光学性能改善提供参考,并可为后续吸热器内光热耦合换热过程研究提供必要条件。

问题思考及练习

➢思考题

3-1 蒙特卡罗法的基本思想是什么？

3-2 根据其所解决的问题是否涉及随机过程可将蒙特卡罗法分为哪两类？

3-3 MCRT 方法的具体实施过程是怎样的？

3-4 3.2.3 节在对入射光线方向进行随机概率模拟时，假定阳光入射方向是在半角为 16′的光锥范围内服从均匀分布的。这样的假设与真实的阳光是一致的吗？是否还可以将其假设为其他类型的分布？

3-5 相同量值的界面形面误差和粗糙度误差对反射光线方向的影响是相同的吗？如果不同，它们的影响有什么差异？

➢习题

3-1 已知一平面聚光器的长度为 L、宽度为 W，在其平面内建立一个二维坐标系 XY，该坐标系的原点位于聚光器中心，X 和 Y 分别与聚光器的长边和短边保持平行。当采用蒙特卡罗法在聚光器内发射光线时，试写出光线发射位置的随机概率模型。

3-2 在聚光器光学模拟过程中，建立了习题 3-2 附图所示的入射坐标系 $X_iY_iZ_i$ 和地面坐标系 $X_gY_gZ_g$。入射系 $X_iY_iZ_i$ 以物体上被光线击中的点为原点，Z_i 指向太阳，X_i 水平且垂直于 Z_i、Y_i 垂直于 X_iZ_i 平面并指向上方。在地面系 $X_gY_gZ_g$ 中，X_g、Y_g 与 Z_g 分别指向南方、东方和天顶。当太阳高度角和方位角分别为 α_s 和 A_s 时，求 $X_iY_iZ_i$ 中的入射向量(I_i)在地面系中的表达式(I_g)。

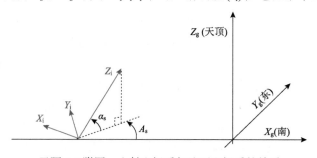

习题 3-2 附图　入射坐标系与地面坐标系的关系

3-3 镜面反射过程是光热发电系统中常见的光学作用过程。已知一平面的单位法向量 N 垂直平面向里，单位入射向量 I 和单位反射向量 R 的示意图参见习题 3-3 附图。试推导出单位入射向量和单位反射向量之间的关系。

(参考答案：$R = I - 2(I \cdot N)N$)

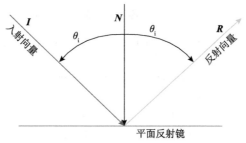

习题 3-3 附图　镜面反射示意图

3-4 在 MCRT 方法中，常需要判断光线击中的一个点是否位于一个凸四边形内。若已知习题 3-4 附图所示的凸四边形的 4 个顶点 A、B、C、D 的坐标，试给出判断点 P 是否在四边形 $ABCD$ 内的方法。

(解题思路提示：利用向量叉乘来判断点与边的相对位置)

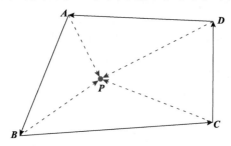

习题 3-4 附图　凸四边形内部的点

3-5 已知一种简化的抛物面槽式聚光器由反射镜和吸热管组成，其结构参见习题 3-5 附图。反射镜宽度为 5 m、长度为 4 m、焦距为 1.84 m、反射率为 0.94、形面误差的标准差为 2 mrad，吸热管外半径为 35 mm、长度为 4 m、吸收率为 1。假设太阳视半径为 4.65 mrad，入射阳光的主光轴垂直于反射镜进光口平面，阳光法向直射辐照度为 1000 W·m^{-2}。请通过修改附录 B 提供的 MCRT 程序 TOPS，来模拟该聚光器内的光学过程并预测入射到聚光器进光口的直射辐射的总功率、管外壁吸收的辐射功率、聚光器的光学效率以及吸热管外壁的能流密度分布。

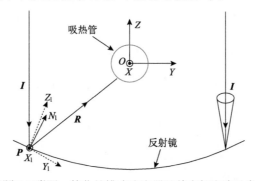

习题 3-5 附图　简化的槽式聚光器及其内部光路示意图

参 考 文 献

[1] He Y L, Qiu Y, Wang K, et al. Perspective of concentrating solar power[J]. Energy, 2020, 198: 117373.

[2] 徐钟济. 蒙特卡罗方法[M]. 上海: 上海科学技术出版社, 1985.

[3] Howell J, Perlmutter M. Monte Carlo solution of thermal transfer through radiation media between gray walls[J]. Journal of Heat Transfer and Transactions of the ASME, 1964, 86(1): 116-122.

[4] He Y L, Xiao J, Cheng Z D, et al. A MCRT and FVM coupled simulation method for energy conversion process in parabolic trough solar collector[J]. Renewable Energy, 2011, 36(3): 976-985.

[5] Qiu Y, He Y L, Wu M, et al. A comprehensive model for optical and thermal characterization of a linear Fresnel solar reflector with a trapezoidal cavity receiver[J]. Renewable Energy, 2016, 97: 129-144.

[6] Qiu Y, He Y L, Li P W, et al. A comprehensive model for analysis of real-time optical performance of a solar power tower with a multi-tube cavity receiver[J]. Applied Energy, 2017, 185: 589-603.

[7] Vafai K. Handbook of porous media[M]. 3rd ed. Boca Raton: CRC Press, 2015.

[8] Wang L, Jacques S L, Zheng L. MCML—Monte Carlo modeling of light transport in multi-layered tissues[J]. Computer Methods and Programs in Biomedicine, 1995, 47(2): 131-146.

[9] Qiu Y, He Y L, Liang Q, et al. A MCRT-FVM simulation method for the coupled photo-thermal conversion process in a linear Fresnel reflector solar collector[J]. Journal of Engineering Thermophysics, 2016, 37(10): 2142-2149.

[10] Cui F Q, He Y L, Cheng Z D, et al. Modeling of the dish receiver with the effect of inhomogeneous radiation flux distribution[J]. Heat Transfer Engineering, 2014, 35(6-8): 780-790.

[11] Cheng Z D, He Y L, Xiao J, et al. Three-dimensional numerical study of heat transfer characteristics in the receiver tube of parabolic trough solar collector[J]. International Communications in Heat and Mass Transfer, 2010, 37(7): 782-787.

[12] Qiu Y, Li M J, He Y L, et al. Thermal performance analysis of a parabolic trough solar collector using supercritical CO_2 as heat transfer fluid under non-uniform solar flux[J]. Applied Thermal Engineering, 2017, 115: 1255-1265.

[13] Cheng Z D, He Y L, Cui F Q, et al. Numerical simulation of a parabolic trough solar collector with nonuniform solar flux conditions by coupling FVM and MCRT method[J]. Solar Energy, 2012, 86(6): 1770-1784.

[14] Cheng Z D, He Y L, Cui F Q. A new modelling method and unified code with MCRT for concentrating solar collectors and its applications[J]. Applied Energy, 2013, 101: 686-698.

[15] Cheng Z D, He Y L, Cui F Q, et al. Comparative and sensitive analysis for parabolic trough solar collectors with a detailed Monte Carlo ray-tracing optical model[J]. Applied Energy, 2014, 115: 559-572.

[16] Wang K, He Y L, Cheng Z D. A design method and numerical study for a new type parabolic trough solar collector with uniform solar flux distribution[J]. Science China-Technological Sciences, 2014, 57(3): 531-540.

[17] 何雅玲, 王坤, 李明佳, 等. 一种太阳能聚光集热器及其设计方法: 中国, ZL201310162862.X[P]. 2015-8-5

[18] 程泽东. 太阳能热发电聚焦集热系统的光热特性与转换性能及优化研究[D]. 西安: 西安交通大学, 2012.

[19] 邱羽. 离散式聚光型太阳能系统光热特性分析与性能优化及新型聚光集热技术研究[D]. 西安: 西安交通大学, 2019.

[20] 何雅玲, 邱羽, 李明佳, 等. 一种槽式聚光太阳能集热系统设计方法: 中国, ZL201610703030. 8[P]. 2018-5-18.

[21] 何雅玲, 程泽东. 聚焦槽式太阳能集热系统蒙特卡罗光线追迹计算软件: 中国, 2010SR060711[P]. 2010-2-1.

[22] Cui F Q, He Y L, Cheng Z D, et al. Study on combined heat loss of a dish receiver with quartz glass cover[J]. Applied Energy, 2013, 112: 690-696.

[23] 程泽东, 何雅玲, 崔福庆. 聚光集热系统统一 MCRT 建模与聚光特性[J]. 科学通报, 2012, 57(22): 2127-2136.

[24] 崔福庆. 太阳能聚光集热系统光捕获与转换过程的光热特性及性能优化研究[D]. 西安: 西安交通大学, 2013.

[25] 何雅玲, 邱羽, 王坤, 等. 塔式聚光太阳能系统光学性能分析与设计软件(SPTOPTIC)V1.0: 中国, 2015SR219383[P]. 2015-11-11.

[26] Wang K, He Y L, Qiu Y, et al. A novel integrated simulation approach couples MCRT and Gebhart methods to simulate solar radiation transfer in a solar power tower system with a cavity receiver[J]. Renewable Energy, 2016, 89: 93-107.

[27] Wang K, He Y L, Xue X D, et al. Multi-objective optimization of the aiming strategy for the solar power tower with a cavity receiver by using the non-dominated sorting genetic algorithm[J]. Applied Energy, 2017, 205: 399-416.

[28] He Y L, Cheng Z D, Cui F Q, et al. Numerical investigations on a pressurized volumetric receiver: Solar concentrating and collecting modelling[J]. Renewable Energy, 2012, 44: 368-379.

[29] He Y L, Cui F Q, Cheng Z D, et al. Numerical simulation of solar radiation transmission process for the solar tower power plant: From the heliostat field to the pressurized volumetric receiver[J]. Applied Thermal Engineering, 2013, 61(2): 583-595.

[30] Cheng Z D, He Y L, Cui F Q. Numerical investigations on coupled heat transfer and synthetical performance of a pressurized volumetric receiver with MCRT-FVM method[J]. Applied Thermal Engineering, 2013, 50(1): 1044-1054.

[31] Cui F Q, He Y L, Cheng Z D, et al. Numerical simulations of the solar transmission process for a pressurized volumetric receiver[J]. Energy, 2012, 46(1): 618-628.

[32] Du S, Li M J, Ren Q, et al. Pore-scale numerical simulation of fully coupled heat transfer process in porous volumetric solar receiver[J]. Energy, 2017, 140: 1267-1275.

[33] Du S, Ren Q, He Y L. Optical and radiative properties analysis and optimization study of the gradually-varied volumetric solar receiver[J]. Applied Energy, 2017, 207: 27-35.

[34] 崔福庆, 何雅玲, 李东, 等. 塔式吸热器中辐射传播过程的参数分析[J]. 工程热物理学报, 2011, (8): 1375-1378.

[35] 杜保存. 塔式太阳能集热子系统光-热-力耦合特性与典型换热子系统换热性能的研究[D]. 西安: 西安交通大学, 2018.

[36] 王坤. 超临界二氧化碳太阳能热发电系统的高效集成及其聚光传热过程的优化调控研究[D]. 西安: 西安交通大学, 2018.

[37] Qiu Y, Li M J, He Y L, et al. Optical performance analysis of a porous open volumetric air receiver in a solar power tower [C]. Proceedings of the 2nd Thermal and Fluid Engineering Conference(TFEC2017), Las Vegas, 2017, April 2-5.

[38] Qiu Y, He Y L, Cheng Z D, et al. Study on optical and thermal performance of a linear Fresnel solar reflector using molten salt as HTF with MCRT and FVM methods[J]. Applied Energy, 2015, 146: 162-173.

[39] Qiu Y, Li M J, Wang K, et al. Aiming strategy optimization for uniform flux distribution in the receiver of a linear Fresnel solar reflector using a multi-objective genetic algorithm[J]. Applied Energy, 2017, 205:

1394-1407.

[40] Zhou Y P, He Y L, Qiu Y, et al. Multi-scale investigation on the absorbed irradiance distribution of the nanostructured front surface of the concentrated PV-TE device by a MC-FDTD coupled method[J]. Applied Energy, 2017, 207: 18-26.

[41] 邱羽, 何雅玲, 程泽东. 线性菲涅尔太阳能系统光学性能研究与优化[J]. 工程热物理学报, 2015, 12: 2551-2556.

[42] 邱羽, 何雅玲, 梁奇, 等. 线性菲涅尔太阳能系统光热耦合模拟方法研究[J]. 工程热物理学报, 2016, 10: 2142-2149.

[43] 崔福庆, 何雅玲, 陶于兵, 等. 新型线聚焦菲涅耳透镜设计及其聚光特性研究[J]. 工程热物理学报, 2010, 5: 733-736.

[44] Cui F Q, He Y L, Xu R J, et al. Optical analysis of Fresnel lens for concentrating PV system [C]. 6th International Symposium on Multiphase Flow, Heat Mass Transfer and Energy Conversion, Xi'an, 2009, July 11-15.

[45] 何雅玲, 王坤, 杜保存, 等. 聚光型太阳能热发电系统非均匀辐射能流特性及解决方法的研究进展[J]. 科学通报, 2016, 61(30): 3208-3237+3289-3290.

[46] He Y L, Wang K, Qiu Y, et al. Review of the solar flux distribution in concentrated solar power: Non-uniform features, challenges, and solutions[J]. Applied Thermal Engineering, 2019, 149: 448-474.

[47] Jeter M S. Calculation of the concentrated flux density distribution in parabolic trough collectors by a semifinite formulation[J]. Solar Energy, 1986, 37(5): 335-345.

[48] Jeter S M. The distribution of concentrated solar radiation in paraboloidal collectors[J]. Journal of Solar Energy Engineering, 1986, 108(3): 219-225.

[49] Pacheco J E, Bradshaw R W, Dawson D B, et al. Final Test and Evaluation Results from the Solar Two Project[R]. No. SAND2002-0120, Albuquerque, NM: Sandia National Laboratories, 2002.

[50] Strachan J W, Houser R M. Testing and Evaluation of Large-area Heliostats for Solar Thermal Applications[R]. SAND-92-1381, Albuquerque: Sandia National Labs, 1993.

[51] Osuna R. Solar thermal industry, success stories and perspectives [C]. Renewable energy for Europe, research in action, European Commission, Brussels, 2005, 21-22, November.

[52] NREL. SAM 2020-11-29[DB/OL]. National Renewable Energy Laboratory [2021-1-27]. https://sam. nrel. gov/.

[53] Vant-Hull L L. The role of "Allowable flux density" in the design and operation of molten-salt solar central receivers[J]. Journal of Solar Energy Engineering, 2002, 124(2): 165-169.

[54] Wendelin T. SolTrace: A new optical modeling tool for concentrating solar optics [C]. ASME 2003 Int. Sol. Energy Conf., Kohala Coast, Hawaii, 2003, March 15-18.

[55] Rodriguez-Sanchez M, Sanchez-Gonzalez A, Santana D. Revised receiver efficiency of molten-salt power towers[J]. Renewable and Sustainable Energy Reviews, 2015, 52: 1331-1339.

[56] Yu Q, Wang Z, Xu E, Zhang H, et al. Modeling and simulation of 1 MWe solar tower plant's solar flux distribution on the central cavity receiver[J]. Simulation Modelling Practice and Theory, 2012, 29: 123-136.

[57] Badescu V. Theoretical derivation of heliostat tracking errors distribution[J]. Solar Energy, 2008, 82(12): 1192-1197.

[58] Sanchez-Gonzalez A, Santana D. Solar flux distribution on central receivers: A projection method from analytic function[J]. Renewable Energy, 2015, 74: 576-587.

[59] Collado F J. One-point fitting of the flux density produced by a heliostat[J]. Solar Energy, 2010, 84(4): 673-684.

[60] Yao Z, Wang Z, Lu Z, et al. Modeling and simulation of the pioneer 1 MW solar thermal central receiver system in China[J]. Renewable Energy, 2009, 34(11): 2437-2446.

[61] Daabo A M, Mahmoud S, Al-Dadah R K. The optical efficiency of three different geometries of a small scale cavity receiver for concentrated solar applications[J]. Applied Energy, 2016, 179: 1081-1096.

[62] Xu Y, Cui K, Liu D. The development of a software for solar radiation and its verification by the measurement results on the spot[J]. Energy Technology, 2002, 26(6): 237-239.

[63] Belhomme B, Pitz-Paal R, Schwarzbözl P, et al. A new fast ray tracing tool for high-precision simulation of heliostat fields[J]. Journal of Solar Energy Engineering, 2009, 131(3): 031002.

[64] Schmitz M, Schwarzbözl P, Buck R, Pitz-Paal R. Assessment of the potential improvement due to multiple apertures in central receiver systems with secondary concentrators[J]. Solar Energy, 2006, 80(1): 111-120.

[65] Collado F J, Turégano J A. Calculation of the annual thermal energy supplied by a defined heliostat field[J]. Solar Energy, 1989, 42(2): 149-165.

[66] Rinaldi F, Binotti M, Giostri A, Manzolini G. Comparison of linear and point focus collectors in solar power plants[J]. Proceedings of the Solarpaces 2013 International Conference, 2014, 49: 1491-1500.

[67] Rodríguez-Sánchez M R, Soria-Verdugo A, Almendros-Ibáñez J A, et al. Thermal design guidelines of solar power towers[J]. Applied Thermal Engineering, 2014, 63(1): 428-438.

[68] Wang W Q, Qiu Y, Li M J, et al. Optical efficiency improvement of solar power tower by employing and optimizing novel fin-like receivers[J]. Energy Conversion and Management, 2019, 184: 219-234.

[69] Flesch J, Niedermeier K, Fritsch A, et al. Liquid metals for solar power systems[J]. IOP Conference Series: Materials Science and Engineering, 2017, 228: 012012.

[70] Buck R, Lüpfert E, Téllez F. Receiver for solar-hybrid gas turbine and CC systems (REFOS) [C]. Proc. of 10th SolarPACES Int. Symp. Solar Thermal 2000, Sydney, Australia, 2000, March 8-10.

[71] Chemisana D, Barrau J, Rosell J I, et al. Optical performance of solar reflective concentrators: A simple method for optical assessment[J]. Renewable Energy, 2013, 57: 120-129.

[72] Lambda Research Corporation. TracePro User's Manual 7.0[DB/OL]. Lambda Research Corporation; Access time: Nov. 11, 2018, www.lambdares.com.

[73] Kutscher C, Mehos M, Turchi C, et al. Line-focus Solar Power Plant Cost Reduction Plan (Milestone Report)[R]. NREL/TP-5500-48175, Golden, CO: National Renewable Energy Laboratory, 2010.

[74] Deb K, Pratap A, Agarwal S, Meyarivan T. A fast and elitist multiobjective genetic algorithm: NSGA-II [J]. IEEE Transactions on Evolutionary Computation, 2002, 6(2): 182-197.

第 4 章 基于 MCRT-FVM 耦合方法的吸热器光热转换过程分析

    太阳能吸热器是光热发电系统中太阳能转换为热能的核心部件，它为发电系统提供所需要的热源，是影响系统发电效率最为关键的部件之一。吸热器内的光热转换过程是一个极端非均匀光场、流场、温度场等物理场强烈非线性耦合的能量转换过程。2008 年之前，在吸热器性能研究方面，相关研究大多是将聚光过程与吸热过程分开处理，单独研究的，无法从光捕获与转换整个过程这一全局角度研究其光热耦合转换机理，这样，对光热转换过程进行全局的优化就比较缺乏指导思想。鉴于此，2008 年作者团队提出了基于蒙特卡罗光线追迹法(Monte Carlo ray tracing method，MCRT 法)与有限容积法(finite volume method，FVM)的聚光吸热过程耦合数值求解方法(MCRT-FVM)，发展了两种计算方法之间的准确耦合跨接方法[1-14]。本章将首先以槽式集热管中的光热转换过程为例，介绍 MCRT-FVM 耦合数值方法的基本原理及其具体实施方法；接着，将介绍基于 MCRT-FVM 模拟而提出的以"以光定流"为核心的吸热器流场-光场协同调控思想及其具体应用；最后，将重点介绍 MCRT-FVM 耦合数值方法在多种典型吸热器(槽式、碟式、塔式与线性菲涅耳式等)的光热转换特性分析与性能优化中的应用。

4.1 MCRT-FVM 耦合光热转换模拟方法

    太阳能吸热器光热转换过程可分为光能传输和热能传递两个子过程，图 4-1 以槽式系统为例，给出了两个子过程的示意图。首先，在光能传输子过程中，由聚光器汇聚而来的阳光射入吸热器进光口并在吸热器内经历多次反射、散射、吸收等光学作用，在此过程中大部分阳光会被吸热面(如管表面、腔表面等)或吸热体(如多孔介质、半透明物质等)吸收，而剩下的一小部分阳光则会从进光口离开吸热器并散失到环境中。接着，在热能传递过程中，被吸热面或吸热体吸收的阳光会在对应部件中转换为热能，大部分的热能会通过对流换热传递给吸热器中流动的传热工质，而剩下的热能则通过热辐射换热、对流换热、热传导等传热方式散失到周围环境中。

    为准确模拟太阳能吸热器中的光热转换过程,作者团队于 2008 年最先发现了 MCRT 和 FVM 耦合的模拟方法(即 MCRT-FVM 方法，参见图 4-1)[1-13]，其具体实施过程可分为三步：①采用 MCRT 方法模拟吸热器中的光能传输子过程；②采用 FVM 方法计算吸热器内的热能传递子过程；③将 MCRT 方法计算获得的吸热器内吸热面或吸热体上吸收的非均匀光能分布数据作为能量方程的源项传递给 FVM 模型，从而实现两种方法的耦合。由于第①步已经在第 3 章 3.2 节进行了详细介绍，因此本节不再赘述。接下来，本节将依次介绍第②、③步的具体实施方法，以及 MCRT-FVM 耦合方法的准确性考核方法。

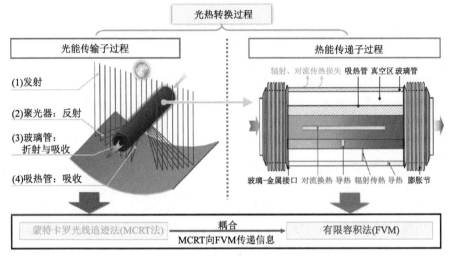

图 4-1 以槽式系统为例的光热转换过程与 MCRT-FVM 耦合方法示意图

4.1.1 MCRT-FVM 方法的 FVM 部分简介

无论是什么样的太阳能吸热器，其内部的光热转换都是由对流换热、热传导和热辐射换热相复合的传热过程。上述复合传热过程可以由连续性方程、动量守恒方程、能量守恒方程和辐射传递方程来描述，具体参见式(4-1)～(4-5)。基于上述控制方程和 CFD 方法，建立吸热器的流动传热数值计算模型，并采用 FVM 进行求解，即可揭示吸热器的流动换热特性。需要说明的是，MCRT-FVM 模型的 FVM 部分既可通过自编程进行建模和求解，也可以采用商用软件(如 ANSYS FLUENT、CFX、PHOENICS、STAR-CD 等)或开源软件(OpenFOAM 等)来建模和求解。更多关于 FVM 的介绍可以参照文献[15]。

连续性方程：

$$\frac{\partial \rho}{\partial t} + \frac{\partial}{\partial x_i}(\rho u_i) = 0 \tag{4-1}$$

式中，t 为时间，s；i=1, 2, 3 代表三个坐标方向；u 为速度，$\text{m} \cdot \text{s}^{-1}$；$\rho$ 为密度，$\text{kg} \cdot \text{m}^{-3}$。

动量方程：

$$\frac{\partial(\rho u_i)}{\partial t} + \frac{\partial(\rho u_i u_j)}{\partial x_j} = -\frac{\partial p}{\partial x_i} + \frac{\partial}{\partial x_j}\left[\mu\left(\frac{\partial u_i}{\partial x_j} + \frac{\partial u_j}{\partial x_i} - \frac{2}{3}\delta_{ij}\frac{\partial u_m}{\partial x_m}\right)\right] + \frac{\partial\left(-\rho\overline{u_i' u_j'}\right)}{\partial x_j} + \rho g_i \tag{4-2}$$

式中，μ 为动力黏度，Pa·s；g_i 为重力加速度，m·s^{-2}；δ_{ij} 为单位张量；$-\rho\overline{u_i'u_j'}$ 为雷诺应力；p 为压力，Pa。

能量方程：

$$\frac{\partial(\rho h)}{\partial t} + \frac{\partial(u_i\rho h)}{\partial x_i} = -\frac{\partial(u_i p)}{\partial x_i} + \frac{\partial}{\partial x_j}\left[(k_c + k_t)\frac{\partial T}{\partial x_j} + (\tau_{ij})_{\text{eff}}u_i\right] + s_h \tag{4-3}$$

$$(\tau_{ij})_{\text{eff}} = (\mu_t + \mu)\left(\frac{\partial u_i}{\partial x_j} + \frac{\partial u_j}{\partial x_i} - \frac{2}{3}\frac{\partial u_m}{\partial x_m}\delta_{ij}\right) \tag{4-4}$$

式中，s_h 为能量方程源项，W·m^{-3}；T 为温度，K；h 为比焓，J·kg^{-1}；k_c 和 k_t 分别为导热系数和湍流导热系数，W·K^{-1}·m^{-1}；$(\tau_{ij})_{\text{eff}}$ 为偏应力张量；μ_t 为湍流黏度，Pa·s。

辐射传递方程[16]：

$$\frac{\mathrm{d}I_\lambda(\boldsymbol{r},\boldsymbol{s})}{\mathrm{d}s} = -\left(\beta_{a,\lambda} + \beta_{s,\lambda}\right)I_\lambda(\boldsymbol{r},\boldsymbol{s}) + \beta_{a,\lambda}n^2 I_{b,\lambda} + \frac{\beta_{s,\lambda}}{4\pi}\int_0^{4\pi}I_\lambda(\boldsymbol{r},\boldsymbol{s})\Phi(\boldsymbol{s},\boldsymbol{s}')\mathrm{d}\Omega' \tag{4-5}$$

式中，$\beta_{s,\lambda}$ 和 $\beta_{a,\lambda}$ 分别为光谱散射系数和光谱吸收系数，m^{-1}；I_λ 为光谱辐照度；$I_{b,\lambda}$ 为黑体光谱辐照度；λ 为波长，m；$\boldsymbol{r}$ 为位置向量；$\boldsymbol{s}$ 为入射方向向量；$\boldsymbol{s}'$为散射方向向量；s 为路径长度，m；n 为折射率；Φ 为相函数；Ω'为立体角。

4.1.2　MCRT 与 FVM 之间的数据传递方法

在采用第 3 章 3.2 节所述 MCRT 方法获得吸热器的吸热面(三角形或四边形面网格)或吸热体(四面体或六面体网格)中的能量分布之后，如何将其准确无误地传递到 FVM 模型中，从而研究吸热器在尽可能接近真实的非均匀能量分布条件下的光热转换过程，对于分析系统传热特性、发现系统缺陷和改进系统结构等都有十分重要的意义。

为解决上述问题，首先，需在 MCRT 方法的光线统计与能量分布计算中和 FVM 的流动传热数值计算中采用相同的计算网格。计算网格既可以采用自编程划分，也可以采用 ICEM CFD、GAMBIT 等商用软件划分。其次，由于吸热面对阳光的吸收作用几乎全是在纳米量级的厚度内进行的[1]，因此可采用式(4-6)将 MCRT 方法模拟获得的吸热面上每个面网格中的能流密度值($q_l(i)$)转化为在吸热面上厚度为 10^{-9} m 的薄层内沿厚度方向均匀分布的体积热源($s_{q_l}(i)$)。接着，将每个面网格对应的 $s_{q_l}(i)$ 施加到 FVM 模型中对应的网格表面 10^{-9} m 的薄层内，从而将吸热面的面网格上的能流密度分布由模型的 MCRT 部分传递到 FVM 部分。需要注意的是，体积热源薄层厚度的取值对模拟结果的影响很小。实际模拟表明，通常情况下，当该厚度取值为 $10^{-10}\sim10^{-5}$ 时，其对模拟结果的影响都可以忽略。最后，将吸热器每个体网格中的热源强度 $s_l(i)$ 也传递到 FVM 模型对应的体网格中。基于上述方法，最终实现了 MCRT-FVM 耦合模型的 MCRT 部分与 FVM 部分各网格之间的数据传递。

$$s_{q_1}(i) = \frac{q_1(i)}{10^{-9}} \quad W \cdot m^{-3} \tag{4-6}$$

4.1.3 MCRT-FVM 耦合数值方法的准确性考察方法

为了保证 MCRT-FVM 耦合模拟方法的准确性,必须对其进行综合的准确性考察。对于 MCRT 部分而言,网格数量和光线数目都会影响模拟的准确性;而对于 FVM 来说,必须考察其网格独立性。鉴于两种模拟方法都需要进行网格考察,在模拟中应先考察网格的独立性,再考察光线的数目。在此基础上,还应当将 MCRT-FVM 耦合模拟结果与实验结果进行对比,以确保模型的准确性。具体考察可分为以下四步进行。

1. 模型 MCRT 部分的网格独立性考察

具体考察方法已在 3.2.4 节中给出,此处不再赘述。考察后可以获得满足 MCRT 方法计算要求的网格数量最小的网格系统。

2. 模型 FVM 部分的网格独立性考察

由于 MCRT 部分考察获得的网格系统不一定满足 FVM 的要求,因此还必须进一步进行 FVM 的网格独立性考察。具体步骤如下:

(1)选取吸热器典型的性能参数(如光热转换效率、热损失等)、流动换热参数(如进出口温差、压降、平均摩擦系数、平均努塞尔数等)作为网格独立性考察指标;

(2)划分出具有不同网格数量的多套网格系统,每套网格系统在各参与光学计算的部件上的网格数量应大于 MCRT 网格独立性考核后获得的网格的数量;

(3)采用 MCRT 方法在光线数充分大的情况下进行模拟,获得不同网格系统下的非均匀能量分布;

(4)将采用 MCRT 方法计算获得的能量分布传给对应的 FVM 模型,并计算获得不同网格下网格独立性考察指标的值;

(5)选出随着网格数量增加考察指标的值不再明显变化时的最小网格数所对应的网格系统,即为符合要求的网格系统。

3. 模型 MCRT 部分的最小光线数目考察

针对前一点确定的符合要求的网格系统,考察确定所需的最小光线数目,具体考察方法已在 3.2.5 节中给出,此处不再赘述。

4. MCRT-FVM 耦合结果与实验的对比验证

采用所构建的 MCRT-FVM 模型,在具体实验工况下,模拟吸热器内的光热转换过程,并将模拟获得的吸热器性能参数与已有实验数据对比。若模拟结果与实验结果符合得很好,则说明所构建的 MCRT-FVM 耦合模型是可靠的。

4.1.4 以槽式集热器为例来说明 MCRT-FVM 耦合数值方法在光热转换模拟中的应用

本节运用 MCRT-FVM 耦合方法,模拟美国桑迪亚国家实验室实测的一个有效长度为 7.8 m 的 LS-2 槽式集热器模块中的光热转换过程,并以此为例来说明 MCRT-FVM 在光热转换模拟中的应用过程及准确性考察方法[1-8]。

1. LS-2 槽式集热器物理模型

LS-2 集热器是一种典型的太阳能抛物面槽式集热器,桑迪亚国家实验室实测的 LS-2 集热器模块的实物图参见图 4-2,本小节将该模块选为物理模型,其典型的几何、光学、热物性参数参见表 4-1[18-20]。实验中采用 Sylitherm 800 导热油作为传热工质,其热物性随着温度变化的关系式如式(4-7)~(4-10)所示[21],其适用温度范围为 373~673 K。上述实验测试是在稳态条件下进行的,且实验中阳光是垂直于聚光器进光口平面入射到集热器上的。此外,实验中为了提高吸热管内的工质流速,在吸热管中心线处插入了一根直径为 50.8 mm 的圆柱。表 4-2 给出了桑迪亚国家实验室实验获得的 8 种典型工况下的实验数据。

图 4-2　美国桑迪亚国家实验室实测的 LS-2 集热器模块的实物图[18]

表 4-1　实际工况下 LS-2 槽式聚光器模块的几何参数、光学参数、热物性参数[20]

参数	量值	参数	量值
聚光器宽 W_m	5 m	吸热管有效长度 L_r	7.638 m
聚光器焦距	1.84 m	玻璃管镜面反射率	0.03
聚光器有效长度 L_m	7.8 m	玻璃管吸收率	0.02
聚光器有效面积比	0.975[18]	玻璃管透射率	0.95
聚光器洁净度	0.97[19]	玻璃管洁净度	0.98[19]
聚光器镜面反射率	0.93[19]	玻璃管发射率 ε_g	0.86

续表

参数	量值	参数	量值
聚光器几何误差影响折算成对反射率的影响系数	0.98 [19]	吸热管外壁涂层漫反射率	0.04
聚光器跟踪误差影响折算成对反射率的影响系数	0.99 [19]	吸热管外壁涂层吸收率	0.96
其他误差影响折算成对反射率的影响系数	0.99 [19]	玻璃管导热系数	1.2 W·m⁻¹·K⁻¹
吸热管内径 d_i	66 mm	玻璃管密度	2230 kg·m⁻³
吸热管外径	70 mm	吸热管导热系数	38 W·m⁻¹·K⁻¹
玻璃管内径	108 mm	吸热管密度	7763 kg·m⁻³
玻璃管外径 D_g	115 mm	吸热管外壁涂层发射率	$0.00042T(\mathrm{K})-0.0995$

表 4-2　LS-2 槽式聚光器模块在 8 种典型工况下的实测数据[20]

测试工况	法向直射辐照度 DNI / (W·m⁻²)	体积流量/ (L·min⁻¹)	入口温度 $T_{in,exp}$ / K	出口温度 $T_{out,exp}$ / K	集热器效率 $\eta_{c,exp}$ / %	实验误差 / %
1	933.7	47.7	375.35	397.15	72.51	±1.95
2	968.2	47.8	424.15	446.45	70.90	±1.92
3	982.3	49.1	470.65	492.65	70.17	±1.81
4	909.5	54.7	523.85	542.55	70.25	±1.90
5	937.9	55.5	570.95	590.05	67.98	±1.86
6	880.6	55.6	572.15	590.35	68.92	±2.06
7	920.9	56.8	652.65	671.15	62.34	±2.41
8	903.2	56.3	629.05	647.15	63.82	±2.36

$$c_p = 0.001708T + 1.107798 \quad \mathrm{kJ \cdot kg^{-1} \cdot K^{-1}} \tag{4-7}$$

$$k_c = -5.753496 \times 10^{-10} T^2 - 1.875266 \times 10^{-4} T + 1.900210 \times 10^{-1} \quad \mathrm{W \cdot m^{-1} \cdot K^{-1}} \tag{4-8}$$

$$\rho = -6.061657 \times 10^{-4} T^2 - 4.153495 \times 10^{-1} T + 1.105702 \times 10^3 \quad \mathrm{kg \cdot m^{-3}} \tag{4-9}$$

$$\mu = 6.672 \times 10^{-7} T^4 - 1.566 \times 10^{-3} T^3 + 1.388 T^2 - 5.541 \times 10^2 T + 8.487 \times 10^4 \quad \mathrm{\mu Pa \cdot s} \tag{4-10}$$

2. LS-2 槽式集热器 MCRT-FVM 模型的建立

LS-2 槽式集热器 MCRT-FVM 模型的 MCRT 部分已经在 3.3.2 节进行了详细介绍，此处不再赘述。接下来，介绍采用 FVM 模拟集热管内的辐射、对流、导热复合的传热过程，集热管内传热过程的示意图参见图 4-1。在上述传热过程中，由于玻璃管较薄且其吸收的光能热源强度 $s_l(i)$ 在厚度方向上变化很小，因此可将 $s_l(i)$ 视为在玻璃管厚度方向上均匀分布，在圆周方向上极不均匀的非均匀体积热源施加到 FVM 模型的玻璃管区域中。同时，由于吸热管外壁处光能的吸收作用几乎全是在约 10^{-9} m 的厚度内进行的，那么可将 MCRT 模拟获得的吸热管外壁的非均匀能流转化为厚度 10^{-9} m 的薄层内的非均匀体积热源。

在传热过程中，吸热管外壁涂层吸收的光能会先被转化成热能，接着热能将分两部分进行传递。其中，一小部分热能通过辐射换热传给玻璃管内壁并被玻璃管吸收，玻璃管吸收该部分能量后又通过导热将能量传往玻璃管外壁，随后这部分能量将通过与空气的对流传热和与环境的辐射传热而散失掉。剩下的大部分热能则通过热传导传往吸热管内壁，并最终通过吸热管内壁与吸热工质的对流换热传给工质。采用 FVM 模拟上述传热过程，模型中要做出以下常用的、合理的假设。

(1)集热管内的传热是稳态的，吸热管内的流动是稳态的、黏性的、不可压缩的湍流；

(2)由于环形空间的气体非常稀薄，因而通过这部分气体传递的能量可以忽略不计；

(3)玻璃管、选择性吸收涂层是漫灰的、对热辐射不透明的。

基于上述假设，集热管内不同区域的流动换热过程可由不同控制方程描述。对于吸热管和玻璃管区域，其控制方程为能量守恒方程(4-11)。对于真空区域，由于该区域内的气体极其稀薄，可以忽略其导热和对流换热作用，因此计算中可将真空区域的流体速度、湍流脉动动能及耗散率设为 0，同时将真空区导热系数设为一个极小值 10^{-10} W·m^{-1}·K^{-1}，在计算中只需要求解能量守恒方程(4-12)。

$$\frac{\partial}{\partial x_i}\left(k_c \frac{\partial T}{\partial x_i}\right) + s_h = 0 \qquad (4\text{-}11)$$

$$\frac{\partial}{\partial x_i}\left(k_c \frac{\partial T}{\partial x_i}\right) = 0 \qquad (4\text{-}12)$$

式中，s_h 为能量方程源项，W·m^{-3}。

吸热管内传热工质区域的控制方程包括质量守恒方程(4-13)、能量守恒方程(4-15)、动量守恒方程(4-14)、$k\text{-}\varepsilon$ 两方程(4-16)与(4-17)。

$$\frac{\partial}{\partial x_i}(\rho u_i) = 0 \qquad (4\text{-}13)$$

$$\frac{\partial(\rho u_i u_j)}{\partial x_i} = -\frac{\partial p}{\partial x_i} + \frac{\partial}{\partial x_j}\left[(\mu_t + \mu)\left(\frac{\partial u_i}{\partial x_j} + \frac{\partial u_j}{\partial x_i} - \frac{2}{3}\frac{\partial u_l}{\partial x_l}\delta_{ij}\right) - \frac{2}{3}\rho\delta_{ij}\right] + \rho g_i \qquad (4\text{-}14)$$

$$\frac{\partial(\rho u_i h)}{\partial x_i} = \frac{\partial}{\partial x_i}\left[c_p\left(\frac{\mu}{Pr} + \frac{\mu_t}{Pr_t}\right)\frac{\partial T}{\partial x_i} + u_i(\mu_t + \mu)\left(\frac{\partial u_i}{\partial x_j} + \frac{\partial u_j}{\partial x_i} - \frac{2}{3}\frac{\partial u_l}{\partial x_l}\delta_{ij}\right)\right] \qquad (4\text{-}15)$$

$$\frac{\partial(\rho u_i k)}{\partial x_i} = \frac{\partial}{\partial x_i}\left[\left(\mu + \frac{\mu_t}{\sigma_k}\right)\frac{\partial k}{\partial x_i}\right] + G_k + G_b - \rho\varepsilon \qquad (4\text{-}16)$$

$$\frac{\partial(\rho u_i \varepsilon)}{\partial x_i} = \frac{\partial}{\partial x_i}\left[\left(\mu + \frac{\mu_t}{\sigma_\varepsilon}\right)\frac{\partial \varepsilon}{\partial x_i}\right] + c_1 \frac{\varepsilon}{k}(G_k + c_3 G_b) - c_2 \rho \frac{\varepsilon^2}{k} \tag{4-17}$$

$$\mu_t = c_\mu \rho \frac{k^2}{\varepsilon}, \quad G_k = \mu_t \frac{\partial u_i}{\partial x_j}\left(\frac{\partial u_i}{\partial x_j} + \frac{\partial u_j}{\partial x_i}\right), \quad G_b = \beta g_i \frac{\mu_t}{Pr_t}\frac{\partial T}{\partial x_i} \tag{4-18}$$

式中，i =1、2、3 代表三个坐标方向；$c_3 = \tanh|v_2/v_1|$，其中 v_1 与 v_2 分别为速度垂直和平行于重力方向的分量；h 为比焓，$J \cdot kg^{-1}$；Pr 为普朗特数；Pr_t 为湍流普朗特数，取为 0.85；k 为单位质量流体湍流脉动动能，$m^2 \cdot s^{-2}$；ε 为单位质量流体湍流脉动动能耗散率，$m^2 \cdot s^{-3}$；c_μ=0.09、c_1=1.44、c_2=1.92、σ_k=1.0、σ_ε=1.3。

计算区域的边界条件如下：

(1)吸热管入口处的质量流量或速度为定值，入口温度为定值。

(2)吸热管出口为充分发展边界条件。

(3)吸热管内壁与工质交界面为无滑移边界条件。

(4)管内插入的圆柱与工质交界面为无滑移、绝热边界条件。

(5)吸热管区域、真空区域、玻璃管区域两端的壁面均为绝热边界条件。

(6)在玻璃管外壁上采用热辐射与对流换热混合边界条件，且玻璃管外壁每个网格散失的能流密度可采用式(4-19)计算。在有风条件下，玻璃管外表面的对流换热系数(h_g)可采用关联式(4-20)计算[22]；而在无风条件下，h_g 可由式(4-21)计算[17]。

$$q_g = h_g(T_w - T_a) + \varepsilon_g \sigma(T_w^4 - T_{sky}^4) \tag{4-19}$$

$$h_g = 4v_w^{0.58}D_g^{-0.42} \tag{4-20}$$

$$h_g = (0.48Ra_{D_g}^{0.25})k_c / D_g \tag{4-21}$$

式中，T_w 为壁面各网格的温度，K；T_a 为空气温度，K；T_{sky} 为天空等效辐射温度，K，其比值可取为(T_a-8)[4]；v_w 为风速，$m \cdot s^{-1}$；D_g 为玻璃管外径，m；Ra_{D_g} 为以玻璃套管外径为特征长度的瑞利数；k_c 为空气导热系数，$W \cdot m^{-1} \cdot K^{-1}$。

在计算中，所有控制方程的空间离散均采用差分格式，扩散项采用中心差分格式离散，对流项采用二阶迎风格式离散，梯度采用基于单元体的最小二乘法(least squares cell based method)离散。对动量方程而言，其网格面上的压力采用预压交错(PRESTO!)方法由网格中心值估算而来。速度、压力耦合采用 SIMPLE 算法。采用标准壁面函数法来处理近壁面处的流动换热，其中近壁面处的第一个网格与壁面的无量纲距离控制在 30~60 以内。环形真空区域两壁间的辐射换热采用漫灰表面之间的辐射换热方法(surface to surface，S2S)计算。

3. 槽式集热器性能表征参数定义

壁面网格 i 中吸收的辐射能流密度 $q_1(i)$ 由公式(4-22)定义。

$$q_{1,i} = Q_i / A_i \tag{4-22}$$

式中，Q_i 为网格 i 内吸收的辐射能量；A_i 为网格面积。

集热管的光学效率($\eta_{R,o}$)定义为选择性吸收涂层吸收的太阳辐射功率 Q_{abs} 与玻璃管拦截的太阳辐射功率 Q_{Inter} 之比，如式(4-23)所示。式(4-24)定义了单位长度集热管的光学损失($Q_{R,o,loss}$)。

$$\eta_{R,o} = Q_{abs} / Q_{Inter} \tag{4-23}$$

$$Q_{R,o,loss} = (Q_{Inter} - Q_{abs}) / L_r \tag{4-24}$$

式中，L_r 是集热管的有效长度。

单位长度吸热管的热损失($Q_{R,t,loss}$)如式(4-25)所示，其中 Q_{HTF} 是吸热管传递给传热流体(HTF)的热功率。集热管的热效率($\eta_{R,t}$)定义为 Q_{HTF} 和 Q_{abs} 的比值，如式(4-26)所示。

$$Q_{R,t,loss} = (Q_{abs} - Q_{HTF}) / L_r \tag{4-25}$$

$$\eta_{R,t} = Q_{HTF} / Q_{abs} \tag{4-26}$$

吸热器效率(η_R)定义为 Q_{HTF} 和 Q_{Inter} 的比值，如式(4-27)所示。

$$\eta_R = Q_{HTF} / Q_{Inter} = \eta_{R,o} \cdot \eta_{R,t} \tag{4-27}$$

聚光镜的光学效率($\eta_{o,ref}$)定义为 Q_{Inter} 与聚光镜可接收的最大辐射功率(Q_m)之比，如式(4-28)所示。集热器效率(η_c)定义为 Q_{HTF} 和 Q_m 的比值，如式(4-29)所示。

$$\eta_{o,ref} = Q_{Inter} / Q_m = Q_{Inter} / (DNI \cdot L_m \cdot W_m) \tag{4-28}$$

$$\eta_c = Q_{HTF} / Q_m = \eta_{o,ref} \cdot \eta_R \tag{4-29}$$

4. MCRT-FVM 模型准确性考核

在进行数值模拟分析之前，必须进行模拟方法的准确性考察。接下来，根据 4.1.3 节所述的考察方法，采用以下三个步骤进行考核：①MCRT 程序中最小网格数量的确定；②网格独立性考察；③光线数目选择。

1) 模型 MCRT 部分的网格独立性考核

在吸热管外壁上划分的网格为四边形网格，下面以此为例考核 MCRT 部分的网格独立性。

根据 3.2.4 节所述方法，首先，在网格系统误差满足 $\sigma_1 < 5 \times 10^{-7}$ 的条件下，考虑吸热管外半径 $r_a = 0.035$ m、集热管长度 $L = 7.8$ m，通过计算可确定合适的圆周方向(N_1)和轴向网格数(N_2)的取值范围，即 $N_1 \geqslant 68$、$N_2 \geqslant 320$。

接着，由于吸热管外壁所划分的四边形网格还须满足能准确、详细地刻画出吸热管外壁圆周方向上的能流密度分布的要求。为满足上述要求，本小节划分出了具有不同周向网格数量的多套网格(参见图 4-3)，并在光线数充分大(1×10^{10})的情况下模拟获得了不同网格数量下吸热管外壁典型截面处的局部聚光比分布，如图 4-3 所示。由图 4-3 可见，当 N_2=320 且 N_1>68 之后，局部聚光比分布的变化不再明显。例如，当 N_1 由 68 增大至 136 时，管外壁的最大局部聚光比仅由48.58 变至 49.81，变化率仅为 2.5%。

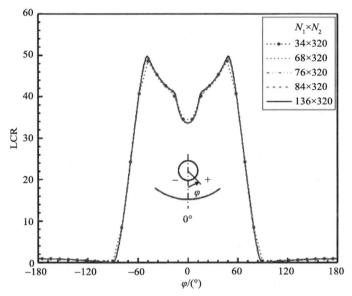

图 4-3　实测条件下模拟获得的 LS-2 集热器吸热管外壁的局部聚光比分布

由以上两步考核可见，为在获得尽可能详细的局部聚光比分布的同时尽可能地减少计算量，耦合模型 MCRT 部分的 N_1 和 N_2 分别可取为 68 和 320。

2) 模型 FVM 部分的网格独立性考核

在 MCRT 部分网格独立性考核给出的最小网格数量的基础上，进一步划分 4 套网格系统，以表 4-2 所示的工况 1 为例进行 FVM 部分的网格独立性考核，具体的网格划分如表 4-3 所示。考核中选择吸热管出口温度($T_{\text{out,sim}}$)和集热器的光热转换效率($\eta_{\text{c,sim}}$)作为考核参数，计算结果见表 4-3。从表 4-3 可以看出，不同网格系统的 $T_{\text{out,sim}}$ 和 $\eta_{\text{c,sim}}$ 并没有明显区别，这说明采用表 4-3 中网格总数为 456960 的网格系统 1 是合适的，网格系统 1 的横截面参见图 4-4，此时 N_1=68 和 N_2=320。

表 4-3　不同网格系统下的 $T_{\text{out,sim}}$ 和 $\eta_{\text{c,sim}}$

网格系统	网格总数	横截面网格数	N_2	N_1	$T_{\text{out,sim}}$ / K	$\eta_{\text{c,sim}}$ / %
1	456960	1428	320	68	398.569	72.932
2	542640	1596	340	76	398.561	72.932
3	725760	2016	360	84	398.568	72.933
4	1652400	3672	450	136	398.557	72.933

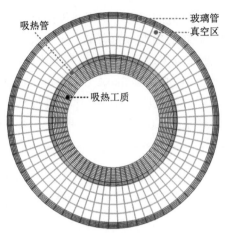

图 4-4　网格系统 1 的横截面图

3) 模型 MCRT 部分的最小光线数目考察

接着，在 MCRT 部分和 FVM 部分考核后给出的最小周向(N_1=68)和轴向(N_2=320)网格数量下，进一步确定耦合模型 MCRT 部分所需的最小光线数目。在考核过程中，选取了 7 组光线数进行计算，如表 4-4 所示。按照 3.2.5 节所述方法，选取光线数目充分大时(本例选为 1×10^{10})吸热管外壁的热流分布模拟结果作为真值，并计算不同光线数目下得到的热吸热管外壁各网格的能流密度值与真值的相对误差的平均值($\bar{\delta}$)，结果如表 4-4 所示。从表 4-4 中可以看出，当光线数为 1×10^9 时，$\bar{\delta}$ 仅为 2.2%，是一个可以接受的数值。鉴于此，综合考虑计算量和计算精度，本例可选 1×10^9 个光线用于 MCRT 模拟。此外，由表 4-4 还可以看出，LS-2 集热器在实际工况下的光学效率(η_{opt})约为 73.44%。该值与桑迪亚国家实验室的实测值(73.3%)的偏差仅为约 0.14%，说明本小节所采用的 MCRT 模型是可靠的。

表 4-4　不同光线数目下的 $\bar{\delta}$ 和集热器的光学效率(η_{opt})

光线数目	所有网格的能流密度的相对误差平均值 $\bar{\delta}$ / %	集热器光学效率 η_{opt} / %
1×10^6	31.6	73.402
5×10^6	21.3	73.423
1×10^7	15.6	73.428
5×10^7	7.6	73.437
1×10^8	6.1	73.439
1×10^9	2.2	73.439
1×10^{10}	—	73.440

4) MCRT-FVM 模拟结果与实验结果的对比

为了验证 MCRT-FVM 耦合模拟方法的准确性，本小节选取表 4-2 给出的桑迪亚国家实验室实测的 8 种典型工况进行了光热转换模拟。由于在上述 8 种工况下，阳光均是垂直于聚光器进光口入射到集热器上的，因此吸热器内部局部聚光比的分布在 8 种工况下都是一样的，图 4-5 给出了吸热管外壁和玻璃管内的局部聚光比分布。由图 4-5 可见，无论对吸热管还是玻璃管而言，局部聚光比分布在圆周方向上都具有很大的不均匀性，但在轴向上的分布比较均匀。

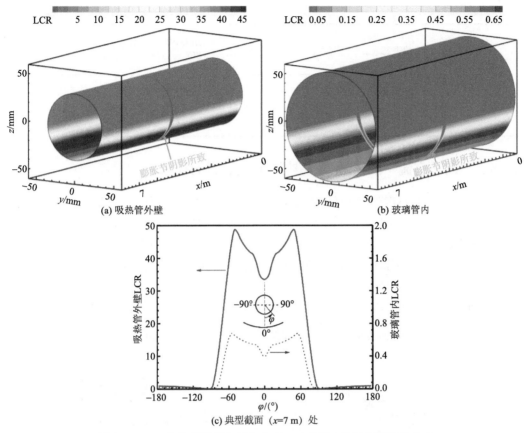

(a) 吸热管外壁 (b) 玻璃管内

(c) 典型截面（x=7 m）处

图 4-5 LS-2 集热器的吸热管外表面、玻璃管内的局部聚光比分布

接着，运用 MCRT-FVM 方法对表 4-2 中 8 个工况下的集热管内光热过程进行了数值模拟，获得了吸热管出口温度和集热器光热转换效率，并与桑迪亚国家实验室的实验结果进行比较，参见表 4-5。由表 4-5 可见，出口温度模拟值与实验值的绝对偏差的范围仅为−0.65～0.60 K，而光热转换效率模拟值与实验值的绝对偏差仅为−0.54%～1.56%，在实验误差范围之内。由此可见，本小节的 MCRT-FVM 模拟结果和实验结果符合得很好，表明这里介绍的 MCRT-FVM 耦合模拟方法和模型是可靠的。

表 4-5 MCRT-FVM 模拟结果与实验结果[20]对比

测试工况	出口温度实验值 $T_{out,exp}$ / %	出口温度模拟值 $T_{out,sim}$ / K	$(T_{out,sim}-T_{out,exp})$/ K	光热效率实验值 $\eta_{c,exp}$ / %	光热效率模拟值 $\eta_{c,sim}$ / %	$(\eta_{c,sim}-\eta_{c,exp})$/ %	$\eta_{c,exp}$ 实验不确定度/%
1	397.15	396.50	−0.65	72.51	72.93	0.42	±1.95
2	446.45	445.91	−0.54	70.90	72.44	1.54	±1.92
3	492.65	492.68	0.03	70.17	71.73	1.56	±1.81
4	542.55	542.53	−0.02	70.25	70.35	0.10	±1.90
5	590.05	590.17	0.12	67.98	68.75	0.77	±1.86

续表

测试工况	出口温度实验值 $T_{out,exp}$ / %	出口温度模拟值 $T_{out,sim}$ / K	$(T_{out,sim}-T_{out,exp})$/ K	光热效率实验值 $\eta_{c,exp}$ / %	光热效率模拟值 $\eta_{c,sim}$ / %	$(\eta_{c,sim}-\eta_{c,exp})$/ %	$\eta_{c,exp}$ 实验不确定度/%
6	590.35	590.10	−0.25	68.92	68.38	−0.54	2.06
7	671.15	671.75	0.60	62.34	63.49	1.15	±2.41
8	647.15	647.56	0.41	63.82	65.15	1.33	±2.36

4.1.5 "以光定流"的流场-光场协同调控思想的提出

基于 MCRT-FVM 耦合数值分析方法, 可以进一步揭示集热管内的温度分布, 图 4-6 给出了表 4-2 中的典型工况 1 下吸热管和玻璃管外壁的温度分布。由图 4-6(a)、(b)可见, 吸热管和玻璃管外壁上的温度均沿工质的流动方向逐渐增大, 这是因为吸热工质沿流动方向被逐渐加热了。同时可见, 吸热管和玻璃管外壁上的温度分布都很不均匀, 每根管下半部分的温度都显著高于上半部分。由图 4-6(c)可见, 在典型截面 x=7 m 处, 吸热管外壁周向的最大温差达到了 105.3 K, 而玻璃管外壁周向的最大温差也达到了 26.1 K。

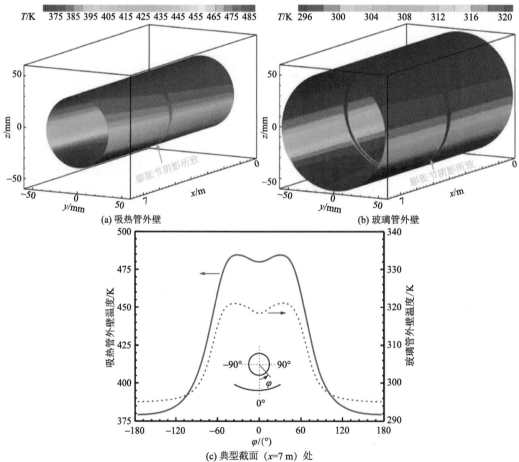

图 4-6　LS-2 集热器的吸热管和玻璃管外壁非均匀温度分布(工况 1)

造成集热管内温度如此不均匀分布的根本原因是：首先，汇聚到集热管上的太阳光场分布是极不均匀的，大多光能被集热管的下半部分接收，如图 4-5 所示；但是与此同时，管内吸热工质的流场分布在圆周方向上的变化却并不显著，如图 4-7 所示，在典型截面处，工质域底部接近 $y=0$ 处的最大流速值仅约为 0.74 m·s^{-1}，但其对应的局部聚光比却高达 33.7；而工质域顶部接近 $y=0$ 处的最大流速值约为 0.63 m·s^{-1}，但其对应的局部聚光比却仅约为 0.9。可见，由于工质流场的分布在圆周上变化不大，因而流场的换热能力在圆周方向上比较均匀。这就是说，工质流场在圆周方向上较均匀的换热能力与极不均匀的光场分布是不匹配的，而这正是集热管圆周方向上温度分布极不均匀的根本原因。圆周方向上的大温差会造成吸热管剧烈的弯曲变形，甚至可能导致玻璃管破裂或真空失效。美国 SEGS 电站的实际运行表明，每年平均有 3.37% 的集热管因此被破坏[23]。

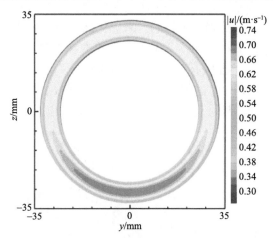

图 4-7 LS-2 集热管典型截面($x=7$ m)在工况 1 下的工质流速分布

为削弱太阳能吸热器上非均匀温度分布带来的负面影响，作者团队前期从解决"光场与流场不匹配"的核心矛盾入手，在第 3 章所述的"按流均光"调控思想的基础上，提出了"以光定流"的流场-光场协同调控思想，其内涵为：当光场能流分布确定时，通过优化工质流场布局来实现流场与非均匀光场的相互匹配[24,25]。

4.2 基于 MCRT-FVM 的新型槽式集热管
光热性能分析

为削弱"光场与流场不匹配"带来的负面影响，本节在"以光定流"的思想指导下，首先提出了一种易加工、成本低的吸热管内局部填充多孔介质的新型槽式集热管。接着，将 MCRT-FVM 耦合方法与优化算法相结合，优化了吸热管内的多孔介质填充结构，综合对比了优化结构与常见传统结构的性能差异。最后，基于 MCRT-FVM 耦合方法探讨了关键运行参数和多孔介质结构参数对吸热性能的影响[26-30]。

4.2.1 "以光定流"思想指导下的多孔介质强化集热管的优化设计

槽式集热器的传热工质种类繁多,主要包括导热油、水/水蒸气、熔盐、超临界 CO_2 以及空气等[31,32]。其中,将水/水蒸气直接作为吸热工质及动力循环工质,可以减少光热发电系统的中间换热过程,并有助于提升系统效率,因此在槽式系统中得到了较广泛的应用和研究[33]。然而,水蒸气的传热性能较差,以其为吸热工质会在吸热管上形成较大的周向温差,并可能导致吸热管过度弯曲和玻璃管破裂。鉴于此,有必要优化吸热管内的换热性能,从而降低吸热管周向温差并提升光热转换效率。

为此,本节介绍一种在"以光定流"思想指导下开发的多孔介质强化吸热管。该吸热管内填充了一种易加工、成本低的多孔介质,该多孔介质是由一系列形状相同的金属网构成的,金属网通过焊接固定在一根细小的金属棒上,如图 4-8 所示[26-30]。下文将以吸热管内充分发展区域的换热强化为目的,来优化该区域内多孔介质的填充结构。在优化过程中,吸热管长度(L_r)取为 5 m,多孔介质只填充在吸热管出口附近 1.0 m 长的充分发展区内(参见图 4-9),集热器的其他参数与表 4-1 保持一致。吸热管内水蒸气的物性取为典型状态点 600 K、10 MPa 时的值,即 ρ=49.77 kg·m^{-3}、c_p=5136.5 J·kg^{-1}·K^{-1}、λ= 0.0711 W·m^{-1}·K^{-1}、μ=2.1×10^{-5} Pa·s[34]。

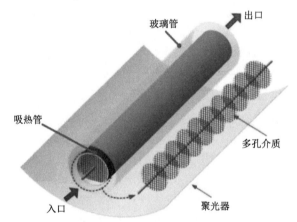

图 4-8　采用多孔介质强化吸热管的槽式集热器示意图

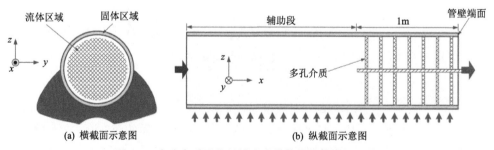

(a) 横截面示意图　　　　　　　　　　(b) 纵截面示意图

图 4-9　多孔介质强化的槽式吸热管的数值模拟区域

若在整个吸热管横截面上都填充多孔介质,则会造成过大的流动阻力。鉴于此,有必要优化多孔介质在管横截面内的填充结构,以尽可能地提升集热管的光热转换效率,同时尽可能少增加流动阻力。为此，设计中将吸热管横截面划分成了($N×M$)个小区域(参见图 4-10)，并采用优化算法来决定是否对每个区域进行填充，从而有望获得与吸热管外壁热流分布相适应的最优填充结构。

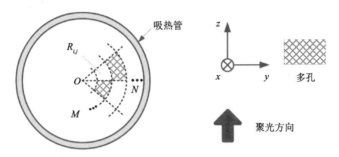

图 4-10　槽式吸热管内多孔介质的分区优化填充方式

4.2.2　基于 MCRT-FVM 的吸热器优化计算模型

由于在一定的阳光入射条件下，MCRT 计算获得的吸热器中的光能分布是固定不变的，因此在吸热器优化过程中，可将 MCRT 输入 FVM 中的能量方程源项视为定值，那么在进行吸热器优化时就只需要考虑优化算法与 FVM 的结合。

鉴于此，本节构建了基于 MCRT-FVM 模拟方法和遗传算法(genetic algorithm，GA)的吸热器优化模型，其优化流程参见图 4-11。该模型以吸热管内的平均对流换热努塞尔数(Nu)最大为优化目标，Nu 的定义参见式(4-30)。在优化过程中，首先，将图 4-10(a)所示的吸热管横截面中的($N×M$)个小区域编号为 $R_{i=1,j=1}, R_{i=1,j=2}, \cdots, R_{i=N,j=M}$。接着，采用遗传算法来判定每块小区域是否需要填充多孔介质，从而生成多孔介质填充结构。接着，在每种填充结构下采用 FVM 模型计算获得吸热管内的 Nu。最终，在多次优化之后，筛选出 Nu 最大的填充结构，即为最优结构。在优化计算过程中，FVM 的迭代数选为 100，遗传算法的种群数选为 50。更多关于遗传算法的内容可参见文献[35]，本节不再详述。

$$Nu = \frac{hd_{\mathrm{i}}}{\lambda_{\mathrm{f,m}}} \tag{4-30}$$

$$h = \frac{Q_{\mathrm{HTF}}}{A_{\mathrm{i}}\left(T_{\mathrm{w,m}} - T_{\mathrm{f,m}}\right)} \tag{4-31}$$

式中，d_{i} 为吸热管内径，m；h 为平均对流换热系数，$\mathrm{W \cdot m^{-2} \cdot K^{-1}}$；$A_{\mathrm{i}}$ 为吸热管内壁面积，$\mathrm{m^2}$；$T_{\mathrm{w,m}}$ 为吸热管内壁均温，K；$T_{\mathrm{f,m}}$ 为进出口工质温度的平均值，K；$\lambda_{\mathrm{f,m}}$ 为以 $T_{\mathrm{f,m}}$ 为定性温度时的工质导热系数，$\mathrm{W \cdot m^{-1} \cdot K^{-1}}$。

1. MCRT-FVM 模型的 FVM 部分

与 4.1.4 节所述的普通槽式吸热管中的流动传热过程相比，多孔介质强化吸热管中还需要考虑多孔介质内的流动传热过程。在考虑上述所有流动传热过程的基础上，可建立多孔介质强化吸热管的 FVM 模型，该模型的一些基本假设如下。

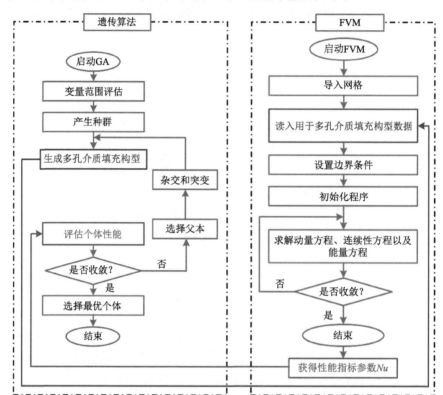

图 4-11   MCRT-FVM 和遗传算法相结合的吸热管优化流程图

(1)吸热管内的传热是稳态的，吸热管内的流动是稳态的、黏性的、不可压缩的湍流；

(2)多孔介质是均匀且各向同性的；

(3)多孔介质与周围的工质达到局部热平衡；

(4)多孔介质内的流动可采用 Brinkman-Forchheimer 模型进行描述；

(5)当多孔介质与管壁接触时，假设二者之间是紧密连接的，可忽略它们之间的热阻。

FVM 模型的控制方程包括连续性方程、动量方程、湍流脉动动能 k 方程、耗散率 ε 方程及能量方程，如式(4-32)～(4-40)所示。

连续性方程：

$$\nabla \cdot (\rho \boldsymbol{u}) = 0 \tag{4-32}$$

动量方程：

$$\frac{1}{\varphi} \nabla \cdot (\rho \boldsymbol{u}\boldsymbol{u}) = -\nabla p + \frac{1}{\varphi} \nabla \cdot \left[(\mu_t + \mu)\left(\frac{\partial u_i}{\partial x_j} + \frac{\partial u_j}{\partial x_i} \right) - \frac{2}{3}(\mu_t + \mu)\delta_{ij} \nabla \cdot \boldsymbol{u} \right] \\ - \beta \left(\frac{\mu + \mu_t}{K} \boldsymbol{u} + \frac{\rho F}{\sqrt{K}} |\boldsymbol{u}| \boldsymbol{u} \right) \tag{4-33}$$

$$\mu_t = 0.09\rho\frac{k^2}{\varepsilon} \tag{4-34}$$

式中，μ_t 为湍流黏度，Pa·s；φ 为多孔介质的孔隙率；β 为二进制变量，用于判定动量方程适用于多孔区还是纯工质区，其取值参见式(4-35)；K 为渗透率，m^2；F 为惯性系数。K 和 F 的取值参见表 4-6，各参数均是通过实验测量获得的[36]。

$$\beta = \begin{cases} 0, & \text{纯流体区} \\ 1, & \text{多孔介质区} \end{cases} \tag{4-35}$$

表 4-6 三种金属多孔介质的设计参数[36]

序号	φ	K/m^2	F
1	0.951	1.964×10^{-7}	0.017
2	0.967	3.064×10^{-7}	0.016
3	0.975	5.721×10^{-7}	0.015

管壁固体区的能量方程为式(4-36)。纯工质区和多孔介质区的能量方程为式(4-37)。湍流 k 方程和 ε 方程分别为式(4-38)和(4-39)。

$$\nabla\cdot\left(\lambda_w\nabla T\right) = 0 \tag{4-36}$$

$$\nabla\cdot\left(\rho c_p \boldsymbol{u} T\right) = \nabla\cdot\left\{\left[\beta\left(\lambda_e - \lambda\right) + \lambda + \frac{c_p\mu_t}{Pr_t}\right]\nabla T\right\} \tag{4-37}$$

$$\nabla\cdot\left(\rho\boldsymbol{u}k\right) = \nabla\cdot\left[\left(\mu + \frac{\mu_t}{\sigma_k}\right)\nabla k\right] + G_k - \rho\varepsilon \tag{4-38}$$

$$\nabla\cdot\left(\rho\boldsymbol{u}\varepsilon\right) = \nabla\cdot\left[\left(\mu + \frac{\mu_t}{\sigma_\varepsilon}\right)\nabla\varepsilon\right] + \frac{\varepsilon}{k}\left(1.44G_k - 1.92\rho\varepsilon\right) \tag{4-39}$$

式中，Pr_t=0.85；σ_k=1.0；σ_ε=1.3；λ_e 为多孔介质区的有效导热系数，$W\cdot m^{-1}\cdot K^{-1}$，其可采用式(4-40)[37]计算。

$$\lambda_e = \varphi\lambda_f + \left(1-\varphi\right)\lambda_p \tag{4-40}$$

式中，λ_p 为多孔介质骨架的导热系数，$W\cdot m^{-1}\cdot K^{-1}$；$\lambda_f$ 为传热工质的导热系数，$W\cdot m^{-1}\cdot K^{-1}$。

计算区域的边界条件如下：

(1)进口边界条件：给定速度和温度边界条件，$u=u_{in}$，$v=w=0$，T_{in}=600 K。

(2)出口边界条件：充分发展出流边界条件，$\partial u/\partial x=\partial v/\partial x=\partial w/\partial x=\partial T/\partial x=0$。

(3)吸热管端面：绝热边界条件，$u=v=w=0$，$\partial T/\partial x=0$。

(4)吸热管内壁面：无速度滑移及温度耦合边界条件，$u=v=w=0$，$T_f=T_w$。

(5)吸热管外壁：给定特有的非均匀热流分布。

2. 多孔介质强化吸热管性能表征参数定义

为了揭示优化后的多孔介质强化吸热管对集热管性能的提升效果，定义了如下一些性能参数。多孔介质的填充率(FR)定义为式(4-41)。雷诺数 Re 定义为式(4-42)。流动阻力系数 f 定义为式(4-43)。等泵功下的综合强化换热性能评价指标(performance evaluation criterion，PEC)定义为式(4-44)。速度矢量与温度梯度的体积加权平均协同角定义为式(4-45)[38]。为了衡量多孔介质强化槽式吸热管内的传热过程不可逆性，引入单位换热量下的㶲耗散概念。对于单通道的开口系统，当通道内工质被加热时，其㶲耗散计算式为式(4-46)[39,40]。进一步，考虑吸热管传给工质的总换热量 Q，即可得到单位换热量下的火积耗散，如式(4-47)所示。从式(4-47)可见，单位换热量下的火积耗散具有温度的量纲，因此在评价传热过程的不可逆性时，总是希望其值越小越好。

$$FR = \frac{m_p}{m_{p,full}} \tag{4-41}$$

$$Re = \frac{\rho_{f,m}u_{f,m}d_i}{\mu_{f,m}} \tag{4-42}$$

$$f = \frac{\Delta p}{L_r}\frac{d_i}{(1/2)\rho_{f,m}u_{f,m}^2} \tag{4-43}$$

$$PEC = \frac{Nu/Nu_0}{\left(f/f_0\right)^{1/3}} \tag{4-44}$$

$$\theta_{s,m} = \frac{\sum \theta_{s,i}\mathrm{d}V_i}{\sum \mathrm{d}V_i} \tag{4-45}$$

$$\Phi = \frac{1}{2}c_{p,f,m}q_mT_{in}^2 - \frac{1}{2}c_{p,f,m}q_mT_{out}^2 + c_{p,f,m}q_m\left(T_{out}-T_{in}\right)T_{w,i} \tag{4-46}$$

$$\frac{\Phi}{Q} = \frac{1}{2}\left(T_{in}+T_{out}\right)+T_{w,i} \tag{4-47}$$

式中，m_p 为吸热管内实际填充的多孔介质的质量，kg；$m_{p,full}$ 为吸热管内填满多孔介质时多孔介质的质量，kg；Δp 为进出口压差，Pa；下标"0"代表没有任何强化处理的光滑吸热管；$\mathrm{d}V_i$ 为计算区域内控制容积 i 的体积，m^3；$\theta_{s,i}$ 为控制容积 i 内的局部协同角，(°)；T_{in}、T_{out} 分别为吸热管进、出口温度，K；$T_{w,i}$ 为吸热管内壁均温，K；q_m 为工质质量流量，$kg·s^{-1}$。

3. MCRT-FVM 模型 FVM 部分的验证

为了验证多孔强化槽式集热器的数值计算模型，在 4.1.4 节传统槽式集热器 MCRT-FVM 模型验证的基础上，还需进一步对 FVM 模型中多孔介质内流动换热的部分进行验证。为此，本小节对 Huang 等[36]研究的一种管中心位置填充有圆柱形铜质多孔介质的圆管中的流动换热过程进行了模拟，其中圆管的内径为 18 mm，多孔介质圆柱体的直径为 16 mm，孔隙率 φ 为 0.951。模拟中，圆管壁上施加均匀的热流，管进出口温差为 10 K。图 4-12 给出了不同工况下 Nu 和 f 的三维数值模拟结果与 Huang 等[36]的二维数值模拟结果和实验值的对比。由图 4-12 可见，本小节结果与文献实验和模拟结果的变化趋势符合得较好，且本小节模型预测的 Nu 和 f 值与实验值的最大偏差分别小于 6.1%和12.5%，说明本小节所发展的模型具有较好的可靠性。

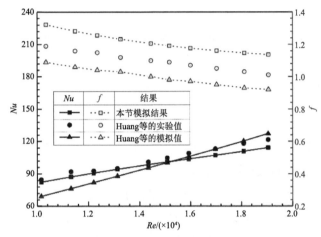

图 4-12　管内部分填充多孔介质时的流动换热模型验证

4.2.3　多孔介质部分填充的新型槽式集热管光热性能分析

本节首先介绍了典型工况下槽式吸热管内多孔介质填充结构的优化结果，并对比分析了优化获得的最优结构和三种传统结构在强化换热方面的差异。随后，探讨了吸热工质的雷诺数和多孔介质的导热系数、孔隙率等参数对吸热性能的影响规律。

1. 典型工况下的多孔介质填充结构优化结果

在 Re=900000、孔隙率 φ 为 0.951 的典型工况下，以 Nu 为优化目标，分别优化获得了以低导热系数材料为多孔介质(λ_p/λ_f=1.0)和以高导热系数的铜为多孔介质(λ_p/λ_f=5451.5)时的最优填充结构，分别如图 4-13(a)、(b)所示。此外，图 4-13 还给出了三种典型的参考填充结构 [26,27]，其中参考结构 I 可在 λ_p/λ_f=1.0 时获得好的 Nu，参考结构 II 可在 λ_p/λ_f=5451.5 时获得好的 Nu，而参考结构III可在 λ_p/λ_f=5451.5 时获得好的 PEC [26,27]。

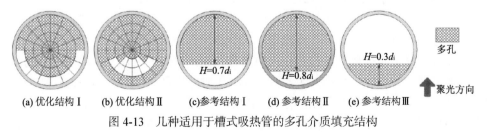

图 4-13　几种适用于槽式吸热管的多孔介质填充结构

为了说明优化获得的不同填充结构的有效性，首先，在以低导热系数材料为多孔介质(λ_p/λ_f=1.0)时，对比了采用优化结构 I、全填充结构、参考结构 I 时的流动换热性能，结果如表 4-7 所示，其中 Re=900000、φ=0.951。由表 4-7 可见，当 λ_p/λ_f=1.0 时，采用几种填充结构的强化吸热管的 PEC 均小于 1.0，都无法获得好的综合流动换热性能。从换热性能看，采用参考结构 I 时的 Nu/Nu_0 比采用全填充结构时高，而采用优化结构 I 时的 Nu/Nu_0 比采用参考结构 I 时还可以进一步提升约 10%。同时还可看出，优化结构 I 的 FR 比参考结构 I 的 FR 高 0.03，因而采用优化结构 I 时的 f/f_0 比采用参考结构 I 时高 45.8%左右。

表 4-7 λ_p/λ_f=1.0 时的几种多孔强化槽式吸热管性能对比

多孔填充结构	FR	f/f_0	Nu/Nu_0	PEC
全填充结构	1.0	412.62	0.92	0.12
参考结构 I	0.75	165.87	3.51	0.64
优化结构 I	0.78	241.8	3.88	0.62

进一步，在以高导热系数的铜为多孔介质(λ_p/λ_f=5451.5)时，对比研究了采用优化结构 II、全填充结构、参考结构 II 和 III 时的流动换热性能，结果如表 4-8 所示，其中 Re=900000、φ=0.951。由表 4-8 可见，当采用高导热系数的铜多孔介质后，与 λ_p/λ_f=1.0 时相比，强化吸热管的 Nu/Nu_0 和 PEC 都明显提高。尤其是，采用优化结构 II 时的 Nu/Nu_0 达到了采用参考结构 II 时的 2.9 倍左右，而采用优化结构 II 时的 PEC 也比采用参考结构 III 时的最优值高出约 26%。此外，还可以发现使用优化结构 II 可同时获得好的 Nu 和 PEC，这是其他参考填充结构不能实现的。

表 4-8 λ_p/λ_f=5451.5 时的几种多孔强化槽式吸热管性能对比

多孔填充结构	FR	f/f_0	Nu/Nu_0	PEC
全填充结构	1.0	412.62	3.49	0.47
参考结构 II	0.86	267.4	6.03	0.94
参考结构 III	0.25	17.67	5.62	2.16
优化结构 II	0.84	254.88	17.24	2.72

最后，对比了不同多孔介质强化吸热管在充分发展段的无量纲轴向速度场分布，如图 4-14 所示。结合图 4-14(a)、(c)和图 4-13(a)、(c)可以看出，当使用低导热系数的多孔介质时，优化结构 I 和参考结构 I 都可驱使吸热工质从多孔介质与高热流侧壁之间的空隙流过，这样可以充分带走高热流侧壁输入的热量。但是，与参考结构 I 相比，优化结构 I 可使大部分工质呈环状流过多孔介质与高热流侧壁间的区域，从而提高了高热流壁面附近的流速，因此进一步提升了换热性能。同时，由图 4-13(d)、(e)和图 4-14(d)、(e)可以发现，在使用导热系数较高的铜多孔介质时，参考结构 II 可提升高热流附近的流速，有利于强化管壁与流体之间的换热；而参考结构 III 可增大高热流侧近壁面区域的有效导

热系数，也有利于强化管壁与流体之间的换热。由图 4-14(b)可见，优化结构Ⅱ同时具备了参考结构Ⅱ和Ⅲ的优点，既能保证大部分吸热工质从靠近高热流侧壁附近的区域流过，又能提高高热流侧近壁面区域的有效导热系数，因此优化结构Ⅱ的换热性能大幅高于两种参考结构。

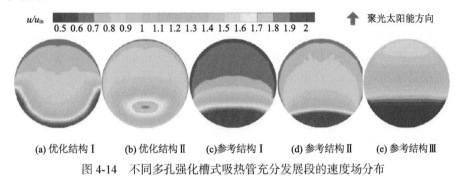

(a) 优化结构Ⅰ   (b) 优化结构Ⅱ   (c)参考结构Ⅰ   (d) 参考结构Ⅱ   (e) 参考结构Ⅲ

图 4-14 不同多孔强化槽式吸热管充分发展段的速度场分布

2. 吸热工质雷诺数对优化结果的影响

第 1 部分吸热管内多孔介质填充结构的优化工作是在典型的吸热工质 $Re(Re=900000)$下进行的。由于 Re 对管内的流动换热性能有很大的影响，因此有必要进一步探讨优化获得的填充结构是否可在较宽的 Re 范围内达到较好的流动换热效果。

鉴于此，在采用高导热系数铜多孔介质($\lambda_p/\lambda_f=5451.5$)时，分别对比了采用全填充结构、参考结构Ⅱ和Ⅲ、优化结构Ⅱ时的 Nu/Nu_0 和 f/f_0 随 Re 数的变化情况，如图 4-15 和图 4-16 所示。由图 4-15 可见，几种填充结构对应的 Nu/Nu_0 均随 Re 的增大而减小。这是因为增大流速本身可以强化换热，从而导致多孔介质的强化换热效果随着流速的增大而相对减弱。同时，由图 4-15 还可以看出，优化结构Ⅱ在整个 Re 数范围内都可获得很好的强化换热性能。此外，由图 4-16 可见，几种填充结构对应的 f/f_0 都随着 Re 数的增加而增加。这是因为多孔介质内的流动阻力随着流速的增加而明显上升。

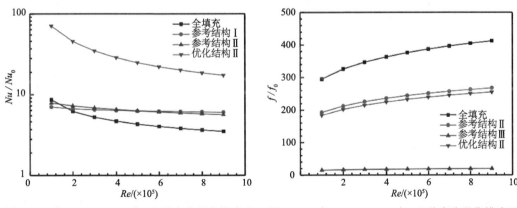

图 4-15 当 $\lambda_p/\lambda_f=5451.5$ 时，几种多孔强化槽式吸热管的 Nu/Nu_0 随 Re 的变化

图 4-16 当 $\lambda_p/\lambda_f=5451.5$ 时，几种多孔强化槽式吸热管的 f/f_0 随 Re 的变化

为了进一步清晰地揭示不同强化吸热管内的流动换热综合性能差异,采用Fan和Tao

等[41]提出的强化换热性能综合评价图对比了几种吸热管的性能。对比结果参见图 4-17，图中以 f/f_0 为横坐标，以 Nu/Nu_0 为纵坐标。该图被三条线(即 $Nu/Nu_0 = f/f_0$，$Nu/Nu_0 = (f/f_0)^{0.5}$，$Nu/Nu_0 = (f/f_0)^{1/3}$)划分成了 4 个区域，其中 1 区内的点代表不节能的工况，因为付出的泵功代价大于获得的换热收益；2 区内的点代表等泵功下的强化换热工况，即在相同的泵功消耗下，强化吸热管可获得比光滑管更好的换热性能；3 区和 4 区分别代表等压降和等流量下的强化换热工况。所关心的换热流动综合值越是趋近 4 区或者进入 4 区，表明吸热管的流动换热综合性能越好。由图 4-17 可见，在整个 Re 变化范围内，全填充结构对应的工况基本处于 1 区，说明全填充结构在大多数工况下不节能。而参考结构Ⅱ对应的工况基本处于 2 区，说明在相同的泵功消耗下，可获得比光滑管更好的换热性能。优化结构Ⅱ和参考结构Ⅲ对应的工况基本处于 3 区，说明在等压降的条件下，可获得比光滑管更好的换热性能。

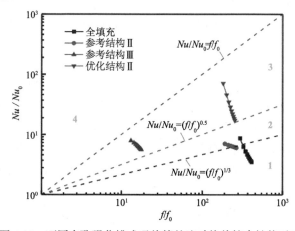

图 4-17 不同多孔强化槽式吸热管的流动换热综合性能对比

接下来，将从速度场和温度梯度场的协同性、传热过程不可逆性的角度，分析多孔介质的强化换热机理。图 4-18 和图 4-19 分别对比分析了大 Re 数范围内不同多孔介质强化吸热管的平均协同角 $\theta_{s,m}$ 和单位换热量下的㶲耗散 Φ/Q。

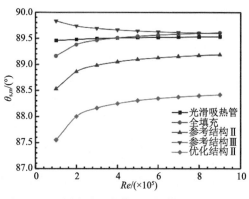

图 4-18 不同多孔强化槽式吸热管的平均协同角随 Re 的变化

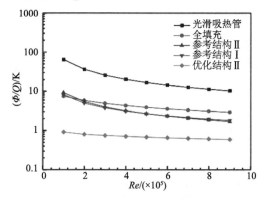

图 4-19 不同多孔强化槽式吸热管单位换热量下的㶲耗散随 Re 的变化

由图 4-18，除了参考结构Ⅲ外，其他几种结构对应的 $\theta_{s,m}$ 均随着 Re 的增加而增加，也就是说，速度场和温度梯度场的协同性能随着 Re 的增加而减弱，这也是强化换热效果随着 Re 的增加而减弱的根本原因。而采用参考结构Ⅲ时的 $\theta_{s,m}$ 随着 Re 的增大而降低，这是因为此时的换热强化靠的是多孔介质的高导热系数，但是在高热流一侧壁面附近填充的大量多孔介质导致该区域的流动性能较差，这可以从图 4-14(e)看出，因此场协同性能不太理想。而随着 Re 的增加，多孔介质区内的流速增大，从而使得速度场与温度梯度场的协同性能得到强化。进一步对比不同多孔介质填充结构可以看出，采用优化结构Ⅱ时具有最小的 $\theta_{s,m}$，而采用参考结构Ⅲ具有最大的 $\theta_{s,m}$。采用参考结构Ⅲ时的 $\theta_{s,m}$ 甚至比光滑吸热管还大。这说明在使用多孔介质作为强化换热手段时，应该综合考虑各方面因素，不恰当的多孔介质填充结构不仅不能强化换热，反而有可能导致换热恶化。

由图 4-19 可见，Φ/Q 随着 Re 的增加而减少，这是因为虽然多孔介质的强化换热效果随着 Re 的增加而变差，但是吸热管整体换热能力仍随着 Re 的增加而增大，所以吸热管的传热不可逆性随着 Re 的增加而减小。同时可以看出，采用优化结构Ⅱ的强化吸热管的 Φ/Q 远比其他几种强化吸热管的小，说明其强化换热性能更好。

由于过大的吸热管壁温度会导致过大的热应力，其可能造成吸热管弯曲和玻璃管破裂失效，因此有必要探讨强化吸热管对管壁温度的调控效果。

鉴于此，图 4-20 对比了几种多孔介质强化吸热管的外壁平均温度 $T_{w,o,m}$ 随 Re 的变化趋势。可以发现，$T_{w,o,m}$ 随 Re 的增加而减小，且多孔介质强化吸热管的 $T_{w,o,m}$ 明显比光滑吸热管的低，而优化结构Ⅱ对应的 $T_{w,o,m}$ 在整个 Re 范围内都是最低的。进一步，图 4-21 对比了槽式集热器的光热转换效率 η_c。由图 4-21 可以看出，采用优化结构Ⅱ时的槽式集热器的光热转换效率(η_c)最高，且其随着 Re 的增加，最终趋近于 68%。最后，图 4-22 对比了不同吸热管的外壁最大温差 $\Delta T_{w,o,max}$ 随 Re 的变化曲线。由图 4-22 可见，$\Delta T_{w,o,max}$ 随着 Re 的增加而减小。而采用优化结构Ⅱ时的强化吸热管可以达到比其他几种吸热管更小的 $\Delta T_{w,o,max}$，也就是说，该强化吸热管具有最佳的抗热应力变形的能力，有利于吸热器安全运行。

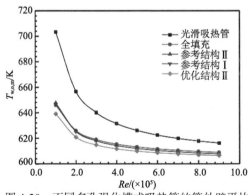

图 4-20 不同多孔强化槽式吸热管的管外壁平均温度随 Re 的变化

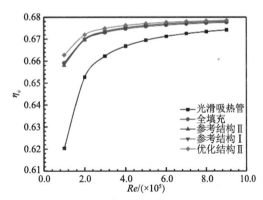

图 4-21 不同多孔强化槽式吸热管的光热转换效率随 Re 的变化

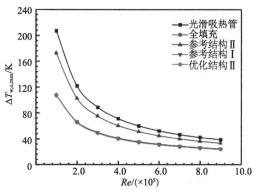

图 4-22　不同多孔强化槽式吸热管的管外壁最大温差随 Re 的变化

3. 多孔介质参数对优化结果的影响

经过以上的讨论可以发现，采用优化后的多孔介质填充结构 II 可以获得比采用全填充结构和参考结构更好的流动换热综合性能。因此，为探讨多孔介质参数对吸热管性能的影响，本小节将仅讨论采用了优化结构 II 的强化吸热管在不同多孔介质参数下的流动换热综合性能。

图 4-23 分析了多孔介质的导热系数对流动换热综合性能的影响。分析中，考虑了铜、铁、碳化硅、铝四种具有不同导热系数的多孔介质材料，它们的导热系数分别为 387.6 $W \cdot m^{-1} \cdot K^{-1}$、18.4 $W \cdot m^{-1} \cdot K^{-1}$、118 $W \cdot m^{-1} \cdot K^{-1}$、202.4 $W \cdot m^{-1} \cdot K^{-1}$。由图 4-23 可见，当以低导热系数的铁为多孔介质材料时，即使采用优化的填充结构，强化吸热管的工况点仍基本位于 1 区，不能达到好的流动换热综合性能。因此，不建议采用铁作为多孔介质材料。采用碳化硅和铝时的工况点介于 2 区和 3 区之间，说明这两种导热系数较高的材料都比较适用于强化槽式吸热管内的流动换热综合性能。而采用具有高导热系数的铜时的工况点基本处于 3 区，说明铜多孔介质非常适用于强化槽式吸热管内的流动换热综合性能。

最后，图 4-24 探讨了多孔介质孔隙率 φ 对采用优化结构 II 的强化吸热管的流动换热综合性能的影响，其中多孔介质的材料为铜。由图 4-24 可以看出，随着 φ 的增加，部分工况点会由 3 区进入 2 区，说明流动换热综合性能随着 φ 的增加而减小。

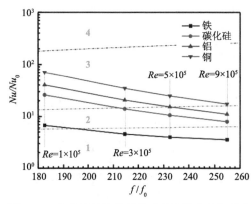

图 4-23　多孔材料导热系数对强化槽式吸热管流动换热性能的影响

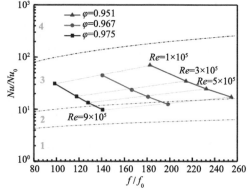

图 4-24　孔隙率对强化槽式吸热管流动换热性能的影响

4.3 基于 MCRT-FVM 的碟式吸热器光热性能分析

本节基于作者团队在碟式吸热器光热转换性能研究方面的工作,来介绍 MCRT-FVM 方法在碟式吸热器光热表征方面的应用[10,42,43]。首先,介绍碟式吸热器的典型物理模型与光热转换过程。接着,介绍基于 MCRT-FVM 构建的碟式吸热器光热转换数值计算模型。随后,介绍基于此模型对碟式吸热器内的光热转换性能的数值模拟结果,分析和讨论阳光法向直射辐照度、吸热器倾角及腔内壁发射率等关键参数对吸热器光热性能的影响规律。

4.3.1 碟式吸热器的物理模型与光热转换过程

在碟式聚光集热系统中,吸热器是安装在碟式聚光器的焦平面上的。本节以典型的半球状腔式吸热器(参见图 4-25)为例来说明 MCRT-FVM 在碟式吸热器光热转换性能分析中的应用,分析中采用的抛物面碟式聚光器的几何与光学参数已经在 3.4.1 节中介绍。半球状腔式吸热器的外径为 200 mm,保温层的厚度为 20 mm。吸热器内壁铺设有充满吸热工质的吸热盘管。

在吸热器运行过程中,首先,由聚光器汇聚而来的阳光射入吸热器进光口并在吸热器内经历多次反射、散射、吸收等光学作用,在此过程中大部分阳光会被吸热管吸收,而剩下的一小部分阳光则会从进光口离开吸热器并散失到环境中。接着,被吸热管吸收的阳光会转化为热能,大部分热能通过对流换热传递给吸热管中的传热工质,而剩下的热能则通过热辐射换热、对流换热、热传导等传热方式散失到周围环境中。

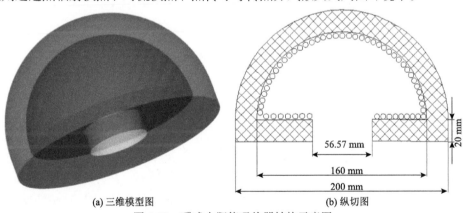

(a) 三维模型图 (b) 纵切图

图 4-25 碟式太阳能吸热器结构示意图

4.3.2 基于 MCRT-FVM 的光热耦合计算模型

采用 MCRT-FVM 模拟碟式吸热器中的光热转换过程的流程与模拟槽式吸热器时类似,实施过程可分为三步:①采用三维 MCRT 模型模拟吸热器中的光能传输子过程;②采用三维 FVM 模型计算吸热器内的热能传递子过程;③将 MCRT 计算获得的吸热器内吸热面上吸收的非均匀光能分布数据作为能量方程的源项传递给 FVM 模型，从而实现两种方法的耦合。由于第①步已经在 3.4.2 节进行了详细介绍，而第③步与槽式系统是一致的，因此本节不再赘述。接下来，本节将着重介绍第②步的具体实施方法。

1. MCRT-FVM 模型的 FVM 部分

在碟式吸热器三维 FVM 模型构建过程中，由于吸热盘管的结构和管内流动过程十分复杂，若考虑盘管结构的局部细节及其内部的流动过程，则会过度增大数值计算模型的复杂度，因此为简化计算模型，计算中将盘管表面近似为球面形漫灰表面，并将工质带走的热量视为吸热面上每个网格所吸收能量的 0.85 [42]。整个 FVM 计算区域包括吸热器及其周围的球形空气域。为减少空气域的边界条件对于计算结果的影响，空气域的直径取为吸热器直径的 10 倍[42]，计算区域的网格系统采用四面体网格划分，如图 4-26 所示。

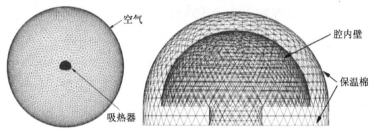

图 4-26　碟式吸热器网格划分

在 FVM 模型中，假设流动换热过程为稳态，吸热腔内空气流动为层流。采用 Boussinesq 假设来考虑自然对流的影响，该假设将动量方程体积力项中的密度视为温度的线性函数，而将其他项中的密度视为常数，密度常数的定性温度取为 800 K。计算中所采用的控制方程组包括如式(4-48)～(4-50)所示的连续性方程、动量守恒方程、带源项的能量守恒方程。

$$\mathrm{div}\left(\rho \boldsymbol{U}\right) = 0 \tag{4-48}$$

$$\mathrm{div}\left(\rho u_i \boldsymbol{U}\right) = -\frac{\partial p}{\partial x_i} + \mathrm{div}\left(\mu \mathrm{grad} u_i\right) + \rho g_i \beta \left(T - T_{\mathrm{ref}}\right) \tag{4-49}$$

$$\mathrm{div}\left(\rho \boldsymbol{U} T\right) = \mathrm{div}\left(\frac{k}{c_p} \mathrm{grad} T\right) + s_{q_1} \tag{4-50}$$

式中，s_{q_1} 为吸热器内壁非均匀热流所对应的源项。

吸热器外表面为绝热边界条件，周围环境区域的外边界定义为压力进口边界条件。辐射换热计算中将空气视为非参与性介质，仅考虑各固体表面之间的辐射换热，并采用离散坐标法求解。数值计算中压力与速度的耦合采用 SIMPLEC 算法，压力梯度项采用体积力加权(body force weighted)格式离散，对流项采用二阶迎风格式离散。环境温度取为 303.15 K，大气压力取为 103.15 kPa。

为对比分析吸热器的对流换热和辐射换热性能，定义了式(4-51)所示的吸热器对流换热努塞尔数(Nu_c)和辐射换热努塞尔数(Nu_r)。

$$Nu_c = \frac{D_R}{\lambda} \frac{Q_c}{A(T_A - T_a)}, \qquad Nu_r = \frac{D_R}{\lambda} \frac{Q_r}{A(T_A - T_a)} \tag{4-51}$$

式中，Q_c 与 Q_r 分别为对流和辐射热损失；D_R 为半球形吸热器的内径；A 为吸热器内壁面积；T_A 与 T_a 分别为吸热器内壁均温和环境空气温度；λ 为空气导热系数，其定性温度为 $(T_A+T_a)/2$。

2. MCRT-FVM 耦合模型的准确性考察

接下来，考察碟式吸热器的 MCRT-FVM 耦合模型的准确性。首先，采用 4.1.3 节所述方法考核光线数和网格数，考核之后选取的光线数和网格数分别为 $5×10^7$ 和 $7.5×10^5$。接着，为验证模型的准确性，采用所发展的模型分析了半球形吸热器的自然对流热损失随吸热器倾角的变化，模拟中吸热器内壁温度为 673 K。图 4-27 对比了本模型模拟结果与文献[44]中的结果，可见二者吻合良好，数据的平均偏差仅为 1.7%，说明本小节所介绍的 MCRT-FVM 模型是可靠的。

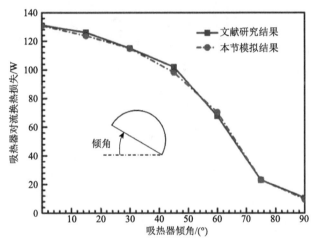

图 4-27   不同倾角下吸热器自然对流热损失的模拟结果与文献结果[44]对比

4.3.3 碟式吸热器光热转换性能分析结果

碟式吸热器内的光热耦合能量转换过程一方面受吸热器内壁面非均匀辐射热流的影响，另一方面还受吸热器倾角等系统参数的影响。接下来，将运用所发展的 MCRT-FVM 模型，首先分析吸热器在典型工况下的光热转换特性；接着，分别考察阳光法向直射辐照度、吸热器倾角以及内壁发射率对光热转换性能的影响情况。

1. 典型工况下的吸热器光热性能

掌握碟式吸热器在典型工况下的光热性能，有助于直观地理解其热损失机理和能量转换特性。鉴于此，本小节在 DNI=1000 W·m^{-2}、腔内壁发射率为 1、吸热器倾角为 0° 的典型工况下，分析了碟式吸热器内的复杂光热转换过程，此时吸热器内壁的光场分布参见图 3-29。图 4-28(a) 给出了模拟获得的吸热器内壁面的温度分布。由图 4-28(a) 可知，在非均匀热流及自然对流的共同作用下，吸热器内壁面的温度很高且不均匀，腔内壁的平均温度高达 1343.4 K。对比图 3-29 中吸热器内表面的热流分布轮廓可知，热流分布直接影响了吸热器内壁面的温度分布情况。同时，模拟结果表明吸热器的总热损失功率为 335.7 W，其中通过热辐射和自然对流散失的热功率分别为 333.3 W 和 2.4 W。可见，辐射热损失成为了吸热器的主要热损形式，其在总热损中所占比例达到了 99.3%。这一方面是因为腔内壁的温度很高，因此吸热面与环境之间的辐射换热很强；另一方面是由于本例中吸热器的倾角为 0°，热空气积聚在吸热器腔体内，如图 4-28(b) 所示，自然对流换热被极大地削弱，如图 4-28(c) 所示。

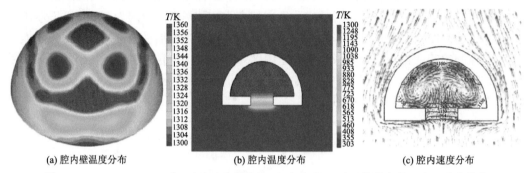

(a) 腔内壁温度分布　　　　　　　(b) 腔内温度分布　　　　　　　(c) 腔内速度分布

图 4-28　DNI=1000 W·m⁻²、腔内壁发射率为 1、倾角为 0°时吸热器中的温度及速度分布

2. 阳光法向直射辐照度对光热性能的影响

在实际工况下，阳光法向直射辐照度(DNI)会随时间不断变化，其数值直接决定了碟式吸热器内壁能流密度的大小，进而影响吸热器内的耦合换热。探明 DNI 对碟式吸热器光热性能的影响规律，可以促进吸热器的结构优化和性能提升。鉴于此，本小节在腔内壁发射率为 1、吸热器倾角为 0°的典型工况下，分析了吸热器内壁面平均温度(T_{ave})以及吸热器自然对流换热努塞尔数(Nu_c)和辐射换热努塞尔数(Nu_r)随 DNI 的变化情况。由图 4-29 可见，当 DNI 由 100 W·m⁻² 增大到 1000 W·m⁻² 时，T_{ave} 由 752.2 K 增加到了 1343.4 K。且 T_{ave} 随 DNI 的变化趋势不是线性的，而是随着 DNI 的增大，T_{ave} 的增大趋势逐渐变缓。由图 4-30 可见，Nu_r 随着 DNI 的增加而增加，而 Nu_c 则变化不大。这是由于随着 DNI 的

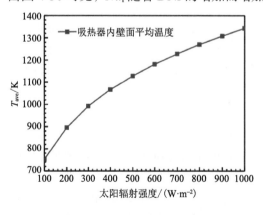

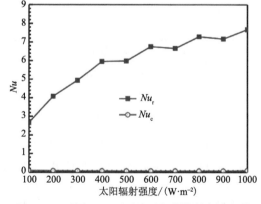

图 4-29　不同 DNI 下内壁面平均温度　　　　图 4-30　不同 DNI 下对流及辐射换热努塞尔数

增加，吸热器内壁面温度随之增加，根据辐射换热定律可知，辐射换热的驱动力增大，Nu_r 自然随之增加。但由于吸热器倾角为 0°，自然对流换热的强度没有明显增加，因而 Nu_c 基本保持不变。

3. 吸热器倾角对光热性能的影响

在运行过程中，碟式吸热器会随着聚光器一起跟踪太阳运动，在此过程中，吸热器的倾角会不断变化，进而影响吸热器的光热性能。接下来，本小节分析了吸热器倾角对碟式吸热器内温度场分布、内壁面平均温度(T_{ave})以及吸热器的自然对流换热努塞尔数(Nu_c)和辐射换热努塞尔数(Nu_r)的影响规律。

首先，由图 4-31 中可见，在吸热器倾角由 30°逐渐增加到 90°的过程中，吸热腔内空气与外界空气对流换热增强，更多的外界空气流入吸热腔，吸热腔内的红色高温区域逐渐减小，直至 90°时吸热腔内空气温度达到最低值。同时须注意的是，在自然对流作用下，腔内空气具有向上运动的趋势，使得吸热腔上部始终维持在较高温度。接着，由图 4-32 可以看到，当吸热器倾角由 0°增加到 30°时，腔内壁均温(T_{ave})由 1343.4 K 缓慢减小到 1329.0 K，而当倾角由 30°变化为 90°时，T_{ave} 则迅速降低为 1212.3 K。最后，由图 4-33 可见，虽然 Nu_r 在耦合换热中始终占据主导地位，但是随着倾角增大，Nu_r 的值逐渐降低，而 Nu_c 则随之升高。这是由于随着倾角增加，外界的冷空气进入了吸热腔内，强化了自然对流换热，同时由于对流换热的增强，吸热腔壁的温度下降，从而减弱了辐射换热。

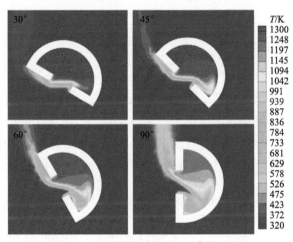

图 4-31　不同倾角下吸热腔内温度分布

4. 内壁发射率对光热性能的影响

由前面的分析可以看出，辐射热损失在碟式吸热器热损失中始终占据主导地位。因而可以推知改变腔内壁的发射率(ε)将对吸热器的热损失性能产生直接影响。

鉴于此，图 4-34 和图 4-35 分别给出了不同内壁发射率下吸热器内壁平均温度、对流换热与辐射换热努塞尔数的变化情况。由图 4-34 和图 4-35 可知，当内壁发射率由 0.4 增长至 1.0 时，内壁平均温度 T_{ave} 由 1358.7 K 略降为 1343.4 K；而辐射换热和对流换

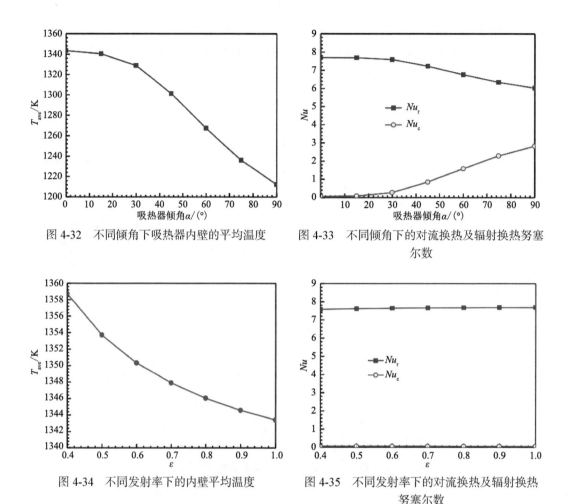

图 4-32 不同倾角下吸热器内壁的平均温度

图 4-33 不同倾角下的对流换热及辐射换热努塞尔数

图 4-34 不同发射率下的内壁平均温度

图 4-35 不同发射率下的对流换热及辐射换热努塞尔数

热努塞尔数 Nu_r 和 Nu_c 则基本保持不变。这一方面是因为当内壁温度随着发射率增大而略微减小后，内壁与周围环境的温差也相应减小，因而辐射换热和对流换热的驱动力同时减小；另一方面，吸热器内壁温度的相对变化很小，因此辐射换热和对流换热的相对比例变化不大。

4.4 基于 MCRT-FVM 的塔式吸热器光热性能分析

本节在第 3 章的基础上，首先，以课题组前期提出的高温翅片型熔盐吸热器为例，介绍 4.1 节所述的 MCRT-FVM 耦合方法在以液体为工质的多管式塔式吸热器光热转换性能分析、结构优化、性能提升方面的应用[45,46]；接着，再介绍 MCRT-FVM 耦合方法在典型的塔式有压腔式空气吸热器光热转换性能分析中的应用[10,47-49]。

4.4.1 基于重吸收效应提升效率的高温翅片型熔盐吸热器

3.5.5 节基于重吸收效应提出了一种高温翅片型熔盐吸热器,并基于 MCRT 方法分析了其光学性能;在此基础上,以高光学效率为优化目标获得了一种光学效率最高的吸热器结构。然而,对于实际塔式电站中的吸热器而言,其光学性能和传热性能均十分重要。鉴于此,在 3.5.5 节光学性能分析的基础上,本节基于 MCRT-FVM 方法对实际光热电站尺寸下的翅片型吸热器和圆柱型吸热器的光热转换特性进行了对比研究。首先,采用 MCRT 方法和 FVM 构建了吸热器的三维 MCRT-FVM 数值计算模型,并通过对比模拟结果和 Solar Two 电站的实验结果,验证了模型的可靠性。接着,对翅片型吸热器的关键几何参数进行了优化并获得了最佳尺寸。最后,在不同时间和天气条件下,对比了最佳翅片型吸热器和两种不同尺寸下的圆柱型吸热器的光热性能以及实时太阳辐射能流密度分布。

1. 翅片型熔盐吸热器的物理模型与光热转换过程

选 Solar Two 电站为研究对象,该电站的聚光集热系统由一个四周环绕型的定日镜场以及一个位于镜场中心的吸热塔所组成,其具体结构已在 3.5.1 节进行了详细介绍。在本小节研究中,每面定日镜的瞄准点均在吸热器中心正上方 1 m 处,定日镜反射率和洁净度分别取为 0.7337 和 1.0。定日镜的详细参数如表 3-3 所示。Solar Two 的圆柱型吸热器安装在塔的顶端,其每根吸热管的长为 6.2 m,外径为 21 mm,壁厚为 1.2 mm。吸热管表面涂有黑色的 Pyromark 涂层,然而该涂层难以承受 650 ℃以上的高温。由于下一代塔式吸热器表面的典型温度将高达 800 ℃,因此该涂层不再适用于下一代吸热器。鉴于此,本小节选用美国劳伦斯伯克利国家实验室开发的一种可耐 900 ℃高温的选择性吸收涂层,其对阳光的吸收率为 0.9,红外发射率为 0.4[50]。同时,本小节吸热器材料选用耐高温的哈氏合金 Haynes230,其密度、比热容和导热系数分别为 8900 kg·m^{-3}、27.7 W·m^{-1}·K^{-1} 和 581.6 J·kg^{-1}·K^{-1}。所采用的吸热工质为一种能够在 800 ℃下稳定运行的二元镁基氯化盐,其随温度变化的密度、比热容、导热系数和动力黏度分别可由式(4-52)~(4-55)[51]计算。

$$\rho = 1903.7 - 0.552T, \quad 450\ ℃ \leqslant T \leqslant 800\ ℃ \tag{4-52}$$

$$c_p = 989.6 + 0.1046T, \quad 450\ ℃ \leqslant T \leqslant 800\ ℃ \tag{4-53}$$

$$\lambda = 0.5047 - 0.0001T, \quad 450\ ℃ \leqslant T \leqslant 800\ ℃ \tag{4-54}$$

$$\mu = 1.784T^2 \cdot 10^{-8} - 2.91T \cdot 10^{-5} + 0.014965, \quad 450\ ℃ \leqslant T \leqslant 800\ ℃ \tag{4-55}$$

Solar Two 的圆柱型吸热器包含 700 多根吸热管,如果在模型构建过程中把每根吸热管都详细考虑,将会占用大量计算资源,这在普通计算机上是难以完成的。为减少计算量,采用文献[52]的方法将管排简化为矩形通道,如图 4-36 所示。简化后的矩形通道和吸热器的原有管排具有相同的入口面积,从而保证吸热工质在流动时具有相同的流速。

矩形通道的厚度可由公式(4-56)求出。

$$h = \frac{n_t \pi d_{in}^2}{4W_p} \tag{4-56}$$

式中，n_t 是一个管排内的吸热管个数；d_{in} 为吸热管内径，m；W_p 为管排内的吸热管数目。

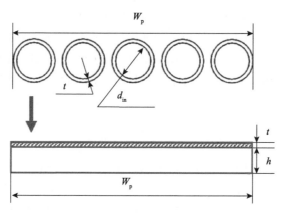

图 4-36　吸热器管排简化

　　翅片型吸热器由内部管排和外部翅片管排组成(图 4-37)，工质在管排中的蜿蜒流路如图 4-38 所示。外部翅片状管排既可以重新吸收被吸热器表面反射的光能，又可以吸收吸热器发射出的热辐射。研究中，翅片型吸热器的高度和外径(D_r)与圆柱型吸热器相同，其管排也被简化成了矩形通道，并且通道的厚度和圆柱型吸热器的相同。除此之外，翅片型吸热器还有两个关键参数，分别是吸热器内径$(D_{r,in})$和翅片管排的数目(n_{fin})。后文将优化这两个关键参数以期获得最优的翅片型吸热器结构。

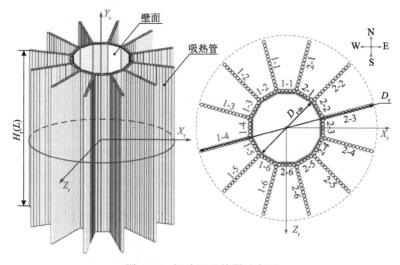

图 4-37　翅片型吸热器示意图

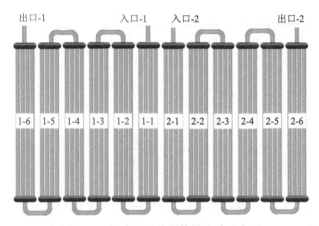

图 4-38 翅片型吸热器管排流路示意图

2. 基于 MCRT-FVM 的翅片型吸热器光热转换模型

为分析塔式多管吸热器的光热转换性能,作者团队前期也发展了相应的 MCRT-FVM 数值计算模型,模型的 MCRT 部分及开发的光学计算软件 SPTOPTIC 已在 3.5.2 节介绍,接下来将介绍模型的 FVM 部分。

1) MCRT-FVM 模型的 FVM 部分

吸热器内的传热过程包括吸热管壁内的导热、吸热管内壁面和吸热工质间的对流换热、吸热管外表面与环境之间的辐射换热以及对流换热。对于固体区域,其控制方程只包括能量方程。对于工质区域,其控制方程包括连续性方程、能量方程、动量方程和 $k\text{-}\varepsilon$ 湍流模型,如式(4-57)~(4-62)所示。

连续性方程:

$$\frac{\partial(\rho u)}{\partial x} + \frac{\partial(\rho v)}{\partial y} + \frac{\partial(\rho w)}{\partial z} = 0 \tag{4-57}$$

能量方程:

$$\frac{\partial\left(\rho u_i c_p T\right)}{\partial x_i} = \frac{\partial}{\partial x_i}\left[c_p\left(\frac{\mu}{Pr} + \frac{\mu_\mathrm{t}}{Pr_\mathrm{t}}\right)\frac{\partial T}{\partial x_i}\right] + S_{q_1} \tag{4-58}$$

动量方程:

$$\frac{\partial\left(\rho u_i u_j\right)}{\partial x_j} = -\frac{\partial p}{\partial x_i} + \frac{\partial}{\partial x_j}\left[\mu\left(\frac{\partial u_i}{\partial x_j} + \frac{\partial u_j}{\partial x_i} - \frac{2}{3}\frac{\partial u_l}{\partial x_l}\delta_{ij}\right)\right] + \frac{\partial}{\partial x_j}\left(-\rho\overline{u_i' u_j'}\right) \tag{4-59}$$

$$-\rho\overline{u_i' u_j'} = \mu_\mathrm{t}\left(\frac{\partial u_i}{\partial x_j} + \frac{\partial u_j}{\partial x_i}\right) - \frac{2}{3}\left(\rho k + \mu_\mathrm{t}\frac{\partial u_i}{\partial x_i}\right)\delta_{ij} \tag{4-60}$$

k 方程和 ε 方程:

$$\frac{\partial\left(\rho k u_j\right)}{\partial x_j} = \frac{\partial}{\partial x_j}\left[\left(\mu + \frac{\mu_t}{\sigma_k}\right)\frac{\partial k}{\partial x_j}\right] + \mu_t\frac{\partial u_i}{\partial x_j}\left(\frac{\partial u_i}{\partial x_j} + \frac{\partial u_j}{\partial x_i}\right) - \rho\varepsilon \qquad (4\text{-}61)$$

$$\frac{\partial\left(\rho\varepsilon u_k\right)}{\partial x_k} = \frac{\partial}{\partial x_k}\left[\left(\mu + \frac{\mu_t}{\sigma_\varepsilon}\right)\frac{\partial\varepsilon}{\partial x_k}\right] + c_1\frac{\varepsilon}{k}\mu_t\frac{\partial u_i}{\partial x_j}\left(\frac{\partial u_i}{\partial x_j} + \frac{\partial u_j}{\partial x_i}\right) - c_2\rho\frac{\varepsilon^2}{k} \qquad (4\text{-}62)$$

$$\mu_t = \rho c_\mu\frac{k^2}{\varepsilon} \qquad (4\text{-}63)$$

式中，μ_t 为湍流黏度；c_μ=0.09、c_1=1.44、c_2=1.92、σ_k=1.0、σ_ε=1.3。

在 FVM 模型中，MCRT 模拟获得的吸热器表面太阳辐射能流分布被以热源 S_{q_1} 的形式加载到管排通道的表面上。此外，计算中假设每一个管排的入口温度是均匀的，并且等于上一个管排的平均出口温度。圆柱型和翅片型吸热器的详细边界条件分别如图 4-39 和图 4-40 所示，其中吸热器的进、出口温度分别假设为 520 ℃和 720 ℃。

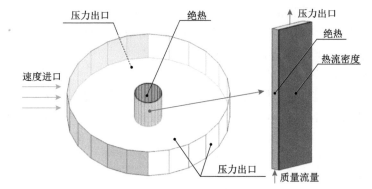

图 4-39　圆柱型吸热器边界条件

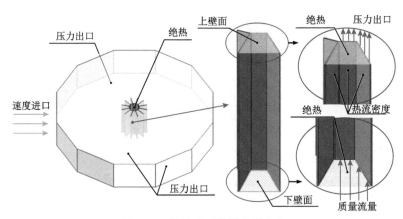

图 4-40　翅片型吸热器边界条件

2) MCRT-FVM 模型的准确性考察

首先，为消除网格数目对计算结果的影响，针对春分正午时刻，采用 4 套网格分别对翅片型吸热器的平均出口温度和吸热器效率(η_R)进行了计算，其中 η_R 定义为工质带走的热功率(Q_{htf})与投射到吸热器表面的太阳辐射功率(Q_{in})之比。该吸热器的翅片数为 12，内径为 1.0 m，且环境温度为 15 ℃，风速为 1.0 m·s^{-1}，风向从西至东。计算结果如图 4-41 所示，可见当网格数大于 3.6×10^6 时，吸热器效率和平均出口温度几乎不再发生变化。因此，可采用该网格数对翅片型吸热器进行光热转换特性研究。

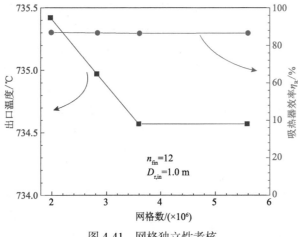

图 4-41　网格独立性考核

接着，为验证 MCRT-FVM 数值模型的可靠性，模拟了 Solar Two 吸热器在 DNI 为 887 W·m^{-2}、环境温度为 17 ℃、入口温度为 298 ℃、每个流路的入口质量流量为 35 kg·s^{-1} 的实测工况下的光热转换性能。模拟中考虑了 Solar Two 吸热器实际的材料和参数，其中，吸热管为不锈钢，选择性吸收涂层的有效吸收率和发射率分别为 0.95 和 0.88。吸热工质为二元硝酸盐，其中 NaNO$_3$ 与 KNO$_3$ 的质量占比分别为 60%和 40%。表 4-9 给出了模拟获得的光热转换参数与实验结果的对比。由表 4-9 可见，模拟结果与实验结果符合良好，说明该模型是可靠的。

表 4-9　模拟结果与实验测试结果对比

光热转换参数	实测值[53]	模拟值	相对偏差
熔盐吸收功率/ MW	28.3	28.1	0.71%
吸热器出口温度/℃	564.0	563.3	0.12%
吸热器效率 η_R / %	87.1	87.8	0.80%

3. 翅片型熔盐吸热器光热转换性能分析结果

接下来，首先在典型工况下优化获得最佳的翅片型吸热器几何尺寸；随后，在不同时间和天气条件下，对比最佳翅片型吸热器和两种不同尺寸的圆柱型吸热器的光热性能；最后，对比分析最佳翅片型吸热器和圆柱型吸热器表面的实时太阳辐射能流密度分布。

1) 翅片型吸热器结构优化结果

本小节针对典型的春分日正午时刻，优化了翅片型吸热器的翅片数(n_{fin})以及吸热器内径($D_{r,in}$)等两个关键几何参数，优化过程中每个流路的进口流量均固定为 71 kg·s^{-1}，环境温度为 15 ℃，风速为 1.0 m·s^{-1}，DNI=982 W·m^{-2}。由于在相同的吸热器外径下，翅片数越多，吸热管的数目也就越多，因而成本也会随之增加。鉴于此，优化过程中将翅片型吸热器的翅片数限制在了 12 以内，这样就可将吸热管的数目控制在圆柱型吸热器的吸热管数的 1.7 倍以内，从而不会过多地增加翅片型吸热器的制造成本。

在完成优化计算之后，首先分析了翅片型吸热器的吸热器效率(η_R)随 n_{fin} 和 $D_{r,in}$ 的变化规律。由图 4-42 可以看出，当 n_{fin} 保持不变时，η_R 随着 $D_{r,in}$ 的减少而增加。这是因为 $D_{r,in}$ 减少后，重吸收效应会增强，从而减少了吸热器的反射损失。此外，当 $D_{r,in}$ 保持不变时，η_R 随着 n_{fin} 的增加而增加。这是因为增加 n_{fin} 同样会强化重吸收效应，从而减少吸热器的反射损失。从优化结果可以看出，当翅片型吸热器的翅片数为 12，内径为 1.0 m 时，其吸热器效率最高。因此，本小节将该优化结构选为翅片型吸热器的最佳结构，该结构的吸热管数目是相同吸热器外径下圆柱型吸热器的 1.7 倍。分析优化结果可见，优化获得的最佳翅片型吸热器的吸热管数远多于相同吸热器外径下的圆柱型吸热器。如果把最佳翅片型吸热器中的吸热管排列成一个较大的圆柱型吸热器，则该圆柱型吸热器就可接收更多由定日镜汇聚而来的光能。因此，该较大的圆柱型吸热器的光热性能可能会比优化获得的翅片型吸热器更好，可见有必要进一步对比分析最佳翅片型吸热器和圆柱型吸热器的光热性能。

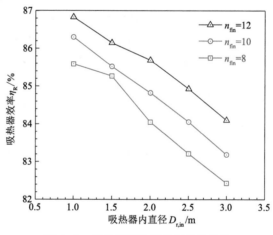

图 4-42　翅片型吸热器几何参数优化

接着，对比了最佳翅片型吸热器、与最佳翅片型吸热器等外径的圆柱型吸热器、与最佳翅片型吸热器等吸热管数的圆柱型吸热器的光热转换性能，对比时环境温度为 15 ℃，风速为 1.0 m·s^{-1}，DNI=982 W·m^{-2}。由图 4-43 可以看出，在相同的吸热器外径下，翅片型吸热器的熔盐吸收的能量比圆柱型吸热器的熔盐吸收的能量增加了 2%，这是因为翅片型吸热器可以有效降低反射损失。而在相同的吸热管数目下，翅片型吸热器熔盐吸收的能量比圆柱型吸热器熔盐吸收的能量增加了 3.7%，这是因为与具有相同的吸热器外径的圆柱型吸热器相比，在相同吸热管数目下，圆柱型吸热器的散热面积增大，并且无法重新吸收被吸热面反射的光能和吸热面发射出去的热辐射。此外，由图 4-43 还可以看到，在相同的吸热器直径下，翅片型吸热器的辐射热损失高于对应的圆柱型吸热器的辐射热损失，这是因为，在相同的吸热器直径下，翅片型吸热器的外露面积要大于圆柱型吸热器，这强化了辐射传热。同时可以发现，无论是翅片型吸热器还是圆柱型吸热器，其辐射热损失和反射损失都占据了总能量损失的大部分，而对流热损失仅仅占了很小的一部分。进一步计算可以得到最优翅片型吸热器在春分正午的吸热器效率(87.3%)，其比相同吸热器直径下的圆柱型吸热器的效率高了 3.7 个百分点，而比相同吸热管数目下的圆柱型吸热器的效率高了 9.9 个百分点。

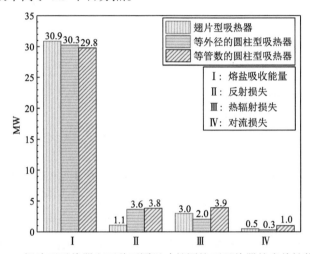

图 4-43　翅片型吸热器和两种不同尺寸的圆柱型吸热器的光热性能对比

2) 不同时刻和天气状况下的吸热器效率

由于最佳翅片型吸热器的优化是在春分正午时刻风速为 1.0 m·s^{-1}、环境温度为 15 ℃、DNI=982 W·m^{-2} 的条件下进行的，不能确保其在其他时刻的光热转换性能仍然优于圆柱型吸热器，因此还需在不同时刻和风速条件下，对比分析二者的光热转换性能。

首先，本小节针对春分晴朗无云条件下的典型工况，对比分析了最佳翅片型吸热器和两种圆柱型吸热器的吸热器效率随时间的变化，其中风速为 1.0 m·s^{-1}。由图 4-44 可见，在一天内的任何时刻，翅片型吸热器的效率均高于两种圆柱型吸热器。此外，还可以发现，与翅片型吸热器具有相同吸热管数的圆柱型吸热器的效率最低。这是因为其外露面积较大且不能利用重吸收效应来强化吸收热辐射，因而其辐射热损失和对流热损失都较大。同时还可以看出，在一天之内，翅片型吸热器的效率先增加后降低并在正午时刻达到最大值。这是因为当吸热器进出口温度一定时，其一天内不同时刻的辐射热损失和对流热损失变化不大，但投射至吸热器表面的能量随时间的增加先增大后降低并在正午时刻达到最大。

随后，由于在多云天气下，太阳会被云层遮挡，从而降低阳光法向直接辐照度(DNI)，为探明翅片型吸热器在多云条件下的光热转换性能，本小节针对春分正午时刻的典型工况，分析了翅片型吸热器在不同 DNI 下的效率。由图 4-45 可见，在不同 DNI 下，翅片型吸热器的效率均高于两种圆柱型吸热器，且在三种吸热器中，与翅片型吸热器具有相同吸热管数的圆柱型吸热器的效率最低。同时可见，三种吸热器的效率均随着 DNI 的增加而增加，表明多云天气会降低吸热器的光热性能。这是因为当吸热器进出口温度一定时，其辐射热损失和对流热损失变化不大，但多云天气会降低 DNI，减少了投射至吸热器表面的能量。

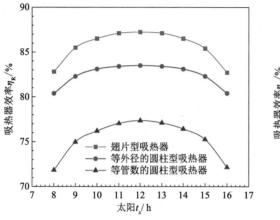

图 4-44 春分晴朗无云天气下三种吸热器的吸热器效率对比图

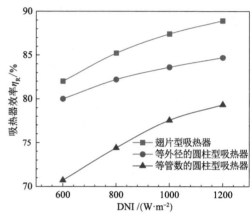

图 4-45 春分正午云遮条件下三种吸热器的吸热器效率对比图

最后，对比分析了环境风速对翅片型吸热器和两种圆柱型吸热器的效率的影响。由图 4-46 可见，在不同风速下，翅片型吸热器的效率均高于两种圆柱型吸热器。同时可见，三种吸热器的效率均随着风速的增加而降低，这是因为当风速增加时，吸热器的对流损失也随之增加。

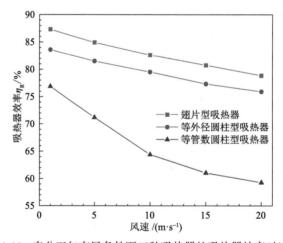

图 4-46 春分正午有风条件下三种吸热器的吸热器效率对比图

上述对比分析表明，在不同时刻和天气状况下，翅片型吸热器的光热转换效率均高于与之等管数或等外径的圆柱型吸热器。此外，由于在三种吸热器中，与翅片型吸热器等管数的圆柱型吸热器的效率最低，因此，在接下来的研究中不再讨论与翅片型吸热器等管数的圆柱型吸热器。

3) 等直径的翅片型和圆柱型吸热器的实时能流分布对比

由于吸热器表面光场能流分布对其安全性至关重要,因此本小节对比分析了具有相同外径的翅片型吸热器与圆柱型吸热器在春分、夏至和冬至等三个典型日期正午时刻的能流分布,对比时定日镜的瞄准点均在吸热器中心正上方 1 m 处。对比结果如图 4-47 所示,可见,相比于等直径的圆柱型吸热器,翅片型吸热器表面太阳辐射能流密度分布更均匀。这是因为翅片型吸热器的翅片结构增加了吸热器的外露面积,从而分散了入射的太阳辐射能量。更均匀的能流密度分布可降低吸热器的热应力,从而提高了吸热器运行的安全性。此外,在春分、夏至和冬至正午时刻,翅片型吸热器的峰值能流密度比与其等直径的圆柱型吸热器的峰值能流密度分别降低了 38.6%、36.9% 和 40.1%。

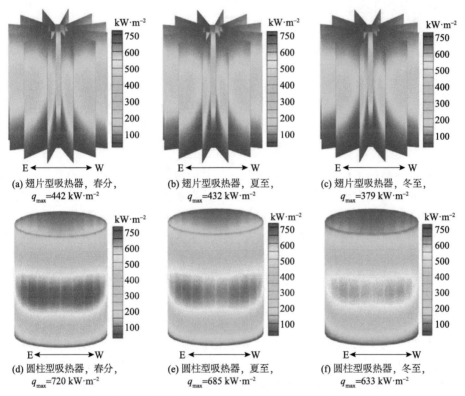

图 4-47　一年内三个典型日期的吸热器能流密度分布云图

4.4.2　典型容积式吸热器光热转换性能分析

本节在 3.5.6 节塔式容积式吸热器光学性能分析的基础上,进一步介绍作者团队前期基于 MCRT-FVM 耦合方法对容积式吸热器光热转换特性的研究。首先,介绍容积式吸热器的物理模型和光热转换过程;接着,介绍用于分析容积式吸热器光热转换性能的 MCRT-FVM 模型的构建过程;最后,分析流体工质入口流量、温度及 SiC 多孔介质吸热体孔隙率等参数对吸热器光热转换性能的影响。

1. 容积式吸热器的物理模型与光热转换过程

本小节所研究的容积式吸热器是西班牙阿尔梅里亚太阳能实验平台(PSA)的 REFOS 项目所设计的模块化容积式吸热器。由图 4-48 可见,该吸热器的单个模块主要由二级聚光镜、石英玻璃窗、多孔介质容积式吸热体、压力容器腔体空间、腔体壁面等组成。二级聚光镜的进光口安装在定日镜场的焦平面上,用来进一步聚集镜场汇聚而来的阳光。半椭球形的石英玻璃窗安装在吸热腔入口处,用以维持腔内压力并透过阳光。

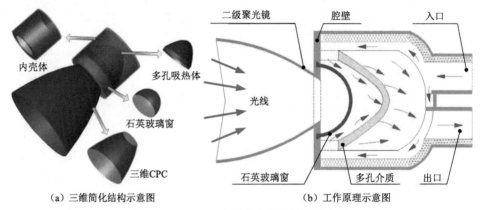

(a) 三维简化结构示意图　　　　　　　　　　(b) 工作原理示意图

图 4-48　REFOS 容积式空气吸热器示意图

容积式吸热器的工作原理如图 4-48 所示,其能量传递过程如下:首先,定日镜场汇聚而来的阳光在被二次聚光镜汇聚之后将击中石英玻璃窗;接着,大部分的阳光会透过石英玻璃窗,随后这些阳光中的大部分会被多孔介质吸热体吸收并转换为热能;接着,高压空气工质流过多孔吸热体时通过对流换热和导热将多孔介质中的热能传递给吸热工质。同时,多孔介质吸热体、吸热器内壁及石英玻璃窗之间还将进行导热或辐射换热。此外,石英玻璃窗口还通过对流换热与辐射换热作用将一部分热能散失到环境中。

2. 基于 MCRT-FVM 的光热耦合计算模型

为降低模型复杂度以减少计算量,在数值模型中对吸热器的结构进行了适当的简化,简化后的吸热器模型如图 4-49 所示,其由椭圆面形石英玻璃窗口、抛物面型 SiC 多孔介质容积式吸热体和绝热的腔体壁面构成,详细几何尺寸参见 3.5.6 节。此外,为使出口工质达到充分发展,吸热器计算模型的出口管道长度取为管道 5 倍管径长度。

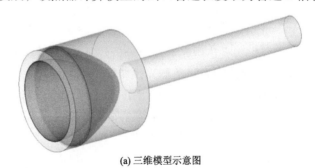

(a) 三维模型示意图

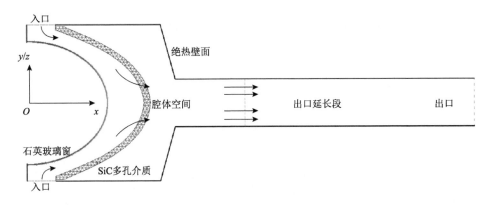

(b) 轴向剖面示意图

图 4-49 REFOS 容积式吸热器三维计算模型示意图

为减小上述耦合换热过程的求解难度，本小节在建立有压腔式吸热器三维耦合换热轴对称数值计算模型时所做的简化假设如下：①高压空气对红外辐射而言是透明的，不参与辐射换热；②吸热器腔壁处为绝热边界条件；③SiC 多孔介质是各向同性的，且吸热体内的流动换热可采用局部热平衡方法计算；④石英玻璃窗外壁面的对流换热系数是均匀分布的。

1) MCRT-FVM 耦合计算过程

采用 MCRT-FVM 耦合计算方法构建了 REFOS 容积式吸热器的数值计算模型。其中，模型的 MCRT 部分已在 3.5.6 节进行了详细介绍，且 MCRT 与 FVM 之间的耦合方法也已在 4.1 节进行了介绍。接下来，将介绍耦合模型的 FVM 部分。其中，用于模拟吸热器内非多孔介质区的复杂流动换热过程的控制方程包括笛卡儿坐标系下的连续性方程、动量方程、附加源项的能量方程及 RNG k-ε 方程，参见式(4-64)~(4-68)。计算中，采用 Boussinesq 假设来考虑自然对流的影响，该假设将动量方程体积力项中的密度视为温度的线性函数，而将其他项中的密度视为常数，密度常数取以进出口温度的平均值为定性温度时的空气密度。吸热器的辐射换热采用离散坐标方法计算；采用有限容积法离散控制方程，速度压力耦合采用 SIMPLEC 算法，压力梯度项和对流项离散均采用二阶迎风格式。

连续性方程：

$$\frac{\partial}{\partial x_i}(\rho u_i) = 0 \tag{4-64}$$

动量方程：

$$\frac{\partial}{\partial x_i}(\rho u_i u_j) = -\frac{\partial p}{\partial x_i} + \frac{\partial}{\partial x_j}\left[(\mu_t + \mu)\left(\frac{\partial u_i}{\partial x_j} + \frac{\partial u_j}{\partial x_i}\right) - \frac{2}{3}(\mu_t + \mu)\frac{\partial u_l}{\partial x_l}\delta_{ij}\right] + \rho g_i \tag{4-65}$$

能量方程：

$$\frac{\partial(u_i \rho h)}{\partial x_i} = -\frac{\partial(u_i p)}{\partial x_i} + \frac{\partial}{\partial x_j}\left[(k_f + k_t)\frac{\partial T}{\partial x_j} + (\tau_{ij})_{\text{eff}} u_i\right] \tag{4-66}$$

RNG k-ε 方程:

$$\frac{\partial}{\partial x_i}(\rho k u_i) = \frac{\partial}{\partial x_j}\left[\alpha_k(\mu + \mu_t)\frac{\partial k}{\partial x_j} + u_i(\tau_{ij})_{\text{eff}}\right] + G_k - \rho\varepsilon \tag{4-67}$$

$$\frac{\partial}{\partial x_i}(\rho\varepsilon u_i) = \frac{\partial}{\partial x_j}\left[\alpha_\varepsilon(\mu + \mu_t)\frac{\partial\varepsilon}{\partial x_j}\right] + \frac{\varepsilon}{\lambda}(c_{1\varepsilon}G_k - c_{2\varepsilon}\rho\varepsilon) \tag{4-68}$$

$$G_k = \mu_t \frac{\partial u_i}{\partial x_j}\left(\frac{\partial u_i}{\partial x_j} + \frac{\partial u_j}{\partial x_i}\right), \quad \mu_t = c_\mu \rho \frac{\lambda^2}{\varepsilon} \tag{4-69}$$

式中,c_μ=0.0845,$c_{1\varepsilon}$=1.42、$c_{2\varepsilon}$=1.68;α_k、α_ε 为反向湍流普朗特数(inverse-turbulent Prandtl number)。

模型中采用在标准动量方程中添加源项 F_i 的方式来考虑多孔介质对工质流动的影响,如式(4-70)所示。同时,由于模拟中假设工质和多孔介质之间的换热满足局部热平衡,因此可采用修改后的能量方程式(4-71)来考虑吸热体中的传热过程。

$$\frac{\partial}{\partial x_i}(\rho u_i u_j) = -\frac{\partial p}{\partial x_i} + \frac{\partial}{\partial x_j}\left[(\mu_t + \mu)\left(\frac{\partial u_i}{\partial x_j} + \frac{\partial u_j}{\partial x_i}\right) - \frac{2}{3}(\mu_t + \mu)\frac{\partial u_l}{\partial x_l}\delta_{ij}\right] + \rho g_i + F_i \tag{4-70}$$

$$\frac{\partial(\rho_f u_i h_f)}{\partial x_i} = \frac{\partial}{\partial x_j}\left[(\gamma k_f + (1-\gamma)k_s + k_t)\frac{\partial T}{\partial x_j} + (\tau_{ij})_{\text{eff}} u_i\right] - \frac{\partial(u_i p)}{\partial x_i} + s_h \tag{4-71}$$

式中,γ 为多孔材料孔隙率;k_f 和 k_s 分别为空气工质和多孔介质骨架的导热系数;能量方程源项 s_h 为多介质吸热体吸收的太阳能所转换成的热源;动量方程源项 F_i 如式(4-72)所示。

$$F_i = -\left(\frac{\mu}{C_1}v_i + \frac{C_2}{2}\rho|v|v_i\right) \tag{4-72}$$

式中,C_1 和 C_2 分别为多孔介质渗透率与惯性阻力因子,一般可通过多孔介质内流动速度与对应流动沿程压降的一系列实验测量或相应经验公式计算获得。

计算区域的边界条件设置如下:

(1)吸热器入口采用质量流量边界条件,工质入口质量流量为 $1.98\,\text{kg}\cdot\text{s}^{-1}$、入口温度为 894.15 K、压力为 1.5 MPa;

(2)石英玻璃外表面设置为辐射对流耦合边界条件;

(3)吸热器壁面及出口延长管道壁面设置为绝热边界条件,并采用壁面函数法来处理

近壁面黏性支层中分子黏性的影响;

(4)吸热器出口设为自由出流边界条件,同时为保证出口工质充分发展,将出口段延长了 5 倍管道直径长度。

2) 网格独立性考核及模型验证

为方便分析吸热器内流动传热特性,定义了式(4-73)和式(4-74)所示的雷诺数 Re 及平均努塞尔数 $\overline{Nu}$ 。

$$Re = \frac{ud_{\mathrm{r}}}{\nu} \tag{4-73}$$

$$\overline{Nu} = \frac{Qd_{\mathrm{r}}}{A\Delta Tk_{\mathrm{f}}} \tag{4-74}$$

式中, A 为吸热器内壁面换热面积; d_{r} 为吸热腔直径; Q 为吸热器总换热量; u 为换热工质平均流速; k_{f} 为换热工质导热系数; ν 为空气运动黏度; ΔT 为壁面与工质平均温差,如式(4-75)所示。

$$\Delta T = T_{\mathrm{w}} - \frac{T_{\mathrm{in}} + T_{\mathrm{out}}}{2} \tag{4-75}$$

式中, T_{w} 、 T_{in} 和 T_{out} 分别为吸热器壁面、进口和出口平均温度。

接着,分别考察了不同计算网格数下的工质出口平均温度 T_{out} 、吸热体迎风面平均温度 T_{up} 、吸热体背风面平均温度 T_{down} 、吸热体压损 ΔP_{SiC} 、平均努塞尔数 $\overline{Nu}$,数值模拟结果如表 4-10 所示。从表 4-10 中可以看到,当计算网格数达到 2535198 时,各考核参数的计算结果均趋于稳定,可认为获得了网格独立的解。

表 4-10 REFOS 有压腔式吸热器三维耦合换热数值模型网格考核

网格数	T_{out} / K	T_{up} / K	T_{down} / K	ΔP_{SiC} / Pa	$\overline{Nu}$
1315364	1057.36	976.14	1093.17	1955.0	−33140.4
1469089	1057.58	976.21	1093.34	1954.7	−32142.5
1976765	1057.15	975.31	1093.34	1953.7	−32196.5
2535198	1058.30	975.90	1093.61	1953.8	−32267.2
3136321	1057.94	975.57	1093.57	1953.8	−32376.1
3682166	1058.24	975.26	1093.54	1953.6	−32479.2

为验证基于 MCRT-FVM 耦合计算方法的有压腔式吸热器数值计算模型的可靠性,对文献[54, 55]所给出的工况下吸热器的流动传热过程进行了验证计算。本小节模拟结果与文献[54, 55]结果的对比表明,文献中给出的 SiC 多孔吸热体所吸收光能的实验与模拟结果分别为 372.10 kW 和 419.40 kW,而本小节 MCRT 方法计算获得的吸热体吸收的光能为 405.52 kW。此外,文献[54, 55]给出的空气出口温度的实验值和模拟值分别为

1081.15 K 和 1058.15 K,而本小节数值模拟获得的空气出口平均温度为 1058.3 K。对比以上数据可见,本小节模拟结果与文献中对应的模拟结果的相对误差均小于 5%,说明本小节数值模型是可靠的。

3. 容积式吸热器光热转换性能分析结果

本小节基于所发展的 MCRT-FVM 模型,首先分析了典型工况下容积式吸热器内的温度与速度分布;接着,探究了工质流量、入口温度和吸热体孔隙率等关键运行参数和结构参数对吸热器光热转换性能的影响规律。

1) 典型工况下吸热器内的温度与速度分布

基于上述 MCRT-FVM 耦合模型,对非均匀高热流下塔式有压腔式吸热器内的流动换热过程进行了数值模拟,获得了吸热器内温度场和速度场分布如图 4-50 所示。由图 4-50 可见,吸热器内的速度场和温度场均具有较好的轴对称性,同时受多孔吸热体阻力特性及其所附加的非均匀内热源项的影响,吸热体区域是整个吸热器内流动换热变化最为剧烈的区域。首先,垂直进入吸热器的空气会直接撞击到玻璃窗上,使得受空气直接冲刷的石英玻璃窗附近出现了流速剧烈变化的区域;随后,在空气流动过程中,由于吸热体与石英玻璃窗之间的流道逐渐变宽,空气流速逐渐下降,甚至由于多孔介质的阻挡作用形成了回流滞止区域;与此同时,空气工质也在吸热器 1.5 MPa 工作压力作用下进入多孔吸热体并通过沿程的对流换热、导热作用带走吸热体内所聚集的热能,受吸热体材料结构影响,空气工质在吸热体内的流动以低速渗流为主;最后,被吸热体沿程加热的高温空气进入出口管道,由于出口流道截面的突然缩小,空气工质的流速由 3.5 m·s^{-1} 急剧增加到 10 m·s^{-1} 以上。从实际运行角度来看,为保证吸热器运行的安全稳定性,需要对现有的吸热器结构及运行参数进行进一步优化以降低多孔材料吸热体中轴区域的温度。

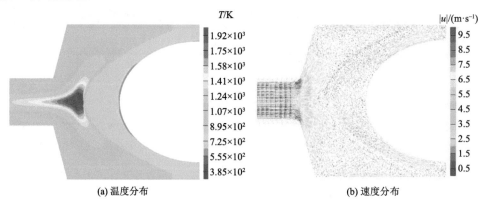

(a) 温度分布　　　　　　　　　　　(b) 速度分布

图 4-50　吸热器内 $z=0$ 剖面的温度及速度分布

此外,在上述流动传热过程中,空气在吸热器内的总压降为 2229.8 Pa,其中 87.6% 的压力损失发生在多孔材料吸热体内,11.7% 发生在吸热器出口管道渐缩截面处。因而合理选择吸热体材料及优化空气工质的沿程流道也是有效降低吸热器内流动压力损失的重要途径之一。

2) 工质流量对光热转换性能的影响

由于入口质量流量直接影响空气工质的流场分布，进而会对吸热器内的流动传热产生影响，鉴于此，图 4-51 和图 4-52 对比了不同质量流量下吸热器工质出口平均温度、石英玻璃窗内表面平均温度、石英玻璃窗热损失的变化情况。由图 4-51 和图 4-52 可见，随着入口质量流量的增加，空气的出口平均温度随之降低，而石英玻璃窗的平均温度和热损失则随之增加。当入口质量流量由 0.99 kg·s^{-1} 增加到 2.97 kg·s^{-1} 时，空气的出口平均温度由 1247.7 K 降低为 1003.8 K，而随着空气流速的增加，石英玻璃窗内壁受高温进口工质的冲刷逐渐加强，因此石英玻璃窗内表面平均温度由 649.1 K 上升为 704.2 K，而相应的热损失由 6.10 kW 增加到 8.35 kW。

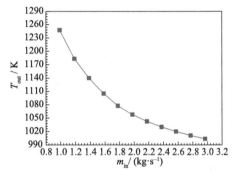

图 4-51 入口流量对工质出口平均温度的影响

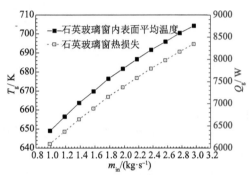

图 4-52 入口流量对石英玻璃窗内表面平均温度和热损失的影响

接着，探讨不同质量流量下 SiC 多孔吸热体各表面的温度、工质速度、压强的变化情况，如图 4-53 所示。由图 4-53 可见，吸热器内工质流速随空气流量的增加而线性增加，而吸热体的温度虽然随工质流量的增加而降低，但随着流量的增加，其下降的趋势逐渐趋缓。这是由于受吸热体多孔结构的影响，空气在吸热体内的流动换热以渗流换热为主，流量对换热的强化效果并不随工质流量的增加而线性增加。此外，还可以看到随着工质入口流量的增加，工质流经多孔吸热体的压力损失随之增大，但吸热体迎风面的压强基本保持不变，可以推知工质在吸热器进口附近的沿程压力损失较小。

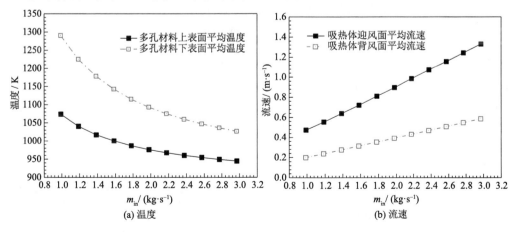

(a) 温度   (b) 流速

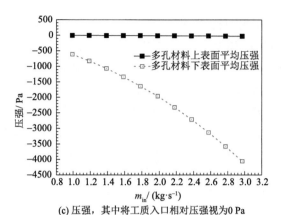

(c) 压强，其中将工质入口相对压强视为0 Pa

图 4-53 质量流量对 SiC 多孔吸热体流动换热性能的影响

3) 工质入口温度对光热转换性能的影响

接着，分析了入口空气温度对吸热器工质出口平均温度、石英玻璃窗内表面平均温度、石英玻璃窗热损失的影响情况。由图 4-54 和图 4-55 可见，工质出口均温、石英玻璃窗内壁均温及热损失均随着入口温度的增加而升高。这是由于工质入口温度增大后，吸热器内的整体温度随之升高，对外界环境的对流换热、辐射换热的驱动力增强，因此通过石英玻璃窗对外界的热损失也随之增大。

图 4-56 为不同工质入口温度下 SiC 多孔吸热体各表面的温度、工质流速、压强的变化情况。由图 4-56 可知，随着工质入口温度的上升，多孔吸热体各表面的温度、工质流速及压损均相应增加。这是由于随着空气温度的升高，吸热器内整体温度升高，流体工质的物性也会发生变化，其中空气密度随温度的升高而降低，使得空气进口流速增加，进而导致吸热体内空气流速增加。而随着吸热体内空气流速的增加，吸热体的沿程压力损失也将随之升高。

4) 吸热体孔隙率对光热转换性能的影响

吸热体的孔隙率是影响吸热器聚光传热过程的主要因素之一。当吸热体的孔隙率发生变化时，其光学特性相应也会发生改变，进而影响吸热体对阳光的吸收。与此同时，孔隙率的改变也会直接影响工质在吸热体内的换热系数及流动阻力。因此，有必要研究孔隙率对吸热器聚光吸热过程的影响，进而为吸热体结构的优选提供参考。

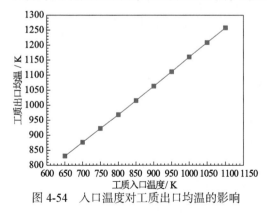

图 4-54 入口温度对工质出口均温的影响

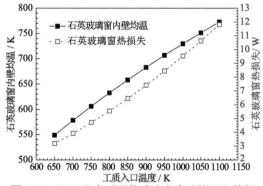

图 4-55 入口温度对石英玻璃窗内壁均温和热损失的影响

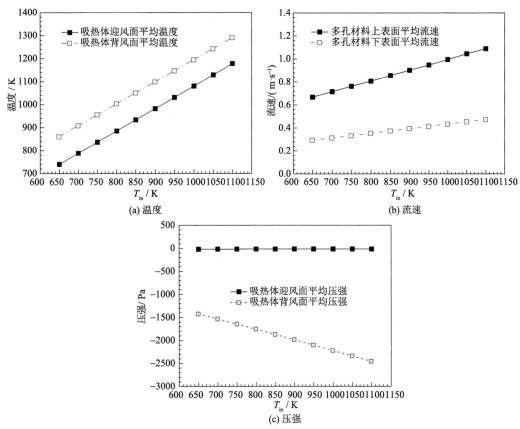

(a) 温度

(b) 流速

(c) 压强

图 4-56　入口温度对 SiC 多孔吸热体流动换热性能的影响

　　首先，分析了吸热体孔隙率对吸热器内流动换热特性的影响情况，结果参见图 4-57 和图 4-58。由图 4-57 和图 4-58 可见，随着吸热体孔隙率增加，工质总吸热量和工质出口均温先是基本保持不变，而后当孔隙率增大到 0.89 后开始迅速下降，而石英玻璃窗的温度及热损失则始终变化不大。这是由于，吸热体孔隙率增加后，光线在吸热体内的传播行程增加，导致光线逸散出吸热体的概率相应增加，当孔隙率在一定范围内变化时 (0.81~0.89)，吸热体有着足够的光学厚度来保证完全吸收入射的光能，因而此时工质总吸热量基本保持不变，而当孔隙率超过某临界点(0.89)时，现有厚度的多孔介质并不能完全吸收入射的光能，光能透射散失量也随之增加，工质总吸热量和出口温度就相应地减小。同时参考图 4-59(a)可知，在现有孔隙率变化范围内，吸热体表面的平均温度虽略有下降，但整体变化不大，因此吸热体与石英窗之间的辐射换热并没有明显变化，使得石英玻璃窗的温度和热损失变化均较小。

　　接着，分析不同孔隙率下 SiC 多孔吸热体各表面的温度、工质流速、压强的变化情况，结果参见图 4-59。由图 4-59 可以看到，吸热体孔隙率变化对工质在吸热体区域的压损影响较大，而对吸热体内的温度及速度分布的影响较小。这是由于，吸热体孔隙率的增加减小了工质流经多孔吸热体过程中骨架材料对工质的阻挡作用，进而降低了工质的压力损失，吸热体吸收的太阳光能虽然随孔隙率的增加有所降低，但仍保持在较高水平(>370 kW)，因此吸热体的温度仅略有下降。此外，吸热体表面的平均流速主要受入口参数影响，因此吸热体结构的改变对于其表面的工质平均流速的影响较小。

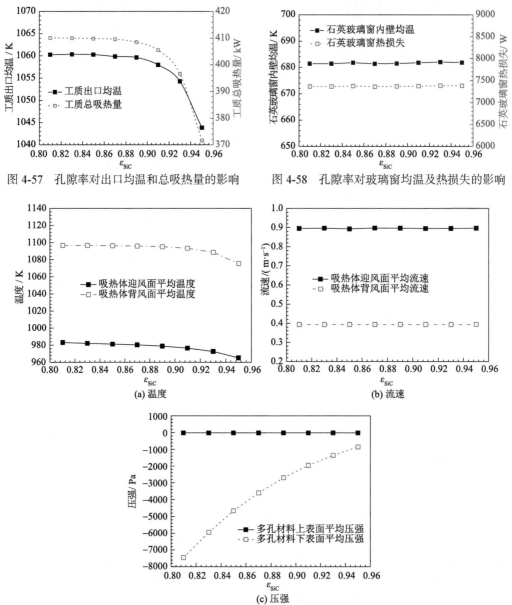

图 4-57 孔隙率对出口均温和总吸热量的影响　　图 4-58 孔隙率对玻璃窗均温及热损失的影响

(a) 温度

(b) 流速

(c) 压强

图 4-59 孔隙率对 SiC 多孔材料吸热体流动换热性能的影响

4.5 基于 MCRT-FVM 的线性菲涅耳式系统腔式吸热器光热性能分析

线性腔式吸热器内的光热耦合传热过程是传统线性菲涅耳系统实现光能捕获和转

换的重要环节，其光热性能直接影响系统的能量转换特性。因而有必要发展适用于线性菲涅耳式系统的直接光热耦合计算方法和模型，以期通过数值计算直接揭示系统的光热特性。本节以典型的多管腔式吸热器(MTCR，图 4-60)为例，将 4.1 节介绍的 MCRT-FVM 方法推广到线性菲涅耳式系统中，发展了一种三维 MCRT-FVM 光热耦合计算模型[12,23,56,57]。基于此，首先在典型工况下揭示多管腔式吸热器内的温度和速度分布特性，分析环境风速和吸收涂层发射率对光热转换特性的影响。接着，揭示镜场瞄准策略对实时温度分布和光热转换效率的影响。最后，对系统的综合光热转换性能进行评估。

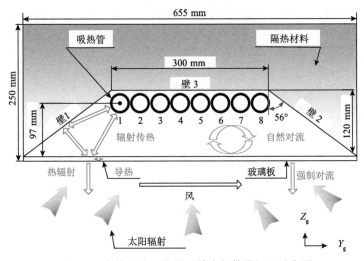

图 4-60 多管腔式吸热器及其内部传热机理示意图

4.5.1 多管腔式吸热器的物理模型与光热转换过程

本节所分析的线性菲涅耳式系统与 3.6 节所述系统保持一致，主要由 25 个圆柱面聚光镜和一个多管腔式吸热器组成。系统的主要几何参数与光学参数已在 3.6.1 节中给出，而吸热器的主要热物性参数参见表 4-11。

表 4-11 多管腔式吸热器的热物性参数[58]

参数	量值	参数	量值
玻璃发射率	0.86	吸热管比热容	500 J·kg^{-1}·K^{-1}
玻璃导热系数	1.2 W·m^{-1}·K^{-1}	吸热管密度	8000 kg·m^{-3}
玻璃比热容	1050 J·kg^{-1}·K^{-1}	吸热管外壁涂层发射率 ε_t	0.15
玻璃密度	2230 kg·m^{-3}	腔壁的发射率	0.10
吸热管导热系数	16.2 W·m^{-1}·K^{-1}		

传统线性菲涅耳式系统所用的多管腔式吸热器主要由一横截面为梯形的腔体及其内部的 8 根 304 不锈钢吸热管、腔体下表面的玻璃板和背面的石棉保温材料组成。当汇聚的阳光照射到吸热管上之后，将被管外壁的选择性吸收涂层吸收，并通过图 4-60 所示

的对流传热、辐射传热、导热复合传热过程传递给管内的工质。由图 4-60 可见，吸热器中的复杂传热模式主要包括吸热管中的强制对流换热、隔热材料和吸热管壁中的导热、吸热管与壁面和玻璃表面间的辐射换热和自然对流换热、玻璃板与隔热材料外表面的强制对流换热和辐射换热。考虑到吸热器内的复合传热模式相当复杂，若对整个吸热器进行数值模拟，那么计算所需的网格数量将过大。为尽可能地减小计算量，在后文的光热耦合分析中，仅分析位于 $Z_r = -49.5 \sim -50.5$ m 的一小段长度为 1 m 的吸热器。

在研究中，吸热管内的蒸汽为过热蒸汽，其典型的入口流速(v_{in})设定为 12 m·s^{-1}。蒸汽压力采用澳大利亚 Liddell Ⅱ电站、西班牙 PE 1 与 PE 2 电站[59]所采用的 5.5 MPa 的压力。在本节光热耦合分析所涉及的较短的吸热器中，可忽略压力变化对物性的影响，只考虑蒸汽温度的影响，因而可采用表 4-12 所示公式对蒸汽物性进行计算。吸热器腔体中空气的压力可认为等于 1 个标准大气压，其导热系数、比定压热容、动力黏度、密度等也可采用关于温度的函数来进行计算，如表 4-12 所示。

表 4-12　5.5 MPa 蒸汽与 1 个标准大气压下空气的热物性参数计算式[60,61]

工质	温度范围/K	分段函数
水蒸气	545～973	$\rho = -3.196 \times 10^{-12} T^5 + 1.2924 \times 10^{-8} T^4 - 2.0881 \times 10^{-5} T^3 + 1.689 \times 10^{-2} T^2 - 6.8784T + 1153.3$ ，kg·m^{-3}
	545～973	$c_p = \begin{cases} -8.6451 \times 10^{-3} T^3 + 15.286 T^2 - 9023.6T + 1.7815 \times 10^6, & 545\ \text{K} \leqslant T \leqslant 600\ \text{K} \\ -5.036 \times 10^{-10} T^5 + 2.1139 \times 10^{-6} T^4 - 3.5492 \times 10^{-3} T^3 + 2.9827 T^2, \\ -1.2562 \times 10^3 T + 2.1474 \times 10^5, & 600\ \text{K} \leqslant T \leqslant 973.15\ \text{K} \end{cases}$ ，J·kg^{-1}·K^{-1}
	545～973	$\lambda = \begin{cases} -1.1577 \times 10^{-8} T^3 + 2.1174 \times 10^{-5} T^2 - 1.2873 \times 10^{-2} T \\ +2.6575, & 545\ \text{K} \leqslant T \leqslant 600\ \text{K} \\ -2.9449 \times 10^{-10} T^3 + 7.9287 \times 10^{-7} T^2 - 5.8103 \times 10^{-4} T \\ +0.18247, & 600\ \text{K} < T \leqslant 973\ \text{K} \end{cases}$ ，W·m^{-1}·K^{-1}
	545～973	$\mu = 2.1623 \times 10^{-14} T^3 - 6.0981 \times 10^{-11} T^2 + 9.7427 \times 10^{-8} T - 2.0134 \times 10^{-5}$ ，Pa·s
空气	273～973	$\rho = 6.261 \times 10^{-12} T^4 - 1.915 \times 10^{-8} T^3 + 2.2557 \times 10^{-5} T^2 - 1.2735 \times 10^{-2} T + 3.4336$ ，kg·m^{-3}
	273～973	$c_p = 1.8717 \times 10^{-10} T^4 - 8.6089 \times 10^{-7} T^3 + 1.2674 \times 10^{-3} T^2 - 0.5247T + 1071.7$ ，J·kg^{-1}·K^{-1}
	273～973	$\lambda = -2.586 \times 10^{-8} T^2 + 9.226 \times 10^{-5} T + 1.046 \times 10^{-3}$ ，W·m^{-1}·K^{-1}
	273～973	$\mu = 1.64 \times 10^{-14} T^3 - 4.68 \times 10^{-11} T^2 + 7.1465 \times 10^{-8} T + 8.17812 \times 10^{-7}$ ，Pa·s

4.5.2　基于 MCRT-FVM 的光热耦合计算模型

本节基于 3.6 节所发展的线性菲涅耳式系统三维 MCRT 光学模型，进一步发展了 MCRT 与 FVM 耦合的 MCRT-FVM 光热计算模型。该模型采用分区求解、界面耦合的方式实现了对线性菲涅耳式集热器镜场内的阳光汇聚过程与吸热器内的光热耦合转换过程的直接模拟。计算中，采用 MCRT 方法计算阳光在线性菲涅耳式集热器中的传递与吸收过程，而采用 FVM 计算吸热器内的辐射传热、对流传热、导热相复合的能量转换过程。同时，在计算中，将 MCRT 方法计算获得的吸热器内不同表面上的光能能流分布作为能量方程的源项传递给 FVM 模型，从而实现两种方法的耦合。接下来，将分别对光热耦合模型的 MCRT 部分与 FVM 部分进行说明。

1. MCRT-FVM 模型的 MCRT 部分

线性菲涅耳式集热器内的光线传播过程采用 3.6 节所构建的三维 MCRT 光学模型进行计算，此处不再对模型进行赘述。计算结束后，可统计得到吸热管外壁、玻璃板和腔壁上的能流分布。接着可先将光学模拟所获得的吸热管外壁和腔壁上的非均匀能流转化为厚度 10^{-6} m 薄层内的非均匀体积热源，其中假设热源在固体表面的任意位置沿薄层厚度方向上的分布是均匀的，而热源沿固体表面的分布则是非均匀的。同时，可将玻璃板吸收的非均匀能流视为沿玻璃板厚度方向上均匀分布但在板长度和宽度方向上非均匀分布的体积热源。

2. MCRT-FVM 模型的 FVM 部分

多管腔式吸热器内的辐射传热、对流传热、导热复合传热过程是极其复杂的，如图 4-60 所示。为揭示吸热器的光热转换性能，本小节建立了用于仿真上述复杂传热过程的吸热器 FVM 数值计算模型。计算区域如图 4-61 所示，其中吸热器的长度为 1000 mm，其长度方向的中截面位于 X_r=−50 m 处，工质从吸热器的北端流入，南端流出；为消除入口效应对吸热器区域管内流动和传热的影响，在吸热器的入口处添加了一段 900 mm 的延长段；同时，为保证工质在出口处于充分发展流动，在其出口也增加了一段 100 mm 的延长段。

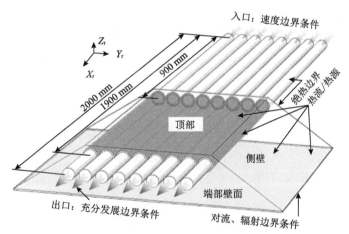

图 4-61　吸热器内的光热耦合计算区域示意图

在 FVM 数值模型中，作了如下的一些假设：
(1) 吸热器管内与腔内的流动和换热为稳态；
(2) 吸热管内蒸汽处在过热状态，其流动为湍流；
(3) 假设腔侧壁和上壁是绝热的；
(4) 吸热器内所有表面对红外辐射而言均是漫灰表面[62]。

在所研究的工况下，吸热器腔内空气的自然对流为层流，其对应的三维稳态自然对流传热过程的控制方程包括连续性方程、动量方程及能量方程。对固体区域而言，控制方程只包括能量方程。对吸热管内的过热蒸汽湍流换热而言，除了上述控制方程以外，还需考虑标准 $k\text{-}\varepsilon$ 方程。上述控制方程与 4.1.4 节所给出的方程是一致的，计算中将 MCRT 部分计算获得的管表面、腔壁表面和玻璃板所吸收的光能分别作为能量方程源项施加到 FVM 部分的对应区域内。

计算区域的边界条件如下：

(1)吸热管入口处为等温和等速度入口条件；

(2)吸热管出口为充分发展边界条件；

(3)腔侧壁、顶壁为绝热边界条件；

(4)玻璃板外壁为对流与辐射混合边界条件：将由风造成的强制对流和自然对流的总对流换热系数(h_g)设置为 10～30 W·m^{-2}·K^{-1}，其中空气温度(T_a)设定为 30 ℃；玻璃板外壁的辐射传热采用斯特藩-玻尔兹曼定律计算，其中环境温度也设定为 30 ℃；

(5)固体与工质交界面设置为无滑移边界条件；

(6)腔体两端、吸热管两端、延长段外壁均为绝热边界条件。

在模型中，吸热管内壁边界层区域采用增强壁面处理(enhanced wall treatment)，并将靠近壁面的第一个网格距壁面的无量纲距离 $y+$ 控制在 5 以下。吸热管外壁、腔侧壁与顶壁之间的辐射传热采用漫灰表面之间的辐射换热方法(surface to surface，S2S)计算。对流项采用 QUICK 格式离散，其他离散格式与求解方法选择与 4.1.4 节保持一致。

3. 系统光热性能表征参数定义

系统光学性能表征参数的定义与 3.6 节保持一致。而吸热器实时热效率($\eta_{R,th,ij}$)的定义为传给吸热工质的热功率($Q_{htf,ij}$)与吸收涂层吸收的光能功率($Q_{R,opt,ij}$)之比，如式(4-76)所示。整个集热器的光热转换效率按式(4-77)计算。

$$\eta_{R,th,ij} = Q_{htf,ij} / Q_{R,opt,ij} \tag{4-76}$$

$$\eta_{c,ij} = Q_{htf,ij} / Q_{m,ij} = \eta_{opt,ij} \cdot \eta_{R,th,ij} \tag{4-77}$$

式中，$Q_{m,ij}$ 为聚光镜最大可接收的实时入射光能功率。

吸热管进出口工质温度($\bar{T}_{f,in}$、$\bar{T}_{f,out}$)和工质平均温度($\bar{T}_f$)定义为式(4-78)。

$$\bar{T}_{f,in} = \left(\frac{\int_1^{n_t} \int_S \rho v T \mathrm{d}S}{\int_1^{n_t} \int_S \rho v \mathrm{d}S} \right)_{in}, \quad \bar{T}_{f,out} = \left(\frac{\int_1^{n_t} \int_S \rho v T \mathrm{d}S}{\int_1^{n_t} \int_S \rho v \mathrm{d}S} \right)_{out}, \quad \bar{T}_f = \frac{\bar{T}_{f,in} + \bar{T}_{f,out}}{2} \tag{4-78}$$

式中，S 为吸热管进口或出口面积。

4. MCRT-FVM 模型验证

由于在 3.6.2 节中已经对模型的 MCRT 部分进行了验证，本小节将分两步对 MCRT-FVM 模型进行进一步验证。

首先，在阳光垂直入射的条件下对吸热器网格独立性进行了考核。在考核中，聚光镜的跟踪策略采用 3.6.2 节所述的传统多线瞄准策略，吸热器各壁面上的典型局部聚光比分布如图 4-62 所示；模型的 MCRT 部分各壁面上的网格与 FVM 部分保持一致，且 FVM 模型中的体网格均为六面体网格；管入口温度为 $\bar{T}_{\text{f,in}}$ =673.15 K、DNI_{ij}=994.5 W·m^{-2}。由图 4-62 可见，位于对称位置的吸热管上的局部聚光比分布具有一定的对称性，类似的对称性也可以在腔壁和玻璃板上看到。同时可见，每根吸热管上的辐射能流具有极大的不均匀性，大部分能量集中在吸热管的下半部分。此外，由于随机跟踪误差的影响，图 4-62 中的能流分布并不完全对称，西边的管比东边的管获得了更多的能量。

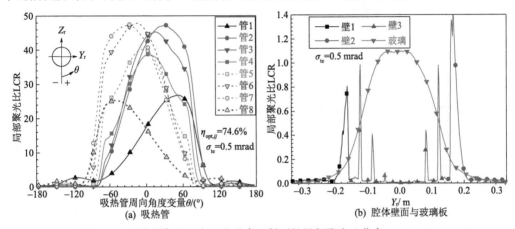

图 4-62　吸热器各壁面在阳光垂直入射下的局部聚光比分布，Z_r= −50 m

网格独立性考核结果如表 4-13 所示，其中将吸热管出口均温 $\bar{T}_{\text{f,out}}$、$\eta_{\text{R,th},ij}$ 和单位长度吸热器内的吸热管辐射热损失值($Q_{\text{t,r}}$)作为检验参数。可见当网格数大于或等于 2939700 时，所检验的参数随网格数目的变化变得不再明显，因而可以认为当网格数为 2939700 时即可满足计算要求。在下文的其他计算工况下也采用类似方法对网格进行了考核，并选取了满足网格独立性要求的网格进行相应的光热计算。

表 4-13　网格独立性考核

网格数目	$\bar{T}_{\text{f,out}}$ /K	$\eta_{\text{R,th},ij}$ /%	$Q_{\text{t,r}}$/(W·m^{-1})
2243028	676.21	89.78	883.47
2607657	676.51	90.90	864.51
2939700	676.63	91.20	828.38
4636940	676.62	91.20	830.44

接着，为验证本小节 MCRT-FVM 模型 FVM 部分的准确性，采用前述 FVM 模拟方法对 Larsen 等[63]实验研究的一个长度为 1.4 m、吸热管数为 5 的多管腔式吸热器的热损失特性进行了数值计算，计算中的参数设置与实验保持一致，其中每根管都具有不同的外壁温度($T_{\text{t},i}$)，如表 4-14 所示。表 4-14 也给出了数值计算获得的热损失(Q_{num})与实验结果(Q_{test})的对比。可见，在所有实验工况下，Q_{num} 与 Q_{test} 均非常接近，二者的相对偏差(E_Q)

仅为 0.52%~2.78%。上述结果表明，本小节所发展的 MCRT-FVM 模型的 FVM 部分是可靠的。

表 4-14 FVM 模拟结果与实验结果[63]对比

算例	T_a/℃	$T_{t,1}$/℃	$T_{t,2}$/℃	$T_{t,3}$/℃	$T_{t,4}$/℃	$T_{t,5}$/℃	Q_{test}/W	Q_{num}/W	E_Q/%
1	40.2	281.8	284.5	290	287.3	280.3	1130	1099	2.74
2	30.3	234.1	238.9	248.2	238.3	228.2	825	819	0.73
3	27.6	195.6	199.6	207.3	199.1	190.9	580	577	0.52
4	29.7	169.7	173.3	179.9	172.9	165.1	430	441	2.56
5	25.6	153.7	157.1	162.9	156.5	149.7	360	370	2.78
6	37.8	108.7	111.3	115	111.9	106.5	180	177	1.67

经以上验证之后，可认为本小节所发展的 MCRT-FVM 模型是可靠的。

4.5.3 菲涅耳系统多管腔式吸热器光热转换性能分析结果

本节采用所发展的 MCRT-FVM 光热耦合数值计算模型研究了多管腔式吸热器内的复杂耦合传热过程。首先，在典型的垂直入射工况下揭示了吸热器内的温度和速度分布，分析了外部空气对流换热和吸光涂层发射率对光热转换特性的影响，其中上述典型工况下的 $\overline{T}_{f,in}$ =673.15 K、DNI_{ij}=994.5 W·m^{-2}。接着，揭示了镜场瞄准策略对温度分布和光热转换效率的影响。最后，对系统的光热转换性能进行了综合评估。

1. 吸热器内的温度分布和速度分布特性

首先，揭示了吸热器腔体内部的典型温度和速度分布，如图 4-63 所示，其中聚光镜的瞄准策略为传统多线瞄准策略。由图 4-63(a)可见，腔体内空气的温度在水平方向上是比较均匀的，而在竖直方向上存在明显的温度梯度，高温区域位于腔体顶部靠近吸热管的部分，而低温区域位于腔体底部靠近玻璃板的部分。腔体在竖直方向的温差驱动着腔内的空气发生自然对流，从而与各壁面发生自然对流换热。图 4-63(b)给出了腔体内的自然对流速度分布，由图可见，腔体内的热空气先从腔体中心向上流动，随后沿着腔体侧壁向下流动，从而在腔内形成了对称分布的涡。

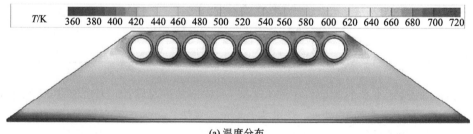

(a) 温度分布

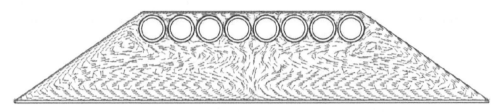

(b) 速度分布

图 4-63 吸热器内典型的温度分布与速度分布，其中 $Z_r = -50$ m

2. 外部空气对流换热对吸热器热损失的影响

这里给出了在典型工况下外部空气的对流换热对吸热器光热特性的影响情况，其中聚光镜的瞄准策略为传统多线瞄准策略。研究中分别考虑了不同的玻璃板外对流换热系数(h_g =10 W·m^{-2}·K^{-1}、20 W·m^{-2}·K^{-1}、30 W·m^{-2}·K^{-1})的影响，研究结果如图 4-64～图 4-66 所示。

首先，分析吸热管与吸热器的总热损失随 h_g 和 $\overline{T}_f$ 的变化，如图 4-64 所示。由图 4-64 可见，吸热管总热损失(Q_t)与吸热器总热损失(Q_{MTCR})均随 h_g 与 $\overline{T}_f$ 的增大而增大。这是因为在相同的 $\overline{T}_f$ 下，随着 h_g 增大，玻璃板外对流损失会逐渐增大，因而 Q_{MTCR} 逐渐增大。同时，玻璃板内壁均温会略微降低，从而导致 Q_t 逐渐增大。而在相同的 h_g 下，随着 $\overline{T}_f$ 的增大，吸热器与环境温差逐渐增大，因而 Q_t 与 Q_{MTCR} 均会逐渐增大。

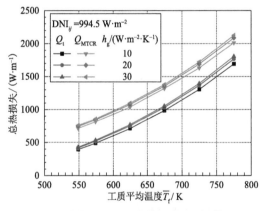

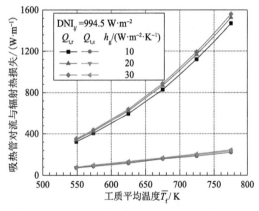

图 4-64 吸热管与吸热器总热损失随 h_g 和 $\overline{T}_f$ 的变化　图 4-65 不同 h_g 与 $\overline{T}_f$ 下的吸热管对流与辐射热损失

接着，分析吸热管对流热损失($Q_{t,c}$)与辐射热损失($Q_{t,r}$)随 h_g 和 $\overline{T}_f$ 的变化，如图 4-65 所示。由图 4-65 可见，$Q_{t,c}$ 与 $Q_{t,r}$ 随 h_g 和 $\overline{T}_f$ 的增大而增大。这是因为，在相同的 $\overline{T}_f$ 下，外部空气对流换热越强烈，玻璃板温度越低，吸热管与玻璃板及腔内空气的温差越大，因而 $Q_{t,c}$ 与 $Q_{t,r}$ 均增大。同时可见，$Q_{t,r}$ 是吸热管热损失的主要方式，在本小节研究的所有工况下，辐射热损失 $Q_{t,r}$ 占吸热管总热损失的 81%～87%。

最后，对比分析不同 h_g 与 $\overline{T}_f$ 下的吸热器对流与辐射热损失($Q_{MTCR,c}$、$Q_{MTCR,r}$)，如图 4-66 所示。由图 4-66 可见，在相同的 $\overline{T}_f$ 下，$Q_{MTCR,c}$ 随 h_g 的增大而增大，而 $Q_{MTCR,r}$ 随 h_g 的增大而减小。当 h_g 较小，如 h_g =10 W·m^{-2}·K^{-1} 时，$Q_{MTCR,c}$ 与 $Q_{MTCR,r}$ 差别不大，

$Q_{MTCR,c}$ 占总热损失的 46%~55%。然而，当 h_g 相对较大，例如当 h_g=30 W·m^{-2}·K^{-1} 时，对流换热将成为多管腔式吸热器的主要热损失方式，$Q_{MTCR,c}$ 将占总热损失的 76%~81%。

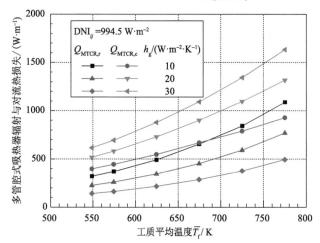

图 4-66   不同 h_g 与 $\overline{T}_f$ 下的吸热器对流与辐射热损失

3. 吸收涂层发射率对吸热器热损失的影响

吸收涂层发射率(ε_t)是影响吸热器热损失的关键参数之一。本小节给出了典型工况、不同 $\overline{T}_f$ 下 ε_t 对吸热器热损失的影响，结果如图 4-67～图 4-69 所示，其中聚光镜的瞄准策略为传统多线瞄准策略，h_g=10 W·m^{-2}·K^{-1}。

首先，分析了不同 ε_t 与 $\overline{T}_f$ 下吸热管和吸热器的总热损失(Q_t、Q_{MTCR})的变化，如图 4-67 所示。由图 4-67 可见，在一定的 $\overline{T}_f$ 下，Q_t 与 Q_{MTCR} 均随 ε_t 的增大而快速增大。同时可见，ε_t=0.90 时的 Q_t 和 Q_{MTCR} 分别比 ε_t=0.15 时增大了 160%~180% 和 100%~134%。为减小吸热器热损失从而提高系统效率，在具有多管腔式吸热器的菲涅耳系统中应该尽可能选用具有较低发射率的选择性吸收涂层。

接着，分析了不同发射率 ε_t 和 $\overline{T}_f$ 下的吸热管对流热损失与辐射热损失($Q_{t,c}$、$Q_{t,r}$)的变化，如图 4-68 所示。由图 4-68 可见，$Q_{t,r}$ 随发射率的增大而快速增大，而 $Q_{t,c}$ 随发射率的增大而略微减小。这是因为随着发射率 ε_t 的增大，吸热管 $Q_{t,r}$ 增大，从而使吸热管壁的温度相对降低，进而造成 $Q_{t,c}$ 的减小。同时可见，当 ε_t=0.15 和 ε_t=0.90 时，$Q_{t,r}$ 分别占总热损失的 81%~87% 和 97%~98%

最后，对比分析了不同 ε_t 和 $\overline{T}_f$ 下的吸热器对流热损失与辐射热损失($Q_{MTCR,c}$、$Q_{MTCR,r}$)，如图 4-69 所示。由图可见，在所有温度下，$Q_{MTCR,c}$ 与 $Q_{MTCR,r}$ 均随 ε_t 的增大而增大。同时可见，当 ε_t 较小，例如当 ε_t=0.15 时，$Q_{MTCR,r}$ 与 $Q_{MTCR,c}$ 的差别不大。但是，当 ε_t 相对较大，例如当 ε_t=0.9 时，$Q_{MTCR,r}$ 将会远大于 $Q_{MTCR,c}$。这是因为，ε_t 越大，吸热器的总热损失就越大，玻璃板温度就越高，而辐射热损失 $Q_{MTCR,r}$ 随温度的增长速度远大于 $Q_{MTCR,c}$ 随温度的增长速度。

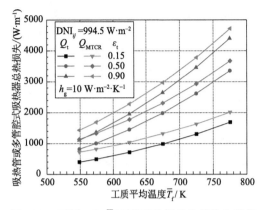

图 4-67　不同 ε_t 和 $\overline{T}_f$ 下的吸热管总热损失和吸热器总热损失

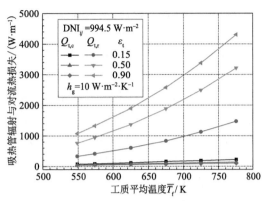

图 4-68　不同 ε_t 和 $\overline{T}_f$ 下的吸热管对流热损失与辐射热损失

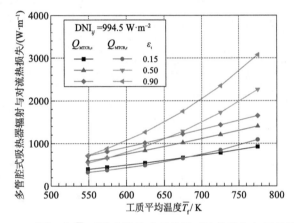

图 4-69　不同 ε_t 和 $\overline{T}_f$ 下的多管腔式吸热器对流热损失与辐射热损失

4. 镜场瞄准策略对实时温度和效率的影响[12,23]

聚光镜的瞄准策略会直接影响系统性能,此处在典型的实时工况下分析了瞄准策略对系统光热性能的影响情况。图 4-70 给出了传统多线瞄准策略和 3.6.3 节所提出 MOGA 优化瞄准策略下吸热器内典型的能流分布,其中典型的实时工况为北回归线上的春分日正午 t_s=12:00。

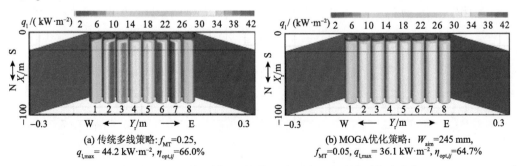

(a) 传统多线策略: f_{MT}=0.25,
$q_{l,max}$= 44.2 kW·m^{-2}, $\eta_{opt,ij}$=66.0%

(b) MOGA优化策略: W_{aim}=245 mm,
f_{MT}=0.05, $q_{l,max}$=36.1 kW·m^{-2}, $\eta_{opt,ij}$=64.7%

图 4-70　春分日 t_s=12:00 时两种不同瞄准策略下多管腔式吸热器内的实时能流分布, DNI_{ij}=1012 W·m^{-2}

首先，分析了入口温度为 673.15 K 时，两种瞄准策略下吸热管外壁的温度分布，如图 4-71 所示。由图 4-71 可见，两种瞄准策略下吸热管上的温度均从入口至出口逐渐增大，这是因为工质沿流程被逐渐加热了。同时可见，每根管上的温度分布都很不均匀，吸热管下半部分的温度高于上半部分，这是因为太阳辐射能流大多照射到了吸热管下半部分。更重要的是，对比图 4-71(a) 和图 4-71(b) 可以发现，当将传统的多线瞄准策略替换为所提出的 MOGA 优化策略之后，管排上的温度分布变得更加均匀，管外壁的最高温度由 727.7 K 降到了 716.8 K，下降了约 11 K。由于过高的温度可能在吸热器过热段造成局部过热，从而加速吸收涂层的退化和破坏，那么采用所提出的 MOGA 优化策略就可以有效帮助降低壁温。

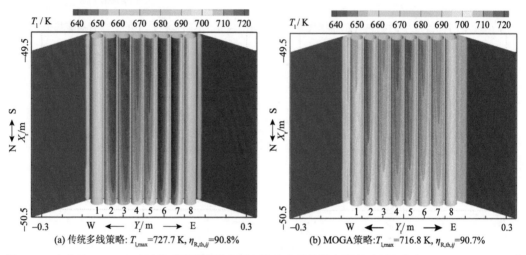

(a) 传统多线策略：$T_{l,max}$=727.7 K, $\eta_{R,th,ij}$=90.8%　　(b) MOGA策略：$T_{l,max}$=716.8 K, $\eta_{R,th,ij}$=90.7%

图 4-71　春分日 t_s=12:00 时两种不同瞄准策略下多管腔式吸热器内的实时温度分布，DNI_{ij}=1012 W·m^{-2}

接着，分析了典型实时工况下瞄准策略对吸热管总热损失(Q_t)和吸热器热效率($\eta_{R,th,ij}$)的影响，如图 4-72 所示。由图 4-72(a) 可见，在蒸汽温度 $\overline{T}_f$ 为 548～773 K 的范围内，MOGA 瞄准策略下的吸热管热损失比传统多线瞄准策略下的低 23～40 W·m^{-1}。这是因为在 MOGA 瞄准策略下吸热管外壁的温度更低，如图 4-71 所示。同时由图 4-72(b) 可见，在 MOGA 策略下，当工质温度较低时，吸热器的热效率会比传统策略下略高。

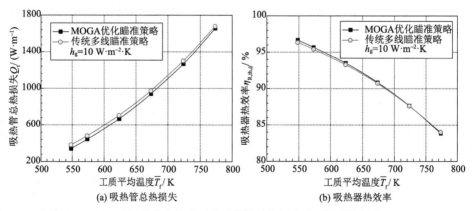

(a) 吸热管总热损失　　　　　　　　　　(b) 吸热器热效率

图 4-72　春分日 t_s=12:00 时两种瞄准策略下的吸热管总热损失及吸热器热效率，DNI_{ij}=1012 W·m^{-2}

上述结果表明，3.6.3 节提出的 MOGA 优化多线瞄准策略既可以有效降低线性菲涅耳式系统多管腔式吸热器的管壁温度，又可以帮助减小吸热管的热损失。

5. 系统光热转换性能的综合评估

本小节在 MOGA 优化瞄准策略下，对系统的光热转换综合性能进行了分析，其中 h_g=10 W·m^{-2}·K^{-1}。

首先，分析了不同 $\overline{T}_f$ 和 DNI$_{ij}$ 下吸热管的总热损失(Q_t)的变化规律，结果参见图 4-73。由图 4-73 可见，在相同的 DNI$_{ij}$ 下，吸热管总热损失随 $\overline{T}_f$ 的增大而增大。这是因为，随着 $\overline{T}_f$ 的增大，吸热管与玻璃板之间的温差也逐渐增大。同时可见，在相同的 $\overline{T}_f$ 下，随 DNI$_{ij}$ 的增大，Q_t 变化较小。这是因为吸热管的热损失主要由吸热管的温度决定，而吸热管温度主要由 $\overline{T}_f$ 决定，因而总热损失随 DNI$_{ij}$ 变化不大。但是，由图 4-73 还可以发现，当 $\overline{T}_f$ 较大，如 $\overline{T}_f$=750 K 时，Q_t 呈现出随 DNI$_{ij}$ 的增大而增大的趋势；而当 $\overline{T}_f$ 较小，如 $\overline{T}_f$=550 K 时，Q_t 呈现出随 DNI$_{ij}$ 的增大而减小的趋势。这是因为在相同的 $\overline{T}_f$ 下，随着 DNI$_{ij}$ 的增大，吸热管温度也会增大，其有利于 Q_t 的增大；但同时玻璃板吸收的能量也会增大，并导致玻璃板上壁的温度增大，其有利于 Q_t 的减小。那么，当 $\overline{T}_f$ 较大时，前者的作用超过后者，因而 Q_t 增大；而当 $\overline{T}_f$ 较小时，后者的作用超过前者，因而 Q_t 减小。

接着，分析了吸热器实时热效率($\eta_{R,th,ij}$)在不同的 $\overline{T}_f$ 和 DNI$_{ij}$ 下的变化规律，参见图 4-74。由图 4-74 可见，在相同的 DNI$_{ij}$ 下，$\eta_{R,th,ij}$ 随 $\overline{T}_f$ 的增加逐渐减小，这是由吸热管逐渐增大的热损失造成的。同时可见，在相同的 $\overline{T}_f$ 下，$\eta_{R,th,ij}$ 随 DNI$_{ij}$ 的增大迅速增大。这是由于随着 DNI$_{ij}$ 的增大，吸热管热损失几乎不变，因而更大比例的能量被传递给了工质。此外，在该实时工况下，当 $\overline{T}_f$=550～773 K、DNI$_{ij}$=400～1012 W·m^{-2} 时，吸热器实时热效率 $\eta_{R,th}$ 为 61.4%～96.6%。当考虑此时 64.7%的系统光学效率后，可以发现在这些典型参数范围内系统的实时光热转换效率($\eta_{c,ij}$)可达 39.7%～62.5%。

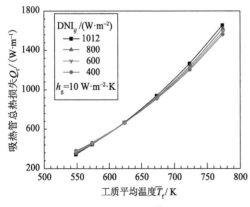

图 4-73　吸热管总热损失随 $\overline{T}_f$ 和 DNI$_{ij}$ 的变化

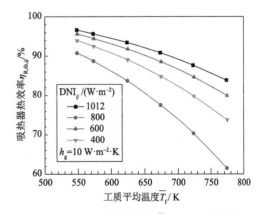

图 4-74　吸热器热效率随 $\overline{T}_f$ 和 DNI$_{ij}$ 的变化

4.6 本 章 小 结

针对太阳能吸热器内非均匀光场、流场、温度场等多物理场耦合的光热转换过程难以准确模拟的难题，本章首先介绍了作者团队提出的基于 MCRT 与 FVM 耦合的光热转换过程数值求解方法(MCRT-FVM)，并以槽式集热管中的光热转换过程为例，着重介绍 MCRT-FVM 耦合模拟方法的具体实施过程和详细的准确性考核方法。然后，介绍了在 MCRT-FVM 模拟研究的基础上提出的以"以光定流"为核心的吸热器流场-光场协同调控思想，其内涵为"当光场能流分布确定时，通过优化吸热工质流场布局来实现流场与光场分布的匹配"。接着，为削弱"光场与流场不匹配"带来的负面影响，介绍了在"以光定流"思想指导下提出的一种吸热管内局部填充多孔介质的新型槽式集热管，同时结合 MCRT-FVM 与优化算法优化获得了吸热管内多孔介质的最优填充结构，实现了光场、流场的匹配，从而提升了集热管光热转换性能。最后，分别介绍了 MCRT-FVM 方法在槽式、碟式、塔式与线性菲涅耳式系统的典型吸热器的光热转换特性分析与性能优化中的具体实施过程，着重介绍了在 MCRT-FVM 模拟研究的基础上提出的基于重吸收效应提升效率的翅片型塔式吸热器、基于智能优化算法的线性菲涅耳式系统多线瞄准策略等。本章所介绍的 MCRT-FVM 耦合方法、"以光定流"的流场-光场协同调控思想以及相关研究结果可为太阳能吸热器结构优化和光热转换性能强化提供方法、思路和参考。

问题思考及练习

➤思考题

4-1 在槽式集热管的玻璃管和吸热管之间设置真空夹层的原因是什么？在生活中你还在什么物品中见过类似的真空夹层结构？

4-2 对平整光滑的固体吸热面而言，在 MCRT 与 FVM 之间进行数据传递时，可将吸热面吸收的辐射功率处理为厚度 1 μm 的薄层内的体积热源。为什么这样的处理是合理的？你能查阅到具体的文献来说明这样处理的合理性吗？

4-3 目前有哪些吸热工质已经被用在了太阳能吸热器中？它们各自的优势是什么？你还能想到其他可以用作吸热工质的材料吗？

4-4 有哪些措施可以用来强化吸热器的光热转换效率？它们在强化光热转换效率的同时分别需要付出什么代价？

4-5 表面积相同、表面温度均匀且相同的腔式和外露圆柱型塔式吸热器的热损失谁大谁小？原因是什么？

➢习题

4-1 已知一槽式集热管的吸热管的外径(d_a)为 0.07 m、发射率(ε_a)为 0.1、温度(T_a)为 673 K，玻璃管的内径(d_g)为 0.12 m、发射率(ε_g)为 0.9、温度(T_g)为 373 K。若忽略吸热管和玻璃管之间的真空区域的传热作用，试计算单位长度吸热管向单位长度玻璃管的传热功率。

（参考答案：230 W）

4-2 假设一种面积为 S 的外露式太阳能吸热面对阳光的吸收率为 α，吸热面上的能量聚光比为 C，吸热面对红外辐射的发射率为 ε，吸热面温度为 T_r。同时假设与吸热器相匹配的热力循环是理想的，其循环效率可采用卡诺定理计算。在只考虑红外辐射热损失的情况下，试推导计算吸热器光热转换效率、系统光功转换效率的公式。

4-3 设有一长度为 0.5 m 的一维多孔介质太阳能吸热器，其吸热工质为空气，且空气流动方向与吸热器长度方向保持一致，多孔介质的渗透率为 C_1，惯性阻力系数为 C_2。当 $C_1=3\times10^{-6}$ m^2、$C_2=0.15$，空气密度 ρ 为 0.9 kg·m^{-3}、动力黏度为 $\mu=2.2\times10^{-5}$ Pa·s、流速为 $v=5$ m·s^{-1} 时，试计算空气流过吸热器时的压降。

（参考答案：4.51 Pa）

4-4 在采用 MCRT-FVM 耦合方法进行吸热器光热耦合模拟时，需要在 MCRT 和 FVM 之间准确地传递数据。请简述在面网格和体网格中分别应如何进行数据传递。

4-5 通过习题 3.5 的练习，我们已经学会了采用附录 B 提供的蒙特卡罗光线追迹程序 TOPS 来预测聚光器的光学性能。在此基础上，若已知习题 3.5 所述的吸热管的壁厚为 3 mm、导热系数为 38 W·m^{-1}·K^{-1}、密度为 7763 kg·m^{-3}、比热容为 500 J·kg^{-1}·K^{-1}。同时，已知吸热工质为水且入口水温为 300 K，水的物性视为常数，其导热系数为 0.6 W·m^{-1}·K^{-1}、密度为 998 kg·m^{-3}、比热容为 4182 J·kg^{-1}·K^{-1}、动力黏度为 0.001 Pa·s。若假设环境温度为 300 K，吸热管与环境空气的对流换热系数为 10 W·m^{-2}·K^{-1}，吸热管发射率为 0.1，试计算吸热管的出口温度和槽式集热器的光热转换效率。

参 考 文 献

[1] He Y L, Xiao J, Cheng Z D, et al. A MCRT and FVM coupled simulation method for energy conversion process in parabolic trough solar collector[J]. Renewable Energy, 2011, 36(3): 976-985.

[2] 肖杰, 何雅玲, 陶于兵, 等. 槽式太阳能集热器集热性能分析(A): 聚光特性分析 [C]. 中国工程热物理学会 2008 年工程热力学与能源利用学术会议, 天津, 2008, 10.30-11.1.

[3] 程泽东, 何雅玲, 肖杰, 等. 槽式太阳能集热器集热性能分析(B): 吸收管内换热特性研究 [C]. 中国工程热物理学会 2008 年工程热力学与能源利用学术会议, 天津, 2008, 10.30-11.1.

[4] Wang K, He Y L, Cheng Z D. A design method and numerical study for a new type parabolic trough solar

collector with uniform solar flux distribution[J]. Science China-Technological Sciences, 2014, 57(3): 531-540.

[5] Cheng Z D, He Y L, Xiao J, et al. Three-dimensional numerical study of heat transfer characteristics in the receiver tube of parabolic trough solar collector[J]. International Communications in Heat and Mass Transfer, 2010, 37(7): 782-787.

[6] Cheng Z D, He Y L, Cui F Q, et al. Numerical simulation of a parabolic trough solar collector with nonuniform solar flux conditions by coupling FVM and MCRT method[J]. Solar Energy, 2012, 86(6): 1770-1784.

[7] Qiu Y, Li M J, He Y L, et al. Thermal performance analysis of a parabolic trough solar collector using supercritical CO_2 as heat transfer fluid under non-uniform solar flux[J]. Applied Thermal Engineering, 2017, 115: 1255-1265.

[8] 肖杰, 何雅玲, 程泽东, 等. 槽式太阳能集热器集热性能分析[J]. 工程热物理学报, 2009, (5): 729-733.

[9] 肖杰. 太阳能抛物槽式集热器光热转换过程模拟及性能分析[D]. 西安: 西安交通大学, 2010.

[10] 崔福庆. 太阳能聚光集热系统光捕获与转换过程的光热特性及性能优化研究[D]. 西安: 西安交通大学, 2013.

[11] 程泽东. 太阳能热发电聚焦集热系统的光热特性与转换性能及优化研究[D]. 西安: 西安交通大学, 2012.

[12] 邱羽. 离散式聚光型太阳能系统光热特性分析与性能优化及新型聚光集热技术研究[D]. 西安: 西安交通大学, 2019.

[13] 王坤. 超临界二氧化碳太阳能热发电系统的高效集成及其聚光传热过程的优化调控研究[D]. 西安: 西安交通大学, 2018.

[14] He Y L, Qiu Y, Wang K, et al. Perspective of concentrating solar power[J]. Energy, 2020, 198: 117373.

[15] 陶文铨. 数值传热学[M]. 西安: 西安交通大学出版社, 2001.

[16] Modest M F. Radiative Heat Transfer[M]. 3rd ed. Waltham, MA: Academic Press, 2013.

[17] 杨世铭, 陶文铨. 传热学[M]. 北京: 高等教育出版社, 2006.

[18] Moss T A, Brosseau D A. Final Test Results for the Schott HCE on a LS-2 Collector[R].SAND2005-4034, Albuquerque, NM, and Livermore, CA, USA: Sandia National Laboratories (SNL), 2005.

[19] NREL. SAM 2020-11-29[DB/OL]. National Renewable Energy Laboratory[2021-1-27]. https://sam.nrel.gov/.

[20] Dudley V, Kolb G, Sloan M, et al. SEGS LS-2 Solar Collector-test Results[R].SAN94-1884, Albuquerque: Sandia National Laboratories, 1994.

[21] Delgado-Torres A M, García-Rodríguez L. Comparison of solar technologies for driving a desalination system by means of an organic Rankine cycle[J]. Desalination, 2007, 216(1-3): 276-291.

[22] Mullick S C, Nanda S K. An improved technique for computing the heat loss factor of a tubular absorber[J]. Solar Energy, 1989, 42(1): 1-7.

[23] Qiu Y, Li M J, Wang K, et al. Aiming strategy optimization for uniform flux distribution in the receiver of a linear Fresnel solar reflector using a multi-objective genetic algorithm[J]. Applied Energy, 2017, 205: 1394-1407.

[24] 何雅玲, 王坤, 杜保存, 等. 聚光型太阳能热发电系统非均匀辐射能流特性及解决方法的研究进展[J]. 科学通报, 2016, 61(30): 3208-3237, 3289-3290.

[25] He Y L, Wang K, Qiu Y, et al. Review of the solar flux distribution in concentrated solar power: Non-uniform features, challenges, and solutions[J]. Applied Thermal Engineering, 2019, 149: 448-474.

[26] Zheng Z, Xu Y, He Y. Thermal analysis of a solar parabolic trough receiver tube with porous insert

optimized by coupling genetic algorithm and CFD[J]. Science China Technological Sciences, 2016, 59(10): 1475-1485.

[27] Zheng Z J, Li M J, He Y L. Thermal analysis of solar central receiver tube with porous inserts and non-uniform heat flux[J]. Applied Energy, 2017, 185: 1152-1161.

[28] Zheng Z J, Li M J, He Y L. Optimization of porous insert configurations for heat transfer enhancement in tubes based on genetic algorithm and CFD[J]. International Journal of Heat and Mass Transfer, 2015, 87: 376-379.

[29] Zheng Z J, He Y, He Y L, et al. Numerical optimization of catalyst configurations in a solar parabolic trough receiver-reactor with non-uniform heat flux[J]. Solar Energy, 2015, 122: 113-125.

[30] 郑章靖. 聚光太阳能热利用系统中的传热和储热过程强化与优化研究[D]. 西安: 西安交通大学, 2016.

[31] Vignarooban K, Xu X, Arvay A, et al. Heat transfer fluids for concentrating solar power systems —A review[J]. Applied Energy, 2015, 146: 383-396.

[32] Bader R, Pedretti A, Barbato M, et al. An air-based corrugated cavity-receiver for solar parabolic trough concentrators[J]. Applied Energy, 2015, 138: 337-345.

[33] Elsafi A M. Exergy and exergoeconomic analysis of sustainable direct steam generation solar power plants[J]. Energy Conversion and Management, 2015, 103: 338-347.

[34] Lemmon E W, McLinden M O, Huber M L. REFPROP: Reference Fluid Thermodynamic and Transport Properties[R].Gaithersburg: National Institute of Standards and Technology, 2007.

[35] Mirjalili S. Evolutionary Algorithms and Neural Networks[M]. Heidelberg: Springer, 2019.

[36] Huang Z, Nakayama A, Yang K, et al. Enhancing heat transfer in the core flow by using porous medium insert in a tube[J]. International Journal of Heat and Mass Transfer, 2010, 53(5-6): 1164-1174.

[37] Calmidi V, Mahajan R. Forced convection in high porosity metal foams[J]. Journal of Heat Transfer, 2000, 122(3): 557-565.

[38] Guo Z Y, Tao W Q, Shah R. The field synergy (coordination) principle and its applications in enhancing single phase convective heat transfer[J]. International Journal of Heat and Mass Transfer, 2005, 48(9): 1797-1807.

[39] Guo Z Y, Zhu H Y, Liang X G. Entransy—A physical quantity describing heat transfer ability[J]. International Journal of Heat and Mass Transfer, 2007, 50(13-14): 2545-2556.

[40] He Y L, Tao W Q. Numerical studies on the inherent interrelationship between field synergy principle and entransy dissipation extreme principle for enhancing convective heat transfer[J]. International Journal of Heat and Mass Transfer, 2014, 74: 196-205.

[41] Fan J, Ding W, Zhang J, et al. A performance evaluation plot of enhanced heat transfer techniques oriented for energy-saving[J]. International Journal of Heat and Mass Transfer, 2009, 52(1): 33-44.

[42] Cui F Q, He Y L, Cheng Z D, et al. Modeling of the dish receiver with the effect of inhomogeneous radiation flux distribution[J]. Heat Transfer Engineering, 2014, 35(6-8): 780-790.

[43] Cui F Q, He Y L, Cheng Z D, et al. Study on combined heat loss of a dish receiver with quartz glass cover[J]. Applied Energy, 2013, 112: 690-696.

[44] Sendhil Kumar N, Reddy K S. Numerical investigation of natural convection heat loss in modified cavity receiver for Fuzzy focal solar dish concentrator[J]. Solar Energy, 2007, 81(7): 846-855.

[45] Wang W Q, Qiu Y, Li M J, et al. Coupled optical and thermal performance of a fin-like molten salt receiver for the next-generation solar power tower[J]. Applied Energy, 2020, 272: 115079.

[46] Wang W Q, Qiu Y, Li M J, et al. Optical efficiency improvement of solar power tower by employing and optimizing novel fin-like receivers[J]. Energy Conversion and Management, 2019, 184: 219-234.

[47] 崔福庆, 何雅玲, 李东, 等. 塔式吸热器中辐射传播过程的参数分析[J]. 工程热物理学报, 2011, (08): 1375-1378.

[48] 崔福庆, 何雅玲, 程泽东, 等. 有压腔式吸热器内辐射传播过程的 Monte Carlo 模拟[J]. 化工学报, 2011, (S1): 60-65.

[49] Cui F Q, He Y L, Cheng Z D, et al. Numerical simulations of the solar transmission process for a pressurized volumetric receiver[J]. Energy, 2012, 46(1): 618-628.

[50] Wang H, Haechler I, Kaur S, et al. Spectrally selective solar absorber stable up to 900 ℃ for 120 h under ambient conditions[J]. Solar Energy, 2018, 174: 305-311.

[51] Xu X, Wang X, Li P, et al. Experimental test of properties of KCl-MgCl₂ eutectic molten salt for heat transfer and thermal storage fluid in concentrated solar power systems[J]. Journal of Solar Energy Engineering, 2018,140(5): 051011.

[52] Christian J M, Ho C K. CFD Simulation and Heat Loss Analysis of the Solar Two Power Tower Receiver[R].SAND2012-5953C, Albuquerque, NM: Sandia National Laboratories, 2012.

[53] Pacheco J E, Bradshaw R W, Dawson D B, et al. Final Test and Evaluation Results from the Solar Two Project[R].No. SAND2002-0120, Albuquerque, NM: Sandia National Laboratories, 2002.

[54] Buck R, Abele M, Kunberger J, et al. Receiver for solar-hybrid gas turbine and combined cycle systems [C]. Proc. of 9th SolarPACES Int. Symp. on Solar Thermal Concentrating Technologies, Font-Romen, France, 1998, June 22-26.

[55] Buck R, Lüpfert E, Téllez F. Receiver for solar-hybrid gas turbine and CC systems (REFOS) [C]. Proc. of 10th SolarPACES Int. Symp. Solar Thermal 2000, Sydney, Australia, 2000, March 8-10.

[56] Qiu Y, He Y L, Wu M, et al. A comprehensive model for optical and thermal characterization of a linear Fresnel solar reflector with a trapezoidal cavity receiver[J]. Renewable Energy, 2016, 97: 129-144.

[57] Qiu Y, He Y L, Cheng Z D, et al. Study on optical and thermal performance of a linear Fresnel solar reflector using molten salt as HTF with MCRT and FVM methods[J]. Applied Energy, 2015, 146: 162-173.

[58] Serrano-Aguilera J J, Valenzuela L, Parras L. Thermal 3D model for direct solar steam generation under superheated conditions[J]. Applied Energy, 2014, 132: 370-382.

[59] Rodríguez R M. Nuevos sistemas de potencia para generación termosolar con generación directa de vapor: Caso de éxito de Puerto Errado 2[J]. Dyna, 2012, 87: 514-517.

[60] Serrano-López R, Fradera J, Cuesta-López S. Molten salts database for energy applications[J]. Chemical Engineering and Processing: Process Intensification, 2013, 73: 87-102.

[61] Beneš O, Konings R J M. Thermodynamic properties and phase diagrams of fluoride salts for nuclear applications[J]. Journal Of Fluorine Chemistry, 2009, 130(1): 22-29.

[62] Sahoo S S, Singh S, Banerjee R. Analysis of heat losses from a trapezoidal cavity used for linear Fresnel reflector system[J]. Solar Energy, 2012, 86(5): 1313-1322.

[63] Larsen S F, Altamirano M, Hernández A. Heat loss of a trapezoidal cavity absorber for a linear Fresnel reflecting solar concentrator[J]. Renewable Energy, 2012, 39(1): 198-206.

第5章 面向工程应用的吸热器光-热-力耦合特性预测分析

太阳能吸热器中存在着极端非均匀光场、复杂耦合传热、非均匀高热应力的共同作用,其直接影响着吸热器的能量转换性能和安全性。为提升吸热器能量转化性能并保证系统的安全性,有必要对吸热器在真实非均匀光场下的光热转换特性进行准确预测。然而,目前尚难以在电站实际运行中直接测量吸热器上的入射光场、吸热器温度、光热转换效率、应力分布等关键参数,因而有必要发展吸热器的光-热-力耦合计算方法和模型,以准确预测和评估吸热器性能,从而为电站的设计、优化、控制提供指导。

第4章详细介绍了用于模拟吸热器光热转换过程的 MCRT-FVM 耦合方法。基于该方法,能够准确地揭示吸热器在非均匀光场条件下的光热转换性能及其随时空参数的变化规律。该方法有赖于对吸热器的三维建模以及光热转换过程的完整模拟,模拟耗时较长。考虑到工程上的实用性,需要对吸热器性能进行快速预测,因此在满足计算精度的前提下,希望进一步发展面向工程应用的吸热器光-热-力耦合特性的快速预测模型。

鉴于此,作者团队前期基于蒙特卡罗光线追迹(MCRT)方法和复合传热分析(conjugate heat transfer analysis,CHTA)方法发展了面向工程应用的吸热器光-热-力耦合性能快速预测模型。本章将以塔式光热系统为例,首先对塔式吸热器种类、吸热工质类型、典型工质流动传热特性进行总结,这是吸热器性能快速预测的基础;接着,分别以多管外露式吸热器、多管腔式吸热器为例,介绍基于 MCRT 和 CHTA 方法的光-热-力耦合特性快速预测模型的详细建模方法和过程;最后,将分别介绍该模型在上述两种吸热器光-热-力耦合特性分析和性能优化中的应用。

5.1 塔式吸热器与吸热工质

根据吸热器型式和吸热工质种类的不同,可将塔式吸热器分为容积式、粒子式、管式等类型[1],其中管式吸热器又可分为多管外露式与多管腔式,参见图 5-1。容积式吸热器大多以多孔介质为吸光材料,以空气等气体为工质。粒子式吸热器以微细的固体颗粒为吸光材料和工质。管式吸热器通常由一组外壁涂有吸光涂层的平行吸热管组成,其常用的工质为熔盐、水/水蒸气等。由于目前世界上的大多数塔式电站使用的都是管式吸热器[2]，因而本章后面将以管式吸热器为例来介绍吸热器光-热-力耦合建模的方法和详细过程，以及模型的具体应用。

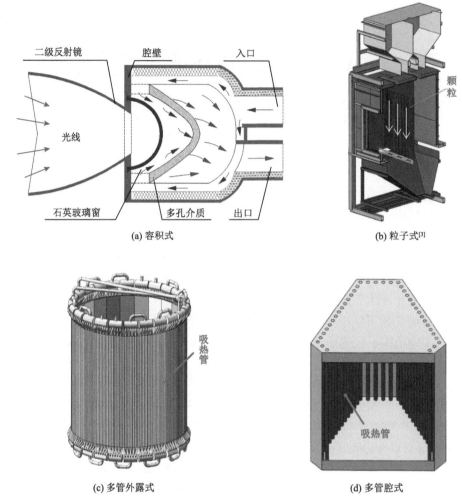

(a) 容积式　　　　　　　　　　　　　(b) 粒子式[3]

(c) 多管外露式　　　　　　　　　　　(d) 多管腔式

图 5-1　几种常见的塔式吸热器

5.1.1　塔式吸热器的典型熔盐吸热工质

　　早期用于塔式系统的管式吸热器常以水/水蒸气为吸热工质。由于水/水蒸气的储热密度很小，因而这些电站基本不具备储热能力。为了提升电站的储热、调峰能力，近年建成的塔式电站大多以熔盐为吸热和储热工质，从而使电站具备了不间断发电的能力。

　　目前已建成的熔盐塔式电站均以被称为太阳盐(Solar salt)的二元硝酸盐为吸热和储热工质。太阳盐由 $NaNO_3$ 与 KNO_3 按照 6∶4 的质量比组成，其热物性参见表 5-1。由表 5-1 可见，太阳盐的熔点为 220 ℃、分解温度为 621 ℃。在熔盐吸热器运行过程中，一方面当吸热管中的熔盐温度低于其熔点后，熔盐就会凝固，从而堵塞吸热管；另一方面，当管中熔盐温度超过其分解温度后，熔盐就会分解劣化。可见，熔盐的熔点和分解温度分别直接决定了吸热器运行温度的下限和上限。

表 5-1 常见熔盐及其热物性[4-10]

组成与组分	熔点	分解温度	热物性
NaNO$_3$-KNO$_3$ (Solar salt) 60wt%[①]-40wt%	220 ℃	621 ℃	ρ=2263.628−0.636T, kg·m^{-3}
			c_p=1396.044+0.172T, J·kg^{-1}·K^{-1}
			μ=75.5−0.27761T+3.4889×10$^{-4}T^2$−1.474×10$^{-7}T^3$, cP[②]
			λ=0.3911+1.9×10^{-4}T, W·m^{-1}·K^{-1}
NaNO$_3$-NaNO$_2$-KNO$_3$ (Hitec) 7wt%-40wt%-53wt%	142 ℃	450 ℃	ρ=2280.22−0.733T, kg·m^{-3}
			c_p=1560, J·kg^{-1}·K^{-1}
			μ=938.45−5.4754T, cP
			λ=0.7663−6.47×10^{-4}T, W·m^{-1}·K^{-1}
KNO$_3$-NaNO$_3$-LiNO$_3$-Ca(NO$_3$)$_2$·4H$_2$O 54.5wt%-9.1wt%-18.2wt%-18.2wt%	<90 ℃	>600 ℃	ρ=3589.219−5.679T, kg·m^{-3}
			c_p=1355.736+0.3451T, J·kg^{-1}·K^{-1}
			μ=0.6492×exp(896/T), cP
			λ=0.530, W·m^{-1}·K^{-1}
MgCl$_2$-KCl 38wt%-62wt%	424.4 ℃	>800 ℃	ρ=2054.5−0.552T, kg·m^{-3}
			c_p=916.05+0.1046T, J·kg·K^{-1}
			μ=133128.799−974.6283T+1.784·T^2, cP
			λ=0.5320−0.0001T, W·m^{-1}·K^{-1}
NaCl-KCl-ZnCl$_2$ 8.1wt%-31.3wt%-60.6wt%	199.3 ℃	>800 ℃	ρ=2542−0.530T, kg·m^{-3}
			c_p=917, J·kg^{-1}·K^{-1}
			μ=2.97+1.52×10^5×exp(−T/56)+59.9×exp(−T/235.7), cP
			λ=0.437−0.000123·T, W·m^{-1}·K^{-1}
NaCl-KCl-ZnCl$_2$ 10.0wt%-15.1wt%-74.9wt%	198.7 ℃	>800 ℃	ρ=2581−0.432·T, kg·m^{-3}
			c_p=913, J·kg^{-1}·K^{-1}
			μ=4.46+1.31×10^5×exp(−T/62), cP
			λ=0.389−0.00008T, W·m^{-1}·K^{-1}
NaCl-KCl-ZnCl$_2$ 7.5wt%-23.9wt%-68.6wt%	210.3 ℃	>800 ℃	ρ=2878−0.926T, kg·m^{-3}
			c_p=900, J·kg·K^{-1}
			μ=3.41+120×exp(−T/240)+4.9×10^8×exp(−T/29.9), cP
			λ=0.8144−0.0002T, W·m^{-1}·K^{-1}
Na$_2$CO$_3$-K$_2$CO$_3$-LiCO$_3$ 33.4wt%-34.5wt%-32wt%	400 ℃	658 ℃	ρ=2000, kg·m^{-3}
			c_p=1610, J·kg^{-1}·K^{-1}
			μ=16, cP
			λ=0.472, W·m^{-1}·K^{-1}
LiF-NaF-KF (FLiNaK) 29.2wt%-11.7wt%-59.1wt%	454 ℃	>800 ℃	ρ=2579.3−0.624T, kg·m^{-3}
			c_p=1880, J·kg·K^{-1}
			μ=10$^{(-13.8132+5832/T)}$, cP
			λ=0.36+5.6×10^{-4}T, W·m^{-1}·K^{-1}

续表

组成与组分	熔点	分解温度	热物性
NaF-NaBF$_4$ 3.2wt%-96.8wt%	385 ℃	727 ℃	ρ=2446.3–0.711T, kg·m^{-3}
			c_p=1506, J·kg^{-1}·K^{-1}
			μ=8.77×10^{-2}·exp(2240/T), cP
			λ=0.66–2.3710^{-4}T, W·m^{-1}·K^{-1}

①wt%表示质量百分比;

②厘泊(cP)为动力黏度的最小单位, 1 cP=10^{-3} Pa·s。

为了尽可能地拓宽熔盐吸热器的运行温度区间, 近年来, 学界和业界相继开发了一些熔点低或分解温度高的新型熔盐。表 5-1 汇总了几种常见熔盐的组分以及热物性, 其可用于熔盐吸热器流动换热性能分析和吸热器的优化设计。

5.1.2   熔盐在吸热管内的流动换热规律

掌握熔盐在吸热管内的流动换热规律是构建吸热器光-热-力快速预测模型的基础。工质在吸热管内的对流换热是一种典型的管内单相对流换热问题。长期以来, 文献中已针对水、空气等传统工质在常规均匀壁温或均匀热流边界条件下的对流换热提出了很多经典的关联式。为确定这些关联式是否可用来描述熔盐在吸热管内的对流换热规律, 还需要从以下两方面进行考证。一方面, 当熔盐在吸热管内进行对流换热时, 管壁上的热流边界是极端非均匀的, 需要探明极端非均匀热流边界下的管内对流换热规律是否会与均匀热流边界下的规律有明显差异; 另一方面, 与传统工质相比, 熔盐的热物性随温度变化较为剧烈, 需要探明热物性的变化是否会明显影响管内对流换热规律[12]。

1. 热流分布均匀性对管内流动换热特性的影响

为探明热流分布均匀性对管内流动换热规律的影响, 作者团队前期采用数值传热学模拟[11]和实验研究[12]相结合的方法, 在尽可能宽的温度范围内对比研究了表 5-1 中四种典型熔盐(Solar salt、Hitec、FLiNaK、NaF-NaBF$_4$)在图 5-2 所示的典型均匀与非均匀热流条件下的管内流动与换热特性[12]。

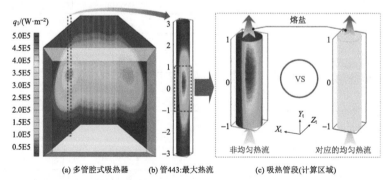

图 5-2   吸热器与吸热管段上的均匀与非均匀热流分布[12]

首先，对比分析了均匀与非均匀热流边界对吸热管温度分布的影响。由图 5-3 和图 5-4 可见，在非均匀热流条件下，管上的温度分布存在极大的非均匀性，在管壁厚度和圆周方向上都很不均匀。同时可见，非均匀热流时的最大温度出现在最大热流处，而均匀热流条件下的最大温度出现在管出口处。对比均匀与非均匀热流下的最高温度可以发现，以 Hitec 和 FLiNaK 为工质时，非均匀热流时的最高温度分别比均匀时大 66 K 和 41 K。一方面由于局部高温可能使熔盐温度超过其使用上限温度，进而造成熔盐分解；另一方面，局部高温也可能造成吸热器的应力破坏和腐蚀。因而在电站运行中需要采取措施避免出现局部高温。

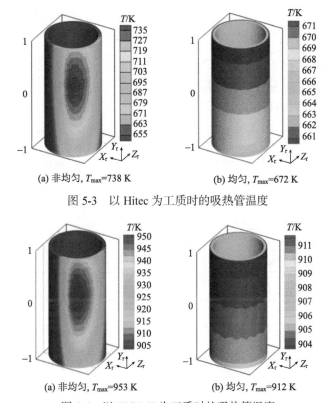

(a) 非均匀, T_{max}=738 K   (b) 均匀, T_{max}=672 K

图 5-3　以 Hitec 为工质时的吸热管温度

(a) 非均匀, T_{max}=953 K   (b) 均匀, T_{max}=912 K

图 5-4　以 FLiNaK 为工质时的吸热管温度

接着，对比分析了均匀与非均匀热流对熔盐管内换热性能的影响规律。由图 5-5 可见，对每种熔盐而言，在相同温度下，非均匀热流条件下的换热性能参数 $Nu/Pr^{0.4}$ 略微大于均匀条件下的值。例如，在四种熔盐的使用温度范围内，非均匀条件下的 $Nu/Pr^{0.4}$ 仅比均匀条件下大 2%左右。这是由于，在非均匀热流条件下光能集中在吸热管的靠近下方的一侧，该侧的熔盐将被加热，密度将变小，并造成较强的浮升力，从而稍微强化了管内的对流换热。

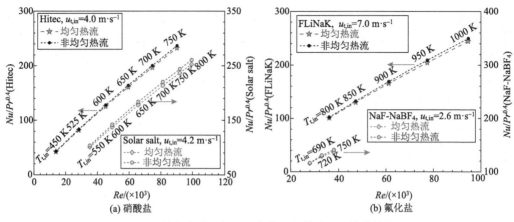

图 5-5　均匀与非均匀热流条件下的管内对流换热性能

最后，对比分析了均匀与非均匀热流对管内熔盐流动阻力系数 f 的影响规律。由图 5-6 可见，每种熔盐在两种热流条件下的阻力系数曲线偏差在 0.5%以内，说明非均匀热流对阻力特性的影响可以忽略。

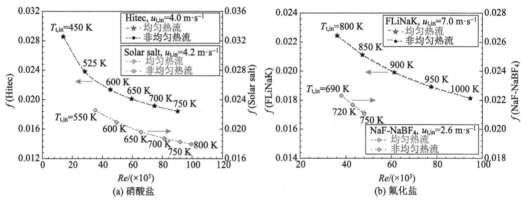

图 5-6　均匀与非均匀热流条件下的管内流动阻力系数 f

通过上述对比研究可以看到，在一般工程应用中可以采用均匀热流条件下获得的熔盐对流换热和阻力关联式来计算非均匀热流条件下的流动换热性能。

2. 变热物性对管内流动换热特性的影响

对传统的水、空气等常规流体而言，其管内对流换热性能一般可用 Gnielinski 提出的公式(5-1)、Hausen 提出的公式(5-2)或 Sider-Tate 提出的公式(5-3)进行预测，而管内湍流流动的阻力系数 f 可用式(5-4)所示的 Filonenko 公式进行预测。为探明热物性的变化对上述经典关联式预测准确性的影响，结合实验和数值模拟方法，在图 5-2 所示的非均匀热流条件下，分析了四种典型熔盐(Solar salt、Hitec、FLiNaK、NaF-NaBF$_4$)的管内对流换热特性。在分析中，将熔盐雷诺数控制在典型的工业应用范围 $Re=10^4 \sim 10^5$ 内，同时还使每种熔盐的温度覆盖了表 5-2 所示的尽可能宽的使用温度区间。在此基础上，对比分析了四种典型熔盐的流动换热结果与上述经典关联式的异同。

$$Nu=0.012\left(Re^{0.87}-280\right)Pr^{0.4}\left(\frac{Pr_{\mathrm{f}}}{Pr_{\mathrm{w}}}\right)^{0.11}\left[1+\left(\frac{D}{L}\right)^{2/3}\right], \quad 0.6<Pr<10^{5}, 2300<Re<10^{6} \tag{5-1}$$

$$Nu=0.037\left(Re^{0.75}-180\right)Pr^{0.42}\left(\frac{\mu_{\mathrm{f}}}{\mu_{\mathrm{w}}}\right)^{0.14}\left[1+\left(\frac{D}{L}\right)^{2/3}\right], \quad 0.5<Pr<1000, 2300<Re<10^{6} \tag{5-2}$$

$$Nu=0.027Re^{0.8}Pr^{1/3}\left(\frac{\mu_{\mathrm{f}}}{\mu_{\mathrm{w}}}\right)^{0.14}, \quad 0.7<Pr<16700, Re>10^{4}, L/D>60 \tag{5-3}$$

$$f=\left(1.82\cdot\lg Re-1.64\right)^{-2}, \quad 0.6<Pr<10^{5}, 2300<Re<10^{6} \tag{5-4}$$

式中，下标"f"和"w"分别表示定性温度为工质温度和壁面温度。

表 5-2　四种典型熔盐的使用温度范围

熔盐	管进口熔盐温度 $T_{\mathrm{t,in}}$/K	管进出口熔盐均温 T_{f}/K
Hitec	450～700	450～722
Solar salt	600～800	600～830
FLiNaK	800～1000	800～1009
NaF-NaBF$_4$	690～750	691～778

首先，对比了四种熔盐在其典型工作温度和 Re 数区间内的换热性能模拟结果与 Gnielinski 公式预测结果。由图 5-7(a)可见，Gnielinski 公式对氟化盐的换热性能预测结果普遍低于模拟结果，且随着 Re 的增大，偏差有增大趋势。模拟结果与关联式的最大偏差可达−10%。在图 5-7(b)中也可以看到与上述现象类似的情况。同时可见，硝酸盐换热性能模拟结果与 Gnielinski 公式预测结果之间的偏差最大可达−15%。由此可见，Gnielinski 公式对氟化盐管内对流传热 Nu 数预测较为准确，而对硝酸盐的预测偏差较大。

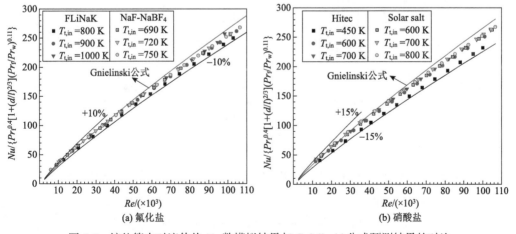

图 5-7　熔盐管内对流传热 Nu 数模拟结果与 Gnielinski 公式预测结果的对比

其次，对比了四种熔盐在其典型工作温度区间和 Re 数区间内的换热性能模拟结果与 Hausen 公式预测结果。由图 5-8(a)可见，Hausen 公式对氟化盐的预测结果普遍低于模拟结果，且随着 Re 的增大，偏差有增大趋势。数值模拟结果与关联式最大偏差可达+25%。由图 5-8(b)可见，硝酸盐换热性能数值模拟结果普遍高于 Hausen 公式预测结果，二者最大偏差也可达+25%。由上述分析可见，Hausen 公式对氟化盐和硝酸盐管内对流传热 Nu 数预测偏差均较大，因而不推荐在工程设计中使用该公式。

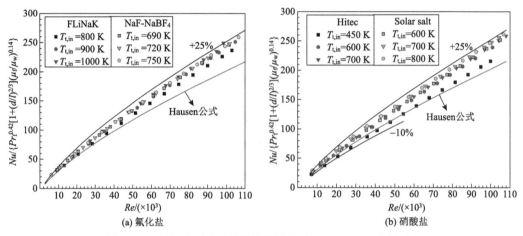

图 5-8　熔盐管内对流传热性能模拟结果与 Hausen 公式的对比

再次，对比了四种熔盐在其典型工作温度和 Re 数区间内的对流换热性能模拟结果与 Sider-Tate 公式预测结果。由图 5-9(a)可见，Sider-Tate 公式对氟化盐的 Nu 数预测结果普遍低于模拟结果，且随着 Re 的增大，偏差有增大趋势。数值结果与关联式最大偏差可达+13%。在图 5-9(b)中也可以看到与上述现象类似的情况，同时可见硝酸盐传热性能的数值结果与 Sider-Tate 公式之间的偏差最大可达+13%。由此可见，Sider-Tate 公式对氟化盐和硝酸盐管内对流传热 Nu 数预测较为准确。

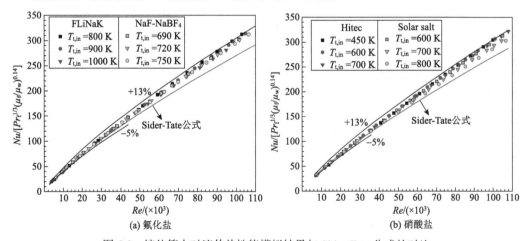

图 5-9　熔盐管内对流传热性能模拟结果与 Sider-Tate 公式的对比

最后，对比分析了四种熔盐在其典型工作温度区间和 Re 数区间内的阻力系数 f 模拟结果与 Filonenko 公式预测结果。由图 5-10 可见，在所有温度和 Re 范围内，Filonenko 公式预测结果与模拟结果几乎完全一致。也就是说，Filonenko 公式可准确地预测四种熔盐的管内流动阻力系数，不需要再发展新的关联式。

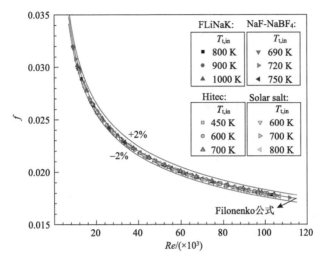

图 5-10 熔盐管内流动阻力系数 f 模拟结果与 Filonenko 公式的对比

3. 宽温度与流速区间内的管内对流换热关联式

由于 Gnielinski 公式、Hausen 公式与 Sider-Tate 公式对熔盐管内对流传热 Nu 数的预测均存在较大偏差，因此基于对四种典型熔盐在 $Re=10^4 \sim 10^5$ 的宽流速范围、表 5-2 所示的宽温度区间内的对流换热的模拟结果，我们回归分析给出了一个适用于上述宽温度与流速区间的新关联式，如式(5-5)所示。

$$Nu = 0.0154 \cdot Re^{0.853} \cdot Pr^{0.35} \cdot \left(\frac{\mu_{\text{f}}}{\mu_{\text{w}}} \right)^{0.14} \tag{5-5}$$

式中，$Pr=3.3 \sim 34$；$Re=10^4 \sim 10^5$；$\mu_{\text{f}}/\mu_{\text{w}}=1.01 \sim 1.30$。

新关联式与数值模拟结果的对比参见图 5-11。由图 5-11 可见，新关联式的预测结果与所有温度及流速区间内的数值模拟结果均符合得很好，相对偏差不超过±5%，95%以上数据在±3%的偏差以内。进一步，对比了新关联式与以下文献给出的熔盐管内换热的实验结果(作者对熔盐 Hitec[12]、Vriesema 对熔盐 FLiNaK[13]、Silverma 对熔盐 NaF-NaBF$_4$[14]的实验结果)。由图 5-12 可见，新关联式的预测结果与实验结果也符合得很好。其中，80%的实验点在新关联式±5%的偏差内，90%的点在±10%的偏差内。上述结果表明，新关联式可准确预测典型熔盐在其使用温度区间和宽流速区间内的管内对流换热性能。

前面介绍了塔式吸热器的主要类型及相应的吸热工质，特别是总结了常用的熔盐工质的热物性并发展了一种预测精度较高的管内换热关联式，这为吸热器性能快速预测模型的构建奠定了必要基础。5.2 节和 5.3 节将分别以典型的多管外露式与多管腔式吸热器为例，介绍吸热器光-热-力耦合特性快速预测模型的构建过程，并基于所构建的模型对典型工况下吸热器的性能进行预测分析和优化。

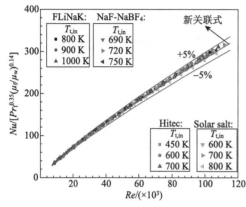

图 5-11　宽温度与流速区间内新关联式与数值模拟结果的对比

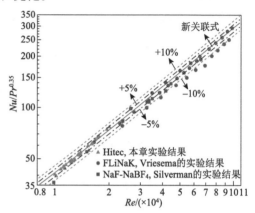

图 5-12　新关联式与 Hitec[12]、FLiNaK[13]及 NaF-NaBF$_4$[14]的实验结果的对比

5.2　多管外露式吸热器光-热-力耦合特性预测分析

第 3 章以世界上第一座熔盐塔式电站 Solar Two 为例介绍了塔式系统的光学性能分析方法和结果，本节仍以 Solar Two 的吸热器为例，结合作者团队前期工作来介绍多管外露式吸热器光-热-力耦合特性快速预测模型的构建过程和应用实例[15-21]。下面，将首先介绍多管外露式吸热器的典型物理模型与光-热-力作用过程；接着，介绍基于 MCRT-CHTA 发展的多管外露式吸热器光-热-力耦合性能预测模型；随后，介绍基于此模型对多管外露式吸热器中的光热转换性能、热应力特性的分析结果，并探讨入射光能功率、风速与环境温度等关键参数对吸热器光-热-力特性的影响规律；最后，介绍一种基于光-热-力耦合模拟的吸热器疲劳失效预测图和一种基于光场调控的失效抑制方法。

5.2.1　多管外露式吸热器物理模型与光-热-力耦合作用

Solar Two 电站的吸热器是一种典型的以太阳盐为工质的圆柱形多管外露式吸热器，其包括两个吸热回路，每个回路包括 12 个串联的 316H 不锈钢吸热管排，如图 5-13 所示。每个管排由 32 根外径 21 mm 的吸热管组成，管外壁涂有太阳光吸收率为 0.94、红外发射率约为 0.88 的选择性吸光涂层。更多关于 Solar Two 吸热器和定日镜场的参数已在 3.5.1 节给出，此处不再赘述。

在系统运行过程中，定日镜跟踪太阳方位并将太阳能汇聚到吸热器上。这些太阳能中的大部分将被吸热管外壁的涂层吸收并转化为热能。而热能中的一小部分将通过对流换热、辐射换热散失到周围环境中；其他大部分热能将通过吸热管壁中的导热过程、管内壁与熔盐的对流换热过程最终传递给回路中的熔盐。在每条熔盐回路中，低温熔盐由进口流入，在经历 12 个串联管排中的光热耦合加热之后，高温熔盐从回路出口流出。每个回路中的管排通过弯头和集管串联在一起，参见图 5-13。在回路 1 中，低温熔盐先从西边最北侧的管排 1 流入，流经西侧的 6 个管排之后再从管排 6 流出，进入东侧的管排 7；接着熔盐连续流过东南侧的 6 个管排，最后从最南端的管排 12 流出。回路 2 的连接方式与回路 1 类似。由第 4 章介绍的吸热器光热性能分析结果可知，在不均匀的太阳辐射能流照射下，吸热管壁上会形成极不均匀的温度分布，而这会进一步导致管壁中形成不均匀的热应力分布。

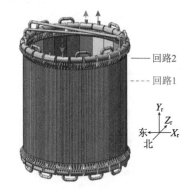

(a) Solar Two吸热器结构图

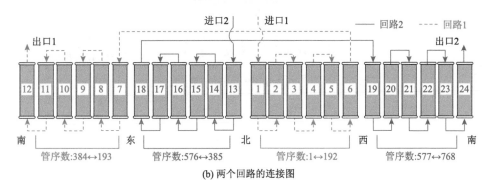

(b) 两个回路的连接图

图 5-13　Solar Two 吸热器示意图

5.2.2　基于 MCRT-CHTA 的光-热-力耦合预测模型

为适应工程中对吸热器光-热-力耦合性能快速预测的需求，作者团队前期发展了一种 MCRT 与 CHTA 相结合的塔式吸热器光-热-力耦合性能分析模型[18]，以计算太阳能在集热器中的传播和吸收过程、吸热器中的传热过程以及非均匀温度在吸热管上所造成的热应力。

模型的计算流程参见图 5-14。该模型采用 MCRT 模拟阳光在集热器中的传播过程，采用 CHTA 计算吸热器内的对流-辐射-导热耦合传热过程，同时分析吸热管"冠部"的热应力。两种计算方法在吸热管外壁上进行耦合，在耦合过程中，将 MCRT 计算得到的管外壁的非均匀太阳辐射能流作为热流边界施加在 CHTA 模型的管外壁上。

下面将分别对图 5-14 中模型的 MCRT 部分、CHTA 部分进行详细介绍。

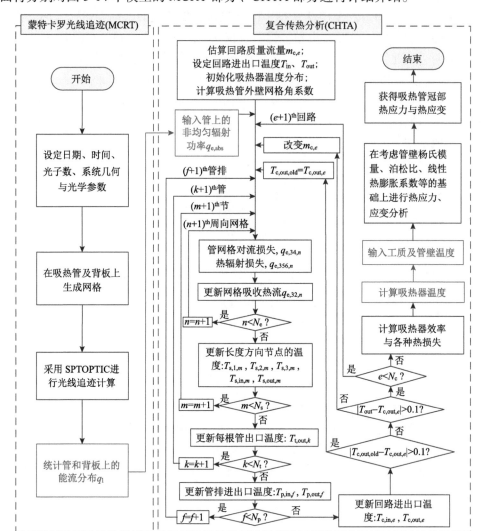

图 5-14　塔式聚光集热系统光-热-力耦合计算模型流程图

1. 光-热-力耦合模型的 MCRT 部分

当阳光照射到塔式系统之后，其将与定日镜和吸热器产生光学作用。这些光学作用主要包括光线在定日镜之间的阴影和遮挡作用，镜面上考虑形面误差和跟踪误差后的反射作用，大气衰减作用，光线在吸热管及其背板间的吸收、漫反射和重吸收作用。本节将基于第 3 章所构建的蒙特卡罗光线追迹模型以及所开发的光学计算工具 SPTOPTIC[22,23]来对上述光能传递过程进行数值建模。在光学模拟中，若无特别说明，定日镜场采用 3.5.1 节所述的多点瞄准策略进行聚光，且瞄准时所用的比例因子 k_{flux} 取为 1.5。

在光学模拟结束之后，与第 3 章类似，采用下述方法统计吸热器上的能流分布。首先，将吸热管外壁沿长度方向和圆周方向分别均匀划分为 N_s 节和 N_e 个网格。接着，通过统计管外壁每个网格内吸收的光线数目即可获得每个网格中吸收的太阳辐射能流分布(q_l)。随后,在光-热-力耦合计算中,将($q_l \cdot A_{e,3}$)作为一个边界热源施加在管外壁网格上,并表示为符号$q_{e,abs}$,其中$A_{e,3}$为管外壁网格的面积。

2. 光-热-力耦合模型的 CHTA 部分

下面着重介绍光-热-力模型的 CHTA 部分的构建方法。在建模过程中,首先需划分管壁网格并建立每个网格的热平衡方程。然后,分别构建了流入和流出每个网格的热功率的计算方程。随后,采用图 5-14 右侧所示的求解方法模拟吸热器内的辐射-对流-导热复合传热过程。最后,基于所获得吸热器温度分布,进一步分析吸热管"冠部"的热应力。

1) 吸热管网格划分及热平衡方程

在无云晴天且忽略其他环境因素影响的情况下,可假设吸热器中的流动和传热过程是稳态的和充分发展的。图 5-15 给出了吸热管中的具体传热过程示意图,其中参与传热的对象已用不同的数字进行指代。具体而言,1 代表熔盐,2 代表管内壁,3 代表管外壁,4 代表空气,5 代表天空,6 代表地面。在后文中,将在变量的下标中使用这些数字来表示每个变量对应的对象。

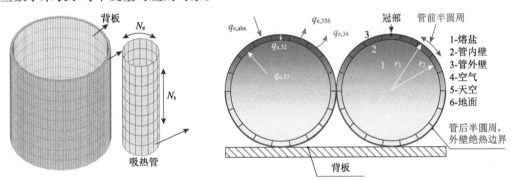

图 5-15   吸热管网格划分及传热过程示意图

对于远离入射阳光的管子背面的半圆周,可将其外壁视作绝热边界。这是因为背板是绝热良好的,因而可假设没有热量经背板流失;再者由于管间没有间隙,因而也没有热量经管间流失;最后,由于相邻两管的背部通常都具有比较接近的温度,因而邻管间的相互传热量也可以忽略。对于正对入射阳光的管前半圆周而言,管壁周向和轴向的传热量也可以忽略,因为这两个方向的热流量远低于径向的热流量($q_{e,32}$)。再者,由于管间的角系数很小,且邻管间的温度很接近,因而每根管子前半部分与相邻管子间的换热也可以忽略[24]。

基于上述假设,在吸热器的光-热模拟过程中只需考虑前半圆周管壁上的传热过程,而该过程的传热可分为两部分。一部分是从吸热管外壁向吸热管内壁和熔盐的传热,包括管壁内的导热($q_{e,32}$)以及管内壁与熔盐的对流换热($q_{e,21}$);另一部分是由吸热管外壁向环境的散热过程,包括管外壁与空气间的对流传热($q_{e,34}$)、管外壁向空间和地面的辐射传热($q_{e,356}$)。综合考虑上述过程的传热量及吸光涂层在管外壁上吸收的功率($q_{e,abs}$)就可建立 $q_{e,abs}$、$q_{e,32}$、$q_{e,34}$ 与 $q_{e,356}$ 之间的热平衡方程,如式(5-6)所示。

$$\begin{cases} q_{e,abs} = q_{e,32} + q_{e,34} + q_{e,356} \\ q_{e,32} = q_{e,21} \end{cases} \tag{5-6}$$

式中，下标"e"表示该变量是网格的变量。

2) 由管外壁向内传热过程的模拟

由每个管网格外壁到内壁的导热量($q_{e,32}$)可采用圆筒壁导热公式计算，参见式(5-7)[25]。而由网格内壁到熔盐的传热量($q_{e,21}$)可采用式(5-8)进行计算，其值应与 $q_{e,32}$ 相等。由于在周向非均匀能流下，管内壁的对流换热系数在同一个长度位置的圆周方向上的变化很小[18]，因而长度方向上每一节网格的 N_e 个周向网格内壁的平均对流换热系数($h_{s,21}$)可采用式(5-9)计算。在计算中，管内对流换热的 $Nu_{s,21}$ 数采用式(5-10)来计算，而式(5-10)是在考虑不同位置的不同定性温度后由 5.1.2 节拟合的式(5-5)改写而来的。管内熔盐的热物性按表 5-1 给出的公式计算。

$$q_{e,32} = \frac{A_{e,3}\lambda_{e,23}\left(T_{e,3} - T_{e,2}\right)}{r_3 \cdot \ln\left(r_3 / r_2\right)} \tag{5-7}$$

$$q_{e,21} = A_{e,2}h_{s,21}\left(T_{e,2} - T_{s,1}\right) \tag{5-8}$$

$$h_{s,21} = Nu_{s,21}\lambda_{s,1} / (2r_2) \tag{5-9}$$

$$Nu_{s,21} = 0.0154 \cdot Re_{s,1}^{0.853} \cdot Pr_{s,1}^{0.35} \cdot \left(\frac{\mu_{s,1}}{\mu_{s,2}}\right)^{0.14} \tag{5-10}$$

$$\mu_{s,1}/\mu_{s,2} = 1.01 \sim 1.31, \quad Re_{s,1} = 10^4 \sim 10^5, \quad Pr_{s,1} = 3.3 \sim 34$$

式中，下标中的"s"表示该变量是长度方向上每个网格节点对应的吸热管或熔盐的值；$T_{s,1}$ 和 $T_{s,2}$ 分别为节点的熔盐进出口均温和管内壁平均温度，K，二者可按式(5-11)和(5-12)计算；$\lambda_{s,1}$ 为以流体平均温度 $T_{s,1}$ 为定性温度的流体导热系数，$W \cdot m^{-1} \cdot K^{-1}$；$A_{e,2}$ 为每个网格在其内壁上的面积，m^2；$T_{e,2}$ 为每个网格在其内壁上的温度，K。

$$T_{s,1} = \left(T_{s,out} + T_{s,in}\right)/2 \tag{5-11}$$

$$T_{s,2} = \frac{1}{N_e}\sum_{n=1}^{N_e}T_{e,2}\left(n\right) \tag{5-12}$$

式中，$T_{s,in}$ 与 $T_{s,out}$ 分别为长度方向每网格节点的进、出口温度，K。

3) 由管外壁向外散热过程的模拟

管外壁的热损失主要包括对流热损失与辐射热损失。计算对流热损失的关键是确定吸热管与周围空气的表面对流换热系数，而计算辐射热损失的关键是确定不同位置处吸热面对周围环境(天空和地面)的角系数。下面将依次详细介绍管外壁的对流热损失、辐射热损失的计算方法。

在计算管外壁的对流热损失时，可将吸热器视作一个直径为 D_R、表面粗糙度为

(r_3/D_R)的圆柱面。当风吹过吸热器时，可采用式(5-13)～(5-17)计算空气与吸热器之间的强制对流换热努塞尔数(Nu_{fc})[26]。在计算中，若吸热器的(r_3/D_R)值位于式(5-13)～(5-17)中的某两个公式的(r_3/D_R)值之间，则需要对这两个公式的计算结果进行线性插值来获得吸热器的 Nu_{fc}。强制对流时的雷诺数的定义参见式(5-18)，计算中吸热器高度(H_0)处的风速是基于参考高度(H_{ref})处测得的风速(v_{ref})由式(5-18)估算得到的[27]。在强制对流换热计算中，空气热物性采用表 5-3 中的公式进行计算，其中空气的定性温度为 $\overline{T_{34}}=\left(\overline{T_3}+\overline{T_4}\right)/2$。在获得 Nu_{fc} 之后，可采用式(5-19)计算空气与吸热器之间的强制对流换热系数(h_{fc})。需要强调的是，此处计算获得的 h_{fc} 是在面积为($\pi D_R L_R$)的圆柱面上的强制对流换热系数的平均值。

表 5-3 1 个标准大气压、250～973 K 的环境空气的热物性参数计算式

工质	热物性计算式
空气	$\rho=6.261\times10^{-12}T^4-1.915\times10^{-8}T^3+2.2557\times10^{-5}T^2-1.2735\times10^{-2}T+3.4336$，kg·m^{-3}
	$c_p=1.8717\times10^{-10}T^4-8.6089\times10^{-7}T^3+1.2674\times10^{-3}T^2-0.5247T+1071.7$，J·kg^{-1}·K^{-1}
	$\lambda=-2.586\times10^{-8}T^2+9.226\times10^{-5}T+1.046\times10^{-3}$，W·m^{-1}·K^{-1}
	$\mu=1.64\times10^{-14}T^3-4.68\times10^{-11}T^2+7.1465\times10^{-8}T+8.17812\times10^{-7}$，Pa·s

$$h_{fc}=\frac{Nu_{fc}\cdot\lambda_{34}}{D_R} \tag{5-13}$$

当 $\dfrac{r_3}{D_R}=7.5\times10^{-4}$ 时，

$$Nu_{fc}=\begin{cases}0.3+0.488Re_{D_R}^{0.5}\left[1.0+\left(\dfrac{Re_{D_R}}{282000}\right)^{0.625}\right]^{0.8}, & Re_{D_R}\leqslant7\times10^5\\ 2.57\times10^{-3}Re_{D_R}^{0.98}, & 7\times10^5<Re_{D_R}<2.2\times10^7\\ 0.0455Re_{D_R}^{0.81}, & Re_{D_R}\geqslant2.2\times10^7\end{cases} \tag{5-14}$$

当 $\dfrac{r_3}{D_R}=30\times10^{-4}$ 时，

$$Nu_{fc}=\begin{cases}0.3+0.488Re_{D_R}^{0.5}\left[1.0+\left(\dfrac{Re_{D_R}}{282000}\right)^{0.625}\right]^{0.8}, & Re_{D_R}\leqslant1.8\times10^5\\ 0.0135Re_{D_R}^{0.89}, & 1.8\times10^5<Re_{D_R}<4\times10^6\\ 0.0455Re_{D_R}^{0.81}, & Re_{D_R}\geqslant4\times10^6\end{cases} \tag{5-15}$$

当 $\dfrac{r_3}{D_R} = 90 \times 10^{-4}$ 时，

$$Nu_{fc} = \begin{cases} 0.3 + 0.488 Re_{D_R}^{0.5} \left[1.0 + \left(\dfrac{Re_{D_R}}{282000} \right)^{0.625} \right]^{0.8}, & Re_{D_R} \leqslant 1 \times 10^5 \\ 0.0455 Re_{D_R}^{0.81}, & Re_{D_R} > 1 \times 10^5 \end{cases} \tag{5-16}$$

当 $\dfrac{r_3}{D_R} > 90 \times 10^{-4}$ 时，

$$Nu_{fc} = 0.0455 Re_{D_R}^{0.81} \tag{5-17}$$

$$Re_{D_R} = \frac{\rho_{34} D_R v_w}{\mu_{34}}, \qquad v_w = v_{ref} \left(\frac{H_o}{H_{ref}} \right)^{0.15} \tag{5-18}$$

$$h_{fc} = \frac{Nu_{fc} \cdot \lambda_{34}}{D_R} \tag{5-19}$$

式中，λ_{34}、ρ_{34}、μ_{34} 为 $\overline{T_{34}} = \left(\overline{T_3} + T_4 \right) \big/ 2$ 下计算的空气物性参数，$\overline{T_3}$ 为所有吸热管外侧半管壁的平均温度，K；D_R 为吸热器直径，m；r_3 为吸热管外半径，m。

　　除强制对流换热，由吸热器与环境空气的温差引起的自然对流也会造成对流换热损失。吸热器是由多个管排组成的，在计算自然对流热损时，可将每个管排等效为具有高度为 r_3 的竖直肋的竖直板面，那么整个吸热器的外表面可以看作一个大的具有竖直肋的板面。在上述假设的基础上，可以采用式(5-20)计算吸热器在面积为 $(\pi D_R L_R)$ 的柱面上的平均自然对流换热系数 (h_{nc})[26]。

$$h_{nc} = \frac{Nu_{nc} \lambda_4}{L_R} \cdot \frac{\pi}{2} \tag{5-20}$$

$$\begin{cases} Nu_{nc} = 0.098 Gr_{L_R}^{1/3} \left(\overline{T_3} / T_4 \right)^{-0.14} \\ Gr_{L_R} = \left(\overline{T_3} - T_4 \right) g \beta_v L_R^3 \rho_4^2 \big/ \mu_4^2 \end{cases} \tag{5-21}$$

式中，λ_4、ρ_4、μ_4 分别是在 T_4 下计算的空气物性参数；β_v 为空气的体积热膨胀系数，K^{-1}；g 为重力加速度，$m \cdot s^{-2}$；Gr_{L_R} 为以 L_R 为特征长度的格拉斯霍夫数。

　　接着，将所有被阳光照射到的吸热管前半圆周的外壁看作一个整体，并假设这些表面具有相同的总对流换热系数 (h_{34})，那么 h_{34} 可由 h_{fc} 和 h_{nc} 计算得到，见式(5-22)[26]。最后，管外每个网格的总对流换热损失 $(q_{e,34})$ 可采用式(5-23)进行计算。

$$h_{34} = \left(h_{nc}^{3.2} + h_{fc}^{3.2} \right)^{1/3.2} \Big/ \frac{\pi}{2} \tag{5-22}$$

$$q_{e,34} = h_{34} A_{e,3} \left(T_{e,3} - T_4 \right) \tag{5-23}$$

除了对流热损失，吸热器还通过辐射换热向地面及天空散失热量。每一个管网格向环境辐射散热的总角系数($X_{e,3456}$)可采用 MCRT 计算。$X_{e,3456}$ 可分为两部分，一是网格与天空间的角系数($X_{e,35}$)，二是网格与地面间的角系数($X_{e,36}$)。对于通常位于空旷、平坦的地面附近的外露圆柱式吸热器而言，竖直吸热管上的每一个网格的 $X_{e,36}$ 都可以视作与 $X_{e,35}$ 相等，如式(5-24)所示。在此基础上，每个管网格的总辐射热损失($q_{e,356}$)即可采用式(5-25)进行计算[28]。计算中假设地面温度(T_6)等于空气温度(T_4)，而天空温度则采用式(5-26)进行估算[29, 30]。

$$X_{e,356} = X_{e,35} + X_{e,36}, \quad X_{e,36} = X_{e,35} \tag{5-24}$$

$$q_{e,356} = \sigma \varepsilon_{e,3} A_{e,3} \left[X_{e,35} \left(T_{e,3}^4 - T_5^4 \right) + X_{e,36} \left(T_{e,3}^4 - T_6^4 \right) \right]$$
$$\varepsilon_{e,3} = 0.794 + 1.55 \times 10^{-4} \cdot T_{e,3} - 5.93 \times 10^{-8} \cdot T_{e,3}^2 \tag{5-25}$$

$$T_6 = T_4, \quad T_5 = 0.0552 \cdot T_4^{1.5} \tag{5-26}$$

式中，$\varepsilon_{e,3}$ 为管外壁涂层的发射率[31]；σ 为斯特藩-玻尔兹曼常量，其值 $\sigma = 5.67 \times 10^{-8}$ W·m^{-2}·K^{-4}。

考虑上述所有的传热过程，并采用图 5-14 所示流程图进行迭代计算之后，可以采用式(5-27)和(5-28)计算吸热器在一年中的第 j 天 i 时刻的实时对流和辐射热损失($Q_{34,ij}$、$Q_{356,ij}$)。吸热器实时总热损失($Q_{loss,th,ij}$)则可采用式(5-29)进行计算。而传热工质获得的热能($Q_{htf,ij}$)则采用式(5-30)计算获得。吸热器效率可采用式(5-31)进行计算。

$$Q_{34,ij} = \sum_{e=1}^{N_c} \sum_{f=1}^{N_p} \sum_{k=1}^{N_t} \sum_{m=1}^{N_s} \sum_{n=1}^{N_e} q_{e,34} \left[n, m, k, f, e \right] \tag{5-27}$$

$$Q_{356,ij} = \sum_{e=1}^{N_c} \sum_{f=1}^{N_p} \sum_{k=1}^{N_t} \sum_{m=1}^{N_s} \sum_{n=1}^{N_e} q_{e,356} \left[n, m, k, f, e \right] \tag{5-28}$$

$$Q_{loss,th,ij} = Q_{34,ij} + Q_{356,ij} \tag{5-29}$$

$$Q_{htf,ij} = Q_{R,opt,ij} - Q_{loss,th,ij} \tag{5-30}$$

$$\eta_{R,ij} = \frac{Q_{htf,ij}}{Q_{inc,ij}} = \eta_{abs,ij} \cdot \frac{Q_{htf,ij}}{Q_{R,opt,ij}} \tag{5-31}$$

式中，ij 代表一年中的第 j 天 i 时刻的实时参数，以 1 月 1 日为第一天。

4) 热应力与热应变分析和失效评估

吸热管的材质是 316H 不锈钢，其弹性模量 E、线性热膨胀系数 α、泊松比 ν 以及导热系数 λ 可参照公式(5-32)进行计算[18]。

$$\begin{cases} E = 205.91 - 2.6913 \times 10^{-2} T - 4.1876 \times 10^{-5} T^2, & \text{GPa} \\ \alpha = \left(11.813 + 1.3106 \times 10^{-2} T - 6.1375 \times 10^{-6} T^2 \right) \times 10^{-6}, & \text{K}^{-1} \\ \lambda = 9.0109 + 1.5298 \times 10^{-2} T, & \text{W} \cdot \text{m}^{-1} \cdot \text{K}^{-1} \\ \nu = 0.3 \end{cases} \tag{5-32}$$

在获得了吸热管的温度分布之后，接着来计算吸热管上的热应力与热应变。如图 5-16 所示，吸热管圆周方向上最外侧的点称为"冠部"，此处所接收的能流密度最大，存在应力破坏及变形失效的风险也最大，因此接下来着重分析管"冠部"的热应力。

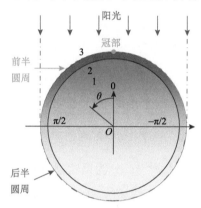

图 5-16 入射阳光与吸热管的相对位置关系

在分析"冠部"热应力时，一方面，由于熔盐吸热管的管壁很薄，因此可假设管壁中的导热过程仅沿薄壁管的厚度方向进行，"冠部"的管壁就只在厚度方向上有温度梯度。那么可将管壁视为一块在厚度方向上有温度梯度的板，则"冠部"的管外、内壁温差在"冠部"造成的热应力($\sigma_{3,\text{crown},1}$)可表示为式(5-33)[32]。另一方面，将吸热管视为一根沿阳光入射方向有温度梯度的梁，那么图 5-16 所示的管前半、后半圆周之间的温差在"冠部"形成的热应力($\sigma_{3,\text{crown},2}$)可表示为式(5-34)[32]。接着，将式(5-33)和(5-34)相加就得到了"冠部"的总热应力($\sigma_{3,\text{crown}}$)的表达式(5-36)[32]。

$$\sigma_{3,\text{crown},1} \approx \alpha_{\text{e},23,\text{crown}} E_{\text{e},23,\text{crown}} \cdot \frac{T_{\text{e},3,\text{crown}} - T_{\text{e},2,\text{crown}}}{2 \left(1 - \nu_{\text{e},23,\text{crown}} \right)} \tag{5-33}$$

$$\sigma_{3,\text{crown},2} \approx \alpha_{\text{e},23,\text{crown}} E_{\text{e},23,\text{crown}} \left(T_{\text{e},23,\text{crown}} - T_{\text{m}} \right) \tag{5-34}$$

$$T_{\text{e},23,\text{crown}} = (T_{\text{e},2,\text{crown}} + T_{\text{e},3,\text{crown}}) / 2 \tag{5-35}$$

$$\sigma_{3,\text{crown}} = \alpha_{\text{e},23,\text{crown}} E_{\text{e},23,\text{crown}} \left[\left(T_{\text{e},23,\text{crown}} - T_{\text{m}} \right) + \frac{T_{\text{e},3,\text{crown}} - T_{\text{e},2,\text{crown}}}{2 \left(1 - \nu_{\text{e},23,\text{crown}} \right)} \right] \tag{5-36}$$

式中，$T_{\text{e},23,\text{crown}}$ 表示冠部的管内外壁均温，K；物性参数下标中的"23"表示定性温度为管内外壁均温；下标中的"crown"表明该参数是冠部处的参数；$T_{\text{e},3,\text{crown}}$ 表示冠部管外壁温，K；$T_{e,2,crown}$ 表示冠部管内壁温，K；T_m 表示每个长度方向节点处的管子横截面的平均温度，K。

根据管壁周向太阳辐射能流分布的特点，可假设图 5-16 中前半圆周上的能流在周向上是按余弦曲线分布的，且最大能流值位于冠部，那么管壁温度沿圆周方向也是按余弦曲线分布的[32]。同时，由于假设管壁后半圆周是保温良好的，因而可假设后半圆周的管壁温与该长度方向节点处的熔盐温度($T_{s,1}$)相等。基于上述假设，可以采用式(5-37)计算管子在横截面上的平均温度(T_m)[32]。

$$T_m = \frac{\text{前半圆周均温} + \text{后半圆周均温}}{2}$$
$$= \frac{\left[\dfrac{\int_{-\pi/2}^{\pi/2}\left(T_{e,23,crown} - T_{s,1}\right)\cdot\cos\theta d\theta}{\pi} + T_{s,1}\right] + T_{s,1}}{2}$$
$$= \frac{1}{\pi}\left(T_{e,23,crown} - T_{s,1}\right) + T_{s,1} \tag{5-37}$$

最后，将式(5-37)代入式(5-36)，即可获得用于计算管冠部的热应力的最终表达式(5-38)[32]。

$$\sigma_{3,crown} \approx \alpha_{e,23,crown}E_{e,23,crown}\left[T_{e,23,crown} - \frac{T_{e,23,crown} - T_{s,1}}{\pi} - T_{s,1} + \frac{T_{e,3,crown} - T_{e,2,crown}}{2\left(1 - v_{e,23,crown}\right)}\right] \tag{5-38}$$

吸热器长期运行在复杂的周期性热应力条件下，此过程中疲劳损伤是造成吸热器失效的关键。由于吸热器在 30 年设计寿命内经历的热循环周期可视为 36000 个名义工况下的循环[33]，因而在进行吸热器安全设计和校核时就需确保吸热器在上述周期内的循环累积应变不超过允许值。为达到此要求，需首先根据美国机械工程师协会(ASME)锅炉与压力容器规范第Ⅲ卷查得吸热器所用的 316H 管材冠部满足 36000 个循环热负荷作用时不同温度下的材料许用应变(ε_{all})。由图 5-17 可见，在材料使用温度范围内，ε_{all}的曲线将坐标空间分为了安全区和失效区，若材料在名义工况下的应变位于安全区，则材料不会失效，反之则会失效。接着，在式(5-38)的基础上推导可得到每个管排中具有最大热应力的典型吸热管的冠部在名义工况下的热应变 $\varepsilon_{3,crown}$ 的计算公式(5-39)。若所有的 $\varepsilon_{3,crown}$ 均小于 ε_{all}，则说明吸热器满足设计要求。

$$\varepsilon_{3,crown} \approx \alpha_{e,23,crown}\left[\left(T_{e,23,crown} - T_m\right) + \frac{T_{e,3,crown} - T_{e,2,crown}}{2\left(1 - v_{e,23,crown}\right)}\right]$$
$$= \alpha_{e,23,crown}\left[T_{e,23,crown} - \frac{T_{e,23,crown} - T_{s,1}}{\pi} - T_{s,1} + \frac{T_{e,3,crown} - T_{e,2,crown}}{2\left(1 - v_{e,23,crown}\right)}\right] \tag{5-39}$$

式中，T_m 为每个长度节点在圆周上的平均温度，K。

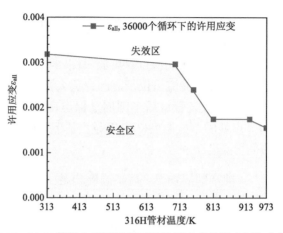

图 5-17　316H 管材在不同温度下的许用应变及安全区与失效区

3. 网格独立性考核与模型验证

吸热器管壁的网格数量是影响计算稳定性和可靠性的重要参数,对计算结果的影响主要体现在对管壁温度和吸热器整体热损失及效率的影响。为消除网格的影响,有必要进行网格独立性考核。美国桑迪亚国家实验室的 Pacheco 等[27]对 Solar Two 的系统开展了一系列实验测试,并对实时镜场效率($\eta_{F,ij}$)和吸热器效率($\eta_{R,ij}$)进行了评估。该实验提供了目前唯一公开报道的一组真实塔式系统的光热性能实验数据。表 5-4 汇总了相应的实验工况、测试参数和具体的间接测量结果。需要说明的是,Pacheco 等[27]在测试中将一天中的太阳时 11:00 至 13:00 分为 4 个测试区间(A、B、C、D),参见表 5-5。两个全功率区间(A、C)是关于正午时刻对称的,且实验中使用了图 3-36 所示的所有定日镜,称为全功率测试;两个半功率区间(B、D)也是关于正午时刻对称的,但实验中分别只使用了图 3-36 所示的一组定日镜,称为半功率测试。

表 5-4　Solar Two 聚光集热系统实验工况、测试参数和具体的间接测量结果总结[27]

测试区间	测试日期编号	1	2	3	4	5	6	7	8	9
	测试日期	1997-9-29	1997-9-30	1997-10-1	1999-3-05	1999-3-12	1999-3-17	1999-3-22	1999-3-23	1999-3-24
A	测试时刻 [a]	11:17	11:15	11:16	11:22	10:53	11:01	11:17	11:02	11:14
	定日镜数	1767	1764	1804	1668	1685	1681	1699	1626	1725
	入口温度/℃	294	300	304	310	302	303	301	300	298
	出口温度/℃	555	552	556	565	564	564	564	563	564
	质量流量 /(kg·s^{-1})	80	90	90	81	67	78	69	61	70
	风速 [b]/(m·s^{-1})	0.6	1.2	1	2.8	2	3.2	0.9	9	2.5
	DNI/(W·m^{-2})	887	975	949	992	865	958	861	858	887
	Q_{htf}/MW	31.6	34.4	34.3	31.5	26.5	31	27.4	24.2	28.3
	吸热器效率 η_R	0.888	0.884	0.88	0.866	0.881	0.874	0.87	0.856	0.871

续表

测试区间	测试日期编号	1	2	3	4	5	6	7	8	9
	测试日期	1997-9-29	1997-9-30	1997-10-1	1999-3-05	1999-3-12	1999-3-17	1999-3-22	1999-3-23	1999-3-24
D	测试时刻 [a]	12.93	12.81	12.82	12.81	13.29	13.18	12.79	13.13	12.82
	定日镜数	884	876	898	833	830	840	847	805	848
	入口温度/℃	296	302	306	306	304	301	303	303	300
	出口温度/℃	549	547	549	564	564	564	564	557	564
	质量流量 /(kg·s^{-1})	39	43	42	38	33	36	32	30	32
	风速 [b]/(m·s^{-1})	0.7	0.8	0.5	2.5	1.1	0.6	1.2	7	0.9
	DNI/(W·m^{-2})	922	971	934	1016	932	944	869	893	889
	Q_{htf}/MW	15.1	16.1	15.6	14.8	13	14.3	12.7	11.4	12.9
	吸热器效率 η_R	0.827	0.819	0.809	0.783	0.811	0.797	0.79	0.761	0.792
A、D	热损失 $Q_{loss,th}$/MW	2.27	2.57	2.75	3.04	2.18	2.76	2.55	2.75	2.63

a 测试时刻为对应测试区间的中间点时刻;

b 风速是在 37.8 m 的参考高度(H_{ref})下测得的。

表 5-5 全功率与半功率测试区间[27]

区间	太阳时	使用的定日镜	吸热器入射功率
A	11:00～11:30	1组、2组	全功率
B	11:30～12:00	1组	半功率
C	12:00～12:30	1组、2组	全功率
D	12:30～13:00	2组	半功率

下面以表 5-5 所示的第 9 天的测试工况为例,进行网格独立性考核,具体考核了网格数量对吸热器效率($\eta_{R,ij}$)、总热损失($Q_{loss,th,ij}$)、典型管(即回路 1 最北侧的吸热管)外壁中间位置的周向温度 $T_{e,3}$ 的影响,考核结果参见图 5-18。由图 5-18 可见,当每根管的网格数量大于 26(N_e)×61(N_s)之后,吸热器效率和总热损失就几乎不再变化,且典型位置的周向 $T_{e,3}$ 分布的变化也不再明显。上述结果表明,当每根管的网格数大于 26(N_e)×61(N_s)之后就足以准确揭示吸热器内精细的温度分布和吸热器效率。

为了验证以上建立的基于 MCRT-CHTA 吸热器性能预测模型的可靠性,首先将所建立模型预测的热损失与表 5-4 中的实验数据及已有文献的模拟结果进行了对比。图 5-19(a)与(b)分别给出了两个时间段内吸热器实时总热损失($Q_{loss,th,ij}$)的预测结果与 Pacheco 等[27]的实验数据和文献[34]中的模拟结果的对比。由图 5-19 可见,所发展 MCRT-CHTA 模型的预测结果与实验结果很接近(平均误差仅有 8.7%),且远小于文献[34]的模拟结果(平均误差高达 161.7%)。接着,将本模型预测得到的不同日期下的吸热器实时效率($\eta_{R,ij}$)与文献实验结果和模拟结果进行了对比,由图 5-20 可见,在全功率条件下,MCRT-CHTA 模型预测结果与实验结果的平均偏差仅为 0.8 个百分点,而半功率条件下平均仅相差 1.2 个百分点。但在上述两种功率下,文献[34]的模拟结果则分别比实验结果平均低了 12.2 和 9.7 个百分点。上述结果表明，本章所发展的计算模型可较准确地预测塔式吸热器在复杂耦合传热条件下的光热转换效率和热损失。

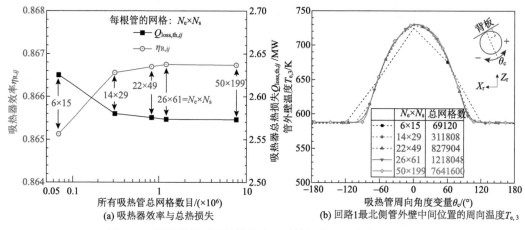

图 5-18　网格数量对吸热器效率、总热损失和温度分布的影响

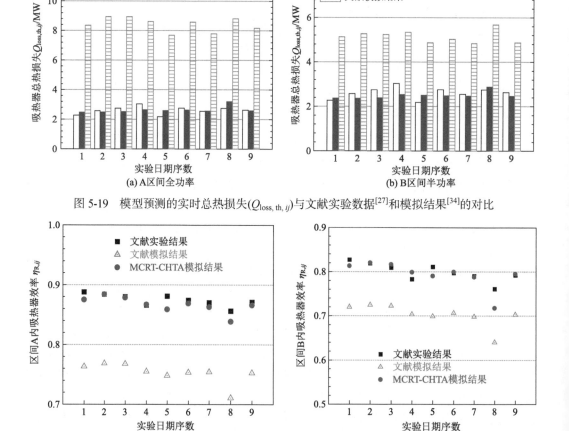

图 5-19　模型预测的实时总热损失($Q_{loss, th, ij}$)与文献实验数据[27]和模拟结果[34]的对比

图 5-20　模型预测的实时吸热器效率($\eta_{R, ij}$)与文献实验数据[27]和模拟结果[34]的对比

5.2.3 多管外露式吸热器光-热-力耦合性能分析结果

本节基于所发展的 MCRT-CHTA 光-热-力耦合模型，首先将揭示典型工况下的吸热器能流、温度和热应力分布特性；接着，探究入射光能功率对吸热器光-热-力耦合性能的影响规律；随后，分析环境风速与温度对吸热器光-热-力耦合性能的影响规律；最后，介绍一种基于光-热-力耦合模拟的吸热器疲劳失效预测图和一种基于光场调控的失效抑制方法。

1. 吸热器在典型工况下的能流、温度和热应力特性

吸热器上的非均匀太阳辐射能流密度会在吸热管上造成非均匀的高温分布和高应力区域，而这有可能导致吸光涂层退化和吸热器失效，因而有必要准确预测吸热器上的复杂能流分布、温度分布及关键区域的热应力分布，以帮助避免或缓解这些不利影响。鉴于此，本小节基于所建立的光-热-力特性预测模型，对吸热器的能流、温度及热应力分布特性进行分析，以典型名义工况即第 9 天区间 A 全功率条件为例进行介绍。

首先，揭示了典型工况下吸热器上的详细太阳辐射能流密度分布。图 5-21(a)给出了将吸热管排展开到同一个平面后的详细能流分布，图 5-21(b)则给出了吸热管排在实际布置下的能流分布。由图 5-21 可见，吸热管北侧管壁上的能流密度远高于南侧，这是因为北侧的定日镜面积远大于南侧，且北侧的镜场也具有更高的光学效率。同时可见，即使在采用了多点瞄准策略的情况下，在吸热器北侧的中心区域依然形成了一个高能流区域。再者，由图 5-21(a)和(b)可见吸热器上的能流分布在东西方向上并不是完全对称的，偏西方向的管排的能流略高于东侧，这是因为在上午 11:14，西边的定日镜比东边的定日镜效率略高，且西边定日镜将光能汇聚到了西边的管排上。图 5-21(c)给出了峰值能流附近的几根吸热管上详细的能流分布，其中峰值能流位于管排 3 上编号为 77 的管的中部。由图 5-21(c)可见，每根管上的能流分布都极不均匀，且在吸热管面向入射阳光的前半管面的中心位置存在一个高能流区域。

接着，揭示了吸热管外壁上的典型非均匀温度分布，参见图 5-22。由图 5-22(a)可见，北侧管排的温度整体上比南侧的低。这是因为低温熔盐从北侧管排进入吸热器，并顺着流路沿程逐渐被加热，最后从南侧管排流出，因而即使北侧的能流高于南侧，其温度依然低于南侧。图 5-22(b)给出了峰值能流附近的吸热管详细的温度分布。由图 5-22(b)可见，管外壁温度分布的轮廓与图 5-21(c)所示的能流分布轮廓是相似的，即高能流区域也同样是高温区域。在每根管中，即使熔盐是沿管长方向被加热的，管壁在峰值能流处的温度依然是高于该管出口处的。这是因为能流分布是极不均匀的，大部分能量集中在吸热管的中部位置，而在吸热管的两端能流则较小。接着，揭示了回路 1 的典型吸热管在"冠部"的沿程温度分布和熔盐温度，其中每个管排的典型吸热管为"冠部"处热应力最大的吸热管。由图 5-22(c)可见，典型管中的熔盐温度沿流动方向逐渐升高。而冠部内外壁的壁温沿流动方向呈波浪式上升，这是由图 5-22(b)所示的管外壁中部高、两端低的能流分布决定的，其中温度峰值位于典型吸热管的中间位置，而谷值则位于吸热管两端。

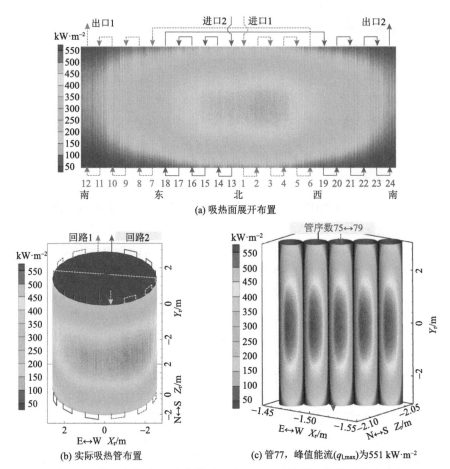

(a) 吸热面展开布置

(b) 实际吸热管布置

(c) 管77，峰值能流($q_{1,max}$)为551 kW·m^{-2}

图 5-21   第 9 个实验日(春分附近)上午 11:14 吸热器上的典型能流分布

最后，由吸热管温度分析可以发现，在典型吸热管冠部存在较大的内外管壁温差，参见图 5-23 所示。由图 5-23 可见，每个管排中的冠部内、外管壁温差($\Delta T_{23} = T_{e,3,crown} - T_{e,2,crown}$)的最大值在流动方向上是逐渐降低的，且吸热器的最大ΔT_{23} 为 36 K，其出现在回路 1 的管排 1 中。这是因为，冷盐从北侧的管排 1 流入，此区域具有最高的

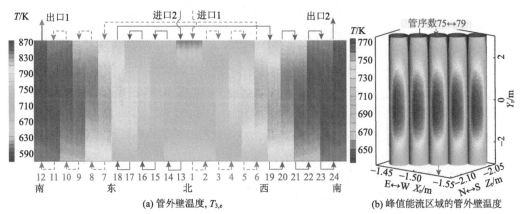

(a) 管外壁温度，$T_{3,e}$

(b) 峰值能流区域的管外壁温度

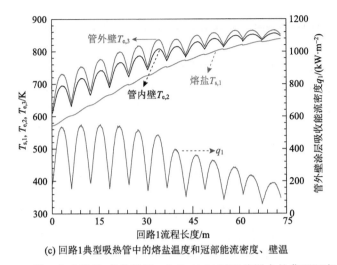

(c) 回路1典型吸热管中的熔盐温度和冠部能流密度、壁温

图 5-22　第 9 个实验日(春分附近) 上午 11:14 时吸热器内的典型温度分布

能流和最低的盐温，因而具有比其他区域更高的管壁内外温差。典型吸热管冠部的温差
也在冠部造成了较高的热应力($\sigma_{3,\text{crown}}$)。由图 5-23 还可以看出，最高的热应力位于第 1
个管排，且达到了约 333 MPa。同时可见，每个管排中的峰值 $\sigma_{3,\text{crown}}$ 也是沿流动方向逐
渐降低的，该趋势也与管排峰值 ΔT_{23} 的变化趋势一致。这是因为管壁的 $\sigma_{3,\text{crown}}$ 直接受
外、内壁温差ΔT_{23}影响，如式(5-38)和(5-39)所示。

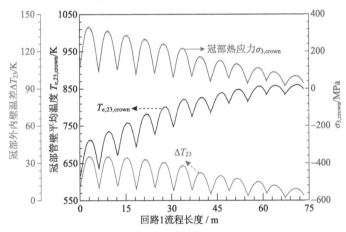

图 5-23　第 9 个实验日(春分附近)上午 11:14 时回路 1 典型管冠部的温度和热应力分布

2. 入射光能功率对吸热器光-热-力耦合性能的影响

吸热器上的入射光能功率是影响光-热耦合特性的重要因素。本小节将系统地研究
入射光能功率对吸热器热损失、吸热器效率、吸热管温度及热应力的影响规律。选用的
典型实验时刻仍是表 5-4 中的第 9 个实验日上午 11:14。为分析不同入射功率的影响，
计算中将对该典型时刻的实验入射功率进行放大或缩小，并将吸热器的 100%入射功率
设定为其 48 MW 的设计入射功率。当将典型工况下的能流分布放大至其设计功率之
后，涂层吸收的最大能流将为 832 kW·m^{-2}。计算中，熔盐进、出口温度分别定为

290 ℃和 565 ℃；风速(v_w)设定为 3 m·s^{-1}；环境温度(T_4)设定为典型的 20 ℃。

图 5-24 给出了吸热器在不同入射功率下的热损失和吸热器效率，图 5-25 给出了入射功率对典型管冠部温度和热应力的影响规律。由图 5-24 可见，当吸热器入射功率的比例由 30%增长到 100%时，吸热器总热损失($Q_{loss,th,ij}$)从 2.499 MW 增长到 2.642 MW，增长幅度很小，仅为 5.7%。同时可见，吸热器对流损失和热辐射损失(Q_{34}, Q_{356})分别在 0.691~0.706 MW 和 1.808~1.936 MW 的范围内，增长幅度都较小。这是因为虽然吸热管冠部的壁温随入射功率的增大有所增大，如图 5-25 所示，当入射功率比例由 30%增长到 100%时，冠部峰值温度最大可增大 40 K，但是靠近管两端的大部分区域温度变化都较小。上述结果表明，入射功率的大小对吸热器热损失的影响较小。此外，由图 5-24 可见，随着入射功率增大，吸热器效率($\eta_{R,ij}$)由 0.774 增长至 0.893，这是因为，虽然入射功率增大，但总热损失变化不大。最后，由图 5-25 可见，典型管冠部热应力也随入射功率的增大而增大，当功率比例从 30%增长到 100%时，最大热应力从 283 MPa 增长到了 406 MPa。可以发现，100%功率下的峰值应力较大，在周期性运行下，可能造成吸热管的疲劳失效。

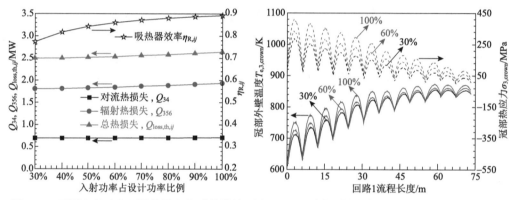

图 5-24　不同入射功率下的热损失和吸热器效率($\eta_{R,ij}$)　　　图 5-25　不同入射功率下的典型管冠部温度和热应力

3. 环境风速与温度对吸热器光-热-力耦合性能的影响

本小节将分析环境风速(v_w)与环境温度(T_4)两个关键环境参数对吸热器光-热-力耦合特性的影响规律。所研究的典型时刻依然是表 5-4 中的第 9 个实验日上午 11:14，所选的入射功率为吸热器名义入射功率，即 48 MW。所考察环境温度为 T_4= −20~40 ℃，风速为 v_w=0~15 m·s^{-1}。

首先，对比分析了两个极端工况下回路 1 典型吸热管冠部的外壁温度和热应力，其中工况 1 为 T_4= −20℃且 v_w=15 m·s^{-1}，工况 2 为 T_4=40℃且 v_w= 0 m·s^{-1}。由图 5-26 可见，在上述极端工况下，冠部的温度几乎没有差异，类似的情况也出现在冠部热应力的对比上。上述结果表明，环境温度和风速对吸热器温度和热应力的影响基本可以忽略。

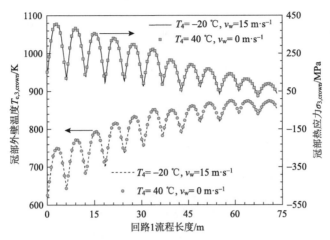

图 5-26 两个极端工况下回路 1 典型吸热管冠部外壁温度和热应力

接着，分析了环境风速(v_w)与环境温度(T_4)对热损失的影响。由图 5-27(a)可见，在相同的风速下，对流热损失(Q_{34})随环境温度 T_4 的降低缓慢增大。这是因为，随着 T_4 降低，管壁温度几乎不会变化(图 5-26)，因而管壁与空气的温差会逐渐增大。同时可见，在相同的环境温度下，Q_{34} 会随着风速 v_w 的增大而增大。这是因为空气与吸热器之间的对流换热系数随着风速增大而增大。由图 5-27(b)可见，在相同的 T_4 下，吸热器的辐射热损失(Q_{356})随风速 v_w 的增长的变化很小。这是因为，Q_{356} 主要由吸热器温度和环境温度决定，而这二者在此情景下都几乎不变化。另外可见，在相同的 v_w 下，Q_{356} 随 T_4 的降低而缓慢升高，这是因为下降的 T_4 略微强化了吸热器的辐射散热。

综合来看，在上述环境温度和风速范围内，吸热器辐射热损失(Q_{356})都在很窄的范围，即 1.918～1.952 MW 之内，也就是说风速和环境温度对吸热器辐射热损失的影响也较小。此外，在综合考虑吸热器辐射和对流热损失之后，由图 5-27(c)可以发现，吸热器总热损失($Q_{\mathrm{loss,\,th},\,ij}$)在一定的风速下随环境温度的降低而缓慢增大，但在一定的环境温度下则随风速的增大而较快地增大。同时由图 5-27(c)可见，在上述环境温度和风速范围内，$Q_{\mathrm{loss,\,th},\,ij}$ 的范围为 2.54～3.95 MW。

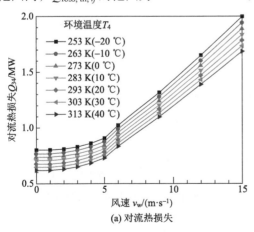

(a) 对流热损失

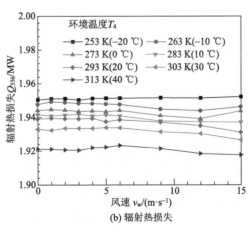

(b) 辐射热损失

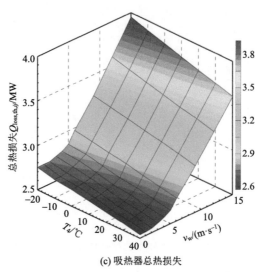

(c) 吸热器总热损失

图 5-27　风速(v_w)与环境温度(T_4)对热损失的影响规律

最后，分析了吸热器效率($\eta_{R,ij}$)随 T_4 和 v_w 的变化规律。由图 5-28 可见，吸热器效率随 v_w 的增加和 T_4 的降低而降低，这是由上文所述的热损失变化规律决定的。同时可见，在设计名义入射功率下，当 T_4=−20～40 ℃、v_w= 0～15 m·s^{-1} 时，吸热器效率的变化范围为 0.865～0.895。

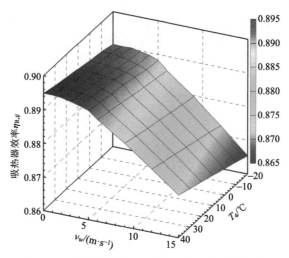

图 5-28　吸热器效率($\eta_{R,ij}$)随 T_4 和 v_w 的变化规律

4. 基于光-热-力耦合模拟的吸热器疲劳失效预测与抑制

在运行参数相同的情况下，定日镜场的不同瞄准策略会在吸热器上形成不同的能流分布，而过高的局部能流有可能造成吸热器疲劳失效。鉴于此，本小节提出了基于光-热-力耦合模拟的吸热器疲劳失效预测图，发展了基于镜场瞄准策略调控的失效抑制方法。

首先，采用 5.2.2 节给出的疲劳失效分析方法，分析了吸热器在 k_{flux}=1.5 的典型多点瞄准策略下是否会失效。分析中，将典型实验时刻即表 5-4 中第 9 个实验日上午

11:14 时的吸热器入射功率放大至吸热器设计名义入射功率，即 48 MW，此时管壁涂层吸收的最大能流为 832 kW·m^{-2}。基于疲劳失效分析公式，可计算获得上述名义功率下回路 1 的典型吸热管沿流程方向的热应变，并将其表示在吸热器疲劳失效评估图中，参见图 5-29(a)。由图 5-29(a)可见，当 k_{flux}=1.5 时，吸热器前 5 根典型管的热应变均会进入失效区，也就是说在此瞄准策略和高能流下，吸热器不能保证安全运行 30 年。

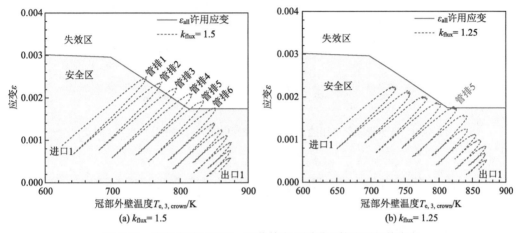

图 5-29　疲劳失效预测图：吸热管在不同瞄准策略下的热应变

接着，通过调整定日镜多点瞄准策略公式中的尺度参数 k_{flux} 来均化吸热器上的能流分布，从而保证热应变不超过许用应变。经过光-热-力耦合模型试算后发现，当 k_{flux}=1.25 时，如图 5-29(b)所示，管排 5 的代表性管的热应变曲线的中部恰好与许用应变虚线相切，而其他部分均低于许用应变曲线。上述结果表明，对 Solar Two 系统而言，k_{flux}=1.25 时的工况为吸热器的临界工况。在设计功率下，若 k_{flux}>1.25，则能流和热应变都会超过临界值，吸热器就会失效；反之，吸热器能保证 30 年安全运行。

最后，综合考虑不同 k_{flux} 下热应变曲线和许用应变曲线的交点所对应的能流，可获得吸热管在不同熔盐温度($T_{s,1}$)下的许用能流(q_{all})，参见图 5-30。分析中吸热器的入射功率均为其名义功率，熔盐流速为其设计流速，即 3.38 m·s^{-1}。由图 5-30 可见，q_{all} 在 $T_{s,1}$=573～583 K 的范围内随 $T_{s,1}$ 增大而增大，而在 $T_{s,1}$=583～700 K 的范围内随 $T_{s,1}$ 增大而减小。这是因为管内对流换热系数($h_{s,21}$)随 $T_{s,1}$ 增大而增大(图 5-30)，并促使 q_{all} 增大；而许用应变(ε_{all})则随 $T_{s,1}$ 增大而减小，并促使 q_{all} 减小。但是在 $T_{s,1}$=573～583 K 的范围内，$h_{s,21}$ 的影响更加显著；而在 $T_{s,1}$=583～700 K 的范围内，ε_{all} 的影响更加显著。此外，当 $T_{s,1}$>700 K 时，q_{all} 又变为随 $T_{s,1}$ 增大而增大。这是因为此时冠部管外壁温度在 $T_{e,23,crown}$=813～923 K 的范围内，此时 ε_{all} 几乎保持不变，但 $h_{s,21}$ 仍然随 $T_{s,1}$ 增大而增大(图 5-30)。此外，由图 5-30 可见，Solar Two 吸热器不同熔盐温度下的临界能流的最大值出现在 $T_{s,1}$=583 K，其值为 780 kW·m^{-2}。该值与吸热器的设计峰值能流值(800 kW·m^{-2})相当。该结果也表明，本节介绍的基于光-热-力耦合计算的疲劳失效分析方法是可靠的。

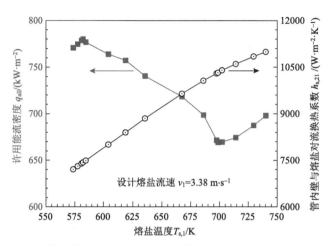

图 5-30　吸热管冠部许用能流密度 q_{all} 和管内的 $h_{s,21}$ 随熔盐温度 $T_{s,1}$ 的变化

5.3　多管腔式吸热器光-热-力耦合特性预测分析

与多管外露式吸热器类似，多管腔式吸热器一般也是由一系列平行的吸热管组成的，吸热管表面也涂有选择性吸光涂层。而与外露式吸热器不同的是，腔式吸热器中的吸热管围成了一个较深的腔体结构。第 3 章中的 3.5.4 节曾介绍了因光线在各吸热面间的多次反射和吸收作用而形成的重吸收效应(也称黑体效应)对系统光学效率的提升作用。实际上，由于重吸收效应的存在，在吸热器内的红外辐射换热过程中，高温吸热面发出的部分热辐射也会在腔内经历多次反射作用并被逐渐吸收，从而有利于减小吸热器向环境的辐射散热损失。

接下来，本节将首先介绍多管腔式吸热器的典型物理模型与光-热-力作用过程；接着，将介绍基于 MCRT-CHTA 方法发展的多管腔式吸热器光-热-力耦合模型，在建模过程中，将着重介绍重吸收效应的具体模拟方法和过程；最后，将介绍基于该模型的多管腔式吸热器光-热-力耦合性能分析与优化结果。

5.3.1　多管腔式吸热器物理模型与光-热-力耦合作用

本节以图 5-31(a)所示的一种典型的熔盐多管腔式吸热器为例来进行光-热-力耦合建模和分析。该吸热器以太阳盐为吸热工质，其吸热面可分为由从东到西的吸热面1、2、3。每个吸热面由图 5-31(b)所示的若干吸热管排组成，而每个管排则由一组吸热管紧密焊接在一起。吸热管表面涂有太阳光吸收率为 0.85、红外热发射率为 0.1 的选择性吸光涂层。除吸热面外，吸热器中还有若干辅助面，其上覆盖着具有高阳光反射率的保温材料。吸热面与辅助面形成了一个腔体结构，只留有一个进光口，以便接收镜场汇聚的阳光。射入进光口的大部分阳光在经过多次反射后会被吸热面逐渐吸收，而少量阳光则会从进光口逃逸到环境中，造成反射损失。在本节光学性能分析中，所采用的聚光器是北京八达岭塔式实验电站的定日镜场，其实际安装的定日镜为 100 面，如图

5-31(c)所示。定日镜和吸热器的主要结构和光学参数已经在表 3-5 中给出，而表 5-6 则进一步给出了吸热器光-热-力耦合建模所需的一些结构和热物性参数。

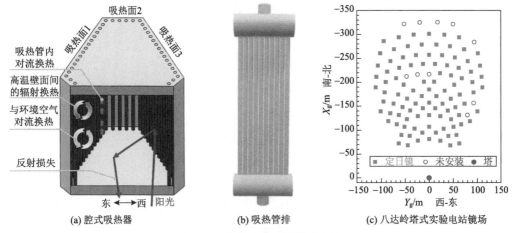

图 5-31   多管腔式吸热器示意图

表 5-6   多管腔式吸热器的主要参数

参数	取值
吸热面 1 的吸热管排数目 N_{p1}	22
吸热面 2 的吸热管排数目 N_{p2}	12
吸热面 3 的吸热管排数目 N_{p3}	22
每块吸热管排的吸热管数目 N_t	10
吸热管外半径 r_3/mm	9.5
吸热管内半径 r_2/mm	8.25
吸热面太阳光吸收率 $\alpha_{sol,act}$	0.85
吸热面热辐射发射率 $\varepsilon_{the,act}$	0.1
辅助面太阳光吸收率 $\alpha_{sol,pas}$	0.2
辅助面热辐射发射率 $\varepsilon_{the,pas}$	0.8

在吸热器运行过程中，吸热工质熔盐通常会在吸热管排中按蛇形流路流动，当阳光照射到吸热面上之后，熔盐会在流动过程中被管壁吸收的太阳辐射能流加热。由 3.5.4 节可知，整个吸热面上的太阳能流分布呈现出中间区域较高，两侧较低的特点。在图 5-32(a)所示的常规流路布置条件下，吸热器中的熔盐会从能流高的区域流向能流低的区域。参照换热器中逆流布置的概念，可将这种流路布置方式称为"逆光布置"。与之相对应，作者团队前期研究表明，也可以将流路设计成图 5-32(b)所示的"顺光布置"，从而使熔盐从低能流区域流向高能流区域[21]。吸热管壁在向熔盐传热的同时，也会从管壁外侧发出热辐射，管外壁发出的一部分热辐射会在经过多次反射后从进光口散失到外界环境，造成辐射换热损失；与此同时，还有一部分热量会通过吸热面与环境

空气之间的对流换热而散失。吸热器内的光热转换作用会在吸热管壁上形成不均匀的温度分布，而这会进一步在管壁中形成不均匀的热应力分布。

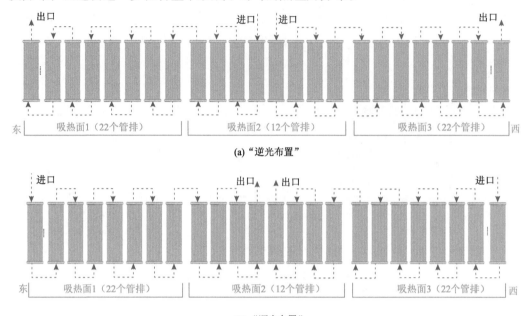

图 5-32　两种典型的工质流路布置方式

5.3.2　基于 MCRT-CHTA 的光-热-力耦合预测模型

本节针对使用多管腔式吸热器的塔式系统，基于 MCRT 和 CHTA 方法，发展了一种吸热器光-热-力耦合性能预测分析模型[15-21]，其计算流程参见图 5-33。该模型仍采用 3.5 节所述的 MCRT 模型 SPTOPTIC 来模拟阳光从定日镜场到吸热面的传播过程，其计算流程如图 5-33 左侧所示。由于 3.5 节已对 MCRT 模型进行了详细介绍，此处不再赘述。接下来，考虑到腔式吸热器内存在显著的重吸收效应，阳光和热辐射会在腔内各壁间经历多次反射和吸收作用，针对这些作用的模拟方法与外露式吸热器有显著不同。鉴于此，本节将首先着重介绍采用杰勃哈特(Gebhart)方法来模拟重吸收效应的具体实施过程。随后，再介绍光-热-力耦合模型的 CHTA 部分的具体建模方法和过程。

1. 基于 Gebhart 方法的重吸收效应模拟

从镜场射入腔式吸热器进光口的大部分太阳辐射在经过多次反射后会被吸热面逐渐吸收，而少量太阳辐射则会从进光口逃逸到环境中。太阳辐射在腔式吸热器内各表面上的反射作用通常可视为漫反射，其反射作用遵循兰贝特定律(Lambert's law)[25]。而在吸热器内的红外辐射换热过程中，高温吸热面发出的部分红外辐射也会在腔内经历多次反射作用并被逐渐吸收，红外辐射在腔内的发射和反射过程同样遵循兰贝特定律。

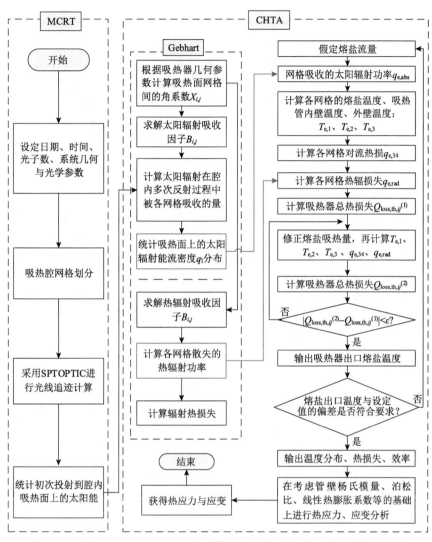

图 5-33 基于 MCRT-CHTA 方法的多管腔式吸热器光-热-力耦合模拟流程图

在腔式吸热器运行过程中，吸热面接收的太阳辐射和热辐射会随时间不断变化。在这样的变工况条件下，若采用常用的净热量法来进行辐射换热计算，则每变一次工况就需要重新联立求解线性方程组，其计算繁杂且计算量过大[25]。鉴于此，针对上述变工况下腔式吸热器内的太阳辐射和红外辐射传输过程，可采用 Benjamin Gebhart 于 1957 年提出的 Gebhart 方法来进行辐射换热计算[35]。

为适应工程上对多管腔式吸热器光-热-力耦合性能快速预测的要求，在采用 Gebhart 方法进行辐射换热计算时，有必要尽可能地减少计算量。因此，在辐射换热计算过程中，可将图 5-34 所示的每根吸热管在虚线框内的前半圆周简化为图 5-35(a) 所示的虚线框内的一个矩形面，同时将矩形面在长度方向上划分为若干个网格。图 5-35(a) 给出了展开后的吸热器西侧一半吸热面网格的示意图，这些网格的总数取为 $N_{e,act}/2$。

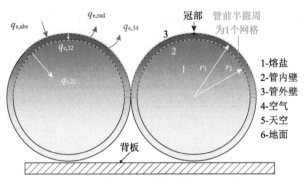

图 5-34   管网格划分及其热平衡示意图

需要注意的是，下文在进行角系数和吸收因子计算时，为保证吸热管的相对位置与实际情况相同，图 5-35(a)中每根吸热管对应的矩形面的宽度须取为 $2r_3$。与此同时，在计算辐射传热过程的传热量时，为保证参与辐射计算的管外壁的面积与实际情况相同，每个矩形面的宽度代表的实际长度应取为吸热管外壁的半周长 πr_3。当采用上述方法在吸热面上划分出网格后，再进一步在辅助面上划分出四边形网格，从而得到了图 5-35(b)所示的计算网格。

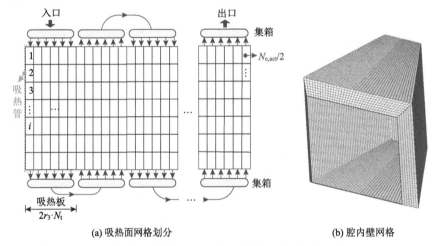

(a) 吸热面网格划分   (b) 腔内壁网格

图 5-35   多管腔式吸热器内壁网格划分示意图

1) 角系数与吸收因子的计算方法

在采用净热量法计算辐射传热问题时，需要用到的一个重要的几何因子是角系数。表面 i 对表面 j 的角系数($X_{i,j}$)定义为表面 i 发出的辐射能中直接落到表面 j 的百分比。为了更好地求解服从兰贝特定律的辐射传热问题，Gebhart 将表面 i 发出的辐射能最终被表面 j 吸收的百分比定义为表面 i 对表面 j 的吸收因子($B_{i,j}$)[35]。对比角系数和吸收因子可以发现，角系数是一个纯几何因子，其只与两个表面的几何形状及相对位置有关，而与两个表面的发射率无关；但吸收因子则不仅与几何形状及相对位置有关，而且还与表面吸收率有关。

接下来，介绍求解网格与网格之间的吸收因子($B_{i,j}$)的方法。在如图 5-36 所示的由 n 个网格组成的封闭辐射系统内，由网格 i 发出的辐射能最终被网格 j 吸收的能量包含三部分。第 1 部分是网格 i 发出的辐射能直接投射到网格 j 并被吸收的部分。第 2 部分是网格 i 发射的辐射能中经其他网格(不含网格 j)反射到网格 j 而被吸收的部分。第 3 部分则是网格 j 反射来自网格 i 发射的辐射能，又被反射到网格 j 而被吸收的能量。因此，吸收因子与角系数之间的关系可表达为式(5-40)[35]。

$$B_{i,j}=\alpha_j X_{i,j} + \sum_{m=1}^{n} B_{m,j} X_{i,m}\left(1-\alpha_m\right) \tag{5-40}$$

式中，m、i、j 为序数变量；α_j 为网格 j 的吸收率；n 为网格数目。

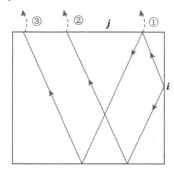

图 5-36 封闭辐射系统内网格 j 对网格 i 发射辐射的吸收示意图

最后，求解式(5-40)所示的线性方程组，就可以得到网格与网格之间的吸收因子。以 $j=1$ 为例，由式(5-40)可得到式(5-41)所示的含有 n 个未知数的方程组。由于很难通过解析法得到腔内各网格间的角系数 $X_{i,j}$，因此可采用 MCRT 来进行计算。在得到 $X_{i,j}$ 之后，就可以通过高斯-赛德尔迭代法(Gauss-Seidel method)求解方程组(5-41)，从而获得吸收因子 $B_{i,1}$。采用类似的方法，可以方便地获得其他吸收因子 $B_{i,j}$。

$$\begin{cases} B_{1,1}=\alpha_1 X_{1,1} + \sum_{m=1}^{n} B_{m,1} X_{1,m}\left(1-\alpha_m\right) \\ B_{2,1}=\alpha_1 X_{2,1} + \sum_{m=1}^{n} B_{m,1} X_{2,m}\left(1-\alpha_m\right) \\ \qquad\qquad\vdots \\ B_{i,1}=\alpha_1 X_{i,1} + \sum_{m=1}^{n} B_{m,1} X_{i,m}\left(1-\alpha_m\right) \\ \qquad\qquad\vdots \\ B_{n,1}=\alpha_1 X_{n,1} + \sum_{m=1}^{n} B_{m,1} X_{n,m}\left(1-\alpha_m\right) \end{cases} \tag{5-41}$$

2) 太阳辐射在腔内的多次反射作用

在第 3 章中，太阳辐射从镜场到吸热面上的全部传输过程都是采用 MCRT 方法模拟的。在本小节中，太阳辐射在镜场中的传输过程仍采用 MCRT 模拟，但其在吸热器腔内的传输过程则采用 Gebhart 方法计算，从而避免了在腔内追迹大量光线[36]。

在模拟过程中，首先采用 MCRT 方法获得由镜场投射到图 5-35(b)所示腔内的每个网格上的入射太阳辐射功率($q_{e,in}$)。$q_{e,in}$ 中的一部分会被网格直接吸收，其吸收值如式(5-42)中的 $q_{e,abs,dir}$ 所示，而剩下的部分则被反射($q_{e,ref}$)。

$$q_{e,abs,dir} = \begin{cases} \alpha_{act} \cdot q_{e,in}, & \text{吸热面} \\ \alpha_{pas} \cdot q_{e,in}, & \text{辅助面} \end{cases} \quad (5\text{-}42)$$

式中，下标中的"e"表示该变量是网格中的变量。

被反射的这部分功率($q_{e,ref}$)会在腔内经历多次反射，最终 $q_{e,ref}$ 中的一部分会被腔内壁吸收，而其他部分则通过进光口逃出吸热器。换言之，这部分功率会在多次反射过程中在腔内得到重新分配。根据吸收因子的定义，可以很方便地由式(5-43)得到每个网格在这个过程中间接吸收的太阳辐射功率($q_{e,abs,ind}$)。式(5-43)中的吸收因子 $B_{i,j}$ 可由式(5-44)求得。

$$q_{e,abs,ind}(j) = \sum_{i=1}^{n} B_{i,j} q_{e,ref}(i), \quad 1 \leqslant j \leqslant n+1 \quad (5\text{-}43)$$

$$B_{i,j} = \alpha_{sol}(j) X_{i,j} + \sum_{m=1}^{n} B_{m,j} X_{i,m} \left[1 - \alpha_{sol}(m) \right], \quad 1 \leqslant i \leqslant n, \quad 1 \leqslant j \leqslant n+1 \quad (5\text{-}44)$$

式中，$\alpha_{sol}(j)$ 为网格 j 的太阳光吸收率，其中吸热面网格的 $\alpha_{sol}(j)$ 取为 $\alpha_{sol,act}$，辅助面网格的 $\alpha_{sol}(j)$ 取为 $\alpha_{sol,pas}$。将第($n+1$)个网格取为吸热器的进光口，并将其视为黑体，因此 $\alpha_{sol}(n+1)=1$。另外，在多次反射过程中第($n+1$)个网格"吸收"的太阳辐射功率表示的是通过进光口逃出吸热器的功率，即吸热器的反射损失。

最后，吸热器腔内的每个网格最终吸收的太阳辐射功率($q_{e,abs}$)可采用式(5-45)求得。

$$q_{e,abs} = q_{e,abs,dir} + q_{e,abs,ind} \quad (5\text{-}45)$$

3) 热辐射在腔内的多次反射作用

吸热腔内的热辐射换热过程包括各壁面网格之间的辐射换热以及壁面网格与进光口之间的换热。根据吸收因子的定义，任意网格 j 的热辐射换热量 $q_{e,rad}(j)$ 可表示为式(5-46)。式(5-46)中的吸收因子 $B_{i,j}$ 由式(5-47)求得。

$$q_{e,rad}(j) = \varepsilon_{the}(j) \sigma T_{e,3}^4(j) A_{e,3}(j) - \sum_{i=1}^{n} B_{i,j} \varepsilon_{the}(i) \sigma T_{e,3}^4(j) A_{e,3}(i), \quad 1 \leqslant j \leqslant n \quad (5\text{-}46)$$

$$B_{i,j} = \varepsilon_{the}(j) X_{i,j} + \sum_{m=1}^{n} B_{m,j} X_{i,m} \left[1 - \varepsilon_{the}(m) \right], \quad 1 \leqslant j \leqslant n+1 \quad (5\text{-}47)$$

$$A_{e,3} = \pi r_3 \cdot l_e \quad (5\text{-}48)$$

式中，$\varepsilon_{the}(j)$ 为网格 j 的热发射率。对吸热面网格，$\varepsilon_{the}(j)$ 应取为 $\varepsilon_{the,act}$，对辅助面网格，$\varepsilon_{the}(j)$ 应取为 $\varepsilon_{the,pas}$，对进光口，$\varepsilon_{the}(n+1)$ 应取为 1；$T_{e,3}(j)$ 为网格 j 在吸热管外壁上的均温，K；$A_{e,3}(j)$ 为第 j 个管外壁网格的面积，m^2；l_e 为管网格在沿程方向上的长度，m。

当热辐射在吸热器腔内进行多次反射和吸收的过程中，第($n+1$)个网格"吸收"的热辐射，也就是从进光口散失的辐射热损失 $q_{e,rad}(n+1)$，可采用式(5-49)进行计算。

$$q_{e,rad}\left(n+1\right) = \sum_{i=1}^{n} B_{i,n+1} \cdot \varepsilon_{the}(i) \cdot \sigma \cdot T_{e,3}^4(i) \cdot A_{e,3}(i) \tag{5-49}$$

2. 光-热-力耦合模型的 CHTA 部分

多管腔式吸热器内的传热与热应力分析与分析多管外露式吸热器时类似，仍采用 CHTA 来模拟吸热器内的对流、辐射与导热等传热过程，并分析吸热壁面内的热应力。下面具体介绍耦合模型的 CHTA 部分的实施过程。需要强调的是，模型的 CHTA 部分所采用的网格的位置与辐射传热计算时保持一致，但在计算辐射传热、对流传热、导热过程的传热量时，为保证参与计算的管壁的面积与实际情况相同，图 5-35(a)所示的每个矩形面的宽度代表的实际长度须取为吸热管对应位置的前半圆周(图 5-34)的长度。

1) 网格单元的热平衡方程

对于位于吸热面上的网格而言，其吸收的大部分太阳辐射能会被传给低温熔盐，而另外一部分能量则通过辐射传热、对流传热、导热等方式散失到环境中，其传热过程如图 5-34 所示。由于吸热器通常都是保温良好的，因此可忽略网格的导热损失。那么，对于吸热面网格而言，其热平衡方程可表示为式(5-50)。

$$\begin{cases} q_{e,abs} = q_{e,32} + q_{e,34} + q_{e,rad} \\ q_{e,32} = q_{e,21} \end{cases} \tag{5-50}$$

式中，$q_{e,abs}$ 为吸光涂层在网格中吸收的太阳辐射功率，W；$q_{e,32}$ 为该网格在管壁内的导热功率，W；$q_{e,21}$ 为网格对应的管内壁与熔盐的对流换热功率，W；$q_{e,34}$ 为网格对应的管外壁与空气间的对流传热功率，W；$q_{e,rad}$ 为网格对应的管外壁与外界的辐射传热功率，W。

对于辅助面网格而言，其吸收的太阳辐射功率 ($q_{e,abs}$) 会全部通过辐射换热、对流换热散失到环境中，因此其热平衡方程为式(5-51)。

$$q_{e,abs} = q_{e,34} + q_{e,rad} \tag{5-51}$$

不论是吸热面还是辅助面，其每个网格吸收的太阳辐射功率($q_{e,abs}$)以及每个网格与外界的辐射换热功率($q_{e,rad}$)都是采用前文介绍的 Gebhart 方法计算的。接下来，将继续介绍计算熔盐吸热量($q_{e,21}$)和网格对流热损失($q_{e,34}$)的方法。

2) 吸热管内外传热过程分析

每个管网格外壁到内壁的导热量($q_{e,32}$)可采用圆筒壁导热公式(5-52)计算。而由网格内壁到熔盐的传热量($q_{e,21}$)可采用式(5-53)计算，其值应与 $q_{e,32}$ 相等。由于在周向非均匀能流下，管内壁的对流换热系数在同一个长度位置的圆周方向上的变化很小，因而长度方向上每一节网格的 N_e 个周向网格内壁的平均对流换热系数($h_{s,21}$)可采用式(5-54)计算。在计算中，管内对流换热的 $Nu_{s,21}$ 数既可采用式(5-10)计算，也可采用其他类似的关联式来计算。

$$q_{e,32} = \frac{A_{e,3}\lambda_{e,23}(T_{e,3} - T_{e,2})}{r_3 \cdot \ln(r_3 / r_2)} \tag{5-52}$$

$$q_{e,21} = A_{e,2}h_{s,21}(T_{e,2} - T_{s,1}) \tag{5-53}$$

$$h_{s,21} = Nu_{s,21}\lambda_{s,1} / (2r_2) \tag{5-54}$$

式中，下标中的"s"表示该变量是长度方向每个网格节点对应的吸热管或熔盐的值；$T_{s,1}$ 为长度方向节点的熔盐进出口均温，K，其可按式(5-11)计算；$\lambda_{s,1}$ 为以 $T_{s,1}$ 为定性温度的熔盐导热系数，$W \cdot m^{-1} \cdot K^{-1}$；$A_{e,2}$ 为管内壁网格的面积，m^2；$T_{e,2}$ 为管内壁网格的温度，K。

吸热管外壁与环境空气之间的对流换热损失可分为强制对流损失与自然对流损失。其中每个网格的强制对流损失($q_{e,34,fc}$)可按式(5-55)计算。在计算中，管外壁网格处的强制对流换热系数 $h_{e,34,fc}$ 可按关联式(5-56)和(5-57)[26]计算。

$$q_{e,34,fc} = h_{e,34,fc}(T_{e,3} - T_4) \cdot A_{ape} \cdot \frac{A_{e,3}}{A_{abs}} \tag{5-55}$$

$$h_{e,34,fc} = \frac{Nu_{fc} \cdot \lambda_{34}}{D_R} \tag{5-56}$$

$$Nu_{e,34,fc} = 0.0287 \cdot Re_{e,34,fc}^{0.8} Pr_{e,34,fc}^{1/3} \tag{5-57}$$

式中，T_4 为环境空气温度，K；A_{ape} 为进光口面积，m^2；$A_{e,3}$ 为管外壁网格面积，m^2；A_{abs} 为与空气进行对流换热的所有管壁的总面积，m^2；特征尺度 D_R 选为吸热器进光口高度，m；空气定性温度为$(T_{e,3}+T_4)/2$。

管外壁网格与环境空气之间的自然对流换热系数 $h_{e,34,nc}$ 可由式(5-58)计算[26]。在获得 $h_{e,34,nc}$ 之后，可按式(5-59)计算网格的自然对流散热量($q_{e,34,nc}$)。

$$h_{e,34,nc} = 0.81 \cdot (T_{e,3} - T_4)^{0.426} \tag{5-58}$$

$$q_{e,34,nc} = h_{e,34,nc}(T_{e,3} - T_4) \cdot A_{e,3} \tag{5-59}$$

最后，在综合考虑式(5-55)和式(5-59)之后，采用式(5-60)求得管外壁网格与空气之间的总对流换热损失 $q_{e,34}$。

$$q_{e,34} = q_{e,34,fc} + q_{e,34,nc} \tag{5-60}$$

由于吸热器内多个换热过程是相互耦合在一起的，因而需要对以上换热过程进行迭代求解，从而最终完成吸热器内复杂的耦合换热模拟，图 5-33 给出了具体的迭代计算流程。

3) 吸热管壁的热应力分析

高密度、非均匀的辐射能流容易使吸热面产生较高的温度梯度，而较高的温度梯度又会使吸热面内产生较高的热应力。上文已经讨论过，在热应力作用下吸热管可能发生疲劳失效。此外，在热应力与熔盐腐蚀的共同作用下，吸热管的应力强度性能会出现明显的劣化，如果运行过程中管壁的应力强度高于管材劣化后的应力强度极限，吸热管也会断裂失效。

除了可采用式(5-38)来计算管外壁冠部的热应力之外，还可以采用如下方法来估算管外壁热应力。根据材料力学理论，吸热管上的等热效应力通常可分解为三个方向的主应力。在圆柱坐标系条件下，这三个方向的主应力可分为切向应力 σ_θ、轴向应力 σ_z 与径向应力 σ_r，如图 5-37 所示。对薄壁壳体结构的熔盐吸热管而言，切向应力 σ_θ 是造成管壁应力失效的最大主应力，其可采用式(5-61)进行计算[15]。因而在吸热管热应力失效分析中，只需要考虑切向应力 σ_θ 即可。由式(5-61)可以看到，当熔盐吸热管的几何与物性参数一定时，吸热管壁内的热应力主要取决于通过耦合换热模拟获得的吸热管外、内壁之间的温差ΔT_{23}。

$$\begin{cases} \sigma_\theta = \dfrac{\alpha_{23} E_{23} \Delta T_{23}}{2(1-\nu)\ln\left(\dfrac{r_3}{r_2}\right)}\left[1-\ln\left(\dfrac{r_3}{r_2}\right)-\dfrac{r_2^2}{r_3^2-r_2^2}\left(1+\dfrac{r_2^2}{r_3^2}\right)\ln\left(\dfrac{r_3}{r_2}\right)\right] \\ \Delta T_{23}=T_{e,3}-T_{e,2} \end{cases} \tag{5-61}$$

式中，物性参数下标中"23"指定性温度为管内外壁均温；E 为管壁的弹性模量，GPa；α 为管壁的线性热膨胀系数，K^{-1}；ν 为泊松比。

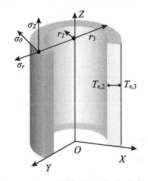

图 5-37　吸热管壁三向应力状态

5.3.3　多管腔式吸热器光-热-力耦合性能分析与优化

接下来，本节将首先应用所发展的 MCRT-CHTA 耦合模型来分析熔盐腔式吸热器在变工况下的光-热-力耦合作用特性；随后，将介绍基于断裂力学理论发展的熔盐腔式吸热器在光-热-力耦合条件下的热应力失效判定准则；最后，将介绍从优化流路布置的角度来调控吸热器光-热-力性能的实施方法。

1. 吸热器在典型工况下的能流、温度和热应力特性

首先，分析了熔盐多管腔式吸热器的吸热面在不同时刻的太阳辐射能流密度分布。图 5-38 给出了夏至日 11:00、12:00、13:00 时，吸热面上的辐射能流分布云图。由图 5-38

可见，吸热面上的能流分布极不均匀，吸热面 2 的能流密度远高于吸热面 1 与吸热面 3。此外，时间和吸热面上的空间位置变化对辐射能流的影响较为显著，正午时刻吸热面上的辐射能流大体上呈左右对称分布，且峰值能流密度最高。同时可见，由于太阳方位角随时间不断变化，因而上午 11:00 与下午 13:00 的辐射能流分布与 12:00 时略有不同。

接着，在流路按"逆光布置"的条件下，以图 5-38 中的能流分布为热源项进行了吸热器耦合换热模拟分析。分析中，吸热器进、出口的熔盐温度分别为 290 ℃与565 ℃。图 5-39 给出了模拟获得的夏至日 11:00、12:00、13:00 时吸热面外壁的温度分布。由图 5-39 可见，在非均匀的辐射能流照射下，吸热面外壁的温度分布也是不均匀的，在流路按"逆光布置"的条件下，辐射能流较高的吸热面 2 的温度明显低于吸热面 1 与吸热面 3。此外，不同时刻下吸热面温度的变化并不太明显，这是由于各时刻熔盐沿程温度变化不大，因而即使能流分布随时间变化，吸热面温度的变化也不显著。

最后，在获得吸热面上的非均匀温度分布后，采用式(5-61)即可获得吸热管外壁的切向热应力 σ_θ。图 5-40 与图 5-41 分别给出了吸热管外壁不同时刻的热应力分布云图与沿程热应力分布曲线，同时图 5-42 还给出了吸热管外、内壁温差 ΔT_{23} 的沿程变化曲线。由图 5-40 和图 5-41 可见，在非均匀的辐射能流照射下，管外壁的热应力分布也呈现强烈的非均匀性，吸热面 2 的热应力远高于吸热面 1 与 3。结合图 5-38 与图 5-42 可知，这是因为吸热面 2 上的高辐射能流在吸热管壁内产生了较大的温度梯度。同时由图5-40 和图 5-41 还可见，外壁的热应力分布会随时间推移产生偏移，但峰值热应力位置即吸热器应力易失效的区域几乎不会随时间偏移，仍处于峰值能流所在区域。此外，由于正午 12:00 的峰值能流最高，壁面温度梯度最大，因而对应的峰值热应力也最大，达到了 31 MPa，与 11:00 与 13:00 相比，峰值热应力分别增加了 11%和 10%。

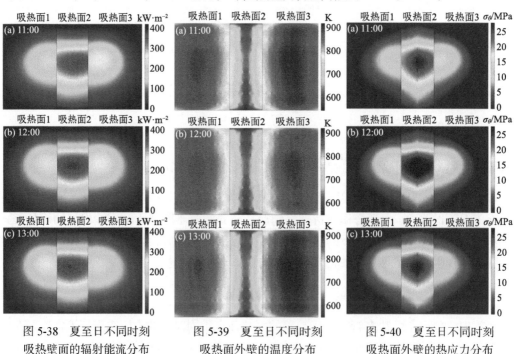

图 5-38   夏至日不同时刻吸热壁面的辐射能流分布　　　　图 5-39   夏至日不同时刻吸热面外壁的温度分布　　　　图 5-40   夏至日不同时刻吸热面外壁的热应力分布

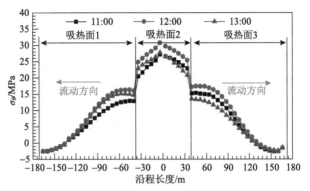

图 5-41　不同时刻的管外壁沿程热应力

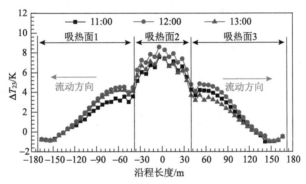

图 5-42　不同时刻下，沿程的管外、内壁温差

2. 腐蚀条件下的吸热器热应力失效评估准则

在熔盐腐蚀条件下，切向热应力 σ_θ 与壁面裂纹尺寸 a 是影响吸热管热应力断裂的关键参数。前文已详述了计算切向热应力 σ_θ 的方法。接下来，介绍裂纹长度 a 的确定方法。对光滑且均匀的吸热管而言，如果长期在含 Cl^- 与 O^{2-} 的高温熔盐环境中运行，吸热管壁会遭受高温氧化腐蚀与氯化腐蚀作用。经过一段时间，吸热管壁在腐蚀作用下会形成点蚀坑，产生微裂纹，对吸热管造成腐蚀损伤。腐蚀微裂纹在熔盐吸热管壁的产生过程如图 5-43 所示。当一部件产生腐蚀微裂纹后，微裂纹长度 a 会随着腐蚀时间的增加而增大。通常认为当 a 增长到临界值(a_c)即 0.3 mm 时，部件就已经失效[37]。因此，可将 0.3 mm 的临界裂纹长度 a_c 作为判定熔盐吸热管壁应力失效的临界参数。

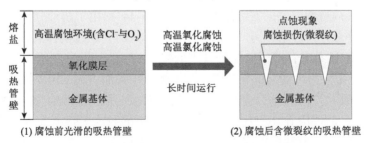

图 5-43　腐蚀裂纹在熔盐吸热管壁产生过程

在获得切向热应力 σ_θ 与壁面临界裂纹尺寸 a 后，可由式(5-62)求得用于表征材料热应力失效的应力强度因子(K_{I})。式(5-62)中的几何修正系数 $f(\chi)$ 可根据应力强度因子手册，由式(5-63)进行计算[38, 39]。

$$K_{\mathrm{I}} = \sigma_\theta \sqrt{\pi a} f(\chi), \quad \chi = a/(r_3 - r_2) \tag{5-62}$$

$$f(\chi) = \begin{cases} 1.12 - 0.0231\chi + 10.55\chi^2 - 21.72\chi^3 + 30.39\chi^4, & \text{当}\chi \leqslant 0.6\text{时，误差为}0.5\% \\ 0.265(1-\chi)^4 + (0.857 + 0.265\chi)/(1-\chi)^{3/2}, & \text{当}\chi < 0.2\text{时，误差为}1\%; \\ & \text{当}\chi \geqslant 0.2\text{时，误差为}0.5\% \end{cases} \tag{5-63}$$

式中，σ_θ 为吸热管壁的切向热应力，MPa；a 为吸热管存在的裂纹长度，m；$f(\chi)$ 为裂纹的几何修正系数。

未被腐蚀的材料抵抗断裂的强度性能指标是临界应力强度因子(K_{Ic})，其可由实验测得。然而，在腐蚀环境中，材料的临界应力强度因子 K_{Ic} 会明显劣化，劣化后的临界应力强度因子表示为 K_{ISCC}，其一般是 K_{Ic} 的 0.2～0.5 [37]，如式(5-64)所示。

$$K_{\mathrm{ISCC}} = (0.2 \sim 0.5) K_{\mathrm{Ic}} \tag{5-64}$$

由于熔盐吸热管运行在高温熔盐环境下，其临界应力强度因子(K_{ISCC})明显地受到熔盐腐蚀的影响，因而可由式(5-62)、(5-64)进一步整理出如式(5-65)所示的熔盐吸热器热应力断裂失效评估公式。

$$\sigma_\theta \sqrt{\pi a_{\mathrm{c}}} f(\xi) \leqslant K_{\mathrm{ISCC}} \tag{5-65}$$

由式(5-65)可知，当吸热管壁允许存在的临界裂纹长度 a_{c} 与腐蚀劣化后的临界应力强度因子 K_{ISCC} 等参数一定时，切向热应力 σ_θ 就成为控制熔盐吸热器是否失效的关键因素。同时，从式(5-61)可以看到，管外、内壁温差(ΔT_{23})直接影响热应力，而 ΔT_{23} 又受到太阳辐射能流与腔内复杂耦合换热的影响。因此，需要定量表征热应力与辐射能流密度以及腔内耦合换热之间的关系，以便对腔式熔盐吸热器进行应力失效评估。

在对熔盐吸热器进行耦合换热分析时，若只关注管壁的导热过程，而不考虑腔内复杂耦合换热过程，则可根据式(5-66)可获得管外、内壁面之间的温差$\Delta T_{23,\mathrm{A}}$。然而，由于管外壁在运行过程中与外界环境存在辐射与对流换热过程，那么可通过光-热-力耦合模拟得到管外、内壁面之间的实际温差ΔT_{23}。图 5-44 给出了两种分析方法下不同吸热管材的壁面温差分布，可以看到，太阳辐射能流一定时，通过耦合换热分析获得的壁面温差ΔT_{23} 均低于只考虑管壁径向导热过程的温差$\Delta T_{23,\mathrm{A}}$，式(5-67)给出了二者之间的关系。其中，n_{loss} 定义为由管外壁与环境之间的换热损失而引起的温差因子。值得注意的是，不同的腔结构与管材会使吸热器产生不同的对流与辐射换热损失，进而影响温差因子 n_{loss}，但 n_{loss} 的值应在 0～1。以本小节所分析的腔式吸热器为例，当吸热管材为 316L 时，通过光-热-力耦合模拟得到的 n_{loss} 为 0.33。将式(5-67)代入式(5-66)则可得式(5-68)。

$$q_{\text{all}} = \frac{\lambda_{23}}{r_3} \cdot \frac{\Delta T_{23,\text{A}}}{\ln\left(r_3 / r_2\right)} \tag{5-66}$$

$$\Delta T_{23,\text{A}} = \Delta T_{23} / n_{\text{loss}} \tag{5-67}$$

$$q_{\text{all}} = \frac{\lambda_{23}}{r_3} \cdot \frac{\Delta T_{23}}{\ln\left(r_3 / r_2\right)} \cdot \frac{1}{n_{\text{loss}}} \tag{5-68}$$

式中，q_{all} 为管外壁吸收的许用太阳辐射能流密度，$\text{W}\cdot\text{m}^{-2}$；$n_{\text{loss}}$ 为通过光-热-力耦合分析获得的吸热器温差因子。

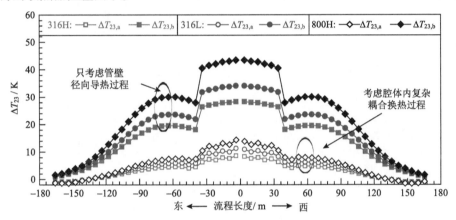

图 5-44　采用不同传热分析方法时的吸热管内外温差沿流程的分布

结合式(5-61)、(5-65)与(5-68)，可进一步整理得到式(5-69)所示的腔式熔盐吸热器热应力断裂失效的判断准则。也就是说，若已知吸热管在熔盐腐蚀环境中的临界应力强度因子 K_{ISCC}，则根据式(5-69)即可获得吸热器热应力失效时所需的临界能流密度，即许用能流密度 q_{all}。

$$K_{\text{ISCC}} \geqslant q_{\text{all}} \cdot \left[\sqrt{\pi a_{\text{c}}} \cdot A \cdot B \cdot f\left(\xi\right)\right] \tag{5-69}$$

$$\begin{cases} A = \dfrac{\alpha_{23} E_{23}}{2\lambda_{23}\left(1-\nu\right)} \\[2mm] B = n_{\text{loss}} r_3 \left[1 - \dfrac{r_2^2}{r_3^2 - r_2^2}\left(1 + \dfrac{r_2^2}{r_3^2}\right)\ln\left(\dfrac{r_3}{r_2}\right)\right] \end{cases} \tag{5-70}$$

式中，B 与 K_{ISCC} 为与熔盐吸热器结构、材料有关的常数。

下面，采用上面介绍的热应力失效准则对本节的 316L 熔盐吸热器进行失效评估[15,19]。

首先，查得 316L 管材在未腐蚀时的临界应力强度因子 K_{Ic} 可取为 53.34 $\text{MPa}\cdot\text{m}^{1/2}$ [40]。接着，结合式(5-64)可知，316L 管材在腐蚀环境中劣化后的临界应力强度因子 K_{ISCC} 的变化范围可取为 10.67～26.67 $\text{MPa}\cdot\text{m}^{1/2}$。

随后，在不同的 K_{ISCC} 值时，采用式(5-69)求得 316L 吸热管材在熔盐腐蚀环境中发生热应力失效时的许用能流密度(q_{all})，如图 5-45 所示。从图 5-45 可以看到，管断裂失效所需的 q_{all} 随着 K_{ISCC} 的增加而升高。当 316L 管材的 K_{ISCC} 为 22.5 MPa·m$^{1/2}$ 时，吸热器应力失效所需的 q_{all} 为 1.0 MW·m^{-2}，该值即为目前塔式熔盐吸热器的典型峰值能流密度。也就是说，在高温熔盐腐蚀环境中，当 316L 吸热管材的 K_{ISCC} 高于 23 MPa·m$^{1/2}$ 时，吸热器热应力失效所需的 q_{all} 会高于现有塔式熔盐吸热器的典型峰值能流 1.0 MW·m^{-2}。在这种情况下，熔盐吸热器就不会在运行过程中发生应力失效，也就是说吸热器处于图 5-45 所示的安全区。反之，当管材的 K_{ISCC} 低于 22.5 MPa·m$^{1/2}$ 时，吸热器就存在热应力失效风险，即处于图 5-45 所示的失效区。

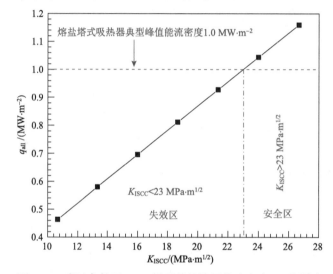

图 5-45   腐蚀条件下 K_{ISCC} 对吸热管许用能流密度 q_{all} 的影响

由于吸热管材的临界应力强度因子 K_{ISCC} 受腐蚀的影响较为显著，因此在熔盐吸热器结构设计和优化过程中，应选择具有较高临界应力强度因子的管材，以防止吸热器在高能流密度下失效。

3. 流路布置方式对光-热-力耦合性能的影响

流路布置方式通常有顺光布置与逆光布置。顺光布置是指工质从低能流区向高能流区流动的流路布置方式；逆光布置是指工质从高能流区向低能流区流动的流路布置方式。吸热工质的不同流路布置方式会直接影响吸热器的光热转换性能，并进而影响其热应力失效特性。鉴于此，接下来本小节将继续讨论流路布置方式对吸热器光-热-力耦合性能的影响规律。

首先，分析了流路布置方式对吸热器效率($\eta_{R,ij}$)和熔盐质量流量的影响，分析中吸热器进、出口熔盐温度分别设定为 290 ℃和 700 ℃。由图 5-46 可见，顺光布置下的吸热器效率明显高于逆光布置，因而吸热器也能生产更多的高温熔盐。流路布置方式影响吸热器性能的主要原因在于，流路布置方式会直接影响吸热管壁的温度分布和平均温度水平。图 5-47 给出了两种流路布置方式下吸热管壁的温度分布云图，可以看到顺光布置时的管壁温度显著低于逆光布置时的值。

接着，进一步分析了流路布置方式对熔盐和吸热管外壁沿程温度的影响，分析中将每块管排的第 1 根管选为典型管。由图 5-48 可见，在两种流路布置方式下，由于熔盐沿着流动方向逐渐吸收太阳能，其温度都会逐渐升高。从图 5-47 与图 5-48 还可以明显地看出，在逆光布置方式下，低温熔盐从能流密度高的区域流入，在入口区域熔盐温度迅速提高，之后熔盐温度将沿程缓慢升高直至达到设定出口温度。与此同时，逆光布置下的管外壁温度也在入口区域随熔盐温度的升高而迅速升高，因而图 5-47(a)所示的大部分吸热面都处于相对较高温度。

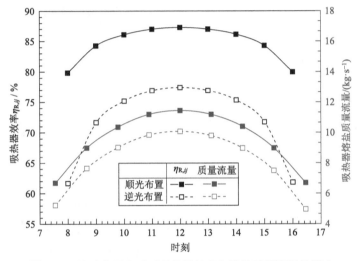

图 5-46 流动布置方式对吸热器效率与熔盐质量流量的影响

进一步，由图 5-47 与图 5-48 可见，在顺光布置方式下，低温熔盐从能量低的区域流入，且其在入口区域温度缓慢升高，并会在沿程流动过程中被逐渐加热。而当熔盐靠近出口附近的高能流区域时，其温度会迅速升高到设定温度。与此同时，管外壁温度也是在流路入口区域缓慢升高，但在靠近出口区域时迅速提高，因而整个吸热面处于相对较低的温度水平。

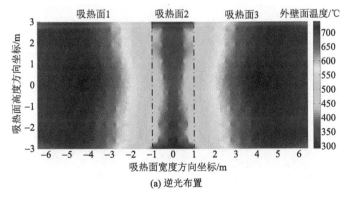

(a) 逆光布置

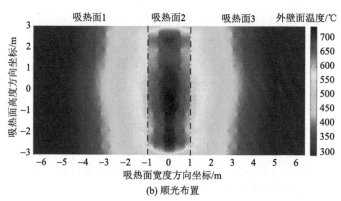

(b) 顺光布置

图 5-47 不同流动布置方式下的吸热面外壁温度分布

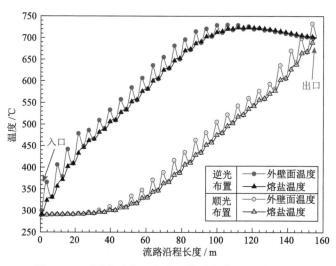

图 5-48 不同流动布置方式下外壁与熔盐的沿程温度

最后，分析了流路布置方式对吸热管外壁热应力分布的影响。由图 5-49 可以看到，流路布置方式对吸热管外壁热应力影响较为显著，且顺光布置时外壁上的热应力分布更均匀，且热应力也更低。同时，结合图 5-50 给出的吸热管外壁面的沿程热应力分布

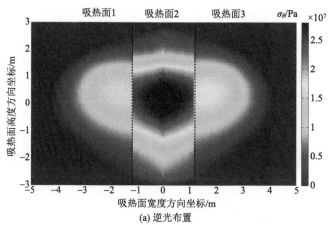

(a) 逆光布置

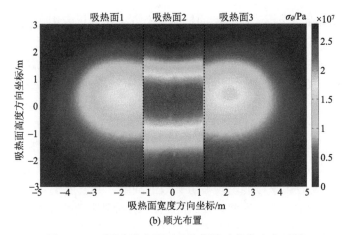

(b) 顺光布置

图 5-49　不同流路布置下吸热管外壁的热应力云图

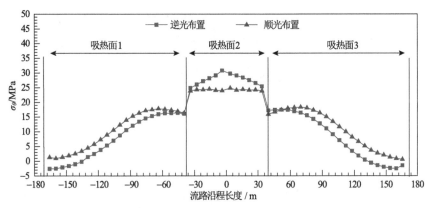

图 5-50　不同流路布置下吸热管外壁沿程热应力分布

可知，与逆光布置相比，顺光布置下管外壁的热应力峰值可降低约 20%。由于在运行过程中管壁最容易在热应力最大的位置断裂失效，也就是说，采用高能流区至低能流区的熔盐流路逆光布置方式，会对吸热器造成更大的安全隐患。因此，为避免腔式熔盐吸热器发生热应力断裂失效，在本小节研究的熔盐吸热器中，可以优先选用熔盐从低能流区流向高能流区的顺光流路布置方式。

综上所述，顺光布置既能够降低吸热面平均温度，进而减小热损失、提高吸热器效率，又可以减小管外壁的热应力峰值，从而降低吸热器的安全隐患。因此，不论是从提高光热转换效率来看，还是从抑制热应力失效来看，本小节研究的熔盐腔式吸热器都宜采用"顺光布置"的流路布置方式。

5.4 本 章 小 结

面向实际工程应用中对吸热器光-热-力耦合特性快速预测的需求，本章以作者团队前期发展的蒙特卡罗光线追迹方法和复合传热分析方法相结合(MCRT-CHTA)的吸热器光-

热-力耦合模型为基础，介绍了该模型的具体建模方法和分析应用实例，给出了吸热器热应力失效的评估准则和抑制方法。具体而言，首先介绍了塔式系统常用的吸热器种类、工质类型，并着重介绍了熔盐工质在吸热管内的流动换热特性，给出了高精度的管内换热和阻力关联式。接着，分别针对典型的具有多管外露式和腔式吸热器的熔盐塔式系统，详细介绍了基于 MCRT-CHTA 方法的吸热器光-热-力耦合性能快速预测模型的具体建模过程。接着，基于所发展的耦合模型，分析了外露式吸热器在典型工况下的能流、温度和热应力分布特性，明晰了入射光能功率、环境风速和温度对其光-热-力耦合性能的影响规律。同时，提出了一种基于光-热-力耦合模拟的吸热器疲劳失效预测图，揭示了外露式吸热器在局部高能流下可能出现疲劳失效的问题，并发展了基于镜场瞄准策略调控的失效抑制方法。最后，基于光-热-力耦合模型，揭示了典型腔式吸热器的光热转换性能和热应力变化特性，发展了一种可在腐蚀条件下判断吸热器是否会发生热应力失效的评估准则，在此基础上，提出了通过优化工质流路布置来抑制热应力失效的方法。本章所介绍的光-热-力耦合模型、吸热器疲劳失效预测图、腐蚀条件下的吸热器热应力失效评估准则以及相关研究结果可为吸热器结构优化和安全设计提供思路、分析工具和参考。

问题思考及练习

➤思考题

5-1　在熔盐管内强制对流换热经验关联式中，为何引入了黏度修正项？

5-2　在光热电站中，为什么熔盐是一种优良的吸热和储热工质？在应用熔盐进行吸热和储热时，需要注意哪些问题？

5-3　多管腔式吸热器中的重吸收效应是什么？影响重吸收效应的因素有哪些？

5-4　重吸收效应会从哪些方面影响多管腔式吸热器的性能？你是否可以提出几种基于重吸收效应来强化吸热器性能的改进措施？

5-5　角系数与吸收因子是辐射换热计算中的两个重要参数。它们的含义分别是什么？二者之间有什么联系？

5-6　有哪些措施可以用来减小管式吸热器中的热应力？并说明这些措施能够减小热应力的原因。

➤习题

5-1　在垂直于纸面方向无线长的三个平面组成的封闭系统中，如习题 5-1 附图所示，表面 1 的吸收率(α_1)为 0.2，表面 2 的吸收率(α_2)为 0.4，表面 3 的吸收率(α_3)为 0.6。请完成以下计算：①求表面 1 对表面 1 的角系数 $X_{1,1}$，表面 2 对表面 1 的角系数 $X_{2,1}$，表面 3 对表面 1 的角系数 $X_{3,1}$；②求表面 1 对表面 1 的吸收因子 $B_{1,1}$，表面 2 对表面 1 的吸收因子 $B_{2,1}$，表面 3 对表面 1 的吸收因子 $B_{3,1}$。

（参考答案：$X_{1,1}=0$，$X_{2,1}=X_{3,1}=0.5$，$B_{1,1}=0.0896$，$B_{2,1}=0.1734$，$B_{3,1}=0.1879$）

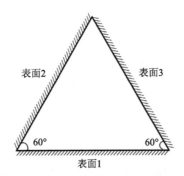

习题 5-1 附图 三个表面组成的封闭系统

5-2 假设习题 5-1 中表面 1 的温度(T_1)为 300 K，表面 2 的温度(T_2)为 350 K，表面 3 的温度(T_3)为 400 K，其他条件与习题 5-1 相同，请求解表面 1 上的净辐射能流密度 q_1。

(参考答案 $q_1 = -139$ W·m^2)

5-3 某一腔式吸热器的进光口面积为 25 m^2，腔体内部全部布置有吸热面，且吸热面的面积为 150 m^2，吸热面的太阳光吸收为 0.9，单位时间内入射到吸热器内的太阳辐射能为 3 MW，请估算腔式吸热器的反射损失。

(参考答案：0.107 MW)

5-4 分析多管外露式吸热器中的一根吸热管的传热性能，分析中假设该吸热管外径 d_0=19 mm，内径 d_i=16.5 mm，管长 l=1000 mm。管外壁涂有太阳光吸收率 α=0.9、红外发射率 ε=0.8 的选择性吸光涂层；管的进、出口熔盐的平均温度 t_f=350 ℃，管内熔盐的对流换热系数 h_s=7000 W·m^{-2}·K^{-1}，管外壁与空气的对流换热系数 h_{air}=20 W·m^{-2}·K^{-1}；管的一侧受到阳光的均匀照射，该侧管外壁吸收的太阳辐射能流密度为 q_{sol}=0.4 MW·m^{-2}，而管另一侧则保温良好。假设空气的温度为 t_0=20 ℃，天空的温度为 t_{sky}=12 ℃。在不考虑管壁的周向导热，忽略相邻管壁之间的辐射换热的情况下，请计算该吸热管外壁的平均温度 $t_{w,o}$ 及单位时间的热损失 Q_{loss}。

(参考答案：$t_{w,o}$=404 ℃，Q_{loss}=505.27 W)

5-5 在一根薄壁熔盐吸热管中，假设吸热管只有一侧受到阳光照射，且照射到管壁上的太阳辐射能流沿管壁的圆周方向呈余弦分布，而能流的最大值位于吸热管冠部。同时，假设管壁的弹性模量 E=180 GPa、线性热膨胀系数 α=1.6×10^{-5} K^{-1}、泊松比 ν=0.3，熔盐温度 $T_{s,1}$=773 K，冠部外壁温 $T_{e,3,crown}$=873 K、内壁温 $T_{e,2,crown}$=803 K。试估算：①由冠部外、内壁的温差造成的冠部热应力 $\sigma_{3,crown,1}$；②由管前半、后半部分的温差造成的冠部热应力 $\sigma_{3,crown,2}$；③管冠部的总热应力 $\sigma_{3,crown}$。

(参考答案：$\sigma_{3,crown,1}$=144 MPa，$\sigma_{3,crown,2}$=127.6 MPa，$\sigma_{3,crown}$=271.6 MPa)

参 考 文 献

[1] He Y L, Wang K, Qiu Y, et al. Review of the solar flux distribution in concentrated solar power: Non-uniform features, challenges, and solutions[J]. Applied Thermal Engineering, 2019, 149: 448-474.

[2] He Y L, Qiu Y, Wang K, et al. Perspective of concentrating solar power[J]. Energy, 2020, 198: 117373.

[3] Ho C K, Christian J M, E Yellowhair J, et al. On-sun performance evaluation of alternative high-temperature falling particle receiver designs[J]. Journal of Solar Energy Engineering, 2019, 141(1) 011009.

[4] Serrano-López R, Fradera J, Cuesta-López S. Molten salts database for energy applications[J]. Chemical Engineering and Processing: Process Intensification, 2013, 73: 87-102.

[5] Beneš O, Konings R J M. Thermodynamic properties and phase diagrams of fluoride salts for nuclear applications[J]. Journal of Fluorine Chemistry, 2009, 130(1): 22-29.

[6] Ferng Y M, Lin K Y, Chi C W. CFD investigating thermal-hydraulic characteristics of FLiNaK salt as a heat exchange fluid[J]. Applied Thermal Engineering, 2012, 37: 235-240.

[7] Li P, Molina E, Wang K, et al. Thermal and transport properties of NaCl-KCl-ZnCl$_2$ eutectic salts for new generation high-temperature heat-transfer fluids[J]. Journal of Solar Energy Engineering, 2016, 138(5): 054501.

[8] Xu X, Wang X, Li P, et al. Experimental test of properties of KCl-MgCl$_2$ eutectic molten salt for heat transfer and thermal storage fluid in concentrated solar power systems[J]. Journal of Solar Energy Engineering, 2018,140(5): 051011.

[9] An X, Cheng J, Zhang P, et al. Determination and evaluation of the thermophysical properties of an alkali carbonate eutectic molten salt[J]. Faraday Discussions, 2016, 190: 327-338.

[10] Wu Y T, Chen C, Liu B, et al. Investigation on forced convective heat transfer of molten salts in circular tubes[J]. International Communications in Heat and Mass Transfer, 2012, 39(10): 1550-1555.

[11] 陶文铨. 数值传热学[M]. 西安：西安交通大学出版社, 2003.

[12] Qiu Y, Li M J, Li M J, et al. Numerical and experimental study on heat transfer and flow features of representative molten salts for energy applications in turbulent tube flow[J]. International Journal of Heat and Mass Transfer, 2019, 135: 732-745.

[13] Vriesema B. Aspects of Molten Fluorides as Heat Transfer Agents for Power Generation[D]. Delft, Netherlands: Delft University of Technology, 1979.

[14] Silverman M D, Huntley W R, Robertson H E. Heat Transfer Measurements in a Forced Convection Loop with Two Molten-fluoride Salts LiF-BeF$_2$-ThF$_2$-UF$_4$ and Eutectic NaBF$_4$-NaF[R].ORNL/TM-5335, Oak Ridge: Oak Ridge National Laboratory, 1976.

[15] 何雅玲, 杜保存, 王坤, 等. 太阳能腔式熔盐吸热器随时空变化的光-热-力耦合一体化方法、机理分析及其失效准则研究[J]. 科学通报, 2017, (36): 4308-4321.

[16] 邱羽. 离散式聚光型太阳能系统光热特性分析与性能优化及新型聚光集热技术研究[D]. 西安: 西安交通大学, 2019.

[17] 王坤. 超临界二氧化碳太阳能热发电系统的高效集成及其聚光传热过程的优化调控研究[D]. 西安: 西安交通大学, 2018.

[18] Qiu Y, Zhang Y, He Y L, et al. An optical-thermal coupled model for performance analysis of a molten-salt solar power tower [C]. International Conference on Applied Energy 2021, Bangkok, Thailand (Online), 2021, Nov. 29-Dec. 5.

[19] 杜保存. 塔式太阳能集热子系统光-热-力耦合特性与典型换热子系统换热性能的研究[D]. 西安:

西安交通大学, 2018.

[20] Du B C, He Y L, Zheng Z J, et al. Analysis of thermal stress and fatigue fracture for the solar tower molten salt receiver[J]. Applied Thermal Engineering, 2016, 99: 741-750.

[21] 王坤, 何雅玲, 邱羽, 等. 塔式太阳能熔盐腔体吸热器一体化光热耦合模拟研究[J]. 科学通报, 2016, (15): 1640-1649.

[22] Qiu Y, He Y L, Li P W, et al. A comprehensive model for analysis of real-time optical performance of a solar power tower with a multi-tube cavity receiver[J]. Applied Energy, 2017, 185: 589-603.

[23] 何雅玲, 邱羽, 王坤, 等. 塔式聚光太阳能系统光学性能分析与设计软件(SPTOPTIC)V1.0: 中国, 2015SR219383[P]. 2015.11.11

[24] Boerema N, Morrison G, Taylor R, et al. High temperature solar thermal central-receiver billboard design[J]. Solar Energy, 2013, 97: 356-368.

[25] 陶文铨. 传热学[M]. 5 版. 北京: 高等教育出版社, 2019.

[26] Siebers D L, Kraabel J S. Estimating Convective Energy Losses from Solar Central Receivers[R]. SAND84-8717, Livermore, U.S.A.: Sandia National Laboratories, 1984.

[27] Pacheco J E, Bradshaw R W, Dawson D B, et al. Final Test and Evaluation Results from the Solar Two Project[R].No. SAND2002-0120, Albuquerque, NM: Sandia National Laboratories, 2002.

[28] Leon M A, Kumar S. Mathematical modeling and thermal performance analysis of unglazed transpired solar collectors[J]. Solar Energy, 2007, 81(1): 62-75.

[29] Swinbank W C. Long-wave radiation from clear skies[J]. Quarterly Journal of the Royal Meteorological Society, 1963, 89(381): 339-348.

[30] Nowak H. The sky temperature in net radiant-heat loss calculations from low-sloped roofs[J]. Infrared Physics, 1989, 29(2-4): 231-232.

[31] Ho C K, Mahoney A R, Ambrosini A, et al. Characterization of Pyromark 2500 paint for high-temperature solar receivers[J]. Journal of Solar Energy Engineering, 2013, 136(1): 014502.

[32] Babcock & Wilcox Company. Molten Salt Solar Receiver Subsystem Research Experiment. Phase 1-Final Report. Volume 1-Technical[R].SAND82-8178, Albuquerque: Sandia National Laboratories, 1984.

[33] Zavoico A B. Solar Power Tower Design Basis Document[R].SAND2001-2100, Albuquerque, USA: Sandia National Laboratories, 2001.

[34] Rodriguez-Sanchez M, Sanchez-Gonzalez A, Santana D. Revised receiver efficiency of molten-salt power towers[J]. Renewable and Sustainable Energy Reviews, 2015, 52: 1331-1339.

[35] Gebhart B. Unified Treatment for Thermal Radiation Transfer Processes: Gray, Diffuse Radiators and Absorbers[M]. New York: American Society of Mechanical Engineers, 1957.

[36] Wang K, He Y L, Qiu Y, et al. A novel integrated simulation approach couples MCRT and Gebhart methods to simulate solar radiation transfer in a solar power tower system with a cavity receiver[J]. Renewable Energy, 2016, 89: 93-107.

[37] 郦正能, 关志东, 张纪奎, 等. 应用断裂力学[M]. 北京: 北京航空航天大学出版社, 2012.

[38] 中国航空研究院. 应力强度因子手册[M]. 北京: 科学出版社, 1993.

[39] 陈传尧. 疲劳与断裂[M]. 武汉: 华中科技大学出版社, 2002.

[40] 曲嘉, 庞跃钊, 孙晓庆. 316L 三点弯曲试样动静态断裂韧性对比实验研究[J]. 中国测试, 2016, 42(11): 13-16.

第 6 章　显热及相变储热器数值建模与分析

太阳辐射能受到昼夜、季节、天气等因素的影响，呈现明显的间断性和不稳定性，在太阳能热利用系统中需要通过加装储热装置来保证发电及供热系统连续稳定运行。储热技术是连接能量供应和能量消费的中间环节，不仅可以有效解决新能源(太阳能、风能)的不稳定问题，而且可以有效缓解常规能源(电能、工业余能)的供需不匹配问题，显著提高能源利用系统的综合性能及可靠性。因而，高效储热技术在新能源开发利用和系统节能等方面具有重要的应用前景。此外，相变储热技术由于利用相变潜热实现热量存储和释放，工作过程中储热介质温度几乎不变，近年来在电子器件的冷却控温和各种热管理领域也有着广泛应用。

20 世纪 30 年代以来，特别是受 80 年代能源危机的影响，储热的基础理论和应用研究，在美国、加拿大、日本、德国等迅速崛起，并得到不断发展。而近年来，材料科学、航天技术、工程热物理、太阳能、建筑节能等领域的相互渗透与迅猛发展，更是为储热材料和储热技术的研究及应用创造了条件。目前，储热技术在新能源、电力调峰、系统节能等领域已经获得广泛重视，中国、美国、英国、德国、日本等国家在储热技术研究及应用上都制定了长期发展规划。

本章先介绍不同储热方式的工作原理、储热材料分类及其热物性参数，并总结相变储热材料性能评价方法及所面临的主要问题，供相关人员进一步开展深入研究时参考；随后，以混凝土固体储热系统为例，介绍显热储热过程建模和数值分析方法；然后，重点围绕常用的壳管式相变储热器，由浅入深逐步介绍其一维、二维和三维的数值建模和模拟方法，揭示相变储热过程中储热材料固-液界面演化行为及热量传递规律；最后，针对近年来发展起来的相变储热胶囊(encapsulated phase change material，EPCM)，介绍填充床相变储热器的建模方法和储热过程性能评价指标，供有兴趣从事相变储热过程数值研究、相变储热设备设计和开发的读者参考借鉴。

6.1 常见储热方式及储热材料简介

6.1.1 储热方式简介

目前常用的储热方式主要有显热储热、相变储热、化学储热三种,参见图 6-1 所示。

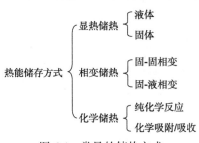

图 6-1 常见的储热方式

1. 显热储热

显热储热(sensible heat storage, SHS)是以储热材料温度升高或降低的形式来实现热能的储存和释放的,工作过程中储热材料的相态不发生变化(例如,固体储热材料一直保持固态,液体储热材料则一直保持液态),储热量的大小由储热材料的比热容、温度变化以及质量决定,参见式(6-1)。

$$Q = \int_{T_i}^{T_f} m c_p \mathrm{d}T \tag{6-1}$$

式中, T_i 为储热材料的初始温度,K; T_f 为储热材料的最终温度,K; m 为储热材料的质量,kg; c_p 为储热材料的比热容,kJ·kg^{-1}·K^{-1}。

显热储热是最简单的一种储热技术,也是目前应用得最广泛的一种储热方式。其优点是系统简单、储热材料来源丰富、技术成熟、成本低。但是也存在储热密度小、储热材料需求量大、占地面积大的缺点,而且由于储/放热过程中储热系统温度变化大,容易引起热冲击、热应力等一系列问题。常见的显热储热材料包括固体和液体两大类,其中液体主要有水、油类、熔盐、醇类等,固体包括岩石、砖、混凝土、陶瓷等,见表 6-1。

表 6-1 常见显热储热材料热物性表

储热材料	工作温度/℃	密度/(kg·m^{-3})	比热容/(J·kg^{-1}·K^{-1})
岩石	20	2560	879
砖	20	1600	840
混凝土	20	1900~2300	880
水	0~100	1000	4190
润滑油	<160	888	1880

续表

储热材料	工作温度范围/℃	密度/(kg·m^{-3})	比热容/(J·kg^{-1}·K^{-1})
酒精	<78	790	2400
丁醇	<118	809	2400
辛烷	<126	704	2400

2. 相变储热

相变储热也称为潜热储热(latent heat storage,LHS),是基于物质在发生相变时吸收或放出相变潜热的原理来进行热量储存或释放的。用于相变储热系统的储热介质称为相变储热材料,简称相变材料(phase change material,PCM)。相变储热量的大小取决于相变材料的相变潜热、质量和相变分数,参见式(6-2)。

$$Q = mf\Delta H \tag{6-2}$$

式中,m 为相变材料总质量,kg;f 为相变材料的相变分数,是发生相变的相变材料质量与相变材料总质量之比值;ΔH 为储热介质的相变潜热,kJ·kg^{-1}。

虽然自然界中所有物质在一定条件下都会发生相变,但并不是所有物质都可以用作相变材料,只有经过无限次的相变循环后,其物理、化学性质均不发生变化的物质,才可以用作相变材料。即,相变材料相变过程中物理、化学性质必须保持稳定,不能有明显变化。相变材料的种类繁多,存在形式也各种各样,美国道化学公司(Dow Chemical Company)对近两万种相变材料进行了测试,发现只有1%的相变材料值得进一步研究[1]。目前常用的相变储热材料包括:水、有机物(石蜡、脂肪酸等)、无机水合盐、无机盐及其混合物、金属及其合金等。

3. 化学储热

化学储热(chemical heat storage,CHS)依靠在可逆的化学反应中,形成或打破化学键来实现热能的储存或释放,储热量的大小取决于储热材料的质量、化学反应的反应热以及化学反应进行的程度(化学反应分数),参见式(6-3)。

$$Q = ma_r\Delta H_r \tag{6-3}$$

式中,m 为储热材料的质量,kg;a_r 为化学反应分数,是发生化学反应的储热材料质量与储热材料总质量之比值;ΔH_r 为化学反应热,kJ·kg^{-1}。

化学反应储热的优点是热能以化学能的形式储存,储热密度大,不需要绝热保存,可以实现长时间储热;缺点是技术比较复杂,对设备安全性要求高,使用不方便。化学储热技术的关键是选择合适的储热材料和相应的热化学反应。在储热材料方面,要求单位质量储热量大,反应物和生成物无毒性、无腐蚀性和可燃性,价格低廉,来源广泛;热化学反应方面,要求反应的可逆性好,正、逆反应转变速率快。

在上述几种储热技术中,相变储热由于具有较高的储热密度以及恒定的储/放热温度，被认为是目前最具有吸引力和发展潜力的储热方式之一。为此，本章将重点介绍相变储热技术。

常见的相变储热方式有：固-固、固-液相变过程及其逆过程。在固-固相变过程中，相变材料通过晶格的转变实现热量的存储和释放。相比于固-液相变过程，固-固相变过程相变潜热小、储热密度低，但同时具有较小的体积变化，因此，对容器的要求低，具有很高的设计弹性。固-气或液-气相变，虽然有很高的相变潜热和储热密度，但是相比于固-固相变或固-液相变，存在相变过程中体积变化大的缺点，在一定程度上对相变容器提出了更高的要求，限制了它的应用。固-液相变虽然相变潜热低于固-气或液-气相变，但是相变过程的体积变化(通常在 10%左右)也远小于固-气或液-气相变。目前，固-液相变储热技术由于具有较高的相变潜热、较小的相变过程体积变化，成为工程中最常用的一种相变储热方式。

在固-液相变储热过程中，通过相变材料从固体到液体的熔化过程以及从液体到固体的凝固过程来实现热量的储存和释放。在工程应用中，相变材料很难精确控制在相变温度点状态，因此，实际应用的相变储热过程都伴随着显热储热。在储热(放热)起始阶段，固-液相变储热过程和显热储热过程一样，随着储热材料吸收(释放)热量，它们的温度会升高(降低)；然而与显热储热不同的是，当温度达到相变材料的熔点(凝固点)时，储热材料的温度将近似不变；之后，随着相变材料完全转变为液体(固体)，其温度再次升高(降低)。因此，一个完整的相变储热过程，其总储热量包括潜热储热量和显热储热量两部分，计算如式(6-4)所示。

$$Q = \int_{T_i}^{T_m} mc_{ps} dT + m\Delta H + \int_{T_m}^{T_f} mc_{pl} dT \tag{6-4}$$

式中，ΔH 为相变材料的熔化潜热，$kJ \cdot kg^{-1}$；c_{ps} 为相变材料固态时的比热容，$kJ \cdot kg^{-1} \cdot K^{-1}$；$c_{pl}$ 为相变材料液态时的比热容，$kJ \cdot kg^{-1} \cdot K^{-1}$；$m$ 为相变材料的质量，kg；T_i 为相变材料的初始温度，K；T_f 为相变材料的最终温度，K；T_m 为相变材料的熔点温度，K。

6.1.2　相变储热材料分类及其性能评价

1. 相变储热材料的分类

根据适用温度范围不同，相变储热材料可分为低温相变储热材料(相变温度≤100 ℃)、中温相变储热材料(100 ℃<相变温度≤450 ℃)和高温相变储热材料(相变温度>450 ℃)[2]。根据相变储热材料自身性质的不同，又可以分为有机相变储热材料和无机相变储热材料两大类。

常见的低温相变储热材料主要包括无机相变储热材料(水、水合盐等)及有机相变储热材料(石蜡、脂肪酸等)。低温相变储热材料广泛用于太阳能热水供应、太阳能空调及太阳能建筑等领域。近年来随着空调节能、数据中心节能、低温冷冻等技术的不断发展，低温相变储热材料被进一步发展到制冷低温领域。此外，由于相变材料在相变过程中近乎恒定的相变温度，也被广泛用于电子器件控温和热管理。表 6-2 给出了常见的低温相变储热材料及其热物性参数。

表 6-2　常见的低温相变储热材料的热物性表[3,4]

相变材料	熔点/℃	熔化潜热 /(kJ·kg⁻¹)	比热容 /(kJ·kg⁻¹·K⁻¹)	导热系数 /(W·m⁻¹·K⁻¹)	密度 /(kg·m⁻³)
水	0	335	4.2	2.400(液) 0.600(固)	1000
RT25-RT30	26.6	232.0	1.80(液) 1.41(固)	0.180(液) 0.190(固)	749 (液) 785 (固)
n-Octadecane	27.7	243.5	2.66(液) 2.14(固)	0.148(液) 0.190(固)	785 (液) 865 (固)
$CaCl_2 \cdot 6H_2O$	29.9	187	2.20(液) 1.40(固)	0.530(液) 1.090(固)	1530(液) 1710(固)
Capric acid	32	152.7	—	0.153(液)	878 (液) 1004(固)
Paraffin wax	32~32.1	251	1.92(液) 3.26(固)	0.514(液) 0.224(固)	830
$Na_2SO_4 \cdot 10H_2O$	32.39	180	2.0	0.150(液) 0.300(固)	1460(固)
Lauric acid	41~43	211.6	2.27(液) 1.76(固)	1.600	1.760(液) 0.862(固)
Stearic acid	41~43	211.6	2.27(液) 1.76(固)	1.600(固)	862 (液) 1007(固)
Medicinal paraffin	40~44	146	2.30(液) 2.20(固)	2.100(液) 0.500(固)	830 (固)
P116-Wax	46.7~50	209	2.89	0.277(液) 0.140(固)	786 (固)
Commercial paraffin wax	52.1	243.5	—	0.150	809.5(液) 771 (固)
Paraffin RT60/RT58	55~60	214.4~232	0.90	0.200	775 (液) 850 (固)
$Mg(NO_3)_2 \cdot 6H_2O$	89	162.8	—	0.490(液) 0.611(固)	1550(液) 1636(固)
RT100	99	168	2.40(液) 1.80(固)	0.2	770 (液) 940 (固)

　　中温相变储热材料主要包括盐类、碱类及其混合物，广泛应用于太阳能光热发电、太阳能生产高温蒸汽、工业余热回收利用、电力调峰等领域，表 6-3 给出了常见的中温

相变储热材料及其热物性参数。

表 6-3 常见中温相变储热材料的热物性表[3,4]

相变材料	熔点/℃	熔化潜热 /(kJ·kg⁻¹)	比热容 /(kJ·kg⁻¹·K⁻¹)	导热系数 /(W·m⁻¹·K⁻¹)	密度 /(kg·m⁻³)
MgCl₂·6H₂O	116.7	168.6	2.61(液) 2.25(固)	0.570(液) 0.704(固)	1450(液) 1570(固)
Erythritol	117.7	339.8	2.61(液) 2.25(固)	0.326(液) 0.733(固)	1300(液) 1480(固)
NaNO₃-KNO₃ (50wt%-50wt%)	220	100.7	1.35	0.56	1920
LiCl-LiOH(37wt%-63wt%)	262	485	2.40(固)	1.10(固)	1550
ZnCl₂	280	75	0.74	0.5	2907
NaNO₃	310	172	1.82	0.5	2260
NaOH	318	165	2.08	0.92	2100
KNO₃	330	266	1.22	0.5	2110
Zn-Mg (52wt%-48wt%)	340	180	—	—	—
KOH	380	149.7	1.47	0.5	2044
MgCl₂-NaCl-KCl (63wt%-23wt%-14wt%)	385	461	0.96(固)	0.95(固)	2250
LiF-LiOH(20wt%-80wt%)	426	869	1.00(液) 0.88(固)	—	1600
NaBr-MgBr₂(45wt%-55wt%)	431	212	0.59(液) 0.50(固)	0.90(液)	3490
KCl-ZnCl₂ (54wt%-46wt%)	432	218	0.88(液) 0.67(固)	0.83(液)	2410
KCl-MgCl₂(61wt%-39wt%)	435	351	0.96(液) 0.80(固)	0.81(液)	2110
LiF-KF(33wt%-67wt%)	442	618	1.63(液) 1.34(固)	3.98(液)	2530
NaCl-MgCl₂(48wt%-52wt%)	450	430	1.00(液) 0.92(固)	0.95(液)	2230

高温相变储热系统通常采用无机盐及其共晶混合物、金属及其合金等作为相变材料，主要应用于高温太阳能光热发电、太阳灶、工业炉等领域。表 6-4 给出了一些常用的高温相变储热材料及其热物性参数。

表 6-4 常见高温相变储热材料的热物性表[3,4]

相变材料	熔点/℃	熔化潜热 /(kJ·kg⁻¹)	比热容 /(kJ·kg⁻¹·K⁻¹)	导热系数 /(W·m⁻¹·K⁻¹)	密度 /(kg·m⁻³)
NaF-KF-LiF (12wt%-59wt%-29wt%)	454	590	1.55(液) 1.34(固)	4.50(液)	2530
KCl-MgCl₂(36wt%-64wt%)	470	388	0.96(液) 0.84(固)	0.83(液)	2190

续表

相变材料	熔点/℃	熔化潜热 /(kJ·kg^{-1})	比热容 /(kJ·kg^{-1}·K^{-1})	导热系数 /(W·m^{-1}·K^{-1})	密度 /(kg·m^{-3})
KCl-CaCl$_2$-MgCl$_2$ (25wt%-27wt%-48wt%)	487	342	0.92(液) 0.80(固)	0.88(液)	2530
Li$_2$CO$_3$-K$_2$CO$_3$ (47wt%-53wt%)	488	342	1.34(液) 1.03(固)	1.99(液)	2200
Li$_2$CO$_3$-Na$_2$CO$_3$ (44wt%-56wt%)	496	370	2.09(液) 1.80(固)	2.09(液)	2320
Li$_2$CO$_3$-K$_2$CO$_3$ (28wt%-72wt%)	498	263	1.80(液) 1.46(固)	1.85(液)	2240
NaCl-CaCl$_2$(33wt%-67wt%)	500	281	1.00(液) 0.84(固)	1.02(液)	2160
KCl-NaCl-CaCl$_2$ (5wt%-29wt%-66wt%)	504	279	1.00(液) 1.17(固)	1.00(液)	2150
KCl-NaCl-SrCl$_2$ (13wt%-19wt%-68wt%)	504	223	0.84(液) 0.67(固)	1.05(液)	2750
Li$_2$CO$_3$-K$_2$CO$_3$ (35wt%-65wt%)	505	344	1.76(液) 1.34(固)	1.89(液)	2260
NaF-KF-K$_2$CO$_3$ (17wt%-21wt%-62wt%)	520	274	1.38(液) 1.17(固)	1.50(液)	2380
KCl-KF-K$_2$CO$_3$ (40wt%-23wt%-70wt%)	528	283	1.26(液) 1.00(固)	1.19(液)	2280
KCl-NaCl-BaCl$_2$ (28wt%-19wt%-53wt%)	542	221	0.80(液) 0.63(固)	0.86(液)	3020
Li$_2$CO$_3$-Na$_2$CO$_3$-K$_2$CO$_3$ (20wt%-60wt%-20wt%)	550	283	1.88(液) 1.59(固)	1.83(液)	2380
KCl-BaCl$_2$-CaCl$_2$ (24wt%-47wt%-29wt%)	551	219	0.84(液) 0.67(固)	0.95(液)	2930
LiF-NaF-MgF$_2$ (46wt%-44wt%-10wt%)	632	858	1.40(固)	1.20(固)	2240
K$_2$CO$_3$-Na$_2$CO$_3$ (51wt%-49wt%)	710	163	1.56(液) 1.67(固)	1.73(液)	2400
NaF-CaF$_2$-MgF$_2$ (65wt%-23wt%-12wt%)	745	574	1.17(固)	—	1580
LiF-MgF$_2$(67wt%-33wt%)	746	947	1.42(固)	4.66(固)	2630
LiF/CaF$_2$ (0.805mol%-0.195mol%)	767	816	1770	1.70(液) 3.80(固)	2390
NaF-MgF$_2$ (67wt%-33wt%)	832	616	1.38(液) 1.42(固)	4.65(液)	2140

2. 相变储热材料的性能评价

用于相变储热系统的相变材料必须具有合适的热力学、动力学及物理化学性质，同时还要考虑到材料的可用性和经济性[5]。

(1) 热力学性质方面。

熔点：合适的相变温度，其温度必须和期望的工作温度相匹配；

相变潜热：较高的相变潜热，有利于减少储热材料需求量，缩小储热系统体积，降低成本；

导热系数：较高的导热系数，有利于提高热量的储存和释放速率、减小温度场的不均匀性；

比热容：较高的比热容，可以提供较高的额外显热储热能力，提高装置的储热密度；

密度：较高的密度，提高单位体积储热密度，便于减小储热设备体积；

黏度：较低的黏度，便于形成自然对流，提高热量传输速率。

(2) 在动力学性质方面：过冷现象尽可能低或不存在过冷现象，有足够的结晶速度。

(3) 在物理学性质方面：良好的相平衡，相变过程中的相稳定性有利于储热设备的设计安装；较小的体积变化；较低的蒸汽压力。

(4) 在化学性质方面：长期的化学稳定性，与容器材料的兼容性，无毒性。

(5) 可用性与经济性：储量丰富，经济有效，可大量使用。

6.1.3 相变储热材料面临的问题

传统的相变储热材料存在两个显著缺陷：①相变材料在使用时会发生固-液间的相互转化，所以必须使用专门的容器加以封装，这不但会增加传热介质与相变材料之间的热阻，提高热损耗、降低传热效率，而且易发生过冷、相分离、老化和容器腐蚀等问题。特别是高温相变材料，热损耗和容器腐蚀问题极其严重，大大增加了固-液相变材料的使用成本。②绝大多数相变材料的导热系数都较低，换热性能差，造成相变储热装置的储热和放热速率低，储热效率不高。

近年来，伴随着功能型复合材料、纳米材料的发展，复合相变储热材料应运而生，它既能有效解决传统相变储热材料导热系数低及与容器相容性问题，又可以拓展相变材料的应用范围。因此，研制储热性能优良的复合相变储热材料已成为储能材料领域的热点课题之一。复合相变储热材料是指由两种或两种以上不同化学性质的组分，通过物理作用结合而形成的性质稳定的相变储热材料，主要由相变材料和基体材料(或添加物)复合而成。根据添加物的不同，常见的复合相变材料主要有两大类：与高导热性能的多孔骨架(金属泡沫、膨胀石墨等)相结合而形成的多孔复合相变材料；与高导热性能的纳米材料(碳纳米材料、金属纳米颗粒及金属氧化物纳米颗粒)相结合形成的纳米复合相变材料。

尽管近年来关于相变储热材料制备及其改性方面的研究得到了广泛重视，许多单位和学者都对其开展了深入研究工作，但目前相变储热材料还存在一系列问题有待进一步解决[6,7]。

(1) 耐久性问题，包括相变材料工作过程中热物理性质的退化、相变过程中的热应力对基体材料的破坏、相变材料的回收及循环再利用等。

(2) 储热速率问题，多孔复合相变材料虽然可以有效提高相变材料的导热系数，同时也限制了液态相变材料的自然对流，在对其性能进行改进和优化时，需要综合考虑相变储热过程中导热和对流的双重影响；此外，高导热性能纳米材料的引入也可以提高相变材料的导热性能，但纳米材料在复合相变材料中的分散性及稳定性一直是一个难题，如何有效促进纳米材料的均匀分散，并长期保持分散稳定、不团聚，还需要进一步深入研究。

(3) 储热密度和储热速率难以兼顾问题，目前复合相变储热材料制备及改性研究，更多的关注储热速率(导热系数)的提升，而忽略了多孔材料及纳米添加物对储热密度(熔化焓)的影响。实际上，不论哪种复合相变材料，其熔化焓总是低于相应的纯相变材料的熔化焓。

(4) 经济性问题，尽管复合相变材料导热性能比较优越，但其价格较高，导致单位热能的存储费用上升。

正是由于相变储热材料还存在上述问题，目前的太阳能光热发电示范电站以及商业化电站普遍采用以熔盐或导热油作为储热介质的显热储热技术。但是，考虑到为了进一步降低光热发电成本，促进光热发电技术的实际推广应用，需要采用成本更低的新型高温储热技术。

下面以作者团队研发的应用于工程实际的混凝土储热器为例，先介绍采用显热储热建模分析方法解决实际工程问题的一个典型案例，然后再重点讨论相变储热过程的建模和分析。

6.2　混凝土固体显热储热器的建模及分析

混凝土固体显热储热技术由于其成本低、应用范围广、使用寿命长、材料来源广泛、易模块化制作和安装等优点，具有良好的发展应用前景，受到了广泛的关注。德国宇航中心(DLR)的 Doerte Laing 团队针对混凝土固体储热技术开展了大量的模拟和实验测试研究，验证了混凝土用于高温热能存储的可行性[8,9]。美国阿肯色大学 Skinner 等[10]在混凝土与传热管之间添加了界面缓冲材料，使得混凝土在 500 ℃下的开裂问题得到了有效改善。国内武汉大学和中国科学院电工研究所在混凝土固体储热器的材料制备和性能测试方面也进行了实验测试和探索。西安交通大学作者团队近年来也在混凝土固体储热器的储放热性能探究[11-14]、结构优化设计和实际工程应用方面开展了一些工作，设计完成了有关产品并应用于实际工程中。

本节将着重介绍作者团队在混凝土固体储热器储热性能数值分析和实际工程应用方面所开展的一些工作。首先详细介绍三种常见的混凝土固体储热结构(管壳式、平行板式和圆柱式)以及相对应的数值分析方法；然后，分别分析和对比了不同结构混凝土固体储热器的储热经济性，筛选出了符合工程实际的性能优异的储热器结构和运行参数；最后，介绍了作者团队与思安新能源股份有限公司联合开发的混凝土固体储热器的实用情况。以此为例，给读者一个理论应用于实际的案例，供相关人员进一步开展深入研究时参考。

6.2.1 混凝土固体储热器的物理模型

通常混凝土固体储热器包含三部分：混凝土储热体、传热流体和传热管道。其中，混凝土作为储热材料，传热流体可以是导热油等，传热管道通常采用碳钢或者不锈钢材料。传热管道的主要作用是将导热油和混凝土隔离，防止混凝土储热体开裂、导热油流动冲刷等引起的混凝土脱落，造成导热油污染。

按照混凝土储热体的形状，工程实际常用的混凝土固体储热器结构主要有三种，分别为管壳式、平行板式以及圆柱式，详见图 6-2。在管壳式混凝土固体储热器中，传热流体在管道内流过，壳侧填充混凝土固体储热材料，如图 6-2(a)和(d)所示；在平行板式混凝土固体储热器中，混凝土储热材料以平行板形状填充于储热器中，流体沿着平行板储热体之间的间隙流动，如图 6-2(b)和(e)所示；在圆柱式混凝土固体储热器中，混凝土储热材料以圆柱式填充于储热器中，流体从圆柱储热体之间的间隙沿着轴向流动，如图 6-2(c)和(f)所示。

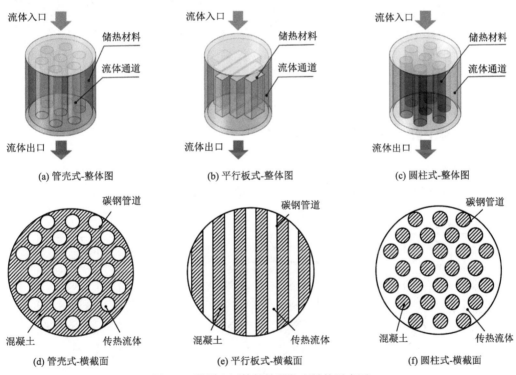

图 6-2　混凝土固体储热器物理结构示意图

由于整个混凝土固体储热器的建模和模拟工作量较大，综合考虑工程上对模拟结果准确、快捷和方便的需求，这里介绍一种等效单元化的处理方法，即取其中一个固体储热单元作为研究对象，这样简化的目的是在保证计算结果精度的同时，使得计算过程更加简单和快速。

图 6-3 所示的是等效储热单元结构示意图。在管壳式和圆柱式混凝土固体储热器中，为使温度分布更加均匀，将流体管道或圆柱储热体以错排方式进行布置(图 6-2(d)和(f))，每个储热单元所影响的区域为正六边形，参见图 6-3(a)。为计算方便，同时保证计算符合实际情况，保证总横截面积不变，将正六边形区域转化为圆形，该圆形截面的直径 d_{outer} 计算公式参见式(6-5)。平行板式混凝土固体储热器等效储热单元提取方式参见图 6-3(b)。

$$d_{\text{outer}} = \left(\frac{2\sqrt{3}\delta^2}{\pi}\right)^{0.5} \tag{6-5}$$

式中，δ 为管壳式和圆柱式储热器中相邻传热管的管心距，m。

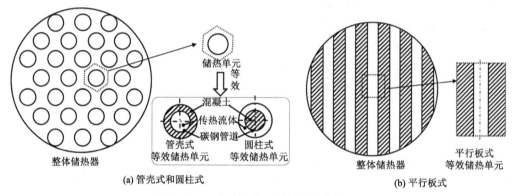

图 6-3   等效储热单元结构示意图

6.2.2   混凝土固体储热器的数学模型

图 6-4 所示是不同结构等效储热单元纵向截面示意图。在储热过程中，传热流体进口为 $z=0$，而在放热过程中，传热流体从 $z=L$ 进入储热器。

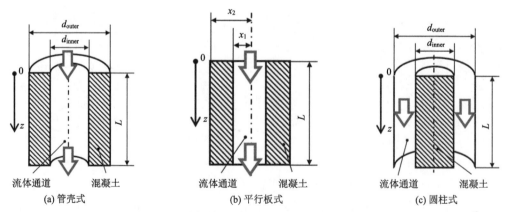

图 6-4   不同结构等效储热单元纵向截面示意图

对混凝土固体储热单元在建立数学模型时做以下假设：

(1) 忽略传热流体的轴向导热和黏性耗散，把传热流体的流动换热过程简化为一维流动传热问题；

(2) 忽略混凝土的轴向和径向导热，将任意时刻同一横向截面内的混凝土温度设为同一温度；

(3) 混凝土的热物性参数取为常数，传热流体的热物性按照工作范围内的平均温度取值；

(4) 忽略储热器向周围环境的散热损失；

(5) 由于传热管壁厚引起的导热热阻相对很小，可忽略传热管壁的热阻。

基于上述假设，可以将原来三维的非稳态对流传热过程简化成一维非稳态对流传热过程。将计算单元沿着传热流体流动方向划分为 n 个微元段(控制容积)，对长度为 $\mathrm{d}z$ 的控制容积建立能量方程式，式(6-6)和式(6-7)分别是流体侧和固体侧的能量守恒方程。式(6-6)流体侧的能量方程中，左侧项为控制容积内流体热力学能随时间的变化量；右侧第 1 和第 2 项分别为进入和流出控制容积流体携带的能量(即焓)，右侧第 3 项为固体向流体的传热量，为使固体与流体间的传热过程计算更为精确，采用修正的有效表面传热系数 h_{eff}，其表达式后续给出。在式(6-7)固体侧的能量方程中，左侧项为控制容积内固体热力学能随时间的变化量；右侧项为流体向固体的传热量。

流体侧：

$$\rho_{\mathrm{f}} S_{\mathrm{f}} \mathrm{d}z c_{V,\mathrm{f}} \frac{\partial T_{\mathrm{f}}}{\partial \tau} = \dot{m} c_{p,\mathrm{f}} T_{\mathrm{f}} - \dot{m} c_{p,\mathrm{f}} \left(T_{\mathrm{f}} + \frac{\partial T_{\mathrm{f}}}{\partial z} \mathrm{d}z \right) + h_{\mathrm{eff}} P \mathrm{d}z \left(T_{\mathrm{s}} - T_{\mathrm{f}} \right) \tag{6-6}$$

固体侧：

$$\rho_{\mathrm{s}} S_{\mathrm{s}} \mathrm{d}z c_{V,\mathrm{s}} \frac{\partial T_{\mathrm{s}}}{\partial \tau} = h_{\mathrm{eff}} P \mathrm{d}z \left(T_{\mathrm{f}} - T_{\mathrm{s}} \right) \tag{6-7}$$

式中，下角标 f 和 s 分别表示流体和固体；ρ 为密度，$\mathrm{kg \cdot m^{-3}}$；S 为横截面积，$\mathrm{m^2}$；c_V 为比定容热容，$\mathrm{J \cdot kg^{-1} \cdot K^{-1}}$；$c_p$ 为比定压热容，$\mathrm{J \cdot kg^{-1} \cdot K^{-1}}$；$\dot{m}$ 为传热流体的质量流量，$\mathrm{kg \cdot s^{-1}}$；P 为湿周，m；h_{eff} 为有效表面传热系数，$\mathrm{W \cdot m^{-2} \cdot K^{-1}}$。

对式(6-6)和式(6-7)进一步简化、替换，可以得到

$$\frac{\partial T_{\mathrm{f}}}{\partial \tau} + v_{\mathrm{f}} \frac{\partial T_{\mathrm{f}}}{\partial z} = \frac{h_{\mathrm{eff}} P}{\rho_{\mathrm{f}} S_{\mathrm{f}} \mathrm{d}z c_{p,\mathrm{f}}} \left(T_{\mathrm{s}} - T_{\mathrm{f}} \right) \tag{6-8}$$

$$\frac{\partial T_{\mathrm{s}}}{\partial \tau} = \frac{h_{\mathrm{eff}} P}{\rho_{\mathrm{s}} S_{\mathrm{s}} c_{p,\mathrm{s}}} \left(T_{\mathrm{f}} - T_{\mathrm{s}} \right) \tag{6-9}$$

式中，v_{f} 为流体在管道中的流动速度，$\mathrm{m \cdot s^{-1}}$。

在管壳式、平行板式和圆柱式储热器中，有效表面传热系数的表达式不同，分别如下[15]。

管壳式：

$$h_{\text{eff}} = \cfrac{1}{\cfrac{1}{h_{\text{f}}} + \cfrac{1}{\lambda_{\text{s}}} \cfrac{d_{\text{inner}}^3 \left(4d_{\text{outer}}^2 - d_{\text{inner}}^2\right) + d_{\text{inner}} d_{\text{outer}}^4 \left(4\ln\left(d_{\text{outer}}/d_{\text{inner}}\right) - 3\right)}{8\left(d_{\text{outer}}^2 - d_{\text{inner}}^2\right)^2}} \tag{6-10}$$

平行板式：

$$h_{\text{eff}} = \cfrac{1}{\cfrac{1}{h_{\text{f}}} + \cfrac{(x_2 - x_1)}{3\lambda_{\text{s}}}} \tag{6-11}$$

圆柱式：

$$h_{\text{eff}} = \cfrac{1}{\cfrac{1}{h_{\text{f}}} + \cfrac{d_{\text{inner}}}{8\lambda_{\text{s}}}} \tag{6-12}$$

式中，λ_{s} 为混凝土的导热系数，$\text{W} \cdot \text{m}^{-1} \cdot \text{K}^{-1}$；表面传热系数 h_{f} 可由适用于管内湍流强制对流换热的 Dittus-Boelter 公式计算[16]获得，表达式为

$$Nu_{\text{f}} = 0.023 Re_{\text{f}}^{0.8} Pr_{\text{f}}^{n} \tag{6-13}$$

其中，加热流体时，$n=0.4$；冷却流体时，$n=0.3$。

混凝土储热单元的初始条件及边界条件设定如下。

初始条件为

$$T_{\text{f}}(z, \tau = 0) = T_{\text{s}}(z, \tau = 0) = T_{\text{initial}} \tag{6-14}$$

传热流体进口处边界如下。

对于储热过程：

$$T_{\text{f}}(z=0, \tau) = T_{\text{in}} \tag{6-15}$$

$$v_{\text{f}}(z=0, \tau) = v_{\text{in}} \tag{6-16}$$

对于放热过程：

$$T_{\text{f}}(z=L, \tau) = T_{\text{in}} \tag{6-17}$$

$$v_{\text{f}}(z=L, \tau) = -v_{\text{in}} \tag{6-18}$$

关于非稳态导热及对流换热方程离散和求解的详细过程，可参见本章 6.4 节。

6.2.3　模型准确性验证

为减少网格数量对计算结果的影响，获得网格独立解，首先对网格进行了独立性考核[17]。随后，对所计算模型的准确性进行验证。将模型的计算结果与文献实验结果进行对比，实验数据取自 Jian 和 Wang 等[13]针对以水为传热流体、以混凝土为储热材料的管

壳式混凝土储热器的实际测试结果,其混凝土储热器由 86 根传热管组成,传热管呈叉排布置,管间距为 100 mm,流程长度为 8 m。在相同的结构和运行工况(传热流体流量为 3 m³·h⁻¹)下,模型数值计算的储热器出口温度随时间的变化情况和实验测试结果的对比如图 6-5 所示。从图 6-5 可以看到,模型所计算的储热器出口温度随时间变化曲线与实验测试结果吻合良好,说明所采用的模型和计算方法可靠,可以用于混凝土储热器的储/放热性能计算。

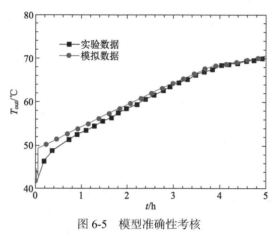

图 6-5 模型准确性考核

6.2.4 性能评价指标

在设计和选择混凝土固体储热器时,既需要考虑储热器的储热效率,也需要考虑生产储热器的成本和经济性问题。我们采用储放热效率以及单位储热成本来对混凝土固体储热器的性能优劣进行选择和评价。

用储放热效率 η 来评价储热器的储热效果。储放热效率 η 定义为储热器实际释放的热量与最大温差下理论可释放的热量之比,即

$$\eta = \frac{Q_{dch}}{Q_{max}} \tag{6-19}$$

式中,Q_{dch} 为储热器实际释放的热量,J,其计算式参见式(6-20);Q_{max} 为储热器在最大温差下理论可释放的热量,J,其计算式参见式(6-21)。

$$Q_{dch} = \int_{initial}^{final} \dot{m} c_{p,f} \left(T_{out} - T_c \right) dt \tag{6-20}$$

$$Q_{max} = \left(T_h - T_c \right) \left(m_s c_{p,s} + m_f c_{p,f} + m_{steel} c_{p,steel} \right) \tag{6-21}$$

式中,$\dot{m}$ 为传热流体的质量流量,kg·s⁻¹;$c_{p,f}$ 为传热流体的比定压热容,J·kg⁻¹·K⁻¹;T_{out} 为储热器的出口温度,K;T_h 和 T_c 分别为储热和放热过程中储热器的进口温度,K;m_s、m_f 和 m_{steel} 分别为储热混凝土、传热流体和碳钢的质量,kg;$c_{p,s}$ 和 $c_{p,steel}$ 分别为混凝土和碳钢的比定压热容,J·kg⁻¹·K⁻¹。

储热器的成本主要包括管道和混凝土的材料费用。在计算中，管道钢材和混凝土材料的单价分别取为：7.10 元·kg^{-1} 和 1.85 元·kg^{-1}。则总成本 C_{total} 为

$$C_{total} = m_s \times C_{u,s} + m_{steel} \times C_{u,steel} \tag{6-22}$$

式中，C_{total} 为总的材料成本，元；m_s 和 m_{steel} 分别为混凝土和碳钢的质量，kg；$C_{u,s}$ 和 $C_{u,steel}$ 分别为混凝土和碳钢的单价，元·kg^{-1}。

结合总储热量 Q_{char} 和总成本 C_{total}，获得储热器的单位储热成本 C_{level} 为

$$C_{level} = \frac{C_{total}}{Q_{char}} \tag{6-23}$$

6.2.5   不同结构的混凝土固体储热器储热性能的对比分析

在混凝土固体储热器储热性能分析中，常用的导热油、混凝土以及碳钢物性和价格参数参见表 6-5 所示。

表 6-5   材料物性及价格参数

性能	混凝土	导热油	碳钢
c_p/(J·kg^{-1}·K^{-1})	1500	768	460
ρ/(kg·m^{-3})	2700	2449	7800
λ/(W·m^{-1}·K^{-1})	2.0	0.088	40.4
μ/(N·s·m^{-2})	—	0.00018	—
单价/(万元·t^{-1})	0.185	0.69	0.71

在所用材料和进口温度相同的情况下，影响混凝土固体储热单元储放热性能的主要结构和运行参数为：特征尺寸 d_c、直径比 β(外径和内径的比值)、储热单元长度 L 和传热流体流速 v。其中管壳式与圆柱式单元的特征尺寸 d_c 分别为流体通道直径 d_{inner} 和 $(d_{outer}-d_{inner})$，而平行板式单元特征尺寸 d_c 为 $4(x_2-x_1)$。表 6-6 所示的是考虑实际情况，结构参数优选过程中不同结构混凝土储热单元的结构和运行参数可选范围。

表 6-6   不同结构混凝土单元的参数可选范围

管壳式		平行板式		圆柱式	
参数	可选范围	参数	可选范围	参数	可选范围
$(d_c=d_{inner})$/mm	10~69	$d_c=4(x_2-x_1)$/mm	10~69	$(d_c=d_{outer}-d_{inner})$/mm	10~69
$\beta=\dfrac{d_{outer}}{d_{inner}}$	4~18	$\beta=\dfrac{x_2}{2(x_2-x_1)}$	4~18	$\beta=\dfrac{d_{outer}}{d_{outer}-d_{inner}}$	4~18
L/m	30~200	L/m	30~200	L/m	30~200
v/(m·s^{-1})	0.001~10	v/(m·s^{-1})	0.001~10	v/(m·s^{-1})	0.001~10
壁厚/mm	2	壁厚/mm	2	壁厚/mm	2

为了对不同结构的储热单元的放热特性进行分析，结合设计产品的情况，选取的运行参数为：储热单元的初始温度为 393 ℃，储热体入口传热流体温度为 293 ℃，设计的放热时间为 6 h。在实际应用过程中，为了使储热器后端的动力循环可以保持较高的热功转换效率，在 6 h 的放热时间内，需要使得储热单元的出口温度维持在 330 ℃以上。

影响储热单元的主要设计参数有四个，分别为：特征尺寸 d_c、直径比 β、储热单元长度 L，传热流体流速 v。储热单元的结构和运行参数的设计思路为：

(1) 确定在各特征尺寸 d_c、直径比 β、储热单元长度 L 等结构参数下，满足 6 h 放热时间限制，所允许的最大传热流体流速 v_{max}，以尽可能提高放热速率；

(2) 计算出在该最大流速 v_{max} 下，特征尺寸 d_c、直径比 β、储热单元长度 L 所对应储热单元的储放热效率及单位储热成本；

(3) 对比各特征尺寸 d_c、直径比 β、储热单元长度 L 下所计算获得的混凝土储热单元的储放热性能及热经济性，给出不同结构混凝土储热器中单位储热成本最低的结构和运行参数。具体流程参见图 6-6。以下将介绍不同结构的混凝土固体储热单元优选结果。

图 6-6 混凝土储热结构单元结构参数设计流程

1. 管壳式混凝土固体储热单元的结构参数优选

图 6-7 所示的是不同特征尺寸 d_c 下，管壳式储热单元的单位储热成本随储热单元长度的变化趋势。从图 6-7 中可以看到，当特征尺寸 d_c 和直径比 β 固定时，随着储热单元长度 L 的增加，单位储热成本不断下降，逐渐趋近平稳。在 L 大于 100 m 后，随着 L 的增加，储热成本下降幅度较小，因此在实际运行过程中推荐使用 100 m 作为储热单元的长度，以减小泵送换热流体的能耗。

直径比 β 较小会对混凝土管壳式储热器的制造造成一定困难，在实际的工程应用中，储热器的 β 往往都大于等于 4。因此，本节随后讨论的直径比范围均取 β=4~12。在特征尺寸 d_c 和储热单元长度 L 固定时，不同 β 下的管壳式储热器的储热成本结果如图 6-8

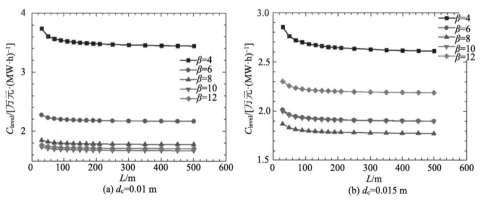

(a) d_c=0.01 m

(b) d_c=0.015 m

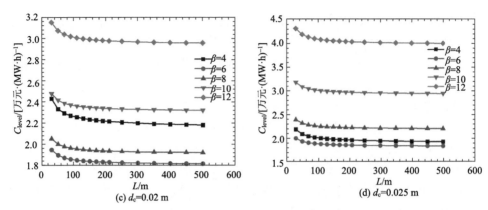

图 6-7　不同特征尺寸下，管壳式储热器的单位储热成本随储热单元长度的变化趋势

所示。从图中可以看到，在不同特征尺寸 d_c 下，存在不同最优 β 值使得单位储热成本最低。例如，在所研究的参数范围(β=4～12)内，当 d_c 为 0.01 m 时，β=6 时单位储热成本最低；而当 d_c 为 0.015 m 时，β=4 时单位储热成本最低。

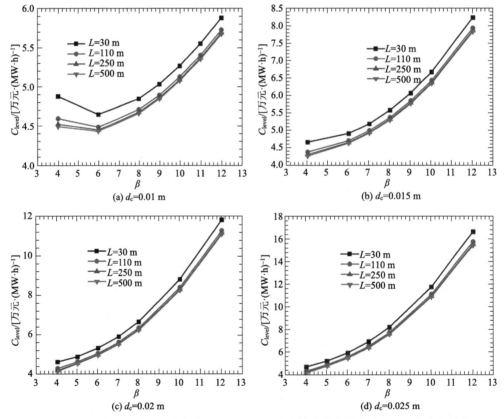

图 6-8　不同特征尺寸下，管壳式储热器单元的单位储热成本随内外径比 β 的变化趋势

计算了当特征尺寸 d_c 和储热单元长度 L(100 m)固定时，不同 β 下储热单元的单位储热成本。然后进行对比，最后优选得到该特征尺寸 d_c 和储热单元长度 L 下，单位储热成本最低所对应的最优 β 值及其对应的储放热性能和热经济性，见表 6-7。

表 6-7 不同特征尺寸下，最优结构参数的管壳式储热单元储热和热经济性能对比

d_c/m	L/m	β	储放热效率	储热单元储热量/(MW·h)	单位储热成本/[万元·(MW·h)$^{-1}$]
0.011	100	8	81.0%	0.049	7.886
0.014	100	6	83.9%	0.046	7.850
0.016	100	6	81.6%	0.058	7.919
0.021	100	4	89.1%	0.05	7.323
0.024	100	4	88.1%	0.062	7.624
0.027	100	4	87.3%	0.077	7.861
<u>0.033</u>	<u>100</u>	<u>4</u>	<u>86.2%</u>	<u>0.121</u>	<u>7.232</u>
0.04	100	4	84.2%	0.164	7.616
0.051	100	4	81.7%	0.258	7.789
0.069	100	4	77.6%	0.449	8.051

从表 6-7 中可以看到：①管壳式结构储热单元的储放热效率较差，均小于 90%。②在所选取的 10 种不同特征尺寸 d_c 的管壳式储热单元中，单位储热成本最低的储热结构参数在表 6-7 中以下划线形式标出，具体为：特征尺寸 d_c=0.033 m 和直径比 β=4，此时储放热效率 η 为 86.2%，单位储热成本为 7.232 万元·(MW·h)$^{-1}$。③同时可以注意到，此时储热单元的储放热效率(86.2%)并非所有 10 个特征尺寸中最高的储放热效率(89.1%)，即单位储热成本最低的储热结构参数并非是储放热效率最高的结构参数，其原因在于在计算储热成本时，不仅考虑混凝土的成本，同时也要包含碳钢传热管的成本等。当储放热效率较高时，碳钢使用量也较大，此时总成本也较高，因此较高储放热效率的结构参数不一定是单位储热成本最低的储热结构参数。在实际混凝土固体储热器的工程计算和实际应用时，需要对此特别注意。

2. 平行板式混凝土固体储热单元的结构参数优选

采用与管壳式混凝土固体储热器的结构参数优选同样的方法，可以得到平行板式混凝土固体储热器的最优结构参数，见表 6-8。表中每一行代表在平行板式储热单元不同特征尺寸 d_c 下，所优选出的直径比 β 及其对应的储放热性能和热经济性。从表 6-8 中可以看到，平行板式储热结构的储放热效率普遍高于管壳式，最高可达 93.4%。在所选取的 10 种不同特征尺寸 d_c 的平行板式储热单元中，单位储热成本最低的储热结构参数在表 6-8 中以下划线形式标出，其结构参数为：特征尺寸 d_c=0.051 m 和 β=4，此时储放热效率为 84.6%，单位储热成本为 6.675 万元·(MW·h)$^{-1}$。

表 6-8 不同特征尺寸下，最优结构参数的平行板式储热单位储热和热经济性能对比

d_c/m	L/m	β	储放热效率	储热单位储热量/(MW·h)	单位储热成本/[万元·(MW·h)$^{-1}$]
0.011	100	18	93.4%	1.82	7.157
0.014	100	18	92.2%	2.284	7.022
0.016	100	18	91.2%	2.59	6.967
0.021	100	18	89.1%	3.311	6.965

d_c/m	L/m	β	储放热效率	储热单位储热量/(MW·h)	单位储热成本/[万元·(MW·h)$^{-1}$]
0.024	100	4	91.5%	0.992	6.855
0.027	100	18	86.4%	4.129	7.165
0.033	100	4	89.1%	1.335	6.820
0.04	100	10	84.2%	3.287	7.386
<u>0.051</u>	<u>100</u>	<u>4</u>	<u>84.6%</u>	<u>1.98</u>	<u>6.675</u>
0.069	100	6	78.60%	3.154	8.003

3. 圆柱式混凝土固体储热单元的结构参数优化

采用与管壳式混凝土固体储热器的结构参数优选同样的方法，可以得到圆柱式混凝土固体储热器的最优结构参数，见表 6-9。其中每一行代表在圆柱式储热单元不同特征尺寸 d_c 下，所优选出的直径比 β 及其对应的储放热性能和热经济性。在所选取的 10 种不同特征尺寸 d_c 的圆柱式储热单元中，单位储热成本最低的储热结构参数在表 6-9 中以下划线形式标出，最优结构参数为：特征尺寸 d_c=0.069 m 和内外径比值 β=4，此时储放热效率为 81.6%，单位储热成本为 12.649 万元·(MW·h)$^{-1}$。

表 6-9 不同特征尺寸下，最优结构参数的圆柱式储热单位储热和热经济性能对比

d_c/m	L/m	β	储放热效率	储热单位储热量/(MW·h)	单位储热成本/[万元·(MW·h)$^{-1}$]
0.011	100	4	96.6%	0.0024	21.085
0.014	100	4	96.0%	0.0034	18.835
0.016	100	4	95.8%	0.0042	17.580
0.021	100	4	94.8%	0.0065	15.329
0.024	100	4	94.0%	0.0081	14.359
0.027	100	4	92.9%	0.0105	15.386
0.033	100	4	91.3%	0.0151	13.506
0.04	100	4	90.1%	0.0201	12.800
0.051	100	4	87.0%	0.0311	12.829
<u>0.069</u>	<u>100</u>	<u>4</u>	<u>81.6%</u>	<u>0.0519</u>	<u>12.649</u>

4. 不同结构的混凝土固体储热器优选结果的对比

前面从单位储热成本考虑，计算分析获得了管壳式、平行板式和圆柱式三种不同结构的混凝土储热单元各自的最优结构参数，汇总于表 6-10。对比分析，可以发现三种结构中管壳式混凝土固体储热器的储放热效率最高(86.2%)，平行板式结构的单位储热成本最低(6.675 万元·(MW·h)$^{-1}$)，而圆柱式结构在储放热效率和单位储热成本方面的表现均最差。需要说明的是，以上指出的是仅考虑了混凝土固体储热器储放热效率和经济性而得到的结论；在实际应用时，还需综合考虑制造成本以及存在的应力等方面的问题，以得到最适合实际工程应用的储热器结构及其参数。

表 6-10 不同结构储热器最优结构参数

尺寸及性能	管壳式	平行板式	圆柱式
特征尺寸 d_c/m	0.033	0.051	0.069
出口截止温度 T_{off}/℃	330	330	330
内外径比值 β	4	4	4
储放热效率 η	86.2%	84.6%	81.6%
单位体积储热量/(MW·h·m^{-3})	0.094	0.111	0.114
单位储热成本/[万元·(MW·h)$^{-1}$]	7.232	6.675	12.649

6.2.6 基于优化结构参数的混凝土固体储热器的工程应用

这里介绍了作者团队与思安新能源股份有限公司联合开发的混凝土固体储热器实际运行状况[14,18]。在 6.2.5 节的结构参数优化筛选过程中，仅考虑了混凝土和碳钢的材料成本。而在实际制造过程中，焊接等人工成本占实际成本的比例也较大，需要结合焊接等成本进行综合考虑。兼顾企业的实际情况，最终决定选择管壳式储热器结构来开发混凝土固体储热器产品；进一步设计确定了适于工程实际的最优结构参数和运行参数；完成了 1.25 MW·h 的混凝土固体储热器的设计；并协助完成了储热器管件制造、混凝土浇筑以及储热器调试及测试的全过程。

混凝土固体储热器产品经过了现场测试，测试地点位于青海省德令哈市。德令哈市具有丰富的太阳能辐射资源，为光热发电等可再生能源的发展提供了良好的气象条件，目前已建成并网了 50 MW 熔盐塔式和 50 MW 导热油槽式的光热电站。图 6-9 是混凝土固体储热器实际测试应用图。其中，传热流体为导热油，导热油经抛物面槽式集热器进行加热。混凝土固体储热器的设计储热量为 1.25 MW·h，外形尺寸为 3 m×1.5 m×5 m，最高运行温度为 393 ℃。

(a) 抛物面槽式集热器   (b) 管壳式混凝土固体储热器

图 6-9 混凝土固体储热器实际测试及应用

图 6-10 是混凝土固体储热器的实际测试结果与数值模拟结果的对比。可以看到，在

储热和放热过程中，储热器进口和出口温度的温差较大，实现了良好的换热效果。同时可以注意到，在储热和放热过程中，数值模拟的储热器出口温度变化曲线和实验结果吻合良好，较好地说明了数值模型和计算方法的准确性。

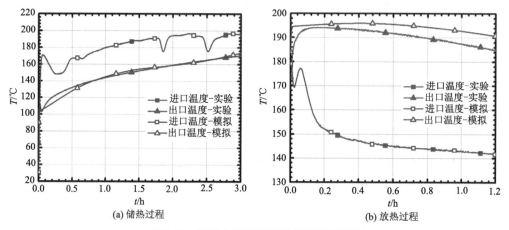

(a) 储热过程   (b) 放热过程

图 6-10   混凝土固体储热器实际测试效果

图 6-11 是作者团队与思安新能源股份有限公司一起开发的应用于不同场合的混凝土固体储热器。

图 6-11   多种用途混凝土固体储热器

关于混凝土固体储热器在储热材料、结构设计和系统运行方面的研究还较少，工程应用也较少。但是其作为一种宽温域、低成本、性能稳定的储热技术具有良好的发展前景，对于促进可再生能源消纳和峰谷电的利用具有积极作用。

与此同时，混凝土固体储热技术属于显热储热技术，存在储热密度小、储热材料需求量大、占地面积大的缺点，而且由于储/放热过程中储热系统温度变化大，容易引起热冲击、热应力等一系列问题。相比之下，相变储热由于具有较高的储热密度、几乎恒定的储/放热温度等优点，被认为是最具有吸引力和发展潜力的储热方式之一。

下面将重点介绍很具有发展潜力的固-液相变储热技术。

6.3 固-液相变过程的研究方法及强化技术简介

相变储热技术借助于相变储热材料在发生相变时，吸收或放出相变潜热的原理来进行热量储存或释放。由于相变材料在发生相变时有近似恒定不变的相变温度和较高的相变潜热，所以相变储热技术引起了人们越来越多的关注，并被认为是现阶段最有发展潜力的储热方式。本节将首先介绍固-液相变问题的研究方法、相变传热过程的强化技术及常见的储热器结构；随后，在 6.4 节将围绕相变问题的数值求解方法，以常用的壳管式相变储热器为例，分别介绍适用于不同应用对象、不同应用场合的相变过程一维、二维和三维建模分析方法，供读者参考。最后，在 6.5 节将重点介绍填充床相变储热器的建模及储热设备性能评价方法。

6.3.1 固-液相变问题的求解方法简介

熔化和凝固相变过程的传热问题研究是当代传热学研究中一个非常活跃的方向。由于移动边界的非线性以及相变材料固、液两相具有不同的热物理性质，所以相变过程的预测是比较困难的。1891 年 Stefan[19]在研究北极冰层厚度的过程中，提出了著名的固-液相变过程界面边界问题，文献中也称其为 Stefan 问题或移动边界问题。求解固-液相变问题的难点在于移动边界或移动区域的存在，相当于在固、液两相之间存在一个位置不断变化、具有复杂热质交换的边界条件。相对于单组分物质(如水)，熔化或凝固现象发生在单一温度下，存在明显的固-液相界面。但是对于一些多组分物质(如混合物、合金等)，熔化或凝固现象发生在一定的温度区间内，因此，固-液之间不存在明显的相界面，而是形成一定厚度的两相混合区(糊状区)。不论是哪种情况，相界面的位置都是随时间变化的，这使得在数学上求解相变传热问题时，固-液界面无法预先确定，必须在求解控制方程的过程中获得，从而造成问题求解的困难。

该类问题的求解方法通常分为分析法和数值法两种，其中分析法又包括精确分析法和近似分析法两类。精确分析法主要有：Neumann 法、Lightfoot 积分法、Paterson 法等；近似分析法主要有：热平衡积分法[20]、等温线移植法[21]等。然而这些分析方法，通常都有一个共同的缺点，即都局限在一维或简单模型的分析，很难用于多维复杂问题的分析求解。

数值求解方法是指对描述具体物理问题的控制方程在时间及空间上进行离散处理，并借助计算机予以求解的一种近似处理方法。这种方法的基本思想是：把原来在空间和时间坐标中连续的物理量场(如速度场、温度场、浓度场等)，用一系列有限个离散点(即节点)上的值的集合来代替，通过一定的原则建立起这些离散点上变量值之间关系的代数方程(即离散方程)，并通过求解所建立起来的离散方程来获得所求解变量的近似值，详细知识参见文献[17]。处理固-液相变问题的数值方法包括：有限差分法[22]、有限元法[23]等。在求解移动边界问题时，数值方法显示出了更大的优越性，可以对多维问题进行模拟预测。

按照相变传热的表征量不同，常用的数值分析模型又可以分为以温度为变量的温度法、同时以温度和熔为变量的熔法，以及同时以温度和显热容为变量的显热容法[24]。熔方法是目前最常用的一种求解 Stefan 问题的计算方法[25-29]，它的主要特点是：不需要显式地处理移动边界问题，不需要跟踪固-液界面；把熔处理成温度的函数，因此只有温度一个未知变量；控制方程和单相控制方程类似；由于固-液界面自动遵循界面条件，因此在固-液界面上没有额外的条件需要满足，允许两相中间存在一个模糊区域。

6.3.2 固-液相变储热过程强化技术简介

通过前面表 6-2～表 6-4 的相变储热材料热物性参数可以看出，绝大多数相变材料的导热系数都非常低，因此换热性能较差，造成相变储热装置的储热和放热速率低，储热装置在实际使用过程中内部相变材料的储热容量得不到充分利用，从而引起储热密度降低。

为了保证相变储热系统的高效运行，必须采用强化传热技术来改善其传热性能。为强化相变储热系统的热性能，近年来，作者团队以及有关研究者们采取了以下三种主要方法[30]。①提高相变材料的导热系数，包括将相变材料封装在高导热性能的多孔骨架(金属泡沫、膨胀石墨等)内，形成多孔定型复合相变材料(图 6-12(a))[31-34]；以及在相变材料内添加高导热性能的纳米添加物(金属氧化物纳米颗粒、碳纳米材料等)，形成纳米复合相变材料(图 6-12(b))[35-39]等。②提高相变材料和传热流体之间的传热面积，包括采用翅片管结构(图 6-12(c))[40-43]或胶囊结构(图 6-12(d))[44-47]。③提高传热过程的均匀性，例如，采用熔点不同的相变材料构成的梯级相变储热方案(图 6-12(e))[48-51]：对于储热过程，由于传热流体沿着流动方向温度降低，沿着流动方向布置的相变材料的熔点也逐级降低，即传热流体从熔点较高的相变材料单元流向熔点较低的相变材料单元，从而保持相对均

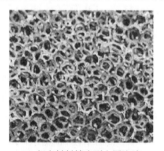

(a) 相变材料填充到金属泡沫

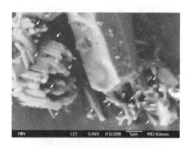

(b) 相变材料中添加碳纳米管

(c) 相变材料侧添加翅片

(d) 相变材料封装在金属胶囊中

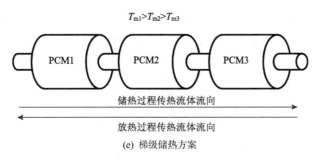

$T_{m1}>T_{m2}>T_{m3}$

储热过程传热流体流向

放热过程传热流体流向

(e) 梯级储热方案

图 6-12 相变储热系统性能强化方法

匀的传热温差；对于放热过程，由于传热流体的温度沿着流动方向逐渐升高，此时只要控制传热流体和储热过程反向流动，即传热流体从熔点较低的相变单元流向熔点较高的相变单元，同样可以维持较均匀的传热温差。

6.3.3 常见的相变储热器结构简介

常见的相变储热器结构可以分为三类：壳管式结构[40-44]、平板式结构[33,52]及填充床式结构[45-47]，如图 6-13 所示。壳管式相变储热器的结构和传统的壳管式换热器类似，主要区别是传统壳管式换热器的管侧和壳侧分别流过两种不同的传热流体，而壳管式相变储热器的壳侧填充的是相变储热材料，传热流体只在管内流动，通过管壁和相变材料进行热量交换，实现热量的储存和释放。对于平板式相变储热器，相变材料填充于平板内，传热流体在板与板之间形成的通道内流动，通过平板表面和相变材料进行热量交换。在填充床相变储热器中，相变材料封装在颗粒球内，颗粒球堆积在圆柱体的容器内形成颗粒填充床，传热流体流过颗粒球之间的孔隙，通过颗粒球表面和内部的相变材料进行热量交换。其中，壳管式相变储热器由于结构简单、技术成熟，在工业领域得到了广泛的应用。

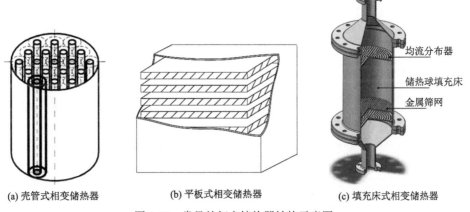

(a) 壳管式相变储热器　　　　(b) 平板式相变储热器　　　　(c) 填充床式相变储热器

图 6-13 常见的相变储热器结构示意图

6.4   壳管式相变储热器建模及分析

相变储热过程存在固-液界面的非线性、物性变化以及储热器几何形状的不规则等特点，一些复杂情况的分析解很难获得或根本不可能获得。因此，多维的复杂相变传热问题的分析主要依赖实验或数值求解方法。为了便于理解相变储热器的数值建模及分析过程，本节将围绕目前广泛使用的壳管式相变储热器，按照由浅入深、逐步深入的原则，从工程中常用的最简单、最便于理解的一维模型建模开始介绍，然后过渡到比较实用的二维柱坐标模型，最终给出可以清晰展示相变储热过程细节的完整三维柱坐标模型。其中，一维模型具有结构简单、便于实施的优点，对于大型储热器和整个储热系统的总体性能评估，具有较好的实用价值，但存在精度不高的缺点。二维导热模型可以同时兼顾模型简便和模拟结果精度，在自然对流较弱或不存在自然对流时，具有很好的工程和科研应用价值；如果引入考虑自然对流影响的有效导热系数，该模型可以处理大部分的相变储热问题，但是其模拟结果的精度受导热系数修正模型的影响。三维模型可以完整地描述壳管式相变储热单元内的相变传热过程，不仅可以获得更高精度的模拟结果，而且可以深刻揭示储热单元内固-液界面演化行为及温度场的真实分布，模拟结果对储热器性能的改进和结构优化也具有更好的参考价值。读者可以根据不同应用对象、不同应用场合的实际条件和实际需求进行合理选取。

6.4.1   简化的一维相变储热问题建模及数值分析

1. 壳管式相变储热器的物理模型

壳管式相变储热器的总体结构如图 6-14(a)所示，圆柱形壳体内部包含多根传热管，通常采用传热管水平布置。传热管也可以和传统壳管式换热器一样布置成多流程，这里以最简单的单流程布置为例进行介绍。对于单流程布置，传热流体从储热器的一端流入，

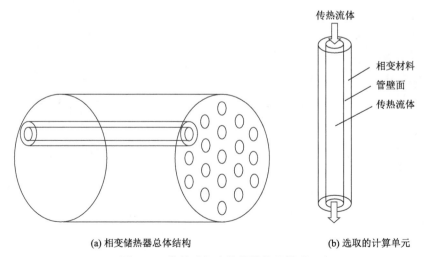

(a) 相变储热器总体结构   (b) 选取的计算单元

图 6-14   壳管式相变储热器物理模型

均匀分配到多个传热管内，然后沿着传热管从储热器的另一端流出。考虑到结构具有一定的对称性和周期性，所以一般情况下可以选取其中一根传热管作为数值研究对象，形成如图 6-14(b)所示的同心套管式相变储热单元(具体构建过程参见 6.2.1 节描述)。对于该相变储热单元，传热流体在内管内流动，相变材料填充在传热管外的环形空间内，管外表面按对称边界处理。

从选取的研究对象可以看出，完整的相变储热模型应该是一个三维柱坐标模型，这里为了便于读者理解和掌握，先介绍简化的一维相变传热模型。应当指出，一维模型虽然精度不高，但是建模简单、计算方便，而且对多根传热管积分后可以得到整个设备的总体性能，对于大型储热设备或储热系统的总体性能评估具有应用价值。

把一个原本三维的物理模型抽象简化为一维模型，需要建立在一定的假设条件下，在这里重点给出两个关键的假设条件：①相变材料侧：忽略相变材料内部的径向导热，忽略液态相变材料的自然对流问题，相变材料内部发生的相变传热过程处理成带有内热源的轴向一维非稳态导热问题；②传热流体侧：忽略传热流体的轴向、径向导热和黏性耗散，把传热流体的流动传热过程简化为一维非稳态对流传热问题，传热流体通过管壁传递给相变材料的热量被处理成相变材料内的非稳态热源。基于上述假设，可以将原来三维柱坐标下的非稳态相变传热过程简化成一维非稳态对流传热过程。

2. 控制方程

基于焓方法，建立相变材料内部相变传热过程的一维能量方程：

$$\frac{\partial H}{\partial t} = \frac{k_p}{\rho_p}\frac{\partial^2 T}{\partial x^2} + \frac{2hR_i}{\rho_p(R_o^2 - R_i^2)}(T_f - T) \tag{6-24}$$

式中，H 为相变材料的焓值，$J \cdot kg^{-1}$，$H = c_p(T - T_m) + f\Delta H + H_s$，$c_p$ 为相变材料的比热容，$J \cdot kg^{-1} \cdot K^{-1}$；$T_m$ 为相变材料的熔化温度，K，f 为相变材料的熔化分数，ΔH 为熔化焓，$J \cdot kg^{-1}$，H_s 为相变材料固相时的饱和焓(温度等于相变温度时，固体相变材料的焓值)；k_p 为相变材料的导热系数，$W \cdot m^{-1} \cdot K^{-1}$；$R_i$、$R_o$ 分别为储热单元的内外半径，m；h 为传热流体的对流换热系数，$W \cdot m^{-2} \cdot K^{-1}$。

令 $\theta = T - T_m$，将 H 的表达式代入方程(6-24)可得

$$\frac{\partial \theta}{\partial t} = \frac{k_p}{\rho_p c_p}\frac{\partial}{\partial x}\left(\frac{\partial \theta}{\partial x}\right) - \frac{\Delta H}{c_p}\frac{\partial f}{\partial t} + \frac{2hR_i(\theta_f - \theta)}{\rho_p c_p(R_o^2 - R_i^2)} \tag{6-25}$$

熔化分数的取值如下：

$$\begin{cases} f = 0, & \theta < 0 \\ 0 < f < 1, & \theta = 0 \\ f = 1, & \theta > 0 \end{cases}$$

传热流体侧的一维能量方程为

$$\frac{\partial T_f}{\partial t} + u \frac{\partial T_f}{\partial x} = -\frac{2h}{\rho_f} \frac{T_f - T}{c_f R_i} \tag{6-26}$$

令 $\theta_f = T_f - T_m$，代入式(6-26)可得

$$\frac{\partial \theta_f}{\partial t} + u \frac{\partial \theta_f}{\partial x} = -\frac{2h}{\rho_f} \frac{\theta_f - \theta}{c_f R_i} \tag{6-27}$$

3. 初始条件及边界条件

上面给出了传热流体和相变材料各自的能量方程，要想通过求解上述控制方程获得具体的物理问题的解，还必须配上相应的初始条件及边界条件。针对本小节的模型，初始条件和边界条件可设置如下：

(1) 初始条件：初始时刻计算单元内的相变材料和传热流体具有相同的给定温度。

(2) 边界条件：对相变材料区域而言，相变材料在传热流体进、出口处边界上采用绝热处理；对传热流体区域而言，传热流体在入口处给定流速和温度。

有了描述物理问题的控制方程和相应的初始条件及边界条件，便可以进行数值求解了。由于相变材料和传热流体通过边界(管壁)实现能量交换，因此，两者的能量方程通过边界进行耦合，需要对两个能量守恒方程进行耦合求解。将相变传热过程的一维非稳态导热方程和传热流体的一维非稳态对流传热方程在整个计算空间内进行离散求解，便可获得一维相变储热问题的有关特性(如储热速率、储热量、相变材料的熔化分数、相变材料及传热流体沿程的温度分布等)。对多根储热管依次进行求解，便可得到整个壳管式相变储热器的总体储热性能。

关于一维非稳态导热及对流方程的离散和求解比较简单，这里不做详细论述，供读者自行推导练习。详细的离散和求解过程，可参阅文献[17]或 6.4.2 节关于多维问题的离散和求解。

6.4.2 二维柱坐标下的相变储热过程建模及分析

6.4.1 节在两个重要假设的基础上建立了简化的一维相变传热模型，给出了其控制方程及相应的边界条件。该模型由于结构简单、便于实施，对于大型储热器或者整个热利用系统的总体性能评估具有较好的实用价值。但由于忽略了相变材料内部的径向导热，所以模拟结果精度不高，不能深入揭示相变材料的熔化/凝固特征及相界面演化行为。本部分将在 6.4.1 节的基础上，考虑相变材料的径向导热，但忽略相变材料的自然对流来构建二维柱坐标下的相变储热模型。当环形空间的尺寸较小，自然对流对相变储热过程的总体影响较小[41]，或者不存在自然对流时，该二维模型接近于真实的物理模型，具有较高的工程应用及科研应用价值。

1. 物理及数学模型

壳管式储热器的物理模型和 6.4.1 节相同，仍然选取其中一根储热管形成的同心套管结构为研究对象，称为储热单元，如图 6-15 所示。以典型的高温相变储热单元为例，其

结构参数如下：储热单元管长 $L=1.5$ m，内管半径为 $R_i=12.5$ mm，外管半径为 $R_0=25$ mm。相变储热材料采用 LiF/CaF$_2$ 的混合物，摩尔比为 80.5：19.5；传热流体采用 He/Xe 的混合物，平均摩尔质量为 39.394 g·mol^{-1}。传热流体在内管流动，相变材料填充在内、外管构成的环形空间内。相变材料和传热流体的热物性如表 6-11 所示。

图 6-15 储热单元物理模型

表 6-11 相变材料和传热流体的热物性[53]

相变储热材料(80.5mol%[①]LiF+19.5mol%CaF$_2$)		传热流体(He/Xe，摩尔质量 39.394 g·mol^{-1})	
相变温度/℃	767	密度/(kg·m^{-3})	1.862
初始温度/℃	550	比热/(J·kg^{-1}·K^{-1})	502.2
密度/(kg·m^{-3})	2390	导热系数/(W·m^{-1}·K^{-1})	0.133
比热容/(J·kg^{-1}·K^{-1})	1770	黏性系数/(kg·m^{-1}·s^{-1})	5.982×10^{-5}
熔化潜热/(kJ·kg^{-1})	816	普朗特数	0.24
导热系数/(W·m^{-1}·K^{-1})	3.8		

①mol%表示摩尔百分比。

从具体的物理问题到数学建模，必然需要经过一定的抽象简化，抓住主要问题和关键影响因素进行研究，既可以降低建模的难度，同时又可以尽量保证数值分析结果的可靠性。在这里，针对上面提出的物理模型，做如下假设。

(1) 传热流体在传热管内发生强制对流传热，对流换热系数远高于传热流体的导热系数，其轴向、径向导热可以忽略。这样可以把传热流体的流动换热过程简化为一维对流传热问题，显著降低传热流体区域的计算量。

(2) 相变材料和传热流体的热物性参数取常数，不随温度发生改变，相变温度恒定，见表 6-11。

(3) 忽略相变材料熔化过程中的自然对流现象。

(4) 忽略内管的厚度，即不考虑管壁内的导热热阻。一般来说传热管壁很薄，而且其导热系数远高于相变材料的导热系数，简化处理并不会给模拟结果带来明显偏差。

2. 控制方程

根据上述假设，可以用一个二维轴对称模型对相变储热单元内的传热过程进行描述，同时采用焓方法处理固-液相变过程中的移动边界问题，可以得到传热流体及相变材料的控制方程如下[54,55]。

传热流体的能量守恒方程：

$$\frac{\partial \theta_f}{\partial t} = -A\frac{\partial \theta_f}{\partial x} - B\left(\theta_f - \theta^*\right) \tag{6-28}$$

式中，下标"f"代表传热流体；$\theta_f = T_f - T_m$ 为传热流体温度和相变材料相变温度的差值，K；θ^* 为相变材料上一时层在 $r=R_i$ 处的相对温度值；$A = \dfrac{\dot{m}_f}{\rho_f \pi R_i^2}$；$B = \dfrac{2h}{\left(\rho c_p\right)_f R_i}$；

$h = \dfrac{k}{d} 0.022 Pr^{0.6} Re^{0.8}$ [53]。

相变储热材料的能量守恒方程：

$$\left(\rho c_p\right)_p \frac{\partial \theta}{\partial t} = \frac{\partial}{\partial x}\left(k_p \frac{\partial \theta}{\partial x}\right) + \frac{1}{r}\frac{\partial}{\partial r}\left(rk_p \frac{\partial \theta}{\partial r}\right) - \rho_p \Delta H \frac{\partial f}{\partial t} \tag{6-29}$$

式中，下标"p"代表相变材料；$\theta = T - T_m$ 为相变材料的当前温度和相变温度的差值；f 为相变材料的熔化分数。

3. 初始条件及边界条件

物理模型相应的初始条件及边界条件设定如下：

初始条件：$\theta_f(x, t=0) = T_i - T_m$（传热流体）；

$\theta(x, r, t=0) = T_i - T_m$（储热材料）。

边界条件：

相变材料在传热流体进、出口处边界，$\dfrac{\partial \theta(x=0, r, t)}{\partial x} = \dfrac{\partial \theta(x=L, r, t)}{\partial x} = 0$；

相变材料和传热流体传热边界，$-k_p \dfrac{\partial \theta(x, r=R_i, t)}{\partial r} = h\left(\theta_f(x, t) - \theta(x, r=R_i, t)\right)$；

相变材料外边界，$\dfrac{\partial \theta(x, r=R_o, t)}{\partial r} = 0$；

传热流体进口边界，$\theta_f(x=0, t) = \theta_{f,in} = T_{f,in} - T_m$，$v_f(x=0, t) = v_{f,in}$。

在随后的计算分析过程中，给定储热单元的初始温度 T_i 为 823 K，传热流体入口温度 $T_{f,in}$ 为 1090 K，入口流速 $v_{f,in}$ 为 15 m·s^{-1}。

4. 数值方法及模型验证

数值方法采用有限个离散点上的值的集合来代替原来在空间和时间坐标中连续的物理量场，因此首先要对控制方程进行离散。对传热流体的控制方程，采用一阶迎风格式的有限差分法进行离散，可得传热流体的离散方程如下：

$$\theta_f = \frac{\dfrac{A}{\Delta x}\theta_{f,W} + B\theta^* + \dfrac{\theta_f^*}{\Delta t}}{\dfrac{A}{\Delta x} + B + \dfrac{1}{\Delta t}} \tag{6-30}$$

式中，θ_f^* 为传热流体上一时层温度值；$\theta_{f,W}$ 为传热流体一阶迎风前一节点的温度值；θ^* 为上一时刻传热管外壁面温度(忽略管壁热阻，即为管壁处相变材料的温度)。

采用全隐格式的有限差分法，对相变材料的控制方程进行离散(详见参考文献[17])，可得

$$a_p\theta_p = a_E\theta_E + a_W\theta_W + a_N\theta_N + a_S\theta_S + b \tag{6-31}$$

式中，$a_E = k_e\dfrac{r_p\Delta r}{(\delta x)_e}$；$a_W = k_w\dfrac{r_p\Delta r}{(\delta x)_w}$；$a_N = k_n\dfrac{r_n\Delta x}{(\delta r)_n}$；$a_S = k_s\dfrac{r_s\Delta x}{(\delta r)_s}$；$a_p = a_E + a_W + a_N + a_S + a_p^0$，$a_p^0 = \dfrac{(\rho c_p)_p\Delta V}{\Delta t}$；$b = a_p^0\theta_p^* + \rho_p\Delta H\Delta V(f_p^* - f_p)$，$\Delta V = r\Delta x\Delta r$，$r = \dfrac{r_n + r_s}{2}$；$(\delta x)_e = x_E - x_p$，$(\delta x)_w = x_p - x_W$，$(\delta r)_n = r_N - r_p$，$(\delta r)_s = r_p - r_S$。

采用三对角矩阵算法(tridiagonal matrix algorithm，TDMA)对方程(6-30)和(6-31)进行迭代求解，其中相变材料的熔化分数 f，在不同迭代时间步上，采用如下方程进行更新：

$$f = f^* + \frac{a_p\theta_P}{\rho_p\Delta H\Delta V / \Delta t} \tag{6-32}$$

并对更新后的 f 值依据如下关系进行修正：

如果更新后的 f 值小于零，令 $f = 0$；

如果更新后的 f 值大于1，令 $f = 1$。

数值方法中离散点的多少(即网格数)、时间步长的大小对计算结果具有重要影响。从理论上来说，网格数越多、时间步长越小，离散点越逼近真实的连续场。但实际上，由于受到计算误差的影响以及计算时间的限制，离散点并不宜过多、时间步长也不宜过小。只要能够保证空间网格和时间步长的进一步加密对数值计算的结果基本上不再产生影响，此时的数值解即为网格独立的解。因此，需要对网格进行独立性考核。

为了验证网格的独立性，选取 4 套网格进行考核，分别为 30(x)-10(r)，60(x)-20(r)，100(x)-20(r)，120(x)-40(r)，以相变材料完全熔化所需时间为考核指标，考核结果如图 6-16 所示。从图 6-16 中可以看出，网格 100(x)-20(r)的计算结果和网格 120(x)-40(r)的计算结果偏差仅有 0.0760%，说明当网格数达到 100(x)-20(r)时，进一步加密网格对计算结果的影响已经非常小，因此，最终计算网格选取为 100(x)-20(r)。时间步长的考核如表 6-12 所示。时间步长为 5 s 时，其计算结果和 2 s 时的计算结果偏差仅有 0.009%，说明当时间步长缩短到 5 s 以后，进一步缩短时间步长对计算结果的影响已经非常小，因此，最终时间步长选为 5 s。

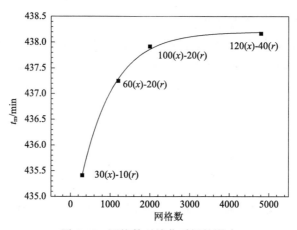

图 6-16   网格数对熔化时间的影响

表 6-12   时间步长对熔化时间的影响

时间步长	熔化时间/min	相对偏差
100 s	436.67	—
5 s	435.41	0.2885%
2 s	435.37	0.0092%

另外，为了验证数值求解结果的可靠性，还需要对模型和所编写的模拟程序进行考核。在相同工况和几何参数下，采用本节模型模拟得到的传热流体的出口温度和文献[53]中采用有限元方法模拟获得的传热流体的出口温度进行了对比，如图 6-17 所示。从图 6-17 中可以看出，模拟结果和文献中的结果吻合良好，从而验证了模拟结果的可靠性。

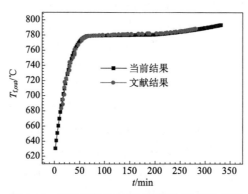

图 6-17   传热流体出口温度随时间的变化曲线

5. 计算结果及分析

基于上述数学模型、模拟方法和相应的数值模拟程序，可以对壳管式相变储热单元的相变储热过程进行模拟分析，揭示储热单元的工况参数和几何参数等对储热性能及固-液界面演化行为的影响，从而为储热单元的工况选择及结构优化提供理论参考。由于太阳辐射的不稳定性，所以必然引起传热流体在相变储热器入口的流量或温度产生变化，因此，储热设备在不同工况下的工作性能是实际应用中必须关注的。在这里，我们以工况参数对储热单元性能的影响规律为例，进行简要分析讨论，详见参考文献[55]。

首先为了衡量储热单元的储热性能，定义储热效率如式(6-33)所示。

$$\varepsilon = \frac{Q_t}{Q_{max}} \tag{6-33}$$

式中，Q_t 为储热时间为 t 时，储热材料所存储的总热量，包括显热储热量和潜热储热量两部分，计算式如下：

$$Q_t = Q_{lt} + Q_{st} = fm\Delta H + \iint 2\pi\rho_p c_{p,p}(T - T_i)r\mathrm{d}r\mathrm{d}x$$

Q_{max} 为相变储热单元最大可能储热量，包括潜热储热量和显热储热量两部分，计算式如下：

$$Q_{max} = Q_{l,max} + Q_{s,max} = m\Delta H + \iint 2\pi\rho_p c_{p,p}(T_{f,in} - T_i)r\mathrm{d}r\mathrm{d}x = m\Delta H + mc_{p,p}(T_{f,in} - T_i)$$

下面将分别讨论在恒定的传热流体入口流速(或温度)下，不同传热流体入口温度(或流速)对相变材料的熔化速率、固-液界面位置和储热单元的储热效率的影响。

1) 传热流体入口温度的影响

在传热流体入口速度为 15 m·s^{-1} 恒定不变下，不同传热流体入口温度对相变储热材料熔化速率、相变储热单元的储热效率以及相变材料固-液界面位置的影响参见图 6-18～图 6-20。

从图 6-18 可以看出，相变储热过程可以分为三个阶段：①前期的显热储热阶段，由于相变材料的初始温度低于相变温度，这个阶段没有发生相变，相变材料的熔化分数保持为零，储热方式为显热储热，相变材料的温度逐步升高；②中间的相变储热阶段，由于内管壁附近的相变材料的温度达到相变温度，此时相变储热和显热储热两种方式同时存在，并逐渐转化为以相变储热为主，相变材料的熔化分数随时间推移而快速增加，直到相变材料完全熔化(熔化速率达到 1)，相变储热过程结束；③后期的显热储热阶段，由

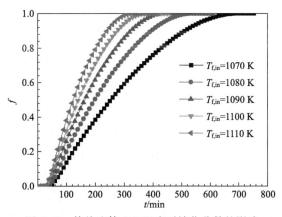

图 6-18 传热流体入口温度对熔化分数的影响

于相变材料的相变温度低于传热流体进口温度,相变材料完全熔化后储热过程仍然存在,不过储热方式再次转变为显热储热, 相变材料的熔化分数保持为 1,直到相变材料的温度达到传热流体的进口温度,储热过程结束。随着传热流体入口温度升高,传热温差加大、传热速率加快,使得前期的显热储热和中间的相变储热阶段持续的时间都明显缩短,但随着传热流体入口温度的进一步升高,缩短的趋势逐渐减小。同时,也可以看出,传热流体温度升高对后期的显热储热阶段持续时间的影响较小。这是因为随着入口温度升高,相变材料完全熔化时的温度(近似在熔点)和所能达到的最高温度(传热流体入口温度)的差值增大,显热储热量增加,因此,虽然传热速率在增加,但对所需的储热时间的影响较小。

传热流体入口温度对相变储热单元储热效率的影响参见图 6-19。在前期主要是显热储热,而且由于相变材料温度较低,传热温差大,储热速率高,储热效率随时间快速增加。在这个阶段,传热流体进口温度对储热效率的影响相对较小,主要是因为随进口温度升高,传热速率加快,相同时间内的储热量增多;但与此同时,随传热流体进口温度升高,相变材料的最大可能储热量也在增加,因此,进口温度变化对相同时刻储热效率的影响较小。随后,进入以相变储热为主的储热阶段,此时相变材料的温度近似保持不变,随着进口温度上升,对应的传热温差增大,储热速率加快,因此,储热效率随时间的变化曲线变得更加陡峭。之后,随着相变材料的完全熔化,储热方式再次转变为显热储热,相变材料的温度快速增加,储热速率减慢,储热效率随时间变化曲线的斜率逐渐减缓,直到最后达到 1,储热过程结束。

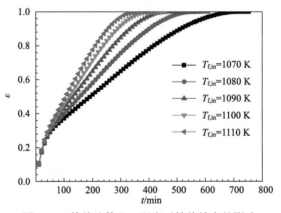

图 6-19   传热流体入口温度对储热效率的影响

传热流体入口温度对相变材料固-液界面位置的影响如图 6-20 所示,此时对应的储热时间为 180 min。从图 6-20 中可以看出,随着入口温度的升高,相变材料熔化速率加快,沿轴向不同位置的相变材料的固-液界面位置都更深(远离内管表面)。而且增加入口温度对入口区域固-液界面的影响远高于对出口区域的影响,这也就意味着增加传热流体入口温度,会加剧相变材料熔化过程的不均匀性。例如,当入口温度增加到 1100 K 以上时,入口区域的相变材料已经完全熔化,而出口区域的相变材料熔化还不到一半。这是因为,随着入口温度升高,在入口区域传热流体和相变材料之间的传热温差加大,传热速率显著升高，引起该区域相变材料熔化速率快速增加；但是正是这一区域的传热速率升高，造成传热流体的温度快速降低，使得后继区域的传热温差相对减小。因此，出口区域的熔化速率并不像入口区域增加得那么明显，从而导致相变材料熔化过程中固-液界面不均匀性加剧，破坏传热过程的均匀性。而且通过提高入口温度来提升相变材料熔化速率及储热速率的方法，是通过提高传热温差实现的，而越大的传热温差也就意味着越大的传热过程不可逆损失。

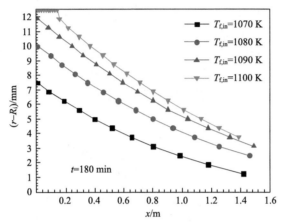

图 6-20 传热流体入口温度对相变材料固-液界面位置的影响

2) 传热流体入口流速的影响

在传热流体入口温度恒定为 1090 K 时,不同传热流体入口流速对相变储热材料熔化速率和相变储热单元的储热效率的影响参见图 6-21～图 6-23。

从图 6-21 可以看出，不同传热流体入口流速下，相变储热过程同样呈现三个阶段。在前期的显热储热阶段，随着传热流体入口流速升高，对流传热速率加快，造成相变材料温度快速升高，因此显热储热阶段持续的时间缩短。在中间的相变储热阶段，传热流体进口流速越高，熔化分数随时间的变化曲线的斜率越陡，意味着相变材料的熔化速率越快。后期阶段，由于相变材料的相变温度低于传热流体入口温度，储热过程仍然存在，不过储热方式再次转变为显热储热，相变材料的熔化分数保持不变，直到相变材料的温

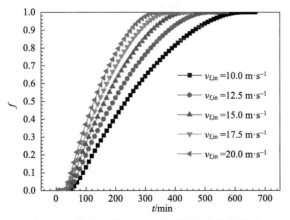

图 6-21 传热流体入口流速对熔化分数的影响

度达到传热流体的入口温度，储热过程结束。随着传热流体流速升高，对流传热速率加快，使得各阶段持续的时间都有所缩短。

传热流体入口流速对储热效率的影响如图 6-22 所示。在储热过程的前期，传热流体和相变材料之间的传热温差较大，储热速率较快，因此，储热效率上升的趋势比较明显，表现在图 6-22 中是曲线的斜率较大。但此阶段，主要是显热储热，储热效率随时间推移快速增加的同时，相变材料温度也随之快速增加。随着相变材料的温度上升，达到相变温度，相变储热开始，并且逐渐占据主导地位。在这个阶段由于传热温差减小，储热速率减慢，因此，曲线的斜率降低。同时，由于相变过程中相变材料的温度保持恒定，因此传热温差几乎不变，所以在这个阶段，储热效率随时间近似呈线性变化关系。到了储热后期，相变材料完全熔化，储热过程又转变成显热储热，温度快速上升，储热速率减慢，对应储热效率曲线的斜率逐渐减小。直到储热效率达到 1，储热过程结束。流体入口流速越高，同一时刻的储热效率越高。

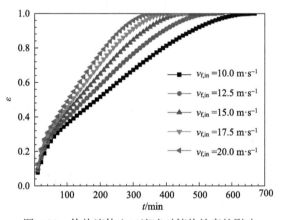

图 6-22 传热流体入口流速对储热效率的影响

传热流体入口流速变化，同样会对相变材料熔化过程中的固-液界面分布产生影响，参见图 6-23。从图 6-23 中可以看出，随着入口流速升高，相变材料熔化速率加快，沿轴向不同位置的相变材料的固-液界面位置都更深入相变材料内部。而且增加入口流速并不像增加入口温度那样会加剧相变材料熔化过程中固-液界面分布的不均匀性。随着入口流速增加，固-液界面位置几乎"平行"向相变材料内部深入。这是因为，随着入口流速升高，在入口区域，传热流体和相变材料之间的对流换热系数增加，传热速率升高，引起该区域相变材料熔化速率快速增加；同时流速升高造成工质流量增大，虽然入口区域传热量增多，但对出口区域传热流体温度的影响不大，因此，在后面的出口区域，传热速率仍然随着流速增加而明显升高。可见，提高传热流体的流速，不仅可以提高相变材料熔化速率，缩短储热时间，而且对储热管不同位置的强化效果相当，不会加剧相变材料熔化过程中固-液界面的不均匀性。

通过上面的分析，可以总结出如下规律：①提高传热流体入口温度，可以提升相变储热单元的储热速率，但是会造成更大的储热过程不可逆损失，而且会加剧相变材料熔化过程中固-液界面的不均匀性；②提高传热流体入口流速，不仅可以提升相变储热单元

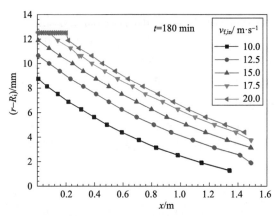

图 6-23 传热流体入口流速对相变材料固-液界面位置的影响

的储热速率，而且不会加剧储热过程的不可逆损失及相变材料固-液界面的均匀性；③相比于提高传热流体温度，提高流速是一种更合理的提高储热单元储热速率的手段；④提高传热流体入口温度或流速，虽然可以提升储热速率，但提升的效果会随着温度或流速的升高而越来越弱，在实际使用时需要根据实际情况合理选择工况参数。

此外，对于某一固定的太阳能镜场，传热流体的出口温度和质量流量总是相互制约的，需满足如下方程：

$$\Phi_c = \dot{m}_f c_{p,f} \Delta T_f \tag{6-34}$$

式中，Φ_c 为太阳能集热镜场的热功率，W；$\dot{m}_f$ 为传热流体质量流量，$kg \cdot s^{-1}$；$c_{p,f}$ 为传热流体比热容，$J \cdot kg^{-1} \cdot K^{-1}$；$\Delta T_f$ 为传热流体在镜场获得的温升（$\Delta T_f = T_{f,out} - T_{f,in}$）。

可见，对于固定功率的太阳能集热镜场：增加传热流体的质量流量(流速)，必然会造成传热流体在镜场出口处的温度降低；增加传热流体的出口温度，必然引起质量流量(流速)降低。因此，单纯改变传热流体工况参数很难大幅度提高储热速率。

6. 性能强化思路及验证

通过前面的相变储热过程分析，可以发现相变储热过程从本质上来说是一个通过壁面的传热过程(热量通过壁面在传热流体和相变材料之间传递)，该传热过程的传热速率即为相变储热速率，因此储热速率可表示为

$$\phi = kA\Delta T_m \tag{6-35}$$

式中，ϕ 为传热速率(储热速率)，W；k 为传热系数，$W \cdot m^{-2} \cdot K^{-1}$；$\Delta T_m$ 为平均传热温差，K。

从式(6-35)可以看出，提高储热速率的途径主要有三种：①提高传热系数，例如，采用高导热系数的储热材料、高导热系数的壁面材料、高对流换热系数的传热流体；②提高传热面积，例如，采用翅片管结构、胶囊结构；③提高传热温差，例如，采用基于"温度对口、梯级存储"原则的梯级储热技术。

基于本节所介绍的数值分析方法，可对上述强化途径应用于相变储热装置时的强化

效果进行仿真预测，揭示性能强化的内在机制，从而更好地指导相变储热装置的性能改进和结构优化。下面将以翅片管结构相变储热装置的性能仿真为例，加以说明。

目前，采用强化翅片管的壳管式相变储热单元，翅片通常都添加在相变材料侧。对于传热流体为液体的储热单元来说，这种强化手段非常有效，因为，此时流体侧的对流换热系数比较高，传热热阻主要在相变材料侧。然而，对于传热流体为气体或气体混合物的相变储热单元，由于气体本身的对流换热性能较差，此时流体侧的对流换热热阻同样是整个传热热阻的重要构成环节，因此，强化传热流体侧的传热性能，也是强化储热单元储热性能的一个有效手段。

为了验证上述思路的正确性，本部分以采用三种强化传热管(分别为内丁胞[56]、内圆台[57]、内螺纹管[58])且强化表面均在管内侧(即传热流体侧)为例，来探讨当传热流体为气体时，强化传热流体侧的传热性能对相变储热单元储热性能的影响。强化传热管的几何结构如图6-24所示，控制方程、边界条件等参见前面相关内容或参考文献[40]。

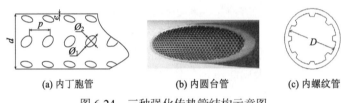

(a) 内丁胞管　　　　　(b) 内圆台管　　　　　(c) 内螺纹管

图6-24　三种强化传热管结构示意图

图6-25是强化传热管对储热单元储热速率(传热速率)的影响。在起始阶段，由于存在较大的传热温差，因此，传热速率非常高。但是这个阶段以显热储热为主，相变材料的温度快速升高，随着时间推移，传热温差减小、传热速率急剧降低。这里选择的三种强化传热管(内丁胞管、内圆台管、内螺纹管)，其传热速率都明显高于光管。在随后的相变储热阶段，相变材料的温度保持在相变温度几乎不变，因此传热温差恒定，储热速率也近似保持不变，在图6-25中呈现水平段，同样强化传热管的传热速率高于光管。在最后的显热储热阶段，相变材料的温度再次快速增加，导致传热温差减小，传热速率再次降低；对于强化传热管来说，由于对流换热系数较高，前期的传热速率较大，因此相变材料温度上升得更快，使得该阶段后期传热温差和传热速率快速降低。

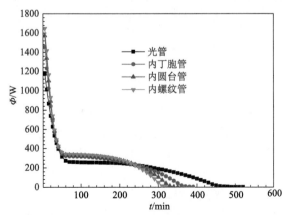

图6-25　内强化传热管对储热速率的影响

强化传热管对相变材料固-液界面位置的影响如图 6-26 所示。对于储热单元的前段
(约为总长的 2/3 位置之前)，采用强化传热管时，固-液界面明显更靠近相变材料内部，
说明强化效果较好。但是对于最后约 1/3 管长的区域，采用强化传热管时固-液界面的位
置反而要低于光管时的界面位置，这说明后段储热速率不仅没有强化，反而弱化了。主
要是因为，采用强化传热管时，对流换热系数较高，传热流体携带的热量更多的在储热
单元前段传递给了储热材料，造成传热流体流过后段时，自身温度较低，减小了传热温
差，因此后段的传热速率、相变材料熔化速率降低。

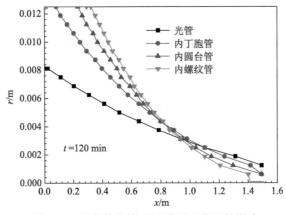

图 6-26 强化传热管对固-液界面位置的影响

上述现象提醒我们，在采用强化传热管时，可以考虑配合梯级储热方案同时使用，
即在前段使用相变温度较高的储热材料，而在后段使用相变温度较低的储热材料，从
而提高相变材料熔化速率的均匀性，达到更好的强化效果，具体的分析及讨论见参考
文献[49]，这里不再赘述。

6.4.3 三维柱坐标下的相变储热过程建模及分析

6.4.2 节在考虑相变材料径向导热，但忽略液态相变材料自然对流的条件下，构建了
二维柱坐标下的相变储热模型，给出了相应的控制方程、数值分析方法及其在储热单元
性能分析和性能强化方面的应用。正如前面指出的，当相变材料空间的尺寸较小，自然
对流对相变储热过程的总体影响较小时，二维简化模型可以满足一般工程及科研需求，
同时可以大大缩短计算时间，因此，具有较好的应用价值。然而，该模型没有考虑自然
对流的存在对相变材料内部热量传递过程的影响，对于相变材料所占空间较大，自然对
流比较显著的情况，其模拟结果会存在一定的偏差。解决的方法有两种，一是采用有
效导热系数法，即采用考虑自然对流影响的有效导热系数来代替相变材料自身的导热
系数[23,59,60]；另外一种就是开发完整的三维柱坐标下的相变储热模型，把自然对流的影
响加入到模型中去[41,61]。此处将着重介绍后一种方法，详细内容可参阅文献[41]。

1. 物理及数学模型

物理模型外形和 6.4.2 节相同，参见图 6-15。相变储热管水平放置，储热单元管长

L=1.0 m，内管半径为 R_i=12.5 mm，外管半径为 R_o=25 mm。相变储热材料及传热流体与
6.4.2 节相同。储热单元的初始温度 T_i 为 823 K，传热流体入口温度为 1090 K，入口流速
为 15 m·s^{-1}。

为节约计算时间，传热流体仍做一维流动假设，液态相变材料的自然对流满足
Boussinesq 假设。考虑到模型的对称性，为节省计算资源，可选取储热单元的一半作为
研究对象，即沿着储热单元管的轴线做竖直剖面，取一半作为研究对象。取轴向为 z 方
向，径向为 r 方向，周向为 θ 方向，可得模型的控制方程如下。

传热流体的能量守恒方程：

$$\frac{\partial T_f}{\partial t} = -\frac{\dot{m}_f}{\rho_f \pi R_i^2}\frac{\partial T_f}{\partial z} - \frac{2h}{(\rho c)_f \pi R_i}(T_f - T^*) \tag{6-36}$$

式中，T_f 为传热流体当前时层的温度，K；T^* 为相变材料上一时层在边界界面上温度的
平均值，K；h 为传热流体的对流换热系数，W·m^{-2}·K^{-1}，可由下式计算[53]：

$$h = \frac{k}{d}0.022Pr^{0.6}Re^{0.8} \tag{6-37}$$

对于相变材料，由于需要考虑自然对流的影响，因此，其控制方程除了前面介绍的
能量守恒方程外，还需要补充质量守恒方程及动量守恒方程，具体的控制方程如下：

质量守恒方程

$$\frac{\partial \rho}{\partial t} + \frac{1}{r}\frac{\partial(r\rho V_r)}{\partial r} + \frac{1}{r}\frac{\partial(\rho V_\theta)}{\partial \theta} + \frac{\partial(\rho V_z)}{\partial z} = 0 \tag{6-38}$$

动量守恒方程

$$\frac{\partial V_\theta}{\partial t} + (\boldsymbol{V}\cdot\nabla)V_\theta + \frac{V_r V_\theta}{r} = g_\theta - \frac{1}{\rho r}\frac{\partial p}{\partial \theta} + \nu\left(\nabla^2 V_\theta + \frac{2}{r^2}\frac{\partial V_r}{\partial \theta} - \frac{V_\theta}{r^2}\right) \tag{6-39}$$

$$\frac{\partial V_r}{\partial t} + (\boldsymbol{V}\cdot\nabla)V_r - \frac{V_\theta^2}{r} = g_r - \frac{1}{\rho}\frac{\partial p}{\partial r} + \nu\left(\nabla^2 V_r - \frac{2}{r^2}\frac{\partial V_\theta}{\partial \theta} - \frac{V_r}{r^2}\right) \tag{6-40}$$

$$\frac{\partial V_z}{\partial t} + (\boldsymbol{V}\cdot\nabla)V_z = -\frac{1}{\rho}\frac{\partial p}{\partial z} + \nu\left(\nabla^2 V_z\right) \tag{6-41}$$

式中，$g_\theta = g\beta(T - T_m)\sin\theta$，$g_r = -g\beta(T - T_m)\cos\theta$，是考虑自然对流影响的源项。

能量守恒方程

$$\frac{\partial T}{\partial t} + \frac{u}{r}\frac{\partial T}{\partial \omega} + v\frac{\partial T}{\partial r} + w\frac{\partial T}{\partial z} = \frac{k}{\rho c_p}\left(\frac{1}{r^2}\frac{\partial^2 T}{\partial \omega^2} + \frac{1}{r}\frac{\partial}{\partial r}\left(r\frac{\partial T}{\partial r}\right) + \frac{\partial^2 T}{\partial z^2}\right) - \frac{\Delta H}{c_p}\frac{\partial f}{\partial t} \tag{6-42}$$

2. 初始条件及边界条件

初始条件：
传热流体的初始温度，$T_f(z, t=0) = T_i$；
相变材料的初始温度，$T(\theta, r, z, t=0) = T_i$。
边界条件：
传热流体入口边界，$T_f(z=0, t) = T_{f,in}$，$w(z=0, t) = w_{f,in}$；

传热流体与相变材料的耦合边界，$-k_p \dfrac{\partial T(\theta, r=R_i, z, t)}{\partial r} = h(T_f(z, t)) - T(\theta, r=R_i, z, t)$；

相变材料区域周向边界：
$u(\theta=0, r, z, t) = u(\theta=\pi, r, z, t) = 0$；

$\dfrac{\partial v(\theta=0, r, z, t)}{\partial \theta} = \dfrac{\partial v(\theta=\pi, r, z, t)}{\partial \theta} = 0$；

$\dfrac{\partial w(\theta=0, r, z, t)}{\partial \theta} = \dfrac{\partial w(\theta=\pi, r, z, t)}{\partial \theta} = 0$；

$\dfrac{\partial T(\theta=0, r, z, t)}{\partial \theta} = \dfrac{\partial T(\theta=\pi, r, z, t)}{\partial \theta} = 0$。

相变材料区域径向边界：
$u(\theta, r=R_i, z, t) = u(\theta, r=R_o, z, t) = 0$；

$v(\theta, r=R_i, z, t) = v(\theta, r=R_o, z, t) = 0$；

$w(\theta, r=R_i, z, t) = w(\theta, r=R_o, z, t) = 0$；

$-k_p \dfrac{\partial T(\theta, r=R_i, z, t)}{\partial r} = h(T_f(z, t) - T(\theta, r=R_i, z, t))$；

$\dfrac{\partial T(\theta, r=R_o, z, t)}{\partial r} = 0$。

相变材料区域轴向边界，
$u(\theta, r, z=0, t) = u(\theta, r, z=L, t) = 0$；

$v(\theta, r, z=0, t) = v(\theta, r, z=L, t) = 0$；

$w(\theta, r, z=0, t) = w(\theta, r, z=L, t) = 0$；

$\dfrac{\partial T(\theta, r, z=0, t)}{\partial z} = \dfrac{\partial T(\theta, r, z=L, t)}{\partial z} = 0$。

3. 计算结果及分析

基于上述的控制方程，结合给定的边界条件，可以开展壳管式相变储热单元内相变储热过程的三维数值研究，具体的数值方法与 6.4.2 节类似，不再赘述。三维模型的一个最大优点是可以充分预测液态相变材料的自然对流对储热性能的影响规律，从而有针对性地对局部位置进行合理强化。这里通过将考虑自然对流和不考虑自然对流两种模型获得的数值结果进行对比,来揭示自然对流的影响规律。

图 6-27 是相变材料熔化分数为 0.5(即相变材料熔化一半)时,不同截面内相变材料的固-液界面分布情况。图 6-27(a)是不考虑自然对流的情况,此时相变材料内部的传热过程是一个三维导热过程,因此,在圆周各方向上相变材料的熔化速率相等,固-液界面同时向外扩展。图 6-27(b)是考虑自然对流的情况,受自然对流的影响,高温液态相变材料向上部流动,使得上部区域的相变材料熔化速率大于下部区域,引起固-液界面的不均匀分布。

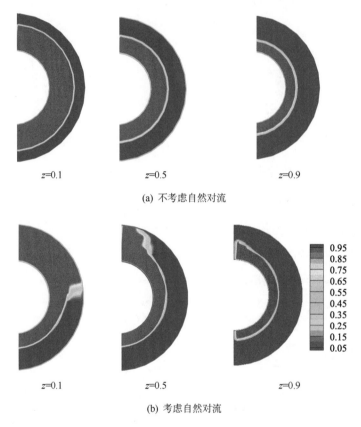

(a) 不考虑自然对流

(b) 考虑自然对流

图 6-27　自然对流对相变材料固-液界面分布的影响(f=0.5)

图 6-28 是相变材料熔化分数为 0.5 时,相变材料不同截面内的温度场分布情况。当不考虑自然对流时,温度场呈同心圆分布,相同径向位置的相变材料具有相同的温度,如图 6-28(a)所示。当考虑自然对流时,受自然对流的影响,高温液态相变材料向上部流动,使得上部相变材料的温度高于底部相变材料的温度,引起温度场分布的不均匀性,如图 6-28(b)所示。

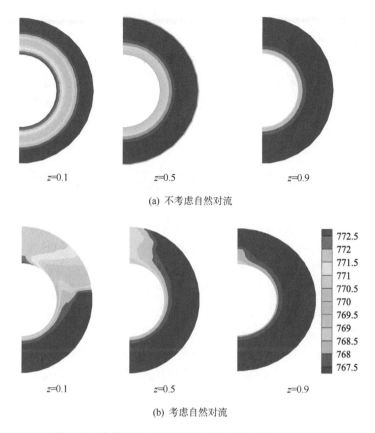

(a) 不考虑自然对流

(b) 考虑自然对流

图 6-28　自然对流对相变材料内温度分布的影响(f=0.5)

图 6-29 是相变材料熔化分数达到 0.25、0.5 及 1 时，中间截面(z=0.5 m)内液体相变材料的流场分布。受自然对流影响，高温液态相变材料向顶部流动，在顶部附近形成漩涡；并且随着相变材料熔化量的增加，自然对流现象越发明显，形成的漩涡逐渐扩大。

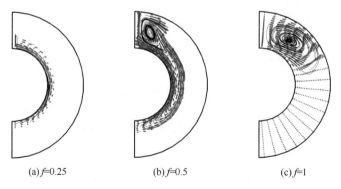

(a) f=0.25　　　　(b) f=0.5　　　　(c) f=1

图 6-29　相变材料内的流场分布(z=0.5)

通过上面的分析，可以发现自然对流的存在一方面可以强化传热速率，加速相变材料的熔化；另一方面，自然对流会驱动高温液态相变材料向顶部流动，加速顶部区域相变材料的熔化速率,而削弱底部区域的相变材料的熔化速率,加剧熔化过程的不均匀性。对于传热过程强化来说,总是希望传热过程尽可能均匀强化,这样强化效果才能达到最好。结合自然对流的影响特征,可以对储热单元进行局部强化,实现均匀的强化效果,例如,在传热管底部区域采用局部强化翅片结构[41]、局部填充金属泡沫结构[34]等来提高底部相变材料的融化速率。这方面作者团队做了不少工作,感兴趣的读者可以参阅本团队的相关文献。

6.5 填充床相变储热器建模及分析

伴随着封装技术的发展,胶囊型相变储热材料引起了人们广泛关注,它不仅可以解决相变储热材料的泄漏问题,而且能够显著增大换热面积,提高储热速率,在工程中具有广阔的应用前景。将相变储热材料封装成胶囊结构(芯体为相变材料、壳体为封装材料),然后填充到储热床内,就形成了填充床相变储热器。本节将基于作者团队开展的填充床相变储热器的研究工作[46-47],详细介绍填充床相变储热器的数值建模方法,与6.4节采用焓方法处理固-液相变问题不同的是,本节将采用另一种固-液相变问题的处理方法——显热容法;然后,给出储热设备的性能评价指标,并对填充床相变储热器的性能进行评估;最后,在性能评估的基础上,对填充床储热器结构进行优化,提出两层填充床储热器的优化结构。应当指出,本节给出的相变储热设备性能评价指标,同样适用于其他形式储热设备的性能评价。

6.5.1 填充床相变储热器数值建模

填充床相变储热器根据相变胶囊填充方式的不同,通常可以分为单层填充床相变储热器(填充的相变胶囊具有均匀统一的尺寸)、多层填充床相变储热器(填充床沿传热流体流动方向分成若干层,各层填充不同尺寸的相变胶囊,但在同一层相变胶囊的尺寸相同)、混合式填充床相变储热器(填充床内混合填充不同尺寸的相变胶囊)。为简单起见,本部分先介绍单层填充床相变储热器。

1. 填充床储热器物理模型

填充床相变储热器的物理模型如图6-30所示,外壳为一个圆柱形的储热罐体,其内部填充相变储热球(相变胶囊)。储热过程中,高温传热流体(空气)从储热罐顶部进入,与储热罐内的相变储热球进行对流换热后从底部流出,储热罐外侧覆盖保温材料。储热器罐体材料为321不锈钢,高度为505 mm,外径为272 mm,壁厚为6 mm;罐内填充用304不锈钢封装的混合盐相变储热球。储热器的具体尺寸参数参见表6-13。

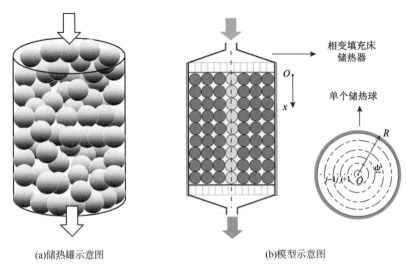

(a)储热罐示意图   (b)模型示意图

图 6-30 相变球填充床储热器物理模型

表 6-13 储热器尺寸参数

项目	数值	项目	数值
储热罐高度 H_{tank}/mm	505	填充床体积 V_{bed}/m³	0.0138
储热罐直径 D_{tank}/mm	260	填充床孔隙率 ε	0.426
储热罐壁厚 δ_{tank}/mm	6	相变储热球直径 d_p/mm	34
填充床高度 H_{bed}/mm	260	相变储热球壁厚 δ_p/mm	2

填充相变储热球后的填充床呈现多孔介质的特征，储热球连接成多孔骨架，储热球与储热球之间的空隙形成孔隙结构，其孔隙率定义如式(6-43)所示。

$$\varepsilon = 1 - \frac{V_p}{V_{bed}} \tag{6-43}$$

式中，V_{bed} 为填充床的体积，m³；V_p 为颗粒床内所有储热球体积之和，即储热球的总体积，m³。

当相变储热球直径确定后，填充床储热器的孔隙率可采用公式(6-44)计算获得[62]

$$\varepsilon = 0.368 + 0.216 \frac{d_p}{D_{tank}} \tag{6-44}$$

式中，d_p 为相变储热球直径，m；D_{tank} 为填充床罐体直径，m。

孔隙率确定后，所需储热球的数量通过式(6-45)计算：

$$V_p = \frac{n}{6} \pi d_p{}^3 \tag{6-45}$$

式中，V_p 为储热球的总体积，可通过孔隙率的定义式获得，m³；n 为储热球的数量，个；

d_p 为储热球直径，m。

相变储热球的填充材料(芯体)为 Li$_2$CO$_3$-K$_2$CO$_3$-Na$_2$CO$_3$(质量比为 32：35：33)的三元混合盐相变储热材料，封装材料(壳体)为 304 不锈钢，相变材料和封装材料的热物性参数见表 6-14。

表 6-14　Li$_2$CO$_3$-K$_2$CO$_3$-Na$_2$CO$_3$ 的三元混合盐和 304 不锈钢的热物性参数

材料	熔点/℃	相变焓 /(kJ·kg^{-1})	导热系数 /(W·m^{-1}·K^{-1})	比热容 /(J·kg^{-1}·K^{-1})	密度 /(kg·m^{-3})
Li$_2$CO$_3$-K$_2$CO$_3$-Na$_2$CO$_3$ (32wt%-35wt%-33wt%)	395.1	273.0	1.69(solid) 1.60(liquid)	1540(350 ℃) 1640(450 ℃)	2310
304 不锈钢	—	—	18.9	500	7930

2. 填充床储热器数学模型

关于颗粒填充床内的流动传热问题，目前有多种数学模型可供选用，总体上这些模型可以分为两类：一类是单相模型，即把固体颗粒和传热流体视为同一相；另一类是两相模型，即将固体项和流体项分开单独处理。两相模型又可以分为：连续固相模型、舒曼模型、中心扩散模型。本部分采用基于两相模型的中心扩散模型，对填充床内相变储热球和传热流体的能量交换进行仿真研究。该模型认为填充床是各向同性的多孔介质，并包含独立的固体颗粒。由于模型考虑了固体颗粒内部的传热，对固体颗粒直径较大或导热系数较低的情况具有很好的适用性，能够反映出颗粒内部的热量传输情况，因此，普遍用于填充床相变储热器内的相变储热问题。考虑到填充床结构的复杂性，为了简化计算，做如下假设：

(1) 填充床内的储热球均匀分布，填充床具有均匀的孔隙率；

(2) 传热流体的温度和速度在垂直流动方向上均匀分布，忽略径向温差；

(3) 忽略储热罐进口和出口处的热损失，只考虑传热流体和储热罐壁面进行换热而产生的热损失；

(4) 忽略填充床内的辐射换热[63]。

基于以上假设，可以将该模型简化为两个相互耦合的一维模型，即总体上沿传热流体流动方向的一维非稳态对流传热模型和相变储热球内的一维非稳态相变传热模型，参见图 6-30(b)。传热流体和相变储热球的能量方程分别如下：

传热流体：

$$\varepsilon \rho_f c_{p,f} \frac{\partial T_f}{\partial t} + u_f \rho_f c_{p,f} \frac{\partial T_f}{\partial x} = \lambda_{f,\text{eff}} \frac{\partial^2 T_f}{\partial x^2} + h_f (T_{p,R} - T_f) + h_w \frac{\pi D_{\text{tank}}}{A_{\text{tank}}} (T_w - T_f) \tag{6-46}$$

相变储热球：

$$\frac{\partial T_p}{\partial t} = \frac{\lambda_p}{\rho_p c_{p,p}} \left(\frac{\partial^2 T_p}{\partial r^2} + \frac{2}{r} \frac{\partial T_p}{\partial r} \right) \tag{6-47}$$

式中，下标"f"代表传热流体；下标"p"代表相变储热球；ε 为填充床的孔隙率；$\lambda_{f,eff}$ 为传热流体的等效导热系数，$W \cdot m^{-1} \cdot K^{-1}$；$h_f$ 为传热流体与相变储热球之间的对流换热系数，$W \cdot m^{-2} \cdot K^{-1}$；$h_w$ 为传热流体与周围环境之间的热损失系数，$W \cdot m^{-2} \cdot K^{-1}$；$D_{tank}$ 为填充床罐体的直径，m；A_{tank} 为填充床罐体的横截面积，m^2；T_w 为环境温度，K。

传热流体和相变储热球表面之间的换热系数采用 Wakao 等[64]总结的经验关联式：

$$h_f = \frac{6(1-\varepsilon)\lambda_p}{d_p^2}\left(2 + 1.1Re^{0.6}Pr^{1/3}\right), \quad 15 < Re < 8500 \tag{6-48}$$

在实际工程应用中，储热器与环境之间存在热损失，为了衡量热损失的影响，定义储热器与环境间的热损失系数为 h_w。基于填充床壳体内表面的热损失系数 h_w 的计算，采用 Hänchen 等[65]的关联式：

$$\frac{1}{h_w} = \frac{1}{h_i} + r_{bed}\sum_{j=1}^{2}\frac{1}{\lambda_j}\ln\left(\frac{r_{j+1}}{r_j}\right) + \frac{1}{h_o} \tag{6-49}$$

式中，r_{bed} 为填充床罐体的内半径，m；$j=1$ 表示储热罐壁面内的导热过程；$j=2$ 表示储热罐外保温层内的导热过程；h_i 为内壁面的对流换热系数，$W \cdot m^{-2} \cdot K^{-1}$，可用 Beek 等[66]总结的换热关联式(6-50)计算；h_o 为外界环境的对流换热系数，$W \cdot m^{-2} \cdot K^{-1}$，可采用公式(6-51)计算获得[65]。

$$h_i = \frac{\lambda_f}{d_p}\left(0.203Re^{1/3}Pr^{1/3} + 0.220Re^{0.8}Pr^{0.4}\right) \tag{6-50}$$

$$h_o = \frac{\lambda_w}{H_{tank}}\left[0.825 + 0.387\left(Ra \cdot f_1(Pr)\right)^{1/6}\right]^2 \tag{6-51}$$

式中，$f_1(Pr) = \left[1 + \left(\frac{0.492}{Pr}\right)^{9/16}\right]^{-\frac{16}{9}}$。

控制方程中传热流体的导热系数采用基于 Gonzo[67]关联式的等效导热系数，其计算式如下：

$$\lambda_{f,eff} = \lambda_f\left[\frac{1 + 2\beta\phi + (2\beta^3 - 0.1\beta)\phi^2 + \phi^3 0.05\exp(4.5\beta)}{1 - \beta\phi}\right] \tag{6-52}$$

式中，$\phi = 1 - \varepsilon$；$\beta = (\lambda_p - \lambda_f)/(\lambda_p + 2\lambda_f)$。

从相变储热球的能量方程可以看出，本节没有采用焓方法来处理固-液相变问题，而是采用了另一种方法——显热容法，即认为固-液相变发生在一个很小的温度区间（$\Delta T_m = T_{m2} - T_{m1}$）内，在这个温度区间内相变材料具有很大的比热容。因此，需要对相变材料在固-液相变过程中的比热容进行特殊处理。同时，相变材料在储热和放热过程中会发生相变，导致相变材料物性参数也发生相应变化。特别是当相变材料在固、液态物性差别较大的时候，为了提高模拟结果的精度，在求解控制方程时，需要根据不同的相态区间分别给出对应的物性参数。考虑到显热容法的需要和不同相态时储热材料物性的变化，不同相态区间相变材料物性参数的设置如下。

固态显热储热阶段(固态)：

$$
\begin{cases}
c_p = c_{p,\mathrm{s}}, \\
\lambda_\mathrm{p} = \lambda_\mathrm{s}
\end{cases}
\quad T_\mathrm{p} < T_{\mathrm{m1}}
$$

固-液相变储热阶段(固、液两相共存)：

$$
\begin{cases}
c_p = \dfrac{c_{p,\mathrm{l}} + c_{p,\mathrm{s}}}{2} + \dfrac{\Delta H}{T_{\mathrm{m2}} - T_{\mathrm{m1}}} = \dfrac{c_{p,\mathrm{l}} + c_{p,\mathrm{s}}}{2} + \dfrac{\Delta H}{\Delta T_\mathrm{m}}, \\
\lambda_\mathrm{p} = \dfrac{\lambda_\mathrm{s} + \lambda_\mathrm{l}}{2}
\end{cases}
\quad T_{\mathrm{m1}} \leqslant T_\mathrm{p} \leqslant T_{\mathrm{m2}}
$$

液态显热储热阶段(液态)：

$$
\begin{cases}
c_p = c_{p,\mathrm{l}}, \\
\lambda_\mathrm{p} = \lambda_\mathrm{l}
\end{cases}
\quad T_\mathrm{p} > T_{\mathrm{m2}}
$$

到这里不仅给出了填充床相变储热器内能量传递过程的控制方程，而且给出了方程中各项系数的详细计算方法以及储热材料不同阶段的物性参数的取值方法，再结合边界条件的设置，即可建立完整的描述填充床相变储热器工作过程的数学模型。边界条件设置如下：

流体相：
$$
\begin{cases}
T_\mathrm{f} = T_{\mathrm{in}}, & x=0 \\
\dfrac{\partial T_\mathrm{f}}{\partial x} = 0, & x=H
\end{cases}
$$

固体相：
$$
\begin{cases}
\dfrac{\partial T_\mathrm{p}}{\partial t} = 0, & r=0 \\
\lambda_\mathrm{p} \dfrac{\partial T_\mathrm{p}}{\partial r} = h_\mathrm{p}(T_\mathrm{f} - T_{\mathrm{p},r=R_\mathrm{o}}), & r=R_\mathrm{p}
\end{cases}
$$

式中，T_f 为传热流体温度，K；T_p 为储热材料温度，K。

3. 填充床储热器的数值求解方法

根据上面建立的数学模型，将储热罐计算区域沿着传热流体流动方向划分为 Nx 个子区域，将每个储热球内部沿径向分为 Rx 个子区域，对控制方程采用有限差分法进行离散[17]，时间项采用向后差分，空间项采用中心差分。利用 MATLAB 软件对方程进行求解，先在每个时间步长内对计算区域进行求解直到收敛，再进行下一个时间步长的计算，直到整个储热过程结束。数值计算的流程如图 6-31 所示，具体步骤如下：①设定储热器的结构参数和相变材料、换热流体的初始物性参数；②对系统温度场进行初始化设置，给定传热流体进口温度和流量；③根据相变储热球内的温度判断储热过程进行的阶段，从而给材料赋予相应阶段的物性参数值；④在一个时间步长内，求解传热流体能量方程和相变储热球能量方程；⑤根据网格单元坐标判断是否达到出口位置，如果未达到出口位置则继续下一个单元的计算，如果达到出口位置则结束当前时间步长的计算；⑥根据出口温度判断储热过程是否结束，未结束则进行下一个时间步长的计算，结束则停止计算流程，输出相关结果。

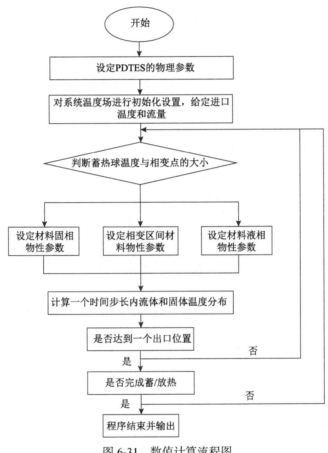

图 6-31　数值计算流程图

4. 模型及数值求解方法验证

为了检验所建立的数学模型和数值求解方法的可靠性，在相同结构和工况参数下，将模拟结果与作者团队的实验结果[46,47]进行了对比验证。图 6-32 给出了储热过程中轴向不同位置储热球的温度变化情况，可以看出模拟得到的轴向三个位置点处(x/H=0.25，x/H=0.50，x/H=0.75)的储热球温度及其随时间的变化规律，与实验结果具有较好的吻合度，验证了本节所建立的数学模型和模拟方法的可靠性。

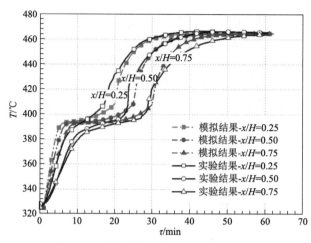

图 6-32　数值模拟结果与实验结果的验证

6.5.2　相变储热器性能评价指标

基于 6.5.1 节所描述的数学模型和数值模拟方法,可以对填充床储热器的性能进行模拟预测,进而对储热设备的结构进行强化和优化设计。但是,储热设备性能强化和优化,必须要有合适的性能评价指标,传统的储热设备性能分析通常采用储热速率和储热密度作为评价指标。然而,现有的研究结果表明,储热速率的提高,往往伴随储热密度的降低,因此,储热速率和储热密度难以兼顾。为了能够更好地评价储热器的性能,本节引入储热速率密度作为储热器的综合评价指标,该指标可以兼顾储热速率和储热密度,因而能对储热设备性能进行更加准确、合理的评价。本节提出的储热设备性能评价方法,不局限于填充床式相变储热器,同样适用于其他形式储热器的性能评价。

这里先给出储热速率、储热密度和储热速率密度的定义,后文将分别以它们作为性能评价指标,对填充床储热器的储热性能进行分析和评价。

1. 储热速率

储热速率反映了储热设备进行热量存储时的热传输速率,它本身是一个随时间变化的非稳态量,常用整个储热过程的平均储热速率来表示。平均储热速率等于储热器的总储热量除以相应的储热时间,定义式为

$$P = \frac{Q}{\tau_{ch}} = \frac{\int_0^{\tau_{ch}} \left(C_{pf,in} T_{in} - C_{pf,out} T_{out} \right) \mathrm{d}\tau}{\tau_{ch}} \tag{6-53}$$

式中,P 为平均储热速率,W;Q 为储热器的总储热量,J;τ_{ch} 为储热时间,s;$C_{pf,in}$ 和 $C_{pf,out}$ 为传热流体在储热器进口和出口处的热容,J·K^{-1};T_{in} 和 T_{out} 分别为传热流体在储热器进口和出口处的温度,K。

2. 储热密度

储热密度反映了储热器单位质量下的储热能力，它等于储热器的储热量除以储热材料和壳体的总质量，定义式为

$$q = \frac{Q}{m_{EPCM}} = \frac{Q}{m_{pcm} + m_{shell}} \tag{6-54}$$

式中，q 为储热密度，J·kg^{-1}；Q 为储热器的储热量，J；m_{EPCM} 为储热球的总质量，包括相变材料芯体的质量 m_{pcm} 和封装材料(不锈钢球壳体)的质量 m_{shell}，kg。

3. 储热速率密度

正如前文所述，对于储热装置来说，人们往往希望能够同时具有高储热速率和高储热密度，但是在实际应用时储热速率和储热密度往往难以兼顾，许多强化储热速率的措施都会引起储热密度的降低，这就给储热装置的性能评价带来了困扰。为了能够更好地评价储热装置的性能，综合考虑储热速率与储热密度两个目标，作者团队提出了储热速率密度的概念，其定义式如下：

$$w = \frac{Q}{\tau_{ch} \cdot m_{EPCM}} = \frac{Q}{\tau_{ch} \cdot (m_{pcm} + m_{shell})} \tag{6-55}$$

储热速率密度的物理意义：单位时间内、单位质量储热材料下的储热能力，也即单位质量储热材料下的储热速率。针对同一储热器，在没有明确的储热速率或者储热密度要求的情况下，可以将储热速率密度作为单一的性能评价指标，储热速率密度越高，其综合储热性能越好。

下面将以单层相变填充床为例，介绍填充床相变储热器数值分析方法及性能评价指标在储热器性能分析和性能评价中的具体应用。

6.5.3 单层填充床相变储热器性能分析

为了分析储热球直径对填充床式相变储热器储热性能的影响，选择储热球内径分别为 d_p=15 mm、20 mm、25 mm、30 mm、35 mm、40 mm 的单层填充床储热器进行对比分析。不同储热球直径下，单层填充床储热器的储热速率、储热密度及储热速率密度三个评价指标的计算结果见表 6-15。图 6-33 给出了三个评价指标随储热球直径的变化趋势。可以直观看到储热球直径对于储热速率与储热密度的影响是完全相反的，随着储热球直径的增大，储热速率下降，而储热密度上升。但是储热速率密度随着储热球直径的增加而单调下降。可见，储热球直径对于储热器储热速率的影响大于对储热密度的影响，即使储热球直径减小时会引起储热密度的下降，但是由于其可以显著提高储热速率，因而储热速率密度仍然较高。因此，单纯从储热性能来说，储热球直径越小，储热功率密度越高，储热性能越优。应当指出，虽然对于单层填充床相变储热器来说，小直径储热球具有更好的储热性能，但是也会引起封装材料的用量大幅升高，造成材料成本、封装

工艺成本随之升高。

表 6-15　不同储热球直径下的储热速率、储热密度和储热速率密度值

序号	储热球内径/mm	储热速率/W	储热密度/(kJ·kg⁻¹)	储热速率密度/(W·kg⁻¹)
1	15	2640.2	160.4	62.7
2	20	2175.4	180.3	59.0
3	25	1815.8	198.3	54.7
4	30	1539.5	214.7	50.6
5	35	1329.6	229.3	46.8
6	40	1157.6	241.3	43.2

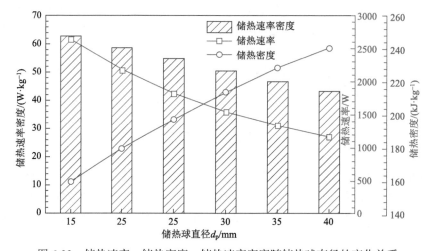

图 6-33　储热速率、储热密度、储热速率密度随储热球直径的变化关系

6.5.4　两层填充床相变储热器性能分析

通过 6.5.3 节对单层填充床相变储热器性能随储热球直径变化规律的分析,可以发现对于一个体积固定的填充床储热器,大直径储热球有利于提高储热密度,但是会引起储热速率降低;而小直径储热球有利于提高储热速率,但会降低储热密度。因此,为了能够更好地提升填充床储热器的综合性能,应该结合大小直径储热球各自的优点,在储热器内对不同直径的储热球进行合理布置,以获得更佳的综合储热性能。

不同直径储热球的布置方式与热量传输特性密切相关。以储热过程为例,储热器进口段传热流体温度高,换热温差大,换热效果好;而出口段传热流体温度低,换热温差小,换热效果差。因此,可以在储热器的进口布置直径较大的储热球,增大相变材料在储热器中的占比,提高储热器的储热密度;而在储热器的出口段布置直径较小的储热球,增大换热面积,提高储热器的储热速率。

为了验证上述设计思路,进一步设计了如图 6-34 所示的两层变球径填充床储热器,较大直径储热球布置在储热器的入口段(上层),较小直径的储热球布置在储热器的出口段(下层)，两层体积占比相同(均为 0.5)。选择直径为 15 mm、20 mm、25 mm、30 mm、35 mm、40 mm 6 种不同直径的储热球进行了 15 种两两组合，来揭示不同储热球直径组合下两层填充床储热器的储热速率、储热密度和储热速率密度等参数的变化规律，并与单层填充床储热器性能进行对比，来验证两层变球径填充床具有更优的综合储热性能。

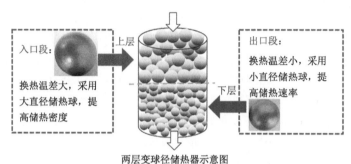

两层变球径储热器示意图

图 6-34　储热球布置方式

1. 两层填充床储热器的储热速率和储热密度

根据所选的 6 种不同直径的储热球，设计了 15 种不同的两两组合结构，结合 6.5.1 节介绍的数值分析方法，对两层储热器的储热速率、储热密度等参数进行了分析，具体结果见表 6-16，表中储热球布置方式"40-15"代表上层采用直径为 40 mm 的相变储热球，下层采用直径为 15 mm 的相变储热球，本节所有两层填充床布置方式的描述均与此类似。从表中可以看出，在下层储热球直径相同时，随着上层储热球直径增大，储热密度升高，而储热速率下降；在上层储热球直径相同时，随着下层储热球直径减小，储热速率升高，而储热密度下降。

表 6-16　不同布置方式下的换热性能参数

序号	储热球布置方式	总换热面积/m²	储热速率/W	储热密度/(kJ·kg⁻¹)
1	40-15	1.37	1555.8	191.0
2	40-20	1.63	1506.9	205.5
3	40-25	1.43	1458.0	217.2
4	40-30	1.30	1390.8	227.0
5	40-35	1.20	1288.5	235.2
6	35-15	2.01	1771.3	187.0
7	35-20	1.70	1704.0	200.7
8	35-25	1.51	1625.1	211.9
9	35-30	1.37	1493.9	221.1
10	30-15	2.11	2030.2	182.2
11	30-20	1.80	1926.9	195.1
12	30-25	1.61	1756.8	205.5

续表

序号	储热球布置方式	总换热面积/m²	储热速率/W	储热密度/(kJ·kg⁻¹)
13	25-15	2.24	2354.5	176.3
14	25-20	1.93	2104.5	188.2
15	20-15	2.43	2562.2	169.0

为了直观表示不同储热球直径组合对储热性能的影响,图 6-35 给出了填充床储热器的储热速率和储热密度随不同储热球直径组合的变化规律。其中,case 1~5 代表上层储热球直径均为 40 mm,下层储热球直径从 15 mm 逐步增加到 35 mm;case 6~9 代表上层储热球直径均为 35 mm,下层储热球直径从 15 mm 逐步增加到 30 mm;case 10~12 代表上层储热球直径均为 30 mm,下层储热球直径从 15 mm 逐步增加到 25 mm;case 13 和 14 代表上层储热球直径均为 25 mm,下层储热球直径分别为 15 mm 和 20 mm;case 15 代表上层储热球直径为 20 mm,下层储热球直径为 15 mm。从图中可以看出,在变储热球直径的两层填充床储热器中,当其中一种储热球直径选定时,另一种储热球直径的大小对储热器的储热速率和储热密度的影响仍然是相反的,随着其直径的增大,储热器储热速率下降,而储热密度提高。

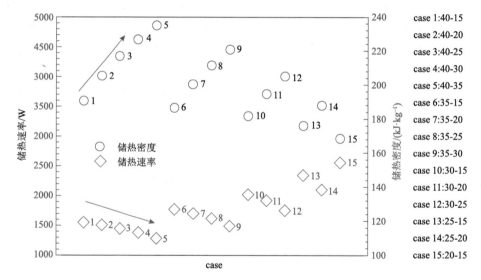

图 6-35 两层变球径储热器的储热速率和储热密度

2. 两层填充床储热器的储热速率密度

图 6-36 给出了 15 种不同组合方式下两层变球径储热器的储热速率密度的变化规律(具体值参见表 6-17)。从中可以看出,采用两层变球径储热器结构与单层储热器结构相比,储热速率密度均有所提高,证明了两层填充床储热器的性能优于单层填充床储热器。且在两层变球径储热器中,当其中一种储热球直径给定时,另一种储热球直径的选择存在最优值,使得两级储热器的储热速率密度最大:例如 case 3(直径分别为 40 mm 和

25 mm)在所有上层都是 40 mm 直径储热球的结构(case 1~5)中，具有最高的储热速率密度。因此在设计两层储热器结构时，应选择最优的两层储热球直径组合方式来获得最高的储热速率密度。

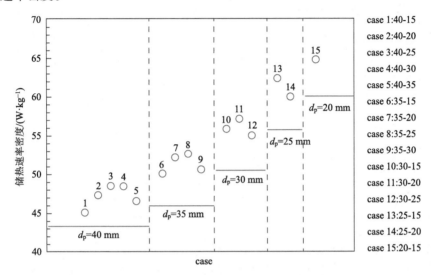

图 6-36　两层变球径储热器的储热速率密度变化

表 6-17　不同布置方式下的储热速率密度

序号	储热球布置方式	储热速率密度/(W·kg⁻¹)	序号	储热球布置方式	储热速率密度/(W·kg⁻¹)
1	40-15	45.0	9	35-30	50.6
2	40-20	47.2	10	30-15	55.8
3	40-25	48.5	11	30-20	57.1
4	40-30	48.4	12	30-25	55.1
5	40-35	46.5	13	25-15	62.4
6	35-15	50.1	14	25-20	60.0
7	35-20	52.1	15	20-15	64.8
8	35-25	52.7			

表 6-18 给出了不同布置方式下两层填充床储热器的各评价指标值，以及它们与 d_p=30 mm 的单层填充床进行对比时的提升幅度。可以看出，不同的储热球直径布置方式对于储热速率、储热密度、储热速率密度的影响都是不同的，合适的布置方式有利于提高储热器的整体性能。通过对比分析可以发现，30-25(上层采用直径 30 mm 的储热球、下层采用直径 25 mm 的储热球)的布置方式具有最佳的综合性能。相比于直径为 30 mm 储热球的单层填充床储热器，在储热密度下降 4.29%的情况下，储热速率提高 14.11%，储热速率密度提高 8.89%。此外，也可以根据储热器的设计需求，选择合适的储热球布置方式，例如，为了提高储热器的平均储热速率，可以选择 30-15 的布置方式，相比于单层填充床储热器(储热球直径 30 mm)，其平均储热速率可以提高 31.87%，但是储热密

度会降低 15.14%；为了提高储热器的储热密度，可以选择 40-30 的布置方式，其储热密度能够提高 5.73%，但是储热速率会下降 9.66%。

表 6-18　不同布置方式下的两层填充床储热器与单层填充床储热器的性能对比

序号	布置方式	储热速率		储热密度		储热速率密度	
		真实值/W	提升幅度	真实值/(kJ·kg⁻¹)	提升幅度	真实值/(W·kg⁻¹)	提升幅度
1	30-30	1539.5	——	214.7	——	50.6	——
2	30-15	2030.2	+31.87%	182.2	−15.14%	55.8	+10.28%
3	30-20	1926.9	+25.16%	195.1	−9.13%	57.1	+12.85%
4	30-25	1756.8	+14.11%	205.5	−4.29%	55.1	+8.89%
5	35-30	1493.9	−2.96%	221.1	+2.98%	50.7	+0.20%
6	40-30	1390.8	−9.66%	227.0	+5.73%	48.4	−4.35%

本节详细介绍了填充床相变储热器的数值建模过程，提出了储热器性能评价指标，并将数值模型和评价指标应用于单层和双层填充床储热器的性能预测和结构优化分析，为储热器的优化设计提供了重要基础支撑。关于填充床相变储热器的实物结构、详细实验结果及深层次讨论，可参见文献[46]、[47]，这里不再详细展开。

6.6　本章小结

本章围绕用于太阳能光热发电系统的显热及相变储热器数值建模与分析展开论述，内容涉及储热材料、储热设备、相变问题的研究方法、相变过程的性能强化措施、储热设备建模、储热设备性能评价等。首先，介绍了不同储热方式的工作原理、储热材料分类和热物性参数，并总结相变储热材料性能评价方法及所面临的主要问题，供相关人员进一步开展深入研究时参考。随后，以混凝土固体储热器为例，详细展示了显热储热设备的数值建模过程及数值处理方法，并对显热储热器的结构和工况参数进行了优化分析。然后，概括性地介绍了固-液相变问题的研究方法、相变传热过程的强化技术及常见的相变储热器结构。在此基础上，先以常用的壳管式相变储热器为例，由浅入深逐步介绍基于焓方法的适用于不同应用对象、不同应用场合的相变过程一维、二维和三维建模分析方法，读者可以根据具体应用条件和实际需求进行合理选取。最后，介绍了基于显热容法的填充床相变储热器的数值建模方法，给出了储热设备的性能评价指标，并对多种填充床结构进行了评价分析，该评价指标同样适用于其他形式储热设备的性能评价。希望本章内容可以为有兴趣从事储热材料开发、储热过程数值仿真以及储热设备设计和优化的读者提供参考。

问题思考及练习

思考题

6-1 在实际设计储热装置时,该如何对储热方式和储热材料进行筛选和评价?

6-2 相变储热材料导热性能强化的措施有哪些,这些措施会引起什么负面影响?

6-3 相变储热过程的性能强化为什么大多都集中在相变材料侧传热性能的强化?

6-4 储热过程本身也是一种传热过程,储热装置的设计和性能校核计算能否采用传热学所学的换热器的设计和校核方法进行?

6-5 储热技术可以广泛应用于日常生活和工业生产中,请结合周围情况,思考相关应用案例,并分析应用储热技术可以带来的好处。

6-6 目前的储热装置大多采用单一的储热方式,能否采用多种储热方式互补的方法来提升储热装置的总体性能?

习题

6-1 某有机相变材料,密度为 $820\ \mathrm{kg \cdot m^{-3}}$,相变潜热为 $180\ \mathrm{kJ \cdot kg^{-1}}$,导热系数为 $0.2\ \mathrm{W \cdot m^{-1} \cdot K^{-1}}$。为了提升其导热系数,可采用泡沫铜或泡沫铝来制备复合相变材料,已知铜的密度为 $8960\ \mathrm{kg \cdot m^{-3}}$,铝的密度为 $2700\ \mathrm{kg \cdot m^{-3}}$。假设采用孔隙率 92% 的泡沫铜或孔隙率 75% 的泡沫铝均能使复合相变材料的导热性能满足要求,试计算两种复合相变材料的质量储热密度和体积储热密度,并指出哪种复合材料的综合储热性能更好。

(参考答案:多孔材料的孔隙率一般是指孔隙体积与总体积之比。泡沫铜复合相变材料的质量储热密度和体积储热密度分别为:$92.3\ \mathrm{kJ \cdot kg^{-1}}$ 和 $135792\ \mathrm{kJ \cdot m^{-3}}$;泡沫铝复合相变材料的质量储热密度和体积储热密度分别为:$85.8\ \mathrm{kJ \cdot kg^{-1}}$ 和 $110700\ \mathrm{kJ \cdot m^{-3}}$;泡沫铜复合相变材料的储热性能更好。)

6-2 一个圆柱式混凝土显热储热装置,圆柱形混凝土储热单元的直径为 80 mm,为了避免混凝土脱落污染传热流体,混凝土用壁厚为 2 mm 的不锈钢管封装。已知不锈钢的导热系数为 $35\ \mathrm{W \cdot m^{-1} \cdot K^{-1}}$,混凝土的导热系数为 $1.5\ \mathrm{W \cdot m^{-1} \cdot K^{-1}}$,传热流体的对流换热系数为 $4500\ \mathrm{W \cdot m^{-2} \cdot K^{-1}}$。求基于不锈钢管外表面的储热过程的总传热系数,并指出提高传热系数应该从哪个环节着手。

(参考答案:总传热系数为 $143.94\ \mathrm{W \cdot m^{-2} \cdot K^{-1}}$;对流传热热阻 $R_\mathrm{f} = 2.222 \times 10^{-4}\ \mathrm{m^2 \cdot K \cdot W^{-1}}$;管壁导热热阻 $R_\mathrm{w} = 5.85 \times 10^{-5}\ \mathrm{m^2 \cdot K \cdot W^{-1}}$;混凝土导热热阻 $R_\mathrm{s} = 6.667 \times 10^{-3}\ \mathrm{m^2 \cdot K \cdot W^{-1}}$;混凝土导热热阻最大,提高储热装置的传

热系数应该从强化混凝土的导热过程着手才最有效。)

6-3　壳管式储热装置中传热流体在管内的流动传热过程通常可以简化为一维非稳态对流传热问题，其控制方程可写成：$\dfrac{\partial T}{\partial t}+u\dfrac{\partial T}{\partial x}=-\dfrac{2h}{\rho_{\mathrm{f}}}\dfrac{T-T_{\mathrm{w}}}{c_{\mathrm{f}}R_{\mathrm{i}}}$。请证明对于常物性、不可压缩流体，采用一阶迎风格式对该方程进行离散时，其离散方程可表示为

$$T_i=\dfrac{\dfrac{A}{\Delta x}T_{i-1}+BT_{\mathrm{w}}+\dfrac{T_i^{*}}{\Delta t}}{\dfrac{A}{\Delta x}+B+\dfrac{1}{\Delta t}}\quad\text{(其中，}A\text{、}B\text{为常数)}$$

(参考答案：略。)

6-4　现有一个壳管式相变储热装置，白天用以储存太阳能集热器收集的热量，供晚上使用。假设储热装置内表面的温度与相变材料的熔点相同，同为 550 ℃。储热装置的壳体内径为 1 m，材料为不锈钢，厚度为 5 mm，导热系数为 35 W·m⁻¹·K⁻¹。为了避免热量损失，通常在圆柱外表面覆盖保温材料，设保温材料厚度为 10 mm，导热系数为 0.03 W·m⁻¹·K⁻¹。环境温度为 27 ℃，环境自然对流换热系数为 10 W·m⁻²·K⁻¹，求该装置单位内表面积上的热损失速率(忽略壳体上下端面的热损失)。

(参考答案：先求得内表面上的传热系数，再计算单位面积上的传热量，即为单位内表面积上的热损失速率，1234.3 W·m⁻²。)

6-5　假设有一个储热装置，储热时传热流体入口温度为 560 ℃，出口温度为 500 ℃；放热时传热流体入口温度为 420 ℃，出口温度为 490 ℃；且储热和放热过程采用同种传热流体，质量流量也相同(即热容 $\dot{m}c_p$ 相同)。如果放热和储热过程的用时比为 0.8，试求该储热装置储/放热循环的热效率和㶲效率。

(参考答案：效率定义为放热过程中传热流体的收益(热量或㶲量)/储热过程中传热流体花费的代价(热量或㶲量)。该装置的热效率为 93.3%；㶲效率为 87.5%。)

参 考 文 献

[1]　Carl V. Phase Change Thermal Energy Storage [D]. Brighton, U.K.: Brighton University, 1997.

[2]　吴建峰, 宋谋胜, 徐晓虹, 等. 太阳能中温相变储热材料的研究进展与展望[J]. 材料导报 A: 综述篇, 2014, 28(9): 1-9, 29.

[3]　Agyenim F, Hewitt N, Eames P, et al. A review of materials, heat transfer and phase change problem formulation for latent heat thermal energy storage systems (LHTESS) [J]. Renewable and Sustainable Energy Reviews, 2010, 14: 615-628.

[4]　Kenisarin M M. High-temperature phase change materials of thermal energy storage [J]. Renewable and Sustainable Energy Reviews, 2010, 14: 955-970.

[5] Abhat A. Low temperature latent heat thermal energy storage: Heat storage materials [J]. Solar Energy, 1981, 30(4): 313-32.

[6] 张兴祥, 王馨, 吴文健, 等. 相变材料胶囊制备与应用[M]. 北京: 化学工业出版社, 2009.

[7] 何雅玲, 严俊杰, 杨卫卫, 等. 分布式能源系统中能量的高效存储[J]. 中国科学基金, 2020, 34(3): 272-280.

[8] Laing D, Bauer T, Lehmann D, et al. Development of a thermal energy storage system for parabolic trough power plants with direct steam generation [J]. Journal of Solar Energy Engineering, 2009, 132(2): 551-559.

[9] Laing D, Steinmann W D, Fib M, et al. Solid media thermal storage development and analysis of modular storage operation concepts for parabolic trough power plants[J]. Journal of Solar Energy Engineering, 2008, 130(1): 1-5.

[10] Skinner J E, Brown B M, Selvam R P. Testing of high-performance concrete as a thermal energy storage medium at high temperatures[J]. Journal of Solar Energy Engineering, 2014, 136(2): 1-6.

[11] Wu M, Li M J, Xu C, et al. The impact of concrete structure on the thermal performance of the dual-media thermocline thermal storage tank using concrete as the solid medium[J]. Applied Energy, 2014, 113(1): 1363-1371.

[12] 吴明, 李明佳, 何雅玲, 等. 太阳能热发电用高温混凝土储热系统性能分析[J]. 西安交通大学学报, 2013, 47(5): 1-5.

[13] Jian Y F, Bai F W, Falcoz Q, et al. Thermal analysis and design of solid energy storage systems using a modified lumped capacitance method[J]. Applied Thermal Engineering, 2015, 75: 213-223.

[14] 何雅玲, 袁帆, 马朝, 等. 管壳式储热器设计软件 V1.0. 登记号: 20180SR301892 (证书号: 软著登字第 2630987 号), 2018-5-3.

[15] Xu B, Li P W, Chan C L. Extending the validity of lumped capacitance method for large Biot number in thermal storage application[J]. Solar Energy, 2012, 86(6): 1709-1724.

[16] 陶文铨. 传热学[M]. 5 版. 北京: 高等教育出版社, 2019.

[17] 陶文铨. 数值传热学[M]. 2 版. 西安: 西安交通大学出版社, 2001.

[18] 混凝土储热产品. [2020-02-28]. https://www.sohu.com/a/329051047_417801 & http://www.chplaza. com.cn/article- 4886-1.html.

[19] Stefan J. Uber einge problem der theoric der warmeleitung[J]. Acad. Mat. Natur., 1989, 98:173-484.

[20] Bollati J, Semitiel J, Tarzia D A. Heat balance integral methods applied to the one-phase Stefan problem with a convective boundary condition at the fixed face [J]. Applied Mathematics and Computation, 2018, 331: 1-19.

[21] Kutluay S, Esen A. An isotherm migration formulation for one-phase Stefan problem with a time dependent Neumann condition [J]. Applied Mathematics and Computation, 2004, 150(1): 59-67.

[22] Tao Y B, He Y L. Numerical study on thermal energy storage performance of phase change material under non-steady-state inlet boundary [J]. Applied Energy, 2011, 88(11): 4172-4179.

[23] Si W, Ma B, Ren J, et al. Temperature responses of asphalt pavement structure constructed with phase change material by applying finite element method [J]. Construction and Building Materials, 2020, 244: 118088.

[24] 张仁元. 相变材料与相变储能技术[M]. 北京: 科学出版社, 2009.

[25] Tao Y B, He Y L, Cui F Q, et al. Numerical study on coupling phase change heat transfer performance of solar dish collector [J]. Solar Energy, 2013, 90: 84-93.

[26] Wang W W, Wang L B, He Y L. The energy efficiency ratio of heat storage in one shell-and-one tube phase change thermal energy storage unit [J]. Applied Energy, 2015, 138: 169-182.

[27] Wang W W, Wang L B, He Y L. Parameter effect of a phase change thermal energy storage unit with one shell and one finned tube on its energy efficiency ratio and heat storage rate [J]. Applied Thermal Engineering, 2016, 93: 50-60.

[28] Liu Q, He Y L, Li Q. Enthalpy-based multiple-relaxation-time lattice Boltzmann method for solid-liquid phase-change heat transfer in metal foams [J]. Physical Review E, 2017, 96(2): 023303.

[29] Huo Y, Rao Z. The improved enthalpy-transforming based lattice Boltzmann model for solid-liquid phase change [J]. International Journal of Heat and Mass Transfer, 2019, 133: 861-871.

[30] Tao Y B, He Y L. A review of phase change material and performance enhancement method for latent heat storage system [J]. Renewable and Sustainable Energy Reviews, 2018, 93: 246-259.

[31] Zhao C Y, Wu Z G. Heat transfer enhancement of high temperature thermal energy storage using metal foams and expanded graphite [J]. Solar Energy Materials & Solar Cells, 2011, 95(2): 636-643.

[32] Zhang Z, Fang X. Study on paraffin/expanded graphite composite phase change thermal energy storage material [J]. Energy Conversion and Management, 2006, 47(3): 303-310.

[33] Tao Y B, You Y, He Y L. Lattice Boltzmann simulation on phase change heat transfer in metal foams/paraffin composite phase change material [J]. Applied Thermal Engineering, 2016, 93:476-485.

[34] Xu Y, Li M J, Zheng Z J, et al. Melting performance enhancement of phase change material by a limited amount of metal foam: Configurational optimization and economic assessment [J]. Applied Energy, 2018, 212: 868-880.

[35] Tao Y B, Lin C H, He Y L. Preparation and thermal properties characterization of carbonate salt/carbon nanomaterial composite phase change material [J]. Energy Conversion and Management, 2015, 97: 103-110.

[36] Tao Y B, Lin C H, He Y L. Effect of surface active agent on thermal properties of carbonate salt/carbon nanomaterial composite phase change material [J]. Applied Energy, 2015, 156: 478-489.

[37] Tao Y B, Liu Y K, He Y L. Effect of carbon nanomaterial on latent heat storage performance of carbonate salts in horizontal concentric tube [J]. Energy, 2019, 185: 994-1004.

[38] Zhao C Y, Tao Y B, Yu Y S. Molecular dynamics simulation of nanoparticle effect on melting enthalpy of paraffin phase change material [J]. International Journal of Heat and Mass Transfer, 2020, 150: 119382.

[39] Yuan F, Li M J, Qiu Y, et al. Specific heat capacity improvement of molten salt for solar energy applications using charged single-walled carbon nanotubes [J]. Applied Energy, 2019, 250: 1481-1490.

[40] Tao Y B, He Y L, Qu Z G. Numerical study on performance of molten salt phase change thermal energy storage system with enhanced tubes [J]. Solar Energy, 2012, 86(5): 1155-1163.

[41] Tao Y B, He Y L. Effects of natural convection on latent heat storage performance of salt in a horizontal concentric tube [J]. Applied Energy, 2015, 143: 38-46.

[42] Hosseini M J, Ranjbar A A, Rahimi M, et al. Experimental and numerical evaluation of longitudinally finned latent heat thermal storage systems [J]. Energy and Buildings, 2015, 99: 263-272.

[43] Rathod M K, Banerjee J. Thermal performance enhancement of shell and tube latent heat storage unit using longitudinal fins [J]. Applied Thermal Engineering, 2015, 75: 1084-1092.

[44] Ma Z, Li M J, He Y L, et al. Effects of partly-filled encapsulated phase change material on the performance enhancement of solar thermochemical reactor [J]. Journal of Cleaner Production, 2021, 279: 123169.

[45] Peng H, Dong H, Ling X. Thermal investigation of PCM-based high temperature thermal energy storage in packed bed [J]. Energy Conversion and Management, 2014, 81: 420-427.

[46] Li M J, Jin Bo, Yan J J, et al. Numerical and Experimental study on the performance of a new two-layered high-temperature packed-bed thermal energy storage system with changed-diameter

macro-encapsulation capsule [J]. Applied Thermal Engineering, 2018, 142: 830-845.

[47] Li M J, Jin B, Ma Z, et al. Experimental and numerical study on the performance of a new high-temperature packed-bed thermal energy storage system with macroencapsulation of molten salt phase change material [J]. Applied Energy, 2018, 221: 1-15.

[48] Li Y Q, He Y L, Song H J, et al. Numerical analysis and parameters optimization of shell-and-tube heat storage unit using three phase change materials [J]. Renewable Energy, 2013, 59: 92-99.

[49] Tao Y B, He Y L, Liu Y K, et al. Performance optimization of two-stage latent heat storage unit based on entransy theory [J]. International Journal of Heat and Mass Transfer, 2014, 77: 695-703.

[50] Yuan F, Li M J, Ma Z, et al. Experimental study on thermal performance of high-temperature molten salt cascaded latent heat thermal energy storage system [J]. International Journal of Heat and Mass Transfer, 2018, 118:997-1011.

[51] Xu Y, He Y L, Li Y Q, et al. Exergy analysis and optimization of charging-discharging processes of latent heat thermal energy storage system with three phase change materials [J]. Solar Energy, 2016, 123: 206-216.

[52] 尤洋. 基于格子 Boltzmann 方法的多孔介质内相变蓄热过程数值研究[D]. 西安: 西安交通大学, 2015.

[53] Gong Z X, Mujumadar A S. Finite-element analysis of cyclic heat transfer in a shell-and-tube latent heat energy storage exchanger [J]. Applied Thermal Engineering, 1997, 17(6): 583-591.

[54] Adine H A, Qarnia H E. Numerical analysis of the thermal behaviour of a shell-and-tube heat storage unit using phase change materials [J]. Applied Mathematical Modelling, 2009, 33: 2134-2144.

[55] Tao Y B, Li M J, He Y L, et al. Effects of parameters on performance of high temperature molten salt latent heat storage unit [J]. Applied Thermal Engineering, 2014, 72:48-55.

[56] Wang Y, He Y L, Lei Y G, et al. Heat transfer and hydrodynamics analysis of a novel dimpled tube [J]. Experimental Thermal and Fluid Science, 2010, 34 (8): 1273-1281.

[57] Webb R L. Single-phase heat transfer, friction, and fouling characteristics of three-dimensional cone roughness in tube flow [J]. International Journal of Heat and Mass Transfer, 2009, 52(11-12): 2624-2631.

[58] Zdaniuk G J, Chamra L M, Walters D K. Correlating heat transfer and friction in helically-finned tubes using artificial neural net works [J]. International Journal of Heat and Mass Transfer, 2007, 50 (23-24): 4713-4723.

[59] Qarnia H El. Numerical analysis of a coupled solar collector latent heat storage unit using various phase change materials for heating the water [J]. Energy Conversion and Management, 2009, 50: 247-254.

[60] Berchiri M, Mansouri K. Analytical solution of heat transfer in a shell-and-tube latent thermal energy storage system [J]. Renewable Energy, 2015, 74: 825-838.

[61] Tao Y B, Liu Y K, He Y L. Effects of PCM arrangement and natural convection on charging and discharging performance of shell-and-tube LHS unit [J]. International Journal of Heat and Mass Transfer, 2017, 115: 99-107.

[62] Beavers G S, Sparrow E M, Rodenz D E. Influence of bed size on the flow characteristics and porosity of randomly packed beds of spheres [J]. Journal of Applied Mechanics, 1973, 40 (3):655.

[63] Jalalzadeh-Azar A A, Steele W G, Adebiyi G A. Heat transfer in a high-temperature packed bed thermal energy storage system—roles of radiation and intraparticle conduction[J]. Journal of Energy Resources Technology, 1996, 118(1): 50-57.

[64] Wakao N, Kaguei S, Funazkri T. Effect of fluid dispersion coefficients on particle-to-fluid heat transfer coefficients in packed beds: Correlation of Nusselt numbers [J]. Chemical Engineering Science, 1979, 34(3): 325-336.

[65] Hänchen M, Brückner S, Steinfeld A. High-temperature thermal storage using a packed bed of rocks-heat transfer analysis and experimental validation [J]. Applied Thermal Engineering, 2011, 31(10): 1798-1806.

[66] Beek J. Design of packed catalytic reactors [J]. Advances in Chemical Engineering, 1962, 3: 203-271.

[67] Gonzo E E. Estimating correlations for the effective thermal conductivity of granular materials [J]. Chemical Engineering Journal, 2002, 90(3): 299-302.

第 7 章 超临界 CO_2 太阳能光热发电系统的一体化建模及分析

前面章节已经介绍，太阳能光热发电系统是由聚光集热子系统(包括聚光器与吸热器)、传热/储热子系统、热功转换子系统构成的有机整体。各子系统之间以及子系统中各部件之间的合理匹配、系统运行工况的优化等均对系统的总体性能有重要影响。因此，在前述聚光、集热、储热过程建模分析的基础上，本章将进一步介绍整个太阳能光热发电系统"聚光-集热-储/换热-热功转换"过程的一体化完整建模与集成分析，从而为揭示系统光-热-功转换过程的耦合机理、热力特性与集成匹配规律提供理论基础，为提高系统能源利用效率与经济性提供一定的方法和途径。与前几章不同的是，本章将着眼于整个发电系统的建模与性能分析，不拘泥于某个具体部件，因此，将更多地采用热力学模型和简单的传热模型(集总参数法与一维模型)，以方便工程应用。

作者团队前期已经针对耦合有机朗肯循环的槽式太阳能光热电站[1]、耦合水蒸气朗肯循环的塔式太阳能光热电站[2]，以及耦合斯特林循环的碟式太阳能发电系统[1]，构建了光-热-功一体化完整模型，分别给出了太阳辐射强度、循环压力、工质温度等关键运行参数对槽式、塔式、碟式太阳能光热发电系统的影响规律。有兴趣的读者可以参阅文献[1, 2]。超临界 CO_2(S-CO_2)布雷顿循环是近些年再次兴起的新型动力循环形式，具有效率高、装置紧凑、适宜干冷等优点。集成新型 S-CO_2 布雷顿循环的塔式太阳能光热电站被认为是新一代的太阳能光热发电技术。因此，本章将以塔式太阳能集热与新型 S-CO_2 动力循环耦合系统作为典型例子，首先介绍太阳能光热发电系统的光-热-功一体化建模方法；然后基于该建模方法对 S-CO_2 太阳能光热系统的综合性能进行分析和优化；最后提出了 S-CO_2 太阳能光热发电系统的综合性能评价方法，并介绍该评价方法在循环形式筛选、工质选配等方面的应用实例。

7.1 超临界 CO_2 布雷顿循环及其在太阳能光热发电系统中的集成

太阳能光热发电作为可再生能源的一种重要利用方式，近年来得到了快速发展。国际能源署预测，到 2050 年，太阳能光热发电系统的发电量将达到全球发电量的 11%[3]。然而，与传统的燃煤火力发电系统相比，其发电成本仍然相对较高。因此，进一步提高太阳能光热发电效率、降低发电成本，提高与传统燃煤火力发电的竞争力，是太阳能光热发电技术的发展方向。在太阳能光热发电系统中，动力循环是实现将太阳能最终转换为高品位电能的关键环节。在太阳能光热发电系统中发展更加高效、紧凑的动力循环，有助于进一步提高系统效率、降低发电成本[4]。

　　传统的太阳能光热电站采用的动力循环多为水/水蒸气朗肯循环或空气布雷顿循环。由于 S-CO₂ 布雷顿循环具有效率高、装置紧凑、适宜干冷等优点，近年来在核能、太阳能、燃煤等能源领域得到了广泛关注，各能源领域应用的 S-CO₂ 布雷顿循环的运行参数如表 7-1 所示。在太阳能光热发电系统中发展 S-CO₂ 布雷顿循环主要有以下优势[5-8]：①CO₂ 的腐蚀性比水蒸气小，相比于水/水蒸气朗肯循环，S-CO₂ 布雷顿循环降低了高温条件下对材料的要求，因此可以提高循环温度，进而提升系统效率；②在临界点附近进行压缩，压缩功较小，相对于以理想气体作为工质的布雷顿循环，S-CO₂ 布雷顿循环需要较小的压缩功，有利于提高系统效率；③整个循环运行在临界点(7.38 MPa，31 ℃)以上，工质密度大，因此循环中透平、压缩机、换热器等关键设备更加紧凑；④太阳能资源丰富的地方，往往干旱缺水，而 S-CO₂ 布雷顿循环在临界温度以上运行，更适宜干冷。因此，S-CO₂ 布雷顿循环被认为是太阳能光热发电系统中最具应用前景的替代循环。美国能源部"Sunshot 计划"将 S-CO₂ 太阳能光热发电技术看作是降低成本的重要途径之一，预测到 2030 年太阳能光热发电的平准化发电成本将降至 2017 年的 50%左右(参见图 7-1)。我国也将 S-CO₂ 布雷顿循环作为新一代太阳能光热发电系统中的动力循环，用以进一步提高效率、降低成本[9]。

表 7-1　S-CO₂ 布雷顿循环应用于不同能源领域的运行参数[5-8]

应用领域	容量/MW	温度/℃	压力/MPa
核能	10～300	350～770	20～35
太阳能	10～100	500～1000	15～25
化石能源	300～1000	550～900	20～35
船舶动力	10～100	500～1000	35
余热利用	1～10	200～650	15～35
地热	1～50	100～300	15

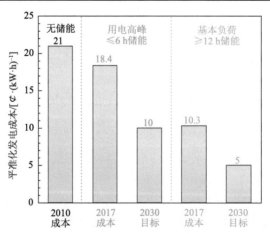

图 7-1　美国能源部公布的 Sunshot 计划进程和目标[10]

下面将对典型 S-CO$_2$ 布雷顿循环的布局形式及其在光热发电系统中的集成方式进行介绍。

7.1.1 典型 S-CO$_2$ 布雷顿循环的布局形式

S-CO$_2$ 布雷顿循环有很多布局形式，以下将介绍几种常见的形式[11,12]。

1. 原始形式(original layout)

原始形式的 S-CO$_2$ 布雷顿循环如图 7-2 所示，包含透平、压缩机、冷却器等部件。由四个基本热力学过程组成，包括透平内的不可逆绝热膨胀过程(从状态点 1 到状态点 2)、冷却器内的定压放热过程(从状态点 2 到状态点 3)、压缩机内的不可逆绝热压缩过程(从状态点 3 到状态点 4)以及加热器内的定压加热过程(从状态点 4 到状态点 1)。原始形式的 S-CO$_2$ 布雷顿循环会产生大量废热，循环效率很低，因此很少在实际中应用。

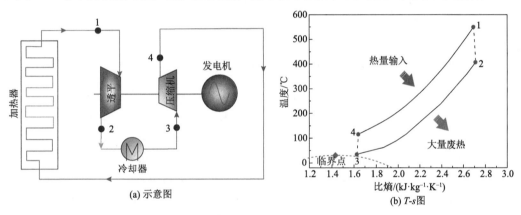

图 7-2 原始形式的 S-CO$_2$ 布雷顿循环及 T-s 图

为了提高 S-CO$_2$ 布雷顿循环的效率，可以将回热、再热、分级压缩、中间冷却等热力学过程应用到循环中，由此衍生出 S-CO$_2$ 布雷顿循环的多种改进形式。以下将对这些改进循环形式进行详细介绍。值得注意的是，各种循环形式均可增加再热过程，因此如无特别说明，以下提到的循环形式均含有再热过程。

2. 简单回热循环(simple regeneration cycle)

由于原始的布雷顿循环会产生大量的余热排到周围环境，所以其效率非常低。因此，布雷顿循环中通常要增加回热过程。简单回热循环就是在原始布雷顿循环的基础上增加一个回热器，回收产生的余热，提高循环效率。对于 S-CO$_2$ 布雷顿循环来说，回热通常是必须的环节，因此一般将这种简单回热循环看成一种基本循环形式，其他复杂的循环形式均可以从简单回热循环中衍生得到。图 7-3 给出了简单回热循环的示意图以及相应的 T-s 图。在简单回热循环中，高温高压的 S-CO$_2$(状态点 1)进入高压透平，并膨胀至某一中间压力(状态点 2)。从高压透平出来的 S-CO$_2$ 进入再热器，再次被加热到高温状态(状态点 3)，然后进入低压透平，并膨胀到状态点 4。通过增设回热器回收低压侧 S-CO$_2$ 的热量，低压 S-CO_2 在回热器内被冷却到状态点 5 后，进入冷却器进一步被冷却到状态点 6。低温低压的 S-CO_2 通过压缩机压缩到高压状态(状态点 7)，并被回热器加热到状态点 8，接着进入主加热器被进一步加热到循环最高温度(状态点 1)。

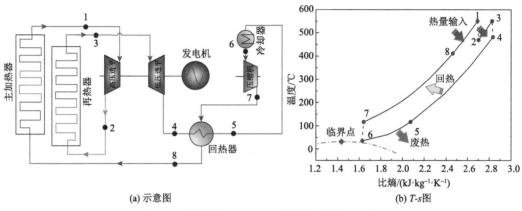

(a) 示意图　　　　　　　　　　(b) T-s图

图 7-3　简单回热 S-CO_2 布雷顿循环及其 T-s 图

3. 再压缩循环(recompression cycle)

虽然简单回热循环能够回收大量余热，但其效率仍受限于回热器内存在的"温度夹点问题"，仍有进一步提升的空间[5,13,14]。"温度夹点问题"的产生是由于回热器高低压两侧 S-CO_2 存在较大的热容差[5,13,14]。因此需要减小回热器两侧 S-CO_2 热容差以避免"温度夹点问题"。为了解决这一问题，Feher[14,15]最先提出了再压缩循环，因此再压缩循环也称为"Feher 循环"。与简单回热循环相比，再压缩循环的改进之处是：①回热器分为高温回热器和低温回热器两部分；②增加了一个压缩机，称为再压缩机(RC)。再压缩循环通过减小回热器低压侧 S-CO_2 的质量流量来达到降低回热器两侧流体热容差的目的。再压缩循环被很多学者认为是目前最有应用前景的循环形式，已经引起了广泛关注和研究[5,6,16-55]。图 7-4 给出了再压缩循环的示意图及其相应的 T-s 图。低压 S-CO_2 从低温回热器出来后在状态点 6 被分为两股，其中一股进入冷却器，被冷却到状态点 7，然后被主压缩机压缩至高压状态(状态点 8)，并进一步被低温回热器加热到状态点 9′；另

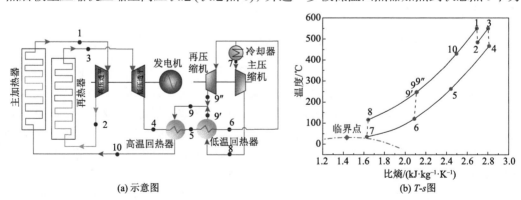

(a) 示意图　　　　　　　　　　(b) T-s图

图 7-4　再压缩循环及其 T-s 图

外一股则直接被再压缩机压缩至高压状态(状态点 9″)。这两股 S-CO₂ 混合后(状态点 9),进入高温回热器,通过进一步回收余热被加热到状态点 10,最后进入主加热器,被加热至循环最高温度(状态点 1)。高温高压的 S-CO₂ 进入高压透平膨胀做功至状态点 2,然后再热至状态点 3,再次进入低压透平继续膨胀做功至状态点 4。

4. 预压缩循环(precompression cycle)

预压缩是另一种降低“温度夹点问题”影响、提高回热效率的途径。预压缩循环通过提高回热器低压侧的压力增大低压侧热容,进而降低回热器两侧热容差。与简单回热循环相比,预压缩循环的不同之处是:①回热器被分为高温回热器和低温回热器;②增加一个压缩机,放置在高、低温回热器之间,被称为预压缩机(PC)。这既可以增加回热效率,还可以使主压缩机的入口压力与低压透平的出口压力保持相互独立,提高了系统控制的灵活性。预压缩循环最初由 Angelino[16]提出,主要应用于跨临界 CO_2 循环,后来被拓展应用到 S-CO₂ 循环中[5],并得到了广泛关注和研究[5,6,17,19,20,44,45,48,51,56]。图 7-5 给出了预压缩循环的示意图以及相应的 T-s 图。在预压缩循环中,高温高压的 S-CO₂(状态点 1)进入高压透平膨胀做功到某一中间压力(状态点 2),然后再热至最高温度(状态点 3),随后进入低温透平膨胀做功至状态点 4。低压 S-CO₂ 进入高温回热器被冷却到状态点 5,然后被预压缩机压缩至某一中间压力(状态点 11),随后依次进入低温回热器和冷却器被进一步冷却到状态点 7。低温低压的 S-CO₂ 通过主压缩机被压缩至状态点 8,然后依次经过低温回热器、高温回热器、主加热器逐步被加热至状态点 1。

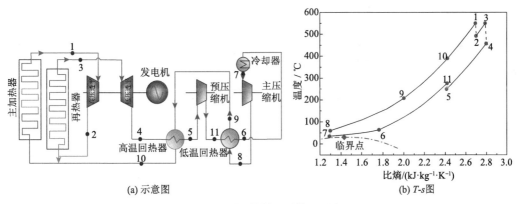

(a) 示意图   (b) T-s 图

图 7-5   预压缩循环及其 T-s 图

5. 中间冷却循环(intercooling cycle)

“分级压缩、中间冷却”可以减小压缩功,是一种提高循环效率的常用热力学措施。根据分流位置的不同,在再压缩循环中引入“分级压缩、中间冷却”可以衍生出两种循环布局方式:主压缩过程中间冷却循环与再压缩过程预冷循环[48]。通常所说的“中间冷却循环”指的是主压缩过程中间冷却循环,而再压缩过程预冷循环通常简称为“部分冷却循环”。这里首先介绍“中间冷却循环”,图 7-6 给出了中间冷却循环的示意图及相应的 T-s 图。在再压缩循环的基础上,中间冷却循环将主压缩过程分为两个压缩过程,并在两级压缩之间增设冷却器进行中间冷却。低压 S-CO_2 在低温回热器之后分流：一股直接被再压缩机压缩至状态点 9″；另一股则先在冷却器内冷却至状态点 11，再被主压缩机-1 压缩至某一中间压力(状态点 12)，然后被冷却至状态点 7，最后被主压缩机-2 压缩至循环最高压力(状态点 8)。文献[19,47,48,54,57,58]对中间冷却循环进行了介绍和研究。

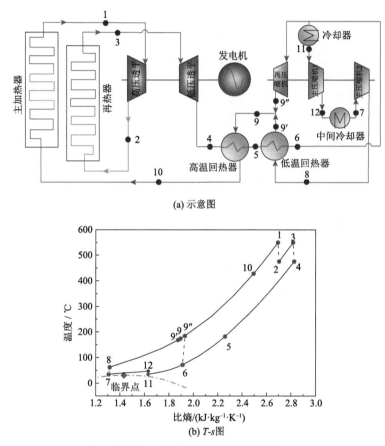

(a) 示意图

(b) T-s 图

图 7-6　中间冷却循环及其 T-s 图

6. 部分冷却循环(partial-cooling cycle)

如前所述，"部分冷却循环"专指再压缩预冷循环，是在再压缩循环中引入"分级压缩、中间冷却"的另一种循环形式。在再压缩循环的基础上，主压缩过程分为两个压缩过程，分别在主压缩机和预压缩机中完成，同时在主压缩机和预压缩机中间增加一个冷却器。图 7-7 给出了部分冷却循环的示意图以及相应的 T-s 图。部分冷却循环同样也是由 Angelino[16]最早针对跨临界 CO_2 循环提出的，后来被广泛应用于 S-CO_2 循环中[6,20,34,41,44,48,50-52,54,56,59]。

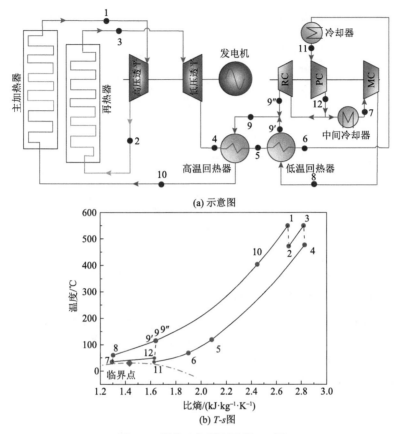

(a) 示意图

(b) $T\text{-}s$图

图 7-7　部分冷却循环及其 $T\text{-}s$ 图

7. 分级膨胀循环(split expansion cycle)

分级膨胀循环也是从再压缩循环中衍生得到的改进循环形式。与再压缩循环相比，分级膨胀循环在高温回热器与主加热器之间增设一个透平(称为分级透平)。从高温回热器出来的高压 $S\text{-}CO_2$ 首先进入分级透平膨胀做功。这样的循环布局形式能够减小系统中加热器与再热器的热应力，降低了对材料的要求[19,20,45]。图 7-8 给出了分级膨胀循环的示意图以及相应的 $T\text{-}s$ 图，可以看出，高压 $S\text{-}CO_2$ 从高温回热器出来后，进入分级透平

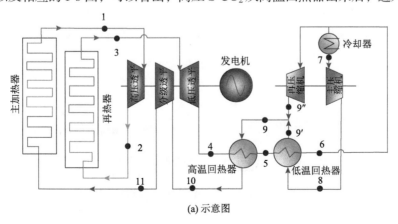

(a) 示意图

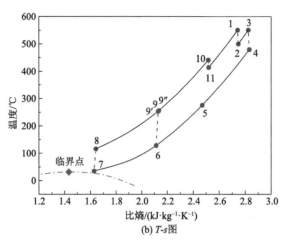

(b) $T\text{-}s$ 图

图 7-8   分级膨胀循环及 $T\text{-}s$ 图

膨胀做功至某一中间压力(状态点 11),然后才进入主加热器被加热。目前,许多研究人员也对分级膨胀循环的性能进行了研究[6,19,20,45,51]。

以上对目前常见的 S-CO_2 布雷顿循环形式进行了介绍。为了让读者更加清晰地了解不同循环形式的特点,图 7-9 进一步总结了各循环形式间的衍生关系。除了这些基本循环形式外,还有其他更加复杂的循环形式,如双级再压缩循环、多级再热循环、多级回热循环。更加复杂的循环布局均能由本小节介绍的基本循环形式衍生得到,这里不再介绍,有兴趣的读者可参阅文献[6,20,57]。

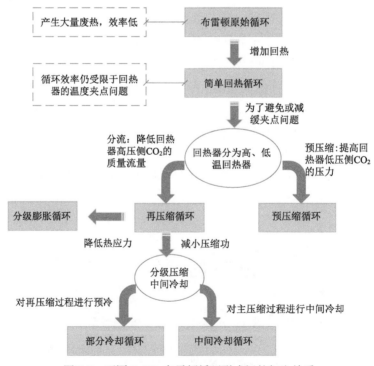

图 7-9   不同 S-CO_2 布雷顿循环形式间的衍生关系

7.1.2 S-CO₂布雷顿循环在太阳能光热电站中的集成方式

S-CO₂ 布雷顿循环在太阳能光热电站中的应用方式主要有两种[8,60]：直接式与间接式。在直接式系统中，S-CO₂ 既作为动力循环中的做功工质，也作为吸热器内的传热流体。S-CO₂ 在吸热器内吸收太阳能被加热到指定温度后，直接进入动力循环做功，参见图 7-10。在间接式系统中，S-CO₂ 只作为动力循环中的做功工质，熔盐等其他工质作为吸热器内的传热流体。吸热器内的传热流体吸收太阳能被加热到指定温度后，通过中间换热设备将热量传递给 S-CO₂，将其加热到特定参数后推动透平做功，参见图 7-11。

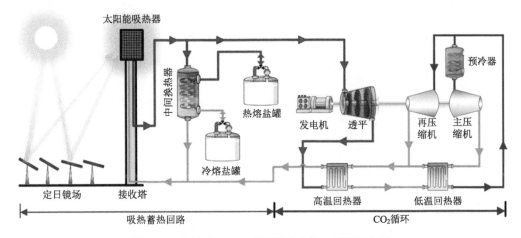

图 7-10　直接式 S-CO₂ 太阳能光热发电系统示意图

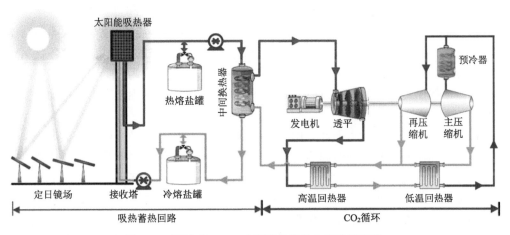

图 7-11　间接式 S-CO₂ 太阳能光热发电系统示意图

S-CO₂ 具有密度高、热容大、无相变、化学性质稳定等优点，是性能优良的传热流体。因此，直接式系统能够实现更高的运行温度，并且节省了动力循环与集热储热系统间的换热装置，但 S-CO₂ 吸热器的设计及系统控制存在很大的难度和挑战。另外，通常不可直接采用 S-CO₂ 进行储热，需要与熔盐等储热系统相结合，因此，虽然直接式系统节省了动力循环与聚光集热系统间的换热装置，但必须增加与储热系统之间的换热装置。

间接式系统将新型的 S-CO₂ 布雷顿循环与技术相对成熟的熔盐吸热、储热技术相结合，在短期内更容易实现，更具应用前景。因此本章主要对间接式 S-CO₂ 太阳能光热发电系统进行介绍。

作者团队率先开展了 S-CO₂ 动力循环在太阳能光热电站中的集成优化研究[8,11,12,61]，具体包括：针对 S-CO₂ 太阳能光热发电系统建立了光-热-功一体化整体系统模型，分析了关键运行参数对系统综合性能的影响规律，进行了多参数多目标协同优化研究，提出了集成系统的综合性能评价方法等。本章后续将对相关内容进行详细介绍。

7.2　超临界 CO₂ 太阳能光热发电系统的一体化建模方法

S-CO₂ 太阳能光热发电系统的光-热-功一体化完整模型，是对其进行热力学分析与优化的重要基础，因此 7.2 节首先对 S-CO₂ 光热发电系统的一体化建模方法进行介绍。基于定日镜场、吸热器、储热器、动力循环等各环节间的能量输运关系，作者团队发展了 S-CO₂ 太阳能光热发电系统的光-热-功一体化完整模型[8]，并开发了名为 SPTSCO₂ 的一体化模拟仿真软件[62]。模型的总体流程及软件界面分别参见图 7-12 和图 7-13。下面对一体化建模方法进行详细介绍。

为了更加清晰、有的放矢地描述一体化建模方法，本章以图 7-14 所示的典型间接式塔式太阳能光热发电系统为例进行介绍。图 7-15 给出了相应的 T-s 图。整个系统大体上分为熔盐回路与 S-CO₂ 回路。

在熔盐回路中，定日镜跟踪太阳并将太阳能反射聚焦到吸热器内；吸热器吸收太阳能将其转化为热能，并逐渐将吸热器入口处的低温熔盐(状态点 a)加热成高温熔盐(状态点 b)；其中一部分高温熔盐通过中间换热器(包括主加热器和再热器)将热量传递给 S-CO₂，而多余的高温熔盐则被储存在高温熔盐罐内；高温熔盐经过中间换热器后温度降低，从主加热器出来的低温熔盐(状态点 a_1)与从再热器出来的低温熔盐(状态点 a_2)在 a 点处混合，然后被再次泵入吸热器内或暂时存储在低温熔盐罐内。当太阳能不充足，吸热器不足以提供足量的高温熔盐时，高温熔盐罐内的高温熔盐则被用来加热动力循环中的 S-CO₂。

在 S-CO₂ 回路中，动力循环采用的是带再热的再压缩布雷顿循环，包括高压透平、低压透平、高温回热器、低温回热器、主压缩机、再压缩机、冷却器、主加热器、再热器等关键部件。之所以将其称为"再压缩"循环，是因为该循环是为了减缓由回热器两侧 S-CO₂ 较大热容差而引起的"温度夹点问题"，对 S-CO₂ 进行了分流和分别压缩，具体循环流程已经在 7.1 节进行了描述，此处不再赘述。

本章以典型扇形镜场及腔体吸热器为例，对一体化建模过程进行介绍。图 7-16 给出了八达岭塔式实验电站采用的典型扇形定日镜场[63]。图 7-17 给出了典型腔体吸热器的示意图。太阳能经进光口进入吸热器腔体内部。腔体内部包含有若干个吸热面。这里所说的"吸热面"指的是能够直接接收定日镜场聚焦的太阳能，并将太阳能转化为热能、传递给传热流体的腔体内部面。吸热面上布置吸热管束(也称吸热板)。吸热管束由一组平行的吸热管组成，吸热管表面覆盖具有高太阳光吸收率和低红外发射率的选择性吸收涂层。除吸热面外，还有若干辅助吸热面。所谓"辅助吸热面"是指不直接接收来自定日镜场的聚焦太阳能的内部面。辅助吸热面不布置吸热管束，而通常布置反射率高、保温性能好的材料。

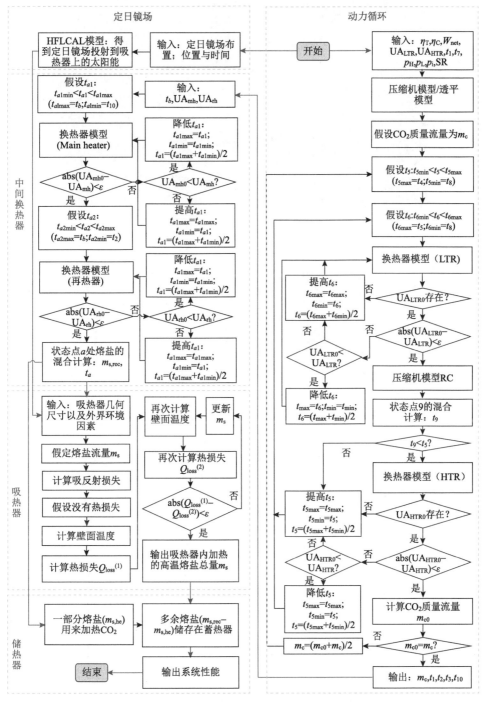

图 7-12   S-CO_2 太阳能光热发电系统的一体化建模流程

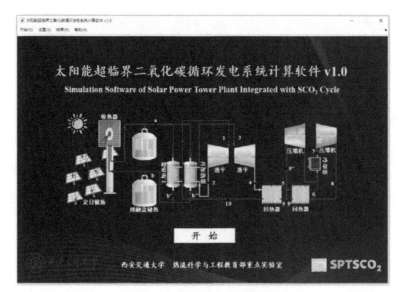

图 7-13　SPTSCO$_2$ 软件界面

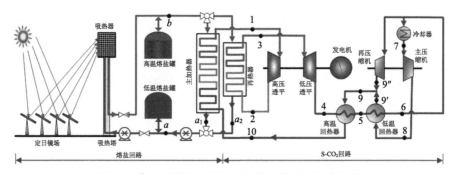

图 7-14　典型间接式 S-CO$_2$ 太阳能光热发电系统示意图

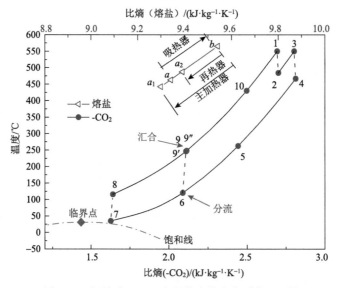

图 7-15　间接式 S-CO$_2$ 太阳能光热发电系统 T-s 图

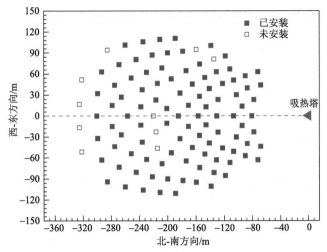

图 7-16 八达岭塔式实验电站定日镜场

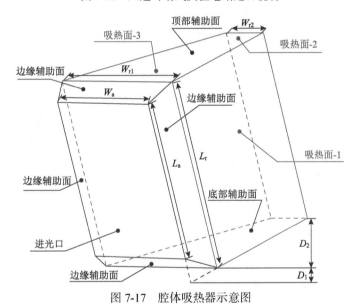

图 7-17 腔体吸热器示意图

7.2.1 定日镜场建模

目前已经提出了很多定日镜场的建模方法[64]，其中最常用的是第 3 章介绍的 MCRT 方法。MCRT 方法不仅能够得到经定日镜场聚焦投射到吸热器内的总能量，还能精确描述太阳能流的分布规律，是用于聚光系统设计及优化的有力工具，但其需要对数量众多的太阳光线进行追踪，较为耗时。当从系统层面出发对整个光热电站进行建模分析时，本章介绍另外一种计算效率更高的 HFLCAL 光学模型[65,66]。该模型可以快速得到定日镜场向吸热器输入的总能量，能够满足光热发电系统一体化建模的需要。

与 MCRT 方法相同，为了对定日镜场进行准确建模，首先需要确定太阳位置。太阳位置可通过太阳高度角 α_s 和太阳方位角 A_s 确定。

$$\alpha_s = \arcsin(\cos\varphi \cdot \cos\delta \cdot \cos\omega + \sin\varphi \cdot \sin\delta) \tag{7-1}$$

$$A_s = \arccos\left[(\sin\alpha_s \cdot \sin\varphi - \sin\delta)/(\cos\alpha_s \cdot \cos\varphi)\right] \tag{7-2}$$

式中，太阳时角 ω 与太阳赤纬角 δ 的计算如下：

$$\omega = 15\pi(\tau - 12)/180 \tag{7-3}$$

$$\delta = 23.45 \cdot \pi \cdot \sin\left(2\pi(284 + n)/365\right)/180 \tag{7-4}$$

每面定日镜投射到吸热器进光口的能量分布可近似表示为二维高斯分布：

$$F(x, y) = \frac{\mathrm{DNI} \cdot \rho_{hel} \cdot \cos w \cdot f_{atm} \cdot f_{s\&b}}{2\pi \cdot \sigma_{tot}^2} \cdot \exp\left(-\frac{(x - x_a)^2 + (y - y_a)^2}{2 \cdot \sigma_{tot}^2}\right) \tag{7-5}$$

式中，(x_a, y_a) 为聚焦点坐标；DNI 为太阳垂直入射强度，$W \cdot m^{-2}$，按照式(7-6)进行计算[67]

$$\mathrm{DNI} = \left[1367 \cdot \left[1 + 0.033 \cdot \cos(2n\pi/365)\right] \cdot \sin\alpha_s/(\sin\alpha_s + 0.33)\right] \tag{7-6}$$

f_{atm} 为大气衰减因子，如下计算：

$$f_{atm} = \begin{cases} 0.99321 - 0.00176 \cdot d + 1.97 \times 10^{-8} \cdot d^2, & d \leqslant 1000 \text{ m} \\ \exp(-0.0001106 \cdot d), & d \geqslant 1000 \text{ m} \end{cases} \tag{7-7}$$

其中，d 是定日镜场与吸热器之间的距离，m；入射光线与定日镜面垂直方向夹角的余弦如下计算：

$$\cos w = \frac{\sqrt{2}}{2} \cdot \left[\sin\alpha_s \cdot \cos\lambda - \cos\alpha_s \cdot \sin\lambda \cdot \cos(\theta_h - A_s) + 1\right]^{0.5} \tag{7-8}$$

其中，θ_h 是定日镜场的方位角，rad，λ 是定日镜场与吸热器之间连线与垂直方向的夹角，rad，可参照第 3 章给出的方法进行计算；$f_{s\&b}$ 为遮挡阴影因子，可参照文献[67,68]进行计算；标准差 σ_{tot} 综合考虑了太阳形状 σ_{sun}、镜面形状误差 σ_{slo}、散光误差 σ_{ast} 以及跟踪误差 σ_{tra} 的影响，计算如下：

$$\sigma_{tot} = \frac{\sqrt{d^2 \cdot \left(\sigma_{sun}^2 + 4\sigma_{slo}^2 + \sigma_{ast}^2 + \sigma_{tra}^2\right)}}{\sqrt{\cos(\mathrm{rec})}} \tag{7-9}$$

其中，$\cos(\mathrm{rec})$ 表示反射光线与进光口垂直方向夹角的余弦值，散光误差 σ_{ast} 如下计算：

$$\sigma_{ast} = \frac{\sqrt{W_h \cdot L_h \cdot \left(\dfrac{1}{(d/f_{hel} - \cos w)^2} + \dfrac{1}{(d \cdot \cos w/f_{hel} - 1)^2}\right)\Big/2}}{4 \cdot d} \tag{7-10}$$

定日镜场输出的总能量为

$$Q_{\text{sol}} = \sum_{i=1}^{N_{\text{h}}} \iint\limits_{\text{aperture}} F(x,y)\mathrm{d}x\mathrm{d}y \tag{7-11}$$

式中，N_{h} 为定日镜总个数。

7.2.2 吸热器建模

第 4 章介绍了基于 MCRT-FVM 耦合的塔式吸热器光热转换过程建模方法，第 5 章介绍了面向工程应用的吸热器性能快速预测方法。以上方法能够揭示太阳能流分布、温度场分布等信息，进而为吸热器的设计与优化提供指导。本章将在第 5 章介绍方法的基础上进一步简化，以满足光热发电系统的一体化建模需要。

吸热器的光热转换过程是一个多种传热方式耦合的热量传递过程，我们来仔细分析一下：经过定日镜场聚焦的太阳能进入吸热器内，大部分太阳能经过多次反射后逐渐被吸热面吸收，少量太阳能通过进光口逃逸出吸热器，造成反射损失；高温吸热壁面之间发生辐射换热，一部分热辐射经过多次反射后通过进光口散失到外界环境，造成辐射热损失；同时还有一部分热量通过与外界空气的对流换热造成对流热损失；作为吸热工质的熔盐在串联的吸热板间流动，以对流换热的方式吸收热量，温度逐渐升高到指定温度。因此，吸热器的能量平衡可表示如下：

$$Q_{\text{rec}} = Q_{\text{ref}} + Q_{\text{rad}} + Q_{\text{conv}} + Q_{\text{cond}} + Q_{\text{s}} \tag{7-12}$$

式中，Q_{rec} 为单位时间内从定日镜场聚焦到吸热器内的总太阳辐射能，W；Q_{ref} 为单位时间内被吸热表面反射到环境中的能量(即反射损失)，W；Q_{rad} 为单位时间内吸热器内高温壁面向外界环境的辐射能(即辐射热损失)，W；Q_{conv} 为吸热器单位时间内以对流换热方式散失到周围环境的能量(即对流热损失)，W；Q_{cond} 为吸热器单位时间内以导热方式散失到周围环境的能量(即导热损失)，W；Q_{s} 为单位时间内熔盐通过对流换热方式吸收的热量，W。通常吸热器具有良好的保温效果，故导热损失可以忽略。

聚焦投射到吸热器内的总太阳辐射能，即为定日镜场输出的总能量，表示为

$$Q_{\text{rec}} = Q_{\text{sol}} \tag{7-13}$$

由于吸热器表面涂层对太阳光的反射，进入吸热器表面的小部分太阳辐射又被反射出去，造成反射损失。计算公式如下：

$$Q_{\text{ref}} = Q_{\text{rec}} \cdot \left(1 - \frac{\alpha_{\text{sol}}}{\alpha_{\text{sol}} + 2 \cdot (1-\alpha_{\text{sol}}) \cdot A_{\text{ape}}/A_{\text{w,o}}}\right) \tag{7-14}$$

式中，α_{sol} 为太阳光吸收率；A_{ape} 为腔体吸热器的进光口面积，m^2；$A_{\text{w,o}}$ 为以吸热管外径为基准的总吸热面积，m^2。注意到，反射损失的计算考虑了吸热器内的重吸收效应(黑体效应)的影响。

吸热器的辐射热损失由下式计算：

$$Q_{rad} = \left(1 - \frac{\varepsilon_{the}}{\varepsilon_{the} + 2 \cdot (1 - \varepsilon_{the}) \cdot A_{ape}/A_{w,o}}\right) \sigma \left(T_{w,o}^4 - T_{sky}^4\right) \cdot A_{w,o}/2 \tag{7-15}$$

式中，σ 为黑体辐射常数，$\sigma = 5.67 \times 10^{-8}$，$W \cdot m^{-2} \cdot K^{-4}$；$\varepsilon_{the}$ 为选择性涂层的红外发射率；$T_{w,o}$ 为吸热管外壁面温度，K；T_{sky} 为天空温度，K。同样，辐射热损失的计算也考虑了重吸收效应的影响。

吸热器与环境之间的对流热损失，包括强制对流换热引起的热损失与自然对流换热引起的热损失，按下式计算得到：

$$Q_{conv} = h_{wind} \cdot \left(T_{w,o} - T_0\right) \cdot A_{ape} + h_{air} \cdot \left(T_{w,o} - T_0\right) \cdot A_{w,o}/2 \tag{7-16}$$

式中，T_0 为环境温度，K；h_{wind} 为外界空气的强制对流传热表面传热系数，$W \cdot m^{-2} \cdot K^{-1}$；$h_{air}$ 为空气自然对流传热表面传热系数，$W \cdot m^{-2} \cdot K^{-1}$。二者均可参照文献[69,70]给出的经验关联式进行计算：

$$Nu_{wind} = \frac{h_{wind} \cdot L}{\lambda} = 0.0287 \cdot Re_{wind}^{0.8} \cdot Pr_{wind}^{1/3} \tag{7-17}$$

$$h_{air} = 0.81 \cdot \left(T_{w,o} - T_0\right)^{0.426} \tag{7-18}$$

式中，Nu_{wind}、Re_{wind}、Pr_{wind} 等无量纲准则数均以吸热器进光口的高度作为特征尺度，以空气与外壁面的平均温度作为定性温度。

熔盐在吸热器内的吸热量可表示为

$$Q_s = m_s \cdot (h_{s,b} - h_{s,a}) \tag{7-19}$$

式中，m_s 为熔盐质量流量，$kg \cdot s^{-1}$；$h_{s,a}$ 与 $h_{s,b}$ 分别为熔盐在吸热器入口(状态点 a)及出口(状态点 b)的焓值，J。

熔盐的吸热量等于熔盐在吸热管内的对流换热量，表示为

$$Q_s = h_s \cdot A_{w,i} \cdot \left(T_{w,i} - T_{s,ave}\right) \tag{7-20}$$

式中，$A_{w,i}$ 为以吸热管内径为基准的吸热面积，m^2；$T_{w,i}$ 与 $T_{s,ave}$ 分别为吸热管内壁面及熔盐的平均温度，K；h_s 为吸热管内熔盐的对流换热表面传热系数，$W \cdot m^{-2} \cdot K^{-1}$。吸热管内熔盐的流动通常为湍流状态，其对流换热表面传热系数 h_s 可由本课题组总结的实验关联式进行计算[71]。

$$Nu_s = 0.0154 \cdot Re^{0.853} \cdot Pr^{0.35} \cdot \left(\frac{\mu_f}{\mu_w}\right)^{0.14} \tag{7-21}$$

$$h_s = Nu_s \frac{\lambda_s}{d_i} \tag{7-22}$$

式中，λ_s 为熔盐导热系数，$W \cdot m^{-1} \cdot K^{-1}$；$d_i$ 为吸热管内径，m。

吸热管外壁面温度($T_{w,o}$)直接决定了吸热器的对流热损失和辐射热损失，而吸热管内壁面温度($T_{w,i}$)与熔盐对流换热有关。二者通过对吸热管壁的导热过程求解建立关联，表示如下。

$$Q_s = \frac{2 \cdot \pi \cdot \lambda_t \cdot \left(T_{w,i} - T_{w,o}\right) \cdot A_{w,i}}{d_i \cdot \ln\left(d_o / d_i\right)} \tag{7-23}$$

式中，λ_t 为吸热管的导热系数，$W \cdot m^{-1} \cdot K^{-1}$；$d_o$ 为吸热管外径，m。

以上所述吸热器内多个传热过程是相互耦合的，需要进行迭代求解。图 7-12 给出了吸热器迭代求解的总体流程，简述为：①首先给定吸热器的几何参数与环境参数等已知输入变量；②假定熔盐的质量流量，在假设没有热损失的情况下计算吸热器壁面温度；③根据壁面温度计算热损失(对流热损失与辐射热损失)；④根据热损失再次计算壁面温度；⑤更新熔盐质量流量，重复上述计算过程，直到前后两次迭代的热损失变化在误差范围之内；⑥计算结束，输出熔盐质量流量及吸热器效率。吸热器效率定义为

$$\eta_{rec} = \frac{Q_s}{Q_{rec}} = \frac{m_s \cdot \left(h_{s,b} - h_{s,a}\right)}{\sum_{i=1}^{N_h} \iint_{\text{aperture}} F(x, y) \mathrm{d}x \mathrm{d}y} \tag{7-24}$$

7.2.3 储热器建模

如前所述，在吸热器内加热得到的高温熔盐一部分用于加热动力循环中的 S-CO_2，多余的高温熔盐则被暂时存储在高温储盐罐内，当太阳能不充足时，高温储盐罐内的高温熔盐则被用来加热动力循环中的 S-CO_2。第 6 章详细介绍了显热储热过程的数值建模方法及面向不同应用需求的相变储热器的一维、二维和三维数值建模方法，能够为储热器的设计和开发提供重要参考。在光热发电系统的一体化建模过程中，为了工程上的简捷方便，可忽略储热器的内部结构及传热过程，在系统层面掌握储热器与吸热器、动力循环等子系统间的能量输运关系即可。在本模型中，假设储盐罐保温良好，忽略储盐罐向外界的热损失，同时假设罐内熔盐温度相同，不会出现分层、混流现象。储热系统的能量平衡方程表示如下：

$$Q_s = Q_{pc} + Q_{sto} \tag{7-25}$$

式中，Q_s 为单位时间内通过吸热器熔盐获得的热量，W；Q_{pc} 为单位时间内加热动力循环中 CO_2 所需的热量，W；Q_{sto} 为单位时间内存储在储盐罐中的热量，W，Q_{sto} 可正可负，若为正，则表示储热过程，若为负，则表示放热过程。

7.2.4　中间换热器及动力循环建模

中间换热器是动力循环的热源，因此将中间换热器与动力循环的建模方法均放在本节中进行介绍。动力循环中主要有三类换热器。第一类是中间换热器，包括主加热器和再热器。主加热器与再热器连接了太阳能光热发电系统中的熔盐回路与 S-CO₂ 回路。第二类是回热器，用于冷、热 S-CO₂ 间的换热，完成回热过程。第三类是冷却器，通过其他冷却介质将 S-CO₂ 冷却至指定温度。中间换热器与回热器采用逆流换热器，均采用热导法进行建模，下面对此进行介绍。

考虑到 CO₂ 物性随温度与压力的变化，换热器被划分为 N 个子换热器，每一个子换热器内物性变化足够小，可当作常物性处理，如图 7-18 所示。整个换热器的换热量 Q 也随之被等分为 N 份。每个子换热器的能量平衡方程可表示如下：

$$Q_i = m_h \cdot \left(h_{h,in,i} - h_{h,ou,i}\right) = m_c \cdot \left(h_{c,ou,i} - h_{c,in,i}\right) \tag{7-26}$$

式中，Q_i 为单位时间内第 i 个子换热器冷热流体交换的热量，W；$h_{h,in,i}$ 与 $h_{h,ou,i}$ 分别表示热流体的进、出口焓值，J；$h_{c,in,i}$ 与 $h_{c,ou,i}$ 分别表示冷流体的进、出口焓值，J；m_h 和 m_c 分别表示热、冷流体的质量流量，kg·s⁻¹。

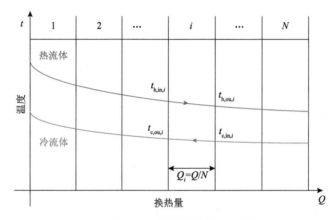

图 7-18　换热器离散示意图

每个子换热器的热导(UA_i)可通过如下表达式进行计算：

$$UA_i = Q_i \frac{\ln\left(\max\left((T_{h,in,i}-T_{h,ou,i}),(T_{c,ou,i}-T_{c,in,i})\right)\big/\min\left((T_{h,in,i}-T_{h,ou,i}),(T_{c,ou,i}-T_{c,in,i})\right)\right)}{\max\left((T_{h,in,i}-T_{h,ou,i}),(T_{c,ou,i}-T_{c,in,i})\right)-\min\left((T_{h,in,i}-T_{h,ou,i}),(T_{c,ou,i}-T_{c,in,i})\right)}$$

$$\tag{7-27}$$

式中，$T_{h,in,i}$ 与 $T_{h,ou,i}$ 分别表示热流体的进、出口温度，K；$T_{c,in,i}$ 与 $T_{c,ou,i}$ 分别表示冷流体的进、出口温度，K。

叠加得到整个换热器的总热导：

$$UA=\sum_{i=1}^{N} UA_i \tag{7-28}$$

接下来对循环中其他关键部件及其中的热力学过程进行建模。S-CO$_2$ 在高压透平中的膨胀过程(从状态点 1 到状态点 2)是非等熵绝热过程。膨胀过程高压透平的做功量由下式进行计算:

$$W_{HPT}=m_c \cdot (h_1 - h_2) = m_c \cdot (h_1 - h_{2s}) \cdot \eta_{HPT} \tag{7-29}$$

式中,m_c 为 CO$_2$ 的质量流量,kg·s^{-1};η_{HPT} 为高压透平的绝热效率;h_1 与 h_2 分别表示 S-CO$_2$ 在状态点 1 和 2 的焓值,J;h_{2s} 为等熵绝热膨胀过程对应的理想状态点(2s)的焓值,J。

再热过程中 S-CO$_2$ 的吸热功率 Q_{rh}(从状态点 2 到状态点 3)表示为

$$Q_{rh}=m_c \cdot (h_3 - h_2) \tag{7-30}$$

式中,h_2 与 h_3 分别表示 S-CO$_2$ 在状态点 2 和 3 的焓值,J。

S-CO$_2$ 在低压透平中的膨胀过程(从状态点 3 到状态点 4)同样是非等熵绝热过程,低压透平的输出功率由公式(7-31)进行计算。

$$W_{LPT}=m_c \cdot (h_3 - h_4) = m_c \cdot (h_3 - h_{4s}) \cdot \eta_{LPT} \tag{7-31}$$

式中,η_{LPT} 为低压透平的绝热效率;h_3 与 h_4 分别表示 S-CO$_2$ 在状态点 3 和 4 的焓值,J;h_{4s} 为等熵绝热膨胀过程对应的理想状态点(4s)的焓值,J。

从低压透平出来的 S-CO$_2$ 在高温回热器中将热量传递给低温 S-CO$_2$,温度进一步降低(从状态点 4 到状态点 5),而高温回热器另一侧的低温 S-CO$_2$ 温度得到了升高(从状态点 9 到状态点 10),该过程中的能量平衡表示为

$$h_4 - h_5 = h_{10} - h_9 \tag{7-32}$$

从高温回热器出来的 S-CO$_2$ 进入低温回热器,进一步将热量释放给低温 CO$_2$,温度进一步降低(从状态点 5 到状态点 6),而回热器另一侧的低温 S-CO$_2$ 温度则得到了升高(从状态点 8 到状态点 9'),该过程中的能量平衡可表示为

$$h_5 - h_6 = SR \cdot (h_{9'} - h_8) \tag{7-33}$$

式中,SR 为分流比,定义为进入主压缩机的 CO$_2$ 质量流量 m_7(状态点 7 处的质量流量)与总质量流量 m_c 之比:

$$SR=\frac{m_7}{m_c} \tag{7-34}$$

进入主压缩机的 S-CO$_2$ 的压力从状态点 7 压缩至状态点 8,主压缩机消耗的功率为

$$W_{MC} = SR \cdot m_c \cdot (h_8 - h_7) = SR \cdot m_c \cdot (h_{8s} - h_7)/\eta_{MC} \tag{7-35}$$

式中，η_{MC} 为主压缩机的绝热效率；h_8 与 h_7 分别表示 S-CO_2 在状态点 8 和 7 的焓值，J；h_{8s} 为等熵绝热压缩过程对应的理想状态点(8s)的焓值，J。

另一股 S-CO_2 未进入低温回热器，而是进入再压缩机，直接从状态点 6 压缩至状态点 $9''$，消耗的功率为

$$W_{RC} = (1-SR) \cdot m_c \cdot (h_{9''} - h_6) = (1-SR) \cdot m_c \cdot (h_{9''s} - h_6)/\eta_{RC} \tag{7-36}$$

式中，η_{RC} 为再压缩机的绝热效率；$h_{9''}$ 与 h_6 分别表示 S-CO_2 在状态点 $9''$ 和 6 的焓值，J；h_{9s} 为等熵绝热压缩过程对应的理想状态点($9''$s)的焓值，J。

从再压缩机出来的 S-CO_2 与从低温回热器出来的 S-CO_2 在状态点 9 处混合，然后进入高温回热器，混合过程的能量平衡方程可表示为

$$h_9 = SR \cdot h_{9'} + (1-SR) \cdot h_{9''} \tag{7-37}$$

混合后的 S-CO_2 进入高温回热器回收热量，温度提高(从状态点 9 到状态点 10)，然后进入主加热器，被高温熔盐加热到循环最高温度(从状态点 10 到状态点 1)，CO_2 在主加热器的吸热功率为

$$Q_{mh} = m_c \cdot (h_1 - h_{10}) \tag{7-38}$$

式中，Q_{mh} 为单位时间主加热器吸收的热量，W；h_1 与 h_{10} 分别表示 S-CO_2 在状态点 1 和 10 的焓值，J。

前已述及，高温熔盐分为两股分别进入主加热器与再热器，主加热器出口处的熔盐与再热器出口处的熔盐进行混合，混合过程能量平衡表示为

$$\left(m_{s,rh} + m_{s,mh}\right) \cdot h_a = m_{s,mh} \cdot h_{s,a_1} + m_{s,rh} \cdot h_{s,a_2} \tag{7-39}$$

式中，$m_{s,mh}$ 与 $m_{s,rh}$ 为主加热器和再加热器内的熔盐质量流量，kg·s^{-1}；h_a 为混合后熔盐在状态点 a 的焓值，J；h_{s,a_1} 和 h_{s,a_2} 为混合前两股熔盐在状态点 a_1 和 a_2 的焓值，J。

循环输出净功表示为

$$W_{net} = W_{HPT} + W_{LPT} - W_{MC} - W_{RC} \tag{7-40}$$

循环效率由下式进行计算：

$$\eta_{pc} = \frac{W_{net}}{Q_{mh} + Q_{rh}} = \frac{W_{net}}{m_{s,mh} \cdot \left(h_{s,b} - h_{s,a_1}\right) + m_{s,rh} \cdot \left(h_{s,b} - h_{s,a_2}\right)} \tag{7-41}$$

上述内容以再压缩循环为例，介绍了 S-CO_2 布雷顿循环的热力学建模过程。如 7.1 节所述，除再压缩循环外，还有很多其他形式的布雷顿循环。关于其他形式的 S-CO_2 布雷顿循环的热力学模型，这里不再赘述，仅列出模型中用到的重要能量关系方程供读者参考，参见表 7-2～表 7-6。

表 7-2 简单回热循环中的关键能量平衡方程

部件/过程	能量关系方程
压缩机	$\eta_{MC}=(h_{7s}-h_6)/(h_7-h_6)$，$W_{MC}=SR\cdot m_c\cdot(h_7-h_6)$
高压透平	$\eta_{HPT}=(h_1-h_2)/(h_1-h_{2s})$，$W_{HPT}=m_c\cdot(h_1-h_2)$
低压透平	$\eta_{LPT}=(h_3-h_4)/(h_3-h_{4s})$，$W_{LPT}=m_c\cdot(h_3-h_4)$
回热器	$h_4-h_5=h_8-h_7$
主加热器	$m_{s,mh}\cdot(h_b-h_{a_1})=m_c\cdot(h_1-h_8)$，$t_{s,b}-t_{c,1}=15$
再热器	$m_{s,rh}\cdot(h_b-h_{a_2})=m_c\cdot(h_3-h_2)$，$t_{s,b}-t_{c,3}=15$
净功	$W_{net}=W_{HPT}+W_{LPT}-W_C$

表 7-3 预压缩循环中的关键能量平衡方程

部件/过程	能量关系方程
主压缩机	$\eta_{MC}=(h_{8s}-h_7)/(h_8-h_7)$，$W_{MC}=SR\cdot m_c\cdot(h_8-h_7)$
预压缩机	$\eta_{PC}=(h_{11s}-h_5)/(h_{11}-h_5)$，$W_{PC}=m_c\cdot(h_{11}-h_6)$
高压透平	$\eta_{HPT}=(h_1-h_2)/(h_1-h_{2s})$，$W_{HPT}=m_c\cdot(h_1-h_2)$
低压透平	$\eta_{LPT}=(h_3-h_4)/(h_3-h_{4s})$，$W_{LPT}=m_c\cdot(h_3-h_4)$
高温回热器	$h_4-h_5=h_{10}-h_9$
低温回热器	$h_{11}-h_6=h_9-h_8$
主加热器	$m_{s,mh}\cdot(h_b-h_{a_1})=m_c\cdot(h_1-h_{10})$，$t_{s,b}-t_{c,1}=15$
再热器	$m_{s,rh}\cdot(h_b-h_{a_2})=m_c\cdot(h_3-h_2)$，$t_{s,b}-t_{c,3}=15$
净功	$W_{net}=W_{HPT}+W_{LPT}-W_{MC}-W_{PC}$

表 7-4 中间冷却循环中的关键能量平衡方程

部件/过程	能量关系方程
主压缩机1	$\eta_{MC1}=(h_{12s}-h_{11})/(h_{12}-h_{11})$，$W_{MC1}=SR\cdot m_c\cdot(h_{12}-h_{11})$
主压缩机2	$\eta_{MC2}=(h_{8s}-h_7)/(h_8-h_7)$，$W_{MC2}=SR\cdot m_c\cdot(h_8-h_7)$
再压缩机	$\eta_{RC}=(h_{9's}-h_6)/(h_{9'}-h_6)$，$W_{RC}=(1-SR)\cdot m_c\cdot(h_{9'}-h_6)$
高压透平	$\eta_{HPT}=(h_1-h_2)/(h_1-h_{2s})$，$W_{HPT}=m_c\cdot(h_1-h_2)$
低压透平	$\eta_{LPT}=(h_3-h_4)/(h_3-h_{4s})$，$W_{LPT}=m_c\cdot(h_3-h_4)$
S-CO_2 的混合过程	$h_9=SR\cdot h_{9'}+(1-SR)\cdot h_{9''}$
高温回热器	$h_4-h_5=h_{10}-h_9$
低温回热器	$h_5-h_6=SR\cdot(h_{9'}-h_8)$

续表

部件/过程	能量关系方程
主加热器	$m_{s,mh} \cdot (h_b - h_{a_1}) = m_c \cdot (h_1 - h_{10})$, $t_{s,b} - t_{c,1} = 15$
再热器	$m_{s,rh} \cdot (h_b - h_{a_2}) = m_c \cdot (h_3 - h_2)$, $t_{s,b} - t_{c,3} = 15$
净功	$W_{net} = W_{HPT} + W_{LPT} - W_{MC1} - W_{MC2} - W_{RC}$

表 7-5   部分冷却循环中的关键能量平衡方程

部件/过程	能量关系方程
主压缩机	$\eta_{MC} = (h_{8s} - h_7)/(h_8 - h_7)$, $W_{MC} = SR \cdot m_c \cdot (h_8 - h_7)$
预压缩机	$\eta_{PC} = (h_{12s} - h_{11})/(h_{12} - h_{11})$, $W_{PC} = m_c \cdot (h_{12} - h_{11})$
再压缩机	$\eta_{RC} = (h_{9''s} - h_{12})/(h_{9''} - h_{12})$, $W_{RC} = (1 - SR) \cdot m_c \cdot (h_{9''} - h_{12})$
高压透平	$\eta_{HPT} = (h_1 - h_2)/(h_1 - h_{2s})$, $W_{HPT} = m_c \cdot (h_1 - h_2)$
低压透平	$\eta_{LPT} = (h_3 - h_4)/(h_3 - h_{4s})$, $W_{LPT} = m_c \cdot (h_3 - h_4)$
S-CO_2 的混合过程	$h_9 = SR \cdot h_{9'} + (1 - SR) \cdot h_{9''}$
高温回热器	$h_4 - h_5 = h_{10} - h_9$
低温回热器	$h_5 - h_6 = SR \cdot (h_{9'} - h_8)$
主加热器	$m_{s,mh} \cdot (h_b - h_{a_1}) = m_c \cdot (h_1 - h_{10})$, $t_{s,b} - t_{c,1} = 15$
再热器	$m_{s,rh} \cdot (h_b - h_{a_2}) = m_c \cdot (h_3 - h_2)$, $t_{s,b} - t_{c,3} = 15$
净功	$W_{net} = W_{HPT} + W_{LPT} - W_{MC} - W_{PC} - W_{RC}$

表 7-6   分级膨胀循环中的关键能量平衡方程

部件或过程	能量关系方程
主压缩机	$\eta_{MC} = (h_{8s} - h_7)/(h_8 - h_7)$, $W_{MC} = SR \cdot m_c \cdot (h_8 - h_7)$
再压缩机	$\eta_{RC} = (h_{9''s} - h_6)/(h_{9''} - h_6)$, $W_{RC} = (1 - SR) \cdot m_c \cdot (h_{9''} - h_{12})$
分级膨胀透平	$\eta_{ST} = (h_{10} - h_{11})/(h_{10} - h_{11s})$, $W_{ST} = m_c \cdot (h_{10} - h_{11})$
高压透平	$\eta_{HPT} = (h_1 - h_2)/(h_1 - h_{2s})$, $W_{HPT} = m_c \cdot (h_1 - h_2)$
低压透平	$\eta_{LPT} = (h_3 - h_4)/(h_3 - h_{4s})$, $W_{LPT} = m_c \cdot (h_3 - h_4)$
S-CO_2 的混合过程	$h_9 = SR \cdot h_{9'} + (1 - SR) \cdot h_{9''}$
高温回热器	$h_4 - h_5 = h_{10} - h_9$
低温回热器	$h_5 - h_6 = SR \cdot (h_{9'} - h_8)$

续表

部件或过程	能量关系方程
主加热器	$m_{s,mh} \cdot (h_b - h_{a_1}) = m_c \cdot (h_1 - h_{11})$, $t_{s,b} - t_{c,1} = 15$
再热器	$m_{s,rh} \cdot (h_b - h_{a_2}) = m_c \cdot (h_3 - h_2)$, $t_{s,b} - t_{c,3} = 15$
净功	$W_{net} = W_{HPT} + W_{LPT} + W_{ST} - W_{MC} - W_{RC}$

为了对所建立的 S-CO$_2$ 循环模型进行验证，在相同模拟工况条件下，将模型计算得到的结果与文献[50]中 Neises 等的计算结果进行对比。用于模型验证的计算工况为：透平入口温度 t_1 为 650 ℃，压缩机入口温度 t_7 为 50 ℃，循环最高压力 p_{max} 为 25 MPa，中间再热压力 p_{rh} 取为循环最高压力 p_{max} 与最低压力 p_{min} 的平均值，透平效率 η_{HPT} 和 η_{LPT} 为 93%，压缩机效率 η_{MC} 和 η_{RC} 为 89%，净输出功率为 35 MW。其他未列参数，包括分流比 SR、高温回热器的热导与总热导之比 UAR、循环最低压力 p_{min}，均通过遗传算法以循环效率最高为优化目标进行确定。模型验证中对比了循环效率 η_{pc} 与 S-CO$_2$ 的吸热温差 $\Delta t(t_1-t_{10})$。对比结果列于表 7-7。可见，在多个工况条件下，不论是循环效率还是 S-CO$_2$ 的吸热温差，本模型的计算结果与文献值均符合较好，验证了本模型的可靠性。

表 7-7   本节模型与文献计算结果对比

UA /(MW·K^{-1})	SR/—		UAR/—		p_{min}/MPa		η_{pc}/%		$\Delta t (t_1-t_{10})$/℃	
	文献结果	本节结果	文献结果	本节结果	文献结果	本节结果	文献结果	本节结果	文献结果	本节结果
5	0.87	0.88	0.497	0.438	8.56	8.31	47.17	47.17	138.0	139.7
10	0.73	0.73	0.568	0.567	10.0	9.89	50.39	50.41	114.2	114.4
15	0.70	0.71	0.535	0.537	10.05	10.03	51.59	51.60	109.5	109.5

7.3   超临界 CO$_2$ 太阳能光热发电系统的性能分析与优化

7.2 节介绍了 S-CO$_2$ 太阳能光热发电系统的光-热-功一体化建模方法和模型。本节将应用所建立的一体化完整模型，分析和优化 S-CO$_2$ 光热发电系统的性能。首先，7.3.1 节介绍了用于分析和优化光热发电系统性能的三个重要的性能指标。然后，考虑到再压缩循环是一种非常典型的 S-CO$_2$ 布雷顿循环布局形式，因此 7.3.2 节以耦合再压缩循环的塔式光热发电系统为例，分析了一些关键运行参数对光热发电系统性能的影响规律。接着，考虑到除再压缩循环外，还有多种其他形式的 S-CO$_2$ 布雷顿循环，7.3.3 节进一步分析了耦合多种不同循环形式的塔式光热发电系统的性能。最后，7.3.4 节介绍了 S-CO$_2$ 光热发电系统的多参数、多目标协同优化方法及其具体实施过程，在此基础上分析了 S-CO$_2$ 光热发电系统的优化结果。通过本节的介绍，希望帮助读者加深对 S-CO$_2$ 光热发电系统的运行特点及参数优化的理解。

　　本节所用到的基本工况见表 7-8，其中定日镜场采用八达岭塔式实验电站的定日镜场[63]。吸热器内的传热流体、储热器内的储热工质均采用目前广泛应用的太阳盐，其建议使用的温度范围为 290～565 ℃。太阳盐的主要热物性参见第 5 章的表 5-1。由于动力循环内 CO_2 的热物性随着温度、压力等的变化而剧烈变化，因而为准确地计算 CO_2 在不同工况下的热物性，本章采用美国国家标准与技术研究院开发的 REFPROP 物性库来对其计算[72]。

表 7-8　S-CO_2 太阳能光热电站的典型分析工况

部件	参数	取值
定日镜场	定日镜数目，N_h	100
	定日镜长度，L_h/m	10
	定日镜宽度，W_h/m	10
	定日镜高度，H_h/m	6.6
	跟踪误差，σ_{tra}/mrad	0.1
	形面误差，σ_{slo}/mrad	0.1
	有效反射率(反射率×清洁度)，ρ_{hel}	0.873
	吸热塔高，H_t/m	78
吸热器	吸热器熔盐出口温度，t_b/℃	565
	吸热管内径，d_i/m	0.019
	吸热管外径，d_o/m	0.0165
	吸热板数量，N_{tube}	16
	吸热板中吸热管数量，N_{panel}/m	16
	吸热涂层太阳辐射吸收率，α_{sol}	0.96
	吸收涂层热辐射吸收率，α_{the}	0.8
	吸热器安装倾角，ϕ/(°)	25
	进光口宽度，W_a/m	5.0
	进光口高度，L_a/m	5.0
	吸热器宽度 1，W_{r1}/m	6.0
	吸热器宽度 2，W_{r2}/m	2.0
	吸热器高度，L_r/m	6.0
	吸热器深度 1，D_1/m	0.7
	吸热器深度 2，D_2/m	5.1
储热器	储热温度，t_{sto}/℃	565
中间换热器	主加热器热导，UA_{mh}/(MW·K^{-1})	0.1
	再热器热导，UA_{rh}/(MW·K^{-1})	0.1

续表

部件	参数	取值
动力循环	循环最高压力，p_{max}/MPa	25
	循环最低压力，p_{min}/MPa	7.6
	中间再热压力，p_{rh}/MPa	16.3
	主压缩机入口温度，t_7/℃	35
	分流比，SR/—	0.75
	回热器总热导，UA_{rep}/(MW·K^{-1})	0.2
	回热器热导分配比，UAR/—	0.5
	透平效率，η_{HPT}, η_{LPT}/%	93
	压缩机效率，η_{MC}, η_{RC}/%	89
	输出净功率，W_{net}/kW	1000
其他参数	时刻	春分正午
	地理位置	北京(40.4°N/115.9°E)
	环境温度，t_0/℃	20

7.3.1 S-CO$_2$ 光热发电系统的性能评价指标

为了合理地评价 S-CO$_2$ 光热发电系统的综合性能，可以将系统的光-热-功转换效率(η_{spt})、系统比功(w)、熔盐在吸热器出口与入口的温度之差(即熔盐吸热温差，Δt)选为性能评价指标，具体说明如下。

系统的光-热-功转换效率越高，发电成本越低。在任意时刻，若从定日镜场输入的法向直射辐射总功率为 Q_{hel}，动力循环做功功率为 W_{net}，储热系统的储热功率为 Q_{sto}，那么整个光热发电系统的瞬时光-热-功转换效率(η_{spt})可定义为式(7-42)。

$$\eta_{spt} = \left(W_{net} + Q_{sto} \cdot \eta_{pc}\right)/Q_{hel} = \left(W_{net} + Q_{sto} \cdot \eta_{pc}\right)/\left(DNI \cdot A_h \cdot N_h\right) \tag{7-42}$$

式中，$Q_{sto} \cdot \eta_{pc}$ 表示 Q_{sto} 具有的做功潜力；A_h 为单个定日镜的面积，m^2；N_h 为定日镜数量。

系统比功(w)为单位时间内单位质量 S-CO$_2$ 的做功量，其可表示为式(7-43)。由于系统比功越大，装置就越紧凑，电站投资成本也就越低，因而在实际电站中，需要尽可能地提高比功。

$$w = W_{net}/m_c = \left(h_1 - h_2\right) + \left(h_3 - h_4\right) - SR\left(h_8 - h_7\right) - \left(h_{9''} - h_6\right)\left(1 - SR\right) \tag{7-43}$$

如第 6 章所述，由于太阳辐射的间歇性，储热系统成为光热发电系统中不可或缺的重要组成部分，因而动力循环与储热系统的兼容性也就成为评价 S-CO$_2$ 光热发电系统性能的另一个重要指标[50]。双罐式熔盐显热储热是目前最成熟的储热形式，其在商业电站中获得了广泛应用[73-75]。鉴于此，本章所分析的 S-CO₂ 光热发电系统也采用双罐式熔盐显热储热系统进行储热，该储热系统的储热功率可以直观地表示为式(7-44)。

$$Q_{sto} = m_{s,sto} \cdot c_p \cdot \Delta t \tag{7-44}$$

式中，$m_{s,sto}$ 为单位时间的储盐量，$kg \cdot s^{-1}$；c_p 为熔盐的定压比热容，$J \cdot kg^{-1} \cdot K^{-1}$；$\Delta t$ 为高、低温储热罐中熔盐的温差，其等于熔盐吸热温差，℃。

由式(7-44)可以看出，储热系统的储热能力与熔盐吸热温差(Δt)成正比。熔盐吸热温差越大，储热量越大。因此，本章将熔盐吸热温差选为评价动力循环与储热系统兼容性的指标，其可采用式(7-45)进行计算。

$$\Delta t = t_b - t_a \tag{7-45}$$

式中，t_b 为熔盐在吸热器出口的温度(即图 7-14 中状态点 b 的温度)，℃；t_a 为熔盐在吸热器入口的温度(即图 7-14 中状态点 a 的温度)，℃。

7.3.2 关键运行参数对光热系统性能的影响

本节将以图 7-14 所示的耦合 S-CO₂ 再压缩循环的光热发电系统为例，分析系统关键运行参数对其综合性能的影响，其中该系统对应的 T-s 图参见图 7-15。在分析过程中，采用 7.3.1 节所介绍的三个性能指标来表征系统性能。所分析的系统关键运行参数包括吸热器出口高温熔盐温度(t_b)、循环最高压力(p_{max})、循环最低压力(p_{min})、中间再热压力(p_{rh})、主压缩机入口温度(t_7)、分流比(SR)、回热器总热导(UA_{rep})、回热器热导分配比(UAR)，其中 UAR 定义为高温回热器热导与总热导之比。

1. 高温熔盐温度的影响

吸热器出口的高温熔盐温度(t_b)对光热发电系统的性能具有显著影响。鉴于此，首先考察了高温熔盐温度对系统效率(η_{spt})、系统比功(w)及熔盐吸热温差(Δt)的影响情况，结果参见图 7-19。需要注意的是，虽然太阳盐的最高使用温度为 565 ℃，但为了全面了解熔盐温度对系统性能的影响，在分析中将考察的温度上限提高到了 800 ℃，而其他参数则与表 7-8 保持一致。由图 7-19 可见，在考察的高温熔盐温度范围内，系统比功与熔盐吸热温差随高温熔盐温度的升高而增大，而系统效率则随高温熔盐温度的升高先增大后减小。这是因为整个光热发电系统的效率是定日镜场效率、吸热器效率、动力循环效率的乘积，而高温熔盐温度对吸热器效率与动力循环效率均有较大影响且影响规律相反。图 7-20 进一步给出了吸热器效率与动力循环效率随高温熔盐温度的变化规律。由图 7-20 可见，随着高温熔盐温度的升高，透平入口的 S-CO₂ 温度也会升高，因而动力循环效率也随之升高。同时，由图 7-20 还可以看到，随着高温熔盐温度上升，吸热器效率会逐渐下降。这是因为吸热器壁面温度会随熔盐温度的升高而升高，而吸热器壁面温度直接决定了吸热器热损失的大小，壁面温度越高，热损失越大，吸热器效率也就越低。上述结果也表明，在分析和优化光热发电系统时，必须建立整个系统的光-热-功一体化完整模型，这样才能准确地考虑定日镜场、吸热器、动力循环等不同组件对系统整体性能的影响。

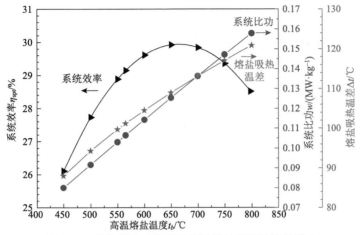

图 7-19　吸热器出口高温熔盐温度对系统性能的影响

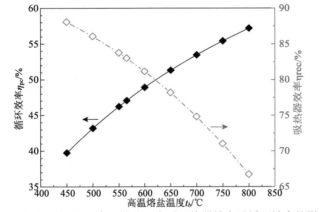

图 7-20　吸热器出口高温熔盐温度对吸热器效率及循环效率的影响

2. 循环压力的影响

循环最高压力(p_{max})、循环最低压力(p_{min})、再热压力(p_{rh})都对光热发电系统的整体性能有着直接影响，下面将分别分析上述压力参数的影响。

首先，图 7-21 分析了循环最高压力(p_{max})对系统效率(η_{spt})、系统比功(w)及熔盐吸热温差(Δt)的影响情况。从图 7-21 可以看出，在考察的循环最高压力范围内，提高循环最高压力可提高系统效率、增大系统比功、拓宽熔盐吸热温差。此外还可以看出，随着循环最高压力的逐渐升高，其对系统效率的影响逐渐减弱。

接着，图 7-22 分析了循环最低压力(p_{min})对系统性能的影响情况。从图 7-22 可以看出，系统效率、系统比功与熔盐吸热温差的变化规律基本一致，均是随着循环最低压力的升高先增大后减小。特别注意到，系统效率在 p_{min}=8.05 MPa 附近取得最大值，而此时主压缩机入口温度为 t_7=35 ℃，其对应的假临界压力恰好是 8.05 MPa。所谓"假临界压力"，指的是特定温度下 CO_2 的比热容取得最大值时对应的压力，图 7-23 给出了不同假临界温度下 CO_2 相应的假临界压力。

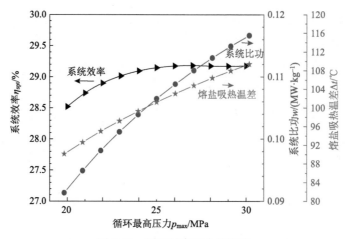

图 7-21   循环最高压力的影响

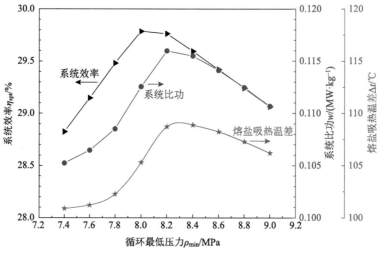

图 7-22   循环最低压力的影响

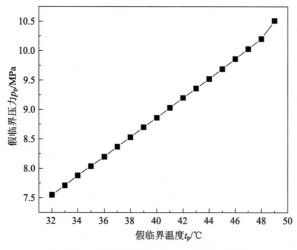

图 7-23   不同温度下 CO_2 的假临界压力

下面，结合图 7-21 和图 7-22，着重分析循环最高压力(p_{max})、循环最低压力(p_{min})对系统效率(η_{spt})的影响规律。由于增大循环最高压力或者减小循环最低压力都会增大循环压比(定义为 p_{max}/p_{min})，而这会同时增加透平输出功和压缩机功耗。此外，增大循环最高压力会造成 CO_2 比热容增大，从而导致 CO_2 需要从中间换热器吸收更多的热量才能被加热到指定温度。当压缩机功耗的增加量与中间换热器吸热量的增加量之和小于透平输出功的增加量时，系统效率就会提高，反之，系统效率则会降低。对于循环压比减小的情况，可采用类似思路进行分析。

最后，图 7-24 进一步考察了中间再热压力(p_{rh})对系统性能的影响情况。从图 7-24 可以看出，系统效率与系统比功均随着中间再热压力升高呈先增大后减小的变化规律。也就是说，存在最优的中间再热压力使得系统效率与系统比功取得最大值。同时，还可以发现熔盐吸热温差随中间再热压力的升高而增大，特别是当中间再热压力靠近循环最高压力时，熔盐吸热温差迅速升高。

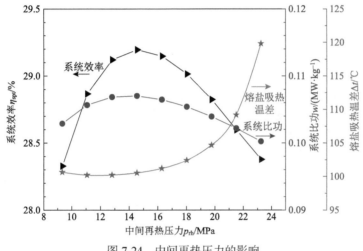

图 7-24   中间再热压力的影响

3. 回热器热导的影响

S-CO_2 布雷顿循环具有深度回热的特点，回热器的热导值代表了回热器的尺寸大小，其对太阳能光热发电系统具有重要影响。图 7-25 给出了回热器总热导(UA_{rep})对光热发电系统性能的影响情况。从图 7-25 可以看出，随着回热器总热导的增大，循环的回热量增加，系统效率随之增大；同时，循环的回热量增大，意味着循环工质在中间换热器中吸收的热量减少，进而造成熔盐吸热温差减小；此外，还可以看到，回热器总热导对系统比功的影响相对较小。

在再压缩循环中，回热器分为高温回热器和低温回热器。当回热器总热导一定时，高、低温回热器间的热导分配比对系统性能也具有一定影响。图 7-26 给出了当回热器总热导保持在 $UA_{rep}=0.2\ MW\cdot K^{-1}$ 的情况下，热导分配比对系统效率的影响规律。从图 7-26 中可以看出，系统比功受热导分配比的影响相对较小；系统效率随着回热器热导分配比的增加表现出明显的先增大后减小的变化趋势；而熔盐吸热温差却随着回热器热导分配比的增加先减小后增大。

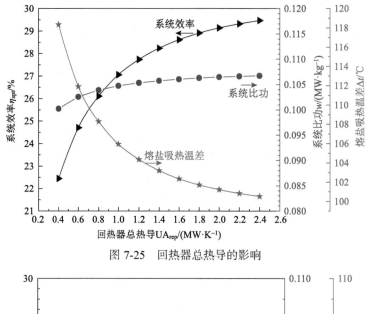

图 7-25 回热器总热导的影响

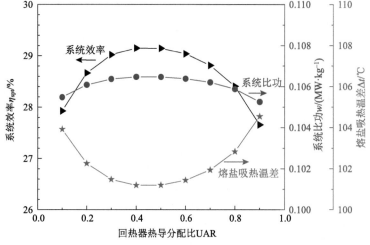

图 7-26 回热器热导分配比的影响

4. 分流比及压缩机入口温度的影响

如 7.1 节所述,再压缩循环采用分流的方式来降低回热器高、低压两侧的热容差,进而缓解"温度夹点问题",分流比(SR)对系统性能具有重要影响。图 7-27 给出了分流比对系统效率(η_{spt})、系统比功(w)及熔盐吸热温差(Δt)的影响情况。从图 7-27 可以看出,系统比功与熔盐吸热温差均随分流比的升高而增大;而系统效率则随分流比的升高先增大后减小,即存在最佳的分流比使系统效率达到最大值。这是由于:一方面,在再压缩循环中,S-CO_2 分为两股且分别在主压缩机和再压缩机内被压缩。主压缩机在临界点附近对 CO_2 进行压缩,而再压缩机则在远离临界点位置对 CO_2 进行压缩。由于 CO_2 在临界点附近的压缩性更小,因此,压缩相同质量的 CO_2,主压缩机比再压缩机所需的功耗更小。而增大分流比,意味着提高了主压缩机内的 CO_2 流量,所以有利于减小系统总压缩功耗。另一方面，增大分流比，也意味着提高了流经冷却器的 CO_2 的质量流量，由此向冷源排放的废热会增多，不利于提高系统效率。正是由于以上两方面因素的共同作用，系统效率才随分流比的升高先增大后减小，而系统比功则随分流比的升高单调递增。

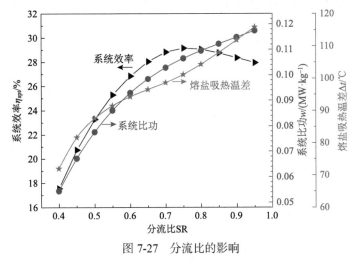

图 7-27 分流比的影响

此外，主压缩机的入口温度受系统冷却方式、环境温度等因素的影响，会在较大范围内波动。图 7-28 进一步考察了主压缩机入口温度对光热发电系统性能的影响，可以看到系统效率、系统比功与熔盐吸热温差均随主压缩机入口温度的升高而大幅下降。

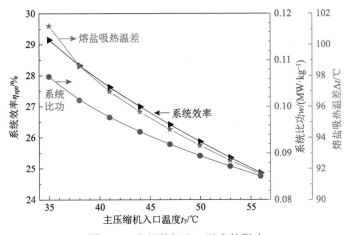

图 7-28 主压缩机入口温度的影响

通过以上分析可以看出，高温熔盐温度、循环压力、分流比、回热器总热导及热导分配比等关键参数均对 S-CO₂ 太阳能光热发电系统的性能有显著影响。同时，以上参数对系统效率、系统比功与熔盐吸热温差等三个性能指标的影响规律大多不是单调变化的，即存在最佳的参数使得系统性能达到最优。由于影响系统性能的因素众多，很难通过简单的参数分析确定系统的最佳运行参数组合，因此有必要对 S-CO₂ 太阳能光热发电系统开展多参数协同优化研究。该部分内容将在 7.3.4 节进行介绍。

7.3.3　不同循环形式的光热系统性能分析

7.3.2 节以耦合 S-CO_2 再压缩循环的光热发电系统为例, 详细分析了一些关键运行参数对系统性能的影响。由于除再压缩循环外, 还有多种其他形式的 S-CO_2 布雷顿循环, 因而有必要进一步探明采用不同循环形式的光热发电系统的性能随运行参数的变化规律。本节将对此进行进一步介绍。

本节讨论的 S-CO_2 循环形式包括简单回热循环、再压缩循环、中间冷却循环、部分冷却循环、预压缩循环及分级膨胀循环。以上循环的布局形式及工作原理均已在 7.1 节进行了详细介绍, 此处不再赘述。在分析过程中, 除了考虑 7.3.2 节所考察的高温熔盐温度 t_b、循环最高压力 p_{max}、循环最低压力 p_{min}、中间再热压力 p_{rh}、主压缩机入口温度 t_7、分流比 SR、回热器总热导 UA_{rep}、回热器热导分配比 UAR, 还考虑了预压缩过程的分压比 RPR(ratio of pressure ratio)。预压缩过程是预压缩循环、中间冷却循环与部分冷却循环中的重要热力学过程。对于这些循环形式, 采用分压比 RPR 来表征预压缩过程的压缩比大小, 其定义如式(7-46)所示。

$$RPR = \left(p_{max}/p_{pc} - 1\right)\Big/\left(p_{max}/p_{min} - 1\right) \tag{7-46}$$

式中, p_{pc} 为预压缩过程的压力, MPa。

1. 高温熔盐温度对不同循环形式系统性能的影响

本小节首先分析了高温熔盐温度(t_b)对不同 S-CO_2 循环形式的光热系统性能的影响情况, 参见图 7-29。从图 7-29 可以看出: ①在所考察温度范围内, 所有循环形式的系统效率均随高温熔盐温度的升高先增大后减小, 其原因已在 7.3.2 节阐明, 这里不再赘述。②系统比功及熔盐吸热温差均随温度的升高而增大。可见, 提高吸热器的运行温度可增大系统比功, 有利于提高系统的紧凑性, 同时提高吸热器的运行温度还能够拓宽熔盐吸热温差, 进而提高循环与储热系统的兼容性; 但熔盐温度的进一步升高会造成系统效率的下降。因此, 需要合理确定高温熔盐的温度。

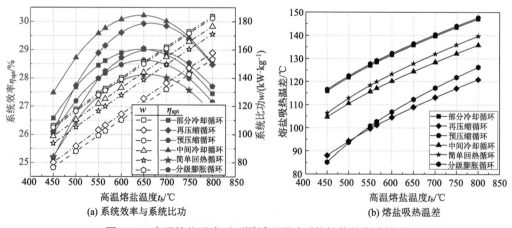

(a) 系统效率与系统比功　　　　　　　　(b) 熔盐吸热温差

图 7-29　高温熔盐温度对不同循环形式系统性能的影响情况

2. 循环压力对不同循环形式系统性能的影响

首先,分析了循环最高压力(p_{max})对不同循环形式的系统性能的影响情况,参见图 7-30。由图 7-30 可见,所有循环形式的系统效率、系统比功和熔盐吸热温差,均随循环最高压力的升高呈现出单调递增的变化规律。

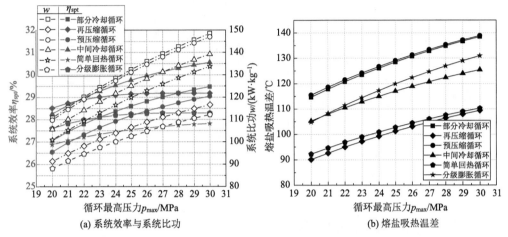

(a) 系统效率与系统比功   (b) 熔盐吸热温差

图 7-30 循环最高压力对不同循环形式系统性能的影响情况

接着,分析了循环最低压力(p_{min})对不同循环形式系统性能的影响情况,参见图 7-31。由图 7-31 可见:①对于中间冷却循环、部分冷却循环以及预压缩循环,其系统效率、系统比功及熔盐吸热温差,均随循环最低压力的升高大体上呈单调递减的变化规律;②对于再压缩循环、分级膨胀循环以及简单回热循环,其系统效率、系统比功及熔盐吸热温差,均随循环最低压力的升高先增大后减小。

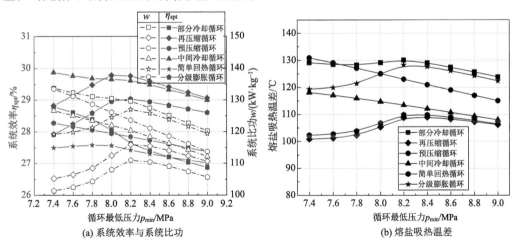

(a) 系统效率与系统比功   (b) 熔盐吸热温差

图 7-31 循环最低压力对不同循环形式系统性能的影响情况

最后,分析了中间再热压力(p_{rh})对不同循环形式的性能的影响情况,参见图 7-32。由图 7-32 可见:①所有循环形式的系统效率与系统比功,均随中间再热压力的升高先增大后减小；②所有循环形式的熔盐吸热温差，均随中间再热压力的升高而单调递增，且中间再热压力越接近循环最高压力，熔盐吸热温差的增幅越明显。

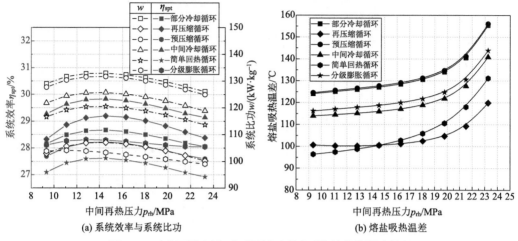

图 7-32　中间再热压力对不同循环形式系统性能的影响情况

3. 回热器总热导对不同循环形式系统性能的影响

首先，分析了回热器总热导对不同循环形式的系统性能的影响规律，参见图 7-33。由图 7-33 可见：①所有循环形式的系统效率均随回热器总热导的增大而升高，且当总热导增大到一定程度时，系统效率增幅不再明显，这是由于回热器热导越大，能够回收的废热越多，故系统效率越高；②所有循环形式的熔盐吸热温差均随回热器总热导的增大而减小，且当总热导增大到一定程度时，熔盐吸热温差的增幅减小；③所有循环形式的系统比功受回热器总热导的影响相对较小。

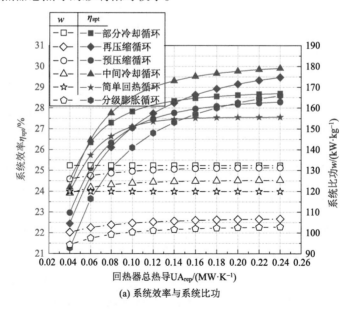

(a) 系统效率与系统比功

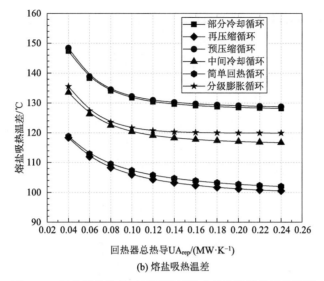

(b) 熔盐吸热温差

图 7-33　回热器总热导对不同循环形式系统性能的影响情况

由于除简单回热循环外，其他循环形式中的回热器均包括高、低温回热器，而高、低温回热器之间的热导分配比同样会影响系统性能，因此图 7-34 进一步考察了回热器热导分配比对不同循环形式的系统性能的影响规律。从图 7-34 可以看出：①所有循环形式的系统比功与熔盐吸热温差，受回热器热导分配比的影响均相对较小；②系统效率受热导分配比的影响较为显著，其随热导分配比的增大呈现出先增大后减小的变化趋势，即存在最佳的热导分配比使得系统效率取得最大值。

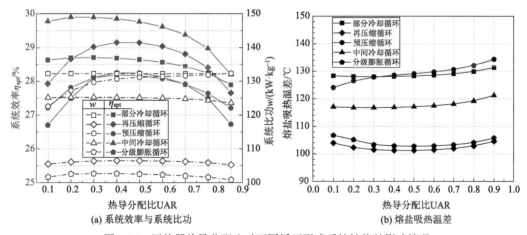

(a) 系统效率与系统比功　　　　　　　(b) 熔盐吸热温差

图 7-34　回热器热导分配比对不同循环形式系统性能的影响情况

4. 分流比对不同循环形式系统性能的影响

分流比是再压缩循环、预压缩循环、部分冷却循环与中间冷却循环中的重要参数，其对系统性能具有重要影响。图 7-35 给出了分流比对这些循环形式的系统综合性能的影响情况。从图 7-35 可以看出以下规律。①所有循环形式的系统效率均随分流比的升高呈现出先增大后减小的变化趋势，其原因已在 7.3.2 节阐明，在此不再赘述。②然而，不同循环形式的系统效率取得最大值时所对应的最佳分流比却有明显差异:对于中间冷却循环和部分冷却循环,当 SR=0.6 时系统效率取得最大值;对于再压缩循环和分级膨胀循环,当 SR=0.75 时系统效率最优。③除部分冷却循环外,其他循环形式的系统比功与熔盐吸热温差均随分流比的升高而明显增大。

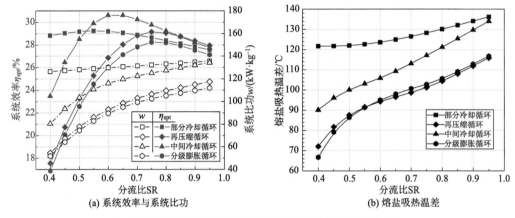

图 7-35　分流比对不同循环形式系统性能的影响情况

5. 分压比及主压缩机入口温度对不同循环形式系统性能的影响

分压比是预压缩循环、中间冷却循环与部分冷却循环中的重要参数。图 7-36 给出了耦合以上三种循环形式的光热发电系统的综合性能随分压比的变化规律。从图 7-36 可以看出以下规律。①对于预压缩循环而言,其系统效率、系统比功及熔盐吸热温差对分压比的变化非常敏感,均随分压比的升高表现出明显的先增大后减小的变化趋势。但是,三个性能指标取得最优值时所对应的最佳分压比却明显不同:系统效率取得最大值对应的最佳分压比为 RPR=0.7;系统比功对应的最佳分压比为 RPR=0.9;而熔盐吸热温差对应的最佳分压比为 RPR=0.85。②对于中间冷却循环和部分冷却循环,其系统性能受分压比的影响相对较小:系统效率与系统比功均随分压比的升高缓慢增大,仅当分压比接近 1 时出现一定程度的下降;而熔盐吸热温差随分压比的升高单调递减。

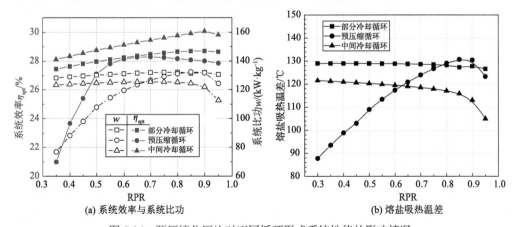

图 7-36　预压缩分压比对不同循环形式系统性能的影响情况

随后, 图 7-37 考察了主压缩机入口温度对不同循环形式的系统性能的影响情况。从图 7-37 可以看出, 对于所有循环形式, 光热系统的系统效率、系统比功、熔盐吸热温差均随主压缩机入口温度的升高而迅速降低。

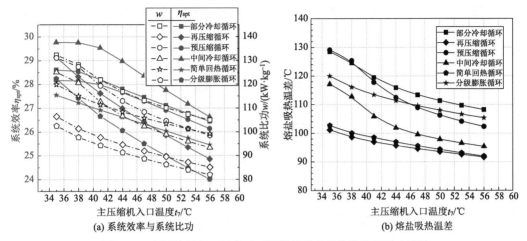

图 7-37 主压缩机入口温度对不同循环形式系统性能的影响情况

本节分析了耦合多种 S-CO_2 循环形式的太阳能光热发电系统性能, 并发现了以下规律。①所有循环形式的系统性能均受多个运行参数的显著影响, 且存在使系统性能达到最优值的参数组合。②随某一特定运行参数的变化, 光热发电系统的不同性能指标的变化规律也不同。例如, 系统比功随高温熔盐温度的升高而增大, 而系统效率却随高温熔盐温度的升高先增大后减小。③同一运行参数对不同循环形式的某一特定性能指标的影响情况也有差异。例如, 虽然分流比 SR 对多种循环形式的系统效率均有显著影响, 但对不同的循环形式, 系统效率取得最大值时对应的 SR 也不同。例如, 在本节讨论的运行参数范围内, 当系统效率取得最大值时, 中间冷却循环和再压缩循环的 SR 分别为 0.6 和 0.75。上述变化规律为光热发电系统的性能优化及最佳循环形式的筛选带来了困难, 因此有必要采用 7.3.4 节介绍的多参数多目标的协同优化方法来进行研究。

7.3.4 多参数多目标协同优化

通过 7.3.2 节和 7.3.3 节的介绍, 我们看到: ①影响 S-CO_2 太阳能光热发电系统性能的参数众多, 很难通过简单的参数分析方法确定系统的最佳运行参数组合, 而是需要对系统进行多参数间的协同优化; ②光热发电系统的不同性能指标随某一特定运行参数的变化规律存在较大差异, 需要对光热发电系统进行多目标间的协同优化。鉴于此, 本节将介绍太阳能光热发电系统的多参数、多目标协同优化方法, 以及基于该方法的不同循环形式 S-CO_2 光热发电系统的优化结果。

1. 多参数多目标优化问题的数学描述

如 7.3.2 节、7.3.3 节所述, 高温熔盐温度(t_b)、循环最低压力(p_{min})、中间再热压力(p_{rh})、分流比(SR)、预压缩分压比(RPR)、回热器热导分配比(UAR)等关键参数对系统性能均有显著影响,且对系统性能(至少一个性能指标)的影响规律并非简单的单调变化关系。例如,高温熔盐温度 t_b 对系统效率的影响规律呈现出先增后降的趋势,存在最佳值。因此,选取以上参数作为优化过程中的决策变量。针对简单回热循环、再压缩循环、预压缩循环、部分冷却循环、中间冷却循环等多种不同的循环形式,决策变量可表示为式(7-47)。

$$X = \begin{cases} (t_b, p_{\min}, p_{rh}), & \text{简单回热循环} \\ (t_b, p_{\min}, p_{rh}, \text{SR}, \text{UAR}), & \text{再压缩循环} \\ (t_b, p_{\min}, p_{rh}, \text{RPR}, \text{UAR}), & \text{预压缩循环} \\ (t_b, p_{\min}, p_{rh}, \text{SR}, \text{RPR}, \text{UAR}), & \text{部分冷却循环} \\ (t_b, p_{\min}, p_{rh}, \text{SR}, \text{RPR}, \text{UAR}), & \text{中间冷却循环} \end{cases} \tag{7-47}$$

同时,以 7.3.1 节介绍的系统效率(η_{spt})、系统比功(w)及熔盐吸热温差(Δt)等三个性能指标作为优化目标,则相应的优化问题可描述为式(7-48)。

$$\text{max.} \left\{ \eta_{\mathrm{spt}}(X), w(X) \right\} \quad \text{且} \quad \text{max.} \left\{ \eta_{\mathrm{spt}}(X), \Delta t(X) \right\} \tag{7-48}$$

上式的约束条件为

$$\begin{cases} 290 \leqslant t_b \, (\text{℃}) \leqslant t_{\mathrm{upper}} \\ 7.38 \leqslant p_{\min} \, (\text{MPa}) \leqslant p_{\max} \\ p_{\min} \leqslant p_{rh} \, (\text{MPa}) \leqslant p_{\max} \\ 0 \leqslant \text{SR} \, (-) \leqslant 1 \\ 0 \leqslant \text{RPR} \, (-) \leqslant 1 \\ 0 \leqslant \text{UAR} \, (-) \leqslant 1 \end{cases} \tag{7-49}$$

式中,t_{upper} 为熔盐的最高极限温度,℃。

在优化过程中,未被选为决策变量的其他参数按照表 7-9 进行设置。表 7-9 列出了 5 种不同的工况。不同工况的设置是为了分别考察熔盐最高极限使用温度(t_{upper})、主压缩机入口温度(t_7)、循环最高压力($p_{\max}$)、回热器总热导(UA_{rep})对优化结果的影响情况。

表 7-9 多目标优化主要参数设置

编号	$t_{\mathrm{upper}}/\text{℃}$	$p_{\max}/\text{MPa}$	$t_7/\text{℃}$	$\text{UA}_{\mathrm{rep}}/(\text{MW}\cdot\text{K}^{-1})$
工况 1	565	25	35	0.2
工况 2	800	25	35	0.2
工况 3	800	25	45	0.2
工况 4	800	20	35	0.2
工况 5	800	25	35	0.4

2. 综合性能优化结果及分析

采用带精英策略的非支配排序的遗传算法(NSGA-Ⅱ)对以上多参数、多目标优化问题进行求解。NSGA-Ⅱ方法已经在第3章进行了简要介绍,此处不再赘述,有兴趣的读者可参阅文献[76]。通过对式(7-48)、式(7-49)所描述的优化问题进行求解,可以获得优化结果的帕累托前沿。帕累托前沿代表了光热发电系统所能达到的最高系统效率、最大系统比功与最宽熔盐吸热温差,体现了这三个性能指标最优值间的权衡关系。为了方便观察和讨论,将"系统效率-系统比功-熔盐吸热温差"三维坐标系中的帕累托前沿投射到"系统效率-系统比功"与"系统效率-熔盐吸热温差"两个二维坐标系中。据此,可对五种不同工况下的光热发电系统的优化结果做一分析。

太阳盐是目前光热电站中广泛应用的吸热工质,其最高极限使用温度(t_{upper})为565 ℃。因此,将表7-9工况1中的t_{upper}设置为565 ℃,以分析以太阳盐为吸热工质的S-CO₂光热发电系统的优化结果。

首先,图7-38给出了在工况1条件下不同循环形式的光热发电系统的帕累托前沿。从图7-38可以看出,当光热发电系统采用太阳盐作为吸热器内的吸热工质时,总体而言,中间冷却循环形式具有明显的效率优势,可以取得最大的系统效率;部分冷却循环形式在熔盐吸热温差及系统比功方面具有优势,可以取得最大的系统比功和熔盐吸热温差。

从7.1节中我们知道,再压缩循环与预压缩循环均是在简单回热循环的基础上改进得到的循环形式。可结合图7-38进一步对比分析工况1条件下简单回热循环、再压缩循环、预压缩循环这三种循环形式的最优系统性能。由图7-38可以看出:①相比于简单回热循环,再压缩循环能够显著提高系统效率,但同时会以降低少量系统比功与熔盐吸热温差为代价;②预压缩循环不仅能够取得比简单回热循环更高的系统效率,而且可以产生更大的系统比功与更宽的熔盐吸热温差;③相比于再压缩循环,预压缩循环在系统效率方面的提升潜力有限,其取得的最大系统效率小于再压缩循环。

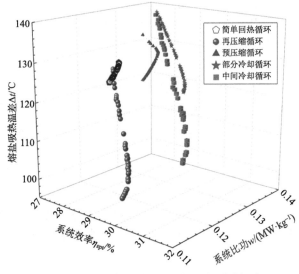

(a) 系统效率-系统比功-熔盐吸热温差三维坐标系

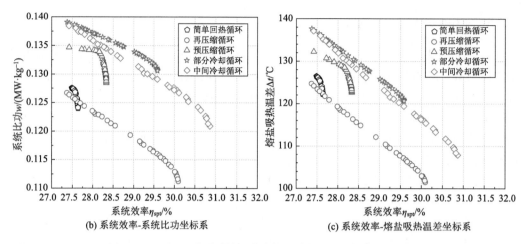

(b) 系统效率-系统比功坐标系　　　　　(c) 系统效率-熔盐吸热温差坐标系

图 7-38　工况 1 下不同循环形式的光热发电系统的帕累托前沿

另外，从 7.1 节中我们还了解到，中间冷却循环与部分冷却循环均是在再压缩循环的基础上，通过增加"分级压缩、中间冷却"改进得到的循环形式。结合图 7-38 进一步对比分析工况 1 条件下再压缩循环、中间冷却循环、部分冷却循环这三种循环形式的光热发电系统的最优系统性能。从图 7-38 可以看出：①中间冷却循环在系统效率、系统比功与熔盐吸热温差三个指标方面均比再压缩循环有显著提升；②部分冷却循环可以获得比再压缩循环更大的系统比功与更宽的熔盐吸热温差，但在系统效率方面却没有明显优势。

如前所述，提高热源温度有助于提高光热发电系统的综合性能。除目前广泛应用的太阳盐外，文献中已经提出了一系列具有更高使用温度的熔盐(表 5-1)，其中多种熔盐的最高极限使用温度(t_{upper})高达 800 ℃。因此，将表 7-9 工况 2 中的 t_{upper} 从 565 ℃提高到 800 ℃进行了系统性能优化分析，分析中其他参数与工况 1 保持一致。通过对比图 7-38 所示工况 1 与图 7-39 所示工况 2 条件下不同循环形式的系统最优性能，可观察到最高极限使用温度提升对优化结果的影响情况。对比图 7-38 和图 7-39 可以发现：①当采用极限温度更高的熔盐作为吸热工质时，五种循环形式的系统性能均能得到提高，特别是系统比功与熔盐吸热温差得到了明显提高，这均归因于吸热器运行温度水平的提升。图 7-40 进一步对比了工况 1 与工况 2 条件下高温熔盐温度 t_b 最优值的分布情况。由图 7-40 可以看出，工况 1 中高温熔盐温度 t_b 的最优值全部为太阳盐的最高极限温度(565 ℃)，而工况 2 中高温熔盐的最优运行温度分布在 660～800 ℃，远高于现有太阳盐的最高使用温度极限。这进一步表明，太阳盐过低的使用极限温度限制了光热系统性能的进一步提升，而使用更高的热源温度，可以实现更高的系统效率、更加紧凑的系统布置，以及与熔盐储热系统更好的兼容性。②工况 2 下不同循环形式的最优系统性能的对比结果与工况 1 基本相同，稍有变化的是，高温熔盐温度的提高对再压缩循环与预压缩循环的系统性能的提升效果更明显，进而缩小了这两种循环与中间冷却循环和部分冷却循环的差距。

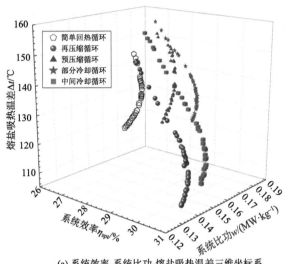

(a) 系统效率-系统比功-熔盐吸热温差三维坐标系

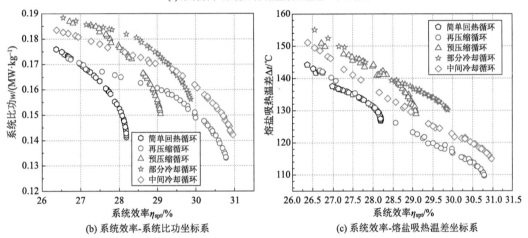

(b) 系统效率-系统比功坐标系

(c) 系统效率-熔盐吸热温差坐标系

图 7-39 工况 2 条件下不同循环形式的光热发电系统的帕累托前沿

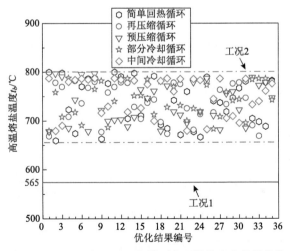

图 7-40 工况 1 与工况 2 条件下高温熔盐温度的最优值

接着，考虑到冷却器性能不佳或环境温度升高等会造成主压缩机入口温度的升高，因此将表 7-9 工况 3 中的主压缩机入口温度(t_7)从 35 ℃提高到 45 ℃进行了系统性能优化分析，分析中其他参数与工况 2 保持一致。通过对比图 7-39 所示工况 2 和图 7-41 所示工况 3 条件下不同循环形式的系统最优性能，可分析主压缩机入口温度升高对优化结果的影响。对比图 7-41 与图 7-39 可以看到：①对于所有循环形式的光热发电系统，当主压缩机入口温度升高后，系统效率、系统比功及熔盐吸热温差的最优值均明显下降；②在主压缩机入口温度从 35 ℃升高为 45 ℃时，中间冷却循环与部分冷却循环这两种循环形式的性能优势变得更加明显，能够获得比其他循环形式更高的系统效率与更大的系统比功，这说明在主压缩机入口温度升高的情况下，"分级压缩、中间冷却"对压缩功耗的减小及系统效率的提升效果更加显著。

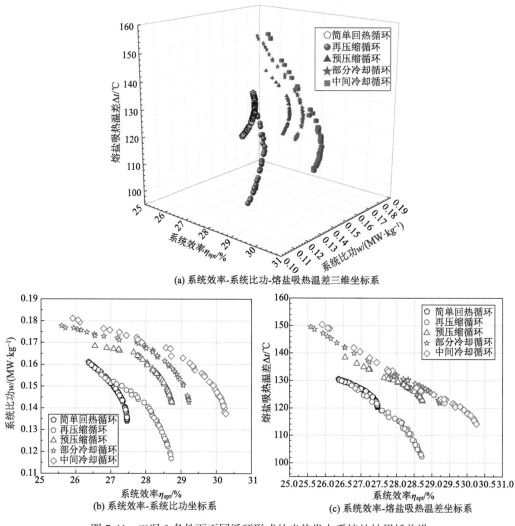

(a) 系统效率-系统比功-熔盐吸热温差三维坐标系

(b) 系统效率-系统比功坐标系

(c) 系统效率-熔盐吸热温差坐标系

图 7-41　工况 3 条件下不同循环形式的光热发电系统的帕累托前沿

通过 7.3.2 节与 7.3.3 节的介绍，可以发现，循环最高压力(p_{max})对系统效率、系统比功、熔盐吸热温差有显著影响。因此，将表 7-9 工况 4 中的 p_{max} 设置为由 25 MPa 降低到 20 MPa 进行了系统性能优化分析，分析中其他参数与工况 2 保持一致。通过对比图 7-39 所示工况 2 与图 7-42 所示工况 4 条件下不同循环形式的系统最优性能，可讨论循环最高压力降低对优化结果的影响。对比图 7-39 和图 7-42 可以发现：①随着循环最高压力的降低，所有循环形式的系统效率、系统比功、熔盐吸热温差的最优值均明显下降；②且随着循环最高压力的降低，不同循环形式最优系统性能的对比结果没有发生明显变化，与工况 2 条件下(循环最高压力为 25 MPa)的对比结果基本一致，这表明循环最高压力降低对所有循环的系统最优性能的影响程度基本相同。

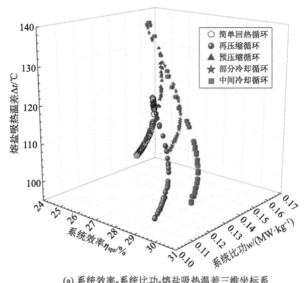

(a) 系统效率-系统比功-熔盐吸热温差三维坐标系

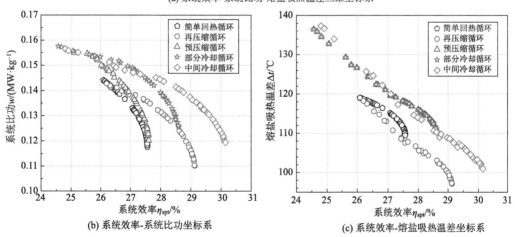

(b) 系统效率-系统比功坐标系   (c) 系统效率-熔盐吸热温差坐标系

图 7-42　工况 4 条件下不同循环形式的光热发电系统的帕累托前沿

如前所述，S-CO_2 布雷顿循环具有深度回热的特点，回热器的尺寸对系统性能具有重要影响，而回热器的总热导(UA_{rep})直接代表了回热器的尺寸大小。因此，将表 7-9 工况 5 中的 UA_{rep} 由 $2\,MW\cdot K^{-1}$ 增大到 $4\,MW\cdot K^{-1}$ 进行了系统性能优化分析，分析中其他参数与工况 2 保持一致。通过对比图 7-39 所示工况 2 与图 7-43 所示工况 5 条件下不同循环形式的系统最优性能,可明晰回热器总热导增大对系统性能优化结果的影响。对比图 7-43 与图 7-39 可以发现:①对于所有循环形式,增大回热器总热导能够明显提高系统效率的最优值,但对系统比功及熔盐吸热温差最优值的影响非常有限;②当回热器总热导增大后,五种循环形式光热发电系统的最优系统性能的对比结果变化很小,与工况 2(回热器总热导为 2 MW·K⁻¹)条件下的对比结果基本一致,这表明回热器总热导的增大对所有循环形式的系统最优性能的影响程度基本相同。

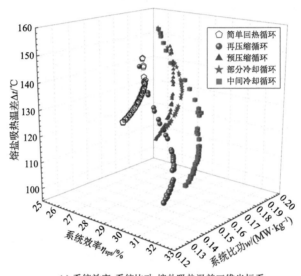

(a) 系统效率-系统比功-熔盐吸热温差三维坐标系

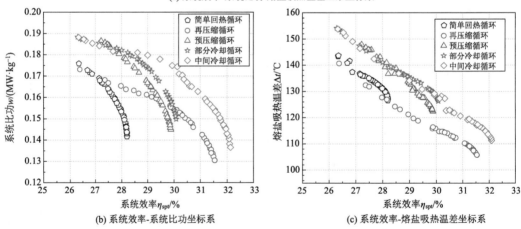

(b) 系统效率-系统比功坐标系 (c) 系统效率-熔盐吸热温差坐标系

图 7-43 工况 5 条件下不同循环形式光热发电系统的帕累托前沿

7.4 超临界 CO₂ 太阳能光热发电系统的综合性能评价方法及应用实例

构建 S-CO₂ 太阳能光热发电系统的综合性能评价方法,是完成循环形式筛选、循环工质选配等工作的重要前提，也是推动 S-CO_2 布雷顿循环在太阳能光热发电系统发展集成的重要研究课题之一。然而，目前已有研究大多是通过特定工况下的参数分析对单一性能指标进行的简单对比[51,52,54]，缺乏科学、定量的综合性能评价方法。通过 7.3.3 节的讨论，我们已经得知，S-CO_2 太阳能光热发电系统的性能受多个运行参数的显著影响，且系统效率、系统比功、熔盐吸热温差等系统性能指标随运行参数的变化规律不同，仅通过特定工况下简单的参数分析，很难完成对 S-CO_2 太阳能光热发电系统的综合性能评价和筛选。而 7.3.4 节通过开展多参数、多目标协同优化，获得了体现 S-CO_2 循环太阳能光热发电系统三个性能指标权衡关系的帕累托前沿，能够在"系统效率-系统比功-熔盐吸热温差"三维坐标内对多种 S-CO_2 光热发电系统的三个性能指标进行直观对比，这为系统综合性能评价提供了新思路。本节将以此为基础，介绍作者团队提出的 S-CO_2 太阳能光热发电系统综合性能评价方法[12]。

总体来说，S-CO_2 太阳能光热发电系统综合性能评价方法主要包含以下几个步骤：①以反映整个系统性能的参数(系统效率 η_{spt}、系统比功 w、熔盐吸热温差 Δt)协同最优作为优化目标，以对系统性能有显著影响的关键参数(高温熔盐温度 t_b、循环最低压力 p_{min}、中间再热压力 p_{rh}、分流比 SR、预压缩分压比 RPR、回热器热导分配比 UAR 等)作为决策变量，构建多参数、多目标协同优化模型；②采用带精英策略的非支配排序的遗传算法对多参数、多目标协同优化模型进行求解，得到在"系统效率-系统比功-熔盐吸热温差"三维坐标内的帕累托前沿；③为了便于观察和比较，将帕累托前沿分别投射到"系统效率-系统比功"与"系统效率-熔盐吸热温差"两个二维坐标空间；④依据不同帕累托前沿曲线间的交点和各自曲线的跨度范围，将"系统效率-系统比功"与"系统效率-熔盐吸热温差"的坐标空间划分为不同的区域范围；⑤在不同的区域范围内，对不同种类系统的综合性能进行定量对比，完成循环形式的筛选或循环工质的选配。

下面结合两个具体实例，对该综合性能评价方法的应用进行介绍。

7.4.1　综合性能评价方法应用实例 1：循环形式的筛选

S-CO_2 布雷顿循环有多种布局形式，7.1.1 节已经对几种常见的 S-CO_2 布雷顿循环进行了总结和回顾，包括简单回热循环、再压缩循环、预压缩循环、中间冷却循环、部分冷却循环等。在众多的 S-CO_2 布雷顿循环中，筛选最合适的布局形式，是推动其在太阳能光热发电系统中集成的关键。特别是针对以下两类具体问题，需要在光-热-功一体化完整建模的前提下，对不同循环形式的系统性能进行综合评价并给出回答：①针对复杂程度相同(即具有相同数目的循环部件)的几种循环形式，如何合理选择最佳的循环形式与光热发电系统耦合？②提高循环性能的热力学措施有很多种，如何围绕这些热力学措施对系统性能的提升效果进行综合评估，并进行合理布置？

下面针对第一类问题进行举例说明。在 7.1.1 节介绍的 S-CO_2 布雷顿循环形式中，有多组循环形式的复杂程度相同。例如，再压缩循环与预压缩循环具有相同数目的部件，两种循环的布局复杂程度相同。当二者分别与太阳能光热发电系统耦合时，哪种循环形式的性能更优，该选择哪种循环形式？下面以表 7-9 中的工况 2 为例，对耦合再压缩循环和预压缩循环的光热发电系统的综合性能进行评价和对比，并给出相应的回答。

首先通过多参数、多目标协同优化(优化问题的数学描述及求解已经在 7.3.4 节中介绍,此处不再赘述),得到这两种循环形式的光热发电系统在"系统效率-系统比功"与"系统效率-熔盐吸热温差"两个二维坐标空间的帕累托前沿,参见图 7-44。根据帕累托前沿曲线的交点及各自的跨度范围,将"系统效率-系统比功"坐标空间与"系统效率-熔盐吸热温差"坐标空间划分为三个区域。从图 7-44 可以看出,在不同的区域范围内,再压缩循环与预压缩循环的综合性能对比结果不同,应对不同区域进行分类讨论。①在区域Ⅰ内,预压缩循环比再压缩循环更有优势:在系统效率相同的情况下,预压缩循环能够获得比再压缩循环更大的系统比功和更宽的熔盐吸热温差,因此,在该区域内应优先选取预压缩循环。②在区域Ⅱ内,预压缩循环与再压缩循环各有优劣:在系统效率相同的情况下,再压缩循环能够获得比预压缩循环更大的系统比功,而预压缩循环能够获得比再压缩循环更宽的熔盐吸热温差。③在区域Ⅲ内,光热发电系统对效率有更高要求,而此时仅有再压缩循环能够达到相应的系统效率,成为光热发电系统中循环形式的唯一选项。此时,系统比功与熔盐吸热温差的进一步减小,换取了系统效率的进一步提升。

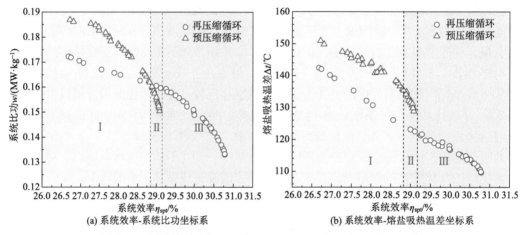

图 7-44　再压缩循环与预压缩循环的光热发电系统的帕累托前沿

总之,当对系统效率要求不高时,建议优先选择 S-CO_2 预压缩循环;当对系统效率要求较高时,建议优先选择 S-CO_2 再压缩循环。

然后针对第二类问题进行举例说明。提高循环性能的热力学措施有很多种。例如,"分级压缩、中间冷却"是一种常用的热力学措施。如前所述,部分冷却循环与中间冷却循环是在再压缩循环的基础上,通过在不同位置增加"分级压缩、中间冷却"措施,改进得到的两种不同形式的布雷顿循环。下面以表 7-9 中的工况 2 为例,围绕"分级压缩、中间冷却"对光热发电系统性能的提升效果进行综合评估,并建议给出合理的布置位置。

同样按照本节所介绍的方法,首先通过多参数、多目标协同优化,得到再压缩循环、中间冷却循环、部分冷却循环在"系统效率-系统比功"与"系统效率-熔盐吸热温差"两个二维坐标空间的帕累托前沿,参见图 7-45。然后根据帕累托前沿曲线间的交点及跨度范围,将"系统效率-系统比功"坐标空间与"系统效率-熔盐吸热温差"坐标空间划分为三个区域。在不同区域内对光热发电系统的性能提升效果分别讨论:①在区域Ⅰ内,部分冷却循环与中间冷却循环均能获得比再压缩循环更优的系统性能。在系统效率相同的情况下，部分冷却循环与中间冷却循环具有比再压缩循环更高的系统比功和更宽的熔盐吸热温差。而且部分冷却循环对系统性能的提升效果更加显著。因此，在该区域内，应优先按照部分冷却循环的布局方式(图 7-7)，布置"分级压缩、中间冷却"的热力学过程。②在区域Ⅱ内，部分冷却循环与中间冷却循环也能够获得比再压缩循环更优的系统性能。在系统效率相同的情况下，部分冷却循环与中间冷却循环具有比再压缩循环更高的系统比功和更宽的熔盐吸热温差。然而，部分冷却循环与中间冷却循环各有优劣：在系统效率相同的情况下，部分冷却循环的熔盐吸热温差更宽，而中间冷却循环的系统比功更大。③在区域Ⅲ内，光热发电系统对效率有更高要求，而此时部分冷却循环无法达到相应的系统效率。因此，中间冷却循环成为循环形式的唯一选项，仅能按照中间冷却循环的布局方式(图 7-6)，布置"分级压缩、中间冷却"的热力学过程，用以提升系统性能。

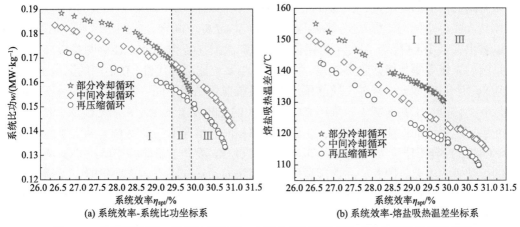

(a) 系统效率-系统比功坐标系   (b) 系统效率-熔盐吸热温差坐标系

图 7-45 再压缩循环、部分冷却循环、中间冷却循环的光热发电系统的帕累托前沿

总之，当对系统效率要求不高时，建议优先按照部分冷却循环的布置方式，布置"分级压缩、中间冷却"的热力学过程；当对系统效率要求较高时，建议优先按照中间冷却循环的布局方式，布置"分级压缩、中间冷却"的热力学过程。

以上结合两个具体的案例，介绍了 S-CO_2 太阳能光热发电系统的综合性能评价方法及其在循环形式筛选中的应用。虽然以上列举案例仅涉及有限的几种循环形式，但依据该方法可以完成其他多种循环形式的综合性能评价，并能够结合实际需求，筛选出最佳循环，有兴趣的读者可练习完成。

7.4.2 综合性能评价方法应用实例 2：CO_2 混合工质选配

CO_2 的临界压力为 7.38 MPa，临界温度为 31 ℃，这在一定程度上限制了 S-CO_2 太阳能光热发电系统的最低运行温度和压力。在 CO_2 纯工质中添加稀有气体等其他种类气体，是改变循环工质临界参数的一种有效方法[77]。因此，在动力循环中使用 CO_2 混合工质代替 CO_2 纯工质，能够进一步拓宽 S-CO_2 布雷顿循环的运行范围，被认为是提高 S-CO_2 光热发电系统性能的途径之一。例如，对位于寒冷地区的太阳能光热电站而言，若采用

临界参数更低的 CO_2 混合工质作为循环工质，则系统可以实现更低的冷却温度，能够进一步挖掘 S-CO_2 光热发电系统的性能提升潜力。氙气(Xe)是一种常用的添加气体。REFPROP 提供了基于 GERG2008 状态方程的混合工质临界参数及热物性计算方法[72]。依据该方法可以计算得到，当 CO_2 与 Xe 以 70%/30%的质量分数进行混合时，能够获得比 CO_2 纯工质更低的临界参数，其临界参数为 6.92 MPa/30 ℃。混合工质临界参数及热物性的确定方法在此不再介绍，有兴趣的读者可参考文献[72]。下面将应用本节提出的综合评价方法，对以 CO_2 纯工质、CO_2/Xe(70%/30%)混合工质为循环工质的光热发电系统的综合性能进行评估，进而完成对混合工质的选配[78,79]。

类似地，以部分冷却循环为例，按照本节所介绍的方法，首先通过多参数、多目标协同优化，得到 CO_2 纯工质和 CO_2/Xe 混合工质的光热发电系统在"系统效率-系统比功"与"系统效率-熔盐吸热温差"两个二维坐标空间的帕累托前沿，参见图 7-46。然后根据两条帕累托前沿的跨度范围(注意到，两条帕累托前沿曲线并无交点)，将"系统效率-系统比功"坐标空间与"系统效率-熔盐吸热温差"坐标空间划分为两个区域。从图 7-46 可以看出，采用 CO_2/Xe 混合工质代替 CO_2 纯工质作为循环工质，能够明显提高光热发电系统的系统效率与熔盐吸热温差，但会以减小系统比功为代价。在不同的区域范围内，CO_2/Xe 混合工质与 CO_2 纯工质的系统综合性能对比结果不同，需要进一步对不同区域进行分类讨论：①在区域 I，采用 CO_2 纯工质的光热发电系统与采用 CO_2/Xe 混合工质的光热发电系统的性能各有优劣：在系统效率相同的情况下，采用 CO_2 纯工质能够获得比 CO_2/Xe 混合工质更大的系统比功，而采用 CO_2/Xe 混合工质能够获得比 CO_2 纯工质更宽的熔盐吸热温差。因此，在该区域内，当系统对系统比功有较高要求时，无须采用混合工质；当系统对熔盐吸热温差具有较高要求时，可采用 CO_2/Xe 混合工质代替 CO_2 纯工质作为循环工质。②在区域 II，光热发电系统对效率有更高要求，而采用 CO_2 纯工质的光热发电系统无法达到相应的系统效率。因此，此时建议采用 CO_2/Xe(混合工质)代替 CO_2 纯工质，进一步提升系统效率。

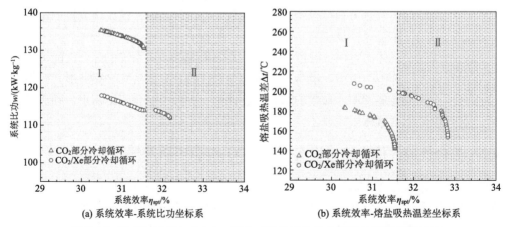

图 7-46 纯 CO_2 工质与 CO_2/Xe 混合工质的光热发电系统帕累托前沿对比

总之，当对系统效率要求较低且对系统比功要求较高时，无须采用 CO_2/Xe 混合工质；当对系统效率要求较低且对熔盐吸热温差要求较高时，可采用 CO_2/Xe 混合工质代

替 CO_2 纯工质；当对系统效率有较高要求时，建议采用 CO_2/Xe，进一步提升系统效率。

以上对 CO_2/Xe 混合工质和 CO_2 纯工质的光热发电系统进行了综合性能评价和对比，并建议给出了循环工质的选配方案。读者可以参照综合评价方法完成更多混合工质的评价和选配。

7.5 本章小结

本章以耦合新型 $S\text{-}CO_2$ 布雷顿循环的塔式太阳能光热发电系统为例，介绍了光热发电系统"聚光-集热-储/换热-热功转换"过程的一体化完整建模方法，给出了采用该方法进行系统性能分析和优化的应用实例，介绍了作者团队前期提出的 $S\text{-}CO_2$ 太阳能光热发电系统的综合性能评价方法。具体而言，首先，基于定日镜场、吸热器、储热器、动力循环等各环节间的能量输运关系，发展了太阳能光热发电系统的光-热-功一体化完整模型。然后，基于该模型分析了 $S\text{-}CO_2$ 光热发电系统的光-热-功转换特性，明晰了高温熔盐温度、循环压力、压缩机入口温度、分流比、分压比等关键运行参数对耦合多种 $S\text{-}CO_2$ 循环形式的光热发电系统的系统效率、系统比功、熔盐吸热温差等性能指标的影响规律。接着，提出了针对 $S\text{-}CO_2$ 光热发电系统的多参数、多目标协同优化方法，获得了体现系统所能达到的最高系统效率、最大系统比功、最宽熔盐吸热温差之间权衡关系的帕累托前沿，同时介绍了熔盐最高极限使用温度、循环最高压力、压缩机入口温度、回热器总热导等对优化结果的影响情况。最后，基于多参数、多目标协同优化，提出了 $S\text{-}CO_2$ 太阳能光热发电系统的综合性能评价方法，并介绍了该方法在循环形式筛选及循环工质选配方面的应用。本章所介绍的光-热-功一体化完整模型、协同优化方法，光热发电系统的综合性能评价方法以及相关研究结果可为新型 $S\text{-}CO_2$ 布雷顿循环在太阳能光热电站中的集成和优化提供实用工具和参考。

问题思考及练习

思考题

7-1 $S\text{-}CO_2$ 布雷顿循环有哪些优点？请分析 $S\text{-}CO_2$ 布雷顿循环具有这些优点的原因。

7-2 与简单回热循环相比，为什么再压缩循环和预压缩循环可以达到更高的循环效率？

7-3 对太阳能光热发电系统进行分析和优化时，为什么要对整个光热发电系统进行光-热-功一体化完整建模？

7-4 除了本章所列举的 $S\text{-}CO_2$ 布雷顿循环形式外，你可以提出其他更多改进形式的布雷顿循环吗？

7-5 采用中间再热是提高循环效率的有效措施之一。请从整个光热发电系统的角度出发,定性分析中间再热对系统效率、系统比功和熔盐吸热温差的影响。

习题

7-1 请计算原始形式的 S-CO_2 布雷顿循环(习题 7-1 附图)的循环效率,并分析其循环效率低的原因。假设循环最高压力(p_{max})为 25 MPa,循环最低压力(p_{min})为 8 MPa,循环最高温度(t_{max})为 550 ℃,循环最低温度(t_{min})为 35 ℃,透平绝热效率(η_T)为 90%,压缩机绝热效率(η_C)为 90%。
(参考答案:17.42%)

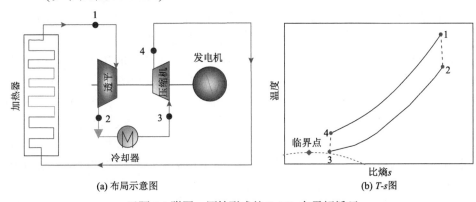

(a) 布局示意图 (b) T-s 图

习题 7-1 附图 原始形式的 S-CO_2 布雷顿循环

7-2 请利用附录 D 给出的程序,计算 S-CO_2 再压缩布雷顿循环的循环效率。假设循环最高压力(p_{max})为 25 MPa,循环最低压力(p_{min})为 8 MPa,循环最高温度(t_{max})为 550 ℃,循环最低温度(t_{min})为 35 ℃,输出功率(P)为 1 MW,高温回热器的热导(UA$_{HTR}$)和低温回热器的热导(UA$_{LTR}$)均为 0.1 MW·K^{-1},透平绝热效率(η_T)为 90%,压缩机绝热效率(η_C)为 90%。
(参考答案:45.37%)

7-3 在再压缩循环中增加中间压力为 15 MPa、再热温度为 550 ℃的中间再热过程。请在其他循环参数与习题 7-2 保持一致的情况下,计算该循环的循环效率。
(参考答案:47.32%)

7-4 某太阳能光热电站采用无再热的 S-CO_2 再压缩布雷顿循环作为动力循环,且循环参数与习题 7-2 保持一致。假设该电站聚光集热系统的光学效率(η_{rec})为 75%,吸热器外壁面的平均温度(t_w)为 520 ℃,空气温度(t_0)为 20 ℃,天空温度(t_{sky})为 12 ℃,管外壁与空气的对流换热表面传热系数(h_{air})为 10 W·m^{-2}·K^{-1},请计算整个发电系统的光-热-功转换效率。
(参考答案:25.35%)

7-5 部分冷却循环与中间冷却循环具有相同的部件,循环布局的复杂度相同。

请结合本章介绍的综合性能评价方法，对分别耦合这两种循环形式的光热发电系统的综合性能进行评估和对比。

参 考 文 献

[1] 刘怀亮. 槽式太阳能有机朗肯循环发电系统与碟式斯特林循环模拟研究[D]. 西安: 西安交通大学, 2010.

[2] 颜景文. 塔式太阳能热发电系统吸热器模拟与系统性能分析[D]. 西安: 西安交通大学, 2011.

[3] Philibert C. Technology Roadmap: Concentrating Solar Power—2014 Edition[R]. Paris: International Energy Agency, 2014.

[4] Dunham M T, Iverson B D. High-efficiency thermodynamic power cycles for concentrated solar power systems[J]. Renewable and Sustainable Energy Reviews, 2014, 30: 758-770.

[5] Dostal V, Driscoll M J, Hejzlar P. A Supercritical Carbon Dioxide Cycle for Next Generation Nuclear Reactors[D]. Boston: Massachusetts Institute of Technology, 2004.

[6] Ahn Y, Bae S J, Kim M, et al. Review of supercritical CO_2 power cycle technology and current status of research and development[J]. Nuclear Engineering and Technology, 2015, 47(6): 647-661.

[7] Li M J, Zhu H H, Guo J Q, et al. The development technology and applications of supercritical CO_2 power cycle in nuclear energy, solar energy and other energy industries[J]. Applied Thermal Engineering, 2017, 126: 255-275.

[8] Wang K, He Y L. Thermodynamic analysis and optimization of a molten salt solar power tower integrated with a recompression supercritical CO_2 Brayton cycle based on integrated modeling[J]. Energy Conversion and Management, 2017, 135: 336-350.

[9] 2021 中国太阳能热发电行业蓝皮书[R]. 北京: 国家太阳能光热产业技术创新战略联盟, 2022.

[10] Murphy C, Sun Y, Cole W J, et al. The potential role of concentrating solar power within the context of DOE's 2030 solar cost targets[R].NREL/TP-6A20-71912, United States: NREL, 2019.

[11] Wang K, He Y L, Zhu H H. Integration between supercritical CO_2 Brayton cycles and molten salt solar power towers: A review and a comprehensive comparison of different cycle layouts[J]. Applied Energy, 2017, 195: 819-836.

[12] Wang K, Li M J, Guo J Q, et al. A systematic comparison of different S-CO_2 Brayton cycle layouts based on multi-objective optimization for applications in solar power tower plants[J]. Applied Energy, 2018, 212: 109-121.

[13] Angelino G. Perspectives for the liquid phase compression gas turbine[J]. Journal of Engineering for Power, 1967, 89(2): 229-236.

[14] Faber E G. The supercritical thermodynamic power cycle[J]. Energy Conversion, 1967, 8(2): 85-90.

[15] Faber E G. Investigation of supercritical (Feher) cycle[J]. Space Systems Division, 1968:1-154.

[16] Angelino G. Carbon dioxide condensation cycles for power production[J]. Journal of Engineering for Power, 1968, 90(3): 287-295.

[17] Angelino G. Real gas effects in carbon dioxide cycles[C]. Proceedings of the ASME 1969 Gas Turbine Conference and Products Show, Cleveland, March 9-13, 1969.

[18] Moisseytsev A. Passive load follow analysis of the STAR-LM and STAR-H2 systems[D]. Texas: Texas A&M University, 2003.

[19] Dostal V, Kulhanek M. Research on the supercritical carbon dioxide cycles in the Czech Republic[C]. Proceedings of the Symposium on SCO2 Power Cycles, Prague, April 29-30, 2009.

[20] Kulhanek M, Dostal V. Supercritical carbon dioxide cycles thermodynamic analysis and comparison[C]. Proceedings of the Supercritical CO_2 Power Cycle Symposium, Boulder City, May 24-25, 2011.

[21] Cha J E, Lee T H, Eoh J H, et al. Development of a supercritical CO_2 brayton energy conversion system coupled with a sodium cooled fast reactor[J]. Nuclear Engineering Technology, 2009, 41(8): 1025-1044.

[22] Trinh T Q. Dynamic response of the supercritical CO_2 Brayton recompression cycle to various system transients[D]. Boston: Massachusetts Institute of Technology, 2009.

[23] Sarkar J. Second law analysis of supercritical CO_2 recompression Brayton cycle[J]. Energy, 2009, 34(9): 1172-1178.

[24] Sarkar J, Bhattacharyya S. Optimization of recompression S-CO_2 power cycle with reheating[J]. Energy Conversion and Management, 2009, 50(8): 1939-1945.

[25] Harvego E A, Mckellar M G. Optimization and comparison of direct and indirect supercritical carbon dioxide power plant cycles for nuclear applications[C]. Proceedings of the ASME International Mechanical Engineering Congress and Exposition, Denver, November 11-17, 2011.

[26] Jeong W S, Lee J I, Jeong Y H. Potential improvements of supercritical recompression CO_2 Brayton cycle by mixing other gases for power conversion system of a SFR[J]. Nuclear Engineering and Design, 2011, 241(6): 2128-2137.

[27] Halimi B, Suh K Y. Computational analysis of supercritical CO_2 Brayton cycle power conversion system for fusion reactor[J]. Energy Conversion and Management, 2012, 63: 38-43.

[28] Pérez-Pichel G D, Linares J I, Herranz L E, et al. Thermal analysis of supercritical CO_2 power cycles: Assessment of their suitability to the forthcoming sodium fast reactors[J]. Nuclear Engineering and Design, 2012, 250: 23-34.

[29] Yoon H J, Ahn Y, Lee J I, et al. Potential advantages of coupling supercritical CO_2 Brayton cycle to water cooled small and medium size reactor[J]. Nuclear Engineering and Design, 2012, 245: 223-232.

[30] Ahn Y, Lee J, Kim S G, et al. Studies of supercritical carbon dioxide Brayton cycle performance coupled to various heat sources[C]. Proceedings of the ASME Power Conference, Boston, July 29-August 1, 2013.

[31] Dyreby J J, Klein S A, Nellis G F, et al. Modeling off-design and part-load performance of supercritical carbon dioxide power cycles[C]. Proceedings of the Turbo Expo: Power for Land, Sea, and Air, San Antonio, June 3-7, 2013.

[32] Floyd J, Alpy N, Moisseytsev A, et al. A numerical investigation of the sCO$_2$ recompression cycle off-design behaviour, coupled to a sodium cooled fast reactor, for seasonal variation in the heat sink temperature[J]. Nuclear Engineering and Design, 2013, 260: 78-92.

[33] Jeong W S, Jeong Y H. Performance of supercritical Brayton cycle using CO_2-based binary mixture at varying critical points for SFR applications[J]. Nuclear Engineering and Design, 2013, 262: 12-20.

[34] Nassar A, Moroz L, Burlaka M, et al. Designing supercritical CO_2 power plants using an integrated design system[C]. Proceedings of the Gas Turbine India Conference, New Delhi, December 15-17, 2014.

[35] Akbari A D, Mahmoudi S M S. Thermoeconomic analysis & optimization of the combined supercritical CO_2 (carbon dioxide) recompression Brayton/organic Rankine cycle[J]. Energy, 2014, 78: 501-512.

[36] Conboy T M, Carlson M D, Rochau G E. Dry-cooled supercritical CO_2 power for advanced nuclear reactors[J]. Journal of Engineering for Gas Turbines and Power, 2014, 137(1): 012901(1-10).

[37] Dyreby J J. Modeling the Supercritical Carbon Dioxide Brayton Cycle with Recompression[D]. Madison: University of Wisconsin-Madison, 2014.

[38] Dyreby J J, Klein S, Nellis G, et al. Design considerations for supercritical carbon dioxide Brayton cycles with recompression[J]. Journal of Engineering for Gas Turbines and Power, 2014, 136(10): 101701(1-9).

[39] Serrano I P, Linares J I, Cantizano A, et al. Enhanced arrangement for recuperators in supercritical CO_2 Brayton power cycle for energy conversion in fusion reactors[J]. Fusion Engineering and Design, 2014, 89(9-10): 1909-1912.

[40] Hu L, Chen D, Huang Y, et al. Investigation on the performance of the supercritical Brayton cycle with CO_2-based binary mixture as working fluid for an energy transportation system of a nuclear reactor[J]. Energy, 2015, 89: 874-886.

[41] Pham H S, Alpy N, Ferrasse J H, et al. Mapping of the thermodynamic performance of the supercritical CO_2 cycle and optimisation for a small modular reactor and a sodium-cooled fast reactor[J]. Energy, 2015, 87: 412-424.

[42] Ma Z, Turchi C S. Advanced Supercritical Carbon Dioxide Power Cycle Configurations for Use in Concentrating Solar Power Systems[R]. NREL/CP-5500-50787, Golden: National Renewable Energy Laboratory, 2011.

[43] Chacartegui R, Muñoz de Escalona J M, Sánchez D, et al. Alternative cycles based on carbon dioxide for central receiver solar power plants[J]. Applied Thermal Engineering, 2011, 31(5): 872-879.

[44] Kulhánek M, Dostal V. Thermodynamic analysis and comparison of supercritical carbon dioxide cycles[C]. Proceedings of the Supercritical CO_2 Power Cycle Symposium, Boulder City, May 24-25, 2011.

[45] Seidel W. Model Development and Annual Simulation of the Supercritical Carbon Dioxide Brayton Cycle for Concentrating Solar Power Applications[D]. Madison: University of Wisconsin-Madison, 2011.

[46] Iverson B D, Conboy T M, Pasch J J, et al. Supercritical CO_2 Brayton cycles for solar-thermal energy[J]. Applied Energy, 2013, 111: 957-970.

[47] Mohagheghi M, Kapat J. Thermodynamic optimization of recuperated S-CO_2 Brayton cycles for solar tower applications[C]. Proceedings of the Turbo Expo: Power for Land, Sea, and Air, San Antonio, June 3-7, 2013.

[48] Turchi C S, Ma Z, Neises T W, et al. Thermodynamic study of advanced supercritical carbon dioxide power cycle for concentrating solar power[J]. Journal of Solar Energy Engineering, 2013, 135(4): 041007(1-7).

[49] Mohagheghi M, Kapat J, Nagaiah N. Pareto-based multi-objective optimization of recuperated S-CO_2 Brayton cycles[C]. Proceedings of the ASME Turbo Expo 2014: Turbine Technical Conference and Exposition, Düsseldorf, June 16-20, 2014.

[50] Neises T, Turchi C. A comparison of supercritical carbon dioxide power cycle configurations with an emphasis on CSP applications[J]. Energy Procedia, 2014, 49: 1187-1196.

[51] Al-Sulaiman F A, Atif M. Performance comparison of different supercritical carbon dioxide Brayton cycles integrated with a solar power tower[J]. Energy, 2015, 82: 61-71.

[52] Coco-Enríquez L, Muñoz-Antón J, Martínez-Val J M. Integration between direct steam generation in linear solar collectors and supercritical carbon dioxide Brayton power cycles[J]. International Journal of Hydrogen Energy, 2015, 40(44): 15284-15300.

[53] Padilla R V, Benito R G, Stein W. An exergy analysis of recompression supercritical CO_2 cycles with and without reheating[J]. Energy Procedia, 2015, 69: 1181-1191.

[54] Padilla R V, Soo Too Y C, Benito R, et al. Exergetic analysis of supercritical CO_2 Brayton cycles integrated with solar central receivers[J]. Applied Energy, 2015, 148: 348-365.

[55] Zeyghami M, Khalili F. Performance improvement of dry cooled advanced concentrating solar power plants using daytime radiative cooling[J]. Energy Conversion and Management, 2015, 106: 10-20.

[56] Turchi C S, Ma Z, Dyreby J. Supercritical carbon dioxide power cycle configurations for use in

concentrating solar power systems[C]. Proceedings of the Turbo Expo: Power for Land, Sea, and Air, Copenhagen, June 11-15, 2012.

[57] Moisseytsev A, Sienicki J J. Investigation of alternative layouts for the supercritical carbon dioxide Brayton cycle for a sodium-cooled fast reactor[J]. Nuclear Engineering and Design, 2009, 239(7): 1362-1371.

[58] Moisseytsev A, Sienicki J. Performance Improvement Options for the Supercritical Carbon Dioxide Brayton Cycle[R]. ANL-GENIV-103, Argonne: Argonne National Lab, 2008.

[59] Cheang V T, Hedderwick R A, Mcgregor C. Benchmarking supercritical carbon dioxide cycles against steam Rankine cycles for Concentrated Solar Power[J]. Solar energy, 2015, 113: 199-211.

[60] Zhu H H, Wang K, He Y L. Thermodynamic analysis and comparison for different direct-heated supercritical CO_2 Brayton cycles integrated into a solar thermal power tower system[J]. Energy, 2017, 140: 144-157.

[61] 王坤. 超临界二氧化碳太阳能热发电系统的高效集成及其聚光传热过程的优化调控研究[D]. 西安: 西安交通大学, 2018.

[62] 何雅玲, 郭嘉琪, 李明佳, 等. 太阳能超临界二氧化碳循环发电系统计算软件(SPTSCO₂): 2021SR0504375[P]. 2021-4-7.

[63] Yu Q, Wang Z, Xu E, et al. Modeling and simulation of 1 MWe solar tower plant's solar flux distribution on the central cavity receiver[J]. Simulation Modelling Practice and Theory, 2012, 29: 123-136.

[64] 何雅玲, 王坤, 杜保存, 等. 聚光型太阳能热发电系统非均匀辐射能流特性及解决方法的研究进展[J]. 科学通报, 2016, 61(30): 3208-3237.

[65] Schwarzbözl P, Pitz-Paal R, Schmitz M. Visual HFLCAL—A software tool for layout and optimisation of heliostat fields[C]. Proceedings of the 15th International SolarPACES Symposium, Berlin, September 15-18, 2009.

[66] Besarati S M, Yogi Goswami D, Stefanakos E K. Optimal heliostat aiming strategy for uniform distribution of heat flux on the receiver of a solar power tower plant[J]. Energy Conversion and Management, 2014, 84: 234-243.

[67] Wang K, He Y L, Qiu Y, et al. A novel integrated simulation approach couples MCRT and Gebhart methods to simulate solar radiation transfer in a solar power tower system with a cavity receiver[J]. Renewable Energy, 2016, 89: 93-107.

[68] He Y L, Cui F Q, Cheng Z D, et al. Numerical simulation of solar radiation transmission process for the solar tower power plant: From the heliostat field to the pressurized volumetric receiver[J]. Applied Thermal Engineering, 2013, 61(2): 583-595.

[69] Li X, Kong W, Wang Z, et al. Thermal model and thermodynamic performance of molten salt cavity receiver[J]. Renewable Energy, 2010, 35(5): 981-988.

[70] Siebers D L, Kraabel J S. Estimating Convective Energy Losses from Solar Central Receivers[R]. SAND-84-8717, Albuquerque: Sandia National Laboratories, 1984.

[71] 邱羽. 离散式聚光型太阳能系统光热特性分析与性能优化及新型聚光集热技术研究[D]. 西安: 西安交通大学, 2019.

[72] Lemmon E, Huber M, Mclinden M. NIST standard reference database 23: Reference fluid thermodynamic and transport properties-REFPROP, Version 8.0 [CP]. Gaithersburg, National Institute of Standards and Technology, Standard Reference Data Program, 2007.

[73] Tian Y, Zhao C Y. A review of solar collectors and thermal energy storage in solar thermal applications[J]. Applied Energy, 2013, 104: 538-553.

[74] Xu C, Wang Z, He Y, et al. Sensitivity analysis of the numerical study on the thermal performance of a

packed-bed molten salt thermocline thermal storage system[J]. Applied Energy, 2012, 92: 65-75.

[75] Xu C, Wang Z, He Y, et al. Parametric study and standby behavior of a packed-bed molten salt thermocline thermal storage system[J]. Renewable Energy, 2012, 48: 1-9.

[76] Deb K, Agrawal S, Pratap A, et al. A fast elitist non-dominated sorting genetic algorithm for multi-objective optimization: NSGA-II [C]. Proceedings of the Parallel Problem Solving from Nature PPSN VI, Paris, September 18-20, 2000.

[77] Conboy T M, Wright S A, Ames D E, et al. Operation of a Supercritical Fluid Compression Loop Using CO_2-based Mixtures[R]. SAND2011-0220C, Hollywood: Sandia National Lab, 2011.

[78] Guo J Q, Li M J, Xu J L, et al. Thermodynamic performance analysis of different supercritical Brayton cycles using CO_2-based binary mixtures in the molten salt solar power tower systems[J]. Energy, 2019, 173: 785-798.

[79] Guo J Q, Li M J, He Y L, et al. A study of new method and comprehensive evaluation on the improved performance of solar power tower plant with the CO_2-based mixture cycles[J]. Applied Energy, 2019, 256: 113837.

第8章 太阳能光热发电技术展望

在未来电力系统中，太阳能光热发电技术将担当什么样的角色？可为电力系统带来什么样的益处？在发展中面临哪些障碍？是否有可行的未来发展之路？上述问题需要我们在推动太阳能光热发电技术大规模发展和商业化应用过程中进行重点关注。鉴于此，本章将分析光热发电技术在未来电力系统中的作用；随后，对光热发电技术的发展历程进行了总结，分析其发展过程中面临的关键技术障碍；最后，对光热发电技术的未来发展进行了展望[1]。

8.1 光热发电技术在未来电力系统中的作用

化石能源的大量使用造成了严重的环境问题和能源短缺。为解决上述问题，亟须推动可再生能源的大规模利用[2,3]，因而各主要国家和地区均制定了各自的可再生能源发展战略。其中，欧盟、美国和中国分别在各自的可再生能源发展路线图中指出，到 2050 年其可再生能源发电量将提升至各自总发电量的 100%[4]、80%[5]和 80%[6]，其中风力发电和太阳能发电的比例将提升到前所未有的程度。然而，风力和光伏发电都具有极强的间歇性，其会对电力系统造成很强的冲击，因而需要采取有效的措施来提升系统的灵活性。

众多研究表明，具备储热(TES)能力的太阳能光热发电(STP)技术具有良好的调度性，可以实现全天候运行，从而恰好可以有效提升电力系统的灵活性[7]。在运行过程中，带储热的光热电站采用聚光器将光能汇聚到吸热器上并转换为吸热工质中的热能。在晴朗的白天，一部分热能可以直接用来产生高温蒸汽或气体，并推动汽轮机做功发电；而另一部分热能则可以存储在储热系统中。在夜晚或多云天气下，储热系统蓄积的热能便可以用来驱动动力循环运行发电，从而弥补风力和光伏发电间歇不稳定的缺陷，实现电力系统的稳定运行。

鉴于光热技术的上述优势，近年来光热电站累计装机量持续增长，截至 2022 年 11 月，全球累计装机容量已达到 6729 MW(图 8-1)。同时，还有 1221 MW 装机量的电站处在建设或开发阶段。虽然 STP 电站的装机量在持续增长，但是目前其总容量不到光伏装机量的 1%[8]。这主要是因为 STP 的平准化度电成本(LCOE)仍然过大，阻碍了其大规模的商业化应用。全球在 2021 年投运的光热电站的平均 LCOE 为 11.4 美分/(kW·h)，远高于 2021 年光伏技术 4.8 美分/(kW·h)、陆上风电 3.3 美分/(kW·h)的值[8]。为减少 STP 的

LCOE，亟待进一步降低 STP 所有子系统的成本，并提高其性能。

累计装机容量/MW
8000
7000
6000
5000
4000
3000
2000
1000
0
412
479
535
765
1268
1710
2573
3845
4502
4856
4985
5163
5865
6469
6569
6679
6729
2006
2007
2008
2009
2010
2011
2012
2013
2014
2015
2016
2017
2018
2019
2020
2021
2022.11
年月

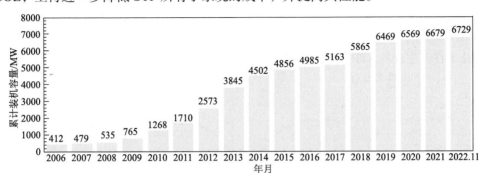

图 8-1 全球 STP 的累计装机容量[9, 10]

8.2 光热发电技术及其发展中的关键障碍

8.2.1 现有光热发电技术及其技术分代

现有的商用 STP 电站采用蒸汽朗肯循环或斯特林循环带动发电机进行发电，其循环发电效率直接受到循环最高温度的影响，而该温度又主要由吸热器出口温度决定。鉴于此，基于吸热器出口温度的高低，可以将已建成的 STP 电站分为第一代和第二代技术，参见图 8-2。

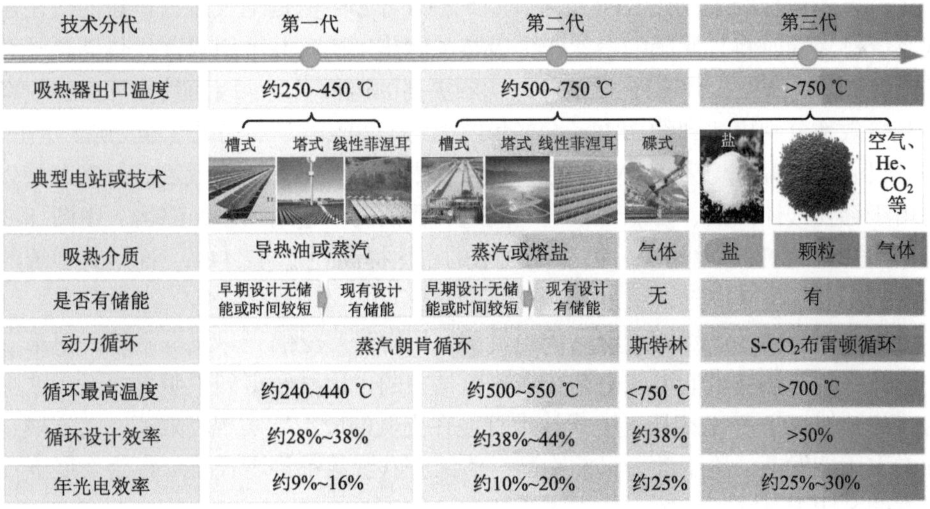

技术分代
第一代
第二代
第三代
吸热器出口温度
约250~450 ℃
约500~750 ℃
>750 ℃
典型电站或技术
槽式
塔式
线性菲涅耳
槽式
塔式
线性菲涅耳
碟式
盐
空气、He、CO2等
吸热介质
导热油或蒸汽
蒸汽或熔盐
气体
盐
颗粒
气体
是否有储能
早期设计无储能或时间较短
现有设计有储能
早期设计无储能或时间较短
现有设计有储能
无
有
动力循环
蒸汽朗肯循环
斯特林
S-CO2布雷顿循环
循环最高温度
约240~440 ℃
约500~550 ℃
<750 ℃
>700 ℃
循环设计效率
约28%~38%
约38%~44%
约38%
>50%
年光电效率
约9%~16%
约10%~20%
约25%
约25%~30%

图 8-2 STP 技术的分代及其关键技术参数[11-13]

第一代 STP 技术，主要采用槽式(PTC)、塔式(SPT)和线性菲涅耳式聚光技术，采用蒸汽朗肯循环发电，其吸热器出口温度在约 250～450 ℃的范围内，循环最高温度低至约 240～440 ℃。早期的第一代 STP 系统，一般都没有采用储热技术，或者储热系统的容量很小，因而电站只能在晴朗无云的白天使用。而近年来建成的更新型的第一代 STP

系统一般都建有双罐二元硝酸熔盐(60wt%NaNO$_3$-40wt%KNO$_3$)显热储热系统，其可驱动循环在晚上等无光照的条件下发电。由于第一代系统的运行温度较低，因而循环设计效率和系统年光电效率分别仅为约 28%～38%和约 9%～16%[11-13]。截至 2022 年 11 月，第一代技术在已建成的 STP 装机容量中占绝大多数(79.28%)，其中槽式系统的占比就达到了 75.24%，参见图 8-3(a)。

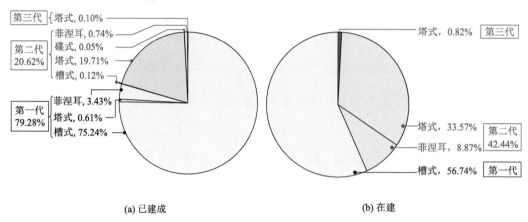

图 8-3 截至 2022 年 11 月全球已建成与在建 STP 电站的容量[9,10]

与第一代技术相比，第二代 STP 技术将吸热器出口温度提升到了约 500～750 ℃。大多数第二代电站采用槽式、塔式和线性菲涅耳式聚光技术，并采用朗肯循环作为动力循环，其循环最高温度提升到了约 500～550 ℃。此外，虽然一小部分采用吸热器直接产生蒸汽方式运行的第二代 STP 系统没有储热子系统，但是绝大多数新建的或在建的第二代系统已经同时将二元硝酸熔盐作为吸热和储热工质，并采用双罐显热储热子系统进行热能存储。由于第二代 STP 技术可以达到更高的运行温度，因而其循环设计效率和系统年光电效率分别可达到约 38%～44%和约 10%～20%[11-13]。另外，至 2022 年 11 月，世界上仅有两个容量均为 1.5 MW 的碟式斯特林电站，其最高循环温度在 700 ℃以上，但是由于存在气体泄漏、可靠性较低等问题，目前两个电站均已经停运。由图 8-3(b)可见，目前在建的 STP 电站中，第二代技术的占比提高到了 42.44%，而塔式系统的装机量也占到了总量的 33.57%。

上述资料表明，虽然槽式电站仍是目前应用得最广泛的光热发电系统，但第二代技术中广泛采用储热技术的塔式电站在在建电站中的占比已经得到了明显提高。这主要是因为，与其他 STP 技术相比，塔式技术有望在更低的成本下实现高效率、大规模、高灵活性的太阳能发电。鉴于此，目前中国、美国和欧盟等都将塔式技术视为发展下一代更高温度的 STP 技术的关键选择[12-14]。

在下一代 STP 技术中，学界和业界均希望在第二代技术的基础上，通过提高透平入口温度来进一步提升系统发电效率并降低成本。众多研究结果表明，在下一代技术中，应将透平入口温度提升到 700 ℃以上，将吸热器出口温度提升到 750 ℃以上(图 8-2)，并将现有的蒸汽朗肯循环发电系统替换为 S-CO$_2$ 布雷顿循环发电系统，从而有望将循环发电效率提升到 50%以上。为达到上述目的，从光能吸收的角度，学者们提出了采用不同工质的技术路线，包括液态熔盐、固态颗粒和气体等。目前，虽然德国、西班牙等已经建成了几个小型的以空气为吸热工质的第三代电站，但其实验效率依然远低于目标值[15]。

8.2.2 光热发电发展之路上的关键技术

当系统运行温度提升到 700℃之后，将可能涌现出大量的问题。首先，在更高温度下，现有的聚光集热系统的热损失将变得更大，因而难以在高温下实现高效集热。同时，在高温下，熔盐可能发生分解，熔盐与吸热器材料之间的腐蚀反应将变得更加剧烈，粒子之间的磨损或烧结将变得更严重，气体可能会与材料发生氧化作用并容易泄漏，因而对系统安全运行带来挑战。再者，在储热系统中，传统双罐储热不一定是最优选择，因而亟待进一步探究新的高温储热技术。最后，由于缺乏实际的工程经验，S-CO2 布雷顿循环系统中也还存在大量未知的科学和技术问题。为进一步推动高效率、高灵活性、高安全性、低成本的塔式 STP 技术的发展，我们建议应优先解决下述 STP 技术发展路径上的关键障碍。

(1) 缺乏适用于 700 ℃以上的高温条件下的高效率、高倍率、低成本的定日镜结构和尺寸设计与优化方法、镜场布局优化方法。

(2) 吸热和储热子系统在高温下出现的性能急剧降低和材料快速退化的问题极大地阻碍了系统效率提升、成本降低和安全运行。

(3) 现有的 S-CO2 循环形式并不能完全满足 STP 系统的需求，且与之相关的 S-CO2 关键设备还远未成熟。

8.3 光热发电技术展望

为了克服 8.2.2 节所述的光热发电技术发展之路上的障碍,本节分别针对聚光、吸热、储热、循环发电等四个能量传递与转换环节，展望了有望帮助摒除上述发展障碍的面向未来的定日镜场聚光技术、吸热技术、储热技术及新型 S-CO2 动力循环技术。

8.3.1 面向未来的定日镜场聚光技术

定日镜场成本占到了塔式电站成本的一半左右，但镜场的年光学效率却只有 50%~60%[16,17]。很显然，若能成功降低镜场成本并提升其光学效率，就可以有效提升塔式光热电站的市场竞争力。其可以通过定日镜设计和镜场布置优化来实现。

1. 定日镜结构设计与优化

定日镜主要由反射镜、支撑结构、跟踪装置、控制系统及布线、地基组成(图 8-4)，其光学性能和成本直接受到各组件的影响。为进一步发展高效率、低成本的定日镜技术，需要进一步对定日镜各组件进行创新性设计和优化研究。

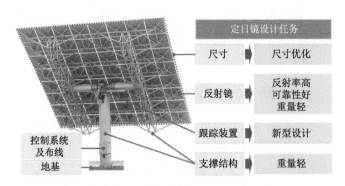

图 8-4　定日镜的部件组成及亟待研究的内容

首先，需要通过优化来寻找可能存在的最优定日镜尺寸。定日镜尺寸越大，跟踪装置的成本就越低，从而越有利于降低定日镜成本；然而，随着尺寸增大，支撑结构的重量也会增大，当尺寸增大到一定程度时，支撑结构增大的成本有可能会超过跟踪装置减少的成本，导致定日镜成本过高。反之，对小尺寸的定日镜而言，其支撑结构的成本比大定日镜低，但控制系统、布线、地基等的成本却可能会比定日镜更高。目前，商用的定日镜尺寸在 $1.1 \sim 178$ m^{2}[10] 的范围内。可以清楚地发现，目前学界和业界尚未在定日镜的最优尺寸上达成共识。鉴于此，未来有必要进一步探寻定日镜可能的最优尺寸，以降低镜场成本。

其次，需要进一步提升反射镜的聚光性能。现有的典型定日镜采用 4 mm 厚的玻璃镜作为反射镜，其典型的形面误差和反射率分别为 1.3 mrad[18]和 0.935[19]。为进一步提升性能，可以通过减小玻璃镜的厚度来提升反射率，也可以采用新型的薄膜反射镜来提升光学性能并降低成本。例如，实验研究表明，当将玻璃反射镜的厚度减小到 1 mm，并为反射镜设计特殊的三明治状支撑结构之后，便可以将镜面的形面误差降至 0.6 mrad，并将反射率提升到 0.955，从而有望将镜场的光学效率提升 $4 \sim 6$ 个百分点[18]。同时，虽然现有的新型薄膜反射镜已经可以达到 0.94 的反射率和小于 1 mrad 的形面误差[20]，但是薄膜反射镜仍然存在容易刮伤的问题[21]，在风沙环境中易被损坏。鉴于此，未来应该进一步提升薄玻璃反射镜和薄膜反射镜的反射率和耐久性，同时也应该进一步降低反射镜的重量。

最后，需要开发低成本、轻量化的支撑结构和跟踪装置。现有支撑结构和跟踪装置分别占定日镜总成本的 $25\% \sim 35\%$ 和 $30\% \sim 35\%$[22]，其技术已经非常成熟，因而已经很难从其自身工业生产的角度去降低成本。但是正如前面所述，可以进一步通过结构和定日镜尺寸优化来减小支撑结构和跟踪装置的重量，从而降低成本。此外，应该进一步转换上述部件的设计思路，例如，最近 Sunfolding 公司在 SunShot 项目资助下，提出了一种气压式的塑料波纹管跟踪器[23]，并将其用来跟踪和支撑小型定日镜。该设计完全抛弃了现有的金属支撑结构和跟踪装置，极大地降低了定日镜重量，从而可有效降低成本。未来，亟须提出更多类似的可改变现有技术的新概念支撑和跟踪装置，以尽可能降低定日镜成本。

2. 定日镜场布置方式优化

镜场布置是指通过设计镜场中每一面定日镜的位置来尽可能地增大镜场年光学效率，同时还需要尽可能地减小占地面积。然而，镜场布置几乎是一个有无限自由度的问题。为简化镜场布置的优化过程，通常会将该问题简化为有限的几个自由度。目前，常见的几种定日镜布置型式主要包括辐射状叉排布置、仿生布置、逐镜优化布置以及非限制性局部优化布置等，如表 8-1 所示[24]。

表 8-1　典型的镜场布置[24, 25]

布置	优化变量	输入参数
辐射状叉排布置	相邻定日镜环之间的间距、两个径向空白区域之间的定日镜环的数目等	镜几何参数、邻镜安全距离、镜塔最小间距、镜数
仿生布置	费马螺旋公式中的参量：a, b	同上
逐镜优化布置	每个定日镜的坐标	镜几何参数、塔高、吸热器几何参数
非限制性局部优化布置	局部优化每面镜的坐标	预先获得的镜场

最常用的镜场布置方法是辐射状叉排布置，参见表 8-1。该方法将定日镜围绕吸热塔进行多圈布置，相邻两圈之间的定日镜为叉排布置，邻圈之间留有间隔。在连续几圈紧密布置之后，会在径向方向上留出一段空白区域，然后再继续布置定日镜，布置中会缩小周向相邻镜之间的间距。在镜场设计中，可以采用 RCELL、DELSOL、Tiesol、MUUEN 及 Campo 等计算工具[24]来设计或优化辐射状叉排布置。仿生镜场布置是受向日葵种子排列方式启发而提出的。在排列中，定日镜 k 的角度和径向坐标可分别采用 $\theta_k=2\pi\varphi^{-2}\cdot k$ 和 $r_k=a\cdot k^b$ 计算获得，其中 a 和 b 为两个待优化的参数，而 $\varphi=(\sqrt{5}+1)/2$。与辐射状叉排布置相比，仿生布置可将镜场年光学效率提升 0.36 个百分点，并将占地面积降低 15.8%[26]。

逐镜优化布置方法首先评估镜场中任意位置全年可接收到的光能；其次，在全年可接收光能最大的点布置第一面定日镜；接着，考虑已布置定日镜的影响，重新计算镜场各点新的全年可接收光能；然后，在全年可接收光能最大的位置安装第二面镜子。上述过程将持续进行到将所有定日镜安装完为止。与辐射状叉排布置相比，逐镜优化布置可将镜场年光学效率提升 3.9 个百分点，但镜场占地面积也相应增大了 47%[27]。非限制性局部优化方法可以进一步优化采用其他方法设计的镜场布置。在优化中，对每面定日镜而言，首先在目标定日镜原布置位置附近的较小区域内调整其位置，并计算由该目标定日镜及其附近定日镜组成的局部镜场的年光学效率；随后，选出能使局部镜场年光学效率最大的位置来布置目标镜。与辐射状叉排布置相比，非限制性局部优化方法可将镜场的年聚光能量提升 0.8%[27]。

由上述既有的镜场布置方式可见，在布置中难以在镜场年光学效率和占地面积之间达成妥协，甚至不清楚是否有优化方法可以获得最优的镜场布置，以期获得最高的效率的同时，又不至于过多地增大占地面积。鉴于此，我们建议未来进一步开展下述研究：① 寻找最优的镜场优化方法，并着眼于寻找镜场布置优化的最优自由度；② 集思广益地寻找自然界中业已存在的点状布置型式，以期进一步从仿生的角度来提升镜场性能。

8.3.2　面向未来的太阳能吸热技术

在下一代吸热温度在 700 ℃以上的高温光热电站中，熔盐吸热器、粒子吸热器、气体吸热器被认为是三种极具应用前景的吸热器。但是，在如此高的温度下，这三种吸热器技术仍然不成熟，面临着材料失效和效率降低等问题。因此，亟待从材料选择、吸热器设计等方面解决上述问题。

1. 熔盐吸热器

业界在熔盐吸热器方面有着丰富的应用经验，因此该类型最有望应用于下一代高温光热电站。但是，700 ℃及其以上温度会造成熔盐分解、吸热器腐蚀和效率降低等问题。为解决这些问题，需要进一步开展以下工作。

首先需要开发耐高温熔盐以替代现有的温度使用上限为 600 ℃的二元硝酸盐。目前，碳酸盐、氟化盐和氯化盐等三类盐被广泛推荐，其熔点和温度使用区间如图 8-5 所示[28-31]。氟化盐虽然具有较高的导热率，但其腐蚀性极强并有一定毒性。碳酸盐的密度和比热容相对较高，但其组分中含有价格昂贵的 Li_2CO_3(7500 美元/t[28])。氯化盐的热物

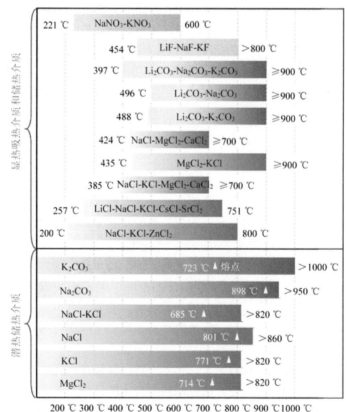

图 8-5　以熔盐为吸热/储热介质的温度运行范围[28-31]

性较好且价格低廉，有望应用于下一代高温光热电站中，但氯化盐在高温条件下也表现出强烈的腐蚀性。因此，未来需要对现有氯化盐的配方进行改进以降低其腐蚀性并保证较好的热物性。

其次需要开发耐腐蚀的吸热器材料。Inconel 625 是光热电站中使用的一种典型的吸热器材料，但该材料在 650 ℃氯化盐内的腐蚀速率达到了(2800±380) μm/a，远高于商业运行要求的 10 μm/a[32]这一最大腐蚀速率。镍基合金和金属陶瓷被认为是可应用于下一代高温熔盐吸热器的两种具有潜力的耐腐蚀材料。对于镍基合金而言，其在不同熔盐中的腐蚀特性仍然不清晰。对于金属陶瓷而言，已有实验研究将其作为 800 ℃的氯化盐和 S-CO$_2$ 的换热器材料，但其在熔盐中的腐蚀特性尚罕见报道[33]。此外，其制造技术仍然不成熟，难以满足 STP 工业需求。未来研究应注重以下两点：① 测试镍基合金和金属陶瓷在候选熔盐中的腐蚀特性；② 发展新型的金属陶瓷加工与制造方法，如高温 3D 打印技术。

最后需要进一步提高吸热器效率。对于传统的熔盐吸热器而言，当其出口温度从 550 ℃提高到 700 ℃时，其吸热器效率可能会降低 6.4%左右[34]。为解决上述问题，可以采用图 8-6 所示的吸热器多尺度设计方法来实现光学损失和热损失的同时降低[35]。在宏观尺度上，将传统的圆柱型吸热器(～10 m)设计成新型的翅片状(1～10 m)[36]。翅片状结构可以重新吸收被吸热面反射的光线，以降低光学损失。在介观尺度上，翅片状吸热器由 mm～cm 级的强化管等强化表面组成。强化管不平整的外表面可通过重吸收来减少光学损失，而具有扰流结构的内表面则可通过强化管内传热来降低热损失。在微观尺度上，可在强化管表面喷涂具有高阳光吸收率和低红外发射率的纳米涂层(nm～μm)，从而进一步减少光学损失和热损失[37,38]。

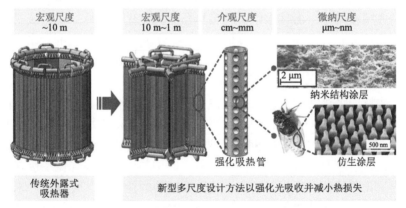

图 8-6 吸热器的多尺度设计方法可同时减少光学损失和热损失以提高效率[37,38]

2. 粒子吸热器

粒子吸热器是实现 700 ℃以上的高温光热发电的另外一种技术途径。目前，石英砂、硬质黏土熟料和陶瓷颗粒可作为颗粒材料来吸收太阳辐射，但不同的颗粒具有不同的优缺点[13]。例如，石英砂和硬质黏土熟料的热稳定性较高，且产量丰富、价格低廉，但对太阳辐射的吸收率较低。陶瓷颗粒通常具有较高的吸收率，但其价格较高。此外，所有颗粒均存在相互磨损的问题，这会降低颗粒的耐久性，增加吸热器运行成本。因此，未来需要开发具有高吸收率、低发射率且耐磨损的廉价颗粒。现有的粒子吸热器可分为直接式和间接式两种类型(表 8-2)。

表 8-2　粒子吸热器分类[39-42]

吸热器类型	吸热器设计	出口温度	热效率
直接式 粒子吸热器	自由下落式	>700 ℃	50%～70%
	阻碍下落式	>700 ℃	60%～80%
	旋转窑式	900 ℃	75%
	流化床式	>1000 ℃	20%～40%
间接式 粒子吸热器	封闭重力式	—	—
	管内流化式	750 ℃	—

自由下落式吸热器是直接式粒子吸热器的一种最基本型式，其采用颗粒从槽中自由下落进而被聚集的阳光加热的吸热方式。美国桑迪亚国家实验室对一个 1 MW_{th} 的自由下落粒子吸热器进行测试的结果表明，该吸热器的出口温度可达到 700 ℃以上，但其效率低于 70%[39]。为提高粒子吸热器效率，可使用不同形状的阻挡物，如 V 型网状阻挡物，以增加颗粒在光斑内的停留时间来强化其对太阳光的吸收。旋转窑式和流化床式吸热器是直接式粒子吸热器的另外两种型式，其可以通过控制颗粒的停留时间来使颗粒出口温度达到 900 ℃以上[42,43]。但是，旋转窑式和流化床式吸热器不仅需要额外的能量来驱动吸热器旋转或颗粒流化，而且难以实现吸热器的规模化。此外，在直接式吸热器中，颗粒还很容易从进光口逃逸，从而降低吸热器效率并提高运行成本。未来需要研究减少颗粒逃逸和降低热损失的方法，如控制颗粒流动、使用风幕或者设计新的粒子吸热器结构等。

与直接式粒子吸热器相比，间接式粒子吸热器可使颗粒在封闭的通道内流动，从而解决颗粒逃逸的问题[40]。但在间接式吸热器中，聚集的太阳光首先照射到不透明的金属管内/外表面，然后汇聚的光能被管外/内流动的颗粒以热能的形式带走。与直接式吸热器相比，这增加了管壁面与固体颗粒之间的热阻，从而降低了吸热器效率。此外，对管内流化式的粒子吸热器而言，还需要额外的能量以流化颗粒。未来可通过控制颗粒流动和设计新型的强化管等方式来强化颗粒与管壁之间的传热，从而提高吸热器效率。

3. 气体吸热器

气体吸热器也是一种可以运行在 700 ℃以上且具有应用前景的吸热器技术，其吸热流体为气体，如空气、二氧化碳、氦气等。根据吸热方式的不同，气体吸热器也可以分为直接式和间接式两种类型，参见图 8-7。

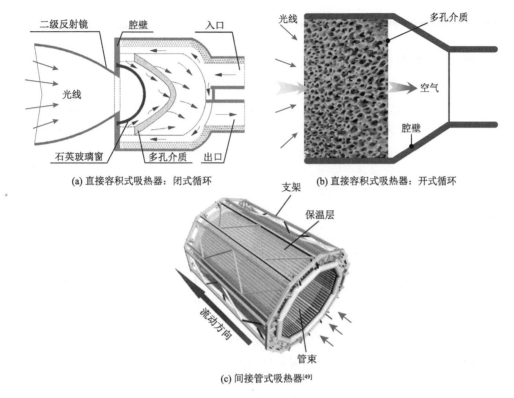

(a) 直接容积式吸热器：闭式循环　　(b) 直接容积式吸热器：开式循环

(c) 间接管式吸热器[49]

图 8-7　典型气体吸热器的示意图

容积式吸热器是典型的直接式气体吸热器，其使用多孔介质吸收太阳辐射并加热气体。容积式吸热器有闭式循环和开式循环两种类型，参见图 8-7(a)、(b)。在闭式循环中，用石英玻璃封住吸热器进光口，其吸热介质不与外界空气接触。在开式循环中，吸热器直接从环境中吸入空气作为吸热流体。尽管有一例实验表明容积式吸热器在 1100 ℃时可以达到 80%以上的吸热器效率[15,44]，但通常在 750 ℃以上时，容积式吸热器的吸热效率无法超过 75%。这主要是因为气体的热物性较差，吸热流体与多孔介质之间的传热速率较低。为强化传热性能，学者们提出了不同的多孔结构，如多孔泡沫结构[45]、单片蜂窝结构[44]、针状结构[46]和渐变式多孔结构[47]等。对于闭式循环，在热应力以及吸热流体压力的共同作用下，石英玻璃可能会破裂[45]，且难以在较高运行压力下进行密封。因此，现存闭式循环的运行压力通常在 2.5 MPa 以下[15,44]。

在第三代 STP 技术中，如果采用较高压力的气体作为吸热介质，那么容积式吸热器就不再适用，此时间接吸热的管式吸热器就成为较好的选择。在管式吸热器中，太阳辐射被聚集至吸热管表面以加热在管内流动的气体，参见图 8-7(c)。目前，管式吸热器有多种形式，如腔式[48]、刺猬状和平板式[35]等。但是，这些管式吸热器仍然面临吸热器效率较低的问题。为提高吸热器效率，学者们提出了微通道吸热器结构以增加传热面积[49]。但微通道会导致较高的压力损失。此外，大部分管式吸热器现仍处于理论设计阶段，尽管已经开展了一些实验研究，但实验中的运行压力和温度远低于未来 STP 电站的要求。

鉴于此，建议进一步开展下述研究：① 设计新型吸热器结构或者优化已有的结构，以提高气体吸热器效率；② 在实际运行温度和压力下开展实验研究以验证吸热器性能。

8.3.3　面向未来的高温储热技术

目前最先进的 STP 系统大多使用双罐熔盐储热系统，并以二元硝酸盐作为吸热/储热介质。在双罐熔盐储热系统中，熔盐在高温罐和低温罐两个储罐之间循环流动，并给后端的发电循环工质提供约 560 ℃的加热温度。为适应下一代 STP 系统超过 700 ℃的高温要求，亟须开发适用于该高温的吸热储热介质，储热容器及储热系统也需要作出相应的调整、优化以适应更高温度的运行条件。根据储热介质的类型不同，储热系统也分为熔盐储热系统和粒子储热系统两类。

1. 熔盐储热系统

目前，在发展下一代 STP 使用的熔盐储热系统方面有两种主要思路。第一种储热思路是沿用现有的双罐熔盐储热系统。在这种思路中，首要目标是开发高效低成本且适宜于更高温条件的熔盐，一些有应用潜力的熔盐已在 8.3.2 节中进行了讨论。但是，这些熔盐都存在高温腐蚀的问题，同时高温中热损失也会变得更加严重。因此，必须对熔盐罐壁采取更多的保护措施，以及更严格的保温措施，这些措施都不可避免地会增加储热成本。鉴于此，目前亟须探索能够同时满足抗腐蚀、耐高温的新技术。例如，采用罐内隔热材料来隔离熔盐和罐壁，从而允许罐壁采用较低成本的合金材料[50]。

第二种储热思路是采用相变材料作为潜热储热介质。由于 S-CO$_2$ 发电循环的运行温度区间较窄，仅为 150~200 ℃[51]，因此使用显热储热的双罐熔盐系统的储热容量受到了较大限制，储热罐体积和储热成本大幅增长。而由于相变材料能够在相变过程中吸收/释放额外潜热，具有更大的储热密度，因而变得更具有应用优势。如图 8-5 所示，一些复合碳酸盐和氯化盐均具有较合适的相变温度与潜热。然而，目前大多数相变材料存在的最主要问题是其导热能力差，导热系数一般在 2.5 W·m^{-1}·K^{-1} 以下[28]。在以导热作为主要传热方式的相变储热系统中，导热能力较差的问题严重阻碍了热量的迅速高效储存/释放[52, 53]。为了解决这一问题，传统的传热强化方式(如添加肋片等)已被采用。同时，目前已提出的一些较新颖的方法主要包括以下两类：一方面，从材料本身出发，相关研究发现通过添加少量的添加物，类如纳米材料或膨胀石墨等，能够有效提高相变材料的热物性[54]。但尚需进行更深入的实验与理论研究以建立添加物和相变材料的匹配和筛选准则。另一方面，从储热器结构设计角度出发，采用填充床结构的储热器具有较大优势，因为其能够极大地扩展传热面积并提高传热效果[55, 56]。但是目前相变材料封装成本高昂，那么在投入商业使用之前，有必要进一步发展降低相变材料封装成本的关键技术，例如，开发低成本的替代封装材料或方法等。

2. 粒子储热系统

目前主流的粒子储热系统类似于双罐熔盐储热系统，只不过是将传统的熔盐储热介质替换为粒子。在典型的颗粒储热器中，高温粒子储仓的运行温度约为 800 ℃，而低温储仓为 350 ℃[57]。粒子储仓面临的最主要的问题是其较大的热损失和热应力。此外，由于缺乏实际使用经验，一些潜在的问题仍未暴露。另一方面，一些粒子，如橄榄石颗粒等，面临着在高温长期运行中熔结的问题。为解决上述问题，建议进一步开展如下两方面的研究：① 储仓的结构优化及其在 STP 系统中集成运行可靠性的验证；② 开发不易熔结、成本低的粒子。

8.3.4 新型高效 S-CO$_2$ 布雷顿循环

近 10 年来，S-CO$_2$ 布雷顿循环被认为是取代传统光热发电系统中的蒸汽朗肯循环的最佳选择。然而，目前尚未能根据 STP 系统特点有针对性地提出合适的 S-CO$_2$ 循环形式，且以 S-CO$_2$ 为工质的关键部件的设计研发还远不成熟。因此，进一步提出适宜的 S-CO$_2$ 循环布局形式并发展 S-CO$_2$ 的关键部件对促进 S-CO$_2$ 光热发电系统的集成发展具有重要意义。

1. 循环构建和系统集成

目前已经提出了多种 S-CO$_2$ 布雷顿循环的布局构型，如简单回热循环、再压缩循环、预压缩循环、部分冷却循环和分级膨胀循环等[58]。在众多循环构型中，虽然有学者将再压缩循环和部分冷却循环视为 STP 系统中最具应用前景的循环形式[59,60]，但其比功小且吸热温差较窄，给 S-CO$_2$ 循环与现有显热储热系统之间的耦合带来了严峻挑战[34]。因此，针对太阳能光热发电系统特点，有针对性地构建高效、大比功和宽温差的新型 S-CO$_2$ 循环形式，或提出 S-CO$_2$ 循环与相变储热、热化学储热等储热方式的创新集成方法，是促进 S-CO$_2$ 太阳能光热发电技术发展的关键。

循环形式的创新构建与先进系统的一体化集成，有赖于对 S-CO$_2$ 太阳能光热发电系统的完整建模以及对系统性能的准确预测。目前围绕 S-CO$_2$ 循环发电系统性能预测的研究大多基于设计工况下的稳态模型开展，非设计工况下及动态条件下的特性分析十分有限，且模型过于简化[58-63]。在这些模型中，太阳能集热器效率、涡轮机械效率等关键信息通常设为常数，并未随工况和时间的变化发生改变。因此，为构建更加准确的非设计工况模型和动态模型，亟须发展可准确预测太阳能吸热器的动态性能特性曲线和 S-CO$_2$ 涡轮机械的动态特性曲线的方法。

2. S-CO$_2$ 循环关键部件

换热器、透平和压缩机是 S-CO$_2$ 循环中的关键部件。目前，围绕这些关键部件开展的研究主要以初步理论设计和少量的实验测试为主。

有关 S-CO$_2$ 换热器的研究主要集中于印刷电路板换热通道结构的设计与优化，已经提出了包括 S 型[64]和翼型[65]等多种新型通道在内的换热器结构用于权衡压降和换热之间的关系。但目前尚缺乏在较宽压力和温度范围内 S-CO$_2$ 循环运行的实验数据。S-CO$_2$ 换热器的动态响应特性也是一个研究重点，它为预测和优化发电系统动态性能提供基础[66,67]。为进一步提高换热器性能，有必要开发新型通道结构并进一步揭示换热器动态响应特性[68]。

对于采用固体颗粒作为储热介质的系统而言，粒子/S-CO$_2$换热器是另一存在巨大挑战的关键部件。现有的粒子/S-CO$_2$换热器主要包括流动填充床换热器和流化床换热器。流动填充床换热器的优点在于其无需额外动力来驱动粒子的流动，但粒子与换热面的接触不够充分，且磨损问题比流化床换热器严重[69]。流化床换热器则具有更好的换热效果，但需要额外的动力来流化粒子[70]。目前，两种形式的颗粒/S-CO$_2$换热器技术均尚不成熟。鉴于此，亟须开展以下研究：① 粒子流与 S-CO$_2$ 之间的换热优化，例如减小流动填充床换热器中的流动滞止问题、保证流化床换热器中粒子充分流体化；② 开发适宜在 STP 运行环境中长期使用的换热器并对其性能进行实验测试。

S-CO$_2$ 循环中的压缩机和透平在高压条件下超高速运行，对轴承和密封的稳定性造成一定威胁并导致较低的循环效率[51,71]。虽然目前世界范围内已经建立了一些小型 S-CO$_2$ 回路用以测试压缩机和透平的性能[72,73]，但是仍亟待进一步开展高温高压条件下的透平与压缩机的轴承和密封策略研究，开发新型结构的透平和压缩机用以提高循环效率，同时需要发展大规模实验循环回路，以验证 S-CO$_2$ 循环的可行性，从而为实际运行提供经验。

8.4 本 章 小 结

本章总结了 STP 技术的发展历程，发现其总体上呈现出由低温到高温、由无储热间歇运行到有储热全天候运行的发展趋势。同时发现，下一代 STP 技术的发展趋势是通过将系统运行温度提升到 700 ℃来提升系统光-电转换效率并降低成本的。然而，当运行温度超过 700 ℃之后，在系统的聚光、吸热、储热及动力循环等核心环节将会面临很多新的挑战。在聚光环节，现有定日镜场的聚光比和聚光效率都处在较低水平，难以满足更高吸热温度下对高聚光比和聚光效率的需求。在吸热环节，当吸热温度提高之后，吸热器的热损失将急剧增大，导致光热转换效率明显降低。在储热环节，由于 S-CO$_2$ 循环的运行温度区间与朗肯循环相比显著降低，因而其难以充分利用传统双罐熔盐储热系统的储热能力，同时，高温熔盐、颗粒、气体等工质还会与吸热器、储热器发生严重的腐蚀或磨损作用。最后，在动力循环方面，尚未提出真正适合太阳能光热发电系统的 S-CO$_2$ 布雷顿循环，也缺乏 S-CO$_2$ 关键部件的设计、制造和应用经验。

为解决上述问题、推动下一代 STP 技术的发展，本章提出了以下几个方面的展望。首先，在聚光方面，亟须寻找定日镜场布局、定日镜尺寸与形状、定日镜结构设计的变革性新方案和优化新方法，以提升聚光比和聚光效率并降低成本。其次，在吸热方面，亟须发展高温下的吸热器多尺度设计方法等新方法和新技术，以提升光热转换效率。此外，在储热方面，需要发展具备高导热能力、高储热密度的固液相变储热和固态颗粒储热技术，同时需要进一步发展耐高温的新型吸热和储热工质，提出能减缓或消除工质的腐蚀或磨损作用的新技术。最后，在循环构型方面，亟须进一步发展适用于 700 ℃以上 STP 系统的高效率、大比功、宽温差的新型 S-CO$_2$ 布雷顿循环，同时加快 S-CO$_2$ 压缩机、

透平、耐高压高温换热器等关键部件的研发和实验测试。上述展望为下一代 STP 技术的
发展指出了可能的发展路径和技术方法。

参 考 文 献

[1] He Y L, Qiu Y, Wang K, et al. Perspective of concentrating solar power[J]. Energy, 2020, 198: 117373.

[2] Warren R, Price J, Graham E, et al. The projected effect on insects, vertebrates, and plants of limiting global warming to 1.5 ℃ rather than 2 ℃[J]. Science, 2018, 360(6390): 791-795.

[3] Barnham K, Knorr K, Mazzer M. Recent progress towards all-renewable electricity supplies[J]. Nat. Mater., 2016, 15(2): 115-116.

[4] Schellekens G, Battaglini A, Lilliestam J, et al. 100% Renewable Electricity: A Roadmap to 2050 for Europe and North Africa[M]. London: Pricewaterhouse Coopers, 2010.

[5] Hand M M, Baldwin S, DeMeo E, et al. Renewable Electricity Futures Study[R]. NREL/TP-6A20-52409, Golden, CO: National Renewable Energy Lab.(NREL), 2012.

[6] ERI of NDRC. China 2050 High Renewable Energy Penetration Scenario and Roadmap Study[M]. Beijing: Energy Research Institute (ERI) of National Development and Reform Commission (NDRC), 2015.

[7] Pfenninger S, Gauché P, Lilliestam J, et al. Potential for concentrating solar power to provide baseload and dispatchable power[J]. Nature Climate Change, 2014, 4(8): 689-692.

[8] IRENA. Renewable Power Generation Costs in 2021[R]. Abu Dhabi: International Renewable Energy Agency, 2022.

[9] IRENA. Data & Statistics[DB/OL]. International Renewable Energy Agency (IRENA); Access time: Dec. 18, 2019, www.irena.org/Statistics.

[10] NREL. Concentrating solar power projects[DB/OL]. National Renewable Energy Laboratory(NREL) [2022-1-11]. https://solarpaces.nrel.gov/.

[11] He Y L, Wang K, Qiu Y, et al. Review of the solar flux distribution in concentrated solar power: Non-uniform features, challenges, and solutions[J]. Applied Thermal Engineering, 2019, 149: 448-474.

[12] Next-CSP partners. Next-CSP: High temperature concentrated solar thermal power plant with particle receiver and direct thermal storage[DB/OL]. Next-CSP[2020-1-15]. next-csp.eu.

[13] Mehos M, Turchi C, Vidal J, et al. Concentrating Solar Power Gen3 Demonstration Roadmap[R]. NREL/TP-5500-67464, Golden, CO: National Renewable Energy Laboratory, 2017.

[14] 国家能源局. 太阳能发展"十三五"规划[R]. 国家能源局 [2016-12-21]. 索引号: GZ000001/2016-01960.

[15] Sedighi M, Padilla R V, Taylor R A, et al. High-temperature, point-focus, pressurised gas-phase solar receivers: A comprehensive review[J]. Energy Conversion and Management, 2019, 185: 678-717.

[16] Pfahl A, Coventry J, Röger M, et al. Progress in heliostat development[J]. Solar Energy, 2017, 152: 3-37.

[17] Lipps F, Vant-Hull L. A cellwise method for the optimization of large central receiver systems[J]. Solar Energy, 1978, 20(6): 505-516.

[18] Pfahl A, Randt M, Holze C, et al. Autonomous light-weight heliostat with rim drives[J]. Solar Energy, 2013, 92: 230-240.

[19] NREL. SAM 2020-11-29[DB/OL]. National Renewable Energy Laboratory [2021-1-27]. https://sam.nrel.gov/.

[20] Ganapathi G, Palisoc A, Buchroithner A, et al. Development and prototype testing of low-cost lightweight thin film solar concentrator[C]. Proceedings of the Asme 10th International Conference on

Energy Sustainability, Vol 1, 2016.

[21] Ho C K, Sment J, Yuan J, et al. Evaluation of a reflective polymer film for heliostats[J]. Solar Energy, 2013, 95: 229-236.

[22] Coventry J, Campbell J, Xue Y P, et al. Heliostat Cost Down Scoping Study-final Report[R].STG-3261 Rev 01: Australian Solar Thermal Research Institute, 2016.

[23] Griffith S, Madrone L, Lynn P S, et al. Fluidic solar actuator: The United States, US9624911B1[P]. 2017.

[24] Cruz N, Redondo J, Berenguel M, et al. Review of software for optical analyzing and optimizing heliostat fields[J]. Renewable and Sustainable Energy Reviews, 2017, 72: 1001-1018.

[25] Barberena J G, Larrayoz A M, Sánchez M, et al. State-of-the-art of heliostat field layout algorithms and their comparison[J]. Energy Procedia, 2016, 93: 31-38.

[26] Noone C J, Torrilhon M, Mitsos A. Heliostat field optimization: A new computationally efficient model and biomimetic layout[J]. Solar Energy, 2012, 86(2): 792-803.

[27] Sánchez M, Romero M. Methodology for generation of heliostat field layout in central receiver systems based on yearly normalized energy surfaces[J]. Solar Energy, 2006, 80(7): 861-874.

[28] Mohan G, Venkataraman M B, Coventry J. Sensible energy storage options for concentrating solar power plants operating above 600 ℃[J]. Renewable and Sustainable Energy Reviews, 2019, 107: 319-337.

[29] Janz G J, Allen C B, Bansal N P, et al. Physical Properties Data Compilations Relevant to Energy Storage. II. Molten Salts: Data on Single and Multi-component Salt Systems[R].NSRDS-NBS-61-PT-2: National Standard Reference Data System, 1979.

[30] Qiu Y, Li M J, Wang W Q, et al. An experimental study on the heat transfer performance of a prototype molten-salt rod baffle heat exchanger for concentrated solar power[J]. Energy, 2018, 156: 63-72.

[31] Zhang H, Kong W, Tan T, et al. High-efficiency concentrated solar power plants need appropriate materials for high-temperature heat capture, conveying and storage[J]. Energy, 2017, 139: 52-64.

[32] Gomez-Vidal J C, Tirawat R. Corrosion of alloys in a chloride molten salt (NaCl-LiCl) for solar thermal technologies[J]. Solar Energy Materials and Solar Cells, 2016, 157: 234-244.

[33] Caccia M, Tabandeh-Khorshid M, Itskos G, et al. Ceramic-metal composites for heat exchangers in concentrated solar power plants[J]. Nature, 2018, 562(7727): 406.

[34] Wang K, He Y L, Zhu H H. Integration between supercritical CO_2 Brayton cycles and molten salt solar power towers: A review and a comprehensive comparison of different cycle layouts[J]. Applied Energy, 2017, 195: 819-836.

[35] Ho C K, Ortega J D, Christian J M, et al. Fractal-like Materials Design with Optimized Radiative Properties for High-efficiency Solar Energy Conversion[R].SAND2016-9526, Albuquerque, NM: Sandia National Laboratories, 2016.

[36] Wang W Q, Qiu Y, Li M J, et al. Optical efficiency improvement of solar power tower by employing and optimizing novel fin-like receivers[J]. Energy Conversion and Management, 2019, 184: 219-234.

[37] Huang Y F, Jen Y J, Chen L C, et al. Design for approaching cicada-wing reflectance in low-and high-index biomimetic nanostructures[J]. ACS Nano, 2015, 9(1): 301-311.

[38] Shah A A, Ungaro C, Gupta M C. High temperature spectral selective coatings for solar thermal systems by laser sintering[J]. Solar Energy Materials and Solar Cells, 2015, 134: 209-214.

[39] Ho C K, Christian J M, Yellowhair J, et al. On-sun testing of an advanced falling particle receiver system [C]. AIP Conference Proceedings. AIP Publishing, 2016.

[40] Martinek J, Ma Z. Granular flow and heat-transfer study in a near-blackbody enclosed particle receiver[J]. Journal of Solar Energy Engineering, 2015, 137(5): 051008.

[41] Benoit H, López I P, Gauthier D, et al. On-sun demonstration of a 750 ℃ heat transfer fluid for

concentrating solar systems: Dense particle suspension in tube[J]. Solar Energy, 2015, 118: 622-633.

[42] Ho C K. A review of high-temperature particle receivers for concentrating solar power[J]. Applied Thermal Engineering, 2016, 109: 958-969.

[43] Wu W, Trebing D, Amsbeck L, et al. Prototype testing of a centrifugal particle receiver for high-temperature concentrating solar applications[J]. Journal of Solar Energy Engineering, 2015, 137(4): 041011.

[44] Ávila-Marín A L. Volumetric receivers in Solar Thermal Power Plants with Central Receiver System technology: A review[J]. Solar Energy, 2011, 85(5): 891-910.

[45] Du B C, Qiu Y, He Y L, et al. Study on heat transfer and stress characteristics of the pressurized volumetric receiver in solar power tower system[J]. Applied Thermal Engineering, 2018, 133: 341-350.

[46] Karni J, Kribus A, Rubin R, et al. The "porcupine": A novel high-flux absorber for volumetric solar receivers[J]. Journal of Solar Energy Engineering, 1998, 120(2): 85-95.

[47] Du S, Ren Q, He Y L. Optical and radiative properties analysis and optimization study of the gradually-varied volumetric solar receiver[J]. Applied Energy, 2017, 207: 27-35.

[48] Korzynietz R, Brioso J A, del Río A, et al. Solugas—Comprehensive analysis of the solar hybrid Brayton plant[J]. Solar Energy, 2016, 135: 578-589.

[49] Ho C K. Advances in central receivers for concentrating solar applications[J]. Solar Energy, 2017, 152: 38-56.

[50] Jonemann M. Advanced Thermal Storage System with Novel Molten Salt: December 8, 2011-April 30, 2013[R].NREL/SR-5200-58595, Golden, CO: National Renewable Energy Laboratory, 2013.

[51] Li M J, Zhu H H, Guo J Q, et al. The development technology and applications of supercritical CO_2 power cycle in nuclear energy, solar energy and other energy industries[J]. Applied Thermal Engineering, 2017, 126: 255-275.

[52] Tao Y B, Liu Y K, He Y L. Effect of carbon nanomaterial on latent heat storage performance of carbonate salts in horizontal concentric tube[J]. Energy, 2019, 185: 994-1004.

[53] Tao Y B, He Y L. A review of phase change material and performance enhancement method for latent heat storage system[J]. Renewable and Sustainable Energy Reviews, 2018, 93: 245-259.

[54] Yuan F, Li M J, Qiu Y, et al. Specific heat capacity improvement of molten salt for solar energy applications using charged single-walled carbon nanotubes[J]. Applied Energy, 2019, 250: 1481-1490.

[55] Li M J, Jin B, Ma Z, et al. Experimental and numerical study on the performance of a new high-temperature packed-bed thermal energy storage system with macroencapsulation of molten salt phase change material[J]. Applied Energy, 2018, 221: 1-15.

[56] Li M J, Jin B, Yan J J, et al. Numerical and experimental study on the performance of a new two-layered high-temperature packed-bed thermal energy storage system with changed-diameter macro-encapsulation capsule[J]. Applied Thermal Engineering, 2018, 142: 830-845.

[57] Calderón A, Palacios A, Barreneche C, et al. High temperature systems using solid particles as TES and HTF material: A review[J]. Applied Energy, 2018, 213: 100-111.

[58] Wang K, Li M J, Guo J Q, et al. A systematic comparison of different S-CO_2 Brayton cycle layouts based on multi-objective optimization for applications in solar power tower plants[J]. Applied Energy, 2018, 212: 109-121.

[59] Turchi C S, Ma Z, Neises T W, et al. Thermodynamic study of advanced supercritical carbon dioxide power cycle for concentrating solar power[J]. Journal of Solar Energy Engineering, 2013, 135(4): 041007.

[60] Neises T, Turchi C. A comparison of supercritical carbon dioxide power cycle configurations with an

emphasis on CSP applications[J]. Energy Procedia, 2014, 49: 1187-1196.

[61] Padilla R V, Soo Too Y C, Benito R, et al. Exergetic analysis of supercritical CO_2 Brayton cycles integrated with solar central receivers[J]. Applied Energy, 2015, 148: 348-365.

[62] Binotti M, Astolfi M, Campanari S, et al. Preliminary assessment of sCO_2 cycles for power generation in CSP solar tower plants[J]. Applied Energy, 2017, 204: 1007-1017.

[63] Wang K, He Y L. Thermodynamic analysis and optimization of a molten salt solar power tower integrated with a recompression supercritical CO_2 Brayton cycle based on integrated modeling[J]. Energy Conversion and Management, 2017, 135: 336-350.

[64] Wen Z X, Lv Y G, Li Q, et al. Numerical study on heat transfer behavior of wavy channel supercritical CO_2 printed circuit heat exchangers with different amplitude and wavelength parameters[J]. International Journal of Heat and Mass Transfer, 2020, 147: 118922.

[65] Wang W Q, Qiu Y, He Y L, et al. Experimental study on the heat transfer performance of a molten-salt printed circuit heat exchanger with airfoil fins for concentrating solar power[J]. International Journal of Heat and Mass Transfer, 2019, 135: 837-846.

[66] Kwon J S, Bae S J, Heo J Y, et al. Development of accelerated PCHE off-design performance model for optimizing power system operation strategies in S-CO2 Brayton cycle[J]. Applied Thermal Engineering, 2019, 159: 113845.

[67] Padilla R V, Too Y C S, Benito R, et al. Exergetic analysis of supercritical CO_2 Brayton cycles integrated with solar central receivers[J]. Applied Energy, 2015, 148: 348-365.

[68] Jiang Y, Liese E, Zitney S E, et al. Design and dynamic modeling of printed circuit heat exchangers for supercritical carbon dioxide Brayton power cycles[J]. Applied Energy, 2018, 231: 1019-1032.

[69] Albrecht K J, Ho C K. Heat transfer models of moving packed-bed particle-to-sCO2 heat exchangers[J]. Journal of Solar Energy Engineering, 2019, 141(3): 031006.

[70] Ma Z, Glatzmaier G, Mehos M. Fluidized bed technology for concentrating solar power with thermal energy storage[J]. Journal of Solar Energy Engineering, 2014, 136(3): 031014.

[71] Cho J, Shin H, Ra H S, et al. Research on the development of a small-scale supercritical carbon dioxide power cycle experimental test loop [C]. The 5th International Symposium-Supercritical CO_2 Power Cycles, March 28-31, 2016, San Antonio, Texas, USA.

[72] Utamura M, Hasuike H, Yamamoto T. Demonstration test plant of closed cycle gas turbine with supercritical CO_2 as working fluid[J]. Strojarstvo: Časopis Za Teoriju I Praksu U Strojarstvu, 2010, 52(4): 459-465.

[73] Wright S A, Radel R F, Vernon M E, et al. Operation and Analysis of a Supercritical CO_2 Brayton Cycle[R].SAND2010-0171, Albuquerque: Sandia National Laboratories, 2010.

附录 A 何雅玲教授指导的从事太阳能热利用方面研究的博士和硕士学位论文目录

A.1 指导的相关博士学位论文(按授予学位时间排序)

[1] 沈超. 太阳能热声发动机理论与实验研究[D]. 西安：西安交通大学，2010.

[2] 徐荣吉. 太阳能小型有机朗肯循环理论及实验研究[D]. 西安：西安交通大学，2011.

[3] 程泽东. 太阳能热发电聚焦集热系统的光热特性与转换性能及优化研究[D]. 西安：西安交通大学，2012.

[4] 崔福庆. 太阳能热发电系统光捕获与转换过程光热特性及性能优化研究[D]. 西安：西安交通大学，2013.

[5] 李亚奇. 太阳能碟式系统与梯级相变蓄热装置性能分析与参数优化研究[D]. 西安：西安交通大学，2013.

[6] 漆鹏程. 跨临界 CO_2 热泵热水器变工况热力特性的理论与实验研究及其关键部件的研制[D]. 西安：西安交通大学，2014.

[7] 王巍巍. 管壳式相变蓄热单元蓄热性能及其评价方法的研究[D]. 西安：西安交通大学，2015.

[8] 郑章靖. 聚光太阳能热利用系统中的传热和储热过程强化与优化研究[D]. 西安：西安交通大学，2016.

[9] 刘占斌. 超临界 CO_2 光管和强化管管内流动与换热特性的实验及数值模拟研究[D]. 西安：西安交通大学，2017.

[10] 吴明. 模块化与罐体式高温储热系统动态换热性能研究[D]. 西安：西安交通大学，2017.

[11] 王坤. 超临界二氧化碳太阳能热发电系统的高效集成及其聚光传热过程的优化调控研究[D]. 西安：西安交通大学，2018.

[12] 杜保存. 塔式太阳能集热子系统光-热-力耦合特性与典型换热子系统换热性能的研究[D]. 西安：西安交通大学，2018.

[13] 徐阳. 固液相变储热过程的综合性能强化及动态特性预测研究[D]. 西安：西安交通大学，2018.

[14] 邱羽. 离散式聚光型太阳能系统光热特性分析与性能优化及新型聚光集热技术研究 [D]. 西安：西安交通大学，2019.

[15] 周一鹏. 太阳能全光谱利用系统的光-热-电耦合能量传输与转换机制研究及优化设计[D]. 西安：西安交通大学，2019.

[16] 马朝. 太阳能热能存储及转化过程性能强化与调控策略研究[D]. 西安：西安交通大学，2020.

[17] 袁帆. 纳米复合相变储热材料的热物性强化研究及高效相变储热系统的优化设计 [D]. 西安：西安交通大学，2021.

[18] 梁奇. 串联式聚光型光伏-热电耦合系统多尺度能量传输转换机理与调控方法研究 [D]. 西安：西安交通大学，2021.

A.2 指导的相关硕士学位论文(按授予学位时间排序)

[1] 肖杰. 太阳能抛物槽式集热器光热转换过程模拟及性能分析[D]. 西安：西安交通大学，2010.

[2] 刘怀亮. 槽式太阳能有机朗肯循环发电系统与碟式斯特林循环模拟研究[D]. 西安：西安交通大学，2010.

[3] 颜景文. 塔式太阳能热发电系统吸热器模拟与系统性能分析[D]. 西安：西安交通大学，2011.

[4] 马朝. 高温套管式相变蓄热器蓄热性能实验与数值模拟研究[D]. 西安：西安交通大学，2016.

[5] 金波. 高温熔盐相变填充床储热器储放热性能的实验与数值模拟研究[D]. 西安：西安交通大学，2018.

[6] 朱含慧. 铅基反应堆 S-CO$_2$ 布雷顿循环发电系统热-经济性优化分析与概念设计研究[D]. 西安：西安交通大学，2018.

附录 B　槽式聚光器光学性能模拟的 MCRT 程序及 MCRT-FVM 耦合处理

B.1　物　理　模　型

　　槽式聚光器是广泛应用于光热发电的太阳能聚光器，该聚光器中的太阳辐射传输过程涵盖了光热发电系统所涉及的大多数典型光学过程。鉴于此，可将槽式聚光器光学性能模拟作为学习蒙特卡罗光线追迹 (Monte Carlo ray tracing，MCRT) 方法的入门算例。

　　下面以一种简化的槽式聚光器为例，来介绍 MCRT 在模拟聚光器光学性能时的应用。该槽式聚光器由抛物面槽式反射镜和吸热管组成，其结构示意图参见图 B.1。反射镜的几何聚光比为 20、宽度为 4398.23 mm、长度为 4000 mm、边缘角为 90°、焦距为 1099.57 mm、反射率为 1、形面误差为 0，吸热管外半径为 35 mm、长度为 4000 mm、吸收率为 1。假设太阳视半径为 7.5 mrad，入射阳光的主光轴垂直于反射镜进光口平面，阳光直射辐照度为 1000 W·m^{-2}。

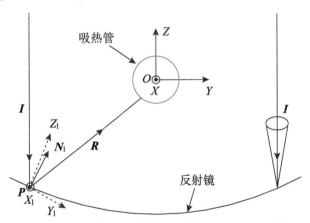

图 B.1　简化的槽式光学模型及所用直角坐标系示意图

　　为了大家学习方便，这里给出了用于模拟槽式聚光器光学性能的程序 TOPS(Trough Optical Performance Simulation)的源代码，参见附录 B.2。

　　在模拟中，TOPS 需要用到两个直角坐标系。第一个坐标系是如图 B.1 所示的 *XYZ*

系，其原点(O)位于吸热管一端的中心处，X 与 Y 轴分别沿反射镜的长度和宽度方向，Z 轴指向天顶；另一坐标系是以入射光线与镜面的交点(P)为原点的局部坐标系 $X_1Y_1Z_1$，其中 X_1 轴与 X 轴同向，Y_1 轴沿理想抛物面型线的切线方向，Z_1 轴沿理想抛物面型线的法线方向，参见图 B.1 所示。TOPS 的源代码采用 Fortran 90 编写，支持的编译器为 Intel Visual Fortran Compiler 2013 或其更新的版本。虽然该程序是针对槽式聚光器编写而成的，但是读者也可以通过适当的修改来模拟其他类型聚光器的光学性能。

B.2　MCRT 程序 TOPS 的主要变量表及源程序

MCRT 程序 TOPS 源代码的主要变量参见表 B.1。

表 B.1　TOPS 的主要变量表

变量名	变量含义
Deltasun	太阳视半径
WT	每根光线代表的辐射功率份额，初始发射的光线的功率份额为 1.0
Power_per_ray	每根光线代表的辐射功率值
Nray	参与追迹的光线总数
DNI	阳光直射辐照度
Wm	镜宽
Lm	镜长
Fm	镜的焦距
Ref_M	镜的反射率
SigmaM	镜面的形面误差的标准差
Mpoint	光线与镜面交点的坐标
Incident	入射光线单位向量
Reflected	反射光线单位向量
La	吸热管长度
Ra	吸热管外半径
ABpoint	光线与吸热管外壁交点的坐标
ABpoint_Deg	光线与吸热管外壁交点对应的圆周方向的角度
Absor_AB	吸热管外壁对阳光的吸收率
ABHitorNot	用于标记是否击中吸热管的变量
StatAB_WT	统计管外壁吸收的辐射功率份额的变量
Nx	管长度方向的网格线的数量
Nc	管圆周方向的网格线的数量

续表

变量名	变量含义
XlineAB	存储管外壁 X 方向网格线的坐标值的数组
YlineAB	存储管外壁圆周方向网格线的 Y 坐标值的数组
ZlineAB	存储管外壁圆周方向网格线的 Z 坐标值的数组
ClineAB	存储管外壁圆周方向网格线的角度值的数组
Pho_AB	存储管外壁网格吸收辐射功率份额和热流密度值的数组

　　MCRT 程序 TOPS 主要包括 1 个主程序和 7 个子程序，其中主程序名为 TOPS；子程序 1 为 Define_AB_Grid，其作用为生成吸热管外壁上的矩形网格；子程序 2 为 Ray_Emission，其作用为发射光线；子程序 3 为 Reflection_on_M，其作用为计算光线在反射镜上的反射过程；子程序 4 为 Hit_AB，其作用为计算光线与吸热管外壁的相交作用；子程序 5 为 ABpoint_to_Deg，其作用为计算吸热管外壁上的点在圆周方向上对应的角度值；子程序 6 为 Stat_AB_Photon，其作用为统计吸热管外壁上每个网格所吸收的辐射功率份额；子程序 7 为 Stat_AB_Flux，其作用为计算吸热管外壁上每个网格吸收的热流密度值，并按一定的格式输出计算结果。具体的源程序如下：

```
!***********槽式聚光器光学性能的蒙特卡罗光线追迹模拟程序**************!
!********Trough Optical Performance Simulation(TOPS)**********!
!定义用于生成[0,1)内均匀分布随机数的模块
Module Random_No_Mod
    Implicit None
    contains
    Function ran()
        implicit none
        integer, save:: flag=0
        double precision:: ran
        if(flag==0) then
            call random_seed()
            flag=1
        endif
        call random_number(ran)
    end Function ran
End Module Random_No_Mod
!******************************************************************!
Program TOPS                   !主程序开始
    use Random_No_Mod          !生成[0,1)内均匀分布随机数的模块
```

```fortran
    Implicit None
!声明常量
    real,parameter:: PI=3.14159265
!声明计算辅助参数
    real Time,Time_Begin,Time_End !计算时长
    integer(8) j                 !整型变量
!声明太阳参数
    real:: Deltasun          !太阳视半径(阳光最大不平行半角)
    real(8):: WT             !每根光线代表的功率份额:初始光线的功率份额为1.0
    real(8):: Power_per_ray     !每根光线代表的辐射功率
    real(8):: Nray           !参与追迹的光线总数
    real(8):: DNI            !阳光直射辐照度
!声明聚光镜参数
    real:: Wm,Lm,Fm          !镜宽、长、焦距
    real:: Ref_M,SigmaM !镜的反射率、形面误差的标准差
    real:: Mpoint(3,1),Point(3,1)           !光线与镜面交点坐标
    real:: Incident(3,1),Reflected(3,1)  !入、反射光线向量
!声明吸热管参数
    real:: La                !管长
    real:: Ra                !管外径
    real:: ABpoint(3,1) !光线击中管外壁的点
    real:: ABpoint_Deg !点对应的角度值,以管最低处为0°,逆时针旋转为正
    real:: Absor_AB         !吸热管外壁的吸收率
    integer ABHitorNot       !判断光线是否击中管的变量
    real(8)::StatAB_WT=0!统计管吸收的功率份额
!声明吸热管外壁的网格数组、热流密度统计数组
    integer:: Nx,Nc          !管长度方向、圆周方向网格线数
    real,allocatable:: XlineAB(:),YlineAB(:),ZlineAB(:)
                         !管网格线对应的X、Y、Z坐标
    real,allocatable:: ClineAB(:)   ! 管周向网格线的角度
    real,allocatable:: Pho_AB(:,:)  !统计管外壁网格吸收功率份额的数组

!太阳参数赋值
    Nray=1e10                !追迹的总光线数
    Deltasun=0.0075          !太阳视半径,rad
    DNI=1000                 !直射辐照度, W/m²
!聚光镜参数赋值
    Lm=4.0                   !镜长度,m
```

```
    Wm=4.39823                 !镜宽度，m
    Fm=1.09957                 !镜焦距，m
    Ref_M=1                    !镜反射率
    SigmaM=0                   !镜面形面误差的标准差，rad
!吸热管参数赋值
    Ra=0.035                   !管半径，m
    La=4.0                     !管长，m
    Absor_AB=1                 !管吸收率
    Power_per_ray=dble((Lm*Wm*DNI)/Nray) !每根光线携带的辐射功率,W
    Nx=321                     !吸热管长度方向网格线数目
    Nc=120                     !吸热管圆周方向网格线数目
!创建可分配的管网格数组
    allocate(XlineAB(Nx),YlineAB(Nc),ZlineAB(Nc),ClineAB(Nc))
!创建可分配的用于统计管外壁吸收的功率份额的数组
    allocate(Pho_AB(Nx-1,Nc))
    Pho_AB=0                   !数组归零
!调用子程序Define_AB_Grid，生成吸热管外壁的四边形网格
    Call Define_AB_Grid(Nx,Nc,La,Ra,XlineAB,YlineAB,ZlineAB,
    ClineAB)


!开始进行光线追迹
    Call Cpu_Time(Time_Begin)         !标记开始计算的时刻
    print*,'程序正在运行，请稍候...'   !输出提示语句
    Do j=1,Nray                !追迹第j条光线
        WT=1.0                 !默认初始发射的光线携带的功率份额为1.0
        if(mod(j,10**6)==0.or.j==1.or.j==Nray)then
            print'(A10,I12,A12)','正在追迹第',j,'根光线'
        endif
!调用Ray_Emission子程序，在XYZ系中计算不平行入射光线及其与镜面交点
        call Ray_Emission(Incident,Wm,Lm,Fm,Mpoint,Deltasun)
!判断入射光线是否直接击中吸热管
        Point=Mpoint           !将Mpoint的值赋值给临时变量Point
        call Hit_AB(Incident,Point,Ra,ABpoint,ABHitorNot,La)
        if(ABHitorNot==1)then  !若入射光线直接击中吸热管
            call ABpoint_to_Deg(ABpoint,ABpoint_Deg)!计算点所在角度
            goto 0001          !接着，去判断光线是否被吸收
        endif
!若入射光线没有直接击中吸热管，那么接着计算光线在镜上的反射过程
```

```
        Mpoint=Mpoint                !接着使用预存的入射光线与镜面交点
        if (ran()>Ref_M)then         !判断光线是否被镜反射
            goto 0002                !若入射光线未被反射，则放弃之
        endif
!若入射光线被反射，则继续计算光线在镜上的反射
        call Reflection_on_M(Incident,Reflected,Mpoint,Fm,SigmaM)
!接着，判断被镜反射的光线是否击中吸热管
        call Hit_AB(Reflected,Mpoint,Ra,ABpoint,ABHitorNot,La)
        if(ABHitorNot==1)then   !若反射光线击中吸热管
            call ABpoint_to_Deg(ABpoint,ABpoint_Deg)!计算点所在角度
            goto 0001                !去判断光线是否被吸收
        else
            goto 0002                !若反射光线未击中吸热管，则放弃之
        endif

!接着，统计吸热管外壁吸收的功率份额
0001    WT=WT*Absor_AB           !管外壁吸收的功率份额
        StatAB_WT=StatAB_WT+WT!管外壁吸收的总功率份额
        call Stat_AB_Photon(WT,Nx,Nc,XlineAB,ClineAB,ABpoint,
            ABpoint_Deg,Pho_AB)              !统计网格吸收功率份额
        goto 0002                   !继续追迹下一条光线
0002    continue                    !继续追迹下一条光线
    End Do                          !第 j 条光线追迹结束
    Call Cpu_Time(Time_End)         !标记结束时刻的时间
    Time=Time_End-Time_Begin   !计算光线追迹时长(秒)

!显示蒙特卡罗光线追迹计算结果
    print*,'计算时长=',Time,'秒'
    print*,'DNI=',DNI
    print*,'追迹的光线总数=',  Nray
    print*,'管吸收的光线数=',   StatAB_WT
    print*,'入射直射辐射的总功率=', Nray*Power_per_ray,'W'
    print*,'管外壁吸收的辐射功率=', StatAB_WT*Power_per_ray,'W'
    print*,'槽式聚光器的光学效率=', StatAB_WT/Nray*100, '%'
!生成输出结果所需文件
    open(4,file='Power_and_Efficiency.dat',form='formatted')
    write(4,'(A21,f20.3,A2)') '入射直射辐射的总功率=',
    Nray*Power_per_ray,'W'
```

```
      write(4,'(A21,f20.3,A2)')  '管外壁吸收的辐射功率=',
      StatAB_WT*Power_per_ray,'W'
      write(4,'(A21,f20.3,A2)')  '槽式聚光器的光学效率=',
      StatAB_WT/Nray*100, '%'
      close(4)
!调用子程序Stat_AB_Flux，输出吸热管外壁吸收的辐射热流密度分布
      call Stat_AB_Flux(Nx,Nc,La,Ra,XlineAB,YlineAB,ZlineAB,
      ClineAB,Pho_AB, Power_per_ray,DNI)
      pause                    !暂停
end program TOPS             !主程序结束
!*****************************************************!


!*******************吸热管外壁网格生成子程序*******************!
Subroutine Define_AB_Grid(Nx,Nc,La,Ra,XlineAB,YlineAB,ZlineAB,
ClineAB)
      Implicit None
      integer Nx,Nc,i,j
      real ClineAB(Nc),XlineAB(Nx),YlineAB(Nc),ZlineAB(Nc),La,Ra
      real,parameter ::PI=3.14159265
      !计算x方向网格线坐标
      Do i=1,Nx
          XlineAB(i)=(i-1)*La/(dble(Nx)-1.0)
      enddo

      Do j=1,Nc
          ClineAB(j)=(j-1)*2*PI/dble(Nc)-PI!计算圆周方向网格线的角度
          YlineAB(j)=Ra*sin(ClineAB(j))      !计算圆周方向网格线Y坐标值
          ZlineAB(j)=-Ra*cos(ClineAB(j))     !计算圆周方向网格线Z坐标值
      enddo
End Subroutine Define_AB_Grid
!*****************************************************!


!*******************不平行光线发射子程序*******************!
Subroutine Ray_Emission(Incident,Wm,Lm,Fm,Mpoint,Deltasun)
      use Random_No_Mod  !使用生成[0,1]内均匀分布随机数的模块
      real,parameter ::PI=3.14159265
      real Incident(3,1),Mpoint(3,1)  !入射向量及其与镜交点
      real Wm,Lm,Fm                   !镜宽、长、焦距
```

```fortran
    real Deltasun              !太阳视半径,rad
    real Rhosun,Thetasun       !随机光线径向、切向偏角
    !确定XYZ中光线与镜面交点的坐标Mpoint
    Mpoint(1,1)=Lm*ran()
    Mpoint(2,1)=-Wm/2.0+Wm*ran()
    Mpoint(3,1)=Mpoint(2,1)**2.0/Fm/4.0-Fm
    !计算随机入射光线的径向、切向偏角
    Rhosun=asin(((sin(Deltasun))**2.0*ran())**0.5)  !径向偏角
    Thetasun=2.0*PI*ran()        !切向偏角
    !求得XYZ中的入射向量Incident
    Incident(1,1)=Rhosun*cos(Thetasun)
    Incident(2,1)=Rhosun*sin(Thetasun)
    Incident(3,1)=-sqrt(1.0-Incident(1,1)**2.0-Incident(2,1)
    **2.0)
end Subroutine Ray_Emission
!**********************************************************!


!*******************计算光线在反射镜上的反射过程*******************!
Subroutine Reflection_on_M(Incident,Reflected,Mpoint,Fm,SigmaM)
    use Random_No_Mod  !使用生成[0,1)内均匀分布随机数的模块
    Implicit None
    real,parameter ::PI=3.14159265
    real Incident(3,1),Reflected(3,1)   !入射、反射向量
    real Mpoint(3,1)    !入射光线与镜面交点
    real Fm              !镜焦距
    real N(3,1)          !Mpoint处的法向量
    real M(3,3)          !3*3矩阵
    real Phi,Theta       !理想法向量的径向偏角、切向偏角
    real SigmaM          !镜面形面误差的标准差,rad
    real k               !理想镜面型线在Mpoint处的斜率
    real DotProduct      !点积值
    !计算局部坐标系X1Y1Z1中的理想法向量N
    Phi=2*PI*ran()       !切向偏角
    Theta=sqrt(-2*SigmaM**2*log(1-ran()))  !径向偏角
    N(1,1)=Theta*cos(Phi)   !N的X1分量
    N(2,1)=Theta*sin(Phi)   !N的Y1分量
    N(3,1)=sqrt(1.0-N(1,1)*N(1,1)-N(2,1)*N(2,1))  !N的Z1分量
    k=Mpoint(2,1)/2.0/Fm     !求理想镜面型线在Mpoint处的斜率
```

```
k=atan(k)                        !将k转换为Mpoint处型线的倾角
!将X1Y1Z1中的理想法向量N转换为XYZ中的实际法向量N
M=0                              !给坐标转换矩阵M赋值
M(1,1)=1
M(2,2)= cos(k)
M(3,2)= sin(k)
M(2,3)=-sin(k)
M(3,3)= cos(k)
N=MATMUL(M,N)                    !求得XYZ中的实际法向量N
DotProduct=Incident(1,1)*N(1,1)+Incident(2,1)*N(2,1)+
Incident(3,1)*N(3,1)     !Incident与N的点积
Reflected=-2*DotProduct*N+incident  !求得XYZ下反射的向量
end Subroutine Reflection_on_M
!***************************************************!


!******************计算光线与吸热管外壁的相交作用******************!
Subroutine Hit_AB(Reflected,Mpoint,Ra,ABpoint,ABHitorNot,La)
    Implicit None
    real Reflected(3,1),Mpoint(3,1),ABpoint(3,1)
    real Ra
    real(8) k,b                 !光线一次方程参数
    real(8) Delt                !二次函数求根公式的Δ
    real(8) y1,y2,z1,z2,x,y,z   !光线与管交点坐标值
    real La
    integer ABHitorNot
    !确定光线方程：因存在随机误差，可认为Reflected(2,1)不会为0.
    k=Reflected(3,1)/Reflected(2,1)
    b=Mpoint(3,1)-Reflected(3,1)/Reflected(2,1)*Mpoint(2,1)
    !求解直线与圆交点
    Delt=(2*k*b)**2-4*(1+k*k)*(b*b-dble(Ra)*dble(Ra)) !计算Δ值
    !若有2或1个交点，则计算之
    if(Delt>=0)then
        y1=(-2*k*b+sqrt(Delt))/2.0/(1+k**2)
        y2=(-2*k*b-sqrt(Delt))/2.0/(1+k**2)
        z1=k*y1+b
        z2=k*y2+b
        if(Reflected(3,1)<0)then
            if(z1>z2)then
```

```
            z=z1
            y=y1
        else
            z=z2
            y=y2
        endif
    elseif (Reflected(3,1)>0)then
        if(z1<z2)then
            z=z1
            y=y1
        else
            z=z2
            y=y2
        endif
    elseif(Reflected(3,1)==0)then
        if(Reflected(2,1)>0)then
            if(y1<y2)then
                y=y1
                z=z1
            else
                y=y2
                z=z2
            endif
        elseif(Reflected(2,1)<0)then
            if(y1>y2)then
                y=y1
                z=z1
            else
                y=y2
                z=z2
            endif
        else
            print*,'Error in Hit_AB' !输出错误提示
            pause
        endif
    endif
endif

!求得光线交点在XYZ中的X坐标
```

```
    x=Mpoint(1,1)+(y-Mpoint(2,1))*Reflected(1,1)/Reflected(
    2,1)
    if(x>=0.and.x<=La)then        !说明交点位于吸热管范围内
        ABHitorNot=1              !将用于标记击中与否的变量赋值为1
    else                          !说明交点位于吸热管范围外
        ABHitorNot=0              !将用于标记击中与否的变量赋值为0
    endif
    !求得光线与吸热管交点的坐标ABpoint
    ABpoint(1,1)=x
    ABpoint(2,1)=y
    ABpoint(3,1)=z
  else                            !说明光线未击中吸热管
    ABHitorNot=0                  !将用于标记击中与否的变量赋值为0
  endif
End Subroutine
!***********************************************************!


!************计算吸热管外壁上的点在圆周方向对应的角度值************!
Subroutine ABpoint_to_Deg(ABpoint,ABpoint_Deg)
    Implicit None
    real ABpoint(3,1)             !光线击中管的点
    real ABpoint_Deg              !光线击中管点对应的周向角度
    real Ra                       !吸热管外半径
    real,parameter ::PI=3.14159265
    !计算ABpoint对应的周向角度
    Ra=sqrt(ABpoint(2,1)**2.0+ABpoint(3,1)**2.0)!吸热管外半径
    if(ABpoint(2,1)>=0)then
        ABpoint_Deg=acos(-ABpoint(3,1)/Ra)
    elseif(ABpoint(2,1)<0)then
        ABpoint_Deg=-acos(-ABpoint(3,1)/Ra)
    endif
End Subroutine ABpoint_to_Deg
!***********************************************************!


!************统计吸热管外壁上每个网格所吸收的辐射功率份额************!
Subroutine Stat_AB_Photon(WT,Nx,Nc,XlineAB,ClineAB,ABpoint,
ABpoint_deg,Pho_AB)
    Implicit None
```

```fortran
    integer i,j
    integer Nx,Nc
    real(8) WT
    real XlineAB(Nx),ClineAB(Nc),ABpoint(3,1),ABpoint_deg
    real Pho_AB(Nx-1,Nc)
    real,parameter ::PI=3.14159265
    !判断交点是否在X方向上的某两根网格线间
    Do i=1,Nx-1
        if (ABpoint(1,1)>=XlineAB(i).and.ABpoint(1,1)
            <XlineAB(i+1)) then
            Goto 1000
        endif
    enddo
    if (i==Nx) then
        Goto 3000
    endif
1000 continue
    !判断交点是否在圆周方向上的某两根网格线间
    Do j=1,Nc-1
        if (ABpoint_deg>=ClineAB(j).and.ABpoint_deg
            <ClineAB(j+1)) then
            Goto 2000
        endif
    enddo
    if(ABpoint_deg>=ClineAB(Nc).and.ABpoint_deg<2*PI) then
                                    !在第Nc、1根网格线之间
        j=Nc
    endif
2000Pho_AB(i,j)=Pho_AB(i,j)+WT      !相应(i,j)网格光线数+WT
3000continue
end Subroutine Stat_AB_Photon
!*************************************************************!

!*****计算吸热管外壁上每个网格的热流密度，并按一定的格式输出计算结果*****!
Subroutine Stat_AB_Flux(Nx,Nc,La,Ra,XlineAB,YlineAB,ZlineAB,
ClineAB,Pho_AB, Power_per_ray,DNI)
    Implicit None
    real,parameter ::PI=3.14159265
```

```
integer i,j
integer Nx,Nc
real ClineAB(Nc),XlineAB(Nx),YlineAB(Nc),ZlineAB(Nc)
real Pho_AB(Nx-1,Nc),La,Ra
real(8) DNI                          !阳光直射辐照度,W·m^2
real(8) Power_per_ray
real(8) Dx,Drad,Dc,Ds
integer P1,P2,P3,P4                  !每个网格的4个顶点的临时编号
real Theta
real Temp

!打开文件，用于输出吸热管外壁的局部聚光比LCR
open(1,file='Absorber_Local_Concentration_Ratio.csv',form='
formatted')
!打开文件，用于按照Tecplot 360软件格式输出吸热管外壁的热流密度
open(2,file='Absorber_Flux_Tecplot.dat',form='formatted')
!打开文件，用于按照ANSYS FLUENT软件中的Profile的格式要求，输出管外壁
每个网格在10^-6m的厚度内沿厚度方向均匀分布的热源值
open(3,file='Absorber_Source_Fluent_Profile.csv',form='form
atted')

!接着，计算网格的几何参数
Drad=(ClineAB(2)-ClineAB(1))/2.0     !周向相邻网格的弧度间隔
Dx=La/(dble(Nx-1))/2.0               !X方向的网格宽度
Dc=(ClineAB(2)-ClineAB(1))*Ra/2.0    !每个网格的圆弧半长度
Ds=Dx*Dc*4.0                         !每个网格弧面的面积

!接着，输出吸热管外壁每个网格处的局部聚光比LCR
write(1,'(A20,A20,A10)') '网格中心X坐标/m,','网格中心角度
/°,','LCR,'
Do i=1,Nx-1
   Do j=1,Nc
      Pho_AB(i,j)=Pho_AB(i,j)*Power_per_ray/Ds
      write(1,'(f14.8,A1)',advance='no') XlineAB(i)+Dx,','
      write(1,'(f14.8,A1)',advance='no')
(ClineAB(j)+Drad)*180.0/PI,','
      write(1,'(ES24.12,A1)') Pho_AB(i,j)/DNI,','   !输出LCR
   enddo
```

```
    endDo
```

!接着，按照ANSYS FLUENT软件中的Profile的格式要求，输出管外壁每个网格
在10^-6m的厚度内沿厚度方向均匀分布的热源值

```
    write(3,'(A10)')  '[Name],,,'
    write(3,'(A11)')  'Absorber,,,'
    write(3,'(A3)' )  ',,,'
    write(3,'(A9)' )  '[Data],,,'
    write(3,'(A20)')  'x,y,z,Source'
    Do i=1,Nx-1
        Do j=1,Nc
            write(3,'(f14.6,A1)',advance='no')  XlineAB(i)+Dx, ','
            if(j<Nc)then
                Temp=j+1
            else
                Temp=1
            endif
            write(3,'(f14.6,A1)',advance='no')
(-sin(ClineAB(j))-sin(ClineAB(Temp)))*Ra/2.0 , ','
            write(3,'(f14.6,A1)',advance='no')
(cos(ClineAB(j))+cos(ClineAB(Temp)))*Ra/2.0, ','
            write(3,'(ES24.12)') Pho_AB(i,j)/1.0e-6 !输出热源值
        enddo
    endDo
```

!接着，按照Tecplot 360软件格式输出吸热管外壁的热流密度

```
    write(2,*) 'TITLE = "Absorber_Outer_Wall_Flux_Tecplot"'
    write(2,*) 'VARIABLES  = X, Y, Z, q/Wm^2'
    write(2,*) 'ZONE T="Absorber Flux Density"'
    write(2,'(A5,I8,2X,A5,I8,A30)') ' N=',Nx*Nc,',E=',(Nx-1)*Nc,',
ET=QUADRILATERAL, F=FEBLOCK'
    write(2,*) 'VARLOCATION=([1,2,3]=NODAL,[4]=CELLCENTERED)'
    write(2,*) 'DT=(SINGLE SINGLE SINGLE SINGLE)'
    !输出每个网格顶点的X、Y、Z坐标值以及热流密度值
    Do i=1,Nc
        Do j=1,Nx
            write(2,'(f14.4)') XlineAB(j)    !输出X坐标值
        enddo
```

```
        enddo
    Do i=1,Nc
        Do j=1,Nx
            write(2,'(f14.4)') YlineAB(i)      !输出Y坐标值
        enddo
    enddo
    Do i=1,Nc
        Do j=1,Nx
            write(2,'(f14.4)') ZlineAB(i)      !输出Z坐标值
        enddo
    enddo
    Do i=1,Nc
        Do j=1,Nx-1
            write(2,'(ES24.12)') Pho_AB(j,i)!输出热流密度
        enddo
    enddo
    !输出(Nx-1)*Nc个网格的4个顶点的序号
    Do i=1,Nc
        Do j=1,Nx-1
            P1=j+(i-1)*Nx
            P2=j+(i-1)*Nx+Nx
            P3=j+(i-1)*Nx+Nx+1
            P4=j+(i-1)*Nx+1
            if(i==Nc)then
                P2=j
                P3=j+1
            endif
            write(2,'(4I8)') P1,P2,P3,P4        !输出网格顶点序号
        enddo
    enddo
    !关闭文件1-3
    close(1)
    close(2)
    close(3)
end Subroutine Stat_AB_Flux
!*****************************************************************!
```

B.3　MCRT 程序 TOPS 的模拟结果

TOPS 程序在完成模拟后，会生成四个存有结果的文件。具体而言：

文件 1，Power_and_Efficiency.dat 给出了入射到聚光器上的直射辐射的总功率、管外壁吸收的辐射功率以及槽式聚光器的光学效率。在本算例中，上述三个参数的值分别为 17592.92 W、17573.12 W 和 99.89%。

文件 2，Absorber_Flux_Tecplot.dat 是按照 Tecplot 360 软件的格式要求输出的管外壁热流密度(q_1)分布的数据。采用 Tecplot 360 软件，打开文件 2 后可获得如图 B.2 所示的热流密度分布图。由图 B.2 可见，吸热管外壁上的热流密度分布在圆周方向具有极大的非均匀性，而在轴向上则基本保持不变。

文件 3，Absorber_Local_Concentration_Ratio.csv 给出了管外壁每个矩形网格的局部聚光比值，同时还给出了每个矩形网格中心的 X 坐标值和在圆周方向上的角度值。

文件 4，Absorber_Source_Fluent_Profile.csv 按照 ANSYS FLUENT 软件中的 Profile 的格式要求，输出了管外壁每个网格在 10^{-6} m 的厚度内、沿厚度方向均匀分布的热源值。

为了说明 TOPS 对槽式聚光器光学性能模拟结果的准确性，图 B.3 对比了 TOPS 模拟获得的吸热管外壁典型的周向局部聚光比分布以及 Jeter[1]采用数值积分方法获得的结果。从图 B.3 可以看出，TOPS 的模拟结果与 Jeter 的结果符合得很好，两条曲线几乎重叠，因而可认为本附录所介绍的 TOPS 程序是可靠的。

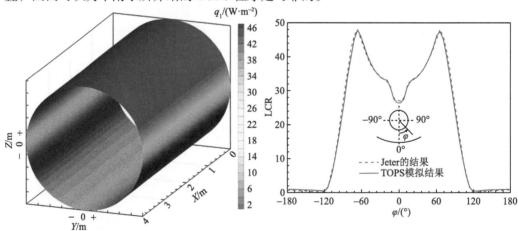

图 B.2　TOPS 模拟获得的吸热管外壁热流　　　图 B.3　TOPS 模拟获得的局部聚光比与 Jeter 的
　　　　　密度分布　　　　　　　　　　　　　　　　　　　　结果[1]的对比

B.4　MCRT-FVM 耦合处理

在尽可能接近真实的非均匀能量分布条件下来研究太阳能吸热器中的光热转换过

程，对于分析吸热器传热特性、发现系统缺陷和改进系统结构等都有十分重要的意义。鉴于此，在采用 B.2 节所述的 MCRT 程序 TOPS，获得 B.3 节所述的吸热管外壁上的热流密度分布之后，需要采用 MCRT-FVM 耦合处理方法，将其准确无误地传递到用于模拟吸热管内的流动传热过程的有限容积法(FVM)模型中。4.1.2 节已经详细介绍了在 MCRT 和 FVM 之间进行准确数据传递的一般方法。对本算例而言，可采用如下步骤进行数据传递。

首先，在 B.2 节中，MCRT 程序 TOPS 在吸热管外壁上划分出了规则的矩形网格用于计算管外壁吸收的热流密度。而在 B.3 节中，TOPS 在完成模拟之后，已按照 ANSYS FLUENT 软件中的 Profile 的格式要求，输出了管外壁每个矩形网格在 10^{-6} m 的厚度内、沿厚度方向均匀分布的热源值，并存储在文件 4，即 Absorber_Source_Fluent_Profile.csv 中。

接着，采用 ANSYS FLUENT 软件建立吸热管的流动传热 FVM 模型。在建立 FVM 模型的过程中，需采用 ICEM CFD、GAMBIT 等商用软件在吸热管外壁上划分出与 TOPS 中一致的矩形网格。

最后，在 FVM 模型中将文件 4 以 Profile 的形式读入 ANSYS FLUENT，并将其作为能量方程的源项施加到吸热管外壁网格的 10^{-6} m 的薄层内，从而将吸热管外壁网格上的热流密度分布，由 MCRT 传递到 FVM。

基于上述方法，最终可实现 MCRT-FVM 耦合模型的两部分(MCRT 部分与 FVM 部分)网格之间的数据传递。

参 考 文 献

[1] Jeter M S. Calculation of the concentrated flux density distribution in parabolic trough collectors by a semifinite formulation[J]. Solar Energy, 1986, 37(5): 335-345.

附录C　壳管式储热器内二维固-液相变过程仿真子程序

C.1　物理问题描述

　　壳管式相变储热器是工程中常用的相变储热装置，壳体内包含多个传热管路，传热流体在传热管路内流动，壳侧填充相变储热材料，如图 C.1(a)所示。考虑到结构的对称性，为了简化计算，数值仿真时通常选择其中一个传热管和管外的相变材料构成的储热单元作为研究对象，如图 C.1(b)所示。储热单元为由内传热管和虚拟外管构成的同心套管结构，传热流体在内传热管内流动，通过内管壁与相变材料交换热量，实现储热和放热功能；外表面(虚拟的外管表面)由于对称性，按对称边界处理。

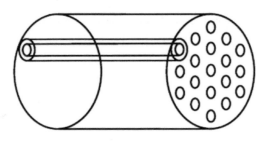

(a) 壳管式相变储热器

(b) 单个相变储热单元示意图

图 C.1　简化的壳管式相变储热器物理模型

　　从选取的研究对象可以看出，完整的相变储热模型，是一个三维柱坐标模型。但是，三维模型结构复杂，计算工作量大，在实际工程应用中多有不便。当液态相变材料的自然对流对相变储热过程的总体影响较小，或不存在自然对流时，或者通过采用考虑自然对流的有效导热系数代替液态相变材料的实际导热系数时,可以把该三维模型简化为二维轴对称模型。二维模型即接近真实的物理模型,具有较高的计算精度;同时又有模型简单、计算效率高的优点,具有很好的工程应用及科研应用价值。

这里将以二维模型为例,介绍作者团队基于数值传热的 SIMPLE 主程序,所开发的二维固-液相变储热过程的数值仿真子程序。

C.2 源程序及变量说明

计算程序基于 SIMPLE 算法,具体实施方法及主程序可参见陶文铨院士《数值传热学》教材、课件及网页,这里不做详细说明。本部分仅给出作者自己编写的用户子程序代码,供感兴趣的读者参考,编程语言采用 FORTRAN 语言。数值仿真子程序中的主要变量说明,如表 C.1 所示。

表 C.1 二维固-液相变过程数值仿真子程序的主要变量表

变量名	变量说明
CA(I),CB(I)	传热流体控制方程中的系数
CONDF	传热流体导热系数/$(W \cdot m^{-1} \cdot K^{-1})$
CONDP	相变材料导热系数/$(W \cdot m^{-1} \cdot K^{-1})$
CPF	传热流体比热/$(J \cdot kg^{-1} \cdot K^{-1})$
CPP	相变材料比热/$(J \cdot kg^{-1} \cdot K^{-1})$
DT	时间步长/s
F(I,J,8)	上一时层控制节点上相变材料的温度/K
F(I,J,9)	上一时层控制节点上相变材料的熔化分数(0~1)
FOL(I,J)	控制节点上相变材料的熔化分数(0~1)
HLS	相变材料相变潜热/$(J \cdot kg^{-1})$
HO(I)	传热流体的对流传热系数/$(W \cdot m^{-2} \cdot K^{-1})$
LAST	程序计算总时间设置/s
L1	轴向计算节点数
M1	径向计算节点数
PRF	传热流体普朗特数
QMF	传热流体的质量流量/$(kg \cdot s^{-1})$
QL	潜热储热量/J
QS	显热储热量/J
QTES	总储热量/J
REF(I)	传热流体的雷诺数

续表

变量名	变量说明
RHOF	传热流体密度/(kg·m^{-3})
RHOP	相变材料密度/(kg·m^{-3})
RI	计算单元内径/m
RO	计算单元外径/m
T0	初始温度/K
TM	相变材料熔点/K
TTFIN	传热流体的进口温度/K
T(I,J)	控制节点上相变材料温度/K
TF(I)	控制节点上传热流体温度/K
TFO(I)	上一时层控制节点上传热流体温度/K
TFU(I)	控制容积界面上传热流体温度/K
UFIN	传热流体入口流速/(m·s^{-1})
XL	计算区域 x 方向(轴向)长度/m
YL	计算区域 y 方向(径向)长度/m
&	续行标志符
*	注释行标志符

　　该仿真子程序包括：网格生成模块、初始化模块、物性更新模块、边界设置模块、结果输出模块、源项设置模块、非稳态参数存储模块及熔化分数更新模块，共计 8 个模块，具体源程序如下：

```
****************************************************************
      SUBROUTINE USER
      PARAMETER(NI=202,NJ=202,NIJ=NI,NFMAX=10,NFX3=NFMAX+3)
****************************************************************
      DOUBLE PRECISION TITLE
      LOGICAL LSOLVE,LPRINT,LBLK,LSTOP
      COMMON F(NI,NJ,NFMAX),P(NI,NJ),RHO(NI,NJ),GAM(NI,NJ),
     & CON(NI,NJ),AIP(NI,NJ),AIM(NI,NJ),AJP(NI,NJ),AJM(NI,NJ),
     & AP(NI,NJ),X(NI),XU(NI),XDIF(NI),XCV(NI),XCVS(NI),
     & Y(NJ),YV(NJ),YDIF(NJ),YCV(NJ),YCVS(NJ),YCVR(NJ),
     & YCVRS(NJ),ARX(NJ),ARXJ(NJ),ARXJP(NJ), R(NJ),RMN(NJ),
     & SX(NJ),SXMN(NJ),XCVI(NI),XCVIP(NI),AP0(NI,NJ)
      COMMON DU(NI,NJ),DV(NI,NJ),FV(NI),FVP(NI),
     & FX(NI),FXM(NI),FY(NJ),FYM(NJ),PT(NIJ),QT(NIJ)
      COMMON/INDX/NF,NP,NRHO,NGAM,L1,L2,L3,M1,M2,M3,
```

```
      & IST,JST,ITER,LAST,TITLE(NFX3),RELAX(NFX3),TIME,DT,XL,YL,
      & IPREF,JPREF,LSOLVE(NFX3),LPRINT(NFX3),LBLK(NFX3),MODE,
      & NTIMES(NFX3),RHOCON
        COMMON/CNTL/LSTOP,LTSTOP
        COMMON/SORC/SMAX,SSUM
        COMMON/COEF/FLOW,DIFF,ACOF
        COMMON/TT/TIME1,DT1,IR
        COMMON/MM/RHOT(NI,NJ)
        COMMON/TREF/TREF
        COMMON TF(NI)
        DIMENSION U(NI,NJ),V(NI,NJ),PC(NI,NJ)
        EQUIVALENCE (F(1,1,1),U(1,1)),(F(1,1,2),V(1,1)),
      & (F(1,1,3),PC(1,1))
        DIMENSION TH(NI),THU(NI),THDIF(NI),THCV(NI),THCVS(NI)
        EQUIVALENCE(X,TH),(XU,THU),(XDIF,THDIF),(XCV,THCV),
      & (XCVS,THCVS),(XL,THL)
********************************************************************
*************** LHS PROGRAM (ENTHALPY METHOD) *****************
********************************************************************
        DIMENSION T(NI,NJ),CONDPS(NI,NJ),CONDPL(NI,NJ),TFO(NI),
      & RHOP(NI,NJ),CONDP(NI,NJ),RHOF(NI),AMUF(NI),CONDF(NI),
      & ENTH(NI,NJ),FOLK(NI,NJ),DAT(NI),PRF(NI),UF(NI),REF(NI),
      & XNUF(NI),HO(NI),CA(NI),CB(NI),CPF(NI),TFU(NI),XF(NI),
      & XDP(NI)
        DOUBLE PRECISION  FOL(NI,NJ),RA(NI),FF,EFF
        EQUIVALENCE (F(1,1,4),T(1,1))
********************************************几何参数设置及网格生成模块
        ENTRY GRID
        LAST=1.0E+8              ! 设置程序总运行时间
        DO 20 I=1,5
        LSOLVE(I)=.FALSE.        ! 设置主程序不需求解变量
   20 LPRINT(I)=.FALSE.
        LSOLVE(4)=.TRUE.         ! 设置主程序需求解变量
        RELAX(4)=0.6             ! 设置松弛因子
        MODE=2                   ! 设置模型为轴对称模型
        XL=1.5                   ! 轴向长度
        RI=12.5E-3               ! 内径
```

```
        RO=25.0E-3                    ! 外径
        R(1)=RI                       ! 径向第一个节点位置
        DI=2*RI
        YL=RO-RI                      ! 径向计算单元尺寸
        L1=52                         ! 轴向计算节点数量
        M1=22                         ! 径向计算节点数量
        DT1=5.0                       ! 时间步长
        DT=DT1
        PI=3.1415926                  ! 圆周率
        CALL UGRID
        RETURN
**************************************物性及工况参数初始化设置模块
        ENTRY START
********设置各统计量的初始值为 0
        QTES1=0.0                     ! 总储热量初始值
        QTES2=0.0                     ! 总储热量初始值
        QTES3=0.0                     ! 总储热量初始值
        QTES4=0.0                     ! 总储热量初始值
        QS=0.0                        ! 显热储热量初始值
        QL=0.0                        ! 相变储热量初始值
********确定相变材料的初始物性参数
        TM=767+273.15                 ! 相变温度
        T0=550+273.15                 ! 初始温度
        T0=T0-TM                      ! 初始温度与相变温度的差值
        RHOP0=2390                    ! 相变材料密度
        WEIGHT=RHOP0*PI*(RO**2-RI**2)*XL   ! 相变材料总质量
        CPP0=1770                     ! 相变材料比热容
        CONDPS0=3.8                   ! 相变材料固体导热系数
        CONDPL0=3.8                   ! 相变材料液体导热系数
        HLS=816000                    ! 相变材料的相变潜热
********确定传热流体的初始物性参数
        TTFIN=817+273.15              ! 传热流体入口温度
```

```fortran
      TFIN=TTFIN-TM              ! 传热流体入口温度减相变温度
      UFIN=15                    ! 传热流体入口流速
      QMF=RHOF0*UFIN*PI*RI**2    ! 传热流体质量流量
      RHOF0=1.862                ! 传热流体密度
      CPF0=502.2                 ! 传热流体比热容
      CONDF0=0.133               ! 传热流体导热系数
      AMUF0=5.982E-5             ! 传热流体黏度
      PRF0=AMUF0*CPF0/CONDF0      ! 传热流体普朗特数
      QIDEA=(WEIGHT*HLS+WEIGHT*CPP0*(TFIN-T0))  ! 理论最大储热量
      DO I=1,L1
      TF(I)=T0                   ! 设置传热流体节点上的初始温度
      TFU(I)=T0                  ! 设置传热流体界面上的初始温度
      ENDDO
      DO 100 J=1,M1
      DO 100 I=1,L1
      T(I,J)=T0                  ! 设置相变材料的初始温度
      FOL(I,J)=0.                ! 设置相变材料的初始熔化分数
      RHOP(I,J)=RHOP0            ! 设置相变材料的初始密度
  100 CONTINUE
      DO J=1,M1
      DO I=1,L1
      F(I,J,8)=T(I,J)            ! 存储当前时层相变材料温度
      F(I,J,9)=FOL(I,J)          ! 存储当前时层相变材料熔化分数
      RHOT(I,J)=RHOP(I,J)        ! 存储当前时层相变材料密度
      ENDDO
      ENDDO
      DO I=1,L1
      TFO(I)=TF(I)               ! 存储当前时层传热流体温度
      ENDDO
      DO I=1,L1
      IF(X(I).LE.0.51.AND.X(I+1).GE.0.51) II1=I    ! 设置监控点
      IF(X(I).LE.0.95.AND.X(I+1).GE.0.95) II2=I    ! 设置监控点
      ENDDO
      DO J=1,M2
```

```
        IF(Y(J).LE.0.002.AND.Y(J+1).GE.0.002) JJ1=J ! 设置监控点
        IF(Y(J).LE.0.001.AND.Y(J+1).GE.0.001) JJ2=J ! 设置监控点
        ENDDO
        RETURN
*********************************************物性及系数更新模块
        ENTRY DENSE
****确定相变材料的物性参数(考虑变物性的影响,需修改此模块,否则直接赋初始值)
        DO J=1,M1
        DO I=1,L1
        RHOP(I,J)=RHOP0          ! 相变材料密度等于初始密度
        CPP=CPP0                 ! 相变材料比热容等于初始比热容
        CONDPL(I,J)=CONDPL0      ! 液体导热系数等于初始导热系数
        CONDPS(I,J)=CONDPS0      ! 固体导热系数等于初始导热系数
        RHO(I,J)=RHOP(I,J)       ! 密度等于初始密度
        ENDDO
        ENDDO
        ZDP=0
****确定传热流体的物性参数(考虑变物性的影响,需修改此模块,否则直接赋初始值)
        DO I=1,L1
        CPF(I)=CPF0              ! 传热流体比热容等于初始比热容
        CONDF(I)=CONDF0          ! 导热系数等于初始导热系数
        RHOF(I)=RHOF0            ! 密度等于初始密度
        AMUF(I)=AMUF0            ! 黏度等于初始黏度
        PRF(I)=PRF0              ! 普朗特数等于初始普朗特数
********计算相关系数
        UF(I)=QMF/(PI*RI**2)/RHOF(I)     ! 传热流体界面上的流速
        REF(I)=RHOF(I)*UF(I)*DI/AMUF(I)  ! 传热流体的雷诺数
        XA=PI*RI**2             ! 传热管的横截面积
        XPL=PI*2*RI             ! 传热管的周长
        XNUF(I)=0.022*REF(I)**0.8*PRF(I)**0.6   ! 传热流体的努塞尔数
        XF(I)=0.079*REF(I)**(-0.25)             ! 传热流体的阻力系数
        XDP(I)=2*XF(I)*RHOF(I)*UF(I)**2*XCV(I)/DI  ! 单元内的压降
        ZDP=ZDP+XDP(I)                          ! 总压降
```

```
        HO(I)=XNUF(I)*CONDF(I)/DI              ! 传热流体对流传热系数

        CA(I)=HO(I)*XPL/(RHOF(I)*CPF(I)*XA)  ! 控制方程中的常数 A

        CB(I)=QMF/(RHOF(I)*XA)                ! 控制方程中的常数 B

        ENDDO
        RETURN
```

**边界条件设置模块

```
        ENTRY BOUND
        TF(1)=TFIN                      ! 传热流体入口节点温度边界

        TFU(1)=TF(1)                    ! 入口处界面温度等于节点温度

        DO I=2,L2
        TFU(I)=(2*CA(I)*T(I,1)+2*TFO(I)/DT1+
     &  (2*CB(I)/XCV(I)-1/DT1-CA(I))*TFU(I-1))/
     &  (CA(I)+1/DT1+2*CB(I)/XCV(I))    ! 计算各界面上的流体温度

        ENDDO
        TF(L1)=TFU(L2)                  ! 传热流体出口边界的温度

        DO I=2,L2
        TF(I)=(TFU(I)+TFU(I-1))/2       ! 计算各节点上传热流体温度

        ENDDO
        DO J=1,M1
        T(1,J)=T(2,J)                   ! 相变材料在入口区的边界条件

        T(L1,J)=T(L2,J)                 ! 相变材料在出口区的边界条件

        ENDDO
```

********据熔化分数设置导热系数

```
        DO I=1,L1
        DO J=1,M2
        IF(FOL(I,J).GE.1.0.AND.FOL(I,J+1).LT.1.0)
        DAT(I)=RMN(J+1)-R(1)    ! 界面位置
        IF(FOL(I,J).LE.0) CONDP(I,J)=CONDPS(I,J)
        IF(FOL(I,J).GT.0.AND.FOL(I,J).LT.1.0)
     &  CONDP(I,J)=CONDPL(I,J)*FOL(I,J)+CONDPS(I,J)*(1-FOL(I,J))
        IF(FOL(I,J).GE.1.0) CONDP(I,J)=CONDPL(I,J)
        ENDDO
        ENDDO
        DO I=1,L1
        T(I,1)=(CONDP(I,2)*T(I,2)+HO(I)*YDIF(2)*TF(I))
     &  /(CONDP(I,2)+HO(I)*YDIF(2))    ! 相变材料在内管表面的边界条件
```

```fortran
        T(I,M1)=T(I,M2)                         ! 相变材料在外表面的边界条件
        ENDDO
        RETURN
*******************************************参数计算及结果输出模块
        ENTRY OUTPUT
        IF(ITER.EQ.0)  THEN
        WRITE(8,401)
401 FORMAT(1X,'   ITER',7X,'EPS',7X,'FOL(25,5)',7X,
    & 'T(25,5)',7X,'T(50,15)',7X,'TF(L1)')
        ENDIF
403  FORMAT(1X,I6,1P5E14.3)
        Q1=0.                                   ! 设置统计初始值为 0
        Q2=0.
        Q3=0.
        Q4=0.
        Q1=QMF*CPF0*(TF(1)-TF(L1))*DT1          ! 传热流体当前时层的放热量
        DO I=2,L2
        DO J=2,M2
        Q2=Q2+2*PI*(CPP*(T(I,J)-F(I,J,8))
    & +HLS*(FOL(I,J)-F(I,J,9)))
    & *RHOP(I,J)*XCV(I)*YCVR(J)                 ! 相变材料当前时层的储热量
        ENDDO
        ENDDO
        DO I=2,L2
        Q3=Q3+RHOF(I)*CPF(I)*PI*RI**2
    & *(TF(I)-TFO(I))*XCV(I)                     ! 传热流体当前时层储热量
        Q4=Q4+2*PI*RI*XCV(I)*HO(I)*(TF(I)-T(I,1))*DT1 ! 传热量
        ENDDO
        IF(ITER.NE.0) EPS=(Q1-Q3-Q4)/(Q1+1.0E-30)! 当前时层能量偏差
        IF(ABS(EPS).LE.5.0E-5) THEN              ! 时间步内的收敛条件
        LSTOP=.TRUE.
        ENDIF
********计算结果输出
        IF(ITER/1000*1000.EQ.ITER)  THEN
        WRITE(*,401)
        WRITE(*,403) ITER,EPS,FOL(25,5),T(25,5),T(50,15),
    & TF(L1)+TM-273.15
```

```
          ENDIF
********计算各环节总热量
          IF(LSTOP)  THEN
          QTES4=QTES4+Q4              ! 通过壁面的总传热量
          QTES2=QTES2+Q2              ! 相变材料的总储热量
          QTES1=QTES1+Q1              ! 传热流体总放热量
          EFF=QTES2/QIDEA            ! 储热效率
          IF(ABS(1-EFF).LE.1.0E-4)    LTSTOP=.TRUE.! 程序结束条件
          DO I=2,L2
          DO J=2,M2
          QS=QS+2*PI*RHOP(I,J)*YCVR(J)*XCV(I)
     &    *CPP*(T(I,J)-T0)          ! 统计显热储热量
          QL=QL+2*PI*RHOP(I,J)*YCVR(J)*XCV(I)
     &    *HLS*FOL(I,J)             ! 统计相变储热量
          ENDDO
          ENDDO
          FF=0.
          DO I=2,L2
          DO J=2,M2
          FF=FF+FOL(I,J)            ! 各单元相变材料熔化分数累加
          ENDDO
          ENDDO
          FF=FF/((L1-2)*(M1-2))  ! 计算平均熔化分数
********输出熔化分数为 0.25 时的温度和熔化分数分布
          IF(ABS(FF-0.25).LE.1.0E-3) THEN
          OPEN (102,FILE='T25.DAT')
          WRITE(102,*)'"VARIABLES" "X" "Y" "T"'
          WRITE(102,*)'ZONE I=',L1,'J=',M1,'F=POINT'
          DO  J=1,M1
          DO  I=1,L1
          WRITE(102,67) X(I),R(J)*10,F(I,J,4)+TM-273.15,FOL(I,J)
          ENDDO
          ENDDO
          CLOSE(102)
          ENDIF
********输出熔化分数为 0.5 时的温度和熔化分数分布
```

```
IF(ABS(FF-0.5).LE.1.0E-3) THEN
OPEN (103,FILE='T50.DAT')
WRITE(103,*)'"VARIABLES" "X" "Y" "T"'
WRITE(103,*)'ZONE I=',L1,'J=',M1,'F=POINT'
DO  J=1,M1
DO  I=1,L1
WRITE(103,67) X(I),R(J)*10,F(I,J,4)+TM-273.15,FOL(I,J)
ENDDO
ENDDO
CLOSE(103)
ENDIF
```

********输出熔化分数为 0.75 时的温度和熔化分数分布

```
IF(ABS(FF-0.75).LE.1.0E-3) THEN
OPEN (104,FILE='T75.DAT')
WRITE(104,*)'"VARIABLES" "X" "Y" "T"'
WRITE(104,*)'ZONE I=',L1,'J=',M1,'F=POINT'
DO  J=1,M1
DO  I=1,L1
WRITE(104,67) X(I),R(J)*10,F(I,J,4)+TM-273.15,FOL(I,J)
ENDDO
ENDDO
CLOSE(104)
ENDIF
```

********输出开始熔化时的温度和熔化分数分布

```
IF(ABS(FF-0.01).LE.1.0E-3) THEN
OPEN (105,FILE='T01.DAT')
WRITE(105,*)'"VARIABLES" "X" "Y" "T"'
WRITE(105,*)'ZONE I=',L1,'J=',M1,'F=POINT'
DO  J=1,M1
DO  I=1,L1
WRITE(105,67) X(I),R(J)*10,F(I,J,4)+TM-273.15,FOL(I,J)
ENDDO
ENDDO
CLOSE(105)
ENDIF
```

********设置总体参数输出

```
IF(IR.NE.1.ANC.(IR-1)/60*60.EQ.(IR-1).OR.LTSTOP) THEN
OPEN(10,FILE='T.DAT')
WRITE(10,*)'"VARIABLES" "X" "Y" "T"'
```

```
      WRITE(10,*)'ZONE I=',L1,'J=',M1,'F=POINT'
      OPEN(101,FILE='TF.DAT')
      WRITE(101,*)'"VARIABLES" "X"  "TF"'
      WRITE(101,*)'ZONE I=',L1,'F=POINT'
      DO I=1,L1
      WRITE(101,*) X(I),TF(I)            ！输出传热流体的温度
      ENDDO
      DO 90 J=1,M1
      DO 90 I=1,L1
      WRITE(10,67) X(I),R(J),
    & F(I,J,4)+TM-273.15,FOL(I,J)  ！输出相变材料温度和熔化分数
  90  CONTINUE
  67  FORMAT(1X,1P4E14.3)
      WRITE(9,402) TIME/60,F(II1,JJ1,4)+TM-273.15,
    & F(II2,JJ2,4)+TM-273.15, F(II1,JJ1+1,4)+TM-273.15,
    & F(II2,JJ2+1,4)+TM-273.15        ！输出监控点温度
 402  FORMAT(1X,1P5E14.3)
      CLOSE(10)
      CLOSE(101)
      ENDIF
      IF(IR.NE.1.AND.(IR-1)/60*60.EQ.(IR-1).OR.LTSTOP) THEN
      WRITE(15,405) TIME/60,QTES1,QTES2,QTES4,QS,QL ！输出储热量
 405  FORMAT(1X,1P6E14.3)
      WRITE(11,*) TIME/60
      DO I=2,L2
      IF(I.EQ.2.OR.DAT(I).EQ.YL.OR.DAT(I).GT.DAT(I+1)
    & .OR.DAT(I).EQ.0.OR.I.EQ.M2)
    & WRITE(11,*) X(I),DAT(I)          ！输出固-液界面位置
      ENDDO
      WRITE(12,404) TIME/60,FF,TF(L1)+TM-273.15,EFF,Q1/DT1,
    & Q2/DT1,Q3/DT1,Q4/DT1 ！输出时间、熔化分数、出口温度、效率及速率
 404  FORMAT(1X,1P8E14.3)
      OPEN (1002,FILE='HF.DAT')
      WRITE(1002,*) HO(1), ZDP          ！输出传热流体的传热系数及压降
      CLOSE(1002)
      ENDIF
      ENDIF
      RETURN
```

***************************************控制方程中的系数及源项设置模块

```
      ENTRY GAMSOR
      IF(NF.EQ.4) THEN
      DO I=1,L1
      DO J=1,M1
      GAM(I,J)=CONDP(I,J)/CPP          ! 导热系数/比热容
      IF(J.EQ.M1) GAM(I,J)=1.0E-20 ! 对称边界设置
      CON(I,J)=RHOP(I,J)*HLS/DT1*(F(I,J,9)-FOLK(I,J))
    & /CPP                            ! 控制方程源项
      ENDDO
      ENDDO
      ENDIF
      RETURN
```

**非稳态参数存储模块

```
      ENTRY SAVEOLD
      DO J=1,M1
      DO I=1,L1
      F(I,J,8)=T(I,J)                 ! 储存相变材料温度
      F(I,J,9)=FOL(I,J)               ! 储存相变材料熔化分数
      RHOT(I,J)=RHO(I,J)              ! 储存相变材料密度
      ENDDO
      ENDDO
      DO I=1,L1
      TFO(I)=TF(I)                    ! 储存传热流体温度
      ENDDO
      RETURN
```

**************************************熔化分数更新模块(需在主程序调用)

```
      ENTRY CALFOL
      DO I=2,L2
      DO J=2,M2
      FOL(I,J)=FOLK(I,J)+AP0(I,J)*T(I,J)*CPP*DT1/
    & (RHOP(I,J)*HLS*YCVR(J)*XCV(I))        ! 计算新的熔化分数
```

********根据当前时间层的熔化分数修正温度

```
      IF(FOL(I,J).LE.0) FOL(I,J)=0.
      IF(FOL(I,J).GT.0.0.AND.FOL(I,J).LT.1.0) T(I,J)=0
      IF(FOL(I,J).GE.1.0) THEN
```

```
        FOL(I,J)=1.0
        T(I,J)=T(I,J)-(FOL(I,J)-FOLK(I,J))/(AP0(I,J)*CPP)*
     &  (RHOP(I,J)*HLS*YCVR(J)*XCV(I)/DT1)
        ENDIF
        ENDDO
        ENDDO
********储存当前时层的熔化分数值供下一时层使用
        DO I=2,L2
        DO J=2,M2
        FOLK(I,J)=FOL(I,J)
        ENDDO
        ENDDO
        RETURN
END
```

附录 D　典型超临界 CO_2 热力循环的模拟程序

D.1　物理模型

再压缩布雷顿循环是典型的超临界 CO_2(S-CO_2)动力循环形式之一，涵盖了 S-CO_2 热-功转换环节所涉及的大多数热力学过程。鉴于此，可将典型的再压缩布雷顿循环作为学习 S-CO_2 热力循环模拟程序的入门算例。

典型的 S-CO_2 再压缩布雷顿循环包括主加热器、再热器、高压透平、低压透平、主压缩机、再压缩机、冷却器、高温回热器、低温回热器等部件，涉及定压加热、不可逆绝热膨胀、不可逆绝热压缩、定压放热、回热等热力学过程。其循环布局及 T-s 图参见图 D.1。S-CO_2 在主加热器内吸收热量(从状态点 10 到状态点 1)后，进入高压透平膨胀做功(从状态点 1 到状态点 2)，接着进入再热器内再次吸收热量(从状态点 2 到状态点 3)，然后进入低压透平膨胀做功(从状态点 3 到状态点 4)。做完功的低压 S-CO_2 依次进入高温回热器(从状态点 4 到状态点 5)和低温回热器(从状态点 5 到状态点 6)，释放热量，随后在低温回热器出口处进行分流。其中一股 S-CO_2 流经冷却器(从状态点 6 到状态点 7)，然后被主压缩机压缩(从状态点 7 到状态点 8)，随后进入低温回热器回收热量(从状态点 8 到状态点 9′)。另一股 S-CO_2 则被再压缩机直接压缩(从状态点 6 到状态点 9″)。两股 S-CO_2 在低温回热器出口处混合，然后进入高温回热器内回收热量(从状态点 9 到状态点 10)，最后再次进入主加热器，完成循环。

为了大家学习方便，这里给出了用于模拟 S-CO_2 再压缩布雷顿循环热力学性能的程序 "SCO_2RBC"(Supercritical CO_2 Recompression Brayton Cycle)的源代码，参见附录 D.2。"SCO_2RBC" 的源代码采用 Matlab 编写，支持的编译器为 Matlab R2017B 及更新的版本。需要配合安装美国国家标准与技术研究所(NIST)开发的 REFPROP 物性查询软件[1]，同时将 Matlab 调用 REFPROP 的函数文件 refpropm.m、rp_proto.m 和 rp_proto64.m 放在执行程序所在的文件中。虽然该程序是针对再压缩循环编写而成的，但是读者可以通过适当修改，用来模拟其他循环形式的热力学性能。

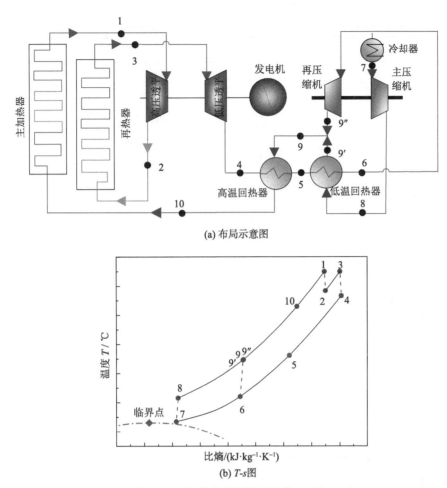

(a) 布局示意图

(b) T-s图

图 D.1　再压缩布雷顿循环及其 T-s 图

D.2　SCO₂RBC 程序中的主要变量表及源程序

"SCO₂RBC"程序源代码的主要变量参见表 D.1。

表 D.1　"SCO₂RBC"程序源代码的主要变量

变量名	变量含义
t1, t2, ⋯, t10	状态点的温度
h1, h2, ⋯, h10	状态点的焓值
s1, s2, ⋯, s10	状态点的熵值
n_T	透平效率
n_C	压缩机效率
W_tot	总发电功率

续表

变量名	变量含义
P_H	循环最高压力
P_L	循环最低压力
P_I	中间再热压力
UA_HTR	高温回热器的热导
UA_LTR	低温回热器的热导
UAR	回热器热导分配比
SR	分流比
N	回热器离散的节点数目
W_HT	高压透平的输出功
W_LT	低压透平的输出功
W_MC	主压缩机的消耗功
W_RC	再压缩机的消耗功
Q	主加热器的吸热量
Qr	再热器的吸热功量
m	CO_2 质量流量的估计值
mi	CO_2 质量流量的迭代值
eff_pc	循环效率

程序主要包括 1 个主程序和 3 个子程序, 其中主程序名为 "SCO₂RBC"; 子程序 1 为 "refpropm", 其作用是调取 CO_2 物性和计算状态点的未知状态参数; 子程序 2 为 "HTR_UA", 其作用是计算高温回热器的热导值; 子程序 3 为 "LTR_UA", 其作用是计算低温换热器的热导值。具体的源程序如下:

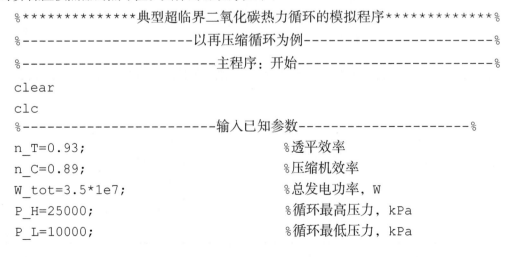

```
%**************典型超临界二氧化碳热力循环的模拟程序**************%
%---------------------以再压缩循环为例---------------------%
%---------------------主程序: 开始---------------------%
clear
clc
%---------------------输入已知参数---------------------%
n_T=0.93;                       %透平效率
n_C=0.89;                       %压缩机效率
W_tot=3.5*1e7;                  %总发电功率, W
P_H=25000;                      %循环最高压力, kPa
P_L=10000;                      %循环最低压力, kPa
```

```
P_I=(P_H+P_L)*0.5;                              %循环再热压力，kPa
UA=1e7;                                         %回热器总热导，W/K
UAR=0.568;                                      %回热器热导分配比
UA_HTR=UA*UAR;                                  %高温回热器热导，W/K
UA_LTR=UA*(1-UAR);                              %低温回热器热导，W/K
t7=50+273.15;                                   %主压缩机入口(状态点7)温度，K
t1=650+273.15;                                  %主加热器出口(状态点1)温度，K
t3=650+273.15;                                  %再热器出口(状态点3)温度，K
SR=0.73;                                        %分流比
N=10;                                           %换热器离散的节点数
err=0.0000001;                                  %设置迭代计算误差
%---------------计算状态点1、2、3、4、7、8的状态参数---------------%
h1=refpropm('H','T',t1,'P',P_H,'CO2');          %1点焓值
s1=refpropm('S','T',t1,'P',P_H,'CO2');          %计算1点熵值
s2s=s1;
h2s=refpropm('H','P',P_I,'S',s2s,'CO2');
%等熵膨胀对应的理想2s点焓值
h2=h1-n_T*(h1-h2s);                             %2点焓值
t2=refpropm('T','P',P_I,'H',h2,'CO2');          %2点温度
s2=refpropm('S','P',P_I,'H',h2,'CO2');          %2点熵值
h3=refpropm('H','T',t3,'P',P_I,'CO2');          %3点焓值
s3=refpropm('S','T',t3,'P',P_I,'CO2');          %3点熵值
s4s=s3;
h4s=refpropm('H','P',P_L,'S',s4s,'CO2');
%等熵膨胀对应的理想点4s的焓值
h4=h3-n_T*(h3-h4s);                             %4点的焓值
t4=refpropm('T','P',P_L,'H',h4,'CO2');          %4点的温度
h7=refpropm('H','T',t7,'P',P_L,'CO2');          %7点焓值
s7=refpropm('S','T',t7,'P',P_L,'CO2');          %7点熵值
s8s=s7;
h8s=refpropm('H','P',P_H,'S',s8s,'CO2');
%等熵膨胀对应的理想点8s点的焓值
h8=h7+(h8s-h7)/n_C;                             %计算8点焓值
t8=refpropm('T','P',P_H,'H',h8,'CO2');          %计算8点的温度
```

```
%----------------计算吸热量、做功量与耗功量---------------------%
Qr=(h3-h2);                        %再热器内单位质量 CO2 吸收热量
W_HT=(h1-h2s)*n_T;                 %高压透平内单位质量 CO2 做功量
W_LT=(h3-h4s)*n_T;                 %高压透平内单位质量 CO2 做功量
W_MC=SR*(h8s-h7)/n_C;              %主压缩机内单位质量 CO2 耗功量
%----------初步估计 5、6、9''、9 点的状态参数作为后续迭代初值--------%
m=W_tot/(W_HT+W_LT-W_MC/SR);       %估算质量流量初始值
t5=(t4-t7)*2/3+t7;                 %估计 5 点温度
t6=(t4-t7)*1/3+t7;                 %估计 6 点温度
h6=refpropm('H','T',t6,'P',P_L,'CO2');      %估计 6 点焓值
s6=refpropm('S','T',t6,'P',P_L,'CO2');        %计算 6 点熵值
s9s=s6;
h9_2s=refpropm('H','P',P_H,'S',s9s,'CO2');
%等熵条件下 9_2s 点焓值
h9_2=h9_2s;                        %估计 9_2 点焓值
h9=h9_2;                           %估计 9 点焓值
t9=refpropm('T','P',P_H,'H',h9,'CO2');        %计算 9 点温度
%---------通过迭代二氧化碳质量流量来计算 5 点和 6 点的温度----------%
n_m=0;                             %迭代步数
mi=1.1*m;                          %估算质量流量迭代值 mi
%---------通过调整二氧化碳质量流量使发电功率满足设定值------------%
while abs(m-mi)/m>=err            %设置循环迭代收敛条件
    n_m=n_m+1;
    m=mi;                          %更新质量流量
    [ua_HTR]=HTR_UA(t5,h4,h9,P_H,P_L,N,m);
    %调用高温回热器子程序
    [ua_LTR,h9_1]=LTR_UA(t6,t5,h8,P_H,P_L,N,m,SR);
    %调用低温回热器子程序
%-----对比热导计算值和设定值,若误差较大,更新 5 点和 6 点温度---------%
    while
or(abs((ua_HTR-UA_HTR)/UA_HTR)>=err,abs((ua_LTR-UA_LTR)/UA_LTR)
>=err)
%-----------------------低温回热器----------------------%
```

```
        tlup=t5;tldo=t8;                  %设定 t6 下限和上限

        [ua_LTR,h9_1]=LTR_UA(t6,t5,h8,P_H,P_L,N,m,SR);
        %调用低温回热器子程序

        while abs((ua_LTR-UA_LTR)/UA_LTR)>=err
            if ua_LTR<UA_LTR               %当计算值小于设定值
                tlup=t6;                   %将 t6 赋予迭代上限值
            else                           %当计算值大于设定值
                tldo=t6;                   %将 t6 赋予迭代下限值
            end
            t6=(tlup+tldo)/2;             %更新 t6

            [ua_LTR,h9_1]=LTR_UA(t6,t5,h8,P_H,P_L,N,m,SR);
        %调用低温回热器子程序

        end
%---------------------------计算相关状态参数---------------------------%
        s6=refpropm('S','T',t6,'P',P_L,'CO2');      %6 点熵值
        h6=refpropm('H','T',t6,'P',P_L,'CO2');      %6 点焓值
        s9s=s6;h9_2s=refpropm('H','P',P_H,'S',s9s,'CO2');
        %等熵条件下 9_2s 点焓值
        h9_2=h6+(h9_2s-h6)/n_C;                     %9_2 点焓值
        h9=h9_1*SR+h9_2*(1-SR);                     %混合后 9 点焓值
        t9=refpropm('T','P',P_H,'H',h9,'CO2');      %9 点温度
        if t9>t5
            t9=t5-0.0000001;                        %避免出现不符合实际的点
        end
%-----------------------------高温回热器-----------------------------%
        [ua_HTR]=HTR_UA(t5,h4,h9,P_H,P_L,N,m);%调用高温回热器子程序
        thup=t4;thdo=t9;                            %设定 t5 下限和上限
        while abs((ua_HTR-UA_HTR)/UA_HTR)>=err
            if ua_HTR<UA_HTR                        %当计算值小于设定值
                thup=t5;                            %将 t5 赋予迭代上限值
            else                                    %当计算值大于设定值
                thdo=t5;                            %将 t5 赋予迭代下限值
            end
            t5=(thup+thdo)/2;                       %更新 t5
```

```
        [ua_HTR]=HTR_UA(t5,h4,h9,P_H,P_L,N,m);
        %调用高温回热器子程序
    end
    [ua_LTR,h9_1]=LTR_UA(t6,t5,h8,P_H,P_L,N,m,SR);
    %调用低温回热器子程序
  end
%--------------------计算耗功量与质量流量--------------------%
    W_RC=(1-SR)*(h9_2s-h6)/n_C;%计算再压缩机内单位质量 CO2 消耗功
    W=(W_HT+W_LT-W_RC-W_MC);     %计算实际单位质量的 CO2 的输出功
    mi=W_tot/W;                   %计算新的 CO2 质量流量
    %当二氧化碳质量流量收敛，跳出循环
    fprintf('第%d 步迭代，相对误差=%8.5f；\n',n_m,abs(m-mi)/m);
    %提示每一步迭代误差
end
%----------------计算迭代收敛以后的其他相关参数----------------%
s4=refpropm('S','T',t4,'P',P_L,'CO2');        %4 点熵值
s5=refpropm('S','T',t5,'P',P_L,'CO2');        %5 点熵值
s8=refpropm('S','T',t8,'P',P_L,'CO2');        %8 点熵值
s9=refpropm('S','T',t9,'P',P_L,'CO2');        %9 点熵值
h5=refpropm('H','T',t5,'P',P_L,'CO2');        %5 点焓值
h10=h9+(h4-h5);                               %10 点焓值
t10=refpropm('T','P',P_H,'H',h10,'CO2');      %10 点温度
t9_2=refpropm('T','P',P_H,'H',h9_2,'CO2');    %9_2 点温度
t9_1=refpropm('T','P',P_H,'H',h9_1,'CO2');    %9_1 点温度
s9_1=refpropm('S','T',t9_1,'P',P_L,'CO2');    %9_1 点熵值
s9_2=refpropm('S','T',t9_2,'P',P_L,'CO2');    %9_2 点熵值
s10=refpropm('S','P',P_H,'H',h10,'CO2');      %10 点熵值
Q=(h1-h10);                                   %主换热器单位质量 CO2 的吸热量
eff_pc=(W_HT+W_LT-W_RC-W_MC)/(Q+Qr);          %循环总热效率
%----------------------计算结果输出文件----------------------%
result(1,1:5)={'状态点','温度[K]','压力[kPa]','焓[kJ/kg]','熵
[kJ/(kg·K)]'};
    result(2:13,1)={'1点';'2点';'3点';'4点';'5点';'6点';'7点';'8
点';'9_1点';'9_2点';'9点';'10点'};
```

```
    result(2:13,2)={t1;t2;t3;t4;t5;t6;t7;t8;t9_1;t9_2;t9;t10};
    result(2:13,3)={P_H;P_I;P_I;P_L;P_L;P_L;P_L;P_H;P_H;P_H;P_H
;P_H};
    result(2:13,4)={h1/1000;h2/1000;h3/1000;h4/1000;h5/1000;h6/
1000;h7/1000;h8/1000;h9_1/1000;h9_2/1000;h9/1000;h10/1000};
    result(2:13,5)={s1/1000;s2/1000;s3/1000;s4/1000;s5/1000;s6/
1000;s7/1000;s8/1000;s9_1/1000;s9_2/1000;s9/1000;s10/1000};
    result(1:10,7)={'相关参数';'主压缩机消耗功率[MW]';'再压缩机消耗功
率[MW]';'高压透平输出功率[MW]';'低压透平输出功率[MW]';'主加热器吸热功率
[MW]';'再热器吸热功率[MW]';'冷却器放热功率[MW]';'二氧化碳质量流量
[kg/s]'; '循环效率[%]';};
    result(1:10,8)={'数值';W_MC*m/1e6;W_RC*m/1e6;W_HT*m/1e6;
W_LT*m/1e6;Q*m/1e6;Qr*m/1e6;(h6-h7)*SR*m/1e6;m;eff_pc*100};
    status =xlswrite('运行结果.xlsx',result);
%------------------------主程序: 结束----------------------%
%-------------------高温回热器子程序: 开始------------------%
function
[ua_HTR,h10,t_hot,t_cold]=HTR_UA(t5,h4,h9,P_H,P_L,N,m)
h5=refpropm('H','T',t5,'P',P_L,'CO2');      %5 点焓值
Q=m*(h4-h5);                               %回热器内的换热量
q=Q/N;                                     %每个离散区域的换热量
t4=refpropm('T','H',h4,'P',P_L,'CO2');     %4 点温度
h10=Q/m+h9;                                %10 点焓值
%---------避免出现不符合实际的数据,即 10 点温度不能超过 4 点温度------%
h10_max=refpropm('H','T',t4,'P',P_H,'CO2');
if h10>h10_max
    h10=h10_max-0.001;
end
h_hot=h4:-(h4-h5)/N:h5;                     %高温侧焓的分布
h_cold=h10:-(h10-h9)/N:h9;                  %低温侧焓的分布
%--------------计算高低温侧每个子节点的换热温差---------------%
for i=1:N+1
    t_hot(i)=refpropm('T','P',P_L,'H',h_hot(i),'CO2');
%高温侧温度分布
    t_cold(i)=refpropm('T','P',P_H,'H',h_cold(i),'CO2');
%低温侧温度分布
```

```
            dt(i)=t_hot(i)-t_cold(i);                    %温差分布
    end
    for i=1:N
    dtm(i)=(max(dt(i),dt(i+1))-min(dt(i),dt(i+1)))/log(max(dt(i
    ),dt(i+1))/min(dt(i),dt(i+1)));              %离散区域的对数平均温差
        UA_HTR(i)=q/dtm(i);                          %离散区域的热导
    end
    ua_HTR=sum(UA_HTR);                              %回热器热导
    end
```

%-----------------高温回热器子程序: 结束---------------------%
%-----------------低温回热器子程序: 开始---------------------%

```
    function
    [ua_LTR,h9_1,t_hot,t_cold]=LTR_UA(t6,t5,h8,P_H,P_L,N,m,SR)
    h6=refpropm('H','T',t6,'P',P_L,'CO2');     %6 点焓值
    h5=refpropm('H','T',t5,'P',P_L,'CO2');     %5 点焓值
    Q=m*(h5-h6);                               %回热器内的换热量
    q=Q/N;                                     %每个离散区域的换热量
    h9_1=Q/(SR*m)+h8;                          %10 点焓值
```

%-------避免出现不符合实际的数据, 即 9 点温度不能超过 5 点温度--------%

```
    h9_1_max=refpropm('H','T',t5,'P',P_H,'CO2');
    if h9_1>h9_1_max
        h9_1=h9_1_max-0.001;
    end

    h_hot=h5:-(h5-h6)/N:h6;                    %高温侧焓的分布
    h_cold=h9_1:-(h9_1-h8)/N:h8;              %低温侧焓的分布
    for i=1:N+1
    t_hot(i)=refpropm('T','P',P_L,'H',h_hot(i),'CO2');
    %高温侧温度分布
    t_cold(i)=refpropm('T','P',P_H,'H',h_cold(i),'CO2');
    %低温侧温度分布
        dt(i)=t_hot(i)-t_cold(i);                    %温差分布
    end
    for i=1:N
    dtm(i)=(max(dt(i),dt(i+1))-min(dt(i),dt(i+1)))/log(max(dt(i
```

```
),dt(i+1))/min(dt(i),dt(i+1)));          %离散区域的对数平均温差
        UA_LTR(i)=q/dtm(i);              %离散区域的热导
    end
    ua_LTR=sum(UA_LTR);                  %回热器的热导
    end
%------------------低温回热器子程序: 结束----------------------%
```

D.3 SCO$_2$RBC 程序的模拟结果

应用 SCO$_2$RBC 程序对典型 S-CO$_2$ 再压缩布雷顿循环进行模拟，模拟中用到的参数设置如下：循环最高压力为 25 MPa、循环最低压力为 10 MPa、循环最高温度为 650 ℃、循环最低温度为 50 ℃、分流比为 0.73、回热器的总热导为 10 MW·K^{-1}、热导分配比为 0.568、透平绝热效率为 93%、压缩机绝热效率为 89%、输出功率为 35 MW。

SCO$_2$RBC 程序在完成模拟后，会生成 1 个存有输出结果的文件："运行结果.xlsx"。该文件列出了各状态点的温度、压力、焓值和熵值(表 D.2)，同时给出压缩机的消耗功率(8.55 MW)、再压缩机的消耗功率(6.21 MW)、高压透平的输出功率(19.77 MW)、低压透平的输出功率(29.99 MW)、主加热器的吸热功率(48.57 MW)、再热换热器的吸热功率(20.90 MW)、冷却器的放热功率(34.47 MW)、CO$_2$ 的质量流量(337.46 kg·s^{-1})，以及循环效率(50.38%)。

表 D.2　循环中各状态点的状态参数

状态点	温度/K	压力/kPa	焓/(kJ·kg^{-1})	熵/(kJ·kg^{-1}·K^{-1})
1 点	923.15	25000	1157.94	2.83779
2 点	873.54	17500	1099.35	2.84285
3 点	923.15	17500	1161.30	2.91182
4 点	847.44	10000	1072.43	2.91974
5 点	488.46	10000	650.34	2.27350
6 点	386.76	10000	524.00	1.98249
7 点	323.15	10000	384.07	1.57951
8 点	379.76	25000	418.78	1.95633
9′点	479.32	25000	591.86	2.25139
9″点	479.51	25000	592.13	2.25185
9 点	479.37	25000	591.93	2.25151
10 点	808.96	25000	1014.02	2.67140

为了说明 SCO$_2$RBC 程序模拟结果的准确性,表 D.3 对比了 SCO$_2$RBC 程序与文献[2] 的计算结果。其中,计算结果包括循环效率和 CO_2 吸热温差(t_1-t_{10})。可以看出,该程序 与文献[2]的计算结果吻合良好,说明本附录介绍的 SCO$_2$RBC 程序是可靠的。

表 D.3   SCO$_2$RBC 与文献[2]计算结果的对比

参数	文献[2]	SCO$_2$RBC	相对误差/%
循环效率/%	50.39	50.38	0.019
$\Delta t\,(t_1-t_{10})/\text{℃}$	114.20	114.18	0.017

参 考 文 献

[1]   Lemmon E, Huber M, Mclinden M. NIST standard reference database 23: Reference fluid thermodynamic and transport properties-REFPROP, Version 8.0 [CP]. Gaithersburg, National Institute of Standards and Technology, Standard Reference Data Program, 2007.

[2]   Neises T, Turchi C. A comparison of supercritical carbon dioxide power cycle configurations with an emphasis on CSP applications[J]. Energy Procedia, 2014, 49: 1187-1196.

索　引